Ingenieurbauten 5

Theorie und Praxis

Herausgegeben von
Konrad Sattler, Graz
Peter Stein, Wien

1974

Springer-Verlag
Wien New York

Stabilität ebener Stabwerke

nach der Theorie II. Ordnung

Wölbkrafttorsion

Erwin Schaber

Erster Teil:

Theorie und Zahlenbeispiele

1974

Springer-Verlag

Wien New York

Dr.-Ing. Erwin Schaber

DSD Dillinger Stahlbau GmbH., Saarlouis

Mit 230 Abbildungen

Library of Congress Cataloging in Publication Data

Schaber, Erwin.
    Stabilität ebener Stabwerke nach der Theorie II.
Ordnung, Wölbkrafttorsion.

    (Ingenieurbauten; Theorie und Praxis, v. 5)
    CONTENTS: T. 1. Theorie und Zahlenbeispiele.--
T. 2. Zahlentafeln.
    1. Structural frames. 2. Girders. 3. Stability.
4. Torsion. I. Title. II. Series.
TA660.F7S3 1974   624'.1773   74-16171

ISBN 978-3-7091-8367-0   ISBN 978-3-7091-8366-3 (eBook)
DOI 10.1007/ 978-3-7091-8366-3

Meinem verehrten Lehrer
Herrn Prof. Dr. techn. h. c. Dr.-Ing. K. Sattler
in Dankbarkeit gewidmet

Vorwort

Für die Berechnung von Schnittlasten, Auflagerlasten und Verformungen ebener Stabwerke nach der Theorie II. Ordnung unter Berücksichtigung von Biegemoment- und Querkraftverformungen und der Längselastizität der Stabwerksstäbe werden in zwei Bänden die theoretischen Grundlagen eines Berechnungsverfahrens und Zahlenwerte als Rechenhilfen für Zahlenrechnungen veröffentlicht.

Im vorliegenden Hauptwerk wird das Verfahren dargestellt, dem eine Reihe von Annahmen über Belastung und Ausbildung ebener Stabwerke zugrunde liegt, auf Grund derer eine Berechnung dieser Stabwerke nach der Theorie II. Ordnung mit vertretbarem Rechenaufwand überhaupt erst möglich wird.

Daneben wird kurz beschrieben, wie nach diesem Verfahren kritische Belastungen ebener Stabwerke und Schnittlasten, Auflagerlasten und Verformungen verdrehungsbeanspruchter ebener Stabwerke unter Berücksichtigung der Verformungen infolge der primären (St. Venantschen) Schubspannungen und der sekundären (Wölb-)Schubspannungen ermittelt werden können (Analogiebetrachtung).

Der Verfasser war um eine möglichst einfache und verständliche Darstellung des Verfahrens bemüht. Er hielt es ferner für zweckmäßig, die Anwendung des Verfahrens an einigen Zahlenbeispielen zu erläutern.

Es sind im vergangenen Jahrzehnt verschiedene hervorragende Arbeiten auf diesem Gebiet erschienen. Im Vergleich zu deren Zielsetzung ist dieses Buch in erster Linie auf die Bedürfnisse des praktisch tätigen Ingenieurs ausgerichtet.

Herr Dipl.-Ing. GÜNTER KRÜGER hat das Berechnungsverfahren programmiert und die Zahlenbeispiele bearbeitet, wofür an dieser Stelle gedankt sei. Dieser Dank gilt auch der DSD Dillinger Stahlbau GmbH, die hierfür ihre elektronische Rechenanlage (SIEMENS 4004/45) zur Verfügung stellte und die den Verfasser bei der Anfertigung der Abbildungen dieses Bandes unterstützte.

Für die gute Ausstattung des Buches ist der Verfasser dem Springer-Verlag in Wien besonders dankbar.

Die Berechnung ebener Stabwerke nach der Theorie II. Ordnung erfordert im allgemeinen einen nicht unerheblichen Rechenaufwand. Daher werden in einem gesonderten Tabellenband Zahlenwerte für Schnittlasten und Verformungen längs- und querbelasteter Stäbe bereitgestellt, die geeignet erscheinen, diesen Aufwand merklich zu verringern, so daß eine Berechnung ohne Einsatz einer elektronischen Rechenanlage wesentlich erleichtert wird.

Die Vervielfältigung der Zahlentafeln übernahm das Institut für Stahlbau der Technischen Hochschule Wien. Hierfür ist der Verfasser Herrn Prof. Dr.-Ing. PETER STEIN zu Dank verpflichtet.

Saarlouis, im Herbst 1974   E. SCHABER

Inhaltsverzeichnis

Tafel 1. *Bezeichnungen*

$$\theta_{x;i,k} = \frac{x_i - x_k}{l_{i,k}}$$

$$\theta_{y;i,k} = \frac{y_i - y_k}{l_{i,k}}$$

$$\varrho_{l;i,k} = \frac{l_c}{l_{i,k}}$$

$$\varrho_{E;i,k} = \frac{E_{i,k}}{E_c}$$

$$\varrho_{I;i,k} = \frac{I_{i,k}}{I_c}$$

$$\varrho_{F;i,k} = \frac{F_{i,k} \cdot l_c{}^2}{I_c}$$

$$\varrho_{D;i} = \frac{\overset{\varphi_i=1}{\vartheta_i} \cdot l_c}{E_c I_c}$$

$$\varrho_{N;i} = \frac{\overset{\Delta l_{i,\bar{i}}=1}{\mathfrak{N}_i} \cdot l_c{}^3}{E_c I_c}$$

$$\mu = 1 + \gamma \cdot S$$

$$\alpha = l \cdot \sqrt{\frac{-S}{\mu \cdot EI}}$$

$$\beta = l \cdot \sqrt{\frac{S}{\mu \cdot EI}}$$

$$\varkappa_0 = \gamma \cdot \frac{3\,EI}{l^2}$$

$$\varphi_i{}^* = \varphi_i \cdot \frac{E_c I_c}{l_c}$$

$$\xi_i{}^* = \xi_i \cdot \frac{E_c I_c}{l_c} = v_{i;x} \cdot \frac{E_c I_c}{l_c{}^2}$$

$$\eta_i{}^* = \eta_i \cdot \frac{E_c I_c}{l_c} = v_{i;y} \cdot \frac{E_c I_c}{l_c{}^2}$$

$$\psi_{i,k}^* = \left\{\varrho_l \cdot \left[-(\xi_i{}^* - \xi_k{}^*) \cdot \theta_y + (\eta_i{}^* - \eta_k{}^*) \cdot \theta_x\right]\right\}_{i,k} = \psi_{i,k} \cdot \frac{E_c I_c}{l_c}$$

$$\Delta l_{i,k}^* = l_c \cdot \left[(\xi_i{}^* - \xi_k{}^*) \cdot \theta_x + (\eta_i{}^* - \eta_k{}^*) \cdot \theta_y\right]_{i,k} = \Delta l_{i,k} \cdot \frac{E_c I_c}{l_c}$$

1. Allgemeines

1.1. Erläuterung des Begriffs „Theorie II. Ordnung"

Wir sprechen von einer Berechnung nach Theorie I. Ordnung, wenn wir Schnittlasten, Auflagerlasten und Verformungen eines Stabwerkes durch Gleichgewichtsbetrachtungen am unverformten System ermitteln. Dies ist zulässig, wenn infolge einer Belastung in den Stäben eines Stabwerkes neben Längskräften vorwiegend Biegemomente und Querkräfte entstehen und die Verformungen des Stabwerkes gegenüber den Stabwerksabmessungen klein bleiben.

Für den Querschnitt m des unverformten Stabes nach Abb. 1 ergibt sich das Biegemoment nach Theorie I. Ordnung zu:

$$M_m = H \cdot (l - x_m). \tag{1.1}$$

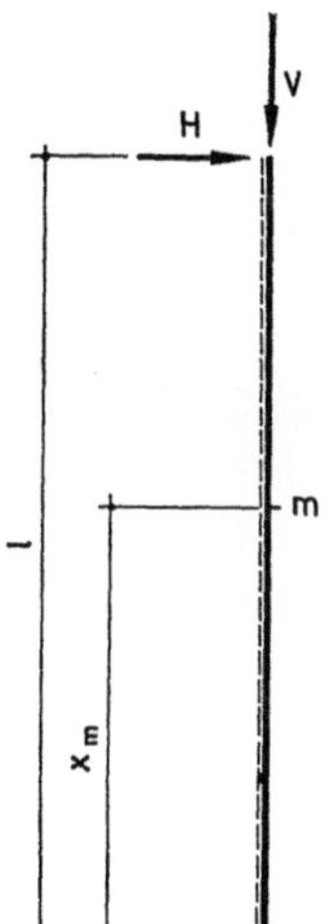

Abb. 1. Unverformter Stab

Bei manchen Stabwerken sind die Voraussetzungen für eine Berechnung nach Theorie I. Ordnung dann nicht gegeben, wenn eine Belastung in den Stäben eines Stabwerkes neben Biegemomenten und Querkräften vorwiegend Stablängskräfte erzeugt. Stablängskräfte und Verformungen bedingen im Stabwerk zusätzliche Schnittlasten, Auflagerlasten und Verformungen, deren Berechnung entweder aus Gründen der Sicherheit (wenn ein Stabwerk mit Druckstäben gegeben ist) oder der Wirtschaftlichkeit (wenn ein Stabwerk mit Zugstäben vorliegt) geboten erscheint.

Berechnen wir Schnittlasten, Auflagerlasten und Verformungen eines Stabwerkes durch Gleichgewichtsbetrachtungen am verformten System, so sprechen wir von einer Berechnung nach Theorie II. Ordnung.

Für das Biegemoment des Querschnittes m des verformten Stabes nach Abb. 2 erhält man nach Theorie II. Ordnung:

$$M_m = H \cdot (l - x_m) + V \cdot v_m. \tag{1.2}$$

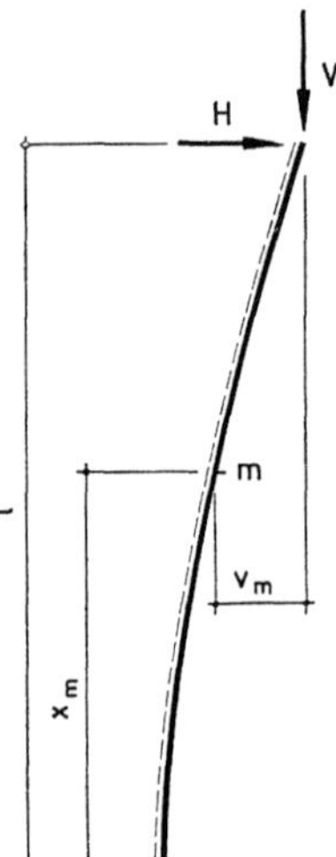

Abb. 2. Verformter Stab

Ein Vergleich von (1.1) und (1.2) zeigt, daß das Biegemoment im Punkt m des Stabes nach Theorie II. Ordnung um den Anteil $V \cdot v_m$ größer erhalten wird als nach Theorie I. Ordnung, weil die Vertikalkraft V am verformten Stab einen „elastischen Hebelarm" v_m vorfindet und so ein zusätzliches Biegemoment $V \cdot v_m$ erzeugt. Dieser zusätzliche Biegemomentenanteil kann für ein gegebenes Belastungsverhältnis V/H so groß werden, daß er bei der Stabbemessung aus Sicherheitsgründen neben dem Anteil $H \cdot (l - x_m)$ nach Theorie I. Ordnung berücksichtigt werden muß [1].

1.2. Berechnungsverfahren

Zur Berechnung ebener Stabwerke nach Theorie I. Ordnung stehen uns das Kraftgrößenverfahren und das Formänderungsgrößenverfahren zur Verfügung. Will man das Kraftgrößenverfahren auch zur Berechnung ebener Stabwerke nach Theorie II. Ordnung benutzen, ergeben sich eine Reihe von Schwierigkeiten, die die Anwendung dieses Verfahrens auf die Berechnung spezieller Stabsysteme nach Theorie II. Ordnung beschränken [2], [3].

Das Formänderungsgrößenverfahren kann jedoch so erweitert werden, daß es sich auch zur Berechnung ebener Stabwerke nach Theorie II. Ordnung eignet und kein grundsätzlicher Unterschied hinsichtlich der Berechnungsgrundlagen zur Ermittlung der Schnittlasten, Auflagerlasten und Verformungen nach Theorie I. Ordnung oder II. Ordnung besteht [3], [4].

So bedingt, wie noch gezeigt wird, die Berücksichtigung elastischer Hebelarme bei einer Berechnung nach Theorie II. Ordnung lediglich die Verwendung anderer Grundbeziehungen für den Verlauf von Schnittlasten und Verformungen in Stäben mit frei drehbaren Stabenden infolge Stabbelastungen und damit auch anderer Grundbeziehungen für Stabendschnittlasten infolge Stabbelastungen und Verformungen der Stabenden als bei einer Berechnung nach Theorie I. Ordnung. Daher wird für die Berechnung ebener Stabwerke nach Theorie II. Ordnung das Formänderungsgrößenverfahren gewählt.

1.3. Voraussetzungen für die Berechnung

Eine „genaue" Berechnung der Schnittlasten, Auflagerlasten und Verformungen eines ebenen Stabwerkes nach Theorie II. Ordnung ist dann nicht möglich, wenn dieses Stabwerk beliebig ausgebildet und belastet ist, wenn also z. B. die Stabwerksstäbe einen beliebigen Querschnittsverlauf aufweisen und eine Stabwerksbelastung in den Stabwerksstäben einen beliebigen Längs- und Querbelastungszustand erzeugt.

Man wird also im allgemeinen nur spezielle ebene Stabwerke nach Theorie II. Ordnung berechnen können. Nach dem nachfolgend dargestellten Berechnungsverfahren seien dies solche Stabwerke, die hinsichtlich ihrer Ausbildung und Belastung die folgenden Voraussetzungen erfüllen:

1. Die zu untersuchenden ebenen Stabwerke sollen aus biegesteifen Stäben bestehen.

2. Die Stabenden können mit den Knoten- und Auflagerpunkten der Stabwerke biegesteif oder gelenkig verbunden sein. Biegesteife Verbindungen werden als starr vorausgesetzt.

3. Die Stabenden können mit den Knoten- und Auflagerpunkten der Stabwerke unverschieblich oder verschieblich in Richtung der Stabsehnen verbunden sein.

4. Die Querschnitte und Längskräfte der Stäbe sollen entweder stabweise konstant sein oder der Querschnitts- und Längskraftverlauf soll so sein, daß die Stäbe aufgeteilt werden können in Stababschnitte mit konstanten Querschnitten und Längskräften. (Dieses Ersetzen von Stäben mit beliebig veränderlichen Querschnitten und Längskräften durch Stäbe mit sprungweise veränderlichen Querschnitten und Längskräften soll brauchbare Rechenergebnisse zulassen.)

5. Die Stäbe sollen im unbelasteten Zustand gerade oder gekrümmt sein. Die Vorverformung eines gekrümmten Stabes sei parabolisch und klein gegenüber den Stababmessungen.

6. Stablängskräfte können an den Stabenden zentrisch oder exzentrisch angreifen. Exzentrizitäten sollen klein sein gegenüber den Stababmessungen.

7. Der Werkstoff der Stäbe sei homogen und gehorche dem Hookeschen Gesetz.

8. Die BERNOULLIsche Hypothese vom Ebenbleiben der Stabquerschnitte soll gelten.

9. An den Knotenpunkten der Stabwerke können elastische Dreh- und Verschiebungsfessel angreifen.

10. Die Auflagerpunkte der Stabwerke seien drehstarr oder drehbar. An einem drehbaren Auflagerpunkt kann eine elastische Drehfessel angreifen.

11. Die Auflagerpunkte seien unverschieblich oder verschieblich. An einem verschieblichen Auflagerpunkt kann eine elastische Verschiebungsfessel angreifen. Trifft dies nicht zu, soll sich der Auflagerpunkt in horizontaler oder vertikaler Richtung verschieben können.

Abb. 3. Koordinatensystem (Stabwerksebene $x - y$)

12. Die Belastung eines Stabwerkes wirke in der Stabwerksebene $x-y$ (Abb. 3). Sie soll die Stäbe des Stabwerkes nicht tordieren, d. h. im Stabwerk sind nur Stäbe zugelassen, deren Schubmittelpunkte M in der Stabwerksebene liegen. Dies sind polarsymmetrische Querschnitte nach Abb. 4.1 bis 4.4 und die zur Hauptachse y symmetrischen Querschnitte nach Abb. 4.5 bis 4.8, ferner die zur Hauptachse z symmetrischen Ausnahmequerschnitte nach Abb. 4.9 und 4.10, wenn deren Schubmittelpunkte M und Schwerpunkte S zusammenfallen und schließlich die unsymmetrischen Ausnahmequerschnitte nach Abb. 4.11, wenn deren Schubmittelpunkte M auf der Hauptachse y liegen [5].

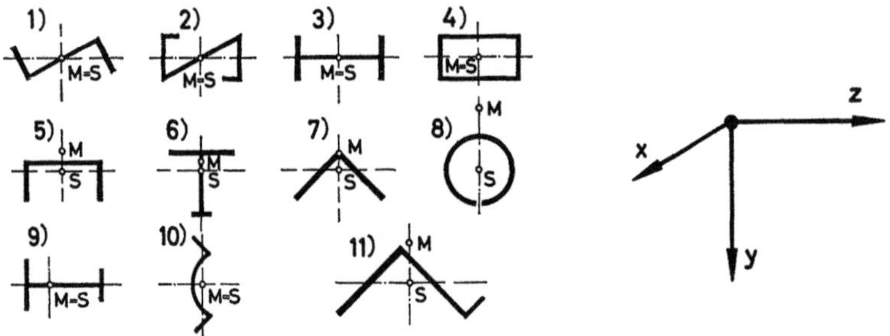

Abb. 4. Stabquerschnitte, deren Schubmittelpunkte M
auf der lotrechten Querschnittshauptachse y liegen

13. An den Stäben können Kräfte, Momente und neben konstanten oder linear veränderlichen Streckenlasten beliebig veränderliche Streckenmomente und Streckenlasten angreifen. (Für die Berechnung werden die beliebig veränderlichen Streckenmomente durch entsprechende Einzelmomente ersetzt und die beliebig veränderlichen Streckenlasten durch entsprechende Einzellasten in Richtung der Stabsehnen und senkrecht dazu. Diese Belastungsumordnungen sollen brauchbare Rechenergebnisse nicht ausschließen.)

14. Die Stäbe können einer gleichmäßigen Temperaturdifferenz Δt_m, bezogen auf eine Aufstellungstemperatur und einem linearen Temperaturgefälle $\Delta t = t_u - t_0$ ausgesetzt sein.

15. An den Knoten- und Auflagerpunkten können Kräfte und Momente angreifen.

16. Den Knoten- und Auflagerpunkten können Drehungen und Verschiebungen eingeprägt sein.

17. Die Belastungen der Stabwerke sollen auch während der Verformung der Stabwerke ihre Wirkungsrichtungen beibehalten.

18. Die Verformungen seien klein gegenüber den Stabwerksabmessungen. Insbesondere soll die Durchbiegung $v(x)$ eines Stabes einen so flachen Verlauf haben, daß man $\left(\dfrac{dv}{dx}\right)^2$ gegenüber der Zahl 1 vernachlässigen darf, damit die Gleichung für die Sehnenkrümmung des Stabes in der bekannten Form $\dfrac{1}{\varrho} = -\dfrac{d^2v}{dx^2}$ linearisiert werden und der Einfluß der Durchbiegung $v(x)$ auf die Längenänderung des Stabes unberücksichtigt bleiben kann.

2. Schnittlasten M, Q, S und Verformungen $\tilde{u}$, $\tilde{v}$ und $\tilde{v}'$ der Stäbe ebener Stabwerke

2.1. Allgemeines

Eine Belastung erzeugt in den Stäben eines ebenen Stabwerkes Schnittlasten und Verformungen und dreht und verschiebt die Knotenpunkte des Stabwerkes. Positive Schnittlasten M, Q und S eines Stabes sind in Abb. 5 dargestellt.

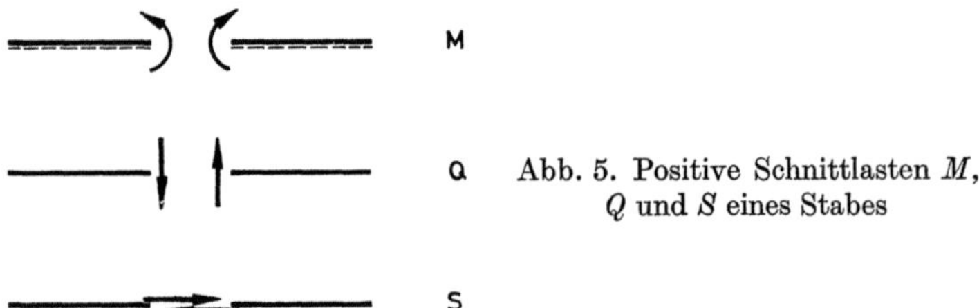

Abb. 5. Positive Schnittlasten M, Q und S eines Stabes

Schnittlasten, die auf die Enden eines Stabes wirken, werden nachfolgend Stabendschnittlasten genannt. Dies sind Stabendmomente M, Stabendquerkräfte K_Q und Stabendlängskräfte K_L.

Stabendmomente M sind positiv, wenn sie im Uhrzeigersinn wirken, positive Stabendquerkräfte K_Q sind positiven Querkäften Q und positive Stabendlängskräfte K_L positiven Stablängskräften S zugeordnet (Abb. 6).

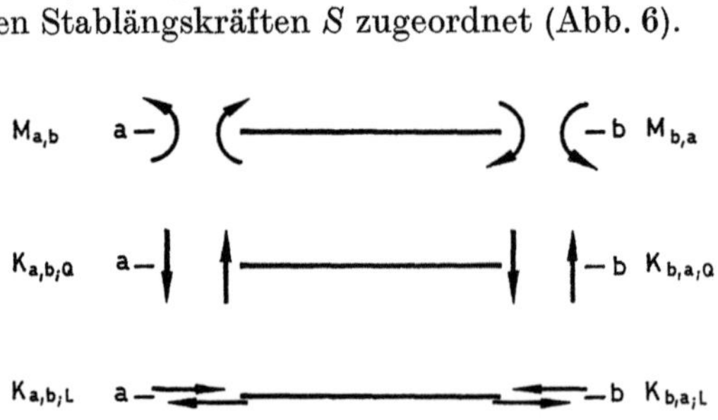

Abb. 6. Positive Stabendschnittlasten M, K_Q und K_L

Zur Beschreibung der Verschiebungen $\tilde{u}(\tilde{x})$ und $\tilde{v}(\tilde{x})$ eines Stabes a,b wird ein stabbezogenes Koordinatensystem $\tilde{x}-\tilde{y}$ nach Abb. 7 eingeführt. Der Aufpunkt dieses Koordinatensystems fällt mit dem Stabende a des Stabes zusammen und die Koordinatenachse $\tilde{x}$ mit der Stabsehne a,b des unverformten Stabes. Die Stabsehne a,b verbindet die Knotenpunkte a und b eines unverformten Stabwerkes.

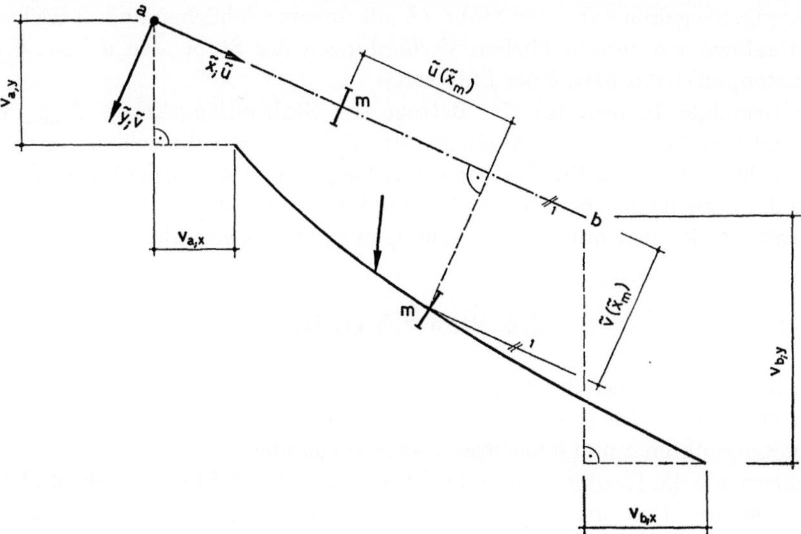

Abb. 7. Positive Verschiebungen $\tilde{u}(\tilde{x}_m)$ und $\tilde{v}(\tilde{x}_m)$ des Querschnittes m eines Stabes a,b

Die Verschiebungen des Querschnittes m des Stabes a,b in der Stabwerksebene werden auf dieses Koordinatensystem bezogen. Durch $\tilde{u}(\tilde{x}_m)$ ist die Verschiebung des Stabquerschnittes m in Richtung der Stabsehne a,b (d. h. in Richtung der Koordinatenachse $\tilde{x}$) gegeben und durch $\tilde{v}(\tilde{x}_m)$ die Verschiebung des Stabquerschnittes m bezogen auf eine Senkrechte zur Stabsehne a,b (d. h. in Richtung der Koordinatenachse $\tilde{y}$).

Als positiv werden die Drehung φ_a des Knotenpunktes a eines Stabwerkes im Uhrzeigersinn und die Verschiebungen $v_{a;x}$ und $v_{a;y}$ des Knotenpunktes a in Richtung positiver Koordinatenachsen x und y bezeichnet (Abb. 8).

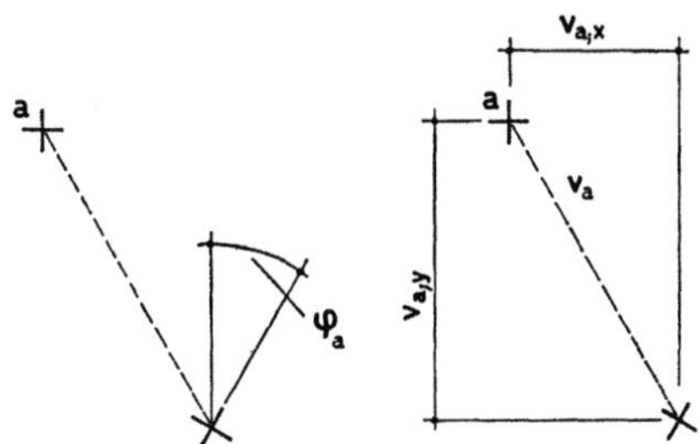

Abb. 8. Positive Drehung φ_a und positive Verschiebungen $v_{a;x}$ und $v_{a;y}$ eines Knotenpunktes a

Aus einem im Gleichgewicht befindlichen durch eine Belastung elastisch verformten Stabwerk lösen wir Stäbe a,b heraus. Für diese Stäbe können wir Grundgleichungen für Schnittlasten und Verformungen infolge der Stabwerksbelastung angeben unter Berücksichtigung von biegesteifen (b) oder gelenkigen (g), unverschieblichen (f) oder in Richtung der Stabsehnen a,b verschieblichen (l) Verbindungen der Stabenden a und b mit den Knotenpunkten a und b des Stabwerkes.

Die Grundgleichungen für die Beträge der Stabendschnittlasten $M_{a,b}$, $M_{b,a}$, $K_{a,b;Q}$ und $K_{b,a;Q}$ und den Verlauf der Schnittlasen $M(\tilde{x})$ und $Q(\tilde{x})$ und der Verformungen $\tilde{v}(\tilde{x})$ und $\tilde{v}'(\tilde{x})$ nach 2.2. bis 2.5. sind von Stablängenänderungen $\Delta l_{a,b}$ unabhängig. Sie gelten daher für Stäbe a,b mit unverschieblichen und in Richtung der Stabsehnen a,b verschieblichen Verbindungen der Stabenden a bzw. b mit den Knotenpunkten a bzw. b der Stabwerke.

Die Grundgleichungen für die Beträge der Stabendlängskräfte $K_{a,b;L}$ und $K_{b,a;L}$ und den Verlauf der Stablängskräfte $S(\tilde{x})$ und der Verschiebungen $\tilde{u}(\tilde{x})$ nach 2.6. bis 2.8. haben für Stäbe a,b mit biegesteifen und gelenkigen Verbindungen der Stabenden a bzw. b mit den Knotenpunkten a bzw. b der Stabwerke Gültigkeit, da sie nicht mit Knotendrehungen φ_a und φ_b verknüpft sind.

2.2. Stab a,b (b,b)

Der in Abb. 9 dargestellte Stab a,b verbindet die Knotenpunkte a und b eines ebenen Stabwerkes. Die Stabenden a und b des Stabes sind biegesteif (b,b) mit den Knotenpunkten a und b des Stabwerkes verbunden.

Hindern wir die Knotenpunkte des Stabwerkes durch fiktive Dreh- und Verschiebungsfessel, Drehungen und Verschiebungen infolge einer Stabwerksbelastung auszuführen, so entsteht im Stab a,b (b,b) ein durch die Belastung des Stabes bestimmter Schnittlasten- und Verformungszustand, der mit Zustand „$\overline{O}$" bezeichnet wird und der u. a. durch die Stabendschnittlasten $\overline{M}_{a,b(b,b)}$, $\overline{M}_{b,a(b,b)}$, $\overline{K}_{a,b;Q(b,b)}$ und $\overline{K}_{b,a;Q(b,b)}$ gekennzeichnet ist (Abb. 9.1).

Die fiktiven Fesseln, die den Knotenpunkt a eines Stabwerkes drehstarr und unverschieblich halten, sind in Abb. 10 dargestellt.

Die Drehfessel eines Knotenpunktes a ist gegeben durch einen Dreh-Fesselstab $^{D}\mathfrak{F}_a$. Der Stab soll so beschaffen sein, daß er als drehstarr angenommen werden kann. Die Achse $a,\bar{a}_{\mathfrak{z}}$ des Stabes steht senkrecht auf der Stabwerksebene $x{-}y$ und zeigt in die negative z-Richtung. Der Stab ist mit seinem Stabende a drehfest mit dem Knotenpunkt a des Stabwerkes und mit seinem Stabende $\bar{a}_{\mathfrak{z}}$ drehfest mit dem Punkt $\bar{a}_{\mathfrak{z}}$ verbunden, von dem vorausgesetzt wird, daß er sich nicht drehen kann.

Die Verschiebungsfessel eines Knotenpunktes a ist gegeben durch zwei Verschiebungs-Fesselstäbe $^{V}\mathfrak{F}_{a;\mathfrak{x}}$ bzw. $^{V}\mathfrak{F}_{a;\mathfrak{y}}$. Die Stäbe sollen so beschaffen sein, daß sie als längsstarr angenommen werden können. Die Achsen $a,\bar{a}_{\mathfrak{x}}$ bzw. $a,\bar{a}_{\mathfrak{y}}$ der Stäbe liegen in der Stabwerksebene $x{-}y$ und zeigen in die negative x- bzw. negative y-Richtung. Die Stäbe sind mit ihren Stabenden a gelenkig und unverschieblich mit dem Knotenpunkt a des Stabwerkes und mit ihren Stabenden $\bar{a}_{\mathfrak{x}}$ bzw. $\bar{a}_{\mathfrak{y}}$ gelenkig und unverschieblich mit den Punkten $\bar{a}_{\mathfrak{x}}$ bzw. $\bar{a}_{\mathfrak{y}}$ verbunden, von denen vorausgesetzt wird, daß sie sich nicht verschieben können.

In den Abbildungen 9.1, 14.1, 15.1, 16.1, 17.1, 19.1 und 20.1 sind die fiktiven Dreh- und Verschiebungsfessel der Knotenpunkte a und b nicht dargestellt, um die Übersichtlichkeit dieser Bilder nicht zu beeinträchtigen.

Prägen wir dem Stabwerk die Schnittlasten der fiktiven Dreh- und Verschiebungsfessel der Knotenpunkte des Zustandes „$\overline{O}$" ein, indem wir diese Fessel durchschneiden, so wird sich das Stabwerk verformen. Die Knotenpunkte des

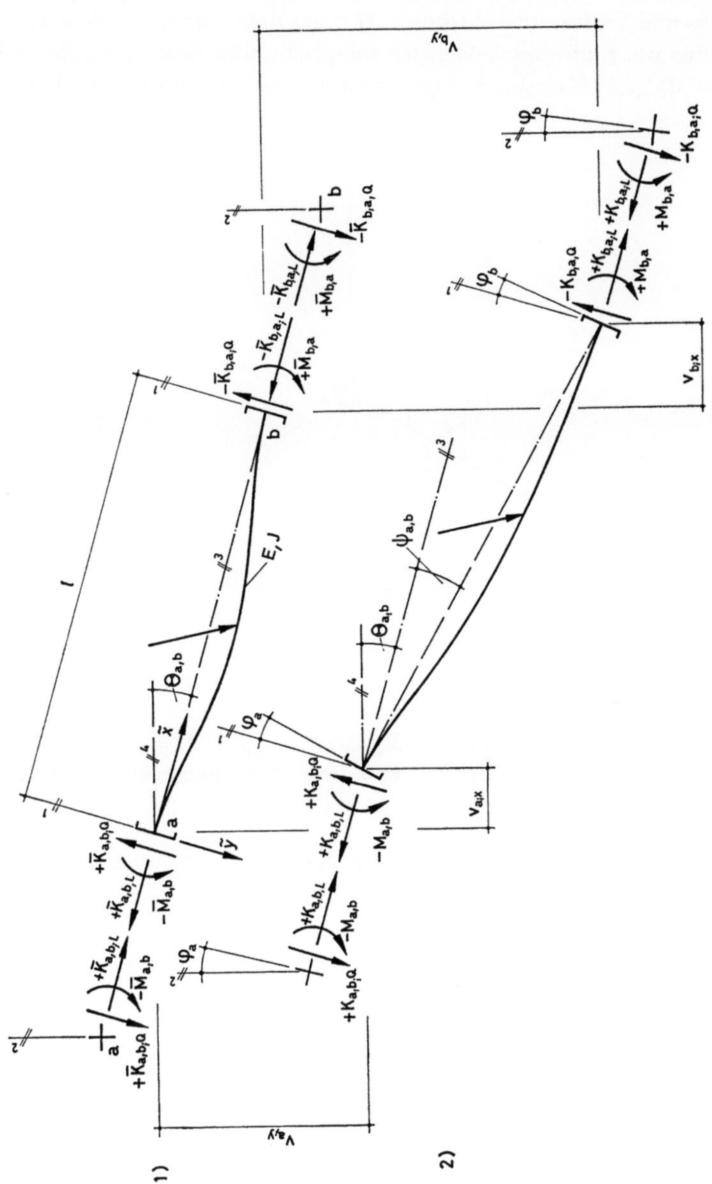

Abb. 9. Stabendschnittlasten und Verformungen eines Stabes a,b (b,b)

Stabwerkes werden sich drehen und verschieben. Die Knotendrehungen φ_a und φ_b erzeugen gleichgroße Drehungen der Stabenden a und b des Stabes a,b (b,b) und die Knotenverschiebungen $v_{a;x}$, $v_{a;y}$, $v_{b;x}$ und $v_{b;y}$ eine Drehung $\psi_{a,b}$ der Stabsehne a,b. Im Stab a,b (b,b) entsteht ein von der Stabwerksbelastung abhängiger Schnittlasten- und Verformungszustand „O", der dem Gleichgewichtszustand des Stabwerkes für die Stabwerksbelastung entspricht und dem u. a. die Stabendschnittlasten $M_{a,b(b,b)}$, $M_{b,a(b,b)}$, $K_{a,b;Q(b,b)}$ und $K_{b,a;Q(b,b)}$ zugeordnet sind (Abb. 9.2).

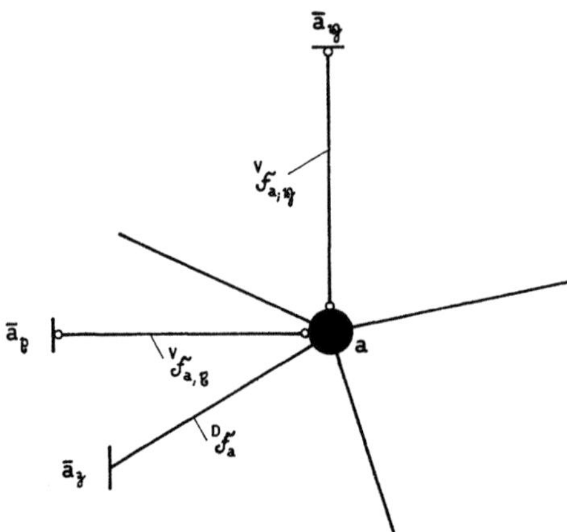

Abb. 10. Fiktive Fesselstäbe $^D\mathfrak{F}_a$, $^V\mathfrak{F}_{a;x}$ und $^V\mathfrak{F}_{a;y}$ eines Knotenpunktes a

Wir bezeichnen mit $M_0(\tilde{x})$, $Q_0(\tilde{x})$, $\tilde{v}_0(\tilde{x})$ und $\tilde{v}_0{}'(\tilde{x})$ das Biegemoment, die Querkraft, die Durchbiegung und die Neigung der Biegelinie des beidseits gelenkig gelagerten Stabes a,b infolge einer Stabbelastung, und erhalten die Grundgleichungen für die Stabendschnittlasten $M_{a,b(b,b)}$, $M_{b,a(b,b)}$, $K_{a,b;Q(b,b)}$ und $K_{b,a;Q(b,b)}$, die Schnittlasten $M(\tilde{x})_{(b,b)}$ und $Q(\tilde{x})_{(b,b)}$ und die Verformungen $\tilde{v}(\tilde{x})_{(b,b)}$ und $\tilde{v}'(\tilde{x})_{(b,b)}$ des Zustandes „O" des Stabes a,b (b,b) zu:

$$M_{a,b(b,b)} = \sum_B \overline{M}_{a,b(b,b)} + \varphi_a \cdot {}^{\varphi_a=1}\mathfrak{M}_{a,b(b,b)} + \varphi_b \cdot {}^{\varphi_b=1}\mathfrak{M}_{a,b(b,b)} + \psi_{a,b} \cdot {}^{\psi_{a,b}=1}\mathfrak{M}_{a,b(b,b)},$$
$$(2.2.1)$$

$$M_{b,a(b,b)} = \sum_B \overline{M}_{b,a(b,b)} + \varphi_a \cdot {}^{\varphi_a=1}\mathfrak{M}_{b,a(b,b)} + \varphi_b \cdot {}^{\varphi_b=1}\mathfrak{M}_{b,a(b,b)} + \psi_{a,b} \cdot {}^{\psi_{a,b}=1}\mathfrak{M}_{b,a(b,b)},$$
$$(2.2.2)$$

$$K_{a,b;Q(b,b)} = \sum_B \overline{K}_{a,b;Q(b,b)} + \varphi_a \cdot {}^{\varphi_a=1}\mathfrak{K}_{a,b;Q(b,b)} + \varphi_b \cdot {}^{\varphi_b=1}\mathfrak{K}_{a,b;Q(b,b)}$$
$$+ \psi_{a,b} \cdot {}^{\psi_{a,b}=1}\mathfrak{K}_{a,b;Q(b,b)}, \qquad (2.2.3)$$

$$K_{b,a;Q(b,b)} = \sum_B \overline{K}_{b,a;Q(b,b)} + \varphi_a \cdot {}^{\varphi_a=1}\mathfrak{K}_{b,a;Q(b,b)} + \varphi_b \cdot {}^{\varphi_b=1}\mathfrak{K}_{b,a;Q(b,b)}$$
$$+ \psi_{a,b} \cdot {}^{\psi_{a,b}=1}\mathfrak{K}_{b,a;Q(b,b)}, \qquad (2.2.4)$$

$$M(\tilde{x})_{(b,b)} = \sum_B M_0(\tilde{x}) + M_{a,b(b,b)} \cdot {}^{M_{a,b}=1}M(\tilde{x}) + M_{b,a(b,b)} \cdot {}^{M_{b,a}=1}M(\tilde{x}), \quad (2.2.5)$$

$$Q(\tilde{x})_{(b,b)} = \sum_B Q_0(\tilde{x}) + M_{a,b(b,b)} \cdot {}^{M_{a,b}=1}Q(\tilde{x}) + M_{b,a(b,b)} \cdot {}^{M_{b,a}=1}Q(\tilde{x}), \quad (2.2.6)$$

$$\tilde{v}(\tilde{x})_{(b,b)} = \sum_B \tilde{v}_0(\tilde{x}) + M_{a,b(b,b)} \cdot {}^{M_{a,b}=1}\tilde{v}(\tilde{x}) + M_{b,a(b,b)} \cdot {}^{M_{b,a}=1}\tilde{v}(\tilde{x}) + \tilde{v}_a + \psi_{a,b} \cdot \tilde{x},$$

$$(2.2.7)$$

$$\tilde{v}'(\tilde{x})_{(b,b)} = \sum_B \tilde{v}_0'(\tilde{x}) + M_{a,b(b,b)} \cdot {}^{M_{a,b}=1}\tilde{v}'(\tilde{x}) + M_{b,a(b,b)} \cdot {}^{M_{b,a}=1}\tilde{v}'(\tilde{x}) + \psi_{a,b}.$$

$$(2.2.8)$$

Die in den obigen Grundgleichungen enthaltenen Summen sind über alle gegebenen Stabbelastungen B zu erstrecken.

Die Verschiebung $\tilde{v}(\tilde{x}_m)_{(b,b)}$ des Querschnittes m eines Stabes a,b (b,b) ist in Abb. 11 dargestellt.

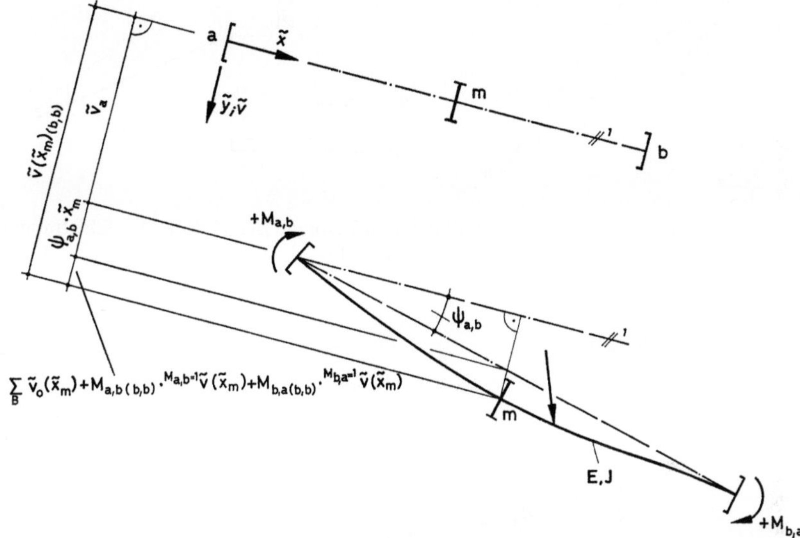

Abb. 11. Verschiebung $\tilde{v}(\tilde{x}_m)_{(b,b)}$ des Querschnittes m eines Stabes a,b (b,b)

Der Stabsehnendrehwinkel $\psi_{a,b}$ eines Stabes a,b läßt sich durch die Verschiebungen $v_{a;x}$, $v_{a;y}$, $v_{b;x}$ und $v_{b;y}$ der Knotenpunkte a und b eines Stabwerkes ausdrücken oder durch die auf eine Vergleichslänge l_c „bezogenen (dimensionslosen) Verschiebungen"

$$\xi_a = \frac{v_{a;x}}{l_c},\qquad (2.2.9)$$

$$\eta_a = \frac{v_{a;y}}{l_c},\qquad (2.2.10)$$

$$\xi_b = \frac{v_{b;x}}{l_c},\qquad (2.2.11)$$

$$\eta_b = \frac{v_{b;y}}{l_c}.\qquad (2.2.12)$$

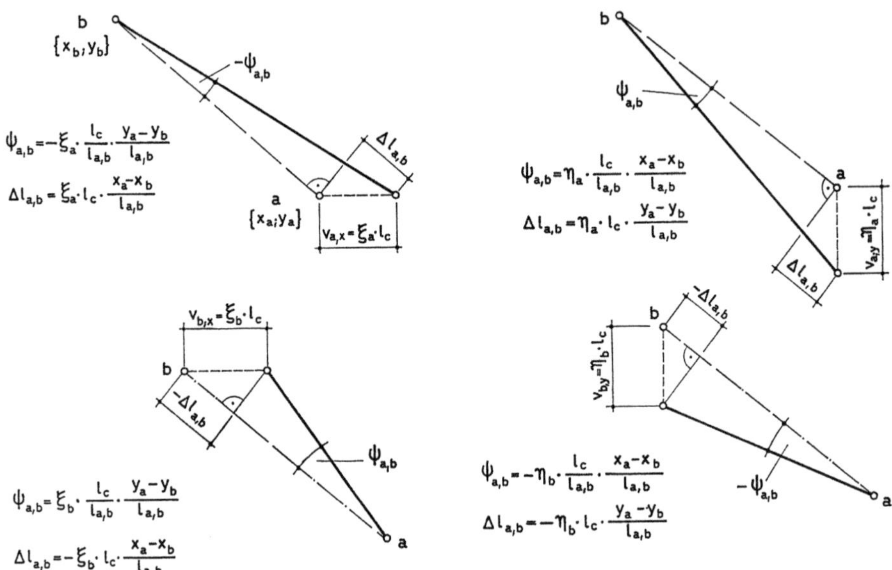

Abb. 12. Stabsehnendrehungen $\psi_{a,b}$ und Stablängenänderungen $\Delta l_{a,b}$ infolge Verschiebungen v der Stabenden a und b

Nach Abb. 12 folgt mit

$$\varrho_{l;a,b} = \frac{l_c}{l_{a,b}}, \tag{2.2.13}$$

$$\theta_{x;a,b} = \frac{x_a - x_b}{l_{a,b}}, \tag{2.2.14}$$

$$\theta_{y;a,b} = \frac{y_a - y_b}{l_{a,b}} \tag{2.2.15}$$

für die Drehung $\psi_{a,b}$ der Stabsehne a,b:

$$\psi_{a,b} = \{\varrho_l \cdot [-(\xi_a - \xi_b) \cdot \theta_y + (\eta_a - \eta_b) \cdot \theta_x]\}_{a,b}. \tag{2.2.16}$$

Mit (2.2.16) ergibt sich aus (2.2.1) und (2.2.2)

$$M_{a,b(b,b)} = \sum_B \overline{M}_{a,b(b,b)} + \varphi_a \cdot {}^{\varphi_a=1}\mathfrak{M}_{a,b(b,b)} + \varphi_b \cdot {}^{\varphi_b=1}\mathfrak{M}_{a,b(b,b)}$$

$$+ \{\varrho_l \cdot [-(\xi_a - \xi_b) \cdot \theta_y + (\eta_a - \eta_b) \cdot \theta_x]\}_{a,b} \cdot {}^{\psi_{a,b}=1}\mathfrak{M}_{a,b(b,b)}, \tag{2.2.17}$$

$$M_{b,a(b,b)} = \sum_B \overline{M}_{b,a(b,b)} + \varphi_a \cdot {}^{\varphi_a=1}\mathfrak{M}_{b,a(b,b)} + \varphi_b \cdot {}^{\varphi_b=1}\mathfrak{M}_{b,a(b,b)}$$

$$+ \{\varrho_l \cdot [-(\xi_a - \xi_b) \cdot \theta_y + (\eta_a - \eta_b) \cdot \theta_x]\}_{a,b} \cdot {}^{\psi_{a,b}=1}\mathfrak{M}_{b,a(b,b)} \tag{2.2.18}$$

und aus (2.2.3) und (2.2.4):

$$K_{a,b;Q(b,b)} = \sum_B \overline{K}_{a,b;Q(b,b)} + \varphi_a \cdot {}^{\varphi_a=1}\mathfrak{K}_{a,b;Q(b,b)} + \varphi_b \cdot {}^{\varphi_b=1}\mathfrak{K}_{a,b;Q(b,b)}$$

$$+ \{\varrho_l \cdot [-(\xi_a - \xi_b) \cdot \theta_y + (\eta_a - \eta_b) \cdot \theta_x]\}_{a,b} \cdot {}^{\psi_{a,b}=1}\mathfrak{K}_{a,b;Q(b,b)}, \quad (2.2.19)$$

$$K_{b,a;Q(b,b)} = \sum_B \overline{K}_{b,a;Q(b,b)} + \varphi_a \cdot {}^{\varphi_a=1}\mathfrak{K}_{b,a;Q(b,b)} + \varphi_b \cdot {}^{\varphi_b=1}\mathfrak{K}_{b,a;Q(b,b)}$$

$$+ \{\varrho_l \cdot [-(\xi_a - \xi_b) \cdot \theta_y + (\eta_a - \eta_b) \cdot \theta_x]\}_{a,b} \cdot {}^{\psi_{a,b}=1}\mathfrak{K}_{b,a;Q(b,b)}. \quad (2.2.20)$$

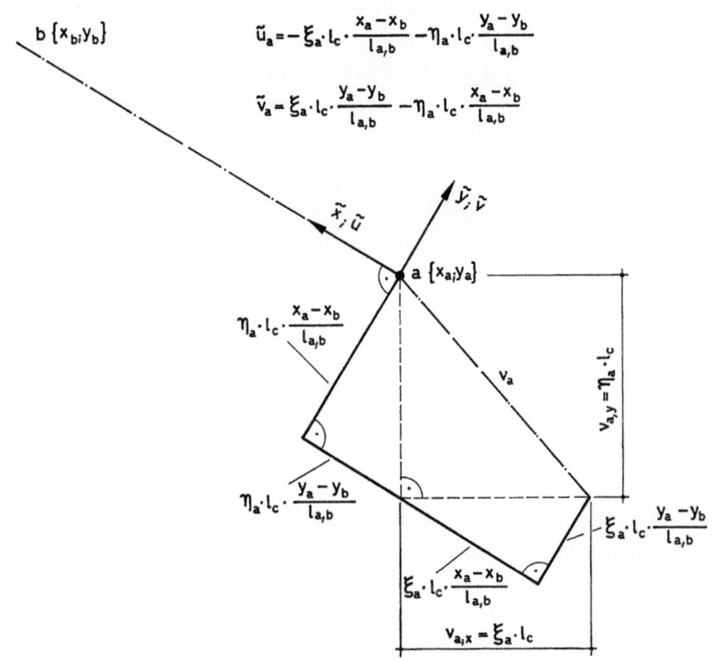

Abb. 13. Verschiebungen $\tilde{v}_a$ und $\tilde{u}_a$ des Stabendes a eines Stabes a,b

Die Verschiebung $\tilde{v}_a$ des Stabendes a in Richtung der Koordinatenachse $\tilde{y}$ ist durch die Verschiebung $v_{a;x}$ und $v_{a;y}$ oder die bezogenen Verschiebungen ξ_a und η_a gegeben. Nach Abb. 13 erhält man mit (2.2.14) und (2.2.15):

$$\tilde{v}_a = l_c \cdot (\xi_a \cdot \theta_y - \eta_a \cdot \theta_x)_{a,b}. \quad (2.2.21)$$

Aus (2.2.7) folgt mit (2.2.16) und (2.2.21)

$$\tilde{v}(\tilde{x})_{(b,b)} = \sum_B \tilde{v}_0(\tilde{x}) + M_{a,b(b,b)} \cdot {}^{M_{a,b}=1}\tilde{v}(\tilde{x}) + M_{b,a(b,b)} \cdot {}^{M_{b,a}=1}\tilde{v}(\tilde{x})$$

$$+ l_c \cdot (\xi_a \cdot \theta_y - \eta_a \cdot \theta_x)_{a,b} + \{\varrho_l \cdot [-(\xi_a - \xi_b) \cdot \theta_y + (\eta_a - \eta_b) \cdot \theta_x]\}_{a,b} \cdot \tilde{x}$$

$$(2.2.22)$$

und aus (2.2.8) mit (2.2.16):

$$\tilde{v}'(\tilde{x})_{(b,b)} = \sum_B \tilde{v}_0'(\tilde{x}) + M_{a,b(b,b)} \cdot {}^{M_{a,b}=1}\tilde{v}'(\tilde{x}) + M_{b,a(b,b)} \cdot {}^{\dot{M}_{b,a}=1}\tilde{v}'(\tilde{x})$$

$$+ \{\varrho_l \cdot [-(\xi_a - \xi_b) \cdot \theta_y + (\eta_a - \eta_b) \cdot \theta_x]\}_{a,b}. \tag{2.2.23}$$

In den Abbildungen 9, 14, 15, 16, 17, 19 und 20 haben jeweils die Stabendquerkräfte $\overline{K}_Q$ und K_Q und die Stabendlängskräfte $\overline{K}_L$ und K_L dieselbe Wirkungsrichtung. Die Stabendquerkräfte $\overline{K}_Q$ und K_Q wirken senkrecht zu den Stabsehnen und die Stabendlängskräfte $\overline{K}_L$ und K_L in Richtung der Stabsehnen.

Die Wirkungsrichtungen der Stabendkräfte $\overline{K}$ und K eines Stabes a,b sollen also durch die Richtung der Stabsehne a,b des unverformten Stabes bestimmt sein. Die Stabsehne a,b verbindet die durch fiktive Verschiebungsfessel unverschieblich gehaltenen Knotenpunkte a und b eines Stabwerkes. Diese Annahme ist zulässig, da voraussetzungsgemäß die Verformungen des Stabwerkes gegenüber den Stabwerksabmessungen klein sein sollen, so daß mit $\psi_{a,b} \ll 1$ gilt (Abb. 9.2):

$$\sin (\theta + \psi)_{a,b} = (\sin \theta \cdot \cos \psi + \cos \theta \cdot \sin \psi)_{a,b} \simeq \sin \theta_{a,b},$$

$$\cos (\theta + \psi)_{a,b} = (\cos \theta \cdot \cos \psi - \sin \theta \cdot \sin \psi)_{a,b} \simeq \cos \theta_{a,b}.$$

2.3. Stab a,b (b,g)

Der in Abb. 14 dargestellte Stab a,b verbindet die Knotenpunkte a und b eines ebenen Stabwerkes. Das Stabende a des Stabes ist biegesteif (b) mit dem Knotenpunkt a des Stabwerkes und das Stabende b gelenkig (g) mit dem Knotenpunkt b verbunden.

Die Stabendschnittlasten, Schnittlasten und Verformungen des Zustandes „O" des Stabes a,b (b,g) ergeben sich analog 2.2. aus den Stabendschnittlasten, Schnittlasten und Verformungen des Zustandes „$\overline{O}$" und den Stabendschnittlasten, Schnittlasten und Verformungen infolge der Verformungen der Knotenpunkte a und b des Stabwerkes, dem die Schnittlasten der (durchschnittenen) fiktiven Dreh- und Verschiebungsfessel der Knotenpunkte des Zustandes „$\overline{O}$" eingeprägt wurden.

Der Knotendrehung φ_a ist eine gleichgroße Drehung des Stabendes a zugeordnet. Die Knotendrehung φ_b hat keinen Einfluß auf den Schnittlasten- und Verformungszustand des Stabes a,b (b,g), da das Stabende b mit dem Knotenpunkt b gelenkig verbunden ist. Die Knotenverschiebungen $v_{a;x}$, $v_{a;y}$, $v_{b;x}$ und $v_{b;y}$ erzeugen eine Drehung $\psi_{a,b}$ der Stabsehne a,b.

Damit erhalten wir die Grundgleichungen für die Stabendschnittlasten $M_{a,b(b,g)}$, $K_{a,b;Q(b,g)}$ und $K_{b,a;Q(b,g)}$, die Schnittlasten $M(\tilde{x})_{(b,g)}$ und $Q(\tilde{x})_{(b,g)}$ und die Verformungen $\tilde{v}(\tilde{x})_{(b,g)}$ und $\tilde{v}'(\tilde{x})_{(b,g)}$ des Zustandes „O" des Stabes a,b (b,g) zu:

$$M_{a,b(b,g)} = \sum_B \overline{M}_{a,b(b,g)} + \varphi_a \cdot {}^{\varphi_a=1}\mathfrak{M}_{a,b(b,g)} + \psi_{a,b} \cdot {}^{\psi_{a,b}=1}\mathfrak{M}_{a,b(b,g)}, \tag{2.3.1}$$

$$K_{a,b;Q(b,g)} = \sum_B \overline{K}_{a,b;Q(b,g)} + \varphi_a \cdot {}^{\varphi_a=1}\mathfrak{K}_{a,b;Q(b,g)} + \psi_{a,b} \cdot {}^{\psi_{a,b}=1}\mathfrak{K}_{a,b;Q(b,g)}, \tag{2.3.2}$$

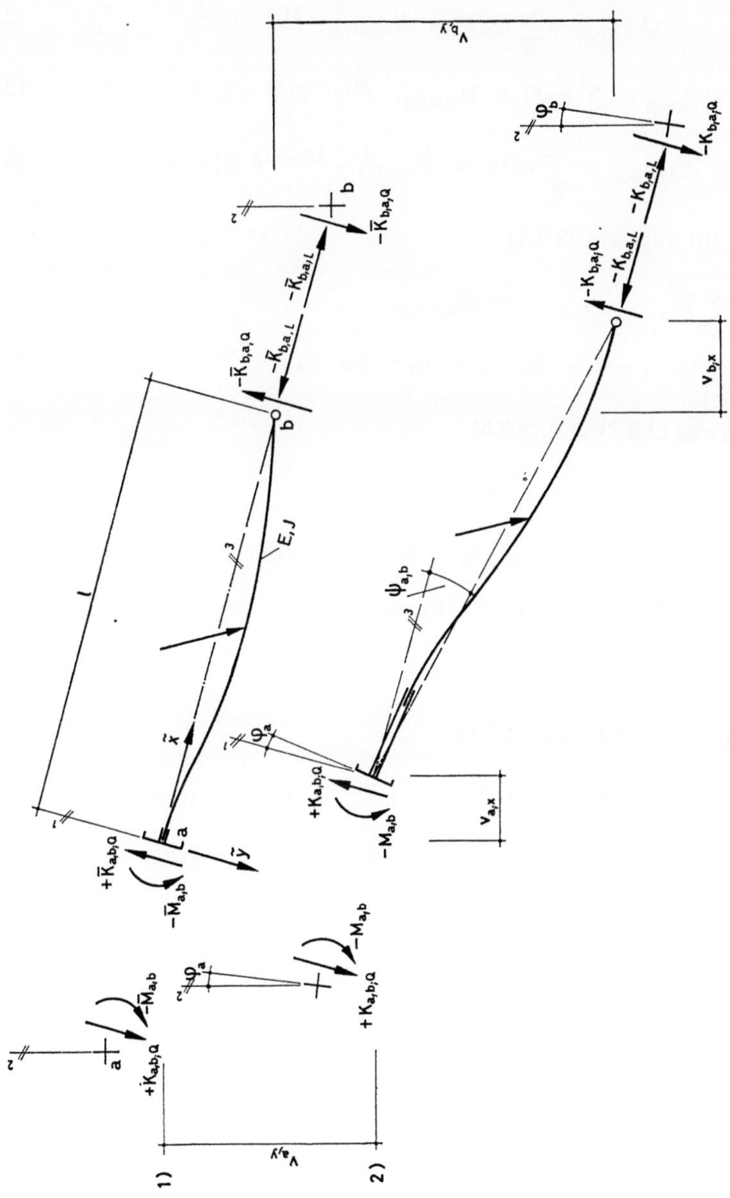

Abb. 14. Stabendschnittlasten und Verformungen eines Stabes *a,b* (*b,g*)

$$K_{b,a;Q(b,g)} = \sum_B \overline{K}_{b,a;Q(b,g)} + \varphi_a \cdot {}^{\varphi_a=1}\mathfrak{K}_{b,a;Q(b,g)} + \psi_{a,b} \cdot {}^{\psi_{a,b}=1}\mathfrak{K}_{b,a;Q(b,g)}, \quad (2.3.3)$$

$$M(\tilde{x})_{(b,g)} = \sum_B M_0(\tilde{x}) + M_{a,b(b,g)} \cdot {}^{M_{a,b}=1}M(\tilde{x}), \quad (2.3.4)$$

$$Q(\tilde{x})_{(b,g)} = \sum_B Q_0(\tilde{x}) + M_{a,b(b,g)} \cdot {}^{M_{a,b}=1}Q(\tilde{x}), \quad (2.3.5)$$

$$\tilde{v}(\tilde{x})_{(b,g)} = \sum_B \tilde{v}_0(\tilde{x}) + M_{a,b(b,g)} \cdot {}^{M_{a,b}=1}\tilde{v}(\tilde{x}) + \tilde{v}_a + \psi_{a,b} \cdot \tilde{x}, \quad (2.3.6)$$

$$\tilde{v}'(\tilde{x})_{(b,g)} = \sum_B \tilde{v}_0'(\tilde{x}) + M_{a,b(b,g)} \cdot {}^{M_{a,b}=1}\tilde{v}'(\tilde{x}) + \psi_{a,b}. \quad (2.3.7)$$

Mit (2.2.16) folgt aus (2.3.1)

$$M_{a,b(b,g)} = \sum_B \overline{M}_{a,b(b,g)} + \varphi_a \cdot {}^{\varphi_a=1}\mathfrak{M}_{a,b(b,g)}$$
$$+ \{\varrho_l \cdot [-(\xi_a - \xi_b) \cdot \theta_y + (\eta_a - \eta_b) \cdot \theta_x]\}_{a,b} \cdot {}^{\psi_{a,b}=1}\mathfrak{M}_{a,b(b,g)}, \quad (2.3.8)$$

mit (2.2.16) aus (2.3.2) und (2.3.3)

$$K_{a,b;Q(b,g)} = \sum_B \overline{K}_{a,b;Q(b,g)} + \varphi_a \cdot {}^{\varphi_a=1}\mathfrak{K}_{a,b;Q(b,g)}$$
$$+ \{\varrho_l \cdot [-(\xi_a - \xi_b) \cdot \theta_y + (\eta_a - \eta_b) \cdot \theta_x]\}_{a,b} \cdot {}^{\psi_{a,b}=1}\mathfrak{K}_{a,b;Q(b,g)}, \quad (2.3.9)$$

$$K_{b,a;Q(b,g)} = \sum_B \overline{K}_{b,a;Q(b,g)} + \varphi_a \cdot {}^{\varphi_a=1}\mathfrak{K}_{b,a;Q(b,g)}$$
$$+ \{\varrho_l \cdot [-(\xi_a - \xi_b) \cdot \theta_y + (\eta_a - \eta_b) \cdot \theta_x]\}_{a,b} \cdot {}^{\psi_{a,b}=1}\mathfrak{K}_{b,a;Q(b,g)}, \quad (2.3.10)$$

mit (2.2.16) und (2.2.21) aus (2.3.6)

$$\tilde{v}(\tilde{x})_{(b,g)} = \sum_B \tilde{v}_0(\tilde{x}) + M_{a,b(b,g)} \cdot {}^{M_{a,b}=1}\tilde{v}(\tilde{x}) + l_c \cdot (\xi_a \cdot \theta_y - \eta_a \cdot \theta_x)_{a,b}$$
$$+ \{\varrho_l \cdot [-(\xi_a - \xi_b) \cdot \theta_y + (\eta_a - \eta_b) \cdot \theta_x]\}_{a,b} \cdot \tilde{x} \quad (2.3.11)$$

und mit (2.2.16) aus (2.3.7):

$$\tilde{v}'(\tilde{x})_{(b,g)} = \sum_B \tilde{v}_0'(\tilde{x}) + M_{a,b(b,g)} \cdot {}^{M_{a,b}=1}\tilde{v}'(\tilde{x})$$
$$+ \{\varrho_l \cdot [-(\xi_a - \xi_b) \cdot \theta_y + (\eta_a - \eta_b) \cdot \theta_x]\}_{a,b}. \quad (2.3.12)$$

2.4. Stab a,b (g,b)

Der in Abb. 15 dargestellte Stab a,b verbindet die Knotenpunkte a und b eines ebenen Stabwerkes. Das Stabende a des Stabes ist gelenkig (g) mit dem Knotenpunkt a des Stabwerkes und das Stabende b biegesteif (b) mit dem Knotenpunkt b verbunden.

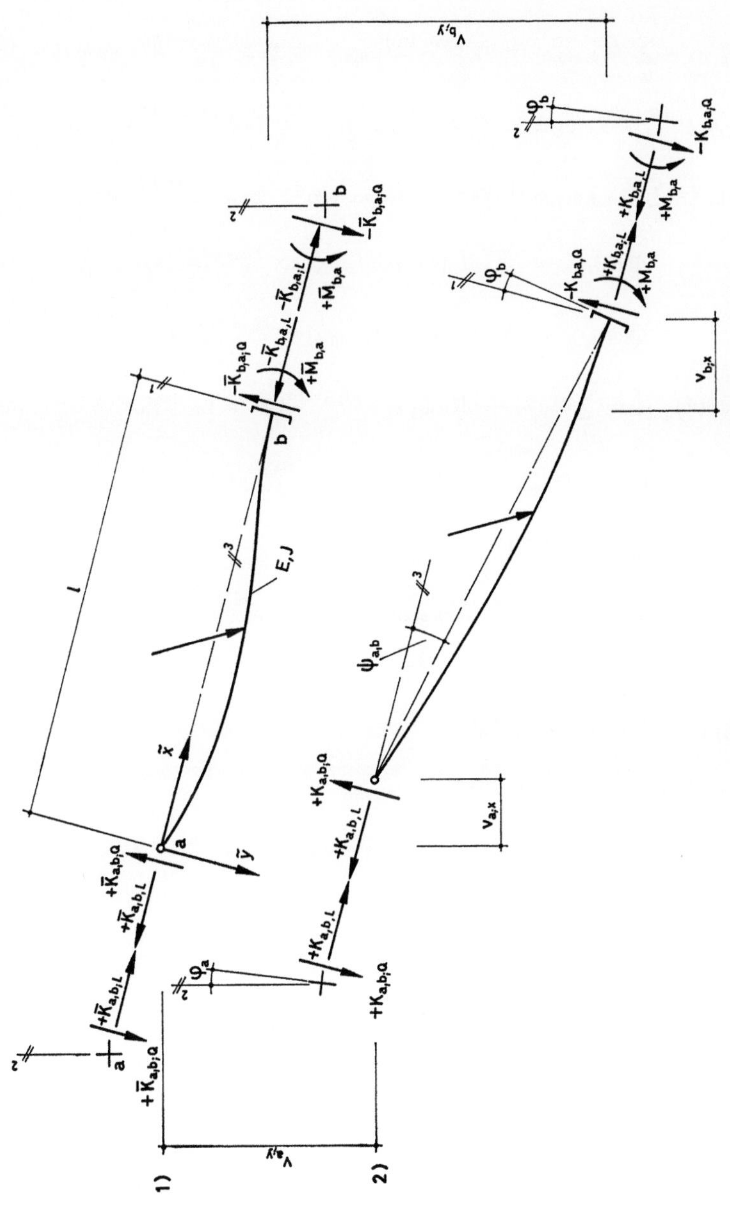

Abb. 15. Stabendschnittlasten und Verformungen eines Stabes a,b (g,b)

Die Grundgleichungen für die Stabendschnittlasten $M_{b,a(g,b)}$, $K_{a,b;Q(g,b)}$ und $K_{b,a;Q(g,b)}$, die Schnittlasten $M(\bar{x})_{(g,b)}$ und $Q(\bar{x})_{(g,b)}$ und die Verformungen $\tilde{v}(\bar{x})_{(g,b)}$ und $\tilde{v}'(\bar{x})_{(g,b)}$ des Zustandes „O" des Stabes $a,b(g,b)$ ergeben sich analog 2.2. und 2.3. zu:

$$M_{b,a(g,b)} = \sum_B \overline{M}_{b,a(g,b)} + \varphi_b \cdot {}^{\varphi_b=1}\mathfrak{M}_{b,a(g,b)} + \psi_{a,b} \cdot {}^{\psi_{a,b}=1}\mathfrak{M}_{b,a(g,b)}, \qquad (2.4.1)$$

$$K_{a,b;Q(g,b)} = \sum_B \overline{K}_{a,b;Q(g,b)} + \varphi_b \cdot {}^{\varphi_b=1}\mathfrak{K}_{a,b;Q(g,b)} + \psi_{a,b} \cdot {}^{\psi_{a,b}=1}\mathfrak{K}_{a,b;Q(g,b)}, \qquad (2.4.2)$$

$$K_{b,a;Q(g,b)} = \sum_B \overline{K}_{b,a;Q(g,b)} + \varphi_b \cdot {}^{\varphi_b=1}\mathfrak{K}_{b,a;Q(g,b)} + \psi_{a,b} \cdot {}^{\psi_{a,b}=1}\mathfrak{K}_{b,a;Q(g,b)}, \qquad (2.4.3)$$

$$M(\bar{x})_{(g,b)} = \sum_B M_0(\bar{x}) + M_{b,a(g,b)} \cdot {}^{M_{b,a}=1}M(\bar{x}), \qquad (2.4.4)$$

$$Q(\bar{x})_{(g,b)} = \sum_B Q_0(\bar{x}) + M_{b,a(g,b)} \cdot {}^{M_{b,a}=1}Q(\bar{x}), \qquad (2.4.5)$$

$$\tilde{v}(\bar{x})_{(g,b)} = \sum_B \tilde{v}_0(\bar{x}) + M_{b,a(g,b)} \cdot {}^{M_{b,a}=1}\tilde{v}(\bar{x}) + \tilde{v}_a + \psi_{a,b} \cdot \bar{x}, \qquad (2.4.6)$$

$$\tilde{v}'(\bar{x})_{(g,b)} = \sum_B \tilde{v}_0'(\bar{x}) + M_{b,a(g,b)} \cdot {}^{M_{b,a}=1}\tilde{v}'(\bar{x}) + \psi_{a,b}. \qquad (2.4.7)$$

Mit (2.2.16) folgt aus (2.4.1)

$$M_{b,a(g,b)} = \sum_B \overline{M}_{b,a(g,b)} + \varphi_b \cdot {}^{\varphi_b=1}\mathfrak{M}_{b,a(g,b)}$$
$$+ \{\varrho_l \cdot [-(\xi_a - \xi_b) \cdot \theta_y + (\eta_a - \eta_b) \cdot \theta_x]\}_{a,b} \cdot {}^{\psi_{a,b}=1}\mathfrak{M}_{b,a(g,b)}, \qquad (2.4.8)$$

mit (2.2.16) aus (2.4.2) und (2.4.3)

$$K_{a,b;Q(g,b)} = \sum_B \overline{K}_{a,b;Q(g,b)} + \varphi_b \cdot {}^{\varphi_b=1}\mathfrak{K}_{a,b;Q(g,b)}$$
$$+ \{\varrho_l \cdot [-(\xi_a - \xi_b) \cdot \theta_y + (\eta_a - \eta_b) \cdot \theta_x]\}_{a,b} \cdot {}^{\psi_{a,b}=1}\mathfrak{K}_{a,b;Q(g,b)}, \qquad (2.4.9)$$

$$K_{b,a;Q(g,b)} = \sum_B \overline{K}_{b,a;Q(g,b)} + \varphi_b \cdot {}^{\varphi_b=1}\mathfrak{K}_{b,a;Q(g,b)}$$
$$+ \{\varrho_l \cdot [-(\xi_a - \xi_b) \cdot \theta_y + (\eta_a - \eta_b) \cdot \theta_x]\}_{a,b} \cdot {}^{\psi_{a,b}=1}\mathfrak{K}_{b,a;Q(g,b)}, \qquad (2.4.10)$$

mit (2.2.16) und (2.2.21) aus (2.4.6)

$$\tilde{v}(\bar{x})_{(g,b)} = \sum_B \tilde{v}_0(\bar{x}) + M_{b,a(g,b)} \cdot {}^{M_{b,a}=1}\tilde{v}(\bar{x}) + l_c \cdot (\xi_a \cdot \theta_y - \eta_a \cdot \theta_x)_{a,b}$$
$$+ \{\varrho_l \cdot [-(\xi_a - \xi_b) \cdot \theta_{\ddot{y}} + (\eta_a - \eta_b) \cdot \theta_{\bar{x}}]\}_{a,b} \cdot \bar{x} \qquad (2.4.11)$$

und mit (2.2.16) aus (2.4.7):

$$\tilde{v}'(\bar{x})_{(g,b)} = \sum_B \tilde{v}_0'(\bar{x}) + M_{b,a(g,b)} \cdot {}^{M_{b,a}=1}\tilde{v}'(\bar{x})$$
$$+ \{\varrho_l \cdot [-(\xi_a - \xi_b) \cdot \theta_y + (\eta_a - \eta_b) \cdot \theta_x]\}_{a,b}. \qquad (2.4.12)$$

2.5. Stab a,b (g,g)

Der in Abb. 16 dargestellte Stab a,b verbindet die Knotenpunkte a und b eines ebenen Stabwerkes. Die Stabenden a und b des Stabes sind gelenkig (g,g) mit den Knotenpunkten a und b des Stabwerkes verbunden.

Die Grundgleichungen für die Stabendquerkräfte $K_{a,b;Q(g,g)}$ und $K_{b,a;Q(g,g)}$, die Schnittlasten $M(\tilde{x})_{(g,g)}$ und $Q(\tilde{x})_{(g,g)}$ und die Verformungen $\tilde{v}(\tilde{x})_{(g,g)}$ und $\tilde{v}'(\tilde{x})_{(g,g)}$ des Zustandes „O" des Stabes a,b (g,g) erhält man analog 2.2. und 2.3. zu:

$$K_{a,b;Q(g,g)} = \sum_B \overline{K}_{a,b;Q(g,g)} + \psi_{a,b} \cdot {}^{\psi_{a,b}=1}\mathfrak{K}_{a,b;Q(g,g)}, \tag{2.5.1}$$

$$K_{b,a;Q(g,g)} = \sum_B \overline{K}_{b,a;Q(g,g)} + \psi_{a,b} \cdot {}^{\psi_{a,b}=1}\mathfrak{K}_{b,a;Q(g,g)}, \tag{2.5.2}$$

$$M(\tilde{x})_{(g,g)} = \sum_B M_0(\tilde{x}), \tag{2.5.3}$$

$$Q(\tilde{x})_{(g,g)} = \sum_B Q_0(\tilde{x}), \tag{2.5.4}$$

$$\tilde{v}(\tilde{x})_{(g,g)} = \sum_B \tilde{v}_0(\tilde{x}) + \tilde{v}_a + \psi_{a,b} \cdot \tilde{x}, \tag{2.5.5}$$

$$\tilde{v}'(\tilde{x})_{(g,g)} = \sum_B \tilde{v}_0'(\tilde{x}) + \psi_{a,b}. \tag{2.5.6}$$

Mit (2.2.16) folgt aus (2.5.1) und (2.5.2)

$$K_{a,b;Q(g,g)} = \sum_B \overline{K}_{a,b;Q(g,g)}$$
$$+ \{\varrho_l \cdot [-(\xi_a - \xi_b) \cdot \theta_y + (\eta_a - \eta_b) \cdot \theta_x]\}_{a,b} \cdot {}^{\psi_{a,b}=1}\mathfrak{K}_{a,b;Q(g,g)}, \tag{2.5.7}$$

$$K_{b,a;Q(g,g)} = \sum_B \overline{K}_{b,a;Q(g,g)}$$
$$+ \{\varrho_l \cdot [-(\xi_a - \xi_b) \cdot \theta_y + (\eta_a - \eta_b) \cdot \theta_x]\}_{a,b} \cdot {}^{\psi_{a,b}=1}\mathfrak{K}_{b,a;Q(g,g)}, \tag{2.5.8}$$

mit (2.2.16) und (2.2.21) aus (2.5.5)

$$\tilde{v}(\tilde{x})_{(g,g)} = \sum_B \tilde{v}_0(\tilde{x}) + l_c \cdot (\xi_a \cdot \theta_y - \eta_a \cdot \theta_x)_{a,b}$$
$$+ \{\varrho_l \cdot [-(\xi_a - \xi_b) \cdot \theta_y + (\eta_a - \eta_b) \cdot \theta_x]\}_{a,b} \cdot \tilde{x} \tag{2.5.9}$$

und mit (2.2.16) aus (2.5.6):

$$\tilde{v}'(\tilde{x})_{(g,g)} = \sum_B \tilde{v}_0'(\tilde{x}) + \{\varrho_l \cdot [-(\xi_a - \xi_b) \cdot \theta_y + (\eta_a - \eta_b) \cdot \theta_x]\}_{a,b}. \tag{2.5.10}$$

2.6. Stab a,b (f,f)

Der in Abb. 17 dargestellte Stab a,b verbindet die Knotenpunkte a und b eines ebenen Stabwerkes. Die Stabenden a und b des Stabes sind unverschieblich (f,f) mit den Knotenpunkten a und b des Stabwerkes verbunden.

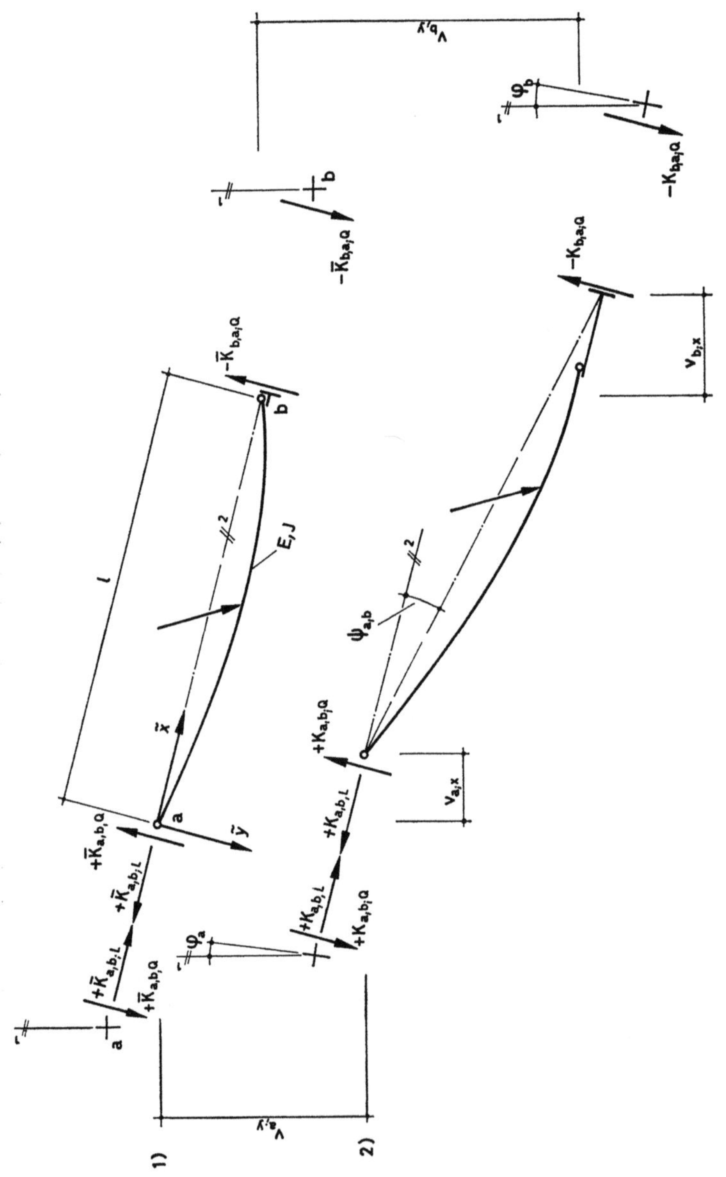

Abb. 16. Stabendschnittlasten und Verformungen eines Stabes a,b (g,g)

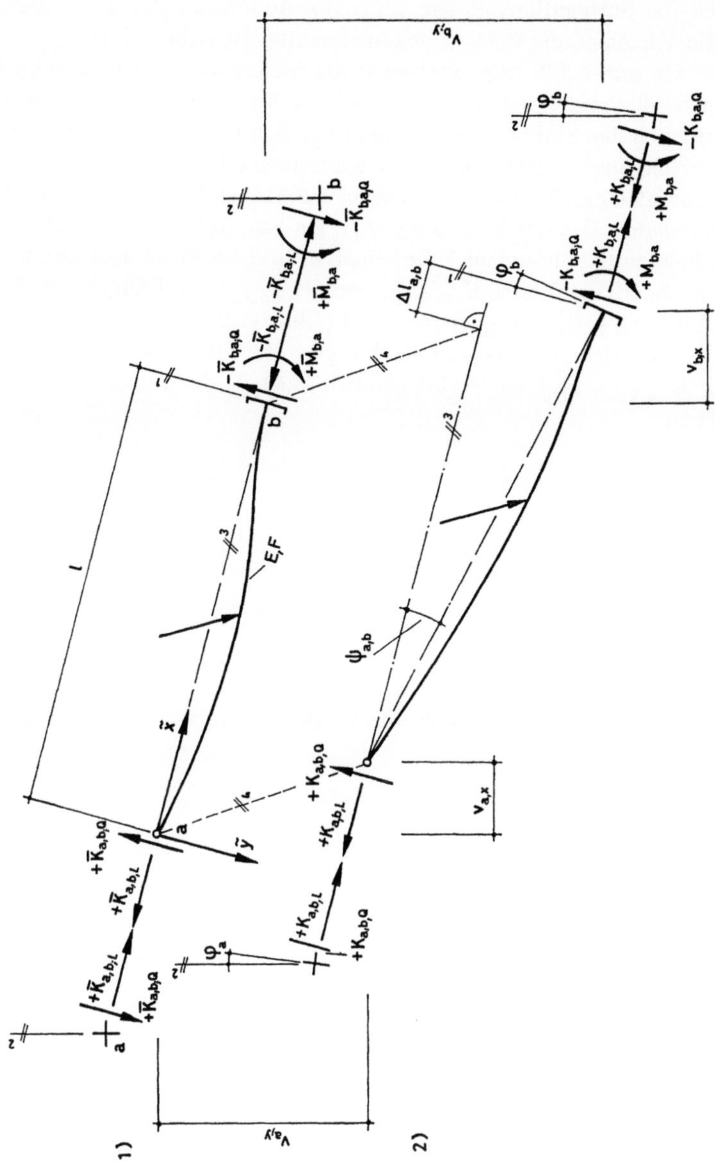

Abb. 17. Stabendschnittlasten und Verformungen eines Stabes a,b (f,f)

Hindern wir wie unter 2.2. die Knotenpunkte des Stabwerkes durch fiktive Dreh- und Verschiebungsfessel, Drehungen und Verschiebungen infolge einer Stabwerksbelastung auszuführen, so entsteht im Stab a,b (f,f) ein durch die Belastung des Stabes bestimmter Schnittlasten- und Verformungszustand „$\overline{O}$", der u. a. durch die Stabendlängskräfte $\overline{K}_{a,b;L(f,f)}$ und $\overline{K}_{b,a;L(f,f)}$, die Längskraft $\overline{S}(\tilde{x})_{(f,f)}$ und die Verschiebung $\overline{u}(\tilde{x})_{(f,f)}$ gekennzeichnet ist (Abb. 17.1).

Prägen wir wie unter 2.2. dem Stabwerk die Schnittlasten der (durchschnittenen) fiktiven Dreh- und Verschiebungsfessel der Knotenpunkte des Zustandes „$\overline{O}$" ein, so wird sich das Stabwerk verformen. Die Knotenpunkte des Stabwerkes werden sich drehen und verschieben. Die Knotenverschiebungen $v_{a;x}$, $v_{a;y}$, $v_{b;x}$ und $v_{b;y}$ erzeugen gleichgroße Verschiebungen der Stabenden a und b und damit eine Längenänderung $\Delta l_{a,b}$ des Stabes a,b (f,f). Im Stab a,b (f,f) entsteht ein von der Stabwerksbelastung abhängiger Schnittlasten- und Verformungszustand „O", dem u. a. die Stabendlängskräfte $K_{a,b;L(f,f)}$ und $K_{b,a;L(f,f)}$, die Längskraft $S(\tilde{x})_{(f,f)}$ und die Verschiebung $\tilde{u}(\tilde{x})_{(f,f)}$ zugeordnet sind (Abb. 17.2).

Damit ergeben sich die Grundgleichungen für die Stabendlängskräfte $K_{a,b;L(f,f)}$ und $K_{b,a;L(f,f)}$ und die Stablängskraft $S(\tilde{x})_{(f,f)}$ des Zustandes „O" des Stabes a,b (f,f) zu:

$$K_{a,b;L(f,f)} = \sum_B \overline{K}_{a,b;L(f,f)} + \Delta l_{a,b} \cdot {}^{\Delta l_{a,b}=1}\mathfrak{K}_{a,b;L(f,f)}, \qquad (2.6.1)$$

$$K_{b,a;L(f,f)} = \sum_B \overline{K}_{b,a;L(f,f)} + \Delta l_{a,b} \cdot {}^{\Delta l_{a,b}=1}\mathfrak{K}_{b,a;L(f,f)}, \qquad (2.6.2)$$

$$S(\tilde{x})_{(f,f)} = \sum_B \overline{S}(\tilde{x})_{(f,f)} + \Delta l_{a,b} \cdot {}^{\Delta l_{a,b}=1}\mathfrak{S}(\tilde{x}). \qquad (2.6.3)$$

Die Stablängenänderung $\Delta l_{a,b}$ läßt sich durch die bezogenen Verschiebungen ξ_a, η_a, ξ_b und η_b ausdrücken. Nach Abb. 12 erhalten wir mit (2.2.14) und (2.2.15):

$$\Delta l_{a,b} = l_c \cdot [(\xi_a - \xi_b) \cdot \theta_x + (\eta_a - \eta_b) \cdot \theta_y]_{a,b}. \qquad (2.6.4)$$

Aus (2.6.1) und (2.6.2) folgt damit

$$K_{a,b;L(f,f)} = \sum_B \overline{K}_{a,b;L(f,f)} + l_c \cdot [(\xi_a - \xi_b) \cdot \theta_x + (\eta_a - \eta_b) \cdot \theta_y]_{a,b} \cdot {}^{\Delta l_{a,b}=1}\mathfrak{K}_{a,b;L(f,f)},$$
$$(2.6.5)$$

$$K_{b,a;L(f,f)} = \sum_B \overline{K}_{b,a;L(f,f)} + l_c \cdot [(\xi_a - \xi_b) \cdot \theta_x + (\eta_a - \eta_b) \cdot \theta_y]_{a,b} \cdot {}^{\Delta l_{a,b}=1}\mathfrak{K}_{b,a;L(f,f)}$$
$$(2.6.6)$$

und aus (2.6.3):

$$S(\tilde{x})_{(f,f)} = \sum_B \overline{S}(\tilde{x})_{(f,f)} + l_c \cdot [(\xi_a - \xi_b) \cdot \theta_x + (\eta_a - \eta_b) \cdot \theta_y]_{a,b} \cdot {}^{\Delta l_{a,b}=1}\mathfrak{S}(\tilde{x}). \qquad (2.6.7)$$

Nach (2.6.7) hat die Stablängskraft $S(\tilde{x})_{(f,f)}$ dieselbe Wirkungsrichtung wie die Stablängskraft $\overline{S}(\tilde{x})_{(f,f)}$. Die Wirkungsrichtung von $S(\tilde{x})_{(f,f)}$ ist somit durch die Richtung der Stabsehne a,b des unverformten Stabes a,b (f,f) festgelegt. Daher müßte $S(\tilde{x})_{(f,f)}$ genauer als „die auf die Richtung der Stabsehne a,b des unverformten Stabes bezogene Projektion der Längskraft des Stabes a,b (f,f)" bezeichnet werden, was jedoch nicht üblich ist. Betragsmäßig sind die Projektion der Stablängskraft und $S(\tilde{x})_{(f,f)}$ unter der Annahme, daß die Verformungen des Stabwerkes im Vergleich zu den Stabwerksabmessungen klein sein sollen, ohnehin gleich groß.

Die Knotenverschiebungen $v_{a;x}$, $v_{a;y}$, $v_{b;x}$ und $v_{b;y}$ erzeugen eine Verschiebung $\tilde{u}_a$ des Stabendes a in Richtung der Stabsehne des unverformten Stabes a,b (f,f) und eine Längenänderung $\Delta l_{a,b}$ des Stabes a,b (f,f), der eine Verschiebung $^{\Delta l_{a,b}}\tilde{u}(\tilde{x})$ zugeordnet ist. Die Verschiebung $\tilde{u}(\tilde{x})_{(f,f)}$ ist somit durch die Verschiebung $\overline{u}(\tilde{x})_{(f,f)}$ des Zustandes „$\overline{O}$", die Verschiebung $\tilde{u}_a$ des Stabendes a und die Verschiebung $^{\Delta l_{a,b}}\tilde{u}(\tilde{x})$ bestimmt. Die Grundgleichung für die Verschiebung $\tilde{u}(\tilde{x})_{(f,f)}$ des Zustandes „O" des Stabes a,b (f,f) ergibt sich damit zu:

$$\tilde{u}(\tilde{x})_{(f,f)} = \sum_B \overline{u}(\tilde{x})_{(f,f)} + \tilde{u}_a + \Delta l_{a,b} \cdot {}^{\Delta l_{a,b}=1}\tilde{u}(\tilde{x}). \tag{2.6.8}$$

Die Verschiebung $\tilde{u}(\tilde{x}_m)_{(f,f)}$ des Querschnittes m eines Stabes $a,b(f,f)$ ist in Abb. 18 dargestellt.

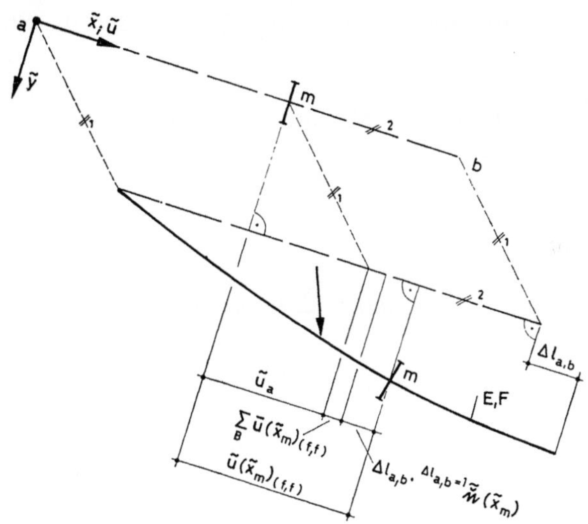

Abb. 18. Verschiebung $\tilde{u}(\tilde{x}_m)_{(f,f)}$ des Querschnittes m eines Stabes a,b (f,f)

Für die Verschiebung $\tilde{u}_a$ erhält man nach Abb. 13 mit (2.2.14) und (2.2.15):

$$\tilde{u}_a = -l_c \cdot (\xi_a \cdot \theta_x + \eta_a \cdot \theta_y)_{a,b}. \tag{2.6.9}$$

Aus (2.6.8) folgt mit (2.6.4) und (2.6.9):

$$\tilde{u}(\tilde{x})_{(f,f)} = \sum_B \overline{u}(\tilde{x})_{(f,f)} - l_c \cdot (\xi_a \cdot \theta_x + \eta_a \cdot \theta_y)_{a,b}$$

$$+ l_c \cdot [(\xi_a - \xi_b) \cdot \theta_x + (\eta_a - \eta_b) \cdot \theta_y]_{a,b} \cdot {}^{\Delta l_{a,b}=1}\tilde{u}(\tilde{x}). \tag{2.6.10}$$

2.7. Stab a,b (f,l)

Der in Abb. 19 dargestellte Stab a,b verbindet die Knotenpunkte a und b eines ebenen Stabwerkes. Das Stabende a des Stabes ist unverschieblich (f) mit dem Knotenpunkt a des Stabwerkes und das Stabende b verschieblich (l) in Richtung der Stabsehne mit dem Knotenpunkt b verbunden.

Die Stabendschnittlasten, Schnittlasten und Verformungen des Zustandes „O" des Stabes a,b (f,l) ergeben sich analog 2.6. aus den Stabendschnittlasten, Schnittlasten und Verformungen des Zustandes „$\overline{O}$" und den Stabendschnittlasten, Schnittlasten und Verformungen infolge der Verformungen der Knotenpunkte a und b des Stabwerkes, dem die Schnittlasten der (durchschnittenen) fiktiven Dreh- und Verschiebungsfessel der Knotenpunkte des Zustandes „$\overline{O}$" eingeprägt wurden.

Da die Verschiebungen der Knotenpunkte a und b des Stabwerkes infolge der eingeprägten Fessellasten des Zustandes „$\overline{O}$" wegen der in Richtung der Stabsehne verschieblichen Verbindung des Stabendes b mit dem Knotenpunkt b des Stabwerkes keine Stablängenänderung $\Delta l_{a,b}$ und damit keine Stablängskraft $^{\Delta l_{a,b}}K_{a,b;L(f,l)}$, keine Stablängskraft $^{\Delta l_{a,b}}S(\tilde{x})_{(f,l)}$ und keine Verschiebung $^{\Delta l_{a,b}}\tilde{u}(\tilde{x})_{(f,l)}$ erzeugen können, sind die Stabendlängskraft $K_{a,b;L(f,l)}$ und die Stablängskraft $S(\tilde{x})_{(f,l)}$ des Zustandes „O" durch die Stabendlängskraft $\overline{K}_{a,b;L(f,l)}$ und die Stablängskraft $\overline{S}(\tilde{x})_{(f,l)}$ des Zustandes „$\overline{O}$" gegeben und die Verschiebung $\tilde{u}(\tilde{x})_{(f,l)}$ des Zustandes „O" durch die Verschiebung $\overline{u}(\tilde{x})_{(f,l)}$ des Zustandes „$\overline{O}$" und die Verschiebung $\tilde{u}_a$ des Stabendes a.

Die Grundgleichungen für die Stabendlängskraft $K_{a,b;L(f,l)}$, die Stablängskraft $S(\tilde{x})_{(f,l)}$ und die Verschiebung $\tilde{u}(\tilde{x})_{(f,l)}$ des Zustandes „O" des Stabes a,b (f,l) erhalten wir damit zu:

$$K_{a,b;L(f,l)} = \sum_B \overline{K}_{a,b;L(f,l)}, \qquad (2.7.1)$$

$$S(\tilde{x})_{(f,l)} = \sum_B \overline{S}(\tilde{x})_{(f,l)}, \qquad (2.7.2)$$

$$\tilde{u}(\tilde{x})_{(f,l)} = \sum_B \overline{u}(\tilde{x})_{(f,l)} + \tilde{u}_a. \qquad (2.7.3)$$

Mit (2.6.9) folgt aus (2.7.3):

$$\tilde{u}(\tilde{x})_{(f,l)} = \sum_B \overline{u}(\tilde{x})_{(f,l)} - l_c \cdot (\xi_a \cdot \theta_x + \eta_a \cdot \theta_y)_{a,b}. \qquad (2.7.4)$$

2.8. Stab a,b (l,f)

Der in Abb. 20 dargestellte Stab a,b verbindet die Knotenpunkte a und b eines ebenen Stabwerkes. Das Stabende a des Stabes ist verschieblich (l) in Richtung der Stabsehne mit dem Knotenpunkt a des Stabwerkes und das Stabende b unverschieblich (f) mit dem Knotenpunkt b verbunden.

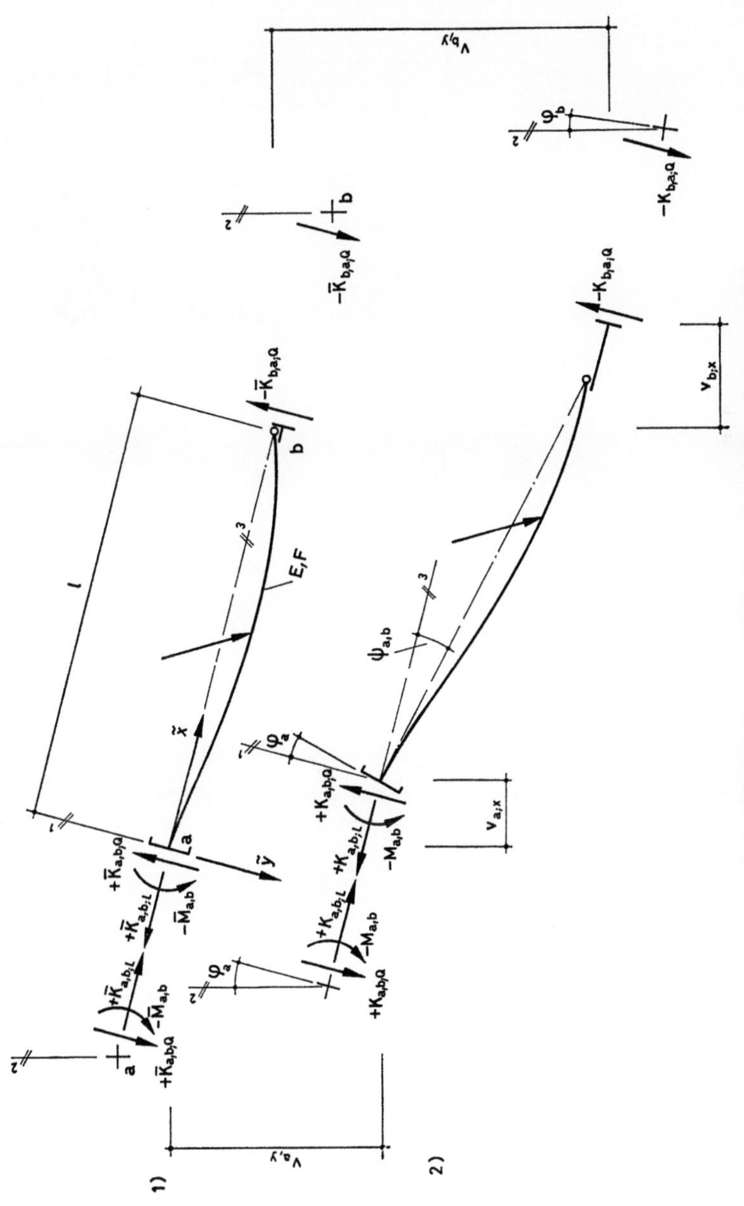

Abb. 19. Stabendschnittlasten und Verformungen eines Stabes a,b (f,l)

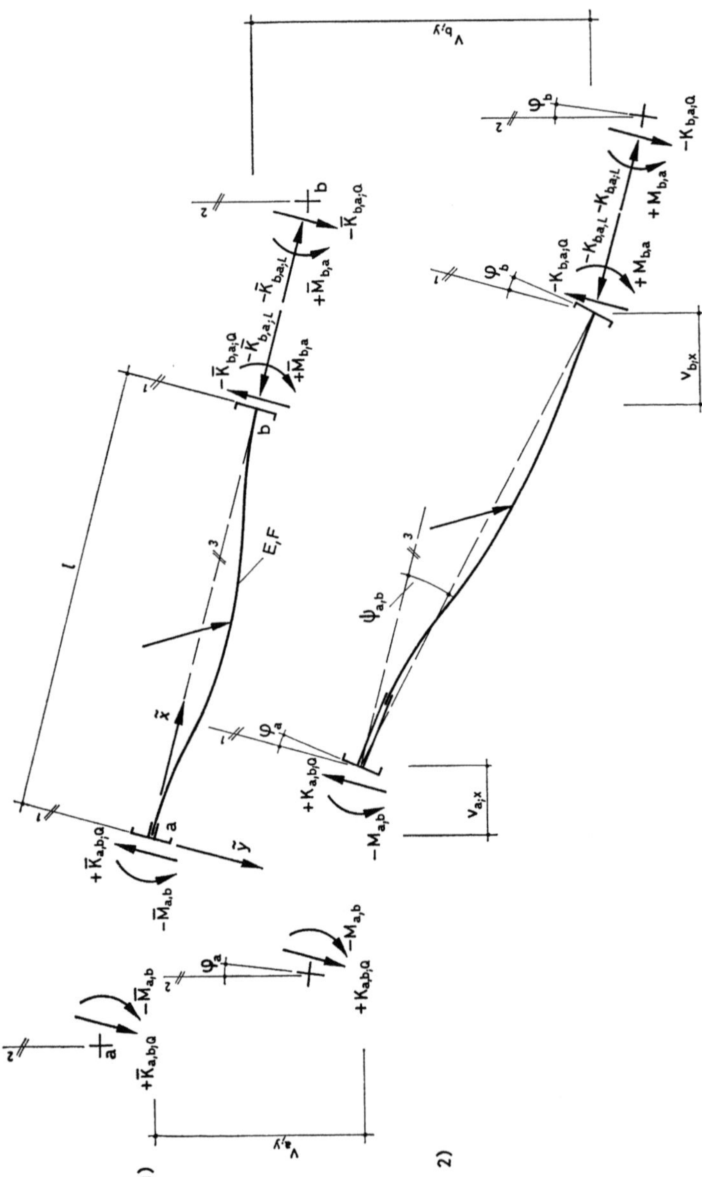

Abb. 20. Stabendschnittlasten und Verformungen eines Stabes a,b (l,f)

Die Grundgleichungen für die Stabendlängskraft $K_{b,a;L(l,f)}$, die Stablängskraft $S(\tilde{x})_{(l,f)}$ und die Verschiebung $\tilde{u}(\tilde{x})_{(l,f)}$ des Zustandes „O" des Stabes a,b (l,f) ergeben sich analog 2.6. und 2.7. zu:

$$K_{b,a;L(l,f)} = \sum_B \overline{K}_{b,a;L(l,f)}, \tag{2.8.1}$$

$$S(\tilde{x})_{(l,f)} = \sum_B \overline{S}(\tilde{x})_{(l,f)}, \tag{2.8.2}$$

$$\tilde{u}(\tilde{x})_{(l,f)} = \sum_B \overline{u}(\tilde{x})_{(l,f)} + \tilde{u}_b = \sum_B \overline{u}(\tilde{x})_{(l,f)} - l_c \cdot (\xi_b \cdot \theta_x + \eta_b \cdot \theta_y)_{a,b}. \tag{2.8.3}$$

3. Vorbemerkungen

Die Schnittlasten und Verformungen eines ebenen Stabwerkes sind bekannt, wenn die Schnittlasten und Verformungen der Stäbe des Stabwerkes gemäß den Grundgleichungen nach 2.2. bis 2.8. bekannt sind.

Zur Berechnung der Schnittlasten und Verformungen eines Stabwerkes werden demnach Grundbeziehungen für Schnittlasten und Verformungen beidseits gelenkig gelagerter Stäbe und Grundgleichungen für Stabendschnittlasten infolge gegebener Stabbelastungen und Grundbeziehungen für Stabendschnittlasten infolge Verformungen der Stabenden benötigt, ferner die Drehungen φ der Knotenpunkte des Stabwerkes, die Drehungen ψ der Stabsehnen und die Längenänderungen Δl der Stäbe infolge einer gegebenen Stabwerksbelastung oder die Drehungen φ und die Verschiebungen v_x und v_y der Knotenpunkte des Stabwerkes, da die Stabsehnendrehungen ψ und die Stablängenänderungen Δl durch die Knotenverschiebungen v_x und v_y bestimmt sind.

Die Grundbeziehungen für den Verlauf der Biegemomente $M_0(\tilde{x})$, der Querkräfte $Q_0(\tilde{x})$, der Durchbiegungen $v_0(\tilde{x})$ und der Neigungen $v_0{}'(\tilde{x})$ der Biegelinien in beidseits gelenkig gelagerten Stäben a,b infolge gegebener Stabbelastungen gewinnen wir in 4. durch Aufstellen von Differentialgleichungen für die Durchbiegungen der Stäbe und deren Lösung für diese Stabbelastungen.

Die Grundgleichungen für den Verlauf der Biegemomente $^{M_{a,b}=1}M(\tilde{x})$ bzw. $^{M_{b,a}=1}M(\tilde{x})$, der Querkräfte $^{M_{a,b}=1}Q(\tilde{x})$ bzw. $^{M_{b,a}=1}Q(\tilde{x})$, der Durchbiegungen $^{M_{a,b}=1}v(\tilde{x})$ bzw. $^{M_{b,a}=1}v(\tilde{x})$ und der Neigungen $^{M_{a,b}=1}v'(\tilde{x})$ bzw. $^{M_{b,a}=1}v'(\tilde{x})$ der Biegelinien in beidseits gelenkig gelagerten Stäben a,b erhalten wir ebenfalls durch Aufstellen einer Differentialgleichung für die Durchbiegung der Stäbe und deren Lösung für die an den Stabenden a bzw. b wirkenden Momente $M_{a,b}= 1$ bzw. $M_{b,a}= 1$.

In 4. verschaffen wir uns weiter Grundbeziehungen für die Beträge der Drehungen $\varphi_{a;a}$ und $\varphi_{a;b}$ bzw. $\varphi_{b;a}$ und $\varphi_{b;b}$ der Stabenden a und b beidseits gelenkig gelagerter Stäbe a,b an deren Stabenden a bzw. b Momente M_a bzw. M_b angreifen und Grundbeziehungen für die Beträge der Drehungen $\varphi_{B;a}$ und $\varphi_{B;b}$ der Stabenden a und b beidseits gelenkig gelagerter Stäbe a,b infolge gegebener Stabbelastungen B.

Mit diesen Grundbeziehungen ermitteln wir nach der Kraftgrößenmethode in 5. Grundbeziehungen für die Beträge der Stabendmomente $\mathfrak{M}_{a,b}$ und $\mathfrak{M}_{b,a}$ und der Stabendquerkräfte $\mathfrak{K}_{a,b;Q}$ und $\mathfrak{K}_{b,a;Q}$ von Stäben a,b infolge Drehungen $\varphi_a = 1$ und $\varphi_b = 1$ der Knotenpunkte a und b und Drehungen $\psi_{a,b} = 1$ der Stabsehnen a,b und in 6. Grundgleichungen für die Beträge der Stabendmomente $\overline{M}_{a,b}$

und $\overline{M}_{b,a}$ und der Stabendquerkräfte $\overline{K}_{a,b;Q}$ und $\overline{K}_{b,a;Q}$ von Stäben a,b infolge gegebener Stabbelastungen.

Die Grundbeziehungen für den Verlauf der Längskräfte $\overline{S}(\tilde{x})$ und der Verschiebungen $\overline{u}(\tilde{x})$ in Stäben a,b infolge gegebener Stabbelastungen können wie die Grundbeziehungen für den Verlauf der Stablängskraft $\mathfrak{S}(\tilde{x})$ und der Verschiebung $\tilde{u}(\tilde{x})$ in Stäben a,b infolge einer Stablängenänderung $\Delta l_{a,b} = 1$ als bekannt vorausgesetzt werden. In 7. werden diese Grundbeziehungen daher ohne Ableitung angegeben, ebenso die Grundbeziehungen für die Beträge der Stabendlängskräfte $\mathfrak{K}_{a,b;L}$ und $\mathfrak{K}_{b,a;L}$ von Stäben a,b infolge einer Stablängenänderung $\Delta l_{a,b} = 1$ in 8. und die Grundgleichungen für die Beträge der Stabendlängskräfte $\overline{K}_{a,b;L}$ und $\overline{K}_{b,a;L}$ von Stäben a,b infolge gegebener Stabbelastungen in 9.

Nach 12. erhalten wir die Verformungen der Knotenpunkte eines Stabwerkes durch Aufstellen und Lösen eines Gleichungssystems (Elastizitätsgleichungen der Formänderungsgrößenmethode) für die Knotendrehungen φ und die bezogenen Knotenverschiebungen $\xi = v_x/l_c$ und $\eta = v_y/l_c$ des Stabwerkes.

Die Schnittlasten $M(\tilde{x})$, $Q(\tilde{x})$ und $S(\tilde{x})$ und die Verformungen $\tilde{v}(\tilde{x})$, $\tilde{v}'(\tilde{x})$ und $\tilde{u}(x)$ eines Stabes a,b, die Schnittlasten D_a und N_a der elastischen Dreh- und Verschiebungs-Fesselstäbe $^D F_a$ und $^V F_a$ eines Knotenpunktes a und die Schnittlasten $\overline{D}_a$, $\overline{N}_{a;x}$ und $\overline{N}_{a;y}$ der starren Dreh- und Verschiebungs-Fesselstäbe $^D \overline{F}_a$, $^V \overline{F}_{a;x}$ und $^V \overline{F}_{a;y}$ eines Auflagerpunktes a des Stabwerkes berechnen wir schließlich nach Grundgleichungen, die in 14., 15. und 16. abgeleitet werden.

4. Schnittlasten M_0 und Q_0 und Verformungen $\varphi_{B;a}$, $\varphi_{B;b}$, v_0 und v_0' beidseits gelenkig gelagerter Stäbe infolge gegebener Stabbelastungen

4.1. Allgemeines

Die Grundbeziehungen für den Verlauf der Biegemomente $M_0(x)$, der Querkräfte $Q_0(x)$, der Durchbiegungen $v_0(x)$ und der Neigungen $v_0'(x)$ der Biegelinien in beidseits gelenkig gelagerten Stäben a,b und die Grundbeziehungen für die Beträge der Stabenddrehungen $\varphi_{B;a}$ und $\varphi_{B;b}$ infolge gegebener Stabbelastungen B werden durch Aufstellen von Differentialgleichungen für die Durchbiegungen der Stäbe und deren Lösung für diese Stabbelastungen ermittelt.

Gegebene Stabbelastungen B seien Momente M, Einzellasten P, Gleichstreckenlasten q, linear veränderliche Streckenlasten $q(x)$, ein lineares Temperaturgefälle Δt in den Stabquerschnitten und die baupraktisch unvermeidbaren „Imperfektionen", die Stabvorverformungen $v_v(x)$ und die exzentrischen Krafteinleitungen an den Stabenden a und b.

4.2. Die Differentialgleichungen
für die Durchbiegungen von Stäben

Bei der Aufstellung der Differentialgleichungen für die Durchbiegung eines längs- und querbelasteten Stabes sollen Biegemoment- und Querkraftverformungen berücksichtigt werden. Wir nehmen daher an, daß sich die Durchbiegung $v_0(x)$ des Stabes infolge einer Stabbelastung aus zwei Teildurchbiegungen zusammensetzt, aus der Teildurchbiegung $^Mv_0(x)$ infolge Biegemomentverformungen und der Teildurchbiegung $^Qv_0(x)$, die durch Querkraftverformungen bedingt ist (Abb. 21):

$$v_0(x) = {}^Mv_0(x) + {}^Qv_0(x), \tag{4.2.1}$$

$$v_0'(x) = {}^Mv_0'(x) + {}^Qv_0'(x), \tag{4.2.2}$$

usw.

Für die Stabkrümmung $^Mv_0''(x)$ infolge Biegung gilt weiter die bekannte Differentialgleichung

$$EI \cdot {}^Mv_0''(x) = -M_0(x) = S \cdot v_0(x) - M_{\bar a}(x), \tag{4.2.3}$$

in der das Biegemoment im Stab nach Theorie I. Ordnung infolge einer Stabbelastung durch $M_{\ddot{a}}(x)$ gegeben ist.

Stellen wir die Differentialgleichungen unter Berücksichtigung von Biegemoment- und Querkraftverformungen für die Teildurchbiegung $^{M}v_0(x)$ auf, so müssen wir in (4.2.3) $v_0(x)$ durch $^{M}v_0(x)$ ausdrücken. Dies gelingt mit (4.2.1), wenn wir eine Beziehung für die Querkraftverformung $^{Q}v_0(x)$ finden, die diese Verformung mit der Durchbiegung $v_0(x)$, der Teildurchbiegung $^{M}v_0(x)$ oder der Stabkrümmung $^{M}v_0''(x)$ verknüpft.

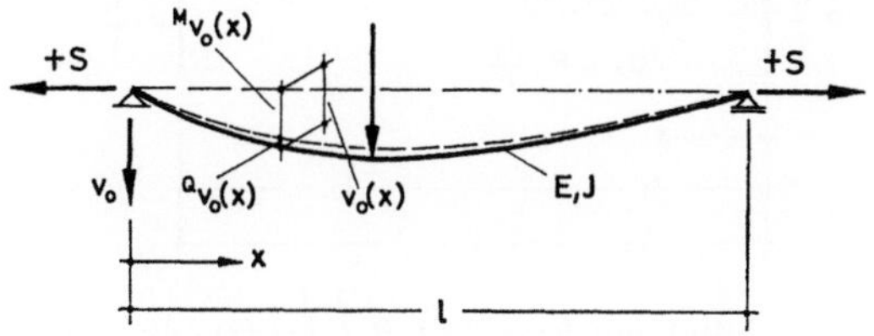

Abb. 21. Durchbiegung v_0 eines Stabes

Die Querkraftverformung $^{Q}v_0'(x)$ eines Stabelementes beträgt nach Abb. 22

$$^{Q}v_0'(x) = \gamma \cdot Q_0(x) = \gamma \cdot \frac{\mathrm{d}M_0(x)}{\mathrm{d}x} = -\gamma \cdot EI \cdot {}^{M}v_0'''(x), \qquad (4.2.4)$$

wenn der Schubwinkel eines Stabelementes infolge $Q_0 = 1$ mit γ bezeichnet wird.

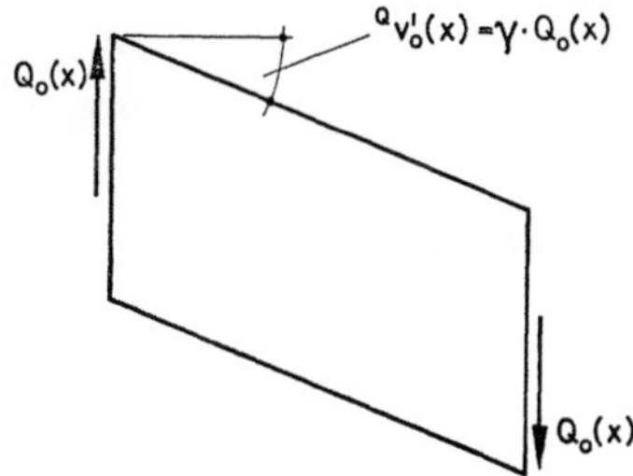

Abb. 22. Querkraftverformung $^{Q}v_0'$
eines Stabelementes

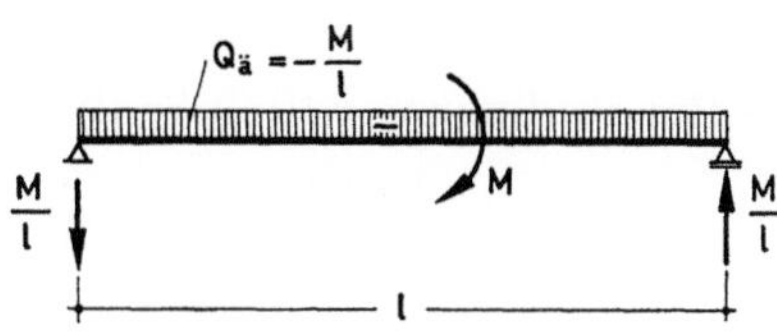

Abb. 23. Stab mit Momentenbelastung M,
($Q_{\ddot{a}} = $ konstant)

Aus (4.2.4) ergibt sich mit (4.2.3):

$$^{Q}v_0'(x) = \gamma \cdot \left(-S \cdot v_0'(x) + Q_{\ddot{a}}(x)\right). \qquad (4.2.5)$$

In (4.2.5) kennzeichnet $Q_{\ddot{a}}(x)$ die Querkraft im Stab nach Theorie I. Ordnung infolge einer Stabbelastung.

Für die weiteren Untersuchungen ist zu unterscheiden, ob einer Stabbelastung eine konstante Querkraft $Q_{\ddot{a}}$ zugeordnet ist, was z. B. nach Abb. 23 für die Querkraft $Q_{\ddot{a}}$ infolge eines Momentes M zutrifft, oder ob eine Stabbelastung eine Querkraft $Q_{\ddot{a}}(x)$ erzeugt, für die $\int_0^l Q_{\ddot{a}}(x) \cdot \mathrm{d}x = 0$ wird. Dies gilt z. B. nach Abb. 24 für die Querkraft $Q_{\ddot{a}}(x)$ infolge einer Einzellast P.

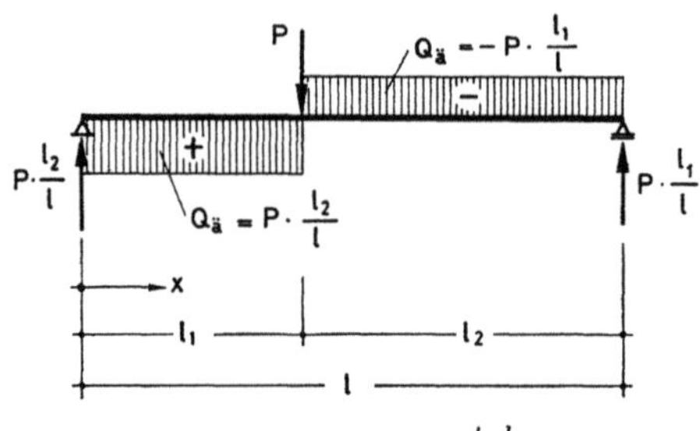

Abb. 24. Stab mit Einzellast P, $\left(\int_0^l Q_{\ddot{a}}(x) \cdot \mathrm{d}x = 0 \right)$

4.2.1. Die Differentialgleichung für die Durchbiegung von Stäben infolge Stabbelastungen, für die $Q_{\ddot{a}} = $ konstant ist

Wir integrieren (4.2.5) und erhalten:

$$^{Q}v_0(x) = \gamma \cdot \left(-S \cdot v_0(x) + Q_{\ddot{a}} \cdot x \right) + c. \tag{4.2.6}$$

Aus der Randbedingung $v_0(0) = {}^{Q}v_0(0) = 0$ folgt:

$$c = 0. \tag{4.2.7}$$

Die Randbedingung $v_0(l) = {}^{Q}v_0(l) = 0$ wird nur erfüllt für:

$$\gamma \cdot Q_{\ddot{a}} \cdot x \equiv 0. \tag{4.2.8}$$

Mit (4.2.7) und (4.2.8) ergibt sich aus (4.2.6):

$$^{Q}v_0(x) = -\gamma \cdot S \cdot v_0(x). \tag{4.2.9}$$

Die Teildurchbiegung $^{Q}v_0(x)$ ist also proportional der Gesamtdurchbiegung $v_0(x)$ und damit nach (4.2.1) auch proportional der Teildurchbiegung $^{M}v_0(x)$. Sie ist unabhängig von den Verformungen infolge der konstanten Querkraft $Q_{\ddot{a}}$.

Wir wollen uns diese Aussage näher ansehen, indem wir einen Stab a,b betrachten, dessen Stabende a eingespannt und dessen Stabende b verschieblich ist. Infolge einer Querkraft $Q_{\ddot{a}} = $ konstant wird sich der Stab gemäß Abb. 25 verformen.

Lösen wir die Einspannung des Stabendes a und drehen den Stab zwecks Einhaltung der Randbedingungen $v_0(0) = {}^{Q}v_0(0) = v_0(l) = {}^{Q}v_0(l) = 0$ in eine horizontale Lage, wird $^Q v_0(x)$ zu Null. Die Querkraft $Q_{\ddot{a}}$ liefert demnach keinen Anteil zur Teildurchbiegung $^Q v_0(x)$. Sie dreht jedoch wie Abb. 26 zeigt alle Stabquerschnitte um einen Winkel vom Betrage $\gamma \cdot Q_{\ddot{a}}$.

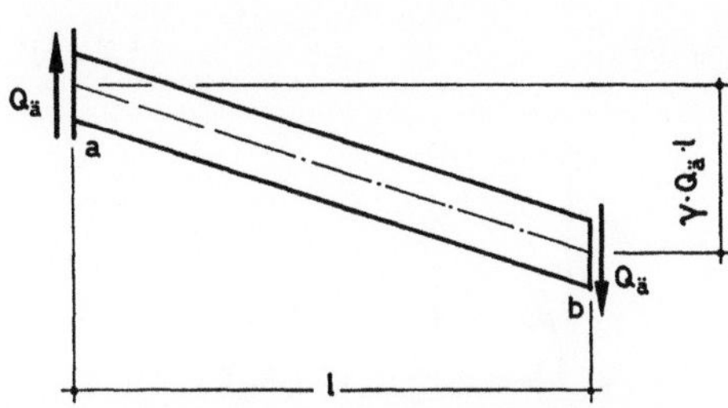

Abb. 25. Querkraftverformung eines Stabes infolge $Q_{\ddot{a}} =$ konstant, $(\gamma =$ konstant)

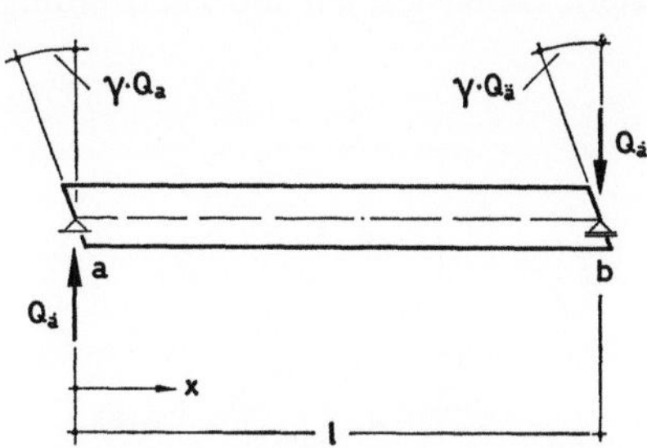

Abb. 26. Querkraftverformung eines Stabes infolge $Q_{\ddot{a}} =$ konstant, $(\gamma =$ konstant)

Aus (4.2.1) folgt mit (4.2.9):

$$v_0(x) \cdot (1 + \gamma \cdot S) = {}^M v_0(x). \qquad (4.2.10)$$

Wir setzen

$$\mu = 1 + \gamma \cdot S \qquad (4.2.11)$$

und erhalten aus (4.2.3) mit (4.2.10) und (4.2.11) die Differentialgleichung für die Teildurchbiegung $^M v_0(x)$ eines Stabes mit konstanter Querkraft $Q_{\ddot{a}}$ zu:

$$EI \cdot {}^M v_0''(x) - \frac{S}{\mu} \cdot {}^M v_0(x) + M_{\ddot{a}}(x) = 0. \qquad (4.2.12)$$

Mit den Lösungen $^M v_0(x)$ dieser Differentialgleichung für gegebene Stabbelastungen können die Durchbiegungen eines Stabes a,b, die sich aus (4.2.1) mit (4.2.10) und (4.2.11) zu

$$v_0(x) = \frac{{}^M v_0(x)}{\mu} = \frac{{}^Q v_0(x)}{1 - \mu} \qquad (4.2.13)$$

ergeben, das Biegemoment

$$M_0(x) = -EI \cdot {}^M v_0''(x) \qquad (4.2.14)$$

und die Querkraft

$$Q_0(x) = -EI \cdot {}^M v_0'''(x) \qquad (4.2.15)$$

des Stabes ermittelt werden.

Die Drehung $\varphi_{B;a}$ eines Stabendes a (Drehung im Uhrzeigersinn positiv) wird gebildet von der Teildrehung $^M \varphi_{B;a}$ infolge Biegemomentverformungen und der durch Querkraftverformungen bedingten Teildrehung $^Q \varphi_{B;a}$:

$$\varphi_{B;a} = {}^M \varphi_{B;a} + {}^Q \varphi_{B;a}. \qquad (4.2.16)$$

Für Biegemomentverformungen von Stäben setzen wir voraus (Abb. 27), daß die Stabquerschnitte, die vor der Verformung senkrecht auf der Stabachse standen, auch nach der Verformung mit der Stabachse einen rechten Winkel bilden. Daher gilt für die Teildrehung $^{M}\varphi_{B;a}$:

$$^{M}\varphi_{B;a} = {}^{M}v_0{}'(0).\tag{4.2.17}$$

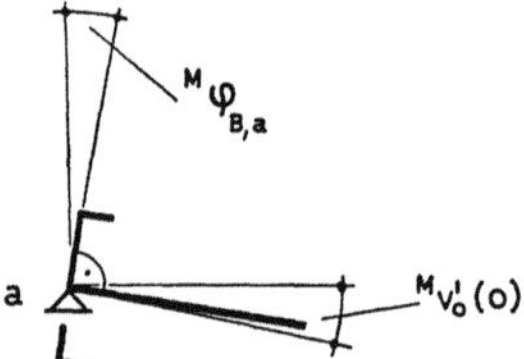

Abb. 27. Biegemomentverformung $^{M}\varphi_{B;a}$
eines Stabendes a

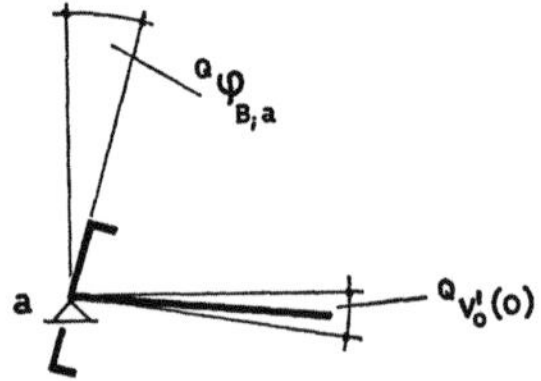

Abb. 28. Querkraftverformung $^{Q}\varphi_{B;a}$
eines Stabendes a

Die Querkraftverformungen verursachen, wie wir gesehen haben, eine Drehung aller Stabquerschnitte und damit auch eine Drehung $^{Q}\varphi_{B;a}$ des Stabendes a um einen Winkel vom Betrage $\gamma \cdot Q_{\ddot{a}}$:

$$^{Q}\varphi_{B;a} = -\gamma \cdot Q_{\ddot{a}}.\tag{4.2.18}$$

Der Stabendquerschnitt a steht nach Querkraftverformungen nicht mehr senkrecht auf der Stabachse wie Abb. 28 zeigt, da $|^{Q}\varphi_{B;a}| \neq |^{Q}v_0{}'(0)|$ ist.

Aus (4.2.16) folgt mit (4.2.17) und (4.2.18) für die Drehung $\varphi_{B;a}$:

$$\varphi_{B;a} = {}^{M}v_0{}'(0) - \gamma \cdot Q_{\ddot{a}}.\tag{4.2.19}$$

Analog hierzu ergibt sich für die Drehung $\varphi_{B;b}$ eines Stabendes b (Drehung entgegen dem Uhrzeigersinn positiv):

$$\varphi_{B;b} = -{}^{M}v_0{}'(l) + \gamma \cdot Q_{\ddot{a}}.\tag{4.2.20}$$

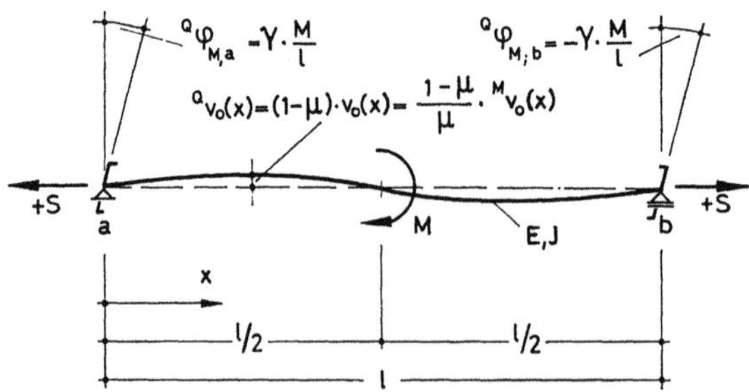

Abb. 29. Querkraftverformungen eines Stabes, ($Q_{\ddot{a}} =$ konstant, $\gamma =$ konstant)

Die Querkraftverformungen eines Stabes a,b infolge eines in Stabmitte angreifenden Momentes M, das eine konstante Querkraft $Q_{\ddot{a}} = -\dfrac{M}{l}$ erzeugt, sind in Abb. 29 dargestellt.

4.2.2. Die Differentialgleichung für die Durchbiegung von Stäben infolge Stabbelastungen, für die $\int_0^l Q_{\ddot{a}}(x) \cdot \mathrm{d}x = 0$ ist

Wir integrieren (4.2.4) und erhalten:

$$^Q v_0(x) = -\gamma \cdot EI \cdot {}^M v_0''(x) + c. \tag{4.2.21}$$

Wegen der Voraussetzung $\int_0^l Q_{\ddot{a}}(x) \cdot \mathrm{d}x = 0$, die keine Belastung durch Momente M zuläßt, muß für einen beidseits gelenkig gelagerten Stab neben der Randbedingung $v_0(0) = {}^Q v_0(0) = 0$ auch die Randbedingung $M_0(0) = -EI \cdot {}^M v_0''(0) = 0$ gelten. Aus (4.2.21) folgt damit:

$$c = 0. \tag{4.2.22}$$

Die Randbedingungen $v_0(l) = {}^Q v_0(l) = 0$ und $M_0(l) = -EI \cdot {}^M v_0''(l) = 0$ sind mit $c = 0$ ebenfalls erfüllt.

Aus (4.2.21) ergibt sich mit (4.2.22) und (4.2.14):

$$^Q v_0(x) = -\gamma \cdot EI \cdot {}^M v_0''(x) = \gamma \cdot M_0(x). \tag{4.2.23}$$

Die Teildurchbiegung $^Q v_0(x)$ ist somit proportional dem Biegemoment $M_0(x)$. Aus (4.2.1) erhalten wir mit (4.2.23):

$$v_0(x) = {}^M v_0(x) - \gamma \cdot EI \cdot {}^M v_0''(x).$$

Damit folgt aus (4.2.3):

$$EI \cdot {}^M v_0''(x) \cdot (1 + \gamma \cdot S) - S \cdot {}^M v_0(x) + M_{\ddot{a}}(x) = 0.$$

Mit (4.2.11) ergibt sich hieraus die Differentialgleichung für die Teildurchbiegung $^M v_0(x)$ eines Stabes infolge Stabbelastungen, für die $\int_0^l Q_{\ddot{a}}(x) \cdot \mathrm{d}x = 0$ ist, zu:

$$EI \cdot {}^M v_0''(x) - \frac{S}{\mu} \cdot {}^M v_0(x) + \frac{M_{\ddot{a}}(x)}{\mu} = 0. \tag{4.2.24}$$

Mit den Lösungen $^M v_0(x)$ dieser Differentialgleichung für gegebene Stabbelastungen können die Durchbiegung $v_0(x)$ eines Stabes a,b, die man aus (4.2.1) mit (4.2.23) zu

$$v_0(x) = {}^M v_0(x) - \gamma \cdot EI \cdot {}^M v_0''(x) \tag{4.2.25}$$

erhält, die Teildurchbiegung $^Q v_0(x)$ des Stabes nach (4.2.23), das Biegemoment $M_0(x)$ nach (4.2.14) und die Querkraft $Q_0(x)$ nach (4.2.15) ermittelt werden.

Für die Drehung $\varphi_{B;a}$ des Stabendes a gilt unter Beachtung der Randbedingungen $v_0(0) = {}^{Q}v_0(0) = v_0(l) = {}^{Q}v_0(l) = 0$:

$$\varphi_{B;a} = {}^{M}\varphi_{B;a} + {}^{Q}\varphi_{B;a} = {}^{M}\varphi_{B;a} - \frac{\gamma}{l} \cdot \int_0^l Q_0(x) \cdot \mathrm{d}x.$$

Aus (4.2.3) folgt:

$$Q_0(x) = \frac{\mathrm{d}M_0(x)}{\mathrm{d}x} = -S \cdot v_0{}'(x) + Q_{\bar{a}}(x).$$

Damit wird:

$$\varphi_{B;a} = {}^{M}\varphi_{B;a} + \frac{\gamma}{l} \int_0^l \left(S \cdot v_0{}'(x) - Q_{\bar{a}}(x)\right) \cdot \mathrm{d}x.$$

Mit

$$\int_0^l v_0{}'(x) \cdot \mathrm{d}x = v_0(l) - v_0(0) = 0,$$

$$\int_0^l Q_{\bar{a}}(x) \cdot \mathrm{d}x = 0$$

und (4.2.17) ergibt sich hieraus die Drehung $\varphi_{B;a}$ zu:

$$\varphi_{B;a} = {}^{M}v_0{}'(0). \tag{4.2.26}$$

Für die Drehung $\varphi_{B;b}$ eines Stabendes b erhält man ebenso:

$$\varphi_{B;b} = -{}^{M}v_0{}'(l). \tag{4.2.27}$$

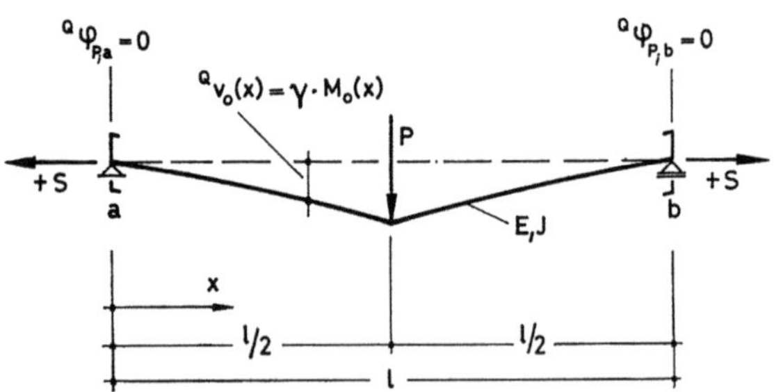

Abb. 30. Querkraftverformungen eines Stabes, $\left(\int_0^l Q_{\bar{a}}(x) \cdot dx = 0,\; \gamma = \text{konstant}\right)$

Die Querkraftverformungen eines Stabes a,b infolge einer in Stabmitte angreifenden Einzellast P, die im Stab eine Querkraft $Q_{\bar{a}}(x)$ erzeugt, für die $\int_0^l Q_{\bar{a}}(x) \cdot \mathrm{d}x = 0$ wird, sind in Abb. 30 dargestellt.

4.3. Moment M_a

4.3.1. Druckstab

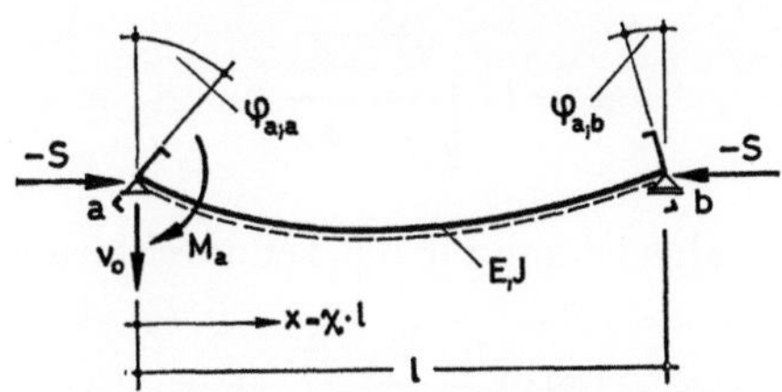

Abb. 31. Druckstab a,b mit Momentenbelastung M_a

4.3.1.1. Genaue Lösungen

Das Moment M_a erzeugt im Stab a,b eine konstante Querkraft $Q_{\ddot{a}}$ (Abb. 32):

$$Q_{\ddot{a}} = -\frac{M_a}{l}. \tag{4.3.1}$$

Für die Teildurchbiegung ${}^M v_0(x)$ des Stabes gilt daher die Differentialgleichung (4.2.12).

Das Biegemoment $M_{\ddot{a}}(x)$ im Stab infolge M_a ergibt sich zu (Abb. 32):

$$M_{\ddot{a}}(x) = M_a \cdot \left(1 - \frac{x}{l}\right). \tag{4.3.2}$$

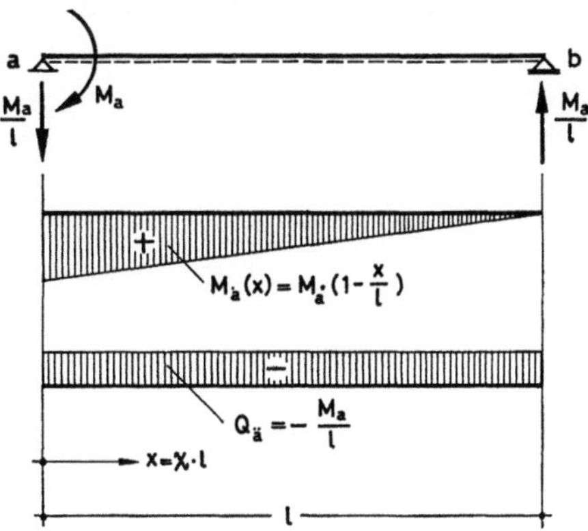

Abb. 32. Stab a,b mit Momentenbelastung M_a

Wir setzen

$$\chi = \frac{x}{l} \tag{4.3.3}$$

und erhalten mit (4.3.2) und (4.3.3) aus (4.2.12):

$$\frac{EI}{l^2} \cdot {}^{M}v_0''(\chi) - \frac{S}{\mu} \cdot {}^{M}v_0(\chi) + M_a \cdot (1 - \chi) = 0. \qquad (4.3.4)$$

Mit

$$\alpha = l \cdot \sqrt{\frac{-S}{\mu \cdot EI}} \qquad (4.3.5)$$

folgt hieraus die Differentialgleichung für die Teildurchbiegung ${}^{M}v_0(\chi)$ zu:

$${}^{M}v_0''(\chi) + \alpha^2 \cdot {}^{M}v_0(\chi) + \frac{M_a \cdot l^2}{EI} \cdot (1 - \chi) = 0. \qquad (4.3.6)$$

Die Lösung dieser Differentialgleichung lautet:

$${}^{M}v_0(\chi) = c_1 \cdot \sin(\alpha\chi) + c_2 \cdot \cos(\alpha\chi) - \frac{M_a \cdot l^2}{EI \cdot \alpha^2} \cdot (1 - \chi). \qquad (4.3.7)$$

Die Konstanten c_1 und c_2 werden aus den Randbedingungen

$$v_0(0) = {}^{M}v_0(0) = 0 \quad \text{und} \quad v_0(1) = {}^{M}v_0(1) = 0$$

bestimmt. (4.3.7) erfüllt diese Randbedingungen für

$$c_2 = \frac{M_a \cdot l^2}{EI \cdot \alpha^2} \quad \text{und} \qquad (4.3.8)$$

$$c_1 = -\frac{c_2 \cdot \cos \alpha}{\sin \alpha} = -\frac{M_a \cdot l^2}{EI} \cdot \frac{\cos \alpha}{\alpha^2 \cdot \sin \alpha}. \qquad (4.3.9)$$

Für die Teildurchbiegung ${}^{M}v_0(\alpha, \chi)$ ergibt sich aus (4.3.7) mit (4.3.8) und (4.3.9) nach Zwischenrechnung:

$${}^{M}v_0(\alpha, \chi) = \frac{M_a \cdot l^2}{EI} \cdot \frac{\sin[\alpha \cdot (1 - \chi)] - (1 - \chi) \cdot \sin \alpha}{\alpha^2 \cdot \sin \alpha}. \qquad (4.3.10)$$

Durch Differenzieren erhält man hieraus

$${}^{M}v_0'(\alpha, \chi) = \frac{M_a \cdot l}{EI} \cdot \frac{-\alpha \cdot \cos[\alpha \cdot (1 - \chi)] + \sin \alpha}{\alpha^2 \cdot \sin \alpha}, \qquad (4.3.11)$$

$${}^{M}v_0''(\alpha, \chi) = \frac{M_a}{EI} \cdot \frac{-\sin[\alpha \cdot (1 - \chi)]}{\sin \alpha} \qquad (4.3.12)$$

und

$${}^{M}v_0'''(\alpha, \chi) = \frac{M_a}{EI \cdot l} \cdot \frac{\alpha \cdot \cos[\alpha \cdot (1 - \chi)]}{\sin \alpha}. \qquad (4.3.13)$$

Mit (4.2.13) folgt aus (4.3.10) für die Durchbiegung $v_0(\alpha, \chi)$:

$$v_0(\alpha, \chi) = \frac{M_a \cdot l^2}{EI} \cdot \frac{1}{\mu \cdot \alpha^2} \cdot \left\{ \frac{\sin\left[\alpha \cdot (1 - \chi)\right]}{\sin \alpha} - (1 - \chi) \right\} = \frac{M_a \cdot l^2}{EI} \cdot F(\alpha, \chi)_{a;v}.$$

$$(4.3.14)$$

Durch Differenzieren ergibt sich aus (4.3.14) für die Neigung $v_0'(\alpha, \chi)$ der Biegelinie:

$$v_0'(\alpha, \chi) = \frac{M_a \cdot l}{EI} \cdot \frac{1}{\mu \cdot \alpha^2} \cdot \left\{ -\frac{\alpha \cdot \cos\left[\alpha \cdot (1 - \chi)\right]}{\sin \alpha} + 1 \right\} = \frac{M_a \cdot l}{EI} \cdot F(\alpha, \chi)_{a;v'}. \quad (4.3.15)$$

Aus (4.2.14) erhalten wir mit (4.3.12) für das Biegemoment $M_0(\alpha, \chi)$

$$M_0(\alpha, \chi) = -EI \cdot {}^{M}v_0''(\chi) = M_a \cdot \frac{\sin\left[\alpha \cdot (1 - \chi)\right]}{\sin \alpha} = M_a \cdot F(\alpha, \chi)_{a;M} \quad (4.3.16)$$

und aus (4.2.15) mit (4.3.13) für die Querkraft $Q_0(\alpha, \chi)$:

$$Q_0(\alpha, \chi) = -EI \cdot {}^{M}v_0'''(\chi) = \frac{M_a}{l} \cdot \frac{-\alpha \cdot \cos\left[\alpha \cdot (1 - \chi)\right]}{\sin \alpha} = \frac{M_a}{l} \cdot F(\alpha, \chi)_{a;Q}.$$

$$(4.3.17)$$

Aus (4.2.19) folgt mit (4.3.1) und (4.3.11) für die Drehung $\varphi(\alpha)_{a;a}$ des Stabendes a $(\chi = 0)$:

$$\varphi(\alpha)_{a;a} = \frac{M_a \cdot l}{EI} \cdot \left(\frac{\sin \alpha - \alpha \cdot \cos \alpha}{\alpha^2 \cdot \sin \alpha} + \gamma \cdot \frac{EI}{l^2} \right).$$

Mit

$$\varkappa_0 = \gamma \cdot \frac{3\,EI}{l^2} \quad (4.3.18)$$

ergibt sich hieraus:

$$\varphi(\alpha)_{a;a} = \frac{M_a \cdot l}{EI} \cdot \left(\frac{\sin \alpha - \alpha \cdot \cos \alpha}{\alpha^2 \cdot \sin \alpha} + \frac{\varkappa_0}{3} \right) = \frac{M_a \cdot l}{EI} \cdot F(\alpha)_{a;a}. \quad (4.3.19)$$

Analog erhält man aus (4.2.20) mit (4.3.1), (4.3.11) und (4.3.18) für die Drehung $\varphi(\alpha)_{a;b}$ des Stabendes b $(\chi = 1)$:

$$\varphi(\alpha)_{a;b} = \frac{M_a \cdot l}{EI} \cdot \left(\frac{\alpha - \sin \alpha}{\alpha^2 \cdot \sin \alpha} - \frac{\varkappa_0}{3} \right) = \frac{M_a \cdot l}{EI} \cdot F(\alpha)_{a;b}. \quad (4.3.20)$$

4.3.1.2. Näherungslösungen für $\alpha \ll 1$

Die genauen Lösungen für die Schnittlasten und Verformungen eines Druckstabes a,b nach 4.3.1.1. stellen für $\alpha = 0$ unbestimmte Ausdrücke von der Form $\frac{0}{0}$ dar und sind daher für $\alpha \to 0$ zur Berechnung der Schnittlasten und Verformungen des Druckstabes nicht geeignet, da eine Zahlenrechnung mit großer Genauigkeit durchgeführt werden müßte. Deshalb werden nachfolgend Näherungslösungen angegeben, mit denen man die Schnittlasten und Verformungen des Druckstabes für $0 < \alpha < 0{,}10$ ermitteln wird.

Mit

$$\sin \alpha = \alpha - \frac{\alpha^3}{6} + \frac{\alpha^5}{120} \cdots \quad \text{und} \tag{4.3.21}$$

$$\cos \alpha = 1 - \frac{\alpha^2}{2} + \frac{\alpha^4}{24} - \frac{\alpha^6}{720} \cdots \tag{4.3.22}$$

folgt aus (4.3.19) für die Drehung $\varphi(\alpha^2)_{a;a}$:

$$\varphi(\alpha^2)_{a;a} = \frac{M_a \cdot l}{EI} \cdot \left[\frac{\alpha - \dfrac{\alpha^3}{6} + \dfrac{\alpha^5}{120} \cdots - \alpha \cdot \left(1 - \dfrac{\alpha^2}{2} + \dfrac{\alpha^4}{24} \cdots\right)}{\alpha^2 \left(\alpha - \dfrac{\alpha^3}{6} \cdots\right)} + \frac{\varkappa_0}{3} \right]$$

$$\simeq \frac{M_a \cdot l}{EI} \cdot \frac{1}{3} \cdot \left(\frac{1 - \dfrac{\alpha^2}{10}}{1 - \dfrac{\alpha^2}{6}} + \varkappa_0 \right) = \frac{M_a \cdot l}{EI} \cdot F(\alpha^2)_{a;a}. \tag{4.3.23}$$

Analog hierzu ergibt sich aus (4.3.20) mit (4.3.21) für die Drehung $\varphi(\alpha^2)_{a;b}$

$$\varphi(\alpha^2)_{a;b} \simeq \frac{M_a \cdot l}{EI} \cdot \frac{1}{6} \cdot \left(\frac{1 - \dfrac{\alpha^2}{20}}{1 - \dfrac{\alpha^2}{6}} - 2\varkappa_0 \right) = \frac{M_a \cdot l}{EI} \cdot F(\alpha^2)_{a;b}, \tag{4.3.24}$$

aus (4.3.16) mit (4.3.21) und

$$\sin \left[\alpha \cdot (1 - \chi)\right] = \alpha \cdot (1 - \chi) - \frac{\alpha^3 \cdot (1 - \chi)^3}{6} + \frac{\alpha^5 \cdot (1 - \chi)^5}{120} \cdots \tag{4.3.25}$$

für das Biegemoment $M_0(\alpha^2, \chi)$

$$M_0(\alpha^2, \chi) \simeq M_a \cdot (1 - \chi) \cdot \frac{1 - \dfrac{\alpha^2}{6} \cdot (1 - \chi)^2}{1 - \dfrac{\alpha^2}{6}} = M_a \cdot F(\alpha^2, \chi)_{a;M} \tag{4.3.26}$$

und aus (4.3.17) mit (4.3.21) und

$$\cos \left[\alpha \cdot (1 - \chi)\right] = 1 - \frac{\alpha^2 \cdot (1 - \chi)^2}{2} + \frac{\alpha^4 \cdot (1 - \chi)^4}{24} \cdots \tag{4.3.27}$$

für die Querkraft $Q_0(\alpha^2, \chi)$:

$$Q_0(\alpha^2, \chi) \simeq \frac{M_a}{l} \cdot \frac{-\left[1 - \dfrac{\alpha^2}{2} \cdot (1 - \chi)^2\right]}{1 - \dfrac{\alpha^2}{6}} = \frac{M_a}{l} \cdot F(\alpha^2, \chi)_{a;Q}. \qquad (4.3.28)$$

Aus (4.2.11), (4.3.5) und (4.3.18) erhalten wir:

$$\frac{1}{\mu} = 1 + \frac{\varkappa_0}{3} \cdot \alpha^2. \qquad (4.3.29)$$

Mit (4.3.21), (4.3.25) und (4.3.29) folgt aus (4.3.14) für die Durchbiegung $v_0(\alpha^2, \chi)$

$$v_0(\alpha^2, \chi) \simeq \frac{M_a \cdot l^2}{EI} \cdot \left(1 + \frac{\varkappa_0}{3} \cdot \alpha^2\right) \cdot \frac{1 - \chi}{6} \cdot \frac{1 - (1 - \chi)^2 - \dfrac{\alpha^2}{20} \cdot [1 - (1 - \chi)^4]}{1 - \dfrac{\alpha^2}{6}}$$

$$= \frac{M_a \cdot l^2}{EI} \cdot F(\alpha^2, \chi)_{a;v} \qquad (4.3.30)$$

und mit (4.3.21), (4.3.27) und (4.3.29) aus (4.3.15) für die Neigung $v_0'(\alpha^2, \chi)$ der Biegelinie:

$$v_0'(\alpha^2, \chi) \simeq \frac{M_a \cdot l}{EI} \cdot \left(1 + \frac{\varkappa_0}{3} \cdot \alpha^2\right) \cdot \frac{1}{6} \cdot \frac{-1 + 3 \cdot (1 - \chi)^2 - \dfrac{\alpha^2}{20} \cdot [-1 + 5 \cdot (1 - \chi)^4]}{1 - \dfrac{\alpha^2}{6}}$$

$$= \frac{M_a \cdot l}{EI} \cdot F(\alpha^2, \chi)_{a;v'}. \qquad (4.3.31)$$

4.3.2. Genaue Lösungen für einen Stab ohne Längskraft

Für einen Stab ohne Längskraft ist $S = 0$ und damit nach (4.3.5) auch $\alpha = 0$. Mit $\alpha = 0$ gewinnen wir aus den Näherungslösungen nach 4.3.1.2. die nachfolgenden genauen Lösungen für die Schnittlasten und Verformungen eines Stabes a,b ohne Längskraft.

Es ergibt sich aus (4.3.23) für die Drehung $\varphi(0)_{a;a}$

$$\varphi(0)_{a;a} = \frac{M_a \cdot l}{EI} \cdot \frac{1}{3} \cdot (1 + \varkappa_0) = \frac{M_a \cdot l}{EI} \cdot F(0)_{a;a}, \qquad (4.3.32)$$

aus (4.3.24) für die Drehung $\varphi(0)_{a;b}$

$$\varphi(0)_{a;b} = \frac{M_a \cdot l}{EI} \cdot \frac{1}{6} \cdot (1 - 2\varkappa_0) = \frac{M_a \cdot l}{EI} \cdot F(0)_{a;b}, \qquad (4.3.33)$$

aus (4.3.26) für das Biegemoment $M_0(0, \chi)$

$$M_0(0, \chi) = M_a \cdot (1 - \chi) = M_a \cdot F(0, \chi)_{a;M}, \qquad (4.3.34)$$

aus (4.3.28) für die Querkraft $Q_0(0, \chi)$

$$Q_0(0, \chi) = \frac{M_a}{l} \cdot (-1) = \frac{M_a}{l} \cdot F(0, \chi)_{a;Q}, \qquad (4.3.35)$$

aus (4.3.30) für die Durchbiegung $v_0(0, \chi)$

$$v_0(0, \chi) = \frac{M_a \cdot l^2}{EI} \cdot \frac{1 - \chi}{6} \cdot [1 - (1 - \chi)^2] = \frac{M_a \cdot l^2}{EI} \cdot F(0, \chi)_{a;v} \qquad (4.3.36)$$

und aus (4.3.31) für die Neigung $v_0'(0, \chi)$ der Biegelinie:

$$v_0'(0, \chi) = \frac{M_a \cdot l}{EI} \cdot \frac{1}{6} \cdot [-1 + 3 \cdot (1 - \chi)^2] = \frac{M_a \cdot l}{EI} \cdot F(0, \chi)_{a;v'}. \qquad (4.3.37)$$

4.3.3. Zugstab

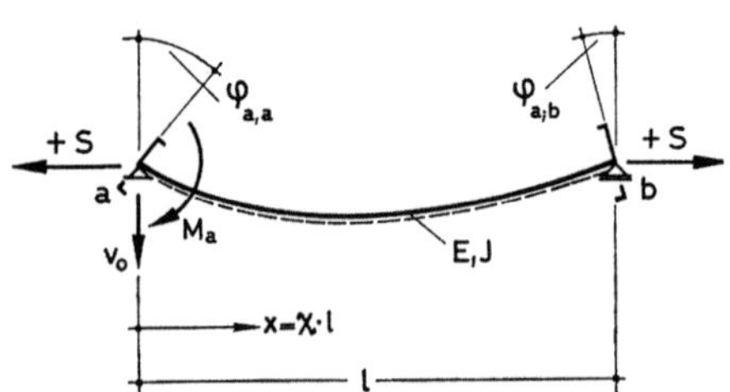

Abb. 33. Zugstab a,b mit Momentenbelastung M_a

4.3.3.1. Genaue Lösungen

Für die Teildurchbiegung $^M v_0(x)$ des Zugstabes a,b nach Abb. 33 gilt wie für die Teildurchbiegung $^M v_0(x)$ des Druckstabes nach Abb. 31 die Differentialgleichung (4.2.12) und damit auch (4.3.4).

Mit

$$\beta = l \cdot \sqrt{\frac{S}{\mu \cdot EI}} \qquad (4.3.38)$$

erhält man aus (4.3.4):

$$^M v_0''(\chi) - \beta^2 \cdot {}^M v_0(\chi) + \frac{M_a \cdot l^2}{EI} \cdot (1 - \chi) = 0. \qquad (4.3.39)$$

Aus (4.3.5), (4.3.6), (4.3.38) und (4.3.39) erkennen wir, daß wir die Grundbeziehungen für die Schnittlasten und Verformungen des Zugstabes nach Abb. 33

aus den Grundbeziehungen für die Schnittlasten und Verformungen des Druckstabes nach Abb. 31 gewinnen können, wenn wir folgende Beziehungen beachten:

$$\alpha = i\beta, \qquad (4.3.40)$$

$$\alpha^2 = -\beta^2, \qquad (4.3.41)$$

$$\sin \alpha = \sin (i\beta) = i \cdot \mathrm{Sinh}\, \beta, \qquad (4.3.42)$$

$$\cos \alpha = \cos (i\beta) = \mathrm{Cosh}\, \beta. \qquad (4.3.43)$$

Damit folgt aus (4.3.19) für die Drehung $\varphi(\beta)_{a;a}$

$$\varphi(\beta)_{a;a} = \frac{M_a \cdot l}{EI} \cdot \left(\frac{\beta \cdot \mathrm{Cosh}\, \beta - \mathrm{Sinh}\, \beta}{\beta^2 \cdot \mathrm{Sinh}\, \beta} + \frac{\varkappa_0}{3} \right) = \frac{M_a \cdot l}{EI} \cdot F(\beta)_{a;a}, \qquad (4.3.44)$$

aus (4.3.20) für die Drehung $\varphi(\beta)_{a;b}$

$$\varphi(\beta)_{a;b} = \frac{M_a \cdot l}{EI} \cdot \left(\frac{\mathrm{Sinh}\, \beta - \beta}{\beta^2 \cdot \mathrm{Sinh}\, \beta} - \frac{\varkappa_0}{3} \right) = \frac{M_a \cdot l}{EI} \cdot F(\beta)_{a;b}, \qquad (4.3.45)$$

aus (4.3.16) für das Biegemoment $M_0(\beta, \chi)$

$$M_0(\beta, \chi) = M_a \cdot \frac{\mathrm{Sinh}\, [\beta \cdot (1 - \chi)]}{\mathrm{Sinh}\, \beta} = M_a \cdot F(\beta, \chi)_{a;M}, \qquad (4.3.46)$$

aus (4.3.17) für die Querkraft $Q_0(\beta, \chi)$

$$Q_0(\beta, \chi) = \frac{M_a}{l} \cdot \frac{-\beta \cdot \mathrm{Cosh}\, [\beta \cdot (1 - \chi)]}{\mathrm{Sinh}\, \beta} = \frac{M_a}{l} \cdot F(\beta, \chi)_{a;Q}, \qquad (4.3.47)$$

aus (4.3.14) für die Durchbiegung $v_0(\beta, \chi)$

$$v_0(\beta, \chi) = \frac{M_a \cdot l^2}{EI} \cdot \frac{1}{\mu \cdot \beta^2} \cdot \left\{ -\frac{\mathrm{Sinh}\, [\beta \cdot (1 - \chi)]}{\mathrm{Sinh}\, \beta} + (1 - \chi) \right\} = \frac{M_a \cdot l^2}{EI} \cdot F(\beta, \chi)_{a;v}$$
$$(4.3.48)$$

und aus (4.3.15) für die Neigung $v_0{}'(\beta, \chi)$ der Biegelinie:

$$v_0{}'(\beta, \chi) = \frac{M_a \cdot l}{EI} \cdot \frac{1}{\mu \cdot \beta^2} \cdot \left\{ \frac{\beta \cdot \mathrm{Cosh}\, [\beta \cdot (1 - \chi)]}{\mathrm{Sinh}\, \beta} - 1 \right\} = \frac{M_a \cdot l}{EI} \cdot F(\beta, \chi)_{a;v'}.$$
$$(4.3.49)$$

4.3.3.2. Näherungslösungen für $\beta \ll 1$

Mit (4.3.41) ergeben sich aus 4.3.1.2. die folgenden Näherungslösungen, die man für $0 < \beta < 0{,}10$ zur Berechnung der Schnittlasten und Verformungen eines Zugstabes a,b verwenden wird, da die genauen Lösungen nach 4.3.3.1. für $\beta = 0$ unbestimmte Ausdrücke von der Form $\dfrac{0}{0}$ darstellen und für $\beta \to 0$ (wie die genauen Lösungen für die Schnittlasten und Verformungen eines Druckstabes nach 4.3.1.1. für $\alpha \to 0$) für die Zahlenrechnung nicht geeignet sind.

Aus (4.3.23) erhalten wir für die Drehung $\varphi(\beta^2)_{a;a}$

$$\varphi(\beta^2)_{a;a} \simeq \frac{M_a \cdot l}{EI} \cdot \frac{1}{3} \cdot \left(\frac{1 + \dfrac{\beta^2}{10}}{1 + \dfrac{\beta^2}{6}} + \varkappa_0 \right) = \frac{M_a \cdot l}{EI} \cdot F(\beta^2)_{a;a}, \qquad (4.3.50)$$

aus (4.3.24) für die Drehung $\varphi(\beta^2)_{a;b}$

$$\varphi(\beta^2)_{a;b} \simeq \frac{M_a \cdot l}{EI} \cdot \frac{1}{6} \cdot \left(\frac{1 + \dfrac{\beta^2}{20}}{1 + \dfrac{\beta^2}{6}} - 2\varkappa_0 \right) = \frac{M_a \cdot l}{EI} \cdot F(\beta^2)_{a;b}, \qquad (4.3.51)$$

aus (4.3.26) für das Biegemoment $M_0(\beta^2, \chi)$

$$M_0(\beta^2, \chi) \simeq M_a \cdot (1 - \chi) \cdot \frac{1 + \dfrac{\beta^2}{6} \cdot (1 - \chi)^2}{1 + \dfrac{\beta^2}{6}} = M_a \cdot F(\beta^2, \chi)_{a;M}, \qquad (4.3.52)$$

aus (4.3.28) für die Querkraft $Q_0(\beta^2, \chi)$

$$Q_0(\beta^2, \chi) \simeq \frac{M_a}{l} \cdot \frac{-\left[1 + \dfrac{\beta^2}{2} \cdot (1 - \chi)^2 \right]}{1 + \dfrac{\beta^2}{6}} = \frac{M_a}{l} \cdot F(\beta^2, \chi)_{a;Q}, \qquad (4.3.53)$$

aus (4.3.30) für die Durchbiegung $v_0(\beta^2, \chi)$

$$v_0(\beta^2, \chi) \simeq \frac{M_a \cdot l^2}{EI} \cdot \left(1 - \frac{\varkappa_0}{3} \cdot \beta^2 \right) \cdot \frac{1 - \chi}{6} \cdot \frac{1 - (1 - \chi)^2 + \dfrac{\beta^2}{20} \cdot [1 - (1 - \chi)^4]}{1 + \dfrac{\beta^2}{6}}$$

$$= \frac{M_a \cdot l^2}{EI} \cdot F(\beta^2, \chi)_{a;v} \qquad (4.3.54)$$

und aus (4.3.31) für die Neigung $v_0{}'(\beta^2, \chi)$ der Biegelinie:

$$v_0{}'(\beta^2, \chi) \simeq \frac{M_a \cdot l}{EI} \cdot \left(1 - \frac{\varkappa_0}{3} \cdot \beta^2 \right) \cdot \frac{1}{6} \cdot \frac{-1 + 3 \cdot (1 - \chi)^2 + \dfrac{\beta^2}{20} \cdot [-1 + 5 \cdot (1 - \chi)^4]}{1 + \dfrac{\beta^2}{6}}$$

$$= \frac{M_a \cdot l}{EI} \cdot F(\beta^2, \chi)_{a;v'}. \qquad (4.3.55)$$

4.3.3.3. Näherungslösungen für $\beta \gg 1$

Die genauen Lösungen nach 4.3.3.1. sind für $\beta \gg 1$ zur Berechnung der Schnittlasten und Verformungen eines Zugstabes a,b nur bedingt geeignet, da die hyperbolischen Funktionen große Zahlenwerte annehmen können. Daher werden nachfolgend Näherungslösungen angegeben, mit denen man die Schnittlasten und Verformungen des Zugstabes für $\beta > 15$ ermitteln wird. Für $\beta \gg 1$ gilt

$$\text{Sinh } \beta = \frac{e^\beta - e^{-\beta}}{2} \simeq \frac{1}{2} \cdot e^\beta \quad \text{und} \tag{4.3.56}$$

$$\text{Cosh } \beta = \frac{e^\beta + e^{-\beta}}{2} \simeq \frac{1}{2} \cdot e^\beta. \tag{4.3.57}$$

Mit (4.3.56) und (4.3.57) folgt aus (4.3.44) für die Drehung $\varphi(\beta_N)_{a;a}$

$$\varphi(\beta_N)_{a;a} \simeq \frac{M_a \cdot l}{EI} \cdot \left(\frac{\beta \cdot \frac{1}{2} e^\beta - \frac{1}{2} \cdot e^\beta}{\beta^2 \cdot \frac{1}{2} \cdot e^\beta} + \frac{\varkappa_0}{3} \right)$$

$$= \frac{M_a \cdot l}{EI} \cdot \left(\frac{\beta - 1}{\beta^2} + \frac{\varkappa_0}{3} \right) = \frac{M_a \cdot l}{EI} \cdot F(\beta_N)_{a;a} \tag{4.3.58}$$

und mit (4.3.56) aus (4.3.45) für die Drehung $\varphi(\beta_N)_{a;b}$:

$$\varphi(\beta_N)_{a;b} \simeq \frac{M_a \cdot l}{EI} \cdot \left(\frac{1 - 2\beta \cdot e^{-\beta}}{\beta^2} - \frac{\varkappa_0}{3} \right) = \frac{M_a \cdot l}{EI} \cdot F(\beta_N)_{a;b}. \tag{4.3.59}$$

Mit

$$\frac{\text{Sinh } [\beta \cdot (1 - \chi)]}{\text{Sinh } \beta} = \frac{\frac{1}{2} \cdot [e^{\beta \cdot (1-\chi)} - e^{-\beta \cdot (1-\chi)}]}{\frac{1}{2} \cdot (e^\beta - e^{-\beta})} \simeq e^{-\beta \cdot \chi} - e^{-\beta \cdot (2-\chi)} \tag{4.3.60}$$

ergibt sich aus (4.3.46) für das Biegemoment $M_0(\beta_N, \chi)$:

$$M_0(\beta_N, \chi) \simeq M_a \cdot [e^{-\beta \cdot \chi} - e^{-\beta \cdot (2-\chi)}] = M_a \cdot F(\beta_N, \chi)_{a;M}. \tag{4.3.61}$$

Mit

$$\frac{\text{Cosh } [\beta \cdot (1 - \chi)]}{\text{Sinh } \beta} = \frac{\frac{1}{2} \cdot [e^{\beta \cdot (1-\chi)} + e^{-\beta \cdot (1-\chi)}]}{\frac{1}{2} \cdot (e^\beta - e^{-\beta})} \simeq e^{-\beta \cdot \chi} + e^{-\beta \cdot (2-\chi)} \tag{4.3.62}$$

erhält man aus (4.3.47) für die Querkraft $Q_0(\beta_N, \chi)$:

$$Q_0(\beta_N, \chi) \simeq \frac{M_a}{l} \cdot (-\beta) \cdot [e^{-\beta \cdot \chi} + e^{-\beta \cdot (2-\chi)}] = \frac{M_a}{l} \cdot F(\beta_N, \chi)_{a;Q}. \tag{4.3.63}$$

Aus (4.3.48) folgt mit (4.3.60) für die Durchbiegung $v_0(\beta_N, \chi)$

$$v_0(\beta_N, \chi) \simeq \frac{M_a \cdot l^2}{EI} \cdot \frac{1}{\mu \cdot \beta^2} \cdot [1 - \chi - \mathrm{e}^{-\beta \cdot \chi} + \mathrm{e}^{-\beta \cdot (2-\chi)}] = \frac{M_a \cdot l^2}{EI} \cdot F(\beta_N, \chi)_{a;v}$$

$$(4.3.64)$$

und aus (4.3.49) mit (4.3.62) für die Neigung $v_0'(\beta_N, \chi)$ der Biegelinie:

$$v_0'(\beta_N, \chi) \simeq \frac{M_a \cdot l}{EI} \cdot \frac{1}{\mu \cdot \beta^2} \cdot \{-1 + \beta \cdot [\mathrm{e}^{-\beta \cdot \chi} + \mathrm{e}^{-\beta \cdot (2-\chi)}]\} = \frac{M_a \cdot l}{EI} \cdot F(\beta_N, \chi)_{a;v'}$$

$$(4.3.65)$$

4.3.4. Darstellung der Funktionen $F_{a;a}$, $F_{a;b}$, $F_{a;M}$, $F_{a;Q}$, $F_{a;v}$ und $F_{a;v'}$

In Abb. 34 ist der Verlauf der Funktionen $F_{a;a}$ und $F_{a;b}$ in Abhängigkeit von α und β dargestellt und in Abb. 35 der Verlauf der Funktionen $F(\chi)_{a;M}$, $F(\chi)_{a;Q}$, $F(\chi)_{a,v}$ und $F(\chi)_{a;v'}$ für $\alpha = 2$, $\alpha = \beta = 0$ und $\beta = 2$.

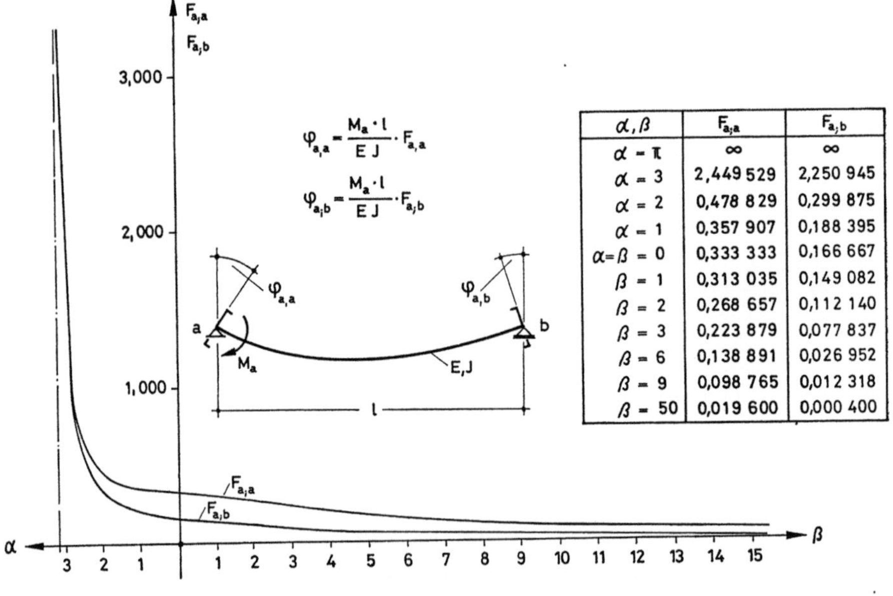

α, β	$F_{a;a}$	$F_{a;b}$
$\alpha = \pi$	∞	∞
$\alpha = 3$	2,449 529	2,250 945
$\alpha = 2$	0,478 829	0,299 875
$\alpha = 1$	0,357 907	0,188 395
$\alpha = \beta = 0$	0,333 333	0,166 667
$\beta = 1$	0,313 035	0,149 082
$\beta = 2$	0,268 657	0,112 140
$\beta = 3$	0,223 879	0,077 837
$\beta = 6$	0,138 891	0,026 952
$\beta = 9$	0,098 765	0,012 318
$\beta = 50$	0,019 600	0,000 400

Abb. 34. Darstellung der Funktionen $F_{a;a}$ und $F_{a;b}$

Die in den Abbildungen angegebenen Zahlenwerte für die Funktionen F wurden unter Vernachlässigung des Einflusses der Querkraftverformungen berechnet ($\mu = 1$, $\varkappa_0 = 0$).

$\chi = \dfrac{x}{l}$	$F_{a;M}$		
	$\alpha = 2$	$\alpha = \beta = 0$	$\beta = 2$
0,00	1,00000000	1,00000000	1,00000000
0,10	1,07098909	0,90000000	0,81121795
0,20	1,09928124	0,80000000	0,65499293
0,30	1,08374850	0,70000000	0,52505508
0,40	1,02501014	0,60000000	0,41618953
0,50	0,92540785	0,50000000	0,32402713
0,60	0,78891248	0,40000000	0,24486908
0,70	0,62096565	0,30000000	0,17553848
0,80	0,42826288	0,20000000	0,11325286
0,90	0,21848663	0,10000000	0,05551247
1,00	0,00000000	0,00000000	0,00000000

$$M_0(\chi) = M_a \cdot F(\chi)_{a;M}$$

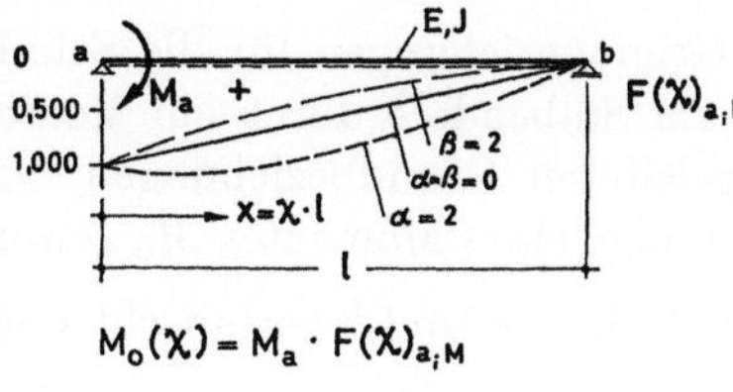

$\chi = \dfrac{x}{l}$	$F_{a;Q}$		
	$\alpha = 2$	$\alpha = \beta = 0$	$\beta = 2$
0,00	0,91531510	-1,00000000	-2,07462944
0,10	0,49973108	-1,00000000	-1,71358851
0,20	0,06422435	-1,00000000	-1,42131991
0,30	-0,37384278	-1,00000000	-1,18609387
0,40	-0,79700600	-1,00000000	-0,99846995
0,50	-1,18839510	-1,00000000	-0,85091812
0,60	-1,53240664	-1,00000000	-0,73751663
0,70	-1,81532596	-1,00000000	-0,65371427
0,80	-2,02587397	-1,00000000	-0,59614776
0,90	-2,15565677	-1,00000000	-0,56250676
1,00	-2,19950034	-1,00000000	-0,55144112

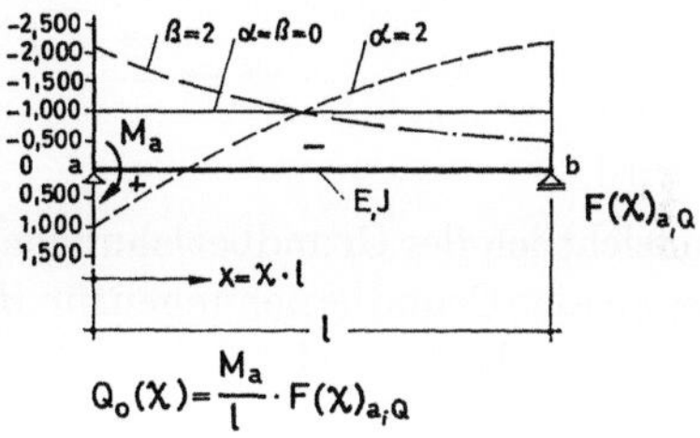

$$Q_0(\chi) = \frac{M_a}{l} \cdot F(\chi)_{a;Q}$$

$\chi = \dfrac{x}{l}$	$F_{a;v}$		
	$\alpha = 2$	$\alpha = \beta = 0$	$\beta = 2$
0,00	0,00000000	0,00000000	0,00000000
0,10	0,04274727	0,02850000	0,02219551
0,20	0,07482031	0,04800000	0,03625176
0,30	0,09593712	0,05950000	0,04373622
0,40	0,10625253	0,06400000	0,04595261
0,50	0,10635196	0,06250000	0,04399321
0,60	0,09722812	0,05600000	0,03878272
0,70	0,08024141	0,04550000	0,03111537
0,80	0,05706572	0,03200000	0,02168678
0,90	0,02962165	0,01650000	0,01112188
1,00	0,00000000	0,00000000	0,00000000

$$v_0(\chi) = \frac{M_a \cdot l^2}{E\,J} \cdot F(\chi)_{a;v}$$

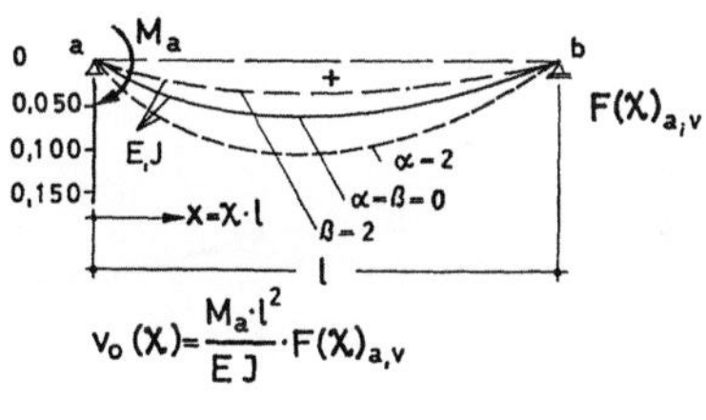

$\chi = \dfrac{x}{l}$	$F_{a;v'}$		
	$\alpha = 2$	$\alpha = \beta = 0$	$\beta = 2$
0,00	0,47882877	0,33333333	0,26865736
0,10	0,37493277	0,23833333	0,17839712
0,20	0,26605608	0,15333333	0,10532997
0,30	0,15653930	0,07833333	0,04652346
0,40	0,05074849	0,01333333	-0,00038251
0,50	-0,04709877	-0,04166667	-0,03727046
0,60	-0,13310166	-0,08666667	-0,06562084
0,70	-0,20383149	-0,12166667	-0,08657143
0,80	-0,25646849	-0,14666667	-0,10096305
0,90	-0,28891419	-0,16166667	-0,10937330
1,00	-0,29987508	-0,16666667	-0,11213971

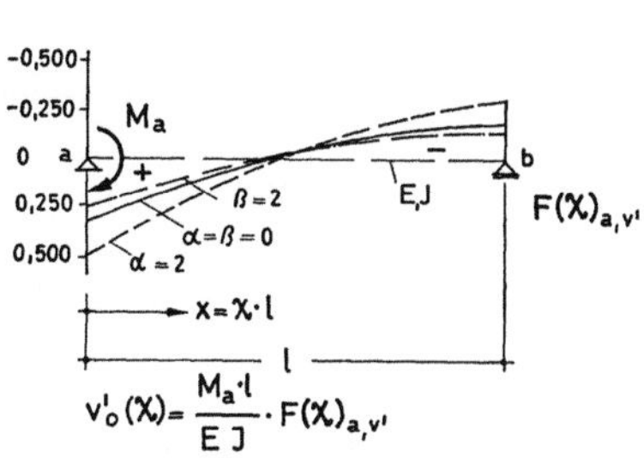

$$v_0'(\chi) = \frac{M_a \cdot l}{E\,J} \cdot F(\chi)_{a;v'}$$

Abb. 35. Darstellung der Funktionen $F_{a;M}$, $F_{a;Q}$, $F_{a;v}$ und $F_{a;v'}$

4.4. Moment M_b

4.4.1. Allgemeines

Die Grundbeziehungen für die Schnittlasten und Verformungen von Stäben a,b, die am Stabende b durch ein Moment M_b belastet sind, können aus den in 4.3. abgeleiteten Grundbeziehungen für Schnittlasten und Verformungen von Stäben infolge eines Momentes M_a gewonnen werden, wenn

1. die Indizes a und b vertauscht werden,

2. anstelle der Koordinate $\chi = \dfrac{x}{l}$ nach (4.3.3) die Koordinate $\chi^* = \dfrac{x^*}{l}$ (Abb. 36) berücksichtigt und für

$$\chi^* = \frac{x^*}{l} = \frac{l - x}{l} = 1 - \chi \qquad (4.4.1)$$

gesetzt wird,

3. hinsichtlich der Grundbeziehungen für $Q_0(\chi)$ und $v_0'(\chi)$, die sich durch Differenzieren aus den Grundbeziehungen für $M_0(\chi)$ und $v_0(\chi)$ ergeben, beachtet wird, daß $\dfrac{\mathrm{d}\chi}{\mathrm{d}x} = +\dfrac{1}{l}$ und $\dfrac{\mathrm{d}\chi^*}{\mathrm{d}x} = -\dfrac{1}{l}$ ist.

4.4.2. Druckstab

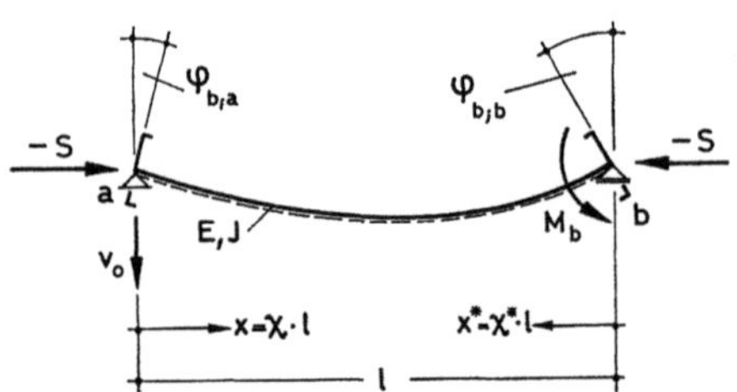

Abb. 36. Druckstab a,b mit Momentenbelastung M_b

4.4.2.1. Genaue Lösungen

Wir erhalten aus (4.3.20), (4.3.19), (4.3.16), (4.3.17), (4.3.14) und (4.3.15):

$$\varphi(\alpha)_{b;a} = \frac{M_b \cdot l}{EI} \cdot \left(\frac{\alpha - \sin \alpha}{\alpha^2 \cdot \sin \alpha} - \frac{\varkappa_0}{3} \right) = \frac{M_b \cdot l}{EI} \cdot F(\alpha)_{b;a}, \qquad (4.4.2)$$

$$\varphi(\alpha)_{b;b} = \frac{M_b \cdot l}{EI} \cdot \left(\frac{\sin \alpha - \alpha \cdot \cos \alpha}{\alpha^2 \cdot \sin \alpha} + \frac{\varkappa_0}{3} \right) = \frac{M_b \cdot l}{EI} \cdot F(\alpha)_{b;b}, \qquad (4.4.3)$$

$$M_0(\alpha, \chi) = M_b \cdot \frac{\sin (\alpha\chi)}{\sin \alpha} = M_b \cdot F(\alpha, \chi)_{b;M}, \qquad (4.4.4)$$

$$Q_0(\alpha, \chi) = \frac{M_b}{l} \cdot \frac{\alpha \cdot \cos(\alpha\chi)}{\sin\alpha} = \frac{M_b}{l} \cdot F(\alpha, \chi)_{b;Q}, \qquad (4.4.5)$$

$$v_0(\alpha, \chi) = \frac{M_b \cdot l^2}{EI} \cdot \frac{1}{\mu \cdot \alpha^2} \cdot \left[\frac{\sin(\alpha\chi)}{\sin\alpha} - \chi\right] = \frac{M_b \cdot l^2}{EI} \cdot F(\alpha, \chi)_{b;v}, \qquad (4.4.6)$$

$$v_0{}'(\alpha, \chi) = \frac{M_b \cdot l}{EI} \cdot \frac{1}{\mu \cdot \alpha^2} \cdot \left[\frac{\alpha \cdot \cos(\alpha\chi)}{\sin\alpha} - 1\right] = \frac{M_b \cdot l}{EI} \cdot F(\alpha, \chi)_{b;v'}. \qquad (4.4.7)$$

4.4.2.2. Näherungslösungen für $\alpha \ll 1$

Es folgt aus (4.3.24), (4.3.23), (4.3.26), (4.3.28), (4.3.30) und (4.3.31):

$$\varphi(\alpha^2)_{b;a} \simeq \frac{M_b \cdot l}{EI} \cdot \frac{1}{6} \cdot \left(\frac{1 - \dfrac{\alpha^2}{20}}{1 - \dfrac{\alpha^2}{6}} - 2\varkappa_0\right) = \frac{M_b \cdot l}{EI} \cdot F(\alpha^2)_{b;a}, \qquad (4.4.8)$$

$$\varphi(\alpha^2)_{b;b} \simeq \frac{M_b \cdot l}{EI} \cdot \frac{1}{3} \cdot \left(\frac{1 - \dfrac{\alpha^2}{10}}{1 - \dfrac{\alpha^2}{6}} + \varkappa_0\right) = \frac{M_b \cdot l}{EI} \cdot F(\alpha^2)_{b;b}, \qquad (4.4.9)$$

$$M_0(\alpha^2, \chi) \simeq M_b \cdot \chi \cdot \frac{1 - \dfrac{\alpha^2}{6} \cdot \chi^2}{1 - \dfrac{\alpha^2}{6}} = M_b \cdot F(\alpha^2, \chi)_{b;M}, \qquad (4.4.10)$$

$$Q_0(\alpha^2, \chi) \simeq \frac{M_b}{l} \cdot \frac{1 - \dfrac{\alpha^2}{2} \cdot \chi^2}{1 - \dfrac{\alpha^2}{6}} = \frac{M_b}{l} \cdot F(\alpha^2, \chi)_{b;Q}, \qquad (4.4.11)$$

$$v_0(\alpha^2, \chi) \simeq \frac{M_b \cdot l^2}{EI} \cdot \left(1 + \frac{\varkappa_0}{3} \cdot \alpha^2\right) \cdot \frac{\chi}{6} \cdot \frac{1 - \chi^2 - \dfrac{\alpha^2}{20} \cdot (1 - \chi^4)}{1 - \dfrac{\alpha^2}{6}}$$

$$= \frac{M_b \cdot l^2}{EI} \cdot F(\alpha^2, \chi)_{b;v}, \qquad (4.4.12)$$

$$v_0{}'(\alpha^2, \chi) \simeq \frac{M_b \cdot l}{EI} \cdot \left(1 + \frac{\varkappa_0}{3} \cdot \alpha^2\right) \cdot \frac{1}{6} \cdot \frac{1 - 3\chi^2 - \dfrac{\alpha^2}{20} \cdot (1 - 5\chi^4)}{1 - \dfrac{\alpha^2}{6}}$$

$$= \frac{M_b \cdot l}{EI} \cdot F(\alpha^2, \chi)_{b;v'}. \qquad (4.4.13)$$

4.4.3. Genaue Lösungen für einen Stab ohne Längskraft

Es ergibt sich aus (4.3.33), (4.3.32), (4.3.34), (4.3.35), (4.3.36) und (4.3.37):

$$\varphi(0)_{b;a} = \frac{M_b \cdot l}{EI} \cdot \frac{1}{6} \cdot (1 - 2\varkappa_0) = \frac{M_b \cdot l}{EI} \cdot F(0)_{b;a}, \qquad (4.4.14)$$

$$\varphi(0)_{b;b} = \frac{M_b \cdot l}{EI} \cdot \frac{1}{3} \cdot (1 + \varkappa_0) = \frac{M_b \cdot l}{EI} \cdot F(0)_{b;b}, \qquad (4.4.15)$$

$$\tilde{M}_0(0, \chi) = M_b \cdot \chi = M_b \cdot F(0, \chi)_{b;M}, \qquad (4.4.16)$$

$$Q_0(0, \chi) = \frac{M_b}{l} \cdot 1 = \frac{M_b}{l} \cdot F(0, \chi)_{b;Q}, \qquad (4.4.17)$$

$$v_0(0, \chi) = \frac{M_b \cdot l^2}{EI} \cdot \frac{\chi}{6} \cdot (1 - \chi^2) = \frac{M_b \cdot l^2}{EI} \cdot F(0, \chi)_{b;v}, \qquad (4.4.18)$$

$$v_0{}'(0, \chi) = \frac{M_b \cdot l}{EI} \cdot \frac{1}{6} \cdot (1 - 3\chi^2) = \frac{M_b \cdot l}{EI} \cdot F(0, \chi)_{b;v'}. \qquad (4.4.19)$$

4.4.4. Zugstab

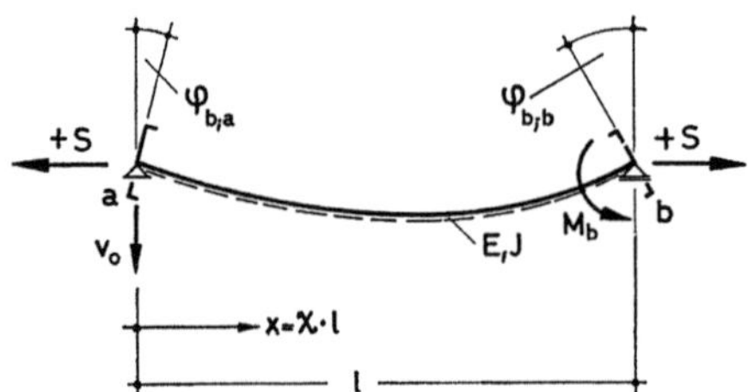

Abb. 37. Zugstab a,b mit Momentenbelastung M_b

4.4.4.1. Genaue Lösungen

Man erhält aus (4.3.45), (4.3.44), (4.3.46), (4.3.47), (4.3.48) und (4.3.49):

$$\varphi(\beta)_{b;a} = \frac{M_b \cdot l}{EI} \cdot \left(\frac{\mathrm{Sinh}\,\beta - \beta}{\beta^2 \cdot \mathrm{Sinh}\,\beta} - \frac{\varkappa_0}{3} \right) = \frac{M_b \cdot l}{EI} \cdot F(\beta)_{b;a}, \qquad (4.4.20)$$

$$\varphi(\beta)_{b;b} = \frac{M_b \cdot l}{EI} \cdot \left(\frac{\beta \cdot \mathrm{Cosh}\,\beta - \mathrm{Sinh}\,\beta}{\beta^2 \cdot \mathrm{Sinh}\,\beta} + \frac{\varkappa_0}{3} \right) = \frac{M_b \cdot l}{EI} \cdot F(\beta)_{b;b}, \quad (4.4.21)$$

$$M_0(\beta, \chi) = M_b \cdot \frac{\mathrm{Sinh}\,(\beta\chi)}{\mathrm{Sinh}\,\beta} = M_b \cdot F(\beta, \chi)_{b;M}, \qquad (4.4.22)$$

$$Q_0(\beta, \chi) = \frac{M_b}{l} \cdot \frac{\beta \cdot \operatorname{Cosh}(\beta\chi)}{\operatorname{Sinh}\beta} = \frac{M_b}{l} \cdot F(\beta, \chi)_{b;Q}, \qquad (4.4.23)$$

$$v_0(\beta, \chi) = \frac{M_b \cdot l^2}{EI} \cdot \frac{1}{\mu \cdot \beta^2} \cdot \left[-\frac{\operatorname{Sinh}(\beta\chi)}{\operatorname{Sinh}\beta} + \chi \right] = \frac{M_b \cdot l^2}{EI} \cdot F(\beta, \chi)_{b;v}, \qquad (4.4.24)$$

$$v_0{}'(\beta, \chi) = \frac{M_b \cdot l}{EI} \cdot \frac{1}{\mu \cdot \beta^2} \cdot \left[-\frac{\beta \cdot \operatorname{Cosh}(\beta\chi)}{\operatorname{Sinh}\beta} + 1 \right] = \frac{M_b \cdot l}{EI} \cdot F(\beta, \chi)_{b;v'}. \qquad (4.4.25)$$

4.4.4.2. Näherungslösungen für $\beta \ll 1$

Es folgt aus (4.3.51), (4.3.50), (4.3.52), (4.3.53), (4.3.54) und (4.3.55):

$$\varphi(\beta^2)_{b;a} \simeq \frac{M_b \cdot l}{EI} \cdot \frac{1}{6} \cdot \left(\frac{1 + \dfrac{\beta^2}{20}}{1 + \dfrac{\beta^2}{6}} - 2\varkappa_0 \right) = \frac{M_b \cdot l}{EI} \cdot F(\beta^2)_{b;a}, \qquad (4.4.26)$$

$$\varphi(\beta^2)_{b;b} \simeq \frac{M_b \cdot l}{EI} \cdot \frac{1}{3} \cdot \left(\frac{1 + \dfrac{\beta^2}{10}}{1 + \dfrac{\beta^2}{6}} + \varkappa_0 \right) = \frac{M_b \cdot l}{EI} \cdot F(\beta^2)_{b;b}, \qquad (4.4.27)$$

$$M_0(\beta^2, \chi) \simeq M_b \cdot \chi \, \frac{1 + \dfrac{\beta^2}{6} \cdot \chi^2}{1 + \dfrac{\beta^2}{6}} = M_b \cdot F(\beta^2, \chi)_{b;M}, \qquad (4.4.28)$$

$$Q_0(\beta^2, \chi) \simeq \frac{M_b}{l} \cdot \frac{1 + \dfrac{\beta^2}{2} \cdot \chi^2}{1 + \dfrac{\beta^2}{6}} = \frac{M_b}{l} \cdot F(\beta^2, \chi)_{b;Q}, \qquad (4.4.29)$$

$$v_0(\beta^2, \chi) \simeq \frac{M_b \cdot l^2}{EI} \cdot \left(1 - \frac{\varkappa_0}{3} \cdot \beta^2 \right) \cdot \frac{\chi}{6} \cdot \frac{1 - \chi^2 + \dfrac{\beta^2}{20} \cdot (1 - \chi^4)}{1 + \dfrac{\beta^2}{6}} = \frac{M_b \cdot l^2}{EI} \cdot F(\beta^2, \chi)_{b;v},$$
$$(4.4.30)$$

$$v_0{}'(\beta^2, \chi) \simeq \frac{M_b \cdot l}{EI} \cdot \left(1 - \frac{\varkappa_0}{3} \cdot \beta^2 \right) \cdot \frac{1}{6} \cdot \frac{1 - 3\chi^2 + \dfrac{\beta^2}{20} \cdot (1 - 5\chi^4)}{1 + \dfrac{\beta^2}{6}} = \frac{M_b \cdot l}{EI} \cdot F(\beta^2, \chi)_{b;v'}.$$
$$(4.4.31)$$

4.4.4.3. Näherungslösungen für $\beta \gg 1$

Es ergibt sich aus (4.3.59), (4.3.58), (4.3.61), (4.3.63), (4.3.64) und (4.3.65):

$$\varphi(\beta_N)_{b;a} \simeq \frac{M_b \cdot l}{EI} \cdot \left(\frac{1 - 2\beta \cdot e^{-\beta}}{\beta^2} - \frac{\varkappa_0}{3} \right) = \frac{M_b \cdot l}{EI} \cdot F(\beta_N)_{b;a}, \qquad (4.4.32)$$

$$\varphi(\beta_N)_{b;b} \simeq \frac{M_b \cdot l}{EI} \cdot \left(\frac{\beta - 1}{\beta^2} + \frac{\varkappa_0}{3} \right) = \frac{M_b \cdot l}{EI} \cdot F(\beta_N)_{b;b}, \qquad (4.4.33)$$

$$M_0(\beta_N, \chi) \simeq M_b \cdot [e^{-\beta \cdot (1-\chi)} - e^{-\beta \cdot (1+\chi)}] = M_b \cdot F(\beta_N, \chi)_{b;M}, \qquad (4.4.34)$$

$$Q_0(\beta_N, \chi) \simeq \frac{M_b}{l} \cdot \beta \cdot [e^{-\beta \cdot (1-\chi)} + e^{-\beta \cdot (1+\chi)}] = \frac{M_b}{l} \cdot F(\beta_N, \chi)_{b;Q}, \qquad (4.4.35)$$

$$v_0(\beta_N, \chi) \simeq \frac{M_b \cdot l^2}{EI} \cdot \frac{1}{\mu \cdot \beta^2} \cdot [\chi - e^{-\beta \cdot (1-\chi)} + e^{-\beta \cdot (1+\chi)}] = \frac{M_b \cdot l^2}{EI} \cdot F(\beta_N, \chi)_{b;v}, \qquad (4.4.36)$$

$$v_0'(\beta_N, \chi) \simeq \frac{M_b \cdot l}{EI} \cdot \frac{1}{\mu \cdot \beta^2} \cdot \{1 - \beta \cdot [e^{-\beta \cdot (1-\chi)} + e^{-\beta \cdot (1+\chi)}]\} = \frac{M_b \cdot l}{EI} \cdot F(\beta_N, \chi)_{b;v'}.$$

$$(4.4.37)$$

4.5. Außermittige Längskraft am Stabende a

4.5.1. Druckstab

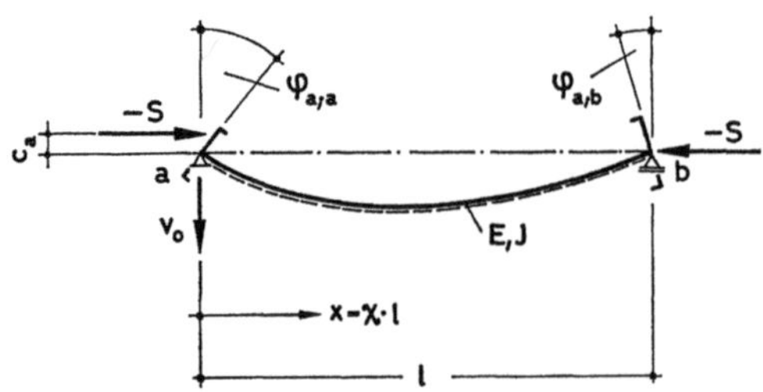

Abb. 38. Druckstab a,b mit außermittiger Längskraft am Stabende a

4.5.1.1. Genaue Lösungen

Die Längskraft $-S$ des Druckstabes a,b nach Abb. 38 belastet den Stab am Stabende a außermittig. Der Abstand c_a des Kraftangriffspunktes von der Schwerachse des Stabes sei klein im Verhältnis zu den Stababmessungen. Die Stablängskraft $-S$ erzeugt am Stabende a ein Moment M_a:

$$M_a = -S \cdot c_a. \qquad (4.5.1)$$

Die genauen Lösungen für die Schnittlasten und Verformungen eines Druckstabes a,b nach Abb. 38 infolge einer außermittigen Längskraft $-S$ am Stabende a erhalten wir demnach aus (4.3.19), (4.3.20), (4.3.16), (4.3.17), (4.3.14) und (4.3.15) mit (4.5.1) und (4.3.5) zu:

$$\varphi(\alpha)_{a;a} = -\frac{S \cdot c_a \cdot l}{EI} \cdot F(\alpha)_{a;a} = \frac{c_a}{l} \cdot \mu \cdot \left(1 - \frac{\alpha \cdot \cos\alpha}{\sin\alpha} + \frac{\varkappa_0}{3} \cdot \alpha^2\right), \quad (4.5.2)$$

$$\varphi(\alpha)_{a;b} = -\frac{S \cdot c_a \cdot l}{EI} \cdot F(\alpha)_{a;b} = \frac{c_a}{l} \cdot \mu \cdot \left(\frac{\alpha}{\sin\alpha} - 1 - \frac{\varkappa_0}{3} \cdot \alpha^2\right), \quad (4.5.3)$$

$$M_0(\alpha, \chi) = -S \cdot c_a \cdot F(\alpha, \chi)_{a;M} = \frac{c_a}{l} \cdot \frac{EI \cdot \mu}{l} \cdot \frac{\alpha^2 \cdot \sin[\alpha \cdot (1-\chi)]}{\sin\alpha}, \quad (4.5.4)$$

$$Q_0(\alpha, \chi) = -\frac{S \cdot c_a}{l} \cdot F(\alpha, \chi)_{a;Q} = \frac{c_a}{l} \cdot \frac{EI \cdot \mu}{l^2} \cdot \frac{-\alpha^3 \cdot \cos[\alpha \cdot (1-\chi)]}{\sin\alpha}, \quad (4.5.5)$$

$$v_0(\alpha, \chi) = -\frac{S \cdot c_a \cdot l^2}{EI} \cdot F(\alpha, \chi)_{a;v} = c_a \cdot \left\{\frac{\sin[\alpha \cdot (1-\chi)]}{\sin\alpha} - (1-\chi)\right\}, \quad (4.5.6)$$

$$v_0{}'(\alpha, \chi) = -\frac{S \cdot c_a \cdot l}{EI} \cdot F(\alpha, \chi)_{a;v'} = \frac{c_a}{l} \cdot \left\{-\frac{\alpha \cdot \cos[\alpha \cdot (1-\chi)]}{\sin\alpha} + 1\right\}. \quad (4.5.7)$$

4.5.1.2. Näherungslösungen für $\alpha \ll 1$

Mit (4.5.1), (4.3.5) und (4.3.29) folgen die Näherungslösungen für die Schnittlasten und Verformungen eines Druckstabes a,b nach Abb. 38 infolge einer außermittigen Stablängskraft $-S$ am Stabende a aus (4.3.23), (4.3.24), (4.3.26), (4.3.28), (4.3.30) und (4.3.31) zu:

$$\varphi(\alpha^2)_{a;a} \simeq -\frac{S \cdot c_a \cdot l}{EI} \cdot F(\alpha^2)_{a;a} = \frac{c_a}{l} \cdot \frac{\alpha^2}{1 + \frac{\varkappa_0}{3} \cdot \alpha^2} \cdot \frac{1}{3} \cdot \left(\frac{1 - \frac{\alpha^2}{10}}{1 - \frac{\alpha^2}{6}} + \varkappa_0\right), \quad (4.5.8)$$

$$\varphi(\alpha^2)_{a;b} \simeq -\frac{S \cdot c_a \cdot l}{EI} \cdot F(\alpha^2)_{a;b} = \frac{c_a}{l} \cdot \frac{\alpha^2}{1 + \frac{\varkappa_0}{3} \cdot \alpha^2} \cdot \frac{1}{6} \cdot \left(\frac{1 - \frac{\alpha^2}{20}}{1 - \frac{\alpha^2}{6}} - 2\varkappa_0\right), \quad (4.5.9)$$

$$M_0(\alpha^2,\ \chi) \simeq -S \cdot c_a \cdot F(\alpha^2,\ \chi)_{a;M}$$

$$= \frac{c_a}{l} \cdot \frac{EI}{l} \cdot \frac{\alpha^2}{1 + \dfrac{\varkappa_0}{3} \cdot \alpha^2} \cdot (1 - \chi) \cdot \frac{1 - \dfrac{\alpha^2}{6} \cdot (1 - \chi)^2}{1 - \dfrac{\alpha^2}{6}}, \qquad (4.5.10)$$

$$Q_0(\alpha^2,\ \chi) \simeq -\frac{S \cdot c_a}{l} \cdot F(\alpha^2,\ \chi)_{a;Q}$$

$$= \frac{c_a}{l} \cdot \frac{EI}{l^2} \cdot \frac{\alpha^2}{1 + \dfrac{\varkappa_0}{3} \cdot \alpha^2} \cdot \frac{-\left[1 - \dfrac{\alpha^2}{2} \cdot (1 - \chi)^2 \right]}{1 - \dfrac{\alpha^2}{6}}, \qquad (4.5.11)$$

$$v_0(\alpha^2,\ \chi) \simeq -\frac{S \cdot c_a \cdot l^2}{EI} \cdot F(\alpha^2,\ \chi)_{a;v}$$

$$= c_a \cdot \frac{\alpha^2}{6} \cdot (1 - \chi) \cdot \frac{1 - (1 - \chi)^2 - \dfrac{\alpha^2}{20} \cdot [1 - (1 - \chi)^4]}{1 - \dfrac{\alpha^2}{6}}, \qquad (4.5.12)$$

$$v_0{'}(\alpha^2,\ \chi) \simeq -\frac{S \cdot c_a \cdot l}{EI} \cdot F(\alpha^2,\ \chi)_{a;v'}$$

$$= \frac{c_a}{l} \cdot \frac{\alpha^2}{6} \cdot \frac{-1 + 3 \cdot (1 - \chi)^2 - \dfrac{\alpha^2}{20} \cdot [-1 + 5 \cdot (1 - \chi)^4]}{1 - \dfrac{\alpha^2}{6}}. \qquad (4.5.13)$$

4.5.2. Zugstab

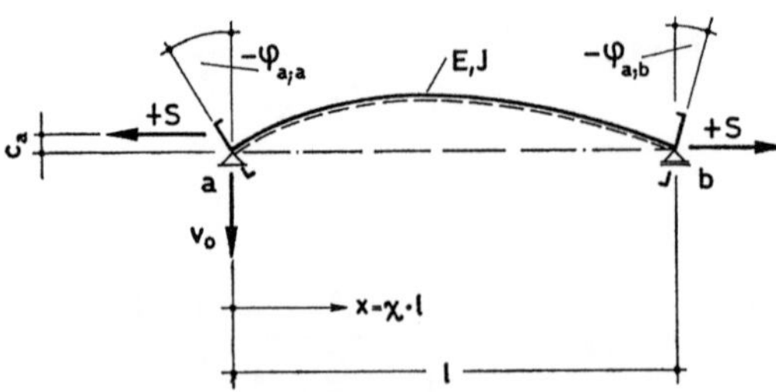

Abb. 39. Zugstab a,b mit außermittiger Längskraft am Stabende a

4.5.2.1. Genaue Lösungen

Die genauen Lösungen für die Schnittlasten und Verformungen eines Zugstabes a,b nach Abb. 39 infolge einer außermittigen Längskraft S am Stabende a ergeben sich aus (4.3.44) bis (4.3.49) mit (4.5.1) und (4.3.38) zu:

$$\varphi(\beta)_{a;a} = -\frac{S \cdot c_a \cdot l}{EI} \cdot F(\beta)_{a;a} = -\frac{c_a}{l} \cdot \mu \cdot \left(\frac{\beta \cdot \mathrm{Cosh}\,\beta}{\mathrm{Sinh}\,\beta} - 1 + \frac{\varkappa_0}{3} \cdot \beta^2\right), \quad (4.5.14)$$

$$\varphi(\beta)_{a;b} = -\frac{S \cdot c_a \cdot l}{EI} \cdot F(\beta)_{a;b} = -\frac{c_a}{l} \cdot \mu \cdot \left(1 - \frac{\beta}{\mathrm{Sinh}\,\beta} - \frac{\varkappa_0}{3} \cdot \beta^2\right), \quad (4.5.15)$$

$$M_0(\beta, \chi) = -S \cdot c_a \cdot F(\beta, \chi)_{a;M} = -\frac{c_a}{l} \cdot \frac{EI \cdot \mu}{l} \cdot \frac{\beta^2 \cdot \mathrm{Sinh}\,[\beta \cdot (1 - \chi)]}{\mathrm{Sinh}\,\beta}, \quad (4.5.16)$$

$$Q_0(\beta, \chi) = -\frac{S \cdot c_a}{l} \cdot F(\beta, \chi)_{a;Q} = -\frac{c_a}{l} \cdot \frac{EI \cdot \mu}{l^2} \cdot \frac{-\beta^3 \cdot \mathrm{Cosh}\,[\beta \cdot (1 - \chi)]}{\mathrm{Sinh}\,\beta}, \quad (4.5.17)$$

$$v_0(\beta, \chi) = -\frac{S \cdot c_a \cdot l^2}{EI} \cdot F(\beta, \chi)_{a;v} = -c_a \cdot \left\{-\frac{\mathrm{Sinh}\,[\beta \cdot (1 - \chi)]}{\mathrm{Sinh}\,\beta} + (1 - \chi)\right\}, \quad (4.5.18)$$

$$v_0{}'(\beta, \chi) = -\frac{S \cdot c_a \cdot l}{EI} \cdot F(\beta, \chi)_{a;v'} = -\frac{c_a}{l} \cdot \left\{\frac{\beta \cdot \mathrm{Cosh}\,[\beta \cdot (1 - \chi)]}{\mathrm{Sinh}\,\beta} - 1\right\}. \quad (4.5.19)$$

4.5.2.2. Näherungslösungen für $\beta \ll 1$

Mit (4.3.41) erhält man die Näherungslösungen für die Schnittlasten und Verformungen eines Zugstabes a,b nach Abb. 39 infolge einer außermittigen Längskraft S am Stabende a aus (4.5.8) bis (4.5.13) zu:

$$\varphi(\beta^2)_{a;a} \simeq -\frac{S \cdot c_a \cdot l}{EI} \cdot F(\beta^2)_{a;a} = -\frac{c_a}{l} \cdot \frac{\beta^2}{1 - \dfrac{\varkappa_0}{3} \cdot \beta^2} \cdot \frac{1}{3} \cdot \left(\frac{1 + \dfrac{\beta^2}{10}}{1 + \dfrac{\beta^2}{6}} + \varkappa_0\right),$$

$$(4.5.20)$$

$$\varphi(\beta^2)_{a;b} \simeq -\frac{S \cdot c_a \cdot l}{EI} \cdot F(\beta^2)_{a;b} = -\frac{c_a}{l} \cdot \frac{\beta^2}{1 - \dfrac{\varkappa_0}{3} \cdot \beta^2} \cdot \frac{1}{6} \cdot \left(\frac{1 + \dfrac{\beta^2}{20}}{1 + \dfrac{\beta^2}{6}} - 2\varkappa_0\right),$$

$$(4.5.21)$$

$$M_0(\beta^2, \chi) \simeq - S \cdot c_a \cdot F(\beta^2, \chi)_{a;M}$$

$$= - \frac{c_a}{l} \cdot \frac{EI}{l} \cdot \frac{\beta^2}{1 - \frac{\varkappa_0}{3} \cdot \beta^2} \cdot (1 - \chi) \cdot \frac{1 + \frac{\beta^2}{6} \cdot (1 - \chi)^2}{1 + \frac{\beta^2}{6}}, \qquad (4.5.22)$$

$$Q_0(\beta^2, \chi) \simeq - \frac{S \cdot c_a}{l} \cdot F(\beta^2, \chi)_{a;Q}$$

$$= - \frac{c_a}{l} \cdot \frac{EI}{l^2} \cdot \frac{\beta^2}{1 - \frac{\varkappa_0}{3} \cdot \beta^2} \cdot \frac{-\left[1 + \frac{\beta^2}{2} \cdot (1 - \chi)^2\right]}{1 + \frac{\beta^2}{6}}, \qquad (4.5.23)$$

$$v_0(\beta^2, \chi) \simeq - \frac{S \cdot c_a \cdot l^2}{EI} \cdot F(\beta^2, \chi)_{a;v}$$

$$= - c_a \cdot \frac{\beta^2}{6} \cdot (1 - \chi) \cdot \frac{1 - (1 - \chi)^2 + \frac{\beta^2}{20} \cdot [1 - (1 - \chi)^4]}{1 + \frac{\beta^2}{6}}, \qquad (4.5.24)$$

$$v_0'(\beta^2, \chi) \simeq - \frac{S \cdot c_a \cdot l}{EI} \cdot F(\beta^2, \chi)_{a;v'}$$

$$= - \frac{c_a}{l} \cdot \frac{\beta^2}{6} \cdot \frac{-1 + 3 \cdot (1 - \chi)^2 + \frac{\beta^2}{20} \cdot [-1 + 5 \cdot (1 - \chi)^4]}{1 + \frac{\beta^2}{6}}. \qquad (4.5.25)$$

4.5.2.3. Näherungslösungen für $\beta \gg 1$

Die Näherungslösungen für die Schnittlasten und Verformungen eines Zugstabes a,b nach Abb. 39 infolge einer außermittigen Längskraft S am Stabende a folgen mit (4.5.1) und (4.3.38) aus (4.3.58), (4.3.59), (4.3.61), (4.3.63), (4.3.64) und (4.3.65) zu:

$$\varphi(\beta_N)_{a;a} \simeq - \frac{S \cdot c_a \cdot l}{EI} \cdot F(\beta_N)_{a;a} = - \frac{c_a}{l} \cdot \mu \cdot \left(\beta - 1 + \frac{\varkappa_0}{3} \cdot \beta^2\right), \qquad (4.5.26)$$

$$\varphi(\beta_N)_{a;b} \simeq - \frac{S \cdot c_a \cdot l}{EI} \cdot F(\beta_N)_{a;b} = - \frac{c_a}{l} \cdot \mu \cdot \left(1 - 2\beta \cdot e^{-\beta} - \frac{\varkappa_0}{3} \cdot \beta^2\right), \qquad (4.5.27)$$

$$M_0(\beta_N, \chi) \simeq - S \cdot c_a \cdot F(\beta_N, \chi)_{a;M} = - \frac{c_a}{l} \cdot \frac{EI \cdot \mu}{l} \cdot \beta^2 \cdot [e^{-\beta \cdot \chi} - e^{-\beta \cdot (2 - \chi)}], \qquad (4.5.28)$$

$$Q_0(\beta_N, \chi) \simeq -\frac{S \cdot c_a}{l} \cdot F(\beta_N, \chi)_{a;Q} = -\frac{c_a}{l} \cdot \frac{EI \cdot \mu}{l^2} \cdot (-\beta^3) \cdot [e^{-\beta \cdot \chi} + e^{-\beta \cdot (2-\chi)}],$$

$$(4.5.29)$$

$$v_0(\beta_N, \chi) \simeq -\frac{S \cdot c_a \cdot l^2}{EI} \cdot F(\beta_N, \chi)_{a;v} = -c_a \cdot [1 - \chi - e^{-\beta \cdot \chi} + e^{-\beta \cdot (2-\chi)}], \quad (4.5.30)$$

$$v_0{}'(\beta_N, \chi) \simeq -\frac{S \cdot c_a \cdot l}{EI} \cdot F(\beta_N, \chi)_{a;v'} = -\frac{c_a}{l} \cdot \{-1 + \beta \cdot [e^{-\beta \cdot \chi} + e^{-\beta \cdot (2-\chi)}]\}.$$

$$(4.5.31)$$

4.6. Außermittige Längskraft am Stabende b

4.6.1. Druckstab

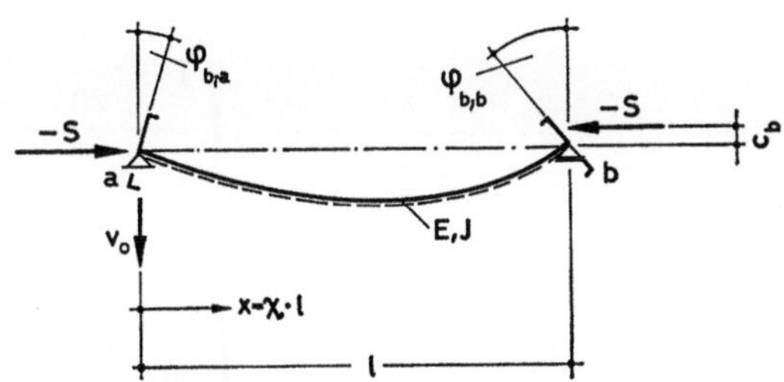

Abb. 40. Druckstab a,b mit außermittiger Längskraft am Stabende b

4.6.1.1. Genaue Lösungen

Die Längskraft $-S$ des Druckstabes a,b nach Abb. 40 belastet den Stab am Stabende b außermittig. Der Abstand c_b des Kraftangriffspunktes von der Schwerachse des Stabes sei klein im Verhältnis zu den Stababmessungen. Die Stablängskraft $-S$ erzeugt am Stabende b ein Moment M_b:

$$M_b = -S \cdot c_b. \tag{4.6.1}$$

Die genauen Lösungen für die Schnittlasten und Verformungen eines Druckstabes a,b nach Abb. 40 infolge einer außermittigen Längskraft $-S$ am Stabende b erhalten wir demnach aus (4.4.2) bis (4.4.7) mit (4.6.1) und (4.3.5) zu:

$$\varphi(\alpha)_{b;a} = -\frac{S \cdot c_b \cdot l}{EI} \cdot F(\alpha)_{b;a} = \frac{c_b}{l} \cdot \mu \cdot \left(\frac{\alpha}{\sin \alpha} - 1 - \frac{\varkappa_0}{3} \cdot \alpha^2\right), \tag{4.6.2}$$

$$\varphi(\alpha)_{b;b} = -\frac{S \cdot c_b \cdot l}{EI} \cdot F(\alpha)_{b;b} = \frac{c_b}{l} \cdot \mu \cdot \left(1 - \frac{\alpha \cdot \cos \alpha}{\sin \alpha} + \frac{\varkappa_0}{3} \cdot \alpha^2\right), \tag{4.6.3}$$

$$M_0(\alpha, \chi) = -S \cdot c_b \cdot F(\alpha, \chi)_{b;M} = \frac{c_b}{l} \cdot \frac{EI \cdot \mu}{l} \cdot \frac{\alpha^2 \cdot \sin(\alpha \chi)}{\sin \alpha}, \tag{4.6.4}$$

$$Q_0(\alpha, \chi) = -\frac{S \cdot c_b}{l} \cdot F(\alpha, \chi)_{b;Q} = \frac{c_b}{l} \cdot \frac{EI \cdot \mu}{l^2} \cdot \frac{\alpha^3 \cdot \cos(\alpha\chi)}{\sin \alpha}, \qquad (4.6.5)$$

$$v_0(\alpha, \chi) = -\frac{S \cdot c_b \cdot l^2}{EI} \cdot F(\alpha, \chi)_{b;v} = c_b \cdot \left[\frac{\sin(\alpha\chi)}{\sin \alpha} - \chi\right], \qquad (4.6.6)$$

$$v_0'(\alpha, \chi) = -\frac{S \cdot c_b \cdot l}{EI} \cdot F(\alpha, \chi)_{b;v'} = \frac{c_b}{l} \cdot \left[\frac{\alpha \cdot \cos(\alpha\chi)}{\sin \alpha} - 1\right]. \qquad (4.6.7)$$

4.6.1.2. Näherungslösungen für $\alpha \ll 1$

Mit (4.6.1), (4.3.5) und (4.3.29) folgen die Näherungslösungen für die Schnittlasten und Verformungen eines Druckstabes a,b nach Abb. 40 infolge einer außermittigen Stablängskraft $-S$ am Stabende b aus (4.4.8) bis (4.4.13) zu:

$$\varphi(\alpha^2)_{b;a} \simeq -\frac{S \cdot c_b \cdot l}{EI} \cdot F(\alpha^2)_{b;a} = \frac{c_b}{l} \cdot \frac{\alpha^2}{1 + \frac{\varkappa_0}{3} \cdot \alpha^2} \cdot \frac{1}{6} \cdot \left(\frac{1 - \frac{\alpha^2}{20}}{1 - \frac{\alpha^2}{6}} - 2\varkappa_0\right), \qquad (4.6.8)$$

$$\varphi(\alpha^2)_{b;b} \simeq -\frac{S \cdot c_b \cdot l}{EI} \cdot F(\alpha^2)_{b;b} = \frac{c_b}{l} \cdot \frac{\alpha^2}{1 + \frac{\varkappa_0}{3} \cdot \alpha^2} \cdot \frac{1}{3} \cdot \left(\frac{1 - \frac{\alpha^2}{10}}{1 - \frac{\alpha^2}{6}} + \varkappa_0\right), \qquad (4.6.9)$$

$$M_0(\alpha^2, \chi) \simeq -S \cdot c_b \cdot F(\alpha^2, \chi)_{b;M} = \frac{c_b}{l} \cdot \frac{EI}{l} \cdot \frac{\alpha^2}{1 + \frac{\varkappa_0}{3} \cdot \alpha^2} \cdot \chi \cdot \frac{1 - \frac{\alpha^2}{6} \cdot \chi^2}{1 - \frac{\alpha^2}{6}}, \qquad (4.6.10)$$

$$Q_0(\alpha^2, \chi) \simeq -\frac{S \cdot c_b}{l} \cdot F(\alpha^2, \chi)_{b;Q} = \frac{c_b}{l} \cdot \frac{EI}{l^2} \cdot \frac{\alpha^2}{1 + \frac{\varkappa_0}{3} \cdot \alpha^2} \cdot \frac{1 - \frac{\alpha^2}{2} \cdot \chi^2}{1 - \frac{\alpha^2}{6}}, \qquad (4.6.11)$$

$$v_0(\alpha^2, \chi) \simeq -\frac{S \cdot c_b \cdot l^2}{EI} \cdot F(\alpha^2, \chi)_{b;v} = c_b \cdot \frac{\alpha^2}{6} \cdot \chi \cdot \frac{1 - \chi^2 - \frac{\alpha^2}{20} \cdot (1 - \chi^4)}{1 - \frac{\alpha^2}{6}}, \qquad (4.6.12)$$

$$v_0'(\alpha^2, \chi) \simeq -\frac{S \cdot c_b \cdot l}{EI} \cdot F(\alpha^2, \chi)_{b;v'} = \frac{c_b}{l} \cdot \frac{\alpha^2}{6} \cdot \frac{1 - 3\chi^2 - \frac{\alpha^2}{20} \cdot (1 - 5\chi^4)}{1 - \frac{\alpha^2}{6}}. \qquad (4.6.13)$$

4.6.2. Zugstab

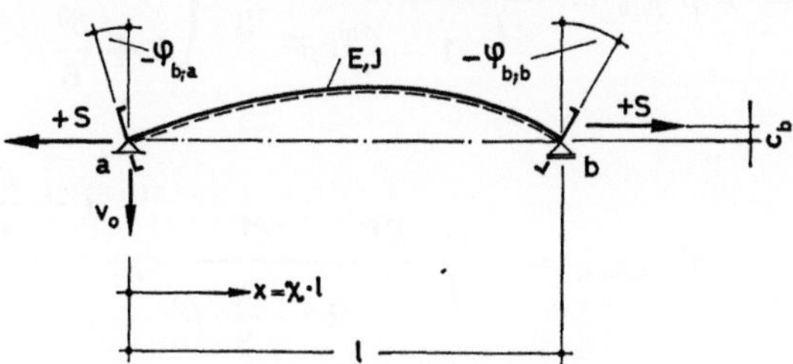

Abb. 41. Zugstab a,b mit außermittiger Längskraft am Stabende b

4.6.2.1. Genaue Lösungen

Die genauen Lösungen für die Schnittlasten und Verformungen eines Zugstabes a,b nach Abb. 41 infolge einer außermittigen Längskraft S am Stabende b ergeben sich aus (4.4.20) bis (4.4.25) mit (4.6.1) und (4.3.38) zu:

$$\varphi(\beta)_{b;a} = -\frac{S \cdot c_b \cdot l}{EI} \cdot F(\beta)_{b;a} = -\frac{c_b}{l} \cdot \mu \cdot \left(1 - \frac{\beta}{\operatorname{Sinh}\beta} - \frac{\varkappa_0}{3} \cdot \beta^2\right), \tag{4.6.14}$$

$$\varphi(\beta)_{b;b} = -\frac{S \cdot c_b \cdot l}{EI} \cdot F(\beta)_{b;b} = -\frac{c_b}{l} \cdot \mu \cdot \left(\frac{\beta \cdot \operatorname{Cosh}\beta}{\operatorname{Sinh}\beta} - 1 + \frac{\varkappa_0}{3} \cdot \beta^2\right), \tag{4.6.15}$$

$$M_0(\beta, \chi) = -S \cdot c_b \cdot F(\beta, \chi)_{b;M} = -\frac{c_b}{l} \cdot \frac{EI \cdot \mu}{l} \cdot \frac{\beta^2 \cdot \operatorname{Sinh}(\beta\chi)}{\operatorname{Sinh}\beta}, \tag{4.6.16}$$

$$Q_0(\beta, \chi) = -\frac{S \cdot c_b}{l} \cdot F(\beta, \chi)_{b;Q} = -\frac{c_b}{l} \cdot \frac{EI \cdot \mu}{l^2} \cdot \frac{\beta^3 \cdot \operatorname{Cosh}(\beta\chi)}{\operatorname{Sinh}\beta}, \tag{4.6.17}$$

$$v_0(\beta, \chi) = -\frac{S \cdot c_b \cdot l^2}{EI} \cdot F(\beta, \chi)_{b;v} = -c_b \cdot \left[-\frac{\operatorname{Sinh}(\beta\chi)}{\operatorname{Sinh}\beta} + \chi\right], \tag{4.6.18}$$

$$v_0{}'(\beta, \chi) = -\frac{S \cdot c_b \cdot l}{EI} \cdot F(\beta, \chi)_{b;v'} = -\frac{c_b}{l} \cdot \left[-\frac{\beta \cdot \operatorname{Cosh}(\beta\chi)}{\operatorname{Sinh}\beta} + 1\right]. \tag{4.6.19}$$

4.6.2.2. Näherungslösungen für $\beta \ll 1$

Mit (4.3.41) erhält man die Näherungslösungen für die Schnittlasten und Verformungen eines Zugstabes a,b nach Abb. 41 infolge einer außermittigen Längskraft S am Stabende b aus (4.6.8) bis (4.6.13) zu:

$$\varphi(\beta^2)_{b;a} \simeq -\frac{S \cdot c_b \cdot l}{EI} \cdot F(\beta^2)_{b;a} = -\frac{c_b}{l} \cdot \frac{\beta^2}{1 - \frac{\varkappa_0}{3} \cdot \beta^2} \cdot \frac{1}{6} \cdot \left(\frac{1 + \frac{\beta^2}{20}}{1 + \frac{\beta^2}{6}} - 2\varkappa_0\right), \tag{4.6.20}$$

$$\varphi(\beta^2)_{b;b} \simeq -\frac{S \cdot c_b \cdot l}{EI} \cdot F(\beta^2)_{b;b} = -\frac{c_b}{l} \cdot \frac{\beta^2}{1 - \frac{\varkappa_0}{3} \cdot \beta^2} \cdot \frac{1}{3} \cdot \left(\frac{1 + \frac{\beta^2}{10}}{1 + \frac{\beta^2}{6}} + \varkappa_0 \right), \quad (4.6.21)$$

$$M_0(\beta^2, \chi) \simeq -S \cdot c_b \cdot F(\beta^2, \chi)_{b;M} = -\frac{c_b}{l} \cdot \frac{EI}{l} \cdot \frac{\beta^2}{1 - \frac{\varkappa_0}{3} \cdot \beta^2} \cdot \chi \cdot \frac{1 + \frac{\beta^2}{6} \cdot \chi^2}{1 + \frac{\beta^2}{6}}, \quad (4.6.22)$$

$$Q_0(\beta^2, \chi) \simeq -\frac{S \cdot c_b}{l} \cdot F(\beta^2, \chi)_{b;Q} = -\frac{c_b}{l} \cdot \frac{EI}{l^2} \cdot \frac{\beta^2}{1 - \frac{\varkappa_0}{3} \cdot \beta^2} \cdot \frac{1 + \frac{\beta^2}{2} \cdot \chi^2}{1 + \frac{\beta^2}{6}}, \quad (4.6.23)$$

$$v_0(\beta^2, \chi) \simeq -\frac{S \cdot c_b \cdot l^2}{EI} \cdot F(\beta^2, \chi)_{b;v} = -c_b \cdot \frac{\beta^2}{6} \cdot \chi \cdot \frac{1 - \chi^2 + \frac{\beta^2}{20} \cdot (1 - \chi^4)}{1 + \frac{\beta^2}{6}},$$
$$(4.6.24)$$

$$v_0{}'(\beta^2, \chi) \simeq -\frac{S \cdot c_b \cdot l}{EI} \cdot F(\beta^2, \chi)_{b;v'} = -\frac{c_b}{l} \cdot \frac{\beta^2}{6} \cdot \frac{1 - 3\chi^2 + \frac{\beta^2}{20} \cdot (1 - 5\chi^4)}{1 + \frac{\beta^2}{6}}.$$
$$(4.6.25)$$

4.6.2.3. Näherungslösungen für $\beta \gg 1$

Die Näherungslösungen für die Schnittlasten und Verformungen eines Zugstabes a,b nach Abb. 41 infolge einer außermittigen Längskraft S am Stabende b folgen mit (4.6.1) und (4.3.38) aus (4.4.32) bis (4.4.37) zu:

$$\varphi(\beta_N)_{b;a} \simeq -\frac{S \cdot c_b \cdot l}{EI} \cdot F(\beta_N)_{b;a} = -\frac{c_b}{l} \cdot \mu \cdot \left(1 - 2\beta \cdot e^{-\beta} - \frac{\varkappa_0}{3} \cdot \beta^2 \right), \quad (4.6.26)$$

$$\varphi(\beta_N)_{b;b} \simeq -\frac{S \cdot c_b \cdot l}{EI} \cdot F(\beta_N)_{b;b} = -\frac{c_b}{l} \cdot \mu \cdot \left(\beta - 1 + \frac{\varkappa_0}{3} \beta^2 \right), \quad (4.6.27)$$

$$M_0(\beta_N, \chi) \simeq -S \cdot c_b \cdot F(\beta_N, \chi)_{b;M} = -\frac{c_b}{l} \cdot \frac{EI \cdot \mu}{l} \cdot \beta^2 \cdot [e^{-\beta \cdot (1-\chi)} - e^{-\beta \cdot (1+\chi)}],$$
$$(4.6.28)$$

$$Q_0(\beta_N, \chi) \simeq -\frac{S \cdot c_b}{l} \cdot F(\beta_N, \chi)_{b;Q} = -\frac{c_b}{l} \cdot \frac{EI \cdot \mu}{l^2} \cdot \beta^3 \cdot [e^{-\beta \cdot (1-\varkappa)} + e^{-\beta \cdot (1+\varkappa)}],$$

$$(4.6.29)$$

$$v_0(\beta_N, \chi) \simeq -\frac{S \cdot c_b \cdot l^2}{EI} \cdot F(\beta_N, \chi)_{b;v} = -c_b \cdot [\chi - e^{-\beta \cdot (1-\varkappa)} + e^{-\beta \cdot (1+\varkappa)}], \quad (4.6.30)$$

$$v_0{'}(\beta_N, \chi) \simeq -\frac{S \cdot c_b \cdot l}{EI} \cdot F(\beta_N, \chi)_{b;v'} = -\frac{c_b}{l} \cdot \{1 - \beta \cdot [e^{-\beta \cdot (1-\varkappa)} + e^{-\beta \cdot (1+\varkappa)}]\}.$$

$$(4.6.31)$$

4.7. Moment M

4.7.1. Druckstab

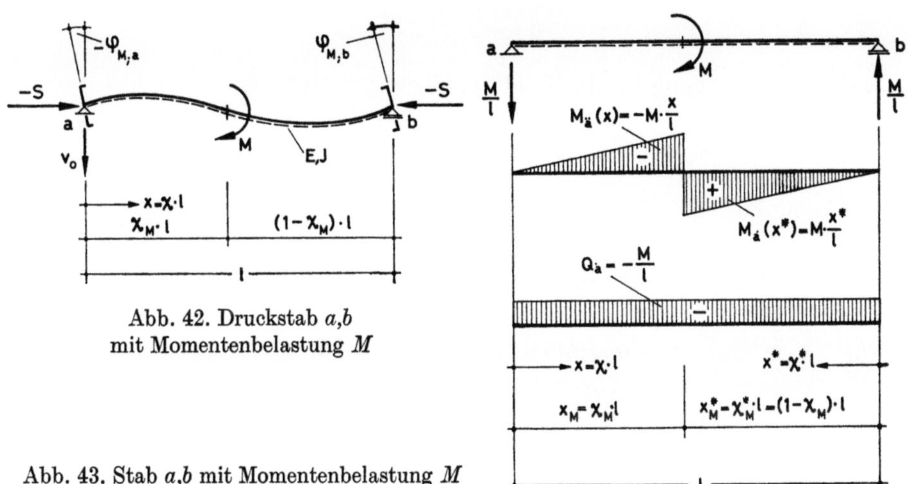

Abb. 42. Druckstab a,b
mit Momentenbelastung M

Abb. 43. Stab a,b mit Momentenbelastung M

4.7.1.1. Genaue Lösungen

Das Moment M erzeugt im Stab a,b eine konstante Querkraft $Q_{\ddot{a}}$ (Abb. 43):

$$Q_{\ddot{a}} = -\frac{M}{l}. \qquad (4.7.1)$$

Für die Teildurchbiegung $^M v_0(x)$ des Stabes gilt daher die Differentialgleichung (4.2.12).

Wir betrachten zunächst den linken Abschnitt $(0 \leq \chi \leq \chi_M)$ des Stabes mit dem Biegemoment $M_{\ddot{a}}(x)$ nach Abb. 43:

$$M_{\ddot{a}}(x) = -M \cdot \frac{x}{l}.$$

Mit (4.3.3) erhält man hieraus:

$$M_{\ddot{a}}(\chi) = -M \cdot \chi. \tag{4.7.2}$$

Aus (4.2.12) folgt die Differentialgleichung für die Teildurchbiegung $^{M}v_0(\chi)$ mit (4.3.3), (4.3.5) und (4.7.2) zu:

$$^{M}v_0{}''(\chi) + \alpha^2 \cdot {}^{M}v_0(\chi) - \frac{M \cdot l^2}{EI} \cdot \chi = 0. \tag{4.7.3}$$

Die Lösung dieser Differentialgleichung lautet:

$$^{M}v_0(\chi) = c_1 \cdot \sin(\alpha\chi) + c_2 \cdot \cos(\alpha\chi) + \frac{M \cdot l^2}{\alpha^2 \cdot EI} \cdot \chi. \tag{4.7.4}$$

Für den rechten Abschnitt $(0 \leq \chi^* \leq \chi_M{}^*)$ des Stabes ergibt sich analog mit

$$M_{\ddot{a}}(\chi^*) = M \cdot \chi^*$$

die Differentialgleichung für die Teildurchbiegung $^{M}v_0(\chi^*)$ zu

$$^{M}v_0{}''(\chi^*) + \alpha^2 \cdot {}^{M}v_0(\chi^*) + \frac{M \cdot l^2}{EI} \cdot \chi^* = 0$$

mit der Lösung:

$$^{M}v_0(\chi^*) = c_1{}^* \cdot \sin(\alpha\chi^*) + c_2{}^* \cdot \cos(\alpha\chi^*) - \frac{M \cdot l^2}{\alpha^2 \cdot EI} \cdot \chi^*. \tag{4.7.5}$$

Für $c_2 = 0$ bzw. $c_2{}^* = 0$ erfüllen (4.7.4) bzw. (4.7.5) die Randbedingungen

$$v_0(0) = {}^{M}v_0(0) = 0 \quad \text{bzw.} \quad v_0(0^*) = {}^{M}v_0(0^*) = 0.$$

Damit erhalten wir aus (4.7.4)

$$^{M}v_0(\chi) = c_1 \cdot \sin(\alpha\chi) + \frac{M \cdot l^2}{\alpha^2 \cdot EI} \cdot \chi \tag{4.7.6}$$

und aus (4.7.5)

$$^{M}v_0(\chi^*) = c_1{}^* \cdot \sin(\alpha\chi^*) - \frac{M \cdot l^2}{\alpha^2 \cdot EI} \cdot \chi^* \tag{4.7.7}$$

und durch Differenzieren aus (4.7.6)

$$^{M}v_0{}'(\chi) = c_1 \cdot \frac{\alpha}{l} \cdot \cos(\alpha\chi) + \frac{M \cdot l}{\alpha^2 \cdot EI} \tag{4.7.8}$$

und aus (4.7.7):

$$^{M}v_0{}'(\chi^*) = c_1{}^* \cdot \frac{\alpha}{l} \cdot \cos(\alpha\chi^*) - \frac{M \cdot l}{\alpha^2 \cdot EI}. \tag{4.7.9}$$

Im Angriffspunkt des Momentes müssen die Teildurchbiegungen $^Mv_0(\chi_M)$ und $^Mv_0(\chi_M{}^*)$ der beiden Stababschnitte gleich groß sein und die Neigungen $^Mv_0{}'(\chi_M)$ und $^Mv_0{}'(\chi_M{}^*)$ der Teilbiegelinien übereinstimmen. Für die Kontinuitätsbedingung

$$^Mv_0(\chi_M) = {}^Mv_0(\chi_M{}^*)$$

folgt aus (4.7.6) und (4.7.7)

$$c_1 \cdot \sin(\alpha\chi_M) + \frac{M \cdot l^2}{\alpha^2 \cdot EI} \cdot \chi_M = c_1{}^* \cdot \sin(\alpha\chi_M{}^*) - \frac{M \cdot l^2}{\alpha^2 \cdot EI} \cdot \chi_M{}^* \qquad (4.7.10)$$

und für die Kontinuitätsbedingung

$$^Mv_0{}'(\chi_M) = -{}^Mv_0{}'(\chi_M{}^*)$$

aus (4.7.8) und (4.7.9):

$$c_1 \cdot \frac{\alpha}{l} \cdot \cos(\alpha\chi_M) = -c_1{}^* \cdot \frac{\alpha}{l} \cdot \cos(\alpha\chi_M{}^*). \qquad (4.7.11)$$

Aus (4.7.10) und (4.7.11) ergeben sich die Konstanten c_1 und $c_1{}^*$ nach Zwischenrechnung zu:

$$c_1 = -\frac{M \cdot l^2}{\alpha^2 \cdot EI} \cdot \frac{\cos(\alpha\chi_M{}^*)}{\sin \alpha}, \qquad (4.7.12)$$

$$c_1{}^* = \frac{M \cdot l^2}{\alpha^2 \cdot EI} \cdot \frac{\cos(\alpha\chi_M)}{\sin \alpha}. \qquad (4.7.13)$$

Schnittlasten und Verformungen für $0 \leqq \chi \leqq \chi_M$:

Für die Teildurchbiegung $^Mv_0(\alpha, \chi)$ erhält man aus (4.7.6) mit (4.7.12) und (4.4.1):

$$^Mv_0(\alpha, \chi) = \frac{M \cdot l^2}{EI} \cdot \frac{1}{\alpha^2} \cdot \left\{ -\frac{\sin(\alpha\chi) \cdot \cos[\alpha \cdot (1 - \chi_M)]}{\sin \alpha} + \chi \right\}. \qquad (4.7.14)$$

Durch Differenzieren folgt hieraus

$$^Mv_0{}'(\alpha, \chi) = \frac{M \cdot l}{EI} \cdot \frac{1}{\alpha^2} \cdot \left\{ -\frac{\alpha \cdot \cos(\alpha\chi) \cdot \cos[\alpha \cdot (1 - \chi_M)]}{\sin \alpha} + 1 \right\}, \qquad (4.7.15)$$

$$^Mv_0{}''(\alpha, \chi) = \frac{M}{EI} \cdot \frac{\sin(\alpha\chi) \cdot \cos[\alpha \cdot (1 - \chi_M)]}{\sin \alpha} \qquad (4.7.16)$$

und

$$^Mv_0{}'''(\alpha, \chi) = \frac{M}{EI \cdot l} \cdot \frac{\alpha \cdot \cos(\alpha\chi) \cdot \cos[\alpha \cdot (1 - \chi_M)]}{\sin \alpha}. \qquad (4.7.17)$$

Mit (4.7.14) ergibt sich aus (4.2.13) für die Durchbiegung $v_0(\alpha, \chi)$

$$v_0(\alpha, \chi) = \frac{M \cdot l^2}{EI} \cdot \frac{1}{\mu \cdot \alpha^2} \cdot \left\{ -\frac{\sin(\alpha\chi) \cdot \cos[\alpha \cdot (1 - \chi_M)]}{\sin \alpha} + \chi \right\}$$

$$= \frac{M \cdot l^2}{EI} \cdot F(\alpha, \chi)_{M;v_a} \qquad (4.7.18)$$

und durch Differenzieren für die Neigung $v_0'(\alpha, \chi)$ der Biegelinie:

$$v_0'(\alpha, \chi) = \frac{M \cdot l}{EI} \cdot \frac{1}{\mu \cdot \alpha^2} \cdot \left\{ -\frac{\alpha \cdot \cos(\alpha\chi) \cdot \cos[\alpha \cdot (1 - \chi_M)]}{\sin \alpha} + 1 \right\}$$

$$= \frac{M \cdot l}{EI} \cdot F(\alpha, \chi)_{M;v_a'}. \qquad (4.7.19)$$

Für das Biegemoment $M_0(\alpha, \chi)$ erhalten wir aus (4.2.14) mit (4.7.16)

$$M_0(\alpha, \chi) = M \cdot \frac{-\sin(\alpha\chi) \cdot \cos[\alpha \cdot (1 - \chi_M)]}{\sin \alpha} = M \cdot F(\alpha, \chi)_{M;M_a}, \qquad (4.7.20)$$

für die Querkraft $Q_0(\alpha, \chi)$ aus (4.2.15) mit (4.7.17)

$$Q_0(\alpha, \chi) = \frac{M}{l} \cdot \frac{-\alpha \cdot \cos(\alpha\chi) \cdot \cos[\alpha \cdot (1 - \chi_M)]}{\sin \alpha} = \frac{M}{l} \cdot F(\alpha, \chi)_{M;Q_a} \qquad (4.7.21)$$

und für die Drehung $\varphi(\alpha)_{M;a}$ des Stabendes a ($\chi = 0$) aus (4.2.19) mit (4.7.15), (4.7.1) und (4.3.18):

$$\varphi(\alpha)_{M;a} = \frac{M \cdot l}{EI} \cdot \left\{ \frac{\sin \alpha - \alpha \cdot \cos[\alpha \cdot (1 - \chi_M)]}{\alpha^2 \cdot \sin \alpha} + \frac{\varkappa_0}{3} \right\} = \frac{M \cdot l}{EI} \cdot F(\alpha)_{M;a}. \qquad (4.7.22)$$

Schnittlasten und Verformungen für $\chi_M \leqq \chi \leqq 1$:
Für die Teildurchbiegung ${}^Mv_0(\alpha, \chi)$ folgt aus (4.7.7) mit (4.7.13) und (4.4.1):

$$^Mv_0(\alpha, \chi) = \frac{M \cdot l^2}{EI} \cdot \frac{1}{\alpha^2} \cdot \left\{ \frac{\sin[\alpha \cdot (1 - \chi)] \cdot \cos(\alpha\chi_M)}{\sin \alpha} - (1 - \chi) \right\}. \qquad (4.7.23)$$

Durch Differenzieren ergibt sich hieraus

$$^Mv_0'(\alpha, \chi) = \frac{M \cdot l}{EI} \cdot \frac{1}{\alpha^2} \cdot \left\{ -\frac{\alpha \cdot \cos[\alpha \cdot (1 - \chi)] \cdot \cos(\alpha\chi_M)}{\sin \alpha} + 1 \right\}, \qquad (4.7.24)$$

$$^Mv_0''(\alpha, \chi) = \frac{M}{EI} \cdot \frac{-\sin[\alpha \cdot (1 - \chi)] \cdot \cos(\alpha\chi_M)}{\sin \alpha} \qquad (4.7.25)$$

und

$$^Mv_0'''(\alpha, \chi) = \frac{M}{EI \cdot l} \cdot \frac{\alpha \cdot \cos[\alpha \cdot (1 - \chi)] \cdot \cos(\alpha\chi_M)}{\sin \alpha}. \qquad (4.7.26)$$

Mit (4.7.23) erhält man aus (4.2.13) für die Durchbiegung $v_0(\alpha, \chi)$

$$v_0(\alpha, \chi) = \frac{M \cdot l^2}{EI} \cdot \frac{1}{\mu \cdot \alpha^2} \cdot \left\{ \frac{\sin\left[\alpha \cdot (1 - \chi)\right] \cdot \cos\left(\alpha\chi_M\right)}{\sin \alpha} - (1 - \chi) \right\}$$

$$= \frac{M \cdot l^2}{EI} \cdot F(\alpha, \chi)_{M;v_b} \tag{4.7.27}$$

und durch Differenzieren für die Neigung $v_0'(\alpha, \chi)$ der Biegelinie:

$$v_0'(\alpha, \chi) = \frac{M \cdot l}{EI} \cdot \frac{1}{\mu \cdot \alpha^2} \cdot \left\{ -\frac{\alpha \cdot \cos\left[\alpha \cdot (1 - \chi)\right] \cdot \cos\left(\alpha\chi_M\right)}{\sin \alpha} + 1 \right\}$$

$$= \frac{M \cdot l}{EI} \cdot F(\alpha, \chi)_{M;v_b'}. \tag{4.7.28}$$

Für das Biegemoment $M_0(\alpha, \chi)$ folgt aus (4.2.14) mit (4.7.25)

$$M_0(\alpha, \chi) = M \cdot \frac{\sin\left[\alpha \cdot (1 - \chi)\right] \cdot \cos\left(\alpha\chi_M\right)}{\sin \alpha} = M \cdot F(\alpha, \chi)_{M;M_b}, \tag{4.7.29}$$

für die Querkraft $Q_0(\alpha, \chi)$ aus (4.2.15) mit (4.7.26)

$$Q_0(\alpha, \chi) = \frac{M}{l} \cdot \frac{-\alpha \cdot \cos\left[\alpha \cdot (1 - \chi)\right] \cdot \cos\left(\alpha\chi_M\right)}{\sin \alpha} = \frac{M}{l} \cdot F(\alpha,\chi)_{M;Q_b} \tag{4.7.30}$$

und für die Drehung $\varphi(\alpha)_{M;b}$ des Stabendes b $(\chi = 1)$ aus (4.2.20) mit (4.7.24), (4.7.1) und (4.3.18):

$$\varphi(\alpha)_{M;b} = \frac{M \cdot l}{EI} \cdot \left[\frac{-\sin \alpha + \alpha \cdot \cos\left(\alpha\chi_M\right)}{\alpha^2 \cdot \sin \alpha} - \frac{\varkappa_0}{3} \right] = \frac{M \cdot l}{EI} \cdot F(\alpha)_{M;b}. \tag{4.7.31}$$

4.7.1.2. Näherungslösungen für $\alpha \ll 1$

Schnittlasten und Verformungen für $0 \leq \chi \leq \chi_M$:

Aus (4.7.22) ergibt sich mit (4.3.21) und (4.3.27) für die Drehung $\varphi(\alpha^2)_{M;a}$

$$\varphi(\alpha^2)_{M;a} \simeq \frac{M \cdot l}{EI} \cdot \frac{1}{6} \cdot \left\{ \frac{-1 + 3 \cdot (1 - \chi_M)^2 - \dfrac{\alpha^2}{4} \cdot \left[-\dfrac{1}{5} + (1 - \chi_M)^4 \right]}{1 - \dfrac{\alpha^2}{6}} + 2\varkappa_0 \right\}$$

$$= \frac{M \cdot l}{EI} \cdot F(\alpha^2)_{M;a}, \tag{4.7.32}$$

aus (4.7.20) mit (4.3.21) und (4.3.27) für das Biegemoment $M_0(\alpha^2, \chi)$

$$M_0(\alpha^2, \chi) \simeq M \cdot (-\chi) \cdot \frac{1 - \dfrac{\alpha^2}{6} \cdot [\chi^2 + 3 \cdot (1 - \chi_M)^2]}{1 - \dfrac{\alpha^2}{6}} = M \cdot F(\alpha^2, \chi)_{M:M_a}, \quad (4.7.33)$$

aus (4.7.21) mit (4.3.21), (4.3.22) und (4.3.27) für die Querkraft $Q_0(\alpha^2, \chi)$

$$Q_0(\alpha^2, \chi) \simeq \frac{M}{l} \cdot \left\{ -\frac{1 - \dfrac{\alpha^2}{2} \cdot [\chi^2 + (1 - \chi_M)^2]}{1 - \dfrac{\alpha^2}{6}} \right\} = \frac{M}{l} \cdot F(\alpha^2, \chi)_{M;Q_a}, \quad (4.7.34)$$

aus (4.7.18) mit (4.3.21), (4.3.27) und (4.3.29) für die Durchbiegung $v_0(\alpha^2, \chi)$

$$v_0(\alpha^2, \chi) \simeq \frac{M \cdot l^2}{EI} \cdot \left(1 + \frac{\varkappa_0}{3} \cdot \alpha^2 \right) \cdot \frac{(-\chi)}{6}$$

$$\times \frac{1 - \chi^2 - 3 \cdot (1 - \chi_M)^2 - \dfrac{\alpha^2}{20} \cdot [1 - \chi^4 - 10\chi^2 \cdot (1 - \chi_M)^2 - 5 \cdot (1 - \chi_M)^4]}{1 - \dfrac{\alpha^2}{6}}$$

$$= \frac{M \cdot l^2}{EI} \cdot F(\alpha^2, \chi)_{M;v_a} \quad (4.7.35)$$

und aus (4.7.19) mit (4.3.21), (4.3.22), (4.3.27) und (4.3.29) für die Neigung $v_0'(\alpha^2, \chi)$ der Biegelinie:

$$v_0'(\alpha^2, \chi) \simeq \frac{M \cdot l}{EI} \cdot \left(1 + \frac{\varkappa_0}{3} \cdot \alpha^2 \right) \cdot \frac{1}{6}$$

$$\times \frac{-1 + 3\chi^2 + 3 \cdot (1 - \chi_M)^2 - \dfrac{\alpha^2}{20} \cdot [-1 + 5\chi^4 + 30\chi^2 \cdot (1 - \chi_M)^2 + 5 \cdot (1 - \chi_M)^4]}{1 - \dfrac{\alpha^2}{6}}$$

$$= \frac{M \cdot l}{EI} \cdot F(\alpha^2, \chi)_{M;v_a'}. \quad (4.7.36)$$

Schnittlasten und Verformungen für $\chi_M \leqq \chi \leqq 1$:

Aus (4.7.31) erhalten wir mit (4.3.21) und (4.3.22) für die Drehung $\varphi(\alpha^2)_{M;b}$

$$\varphi(\alpha^2)_{M;b} \simeq \frac{M \cdot l}{EI} \cdot \frac{1}{6} \cdot \left[\frac{1 - 3\chi_M^2 - \dfrac{\alpha^2}{4} \cdot \left(\dfrac{1}{5} - \chi_M^4 \right)}{1 - \dfrac{\alpha^2}{6}} - 2\varkappa_0 \right] = \frac{M \cdot l}{EI} \cdot F(\alpha^2)_{M;b}, \quad (4.7.37)$$

aus (4.7.29) mit (4.3.21), (4.3.22) und (4.3.25) für das Biegemoment $M_0(\alpha^2, \chi)$

$$M_0(\alpha^2, \chi) \simeq M \cdot (1 - \chi) \cdot \frac{1 - \dfrac{\alpha^2}{6} \cdot [(1 - \chi)^2 + 3\chi_M{}^2]}{1 - \dfrac{\alpha^2}{6}} = M \cdot F(\alpha^2, \chi)_{M;M_b}, \quad (4.7.38)$$

aus (4.7.30) mit (4.3.21), (4.3.22) und (4.3.27) für die Querkraft $Q_0(\alpha^2, \chi)$

$$Q_0(\alpha^2, \chi) \simeq \frac{M}{l} \cdot \left\{ - \frac{1 - \dfrac{\alpha^2}{2} \cdot [(1 - \chi)^2 + \chi_M{}^2]}{1 - \dfrac{\alpha^2}{6}} \right\} = \frac{M}{l} \cdot F(\alpha^2, \chi)_{M;Q_b}, \quad (4.7.39)$$

aus (4.7.27) mit (4.3.21), (4.3.22), (4.3.25) und (4.3.29) für die Durchbiegung $v_0(\alpha^2, \chi)$

$$v_0(\alpha^2, \chi) \simeq \frac{M \cdot l^2}{EI} \cdot \left(1 + \frac{\varkappa_0}{3} \cdot \alpha^2 \right) \cdot \frac{(1 - \chi)}{6}$$

$$\times \frac{1 - (1 - \chi)^2 - 3\chi_M{}^2 - \dfrac{\alpha^2}{20} \cdot [1 - (1 - \chi)^4 - 10 \cdot (1 - \chi)^2 \cdot \chi_M{}^2 - 5\chi_M{}^4]}{1 - \dfrac{\alpha^2}{6}}$$

$$= \frac{M \cdot l^2}{EI} \cdot F(\alpha^2, \chi)_{M;v_b} \quad (4.7.40)$$

und aus (4.7.28) mit (4.3.21), (4.3.22), (4.3.27) und (4.3.29) für die Neigung $v_0{}'(\alpha^2, \chi)$ der Biegelinie:

$$v_0{}'(\alpha^2, \chi) \simeq \frac{M \cdot l}{EI} \cdot \left(1 + \frac{\varkappa_0}{3} \cdot \alpha^2 \right) \cdot \frac{1}{6}$$

$$\times \frac{-1 + 3 \cdot (1 - \chi)^2 + 3\chi_M{}^2 - \dfrac{\alpha^2}{20} \cdot [-1 + 5 \cdot (1 - \chi)^4 + 30 \cdot (1 - \chi)^2 \cdot \chi_M{}^2 + 5\chi_M{}^4]}{1 - \dfrac{\alpha^2}{6}}$$

$$= \frac{M \cdot l}{EI} \cdot F(\alpha^2, \chi)_{M;v_b'}. \quad (4.7.41)$$

4.7.2. Genaue Lösungen für einen Stab ohne Längskraft

Schnittlasten und Verformungen für $0 \leqq \chi \leqq \chi_M$:

Mit $\alpha = 0$ folgt

aus (4.7.32) für die Drehung $\varphi(0)_{M;a}$

$$\varphi(0)_{M;a} = \frac{M \cdot l}{EI} \cdot \frac{1}{6} \cdot [-1 + 3 \cdot (1 - \chi_M)^2 + 2\varkappa_0] = \frac{M \cdot l}{EI} \cdot F(0)_{M;a}, \quad (4.7.42)$$

aus (4.7.33) für das Biegemoment $M_0(0, \chi)$

$$M_0(0, \chi) = M \cdot (-\chi) = M \cdot F(0, \chi)_{M;M_a}, \qquad (4.7.43)$$

aus (4.7.34) für die Querkraft $Q_0(0, \chi)$

$$Q_0(0, \chi) = \frac{M}{l} \cdot (-1) = \frac{M}{l} \cdot F(0, \chi)_{M;Q_a}, \qquad (4.7.44)$$

aus (4.7.35) für die Durchbiegung $v_0(0, \chi)$

$$v_0(0, \chi) = \frac{M \cdot l^2}{EI} \cdot \frac{(-\chi)}{6} \cdot [1 - \chi^2 - 3 \cdot (1 - \chi_M)^2] = \frac{M \cdot l^2}{EI} \cdot F(0, \chi)_{M;v_a} \quad (4.7.45)$$

und aus (4.7.36) für die Neigung $v_0'(0, \chi)$ der Biegelinie:

$$v_0'(0, \chi) = \frac{M \cdot l}{EI} \cdot \frac{1}{6} \cdot [-1 + 3\chi^2 + 3 \cdot (1 - \chi_M)^2] = \frac{M \cdot l}{EI} \cdot F(0, \chi)_{M;v_a'}. \quad (4.7.46)$$

Schnittlasten und Verformungen für $\chi_M \leqq \chi \leqq 1$:

Mit $\alpha = 0$ ergibt sich

aus (4.7.37) für die Drehung $\varphi(0)_{M;b}$

$$\varphi(0)_{M;b} = \frac{M \cdot l}{EI} \cdot \frac{1}{6} \cdot (1 - 3\chi_M^2 - 2\varkappa_0) = \frac{M \cdot l}{EI} \cdot F(0)_{M;b}, \qquad (4.7.47)$$

aus (4.7.38) für das Biegemoment $M_0(0, \chi)$

$$M_0(0, \chi) = M \cdot (1 - \chi) = M \cdot F(0, \chi)_{M;M_b}, \qquad (4.7.48)$$

aus (4.7.39) für die Querkraft $Q_0(0, \chi)$

$$Q_0(0, \chi) = \frac{M}{l} \cdot (-1) = \frac{M}{l} \cdot F(0, \chi)_{M;Q_b}, \qquad (4.7.49)$$

aus (4.7.40) für die Durchbiegung $v_0(0, \chi)$

$$v_0(0, \chi) = \frac{M \cdot l^2}{EI} \cdot \frac{(1 - \chi)}{6} \cdot [1 - (1 - \chi)^2 - 3\chi_M^2] = \frac{M \cdot l^2}{EI} \cdot F(0, \chi)_{M;v_b} \quad (4.7.50)$$

und aus (4.7.41) für die Neigung $v_0'(0, \chi)$ der Biegelinie:

$$v_0'(0, \chi) = \frac{M \cdot l}{EI} \cdot \frac{1}{6} \cdot [-1 + 3 \cdot (1 - \chi)^2 + 3\chi_M^2] = \frac{M \cdot l}{EI} \cdot F(0, \chi)_{M;v_b'}. \quad (4.7.51)$$

4.7.3. Zugstab

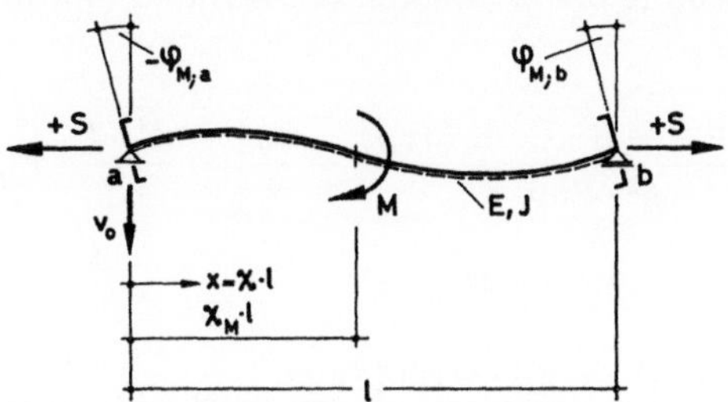

Abb. 44. Zugstab a,b mit Momentenbelastung M

4.7.3.1. Genaue Lösungen

Schnittlasten und Verformungen für $0 \leq \chi \leq \chi_M$:

Unter Beachtung von (4.3.40), (4.3.41), (4.3.42) und (4.3.43) erhält man aus (4.7.22) für die Drehung $\varphi(\beta)_{M;a}$

$$\varphi(\beta)_{M;a} = \frac{M \cdot l}{EI} \cdot \left\{ \frac{-\operatorname{Sinh}\beta + \beta \cdot \operatorname{Cosh}[\beta \cdot (1 - \chi_M)]}{\beta^2 \cdot \operatorname{Sinh}\beta} + \frac{\varkappa_0}{3} \right\} = \frac{M \cdot l}{EI} \cdot F(\beta)_{M;a},$$

$$(4.7.52)$$

aus (4.7.20) für das Biegemoment $M_0(\beta, \chi)$

$$M_0(\beta, \chi) = M \cdot \frac{-\operatorname{Sinh}(\beta\chi) \cdot \operatorname{Cosh}[\beta \cdot (1 - \chi_M)]}{\operatorname{Sinh}\beta} = M \cdot F(\beta, \chi)_{M;M_a}, \qquad (4.7.53)$$

aus (4.7.21) für die Querkraft $Q_0(\beta, \chi)$

$$Q_0(\beta, \chi) = \frac{M}{l} \cdot \frac{-\beta \cdot \operatorname{Cosh}(\beta\chi) \cdot \operatorname{Cosh}[\beta \cdot (1 - \chi_M)]}{\operatorname{Sinh}\beta} = \frac{M}{l} \cdot F(\beta, \chi)_{M;Q_a}, \qquad (4.7.54)$$

aus (4.7.18) für die Durchbiegung $v_0(\beta, \chi)$

$$v_0(\beta, \chi) = \frac{M \cdot l^2}{EI} \cdot \frac{1}{\mu \cdot \beta^2} \cdot \left\{ \frac{\operatorname{Sin}(\beta\chi) \cdot \operatorname{Cosh}[\beta \cdot (1 - \chi_M)]}{\operatorname{Sinh}\beta} - \chi \right\}$$

$$= \frac{M \cdot l^2}{EI} \cdot F(\beta, \chi)_{M;v_a} \qquad (4.7.55)$$

und aus (4.7.19) für die Neigung $v_0'(\beta, \chi)$ der Biegelinie:

$$v_0'(\beta, \chi) = \frac{M \cdot l}{EI} \cdot \frac{1}{\mu \cdot \beta^2} \cdot \left\{ \frac{\beta \cdot \operatorname{Cosh}(\beta\chi) \cdot \operatorname{Cosh}[\beta \cdot (1 - \chi_M)]}{\operatorname{Sinh}\beta} - 1 \right\}$$

$$= \frac{M \cdot l}{EI} \cdot F(\beta, \chi)_{M;v_a'}. \qquad (4.7.56)$$

Schnittlasten und Verformungen für $\chi_M \leqq \chi \leqq 1$:

Unter Beachtung von (4.3.40), (4.3.41), (4.3.42) und (4.3.43) folgt aus (4.7.31) für die Drehung $\varphi(\beta)_{M;b}$

$$\varphi(\beta)_{M;b} = \frac{M \cdot l}{EI} \cdot \left[\frac{\text{Sinh } \beta - \beta \cdot \text{Cosh } (\beta\chi_M)}{\beta^2 \cdot \text{Sinh } \beta} - \frac{\varkappa_0}{3} \right] = \frac{M \cdot l}{EI} \cdot F(\beta)_{M;b}, \qquad (4.7.57)$$

aus (4.7.29) für das Biegemoment $M_0(\beta, \chi)$

$$M_0(\beta, \chi) = M \cdot \frac{\text{Sinh } [\beta \cdot (1 - \chi)] \cdot \text{Cosh } (\beta\chi_M)}{\text{Sinh } \beta} = M \cdot F(\beta, \chi)_{M;M_b}, \qquad (4.7.58)$$

aus (4.7.30) für die Querkraft $Q_0(\beta, \chi)$

$$Q_0(\beta, \chi) = \frac{M}{l} \cdot \frac{-\beta \cdot \text{Cosh } [\beta \cdot (1 - \chi)] \cdot \text{Cosh } (\beta\chi_M)}{\text{Sinh } \beta} = \frac{M}{l} \cdot F(\beta, \chi)_{M:Q_b}, \qquad (4.7.59)$$

aus (4.7.27) für die Durchbiegung $v_0(\beta, \chi)$

$$v_0(\beta, \chi) = \frac{M \cdot l^2}{EI} \cdot \frac{1}{\mu \cdot \beta^2} \cdot \left\{ - \frac{\text{Sinh } [\beta \cdot (1 - \chi)] \cdot \text{Cosh } (\beta\chi_M)}{\text{Sinh } \beta} + (1 - \chi) \right\}$$

$$= \frac{M \cdot l^2}{EI} \cdot F(\beta, \chi)_{M;v_b} \qquad (4.7.60)$$

und aus (4.7.28) für die Neigung $v_0'(\beta, \chi)$ der Biegelinie:

$$v_0'(\beta, \chi) = \frac{M \cdot l}{EI} \cdot \frac{1}{\mu \cdot \beta^2} \cdot \left\{ \frac{\beta \cdot \text{Cosh } [\beta \cdot (1 - \chi)] \cdot \text{Cosh } (\beta\chi_M)}{\text{Sinh } \beta} - 1 \right\}$$

$$= \frac{M \cdot l}{EI} \cdot F(\beta, \chi)_{M;v_b'}. \qquad (4.7.61)$$

4.7.3.2. Näherungslösungen für $\beta \ll 1$

Schnittlasten und Verformungen für $0 \leqq \chi \leqq \chi_M$:

Mit (4.3.41) ergibt sich

aus (4.7.32) für die Drehung $\varphi(\beta^2)_{M;a}$

$$\varphi(\beta^2)_{M;a} \simeq \frac{M \cdot l}{EI} \cdot \frac{1}{6} \cdot \left\{ \frac{-1 + 3 \cdot (1 - \chi_M)^2 + \frac{\beta^2}{4} \cdot \left[-\frac{1}{5} + (1 - \chi_M)^4 \right]}{1 + \frac{\beta^2}{6}} + 2\varkappa_0 \right\}$$

$$= \frac{M \cdot l}{EI} \cdot F(\beta^2)_{M;a}, \qquad (4.7.62)$$

aus (4.7.33) für das Biegemoment $M_0(\beta^2, \chi)$

$$M_0(\beta^2, \chi) \simeq M \cdot (-\chi) \cdot \frac{1 + \dfrac{\beta^2}{6} \cdot [\chi^2 + 3 \cdot (1 - \chi_M)^2]}{1 + \dfrac{\beta^2}{6}} = M \cdot F(\beta^2, \chi)_{M;M_a}, \quad (4.7.63)$$

aus (4.7.34) für die Querkraft $Q_0(\beta^2, \chi)$

$$Q_0(\beta^2, \chi) \simeq \frac{M}{l} \cdot \left\{ - \frac{1 + \dfrac{\beta^2}{2} \cdot [\chi^2 + (1 - \chi_M)^2]}{1 + \dfrac{\beta^2}{6}} \right\} = \frac{M}{l} \cdot F(\beta^2, \chi)_{M;Q_a}, \quad (4.7.64)$$

aus (4.7.35) für die Durchbiegung $v_0(\beta^2, \chi)$

$$v_0(\beta^2, \chi) \simeq \frac{M \cdot l^2}{EI} \cdot \left(1 - \frac{\varkappa_0}{3} \cdot \beta^2\right) \cdot \frac{(-\chi)}{6}$$

$$\times \frac{1 - \chi^2 - 3 \cdot (1 - \chi_M)^2 + \dfrac{\beta^2}{20} \cdot [1 - \chi^4 - 10\chi^2 \cdot (1 - \chi_M)^2 - 5 \cdot (1 - \chi_M)^4]}{1 + \dfrac{\beta^2}{6}}$$

$$= \frac{M \cdot l^2}{EI} \cdot F(\beta^2, \chi)_{M;v_a} \quad (4.7.65)$$

und aus (4.7.36) für die Neigung $v_0{}'(\beta^2, \chi)$ der Biegelinie:

$$v_0{}'(\beta^2, \chi) \simeq \frac{M \cdot l}{EI} \cdot \left(1 - \frac{\varkappa_0}{3} \cdot \beta^2\right) \cdot \frac{1}{6}$$

$$\times \frac{-1 + 3\chi^2 + 3 \cdot (1 - \chi_M)^2 + \dfrac{\beta^2}{20} \cdot [-1 + 5\chi^4 + 30\chi^2 \cdot (1 - \chi_M)^2 + 5 \cdot (1 - \chi_M)^4]}{1 + \dfrac{\beta^2}{6}}$$

$$= \frac{M \cdot l}{EI} \cdot F(\beta^2, \chi)_{M;v_a'}. \quad (4.7.66)$$

Schnittlasten und Verformungen für $\chi_M \leqq \chi \leqq 1$:

Mit (4.3.41) erhalten wir

aus (4.7.37) für die Drehung $\varphi(\beta^2)_{M;b}$

$$\varphi(\beta^2)_{M;b} \simeq \frac{M \cdot l}{EI} \cdot \frac{1}{6} \cdot \left[\frac{1 - 3\chi_M^2 + \dfrac{\beta^2}{4} \cdot \left(\dfrac{1}{5} - \chi_M^4\right)}{1 + \dfrac{\beta^2}{6}} - 2\varkappa_0 \right] = \frac{M \cdot l}{EI} \cdot F(\beta^2)_{M;b},$$

$$(4.7.67)$$

aus (4.7.38) für das Biegemoment $M_0(\beta^2, \chi)$

$$M_0(\beta^2, \chi) \simeq M \cdot (1 - \chi) \cdot \frac{1 + \dfrac{\beta^2}{6} \cdot [(1 - \chi)^2 + 3\chi_M{}^2]}{1 + \dfrac{\beta^2}{6}} = M \cdot F(\beta^2, \chi)_{M;M_b},$$

(4.7.68)

aus (4.7.39) für die Querkraft $Q_0(\beta^2, \chi)$

$$Q_0(\beta^2, \chi) \simeq \frac{M}{l} \cdot \left\{-\frac{1 + \dfrac{\beta^2}{2} \cdot [(1 - \chi)^2 + \chi_M{}^2]}{1 + \dfrac{\beta^2}{6}}\right\} = \frac{M}{l} \cdot F(\beta^2, \chi)_{M;Q_b},$$

(4.7.69)

aus (4.7.40) für die Durchbiegung $v_0(\beta^2, \chi)$

$$v_0(\beta^2, \chi) \simeq \frac{M \cdot l^2}{EI} \cdot \left(1 - \frac{\varkappa_0}{3} \cdot \beta^2\right) \cdot \frac{(1 - \chi)}{6}$$

$$\times \frac{1 - (1 - \chi)^2 - 3\chi_M{}^2 + \dfrac{\beta^2}{20} \cdot [1 - (1 - \chi)^4 - 10 \cdot (1 - \chi)^2 \cdot \chi_M{}^2 - 5\chi_M{}^4]}{1 + \dfrac{\beta^2}{6}}$$

$$= \frac{M \cdot l^2}{EI} \cdot F(\beta^2, \chi)_{M;v_b}$$

(4.7.70)

und aus (4.7.41) für die Neigung $v_0{}'(\beta^2, \chi)$ der Biegelinie:

$$v_0{}'(\beta^2, \chi) \simeq \frac{M \cdot l}{EI} \cdot \left(1 - \frac{\varkappa_0}{3} \cdot \beta^2\right) \cdot \frac{1}{6}$$

$$\times \frac{-1 + 3 \cdot (1 - \chi)^2 + 3\chi_M{}^2 + \dfrac{\beta^2}{20} \cdot [-1 + 5 \cdot (1 - \chi)^4 + 30 \cdot (1 - \chi)^2 \cdot \chi_M{}^2 + 5\chi_M{}^4]}{1 + \dfrac{\beta^2}{6}}$$

$$= \frac{M \cdot l}{EI} \cdot F(\beta^2, \chi)_{M;v_b'}$$

(4.7.71)

4.7.3.3. Näherungslösungen für $\beta \gg 1$

Schnittlasten und Verformungen für $0 \leqq \chi \leqq \chi_M$:

Aus (4.7.52) folgt mit (4.3.62) für die Drehung $\varphi(\beta_N)_{M;a}$

$$\varphi(\beta_N)_{M;a} \simeq \frac{M \cdot l}{EI} \cdot \left\{\frac{-1 + \beta \cdot [\mathrm{e}^{-\beta \cdot \chi_M} + \mathrm{e}^{-\beta \cdot (2 - \chi_M)}]}{\beta^2} + \frac{\varkappa_0}{3}\right\} = \frac{M \cdot l}{EI} \cdot F(\beta_N)_{M;a},$$

(4.7.72)

aus (4.7.53) mit (4.3.56) und (4.3.62) für das Biegemoment $M_0(\beta_N, \chi)$

$$M_0(\beta_N, \chi) \simeq M \cdot \frac{1}{2} \cdot [-\mathrm{e}^{-\beta \cdot (\varkappa_M - \chi)} + \mathrm{e}^{-\beta \cdot (\varkappa_M + \chi)} - \mathrm{e}^{-\beta \cdot (2-\varkappa_M - \chi)} + \mathrm{e}^{-\beta \cdot (2-\varkappa_M + \chi)}]$$

$$= M \cdot F(\beta_N, \chi)_{M;M_a}, \tag{4.7.73}$$

aus (4.7.54) mit (4.3.57) und (4.3.62) für die Querkraft $Q_0(\beta_N, \chi)$

$$Q_0(\beta_N, \chi) \simeq \frac{M}{l} \cdot \frac{\beta}{2} \cdot [-\mathrm{e}^{-\beta \cdot (\varkappa_M - \chi)} - \mathrm{e}^{-\beta \cdot (\varkappa_M + \chi)} - \mathrm{e}^{-\beta \cdot (2-\varkappa_M - \chi)} - \mathrm{e}^{-\beta \cdot (2-\varkappa_M + \chi)}]$$

$$= \frac{M}{l} \cdot F(\beta_N, \chi)_{M;Q_a}, \tag{4.7.74}$$

aus (4.7.55) mit (4.3.56) und (4.3.62) für die Durchbiegung $v_0(\beta_N, \chi)$

$$v_0(\beta_N, \chi) \simeq \frac{M \cdot l^2}{EI} \cdot \frac{1}{2\mu \cdot \beta^2} \cdot [\mathrm{e}^{-\beta \cdot (\varkappa_M - \chi)} - \mathrm{e}^{-\beta \cdot (\varkappa_M + \chi)} + \mathrm{e}^{-\beta \cdot (2-\varkappa_M - \chi)} - \mathrm{e}^{-\beta \cdot (2-\varkappa_M + \chi)} - 2\chi]$$

$$= \frac{M \cdot l^2}{EI} \cdot F(\beta_N, \chi)_{M;v_a} \tag{4.7.75}$$

und aus (4.7.56) mit (4.3.57) und (4.3.62) für die Neigung $v_0'(\beta_N, \chi)$ der Biegelinie:

$$v_0'(\beta_N, \chi) \simeq \frac{M \cdot l}{EI} \cdot \frac{1}{2\mu \cdot \beta} \cdot \left\{ [\mathrm{e}^{-\beta \cdot (\varkappa_M - \chi)} + \mathrm{e}^{-\beta \cdot (\varkappa_M + \chi)} + \mathrm{e}^{-\beta \cdot (2-\varkappa_M - \chi)} + \mathrm{e}^{-\beta \cdot (2-\varkappa_M + \chi)}] - \frac{2}{\beta} \right\}$$

$$= \frac{M \cdot l}{EI} \cdot F(\beta_N, \chi)_{M;v_a'}. \tag{4.7.76}$$

Schnittlasten und Verformungen für $\chi_M \leqq \chi \leqq 1$:

Aus (4.7.57) ergibt sich mit (4.3.56) und (4.3.57) für die Drehung $\varphi(\beta_N)_{M;b}$

$$\varphi(\beta_N)_{M;b} \simeq \frac{M \cdot l}{EI} \cdot \left\{ \frac{1 - \beta \cdot [\mathrm{e}^{-\beta \cdot (1-\varkappa_M)} + \mathrm{e}^{-\beta \cdot (1+\varkappa_M)}]}{\beta^2} - \frac{\varkappa_0}{3} \right\} = \frac{M \cdot l}{EI} \cdot F(\beta_N)_{M;b}, \tag{4.7.77}$$

aus (4.7.58) mit (4.3.57) und (4.3.60) für das Biegemoment $M_0(\beta_N, \chi)$

$$M_0(\beta_N, \chi) \simeq M \cdot \frac{1}{2} \cdot [\mathrm{e}^{-\beta \cdot (\chi - \varkappa_M)} + \mathrm{e}^{-\beta \cdot (\chi + \varkappa_M)} - \mathrm{e}^{-\beta \cdot (2-\chi - \varkappa_M)} - \mathrm{e}^{-\beta \cdot (2-\chi + \varkappa_M)}]$$

$$= M \cdot F(\beta_N, \chi)_{M;M_b}, \tag{4.7.78}$$

aus (4.7.59) mit (4.3.57) und (4.3.62) für die Querkraft $Q_0(\beta_N, \chi)$

$$Q_0(\beta_N, \chi) \simeq \frac{M}{l} \cdot \frac{\beta}{2} \cdot [-\mathrm{e}^{-\beta \cdot (\chi - \varkappa_M)} - \mathrm{e}^{-\beta \cdot (\chi + \varkappa_M)} - \mathrm{e}^{-\beta \cdot (2-\chi - \varkappa_M)} - \mathrm{e}^{-\beta \cdot (2-\chi + \varkappa_M)}]$$

$$= \frac{M}{l} \cdot F(\beta_N, \chi)_{M;Q_b}, \tag{4.7.79}$$

aus (4.7.60) mit (4.3.57) und (4.3.60) für die Durchbiegung $v_0(\beta_N, \chi)$

$$v_0(\beta_N, \chi) \simeq \frac{M \cdot l^2}{EI} \cdot \frac{1}{2\mu \cdot \beta^2} \cdot [-e^{-\beta \cdot (\varkappa-\varkappa_M)} - e^{-\beta \cdot (\varkappa+\varkappa_M)} + e^{-\beta \cdot (2-\varkappa-\varkappa_M)} + e^{-\beta \cdot (2-\varkappa+\varkappa_M)}$$

$$+ 2 \cdot (1 - \chi)] = \frac{M \cdot l^2}{EI} \cdot F(\beta_N, \chi)_{M;v_b} \qquad (4.7.80)$$

und aus (4.7.61) mit (4.3.57) und (4.3.62) für die Neigung $v_0'(\beta_N, \chi)$ der Biegelinie:

$$v_0'(\beta_N, \chi) \simeq \frac{M \cdot l}{EI} \cdot \frac{1}{2\mu \cdot \beta} \cdot \left\{ [e^{-\beta \cdot (\varkappa-\varkappa_M)} + e^{-\beta \cdot (\varkappa+\varkappa_M)} + e^{-\beta \cdot (2-\varkappa-\varkappa_M)} + e^{-\beta \cdot (2-\varkappa+\varkappa_M)}] - \frac{2}{\beta} \right\}$$

$$= \frac{M \cdot l}{EI} \cdot F(\beta_N, \chi)_{M;v_b'} \, . \qquad (4.7.81)$$

4.7.4. Darstellung der Funktionen $F_{M;a}$, $F_{M;M}$, $F_{M;Q}$, $F_{M;v}$ und $F_{M;v'}$

In Abb. 45 ist der Verlauf der Funktion $F_{M;a}$ in Abhängigkeit von α und β für $\chi_M = 0$, 0,25, 0,50, 0,75 und 1,00 dargestellt (für $\chi_M = 0$ ist $F_{M;a}$ identisch mit der Funktion $F_{a;a}$ nach Abb. 34) und in Abb. 46 der Verlauf der Funktionen $F(\chi)_{M;M}$, $F(\chi)_{M;Q}$, $F(\chi)_{M;v}$ und $F(\chi)_{M;v'}$ für $\chi_M = 0,25$ und $\alpha = 2$, $\alpha = \beta = 0$ und $\beta = 2$.

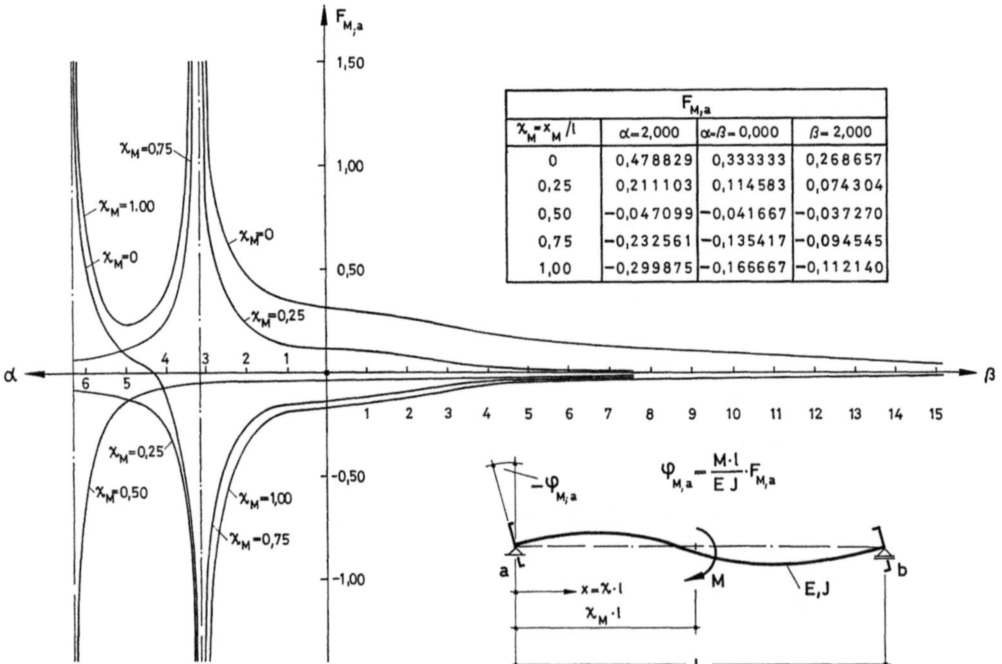

$\chi_M = x_M / l$	$F_{M,a}$		
	$\alpha = 2{,}000$	$\alpha = \beta = 0{,}000$	$\beta = 2{,}000$
0	0,478829	0,333333	0,268657
0,25	0,211103	0,114583	0,074304
0,50	−0,047099	−0,041667	−0,037270
0,75	−0,232561	−0,135417	−0,094545
1,00	−0,299875	−0,166667	−0,112140

Abb. 45. Darstellung der Funktion $F_{M;a}$

Die in den Abbildungen angegebenen Zahlenwerte für die Funktionen F sind unter Vernachlässigung des Einflusses der Querkraftverformungen ermittelt ($\mu = 1$, $\varkappa_0 = 0$).

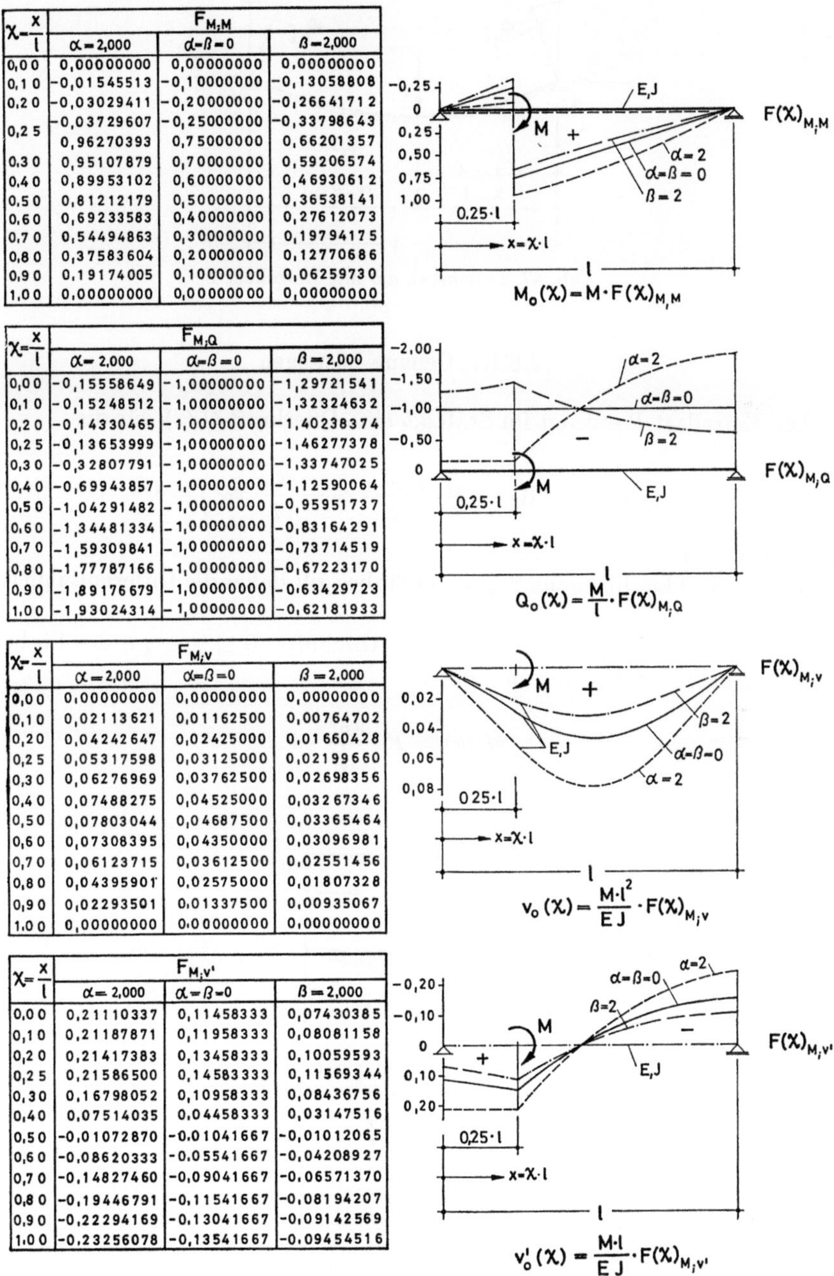

$X = \dfrac{x}{l}$	$F_{M;M}$		
	$\alpha = 2{,}000$	$\alpha = \beta = 0$	$\beta = 2{,}000$
0,00	0,00000000	0,00000000	0,00000000
0,10	-0,01545513	-0,10000000	-0,13058808
0,20	-0,03029411	-0,20000000	-0,26641712
0,25	-0,03729607	-0,25000000	-0,33798643
	0,96270393	0,75000000	0,66201357
0,30	0,95107879	0,70000000	0,59206574
0,40	0,89953102	0,60000000	0,46930612
0,50	0,81212179	0,50000000	0,36538141
0,60	0,69233583	0,40000000	0,27612073
0,70	0,54494863	0,30000000	0,19794175
0,80	0,37583604	0,20000000	0,12770686
0,90	0,19174005	0,10000000	0,06259730
1,00	0,00000000	0,00000000	0,00000000

$X = \dfrac{x}{l}$	$F_{M;Q}$		
	$\alpha = 2{,}000$	$\alpha = \beta = 0$	$\beta = 2{,}000$
0,00	-0,15558649	-1,00000000	-1,29721541
0,10	-0,15248512	-1,00000000	-1,32324632
0,20	-0,14330465	-1,00000000	-1,40238374
0,25	-0,13653999	-1,00000000	-1,46277378
0,30	-0,32807791	-1,00000000	-1,33747025
0,40	-0,69943857	-1,00000000	-1,12590064
0,50	-1,04291482	-1,00000000	-0,95951737
0,60	-1,34481334	-1,00000000	-0,83164291
0,70	-1,59309841	-1,00000000	-0,73714519
0,80	-1,77787166	-1,00000000	-0,67223170
0,90	-1,89176679	-1,00000000	-0,63429723
1,00	-1,93024314	-1,00000000	-0,62181933

$X = \dfrac{x}{l}$	$F_{M;v}$		
	$\alpha = 2{,}000$	$\alpha = \beta = 0$	$\beta = 2{,}000$
0,00	0,00000000	0,00000000	0,00000000
0,10	0,02113621	0,01162500	0,00764702
0,20	0,04242647	0,02425000	0,01660428
0,25	0,05317598	0,03125000	0,02199660
0,30	0,06276969	0,03762500	0,02698356
0,40	0,07488275	0,04525000	0,03267346
0,50	0,07803044	0,04687500	0,03365464
0,60	0,07308395	0,04350000	0,03096981
0,70	0,06123715	0,03612500	0,02551456
0,80	0,04395901	0,02575000	0,01807328
0,90	0,02293501	0,01337500	0,00935067
1,00	0,00000000	0,00000000	0,00000000

$X = \dfrac{x}{l}$	$F_{M;v'}$		
	$\alpha = 2{,}000$	$\alpha = \beta = 0$	$\beta = 2{,}000$
0,00	0,21110337	0,11458333	0,07430385
0,10	0,21187871	0,11958333	0,08081158
0,20	0,21417383	0,13458333	0,10059593
0,25	0,21586500	0,14583333	0,11569344
0,30	0,16798052	0,10958333	0,08436756
0,40	0,07514035	0,04458333	0,03147516
0,50	-0,01072870	-0,01041667	-0,01012065
0,60	-0,08620333	-0,05541667	-0,04208927
0,70	-0,14827460	-0,09041667	-0,06571370
0,80	-0,19446791	-0,11541667	-0,08194207
0,90	-0,22294169	-0,13041667	-0,09142569
1,00	-0,23256078	-0,13541667	-0,09454516

Abb. 46. Darstellung der Funktionen $F_{M;M}$, $F_{M;Q}$, $F_{M;v}$ und $F_{M;v'}$

4.8. Einzellast P

4.8.1. Druckstab

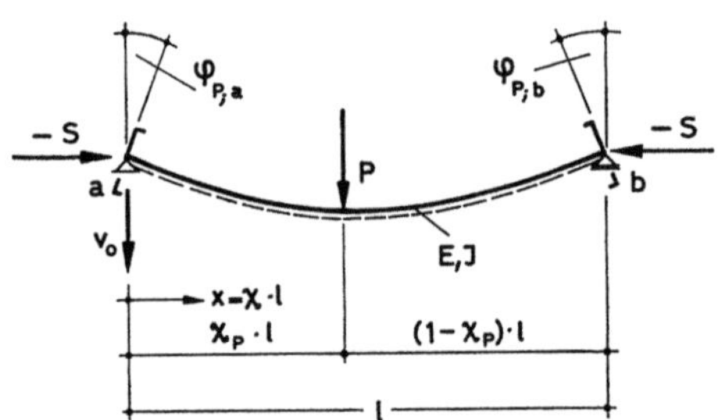

Abb. 47. Druckstab a,b mit Einzellast P

4.8.1.1. Genaue Lösungen

Die Einzellast P erzeugt im Stab a,b eine Querkraft $Q_{\ddot{a}}(x)$, für die

$$\int\limits_0^l Q_{\ddot{a}}(x) \cdot \mathrm{d}x = P \cdot \left(\frac{x_P{}^*}{l} \cdot x_P - \frac{x_P}{l} \cdot x_P{}^*\right) = 0$$

wird (Abb. 48).

Für die Teildurchbiegung $^M v_0(x)$ des Stabes gilt daher die Differentialgleichung (4.2.24).

Wir betrachten zunächst den linken Abschnitt $(0 \leqq \chi \leqq \chi_P)$ des Stabes mit dem Biegemoment $M_{\ddot{a}}(x)$ nach Abb. 48:

$$M_{\ddot{a}}(x) = P \cdot \frac{x_P{}^*}{l} \cdot x.$$

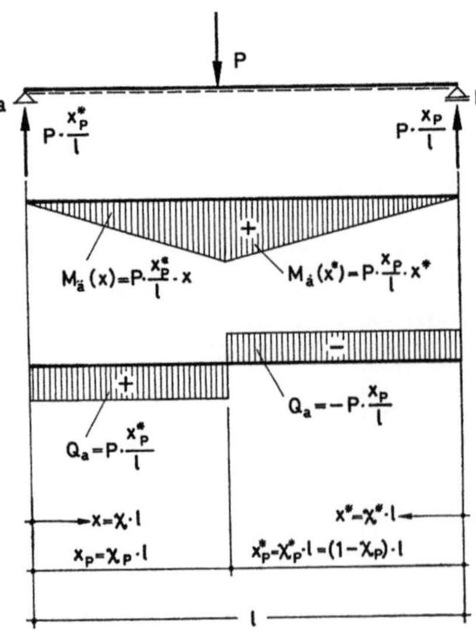

Abb. 48. Stab a,b mit Einzellast P

Mit (4.3.3) und

$$\chi_P{}^* = \frac{x_P{}^*}{l} \tag{4.8.1}$$

erhält man hieraus:

$$M_{\ddot{a}}(\chi) = P \cdot l \cdot \chi_P{}^* \cdot \chi. \tag{4.8.2}$$

Aus (4.2.24) folgt die Differentialgleichung für die Teildurchbiegung $^M v_0(\chi)$ mit (4.3.3.), (4.3.5) und (4.8.2) zu:

$$^M v_0{}''(\chi) + \alpha^2 \cdot {}^M v_0(\chi) + \frac{P \cdot l^3}{\mu \cdot EI} \cdot \chi_P{}^* \cdot \chi = 0. \tag{4.8.3}$$

Die Lösung dieser Differentialgleichung lautet:

$$^M v_0(\chi) = c_1 \cdot \sin(\alpha\chi) + c_2 \cdot \cos(\alpha\chi) - \frac{P \cdot l^3}{\mu \cdot \alpha^2 \cdot EI} \cdot \chi_P{}^* \cdot \chi. \tag{4.8.4}$$

Für den rechten Abschnitt $(0 \leq \chi^* \leq \chi_P{}^*)$ des Stabes ergibt sich analog mit

$$M_{\ddot{a}}(\chi^*) = P \cdot l \cdot \chi_P \cdot \chi^*$$

die Differentialgleichung für die Teildurchbiegung $^M v_0(\chi^*)$ zu

$$^M v_0{}''(\chi^*) + \alpha^2 \cdot {}^M v_0(\chi^*) + \frac{P \cdot l^3}{\mu \cdot EI} \cdot \chi_P \cdot \chi^* = 0$$

mit der Lösung:

$$^M v_0(\chi^*) = c_1{}^* \cdot \sin(\alpha\chi^*) + c_2{}^* \cdot \cos(\alpha\chi^*) - \frac{P \cdot l^3}{\mu \cdot \alpha^2 \cdot EI} \cdot \chi_P \cdot \chi^*. \tag{4.8.5}$$

Für $c_2 = 0$ bzw. $c_2{}^* = 0$ erfüllen (4.8.4) bzw. (4.8.5) die Randbedingungen

$$v_0(0) = {}^M v_0(0) = 0 \quad \text{bzw.} \quad v_0(0^*) = {}^M v_0(0^*) = 0.$$

Damit erhalten wir aus (4.8.4)

$$^M v_0(\chi) = c_1 \cdot \sin(\alpha\chi) - \frac{P \cdot l^3}{\mu \cdot \alpha^2 \cdot EI} \cdot \chi_P{}^* \cdot \chi \tag{4.8.6}$$

und aus (4.8.5)

$$^M v_0(\chi^*) = c_1{}^* \cdot \sin(\alpha\chi^*) - \frac{P \cdot l^3}{\mu \cdot \alpha^2 \cdot EI} \cdot \chi_P \cdot \chi^* \tag{4.8.7}$$

und durch Differenzieren aus (4.8.6)

$$^M v_0{}'(\chi) = c_1 \cdot \frac{\alpha}{l} \cdot \cos(\alpha\chi) - \frac{P \cdot l^2}{\mu \cdot \alpha^2 \cdot EI} \cdot \chi_P{}^* \tag{4.8.8}$$

und aus (4.8.7):

$$^M v_0{}'(\chi^*) = c_1{}^* \cdot \frac{\alpha}{l} \cdot \cos(\alpha\chi^*) - \frac{P \cdot l^2}{\mu \cdot \alpha^2 \cdot EI} \cdot \chi_P. \tag{4.8.9}$$

Im Angriffspunkt der Einzellast müssen die Teildurchbiegungen $^{M}v_0(\chi_P)$ und $^{M}v_0(\chi_P{}^*)$ der beiden Stababschnitte gleich groß sein und die Neigungen $^{M}v_0{}'(\chi_P)$ und $^{M}v_0{}'(\chi_P{}^*)$ der Teilbiegelinien übereinstimmen. Für die Kontinuitätsbedingung

$$^{M}v_0(\chi_P) = {}^{M}v_0(\chi_P{}^*)$$

folgt aus (4.8.6) und (4.8.7)

$$c_1 \cdot \sin (\alpha\chi_P) = c_1{}^* \cdot \sin (\alpha\chi_P{}^*) \tag{4.8.10}$$

und für die Kontinuitätsbedingung

$$^{M}v_0{}'(\chi_P) = -{}^{M}v_0{}'(\chi_P{}^*)$$

aus (4.8.8) und (4.8.9):

$$c_1 \cdot \frac{\alpha}{l} \cdot \cos (\alpha\chi_P) - \frac{P \cdot l^2}{\mu \cdot \alpha^2 \cdot EI} \cdot \chi_P{}^* = -c_1{}^* \cdot \frac{\alpha}{l} \cdot \cos (\alpha\chi_P{}^*) + \frac{P \cdot l^2}{\mu \cdot \alpha^2 \cdot EI} \cdot \chi_P. \tag{4.8.11}$$

Aus (4.8.10) und (4.8.11) ergeben sich die Konstanten c_1 und $c_1{}^*$ nach Zwischenrechnung zu:

$$c_1 = \frac{P \cdot l^3}{\mu \cdot \alpha^3 \cdot EI} \cdot \frac{\sin (\alpha\chi_P{}^*)}{\sin \alpha}, \tag{4.8.12}$$

$$c_1{}^* = \frac{P \cdot l^3}{\mu \cdot \alpha^3 \cdot EI} \cdot \frac{\sin (\alpha\chi_P)}{\sin \alpha}. \tag{4.8.13}$$

Schnittlasten und Verformungen für $0 \leqq \chi \leqq \chi_P$:

Für die Teildurchbiegung $^{M}v_0(\alpha, \chi)$ erhält man aus (4.8.6) mit (4.8.12) und (4.4.1):

$$^{M}v_0(\alpha, \chi) = \frac{P \cdot l^3}{EI} \cdot \frac{1}{\mu \cdot \alpha^2} \cdot \left\{ \frac{\sin (\alpha\chi) \cdot \sin [\alpha \cdot (1 - \chi_P)]}{\alpha \cdot \sin \alpha} - \chi \cdot (1 - \chi_P) \right\}, \tag{4.8.14}$$

Durch Differenzieren folgt hieraus

$$^{M}v_0{}'(\alpha, \chi) = \frac{P \cdot l^2}{EI} \cdot \frac{1}{\mu \cdot \alpha^2} \cdot \left\{ \frac{\cos (\alpha\chi) \cdot \sin [\alpha \cdot (1 - \chi_P)]}{\sin \alpha} - (1 - \chi_P) \right\}, \tag{4.8.15}$$

$$^{M}v_0{}''(\alpha, \chi) = \frac{P \cdot l}{EI} \cdot \frac{-\sin (\alpha\chi) \cdot \sin [\alpha \cdot (1 - \chi_P)]}{\mu \cdot \alpha \cdot \sin \alpha} \tag{4.8.16}$$

und

$$^{M}v_0{}'''(\alpha, \chi) = \frac{P}{EI} \cdot \frac{-\cos (\alpha\chi) \cdot \sin [\alpha \cdot (1 - \chi_P)]}{\mu \cdot \sin \alpha}. \tag{4.8.17}$$

Mit (4.8.14), (4.8.16), (4.3.5) und (4.2.11) ergibt sich aus (4.2.25) für die Durchbiegung $v_0(\alpha, \chi)$

$$v_0(\alpha, \chi) = \frac{P \cdot l^3}{EI} \cdot \frac{1}{\mu^2 \cdot \alpha^2} \cdot \left\{ \frac{\sin(\alpha\chi) \cdot \sin[\alpha \cdot (1 - \chi_P)]}{\alpha \cdot \sin \alpha} - \mu \cdot \chi \cdot (1 - \chi_P) \right\}$$

$$= \frac{P \cdot l^3}{EI} \cdot F(\alpha, \chi)_{P; v_a} \tag{4.8.18}$$

und durch Differenzieren für die Neigung $v_0'(\alpha, \chi)$ der Biegelinie:

$$v_0'(\alpha, \chi) = \frac{P \cdot l^2}{EI} \cdot \frac{1}{\mu^2 \cdot \alpha^2} \cdot \left\{ \frac{\cos(\alpha\chi) \cdot \sin[\alpha \cdot (1 - \chi_P)]}{\sin \alpha} - \mu \cdot (1 - \chi_P) \right\}$$

$$= \frac{P \cdot l^2}{EI} \cdot F(\alpha, \chi)_{P; v_a'} \,. \tag{4.8.19}$$

Für das Biegemoment $M_0(\alpha, \chi)$ erhalten wir aus (4.2.14) mit (4.8.16)

$$M_0(\alpha, \chi) = P \cdot l \cdot \frac{\sin(\alpha\chi) \cdot \sin[\alpha \cdot (1 - \chi_P)]}{\mu \cdot \alpha \cdot \sin \alpha} = P \cdot l \cdot F(\alpha, \chi)_{P; M_a}, \tag{4.8.20}$$

für die Querkraft $Q_0(\alpha, \chi)$ aus (4.2.15) mit (4.8.17)

$$Q_0(\alpha, \chi) = P \cdot \frac{\cos(\alpha\chi) \cdot \sin[\alpha \cdot (1 - \chi_P)]}{\mu \cdot \sin \alpha} = P \cdot F(\alpha, \chi)_{P; Q_a} \tag{4.8.21}$$

und für die Drehung $\varphi(\alpha)_{P; a}$ des Stabendes a $(\chi = 0)$ aus (4.2.26) mit (4.8.15):

$$\varphi(\alpha)_{P; a} = \frac{P \cdot l^2}{EI} \cdot \frac{1}{\mu \cdot \alpha^2} \cdot \left\{ \frac{\sin[\alpha \cdot (1 - \chi_P)]}{\sin \alpha} - (1 - \chi_P) \right\} = \frac{P \cdot l^2}{EI} \cdot F(\alpha)_{P; a}. \tag{4.8.22}$$

Schnittlasten und Verformungen für $\chi_P \leqq \chi \leqq 1$:

Für die Teildurchbiegung ${}^M v_0(\alpha, \chi)$ folgt aus (4.8.7) mit (4.8.13) und (4.4.1):

$${}^M v_0(\alpha, \chi) = \frac{P \cdot l^3}{EI} \cdot \frac{1}{\mu \cdot \alpha^2} \cdot \left\{ \frac{\sin[\alpha \cdot (1 - \chi)] \cdot \sin(\alpha\chi_P)}{\alpha \cdot \sin \alpha} - (1 - \chi) \cdot \chi_P \right\}. \tag{4.8.23}$$

Durch Differenzieren ergibt sich hieraus

$${}^M v_0'(\alpha, \chi) = \frac{P \cdot l^2}{EI} \cdot \frac{1}{\mu \cdot \alpha^2} \cdot \left\{ \frac{-\cos[\alpha \cdot (1 - \chi)] \cdot \sin(\alpha\chi_P)}{\sin \alpha} + \chi_P \right\}, \tag{4.8.24}$$

$${}^M v_0''(\alpha, \chi) = \frac{P \cdot l}{EI} \cdot \frac{-\sin[\alpha \cdot (1 - \chi)] \cdot \sin(\alpha\chi_P)}{\mu \cdot \alpha \cdot \sin \alpha} \tag{4.8.25}$$

und

$${}^M v_0'''(\alpha, \chi) = \frac{P}{EI} \cdot \frac{\cos[\alpha \cdot (1 - \chi)] \cdot \sin(\alpha\chi_P)}{\mu \cdot \sin \alpha}. \tag{4.8.26}$$

Mit (4.8.23), (4.8.25), (4.3.5) und (4.2.11) erhält man aus (4.2.25) für die Durchbiegung $v_0(\alpha, \chi)$

$$v_0(\alpha, \chi) = \frac{P \cdot l^3}{EI} \cdot \frac{1}{\mu^2 \cdot \alpha^2} \cdot \left\{ \frac{\sin[\alpha \cdot (1 - \chi)] \cdot \sin(\alpha\chi_P)}{\alpha \cdot \sin \alpha} - \mu \cdot (1 - \chi) \cdot \chi_P \right\}$$

$$= \frac{P \cdot l^3}{EI} \cdot F(\alpha, \chi)_{P;v_b} \qquad (4.8.27$$

und durch Differenzieren für die Neigung $v_0'(\alpha, \chi)$ der Biegelinie:

$$v_0'(\alpha, \chi) = \frac{P \cdot l^2}{EI} \cdot \frac{1}{\mu^2 \cdot \alpha^2} \cdot \left\{ -\frac{\cos[\alpha \cdot (1 - \chi)] \cdot \sin(\alpha\chi_P)}{\sin \alpha} + \mu \cdot \chi_P \right\}$$

$$= \frac{P \cdot l^2}{EI} \cdot F(\alpha, \chi)_{P;v_b'} . \qquad (4.8.28$$

Für das Biegemoment $M_0(\alpha, \chi)$ folgt aus (4.2.14) und (4.8.25)

$$M_0(\alpha, \chi) = P \cdot l \cdot \frac{\sin[\alpha \cdot (1 - \chi)] \cdot \sin(\alpha\chi_P)}{\mu \cdot \alpha \cdot \sin \alpha} = P \cdot l \cdot F(\alpha, \chi)_{P;M_b}, \qquad (4.8.2\text{?}$$

für die Querkraft $Q_0(\alpha, \chi)$ aus (4.2.15) mit (4.8.26)

$$Q_0(\alpha, \chi) = P \cdot \frac{-\cos[\alpha \cdot (1 - \chi)] \cdot \sin(\alpha\chi_P)}{\mu \cdot \sin \alpha} = P \cdot F(\alpha, \chi)_{P;Q_b} \qquad (4.8.3\text{(}$$

und für die Drehung $\varphi(\alpha)_{P;b}$ des Stabendes b ($\chi = 1$) aus (4.2.27) mit (4.8.24):

$$\varphi(\alpha)_{P;b} = \frac{P \cdot l^2}{EI} \cdot \frac{1}{\mu \cdot \alpha^2} \cdot \left[\frac{\sin(\alpha\chi_P)}{\sin \alpha} - \chi_P \right] = \frac{P \cdot l^2}{EI} \cdot F(\alpha)_{P;b} . \qquad (4.8.3$$

4.8.1.2. Näherungslösungen für $\alpha \ll 1$

Schnittlasten und Verformungen für $0 \leqq \chi \leqq \chi_P$:

Aus (4.8.22) ergibt sich mit (4.3.21), (4.3.25) und (4.3.29) für die Drehu $\varphi(\alpha^2)_{P;a}$

$$\varphi(\alpha^2)_{P;a} \simeq \frac{P \cdot l^2}{EI} \cdot \left(1 + \frac{\varkappa_0}{3} \cdot \alpha^2\right) \cdot \frac{(1 - \chi_P)}{6} \cdot \frac{1 - (1 - \chi_P)^2 - \dfrac{\alpha^2}{20} \cdot [1 - (1 - \chi_P)^4}{1 - \dfrac{\alpha^2}{6}}$$

$$= \frac{P \cdot l^2}{EI} \cdot F(\alpha^2)_{P;a}, \qquad (4.8.\text{?}$$

aus (4.8.20) mit (4.3.21), (4.3.25) und (4.3.29) für das Biegemoment $M_0(\alpha^2, \chi)$

$$M_0(\alpha^2, \chi) \simeq P \cdot l \cdot \left(1 + \frac{\varkappa_0}{3} \cdot \alpha^2\right) \cdot \chi \cdot (1 - \chi_P) \cdot \frac{1 - \dfrac{\alpha^2}{6} \cdot [\chi^2 + (1 - \chi_P)^2]}{1 - \dfrac{\alpha^2}{6}}$$

$$= P \cdot l \cdot F(\alpha^2, \chi)_{P;M_a}, \tag{4.8.33}$$

aus (4.8.21) mit (4.3.21), (4.3.22), (4.3.25) und (4.3.29) für die Querkraft $Q_0(\alpha^2, \chi)$

$$Q_0(\alpha^2, \chi) \simeq P \cdot \left(1 + \frac{\varkappa_0}{3} \cdot \alpha^2\right) \cdot (1 - \chi_P) \cdot \frac{1 - \dfrac{\alpha^2}{6} \cdot [3\chi^2 + (1 - \chi_P)^2]}{1 - \dfrac{\alpha^2}{6}}$$

$$= P \cdot F(\alpha^2, \chi)_{P;Q_a}, \tag{4.8.34}$$

aus (4.8.18) mit (4.3.21), (4.3.25) und (4.3.29) für die Durchbiegung $v_0(\alpha^2, \chi)$

$$v_0(\alpha^2, \chi) \simeq \frac{P \cdot l^3}{EI} \cdot \left(1 + \frac{\varkappa_0}{3} \cdot \alpha^2\right) \cdot \chi \cdot (1 - \chi_P) \cdot \left\{ \frac{\varkappa_0}{3} + \left(1 + \frac{\varkappa_0}{3} \cdot \alpha^2\right) \cdot \frac{1}{6} \right.$$

$$\times \left. \frac{1 - \chi^2 - (1 - \chi_P)^2 - \dfrac{\alpha^2}{20} \cdot \left[1 - (1 - \chi_P)^4 - \dfrac{10}{3} \cdot \chi^2 \cdot (1 - \chi_P)^2 - \chi^4\right]}{1 - \dfrac{\alpha^2}{6}} \right\}$$

$$= \frac{P \cdot l^3}{EI} \cdot F(\alpha^2, \chi)_{P;v_a} \tag{4.8.35}$$

und aus (4.8.19) mit (4.3.21), (4.3.22), (4.3.25) und (4.3.29) für die Neigung $v_0{}'(\alpha^2, \chi)$ der Biegelinie:

$$v_0{}'(\alpha^2, \chi) \simeq \frac{P \cdot l^2}{EI} \cdot \left(1 + \frac{\varkappa_0}{3} \cdot \alpha^2\right) \cdot (1 - \chi_P) \cdot \left\{ \frac{\varkappa_0}{3} + \left(1 + \frac{\varkappa_0}{3} \cdot \alpha^2\right) \cdot \frac{1}{6} \right.$$

$$\times \left. \frac{1 - 3\chi^2 - (1 - \chi_P)^2 - \dfrac{\alpha^2}{20} \cdot [1 - (1 - \chi_P)^4 - 10\chi^2 \cdot (1 - \chi_P)^2 - 5\chi^4]}{1 - \dfrac{\alpha^2}{6}} \right\}$$

$$= \frac{P \cdot l^2}{EI} \cdot F(\alpha^2, \chi)_{P;v_a'}. \tag{4.8.36}$$

Schnittlasten und Verformungen für $\chi_P \leqq \chi \leqq 1$:

Aus (4.8.31) erhalten wir mit (4.3.21) und (4.3.29) für die Drehung $\varphi(\alpha^2)_{P;b}$

$$\varphi(\alpha^2)_{P;b} \simeq \frac{P \cdot l^2}{EI} \cdot \left(1 + \frac{\varkappa_0}{3} \cdot \alpha^2\right) \cdot \frac{\chi_P}{6} \cdot \frac{1 - \chi_P^2 - \dfrac{\alpha^2}{20} \cdot (1 - \chi_P^4)}{1 - \dfrac{\alpha^2}{6}} = \frac{P \cdot l^2}{EI} \cdot F(\alpha^2)_{P;b},$$

$$(4.8.37)$$

aus (4.8.29) mit (4.3.21), (4.3.25) und (4.3.29) für das Biegemoment $M_0(\alpha^2, \chi)$

$$M_0(\alpha^2, \chi) \simeq P \cdot l \cdot \left(1 + \frac{\varkappa_0}{3} \cdot \alpha^2\right) \cdot (1 - \chi) \cdot \chi_P \cdot \frac{1 - \dfrac{\alpha^2}{6} \cdot [(1 - \chi)^2 + \chi_P^2]}{1 - \dfrac{\alpha^2}{6}}$$

$$= P \cdot l \cdot F(\alpha^2, \chi)_{P;M_b},$$

$$(4.8.38)$$

aus (4.8.30) mit (4.3.21), (4.3.27) und (4.3.29) für die Querkraft $Q_0(\alpha^2, \chi)$

$$Q_0(\alpha^2, \chi) \simeq P \cdot \left(1 + \frac{\varkappa_0}{3} \cdot \alpha^2\right) \cdot (-\chi_P) \cdot \frac{1 - \dfrac{\alpha^2}{6} \cdot [3 \cdot (1 - \chi)^2 + \chi_P^2]}{1 - \dfrac{\alpha^2}{6}}$$

$$= P \cdot F(\alpha^2, \chi)_{P;Q_b},$$

$$(4.8.39)$$

aus (4.8.27) mit (4.3.21), (4.3.25) und (4.3.29) für die Durchbiegung $v_0(\alpha^2, \chi)$

$$v_0(\alpha^2, \chi) \simeq \frac{P \cdot l^3}{EI} \cdot \left(1 + \frac{\varkappa_0}{3} \cdot \alpha^2\right) \cdot (1 - \chi) \cdot \chi_P \cdot \left\{ \frac{\varkappa_0}{3} + \left(1 + \frac{\varkappa_0}{3} \cdot \alpha^2\right) \cdot \frac{1}{6} \right.$$

$$\times \frac{1 - (1 - \chi)^2 - \chi_P^2 - \dfrac{\alpha^2}{20} \cdot \left[1 - \chi_P^4 - \dfrac{10}{3} \cdot (1 - \chi)^2 \cdot \chi_P^2 - (1 - \chi)^4\right]}{1 - \dfrac{\alpha^2}{6}} \left. \right\}$$

$$= \frac{P \cdot l^3}{EI} \cdot F(\alpha^2, \chi)_{P;v_b}$$

$$(4.8.40)$$

und aus (4.8.28) mit (4.3.21), (4.3.27) und (4.3.29) für die Neigung $v_0'(\alpha^2, \chi)$ der Biegelinie:

$$v_0'(\alpha^2, \chi) \simeq \frac{P \cdot l^2}{EI} \cdot \left(1 + \frac{\varkappa_0}{3} \cdot \alpha^2\right) \cdot (-\chi_P) \cdot \left\{\frac{\varkappa_0}{3} + \left(1 + \frac{\varkappa_0}{3} \cdot \alpha^2\right) \cdot \frac{1}{6}\right.$$

$$\times \frac{1 - 3 \cdot (1 - \chi)^2 - \chi_P^2 - \frac{\alpha^2}{20} \cdot [1 - \chi_P^4 - 10 \cdot (1 - \chi)^2 \cdot \chi_P^2 - 5 \cdot (1 - \chi)^4]}{1 - \frac{\alpha^2}{6}}\left.\right\}$$

$$= \frac{P \cdot l^2}{EI} \cdot F(\alpha^2, \chi)_{P;v_b'} \,. \tag{4.8.41}$$

4.8.2. Genaue Lösungen für einen Stab ohne Längskraft

Schnittlasten und Verformungen für $0 \leqq \chi \leqq \chi_P$:

Mit $\alpha = 0$ folgt

aus (4.8.32) für die Drehung $\varphi(0)_{P;a}$

$$\varphi(0)_{P;a} = \frac{P \cdot l^2}{EI} \cdot \frac{(1 - \chi_P)}{6} \cdot [1 - (1 - \chi_P)^2] = \frac{P \cdot l^2}{EI} \cdot F(0)_{P;a}, \tag{4.8.42}$$

aus (4.8.33) für das Biegemoment $M_0(0, \chi)$

$$M_0(0, \chi) = P \cdot l \cdot \chi \cdot (1 - \chi_P) = P \cdot l \cdot F(0, \chi)_{P;M_a}, \tag{4.8.43}$$

aus (4.8.34) für die Querkraft $Q_0(0, \chi)$

$$Q_0(0, \chi) = P \cdot (1 - \chi_P) = P \cdot F(0, \chi)_{P;Q_a}, \tag{4.8.44}$$

aus (4.8.35) für die Durchbiegung $v_0(0, \chi)$

$$v_0(0, \chi) = \frac{P \cdot l^3}{EI} \cdot \chi \cdot (1 - \chi_P) \cdot \left\{\frac{\varkappa_0}{3} + \frac{1}{6} \cdot [1 - \chi^2 - (1 - \chi_P)^2]\right\}$$

$$= \frac{P \cdot l^3}{EI} \cdot F(0, \chi)_{P;v_a} \tag{4.8.45}$$

und aus (4.8.36) für die Neigung $v_0'(0, \chi)$ der Biegelinie:

$$v_0'(0, \chi) = \frac{P \cdot l^2}{EI} \cdot (1 - \chi_P) \cdot \left\{\frac{\varkappa_0}{3} + \frac{1}{6} \cdot [1 - 3\chi^2 - (1 - \chi_P)^2]\right\}$$

$$= \frac{P \cdot l^2}{EI} \cdot F(0, \chi)_{P;v_a'} \,. \tag{4.8.46}$$

Schnittlasten und Verformungen für $\chi_P \leqq \chi \leqq 1$:

Mit $\alpha = 0$ ergibt sich

aus (4.8.37) für die Drehung $\varphi(0)_{P;b}$

$$\varphi(0)_{P;b} = \frac{P \cdot l^2}{EI} \cdot \frac{\chi_P}{6} \cdot (1 - \chi_P{}^2) = \frac{P \cdot l^2}{EI} \cdot F(0)_{P;b}, \qquad (4.8.47)$$

aus (4.8.38) für das Biegemoment $M_0(0, \chi)$

$$M_0(0, \chi) = P \cdot l \cdot (1 - \chi) \cdot \chi_P = P \cdot l \cdot F(0, \chi)_{P;M_b}, \qquad (4.8.48)$$

aus (4.8.39) für die Querkraft $Q_0(0, \chi)$

$$Q_0(0, \chi) = P \cdot (-\chi_P) = P \cdot F(0, \chi)_{P;Q_b}, \qquad (4.8.49)$$

aus (4.8.40) für die Durchbiegung $v_0(0, \chi)$

$$v_0(0, \chi) = \frac{P \cdot l^3}{EI} \cdot (1 - \chi) \cdot \chi_P \cdot \left\{ \frac{\varkappa_0}{3} + \frac{1}{6} \cdot [1 - (1 - \chi)^2 - \chi_P{}^2] \right\}$$

$$= \frac{P \cdot l^3}{EI} \cdot F(0, \chi)_{P;v_b} \qquad (4.8.50)$$

und aus (4.8.41) für die Neigung $v_0{}'(0, \chi)$ der Biegelinie:

$$v_0{}'(0, \chi) = \frac{P \cdot l^2}{EI} \cdot (-\chi_P) \cdot \left\{ \frac{\varkappa_0}{3} + \frac{1}{6} \cdot [1 - 3 \cdot (1 - \chi)^2 - \chi_P{}^2] \right\}$$

$$= \frac{P \cdot l^2}{EI} \cdot F(0, \chi)_{P;v_b'}. \qquad (4.8.51)$$

4.8.3. Zugstab

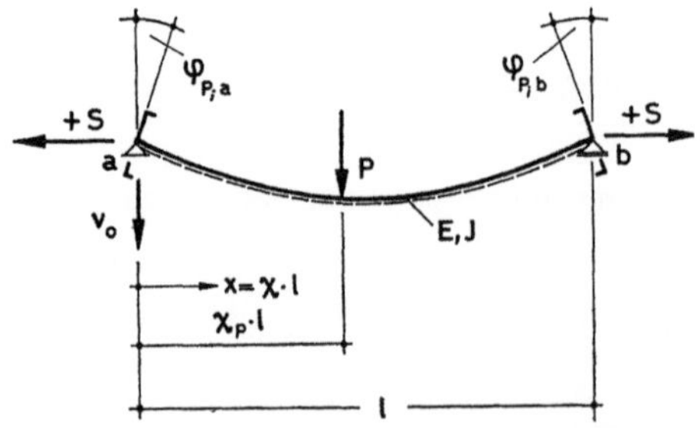

Abb. 49. Zugstab a,b mit Einzellast P

4.8.3.1. Genaue Lösungen

Schnittlasten und Verformungen für $0 \leqq \chi \leqq \chi_P$:

Unter Beachtung von (4.3.40), (4.3.41), (4.3.42) und (4.3.43) erhält man aus (4.8.22) für die Drehung $\varphi(\beta)_{P;a}$

$$\varphi(\beta)_{P;a} = \frac{P \cdot l^2}{EI} \cdot \frac{1}{\mu \cdot \beta^2} \cdot \left\{ -\frac{\mathrm{Sinh}\,[\beta \cdot (1 - \chi_P)]}{\mathrm{Sinh}\,\beta} + (1 - \chi_P) \right\} = \frac{P \cdot l^2}{EI} \cdot F(\beta)_{P;a}, \tag{4.8.52}$$

aus (4.8.20) für das Biegemoment $M_0(\beta, \chi)$

$$M_0(\beta, \chi) = P \cdot l \cdot \frac{\mathrm{Sinh}\,(\beta\chi) \cdot \mathrm{Sinh}\,[\beta \cdot (1 - \chi_P)]}{\mu \cdot \beta \cdot \mathrm{Sinh}\,\beta} = P \cdot l \cdot F(\beta, \chi)_{P;M_a}, \tag{4.8.53}$$

aus (4.8.21) für die Querkraft $Q_0(\beta, \chi)$

$$Q_0(\beta, \chi) = P \cdot \frac{\mathrm{Cosh}\,(\beta\chi) \cdot \mathrm{Sinh}\,[\beta \cdot (1 - \chi_P)]}{\mu \cdot \mathrm{Sinh}\,\beta} = P \cdot F(\beta, \chi)_{P;Q_a}, \tag{4.8.54}$$

aus (4.8.18) für die Durchbiegung $v_0(\beta, \chi)$

$$v_0(\beta, \chi) = \frac{P \cdot l^3}{EI} \cdot \frac{1}{\mu^2 \cdot \beta^2} \cdot \left\{ -\frac{\mathrm{Sinh}\,(\beta\chi) \cdot \mathrm{Sinh}\,[\beta \cdot (1 - \chi_P)]}{\beta \cdot \mathrm{Sinh}\,\beta} + \mu \cdot \chi \cdot (1 - \chi_P) \right\}$$

$$= \frac{P \cdot l^3}{EI} \cdot F(\beta, \chi)_{P;v_a} \tag{4.8.55}$$

und aus (4.8.19) für die Neigung $v_0{}'(\beta, \chi)$ der Biegelinie:

$$v_0{}'(\beta, \chi) = \frac{P \cdot l^2}{EI} \cdot \frac{1}{\mu^2 \cdot \beta^2} \cdot \left\{ -\frac{\mathrm{Cosh}\,(\beta\chi) \cdot \mathrm{Sinh}\,[\beta \cdot (1 - \chi_P)]}{\mathrm{Sinh}\,\beta} + \mu \cdot (1 - \chi_P) \right\}$$

$$= \frac{P \cdot l^2}{EI} \cdot F(\beta, \chi)_{P;v_a'}. \tag{4.8.56}$$

Schnittlasten und Verformungen $\chi_P \leqq \chi \leqq 1$:

Unter Beachtung von (4.3.40), (4.3.41), (4.3.42) und (4.3.43) folgt aus (4.8.31) für die Drehung $\varphi(\beta)_{P;b}$

$$\varphi(\beta)_{P;b} = \frac{P \cdot l^2}{EI} \cdot \frac{1}{\mu \cdot \beta^2} \cdot \left[-\frac{\mathrm{Sinh}\,(\beta\chi_P)}{\mathrm{Sinh}\,\beta} + \chi_P \right] = \frac{P \cdot l^2}{EI} \cdot F(\beta)_{P;b}, \tag{4.8.57}$$

aus (4.8.29) für das Biegemoment $M_0(\beta, \chi)$

$$M_0(\beta, \chi) = P \cdot l \cdot \frac{\text{Sinh}\,[\beta \cdot (1 - \chi)] \cdot \text{Sinh}\,(\beta\chi_P)}{\mu \cdot \beta \cdot \text{Sinh}\,\beta} = P \cdot l \cdot F(\beta, \chi)_{P;M_b}, \quad (4.8.58)$$

aus (4.8.30) für die Querkraft $Q_0(\beta, \chi)$

$$Q_0(\beta, \chi) = P \cdot \frac{-\text{Cosh}\,[\beta \cdot (1 - \chi)] \cdot \text{Sinh}\,(\beta\chi_P)}{\mu \cdot \text{Sinh}\,\beta} = P \cdot F(\beta, \chi)_{P;Q_b}, \quad (4.8.59)$$

aus (4.8.27) für die Durchbiegung $v_0(\beta, \chi)$

$$v_0(\beta, \chi) = \frac{P \cdot l^3}{EI} \cdot \frac{1}{\mu^2 \cdot \beta^2} \cdot \left\{ -\frac{\text{Sinh}\,[\beta \cdot (1 - \chi)] \cdot \text{Sinh}\,(\beta\chi_P)}{\beta \cdot \text{Sinh}\,\beta} + \mu \cdot (1 - \chi) \cdot \chi_P \right\}$$

$$= \frac{P \cdot l^3}{EI} \cdot F(\beta, \chi)_{P;v_b} \quad (4.8.60)$$

und aus (4.8.28) für die Neigung $v_0{}'(\beta, \chi)$ der Biegelinie:

$$v_0{}'(\beta, \chi) = \frac{P \cdot l^2}{EI} \cdot \frac{1}{\mu^2 \cdot \beta^2} \cdot \left\{ \frac{\text{Cosh}\,[\beta \cdot (1 - \chi)] \cdot \text{Sin}\,(\beta\chi_P)}{\text{Sinh}\,\beta} - \mu \cdot \chi_P \right\}$$

$$== \frac{P \cdot l^2}{EI} \cdot F(\beta, \chi)_{P;v_b'}. \quad (4.8.61)$$

4.8.3.2. Näherungslösungen für $\beta \ll 1$

Schnittlasten und Verformungen für $0 \leq \chi \leq \chi_P$:

Mit (4.3.41) ergibt sich

aus (4.8.32) für die Drehung $\varphi(\beta^2)_{P;a}$

$$\varphi(\beta^2)_{P;a} \simeq \frac{P \cdot l^2}{EI} \cdot \left(1 - \frac{\varkappa_0}{3} \cdot \beta^2\right) \cdot \frac{(1 - \chi_P)}{6} \cdot \frac{1 - (1 - \chi_P)^2 + \dfrac{\beta^2}{20} \cdot [1 - (1 - \chi_P)^4]}{1 + \dfrac{\beta^2}{6}}$$

$$= \frac{P \cdot l^2}{EI} \cdot F(\beta^2)_{P;a}, \quad (4.8.62)$$

aus (4.8.33) für das Biegemoment $M_0(\beta^2, \chi)$

$$M_0(\beta^2, \chi) \simeq P \cdot l \cdot \left(1 - \frac{\varkappa_0}{3} \cdot \beta^2\right) \cdot \chi \cdot (1 - \chi_P) \cdot \frac{1 + \dfrac{\beta^2}{6} \cdot [\chi^2 + (1 - \chi_P)^2]}{1 + \dfrac{\beta^2}{6}}$$

$$= P \cdot l \cdot F(\beta^2, \chi)_{P;M_a}, \quad (4.8.63)$$

aus (4.8.34) für die Querkraft $Q_0(\beta^2, \chi)$

$$Q_0(\beta^2, \chi) \simeq P \cdot \left(1 - \frac{\varkappa_0}{3} \cdot \beta^2\right) \cdot (1 - \chi_P) \cdot \frac{1 + \dfrac{\beta^2}{6} \cdot [3\chi^2 + (1 - \chi_P)^2]}{1 + \dfrac{\beta^2}{6}}$$

$$= P \cdot F(\beta^2, \chi)_{P;Q_a}, \tag{4.8.64}$$

aus (4.8.35) für die Durchbiegung $v_0(\beta^2, \chi)$

$$v_0(\beta^2, \chi) \simeq \frac{P \cdot l^3}{EI} \cdot \left(1 - \frac{\varkappa_0}{3} \cdot \beta^2\right) \cdot \chi \cdot (1 - \chi_P) \cdot \left\{ \frac{\varkappa_0}{3} + \left(1 - \frac{\varkappa_0}{3} \cdot \beta^2\right) \cdot \frac{1}{6} \right.$$

$$\left. \times \frac{1 - \chi^2 - (1 - \chi_P)^2 + \dfrac{\beta^2}{20} \cdot \left[1 - (1 - \chi_P)^4 - \dfrac{10}{3} \cdot \chi^2 \cdot (1 - \chi_P)^2 - \chi^4\right]}{1 + \dfrac{\beta^2}{6}} \right\}$$

$$= \frac{P \cdot l^3}{EI} \cdot F(\beta^2, \chi)_{P;v_a} \tag{4.8.65}$$

und aus (4.8.36) für die Neigung $v_0{}'(\beta^2, \chi)$ der Biegelinie:

$$v_0{}'(\beta^2, \chi) \simeq \frac{P \cdot l^2}{EI} \cdot \left(1 - \frac{\varkappa_0}{3} \cdot \beta^2\right) \cdot (1 - \chi_P) \cdot \left\{ \frac{\varkappa_0}{3} + \left(1 - \frac{\varkappa_0}{3} \cdot \beta^2\right) \cdot \frac{1}{6} \right.$$

$$\left. \times \frac{1 - 3\chi^2 - (1 - \chi_P)^2 + \dfrac{\beta^2}{20} \cdot [1 - (1 - \chi_P)^4 - 10\chi^2 \cdot (1 - \chi_P)^2 - 5\chi^4]}{1 + \dfrac{\beta^2}{6}} \right\}$$

$$= \frac{P \cdot l^2}{EI} \cdot F(\beta^2, \chi)_{P;v_a'}. \tag{4.8.66}$$

Schnittlasten und Verformungen für $\chi_P \leqq \chi \leqq 1$:

Mit (4.3.41) erhalten wir

aus (4.8.37) für die Drehung $\varphi(\beta^2)_{P;b}$

$$\varphi(\beta^2)_{P;b} \simeq \frac{P \cdot l^2}{EI} \cdot \left(1 - \frac{\varkappa_0}{3} \cdot \beta^2\right) \cdot \frac{\chi_P}{6} \cdot \frac{1 - \chi_P{}^2 + \dfrac{\beta^2}{20} \cdot (1 - \chi_P{}^4)}{1 + \dfrac{\beta^2}{6}} = \frac{P \cdot l^2}{EI} \cdot F(\beta^2)_{P;b},$$

$$\tag{4.8.67}$$

aus (4.8.38) für das Biegemoment $M_0(\beta^2, \chi)$

$$M_0(\beta^2, \chi) \simeq P \cdot l \cdot \left(1 - \frac{\varkappa_0}{3} \cdot \beta^2\right) \cdot (1 - \chi) \cdot \chi_P \cdot \frac{1 + \dfrac{\beta^2}{6} \cdot [(1 - \chi)^2 + \chi_P{}^2]}{1 + \dfrac{\beta^2}{6}}$$

$$= P \cdot l \cdot F(\beta^2, \chi)_{P;M_b}, \tag{4.8.68}$$

aus (4.8.39) für die Querkraft $Q_0(\beta^2, \chi)$

$$Q_0(\beta^2, \chi) \simeq P \cdot \left(1 - \frac{\varkappa_0}{3} \cdot \beta^2\right) \cdot (-\chi_P) \cdot \frac{1 + \dfrac{\beta^2}{6} \cdot [3 \cdot (1 - \chi)^2 + \chi_P{}^2]}{1 + \dfrac{\beta^2}{6}}$$

$$= P \cdot F(\beta^2, \chi)_{P;Q_b}, \tag{4.8.69}$$

aus (4.8.40) für die Durchbiegung $v_0(\beta^2, \chi)$

$$v_0(\beta^2, \chi) \simeq \frac{P \cdot l^3}{EI} \cdot \left(1 - \frac{\varkappa_0}{3} \cdot \beta^2\right) \cdot (1 - \chi) \cdot \chi_P \cdot \left\{ \frac{\varkappa_0}{3} + \left(1 - \frac{\varkappa_0}{3} \cdot \beta^2\right) \cdot \frac{1}{6} \right.$$

$$\times \left. \frac{1 - (1 - \chi)^2 - \chi_P{}^2 + \dfrac{\beta^2}{20} \cdot \left[1 - \chi_P{}^4 - \dfrac{10}{3} \cdot (1 - \chi)^2 \cdot \chi_P{}^2 - (1 - \chi)^4\right]}{1 + \dfrac{\beta^2}{6}} \right\}$$

$$= \frac{P \cdot l^3}{EI} \cdot F(\beta^2, \chi)_{P;v_b} \tag{4.8.70}$$

und aus (4.8.41) für die Neigung $v_0{}'(\beta^2, \chi)$ der Biegelinie:

$$v_0{}'(\beta^2, \chi) \simeq \frac{P \cdot l^2}{EI} \cdot \left(1 - \frac{\varkappa_0}{3} \cdot \beta^2\right) \cdot (-\chi_P) \cdot \left\{ \frac{\varkappa_0}{3} + \left(1 - \frac{\varkappa_0}{3} \cdot \beta^2\right) \cdot \frac{1}{6} \right.$$

$$\times \left. \frac{1 - 3 \cdot (1 - \chi)^2 - \chi_P{}^2 + \dfrac{\beta^2}{20} \cdot [1 - \chi_P{}^4 - 10 \cdot (1 - \chi)^2 \cdot \chi_P{}^2 - 5 \cdot (1 - \chi)^4]}{1 + \dfrac{\beta^2}{6}} \right\}$$

$$= \frac{P \cdot l^2}{EI} \cdot F(\beta^2, \chi)_{P;v_b'}. \tag{4.8.71}$$

4.8.3.3. Näherungslösungen für $\beta \gg 1$

Schnittlasten und Verformungen für $0 \leqq \chi \leqq \chi_P$:

Aus (4.8.52) folgt mit (4.3.60) für die Drehung $\varphi(\beta_N)_{P;a}$

$$\varphi(\beta_N)_{P;a} \simeq \frac{P \cdot l^2}{EI} \cdot \frac{1}{\mu \cdot \beta^2} \cdot [1 - \chi_P - e^{-\beta \cdot \chi_P} + e^{-\beta \cdot (2-\chi_P)}] = \frac{P \cdot l^2}{EI} \cdot F(\beta_N)_{P;a}, \quad (4.8.72)$$

aus (4.8.53) mit (4.3.56) und (4.3.60) für das Biegemoment $M_0(\beta_N, \chi)$

$$M_0(\beta_N, \chi) \simeq P \cdot l \cdot \frac{1}{2\mu \cdot \beta} \cdot [e^{-\beta \cdot (\chi_P-\chi)} - e^{-\beta \cdot (\chi_P+\chi)} - e^{-\beta \cdot (2-\chi_P-\chi)} + e^{-\beta \cdot (2-\chi_P+\chi)}]$$

$$= P \cdot l \cdot F(\beta_N, \chi)_{P;M_a}, \quad (4.8.73)$$

aus (4.8.54) mit (4.3.57) und (4.3.60) für die Querkraft $Q_0(\beta_N, \chi)$

$$Q_0(\beta_N, \chi) \simeq P \cdot \frac{1}{2\mu} \cdot [e^{-\beta \cdot (\chi_P-\chi)} + e^{-\beta \cdot (\chi_P+\chi)} - e^{-\beta \cdot (2-\chi_P-\chi)} - e^{-\beta \cdot (2-\chi_P+\chi)}]$$

$$= P \cdot F(\beta_N, \chi)_{P;Q_a}, \quad (4.8.74)$$

aus (4.8.55) mit (4.3.56) und (4.3.60) für die Durchbiegung $v_0(\beta_N, \chi)$

$$v_0(\beta_N, \chi) \simeq \frac{P \cdot l^3}{EI} \cdot \frac{1}{2\mu^2 \cdot \beta^3} \cdot [-e^{-\beta \cdot (\chi_P-\chi)} + e^{-\beta \cdot (\chi_P+\chi)} + e^{-\beta \cdot (2-\chi_P-\chi)} - e^{-\beta \cdot (2-\chi_P+\chi)}$$

$$+ 2\mu \cdot \beta \cdot \chi \cdot (1 - \chi_P)] = \frac{P \cdot l^3}{EI} \cdot F(\beta_N, \chi)_{P;v_a} \quad (4.8.75)$$

und aus (4.8.56) mit (4.3.57) und (4.3.60) für die Neigung $v_0{}'(\beta_N, \chi)$ der Biegelinie:

$$v_0{}'(\beta_N, \chi) \simeq \frac{P \cdot l^2}{EI} \cdot \frac{1}{2\mu^2 \cdot \beta^2} \cdot [-e^{-\beta \cdot (\chi_P-\chi)} - e^{-\beta \cdot (\chi_P+\chi)} + e^{-\beta \cdot (2-\chi_P-\chi)} + e^{-\beta \cdot (2-\chi_P+\chi)}$$

$$+ 2\mu \cdot (1 - \chi_P)] = \frac{P \cdot l^2}{EI} \cdot F(\beta_N, \chi)_{P;v_a'}. \quad (4.8.76)$$

Schnittlasten und Verformungen für $\chi_P \leqq \chi \leqq 1$:

Aus (4.8.57) ergibt sich mit (4.3.56) für die Drehung $\varphi(\beta_N)_{P;b}$

$$\varphi(\beta_\lambda)_{P;b} \simeq \frac{P \cdot l^2}{EI} \cdot \frac{1}{\mu \cdot \beta^2} \cdot [\chi_P - e^{-\beta \cdot (1-\chi_P)} + e^{-\beta \cdot (1+\chi_P)}] = \frac{P \cdot l^2}{EI} \cdot F(\beta_N)_{P;b}, \quad (4.8.77)$$

aus (4.8.58) mit (4.3.56) und (4.3.60) für das Biegemoment $M_0(\beta_N, \chi)$

$$M_0(\beta_N, \chi) \simeq P \cdot l \cdot \frac{1}{2\mu \cdot \beta} \cdot [e^{-\beta \cdot (\chi-\chi_P)} - e^{-\beta \cdot (\chi+\chi_P)} - e^{-\beta \cdot (2-\chi-\chi_P)} + e^{-\beta \cdot (2-\chi+\chi_P)}]$$

$$= P \cdot l \cdot F(\beta_N, \chi)_{P;M_b}, \quad (4.8.78)$$

aus (4.8.59) mit (4.3.56) und (4.3.62) für die Querkraft $Q_0(\beta_N, \chi)$

$$Q_0(\beta_N, \chi) \simeq P \cdot \frac{1}{2\mu} \cdot [-e^{-\beta \cdot (\chi-\chi_P)} + e^{-\beta \cdot (\chi+\chi_P)} - e^{-\beta \cdot (2-\chi-\chi_P)} + e^{-\beta \cdot (2-\chi+\chi_P)}]$$

$$= P \cdot F(\beta_N, \chi)_{P;Q_b}, \tag{4.8.79}$$

aus (4.8.60) mit (4.3.56) und (4.3.60) die Durchbiegung $v_0(\beta_N, \chi)$

$$v_0(\beta_N, \chi) \simeq \frac{P \cdot l^3}{EI} \cdot \frac{1}{2\mu^2 \cdot \beta^3} \cdot [-e^{-\beta \cdot (\chi-\chi_P)} + e^{-\beta \cdot (\chi+\chi_P)} + e^{-\beta \cdot (2-\chi-\chi_P)} - e^{-\beta \cdot (2-\chi+\chi_P)}$$

$$+ 2\mu \cdot \beta \cdot (1 - \chi) \cdot \chi_P] = \frac{P \cdot l^3}{EI} \cdot F(\beta_N, \chi)_{P;v_b} \tag{4.8.80}$$

und aus (4.8.61) mit (4.3.56) und (4.3.62) für die Neigung $v_0'(\beta_N, \chi)$ der Biegelinie:

$$v_0'(\beta_N, \chi) \simeq \frac{P \cdot l^2}{EI} \cdot \frac{1}{2\mu^2 \cdot \beta^2} \cdot [e^{-\beta \cdot (\chi-\chi_P)} - e^{-\beta \cdot (\chi+\chi_P)} + e^{-\beta \cdot (2-\chi-\chi_P)} - e^{-\beta \cdot (2-\chi+\chi_P)}$$

$$- 2\mu \cdot \chi_P] = \frac{P \cdot l^2}{EI} \cdot F(\beta_N, \chi)_{P;v_b'}. \tag{4.8.81}$$

4.8.4. Darstellung der Funktionen $F_{P;a}$, $F_{P;M}$, $F_{P;Q}$, $F_{P;v}$ und $F_{P;v'}$

In Abb. 50 ist der Verlauf der Funktion $F_{P;a}$ in Abhängigkeit von α und β für $\chi_P = 0{,}25$, $0{,}50$ und $0{,}75$ dargestellt und in Abb. 51 der Verlauf der Funktionen

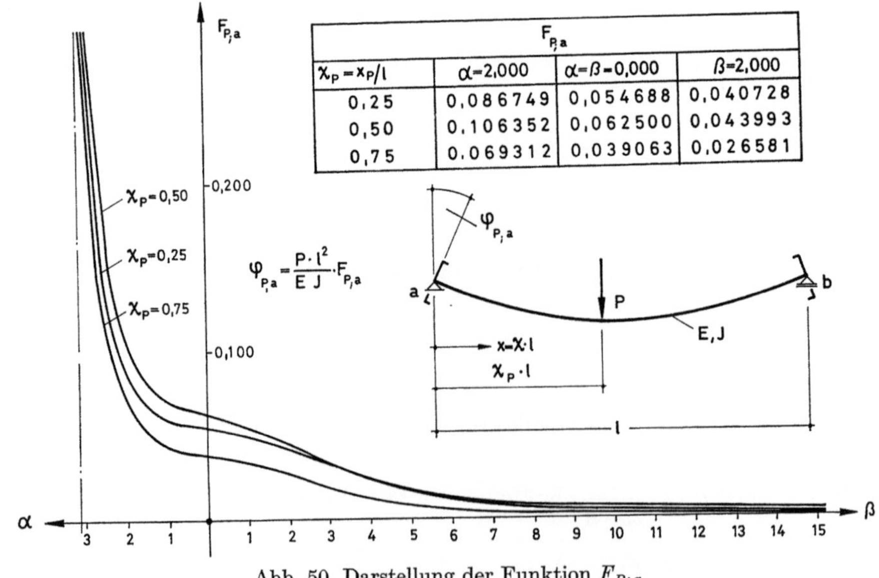

$\chi_P = x_P/l$	$\alpha = 2{,}000$	$\alpha = \beta = 0{,}000$	$\beta = 2{,}000$
0,25	0,086749	0,054688	0,040728
0,50	0,106352	0,062500	0,043993
0,75	0,069312	0,039063	0,026581

Abb. 50. Darstellung der Funktion $F_{P;a}$

$F(\chi)_{P;M}$, $F(\chi)_{P;Q}$, $F(\chi)_{P;v}$ und $F(\chi)_{P;v'}$ für $\chi_P = 0{,}25$ und $\alpha = 2$, $\alpha = \beta = 0$ und $\beta = 2$.

Die in den Bildern angegebenen Zahlenwerte wurden unter Vernachlässigung des Einflusses der Querkraftverformungen ermittelt ($\mu = 1$, $\varkappa_0 = 0$).

$\chi = \dfrac{x}{l}$	$F_{P,M}$		
	$\alpha = 2{,}000$	$\alpha = \beta = 0$	$\beta = 2{,}000$
0,00	0,00000000	0,00000000	0,00000000
0,10	0,10896965	0,07500000	0,05910078
0,20	0,21359504	0,15000000	0,12057349
0,25	0,26296377	0,18750000	0,15296391
0,30	0,25978835	0,17500000	0,13680187
0,40	0,24570802	0,15000000	0,10843720
0,50	0,22183208	0,12500000	0,08442450
0,60	0,18911239	0,10000000	0,06380006
0,70	0,14885339	0,07500000	0,04573614
0,80	0,10266008	0,05000000	0,02950776
0,90	0,05237403	0,02500000	0,01446364
1,00	0,00000000	0,00000000	0,00000000

$\chi = \dfrac{x}{l}$	$F_{P,Q}$		
	$\alpha = 2{,}000$	$\alpha = \beta = 0$	$\beta = 2{,}000$
0,00	1,09699528	0,75000000	0,58708613
0,10	1,07512841	0,75000000	0,59886704
0,20	1,01039956	0,75000000	0,63468259
0,25	0,96270393	0,75000000	0,66201357
	−0,03729607	−0,25000000	−0,33798643
0,30	−0,08961489	−0,25000000	−0,30903397
0,40	−0,19105251	−0,25000000	−0,26014900
0,50	−0,28487348	−0,25000000	−0,22170472
0,60	−0,36733744	−0,25000000	−0,19215822
0,70	−0,43515681	−0,25000000	−0,17032372
0,80	−0,48562785	−0,25000000	−0,15532490
0,90	−0,51673845	−0,25000000	−0,14655981
1,00	−0,52724831	−0,25000000	−0,14367669

$\chi = \dfrac{x}{l}$	$F_{P,v}$		
	$\alpha = 2{,}000$	$\alpha = \beta = 0$	$\beta = 2{,}000$
0,00	0,00000000	0,00000000	0,00000000
0,10	0,00849241	0,00534374	0,00397480
0,20	0,01589876	0,00993750	0,00735662
0,25	0,01886594	0,01171875	0,00863402
0,30	0,02119708	0,01305208	0,00954953
0,40	0,02392700	0,01443750	0,01039069
0,50	0,02420802	0,01432291	0,01014387
0,60	0,02227809	0,01295833	0,00904998
0,70	0,01846334	0,01059375	0,00731596
0,80	0,01316502	0,00747916	0,00512305
0,90	0,00684350	0,00386458	0,00263408
1,00	0,00000000	0,00000000	0,00000000

$\chi = \dfrac{x}{l}$	$F_{P,v'}$		
	$\alpha = 2{,}000$	$\alpha = \beta = 0$	$\beta = 2{,}000$
0,00	0,08674882	0,05468750	0,04072846
0,10	0,08128210	0,05093750	0,03778323
0,20	0,06509989	0,03968750	0,02882935
0,25	0,05317598	0,03125000	0,02199660
0,30	0,04009627	0,02218750	0,01475849
0,40	0,01473687	0,00593750	0,00253725
0,50	−0,00871837	−0,00781250	−0,00707381
0,60	−0,02933436	−0,01906250	−0,01446044
0,70	−0,04628920	−0,02781250	−0,01991906
0,80	−0,05890696	−0,03406250	−0,02366877
0,90	−0,06668461	−0,03781250	−0,02586004
1,00	−0,06931207	−0,03906250	−0,02658082

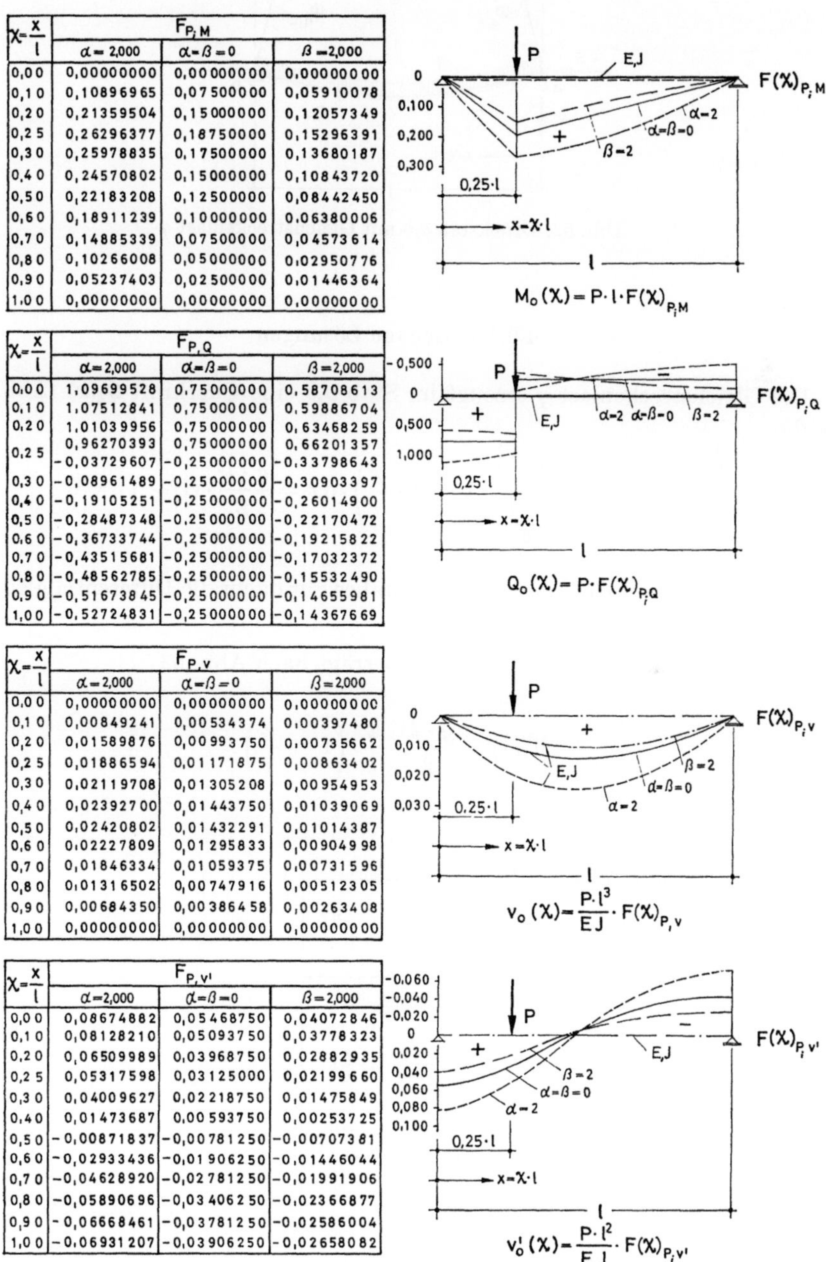

Abb. 51. Darstellung der Funktionen $F_{P;M}$, $F_{P;Q}$, $F_{P;v}$ und $F_{P;v'}$

4.9. Gleichstreckenlast q = konstant

4.9.1. Druckstab

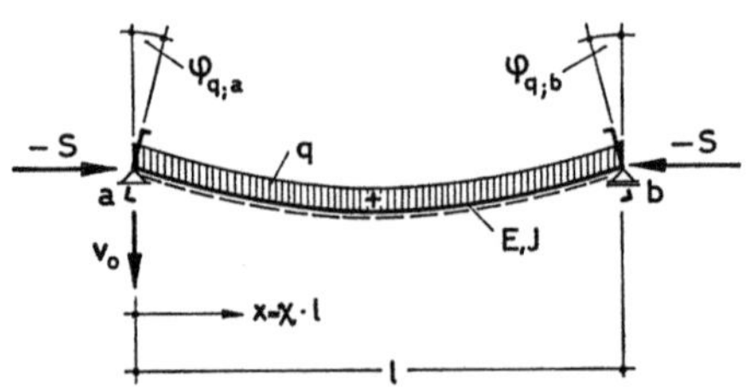

Abb. 52. Druckstab a,b mit Gleichstreckenlast q

4.9.1.1. Genaue Lösungen

Die Gleichstreckenlast q erzeugt im Stab a,b eine Querkraft $Q_{\ddot{a}}(x)$ (Abb. 53), für die

$$\int_0^l Q_{\ddot{a}}(x) \cdot dx = \frac{q \cdot l}{2} \cdot \int_0^l \left(1 - 2 \cdot \frac{x}{l}\right) \cdot dx = \frac{q \cdot l^2}{2} \cdot (1 - 1) = 0$$

wird.

Für die Teildurchbiegung $^M v_0(x)$ des Stabes gilt daher die Differentialgleichung (4.2.24).

Das Biegemoment $M_{\ddot{a}}(x)$ des Stabes beträgt nach Abb. 53:

$$M_{\ddot{a}}(x) = \frac{q \cdot l^2}{2} \cdot \frac{x}{l} \cdot \left(1 - \frac{x}{l}\right).$$

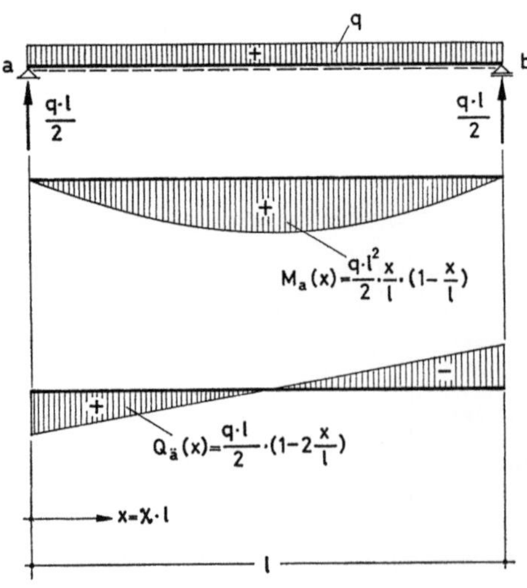

Abb. 53. Stab a,b mit Gleichstreckenlast q

Mit (4.3.3) ergibt sich hieraus:

$$M_{\ddot{a}}(\chi) = \frac{q \cdot l^2}{2} \cdot \chi \cdot (1 - \chi). \qquad (4.9.1)$$

Die Differentialgleichung für die Teildurchbiegung ${}^M v_0(\chi)$ eines Stabes infolge einer Gleichstreckenlast q folgt aus (4.2.24) mit (4.3.3), (4.3.5) und (4.9.1) zu:

$$\,^M v_0''(\chi) + \alpha^2 \cdot {}^M v_0(\chi) + \frac{q \cdot l^4}{2\mu \cdot EI} \cdot \chi \cdot (1 - \chi) = 0. \qquad (4.9.2)$$

Die Lösung dieser Differentialgleichung lautet:

$$\,^M v_0(\chi) = c_1 \cdot \sin(\alpha\chi) + c_2 \cdot \cos(\alpha\chi) - \frac{q \cdot l^4}{\mu \cdot \alpha^4 \cdot EI} \cdot \left[1 + \frac{\alpha^2}{2} \cdot \chi \cdot (1 - \chi)\right]. \qquad (4.9.3)$$

Die Konstanten c_1 und c_2 werden aus den Randbedingungen

$$v_0(0) = {}^M v_0(0) = 0 \quad \text{und} \quad v_0(1) = {}^M v_0(1) = 0$$

bestimmt. (4.9.3) erfüllt diese Randbedingungen für

$$c_2 = \frac{q \cdot l^4}{\mu \cdot \alpha^4 \cdot EI} \quad \text{und} \qquad (4.9.4)$$

$$c_1 = c_2 \cdot \frac{1 - \cos \alpha}{\sin \alpha} = \frac{q \cdot l^4}{\mu \cdot \alpha^4 \cdot EI} \cdot \frac{1 - \cos \alpha}{\sin \alpha}. \qquad (4.9.5)$$

Für die Teildurchbiegung ${}^M v_0(\alpha, \chi)$ erhält man aus (4.9.3) mit (4.9.4) und (4.9.5):

$$\,^M v_0(\alpha, \chi) = \frac{q \cdot l^4}{EI} \cdot \frac{1}{\mu \cdot \alpha^4} \cdot \left[\frac{(1 - \cos \alpha)}{\sin \alpha} \cdot \sin(\alpha\chi) + \cos(\alpha\chi) - 1 \right.$$
$$\left. - \frac{\alpha^2}{2} \cdot \chi \cdot (1 - \chi)\right]. \qquad (4.9.6)$$

Durch Differenzieren ergibt sich hieraus

$$\,^M v_0'(\alpha, \chi) = \frac{q \cdot l^3}{EI} \cdot \frac{1}{\mu \cdot \alpha^3} \cdot \left[\frac{(1 - \cos \alpha)}{\sin \alpha} \cdot \cos(\alpha\chi) - \sin(\alpha\chi) - \frac{\alpha}{2}(1 - 2\chi)\right],$$
$$(4.9.7)$$

$$\,^M v_0''(\alpha, \chi) = \frac{q \cdot l^2}{EI} \cdot \frac{1}{\mu \cdot \alpha^2} \cdot \left[-\frac{(1 - \cos \alpha)}{\sin \alpha} \cdot \sin(\alpha\chi) - \cos(\alpha\chi) + 1\right] \quad (4.9.8)$$

und

$$\,^M v_0'''(\alpha, \chi) = \frac{q \cdot l}{EI} \cdot \frac{1}{\mu \cdot \alpha} \cdot \left[-\frac{(1 - \cos \alpha)}{\sin \alpha} \cdot \cos(\alpha\chi) + \sin(\alpha\chi)\right]. \qquad (4.9.9)$$

Mit (4.9.6), (4.9.8), (4.3.5) und (4.2.11) folgt aus (4.2.25) für die Durchbiegung $v_0(\alpha, \chi)$:

$$v_0(\alpha, \chi) = \frac{q \cdot l^4}{EI} \cdot \frac{1}{\mu^2 \cdot \alpha^4} \cdot \left[\frac{(1 - \cos \alpha)}{\sin \alpha} \cdot \sin (\alpha\chi) + \cos (\alpha\chi) - 1 \right.$$

$$\left. - \frac{\mu \cdot \alpha^2}{2} \cdot \chi \cdot (1 - \chi) \right] = \frac{q \cdot l^4}{EI} \cdot F(\alpha, \chi)_{q;v}. \qquad (4.9.10)$$

Wir differenzieren (4.9.10) und erhalten für die Neigung $v_0{}'(\alpha, \chi)$ der Biegelinie:

$$v_0{}'(\alpha, \chi) = \frac{q \cdot l^3}{EI} \cdot \frac{1}{\mu^2 \cdot \alpha^3} \cdot \left[\frac{(1 - \cos \alpha)}{\sin \alpha} \cdot \cos (\alpha\chi) - \sin(\alpha\chi) - \frac{\mu \cdot \alpha}{2} \cdot (1 - 2\chi) \right]$$

$$= \frac{q \cdot l^3}{EI} \cdot F(\alpha, \chi)_{q;v'}. \qquad (4.9.11)$$

Für das Biegemoment $M_0(\alpha, \chi)$ ergibt sich aus (4.2.14) mit (4.9.8)

$$M_0(\alpha, \chi) = q \cdot l^2 \cdot \frac{1}{\mu \cdot \alpha^2} \cdot \left[\frac{(1 - \cos \alpha)}{\sin \alpha} \cdot \sin (\alpha\chi) + \cos (\alpha\chi) - 1 \right]$$

$$= q \cdot l^2 \cdot F(\alpha, \chi)_{q;M}, \qquad (4.9.12)$$

für die Querkraft $Q_0(\alpha, \chi)$ aus (4.2.15) mit (4.9.9)

$$Q_0(\alpha, \chi) = q \cdot l \cdot \frac{1}{\mu \cdot \alpha} \cdot \left[\frac{(1 - \cos \alpha)}{\sin \alpha} \cdot \cos (\alpha\chi) - \sin (\alpha\chi) \right]$$

$$= q \cdot l \cdot F(\alpha, \chi)_{q;Q}, \qquad (4.9.13)$$

für die Drehung $\varphi(\alpha)_{q;a}$ des Stabendes a $(\chi = 0)$ aus (4.2.26) mit (4.9.7)

$$\varphi(\alpha)_{q;a} = \frac{q \cdot l^3}{EI} \cdot \frac{2 \cdot (1 - \cos \alpha) - \alpha \cdot \sin \alpha}{2\mu \cdot \alpha^3 \cdot \sin \alpha} = \frac{q \cdot l^3}{EI} \cdot F(\alpha)_q \qquad (4.9.14)$$

und für die Drehung $\varphi(\alpha)_{q;b}$ des Stabendes b $(\chi = 1)$ aus (4.2.27) mit (4.9.7):

$$\varphi(\alpha)_{q;b} = \frac{q \cdot l^3}{EI} \cdot \frac{2 \cdot (1 - \cos \alpha) - \alpha \cdot \sin \alpha}{2\mu \cdot \alpha^3 \cdot \sin \alpha} = \varphi(\alpha)_{q;a} = \frac{q \cdot l^3}{EI} \cdot F(\alpha)_q. \qquad (4.9.15)$$

4.9.1.2. Näherungslösungen für $\alpha \ll 1$

Mit (4.3.21), (4.3.22) und (4.3.29) folgt

aus (4.9.14) und (4.9.15) für die Drehungen $\varphi(\alpha^2)_{q;a}$ und $\varphi(\alpha^2)_{q;b}$

$$\varphi(\alpha^2)_{q;a} = \varphi(\alpha^2)_{q;b} \simeq \frac{q \cdot l^3}{EI} \cdot \left(1 + \frac{\varkappa_0}{3} \cdot \alpha^2 \right) \cdot \frac{1}{24} \cdot \frac{1 - \dfrac{\alpha^2}{15}}{1 - \dfrac{\alpha^2}{6}} = \frac{q \cdot l^3}{EI} \cdot F(\alpha^2)_q, \qquad (4.9.16)$$

aus (4.9.12) für das Biegemoment $M_0(\alpha^2, \chi)$

$$M_0(\alpha^2, \chi) \simeq q \cdot l^2 \cdot \left(1 + \frac{\varkappa_0}{3} \cdot \alpha^2\right) \cdot \frac{\chi}{2} \cdot (1 - \chi) \cdot \frac{1 - \frac{\alpha^2}{12} \cdot (1 - \chi + \chi^2)}{1 - \frac{\alpha^2}{6}}$$

$$= q \cdot l^2 \cdot F(\alpha^2, \chi)_{q;M}, \tag{4.9.17}$$

aus (4.9.13) für die Querkraft $Q_0(\alpha^2, \chi)$

$$Q_0(\alpha^2, \chi) \simeq q \cdot l \cdot \left(1 + \frac{\varkappa_0}{3} \cdot \alpha^2\right) \cdot \frac{(1 - 2\chi)}{2} \cdot \frac{1 - \frac{\alpha^2}{12} \cdot (1 - 2\chi + 2\chi^2)}{1 - \frac{\alpha^2}{6}}$$

$$= q \cdot l \cdot F(\alpha^2, \chi)_{q;Q}, \tag{4.9.18}$$

aus (4.9.10) für die Durchbiegung $v_0(\alpha^2, \chi)$

$$v_0(\alpha^2, \chi) \simeq \frac{q \cdot l^4}{EI} \cdot \left(1 + \frac{\varkappa_0}{3} \cdot \alpha^2\right) \cdot \frac{\chi}{6} \cdot \left[\varkappa_0 \cdot (1 - \chi) + \left(1 + \frac{\varkappa_0}{3} \cdot \alpha^2\right) \cdot \frac{1}{4} \right.$$

$$\left. \times \frac{1 - 2\chi^2 + \chi^3 - \frac{\alpha^2}{30} \cdot (2 - 5\chi^2 + 5\chi^3 - 3\chi^4 + \chi^5)}{1 - \frac{\alpha^2}{6}} \right]$$

$$= \frac{q \cdot l^4}{EI} \cdot F(\alpha^2, \chi)_{q;v} \tag{4.9.19}$$

und aus (4.9.11) für die Neigung $v_0'(\alpha^2, \chi)$ der Biegelinie:

$$v_0'(\alpha^2, \chi) \simeq \frac{q \cdot l^3}{EI} \cdot \left(1 + \frac{\varkappa_0}{3} \cdot \alpha^2\right) \cdot \frac{1}{6} \cdot \left[\varkappa_0 \cdot (1 - 2\chi) + \left(1 + \frac{\varkappa_0}{3} \cdot \alpha^2\right) \cdot \frac{1}{4} \right.$$

$$\left. \times \frac{1 - 6\chi^2 + 4\chi^3 - \frac{\alpha^2}{30} \cdot (2 - 15\chi^2 + 20\chi^3 - 15\chi^4 + 6\chi^5)}{1 - \frac{\alpha^2}{6}} \right]$$

$$= \frac{q \cdot l^3}{EI} \cdot F(\alpha^2, \chi)_{q;v'}. \tag{4.9.20}$$

4.9.2. Genaue Lösungen für einen Stab ohne Längskraft

Mit $\alpha = 0$ erhält man für die Drehungen $\varphi(0)_{q;a}$ und $\varphi(0)_{q;b}$ aus (4.9.16)

$$\varphi(0)_{q;a} = \varphi(0)_{q;b} = \frac{q \cdot l^3}{EI} \cdot \frac{1}{24} = \frac{q \cdot l^3}{EI} \cdot F(0)_q, \qquad (4.9.21)$$

für das Biegemoment $M_0(0, \chi)$ aus (4.9.17)

$$M_0(0, \chi) = q \cdot l^2 \cdot \frac{\chi}{2} \cdot (1 - \chi) = q \cdot l^2 \cdot F(0, \chi)_{q;M}, \qquad (4.9.22)$$

für die Querkraft $Q_0(0, \chi)$ aus (4.9.18)

$$Q_0(0, \chi) = q \cdot l \cdot \frac{1 - 2\chi}{2} = q \cdot l \cdot F(0, \chi)_{q;Q}, \qquad (4.9.23)$$

für die Durchbiegung $v_0(0, \chi)$ aus (4.9.19)

$$v_0(0, \chi) = \frac{q \cdot l^4}{EI} \cdot \frac{\chi}{6} \cdot \left[\varkappa_0 \cdot (1 - \chi) + \frac{1}{4} \cdot (1 - 2\chi^2 + \chi^3) \right] = \frac{q \cdot l^4}{EI} \cdot F(0, \chi)_{q;v}$$

$$(4.9.24)$$

und für die Neigung $v_0{'}(0, \chi)$ der Biegelinie aus (4.9.20):

$$v_0{'}(0, \chi) = \frac{q \cdot l^3}{EI} \cdot \frac{1}{6} \cdot \left[\varkappa_0 \cdot (1 - 2\chi) + \frac{1}{4} \cdot (1 - 6\chi^2 + 4\chi^3) \right] = \frac{q \cdot l^3}{EI} \cdot F(0, \chi)_{q;v'}.$$

$$(4.9.25)$$

4.9.3. Zugstab

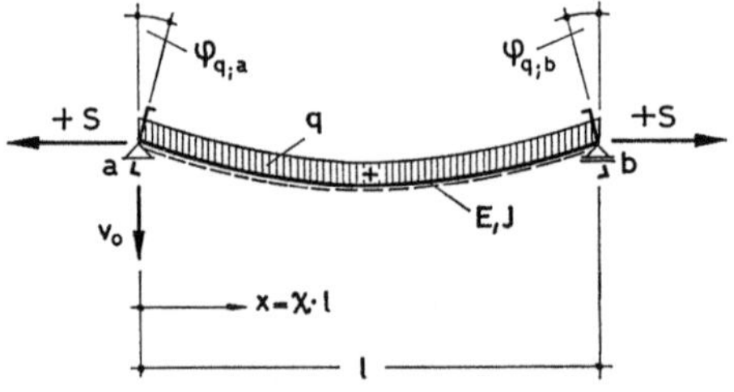

Abb. 54. Zugstab a,b mit Gleichstreckenlast q

4.9.3.1. Genaue Lösungen

Unter Beachtung von (4.3.40), (4.3.41), (4.3.42) und (4.3.43) ergibt sich für die Drehungen $\varphi(\beta)_{q;a}$ und $\varphi(\beta)_{q;b}$ aus (4.9.14) und (4.9.15)

$$\varphi(\beta)_{q;a} = \varphi(\beta)_{q;b} = \frac{q \cdot l^3}{EI} \cdot \frac{2 \cdot (1 - \text{Cosh}\,\beta) + \beta \cdot \text{Sinh}\,\beta}{2\mu \cdot \beta^3 \cdot \text{Sinh}\,\beta} = \frac{q \cdot l^3}{EI} \cdot F(\beta)_q, \quad (4.9.26)$$

für das Biegemoment $M_0(\beta, \chi)$ aus (4.9.12)

$$M_0(\beta, \chi) = q \cdot l^2 \cdot \frac{1}{\mu \cdot \beta^2} \cdot \left[-\frac{(1 - \text{Cosh } \beta)}{\text{Sinh } \beta} \cdot \text{Sinh } (\beta\chi) - \text{Cosh } (\beta\chi) + 1 \right]$$

$$= q \cdot l^2 \cdot F(\beta, \chi)_{q;M}, \tag{4.9.27}$$

für die Querkraft $Q_0(\beta, \chi)$ aus (4.9.13)

$$Q_0(\beta, \chi) = q \cdot l \cdot \frac{1}{\mu \cdot \beta} \cdot \left[-\frac{(1 - \text{Cosh } \beta)}{\text{Sinh } \beta} \cdot \text{Cosh } (\beta\chi) - \text{Sinh } (\beta\chi) \right]$$

$$= q \cdot l \cdot F(\beta, \chi)_{q;Q}, \tag{4.9.28}$$

für die Durchbiegung $v_0(\beta, \chi)$ aus (4.9.10)

$$v_0(\beta, \chi) = \frac{q \cdot l^4}{EI} \cdot \frac{1}{\mu^2 \cdot \beta^4} \cdot \left[\frac{(1 - \text{Cosh } \beta)}{\text{Sinh } \beta} \cdot \text{Sinh } (\beta\chi) + \text{Cosh } (\beta\chi) - 1 \right.$$

$$\left. + \frac{\mu \cdot \beta^2}{2} \cdot \chi \cdot (1 - \chi) \right] = \frac{q \cdot l^4}{EI} \cdot F(\beta, \chi)_{q;v} \tag{4.9.29}$$

und für die Neigung $v_0'(\beta, \chi)$ der Biegelinie aus (4.9.11):

$$v_0'(\beta, \chi) = \frac{q \cdot l^3}{EI} \cdot \frac{1}{\mu^2 \cdot \beta^3} \cdot \left[\frac{(1 - \text{Cosh } \beta)}{\text{Sinh } \beta} \cdot \text{Cosh } (\beta\chi) + \text{Sinh } (\beta\chi) + \frac{\mu \cdot \beta}{2} \cdot (1 - 2\chi) \right]$$

$$= \frac{q \cdot l^3}{EI} \cdot F(\beta, \chi)_{q;v'}. \tag{4.9.30}$$

4.9.3.2. Näherungslösungen für $\beta \ll 1$

Mit (4.3.41) folgt

aus (4.9.16) für die Drehungen $\varphi(\beta^2)_{q;a}$ und $\varphi(\beta^2)_{q;b}$

$$\varphi(\beta^2)_{q;a} = \varphi(\beta^2)_{q;b} \simeq \frac{q \cdot l^3}{EI} \cdot \left(1 - \frac{\varkappa_0}{3} \cdot \beta^2 \right) \cdot \frac{1}{24} \cdot \frac{1 + \dfrac{\beta^2}{15}}{1 + \dfrac{\beta^2}{6}} = \frac{q \cdot l^3}{EI} \cdot F(\beta^2)_q, \tag{4.9.31}$$

aus (4.9.17) für das Biegemoment $M_0(\beta^2, \chi)$

$$M_0(\beta^2, \chi) \simeq q \cdot l^2 \cdot \left(1 - \frac{\varkappa_0}{3} \cdot \beta^2\right) \cdot \frac{\chi}{2} \cdot (1 - \chi) \cdot \frac{1 + \dfrac{\beta^2}{12} \cdot (1 - \chi + \chi^2)}{1 + \dfrac{\beta^2}{6}}$$

$$= q \cdot l^2 \cdot F(\beta^2, \chi)_{q;M}, \tag{4.9.32}$$

aus (4.9.18) für die Querkraft $Q_0(\beta^2, \chi)$

$$Q_0(\beta^2, \chi) \simeq q \cdot l \cdot \left(1 - \frac{\varkappa_0}{3} \cdot \beta^2\right) \cdot \frac{(1 - 2\chi)}{2} \cdot \frac{1 + \dfrac{\beta^2}{12} \cdot (1 - 2\chi + 2\chi^2)}{1 + \dfrac{\beta^2}{6}}$$

$$= q \cdot l \cdot F(\beta^2, \chi)_{q;Q}, \tag{4.9.33}$$

aus (4.9.19) für die Durchbiegung $v_0(\beta^2, \chi)$

$$v_0(\beta^2, \chi) \simeq \frac{q \cdot l^4}{EI} \cdot \left(1 - \frac{\varkappa_0}{3} \cdot \beta^2\right) \cdot \frac{\chi}{6} \cdot \left[\varkappa_0 \cdot (1 - \chi) + \left(1 - \frac{\varkappa_0}{3} \cdot \beta^2\right) \cdot \frac{1}{4} \right.$$

$$\left. \times \frac{1 - 2\chi^2 + \chi^3 + \dfrac{\beta^2}{30} \cdot (2 - 5\chi^2 + 5\chi^3 - 3\chi^4 + \chi^5)}{1 + \dfrac{\beta^2}{6}} \right]$$

$$= \frac{q \cdot l^4}{EI} \cdot F(\beta^2, \chi)_{q;v} \tag{4.9.34}$$

und aus (4.9.20) für die Neigung $v_0{'}(\beta^2, \chi)$ der Biegelinie:

$$v_0{'}(\beta^2, \chi) \simeq \frac{q \cdot l^3}{EI} \cdot \left(1 - \frac{\varkappa_0}{3} \cdot \beta^2\right) \cdot \frac{1}{6} \cdot \left[\varkappa_0 \cdot (1 - 2\chi) + \left(1 - \frac{\varkappa_0}{3} \cdot \beta^2\right) \cdot \frac{1}{4} \right.$$

$$\left. \times \frac{1 - 6\chi^2 + 4\chi^3 + \dfrac{\beta^2}{30} \cdot (2 - 15\chi^2 + 20\chi^3 - 15\chi^4 + 6\chi^5)}{1 + \dfrac{\beta^2}{6}} \right]$$

$$= \frac{q \cdot l^3}{EI} \cdot F(\beta^2, \chi)_{q;v'}. \tag{4.9.35}$$

4.9.3.3. Näherungslösungen für $\beta \gg 1$

Mit (4.3.56) und (4.3.57) erhalten wir aus (4.9.26) für die Drehungen $\varphi(\beta_N)_{q;a}$ und $\varphi(\beta_N)_{q;b}$

$$\varphi(\beta_N)_{q;a} = \varphi(\beta_N)_{q;b} = \frac{q \cdot l^3}{EI} \cdot \frac{2 \cdot \left[1 - \frac{1}{2} \cdot (e^\beta + e^{-\beta})\right] + \beta \cdot \frac{1}{2} \cdot (e^\beta - e^{-\beta})}{2\mu \cdot \beta^3 \cdot \frac{1}{2} \cdot (e^\beta - e^{-\beta})}$$

$$\simeq \frac{q \cdot l^3}{EI} \cdot \frac{2 \cdot \left(1 - \frac{1}{2} \cdot e^\beta\right) + \beta \cdot \frac{1}{2} \cdot e^\beta}{2\mu \cdot \beta^3 \cdot \frac{1}{2} \cdot e^\beta}$$

$$\simeq \frac{q \cdot l^3}{EI} \cdot \frac{1}{2\mu} \cdot \frac{\beta - 2}{\beta^3} = \frac{q \cdot l^3}{EI} \cdot F(\beta_N)_q, \qquad (4.9.36)$$

mit

$$\frac{(1 - \operatorname{Cosh} \beta)}{\operatorname{Sinh} \beta} \cdot \operatorname{Sinh}(\beta\chi) + \operatorname{Cosh}(\beta\chi) = \frac{1 - \frac{1}{2} \cdot (e^\beta + e^{-\beta})}{\frac{1}{2} \cdot (e^\beta - e^{-\beta})} \cdot \frac{1}{2} \cdot (e^{\beta\cdot\chi} - e^{-\beta\cdot\chi})$$

$$+ \frac{1}{2} \cdot (e^{\beta\cdot\chi} + e^{-\beta\cdot\chi}) \simeq \frac{e^{\beta\cdot\chi} - e^{-\beta\cdot\chi}}{e^\beta} - \frac{1}{2} \cdot (e^{\beta\cdot\chi} - e^{-\beta\cdot\chi}) + \frac{1}{2} \cdot (e^{\beta\cdot\chi} + e^{-\beta\cdot\chi})$$

$$\simeq e^{-\beta\cdot\chi} + e^{-\beta\cdot(1-\chi)} - e^{-\beta\cdot(1+\chi)} \qquad (4.9.37)$$

aus (4.9.27) für das Biegemoment $M_0(\beta_N, \chi)$

$$M_0(\beta_N, \chi) \simeq q \cdot l^2 \cdot \frac{1}{\mu \cdot \beta^2} \cdot [-e^{-\beta\cdot\chi} - e^{-\beta\cdot(1-\chi)} + e^{-\beta\cdot(1+\chi)} + 1] = q \cdot l^2 \cdot F(\beta_N, \chi)_{q;M},$$

$$(4.9.38)$$

mit

$$\frac{(1 - \operatorname{Cosh} \beta)}{\operatorname{Sinh} \beta} \cdot \operatorname{Cosh}(\beta\chi) + \operatorname{Sinh}(\beta\chi) = \frac{1 - \frac{1}{2} \cdot (e^\beta + e^{-\beta})}{\frac{1}{2} \cdot (e^\beta - e^{-\beta})} \cdot \frac{1}{2} \cdot (e^{\beta\cdot\chi} + e^{-\beta\cdot\chi})$$

$$+ \frac{1}{2} \cdot (e^{\beta\cdot\chi} - e^{-\beta\cdot\chi}) \simeq -e^{-\beta\cdot\chi} + e^{-\beta\cdot(1-\chi)} + e^{-\beta\cdot(1+\chi)} \qquad (4.9.39)$$

aus (4.9.28) für die Querkraft $Q_0(\beta_N, \chi)$

$$Q_0(\beta_N, \chi) \simeq q \cdot l \cdot \frac{1}{\mu \cdot \beta} \cdot [e^{-\beta\chi} - e^{-\beta\cdot(1-\chi)} - e^{-\beta\cdot(1+\chi)}] = q \cdot l \cdot F(\beta_N, \chi)_{q;Q}, \qquad (4.9.40)$$

mit (4.9.37) aus (4.9.29) für die Durchbiegung $v_0(\beta_N, \chi)$

$$v_0(\beta_N, \chi) \simeq \frac{q \cdot l^4}{EI} \cdot \frac{1}{\mu^2 \cdot \beta^4} \cdot \left[e^{-\beta\chi} + e^{-\beta\cdot(1-\chi)} - e^{-\beta\cdot(1+\chi)} - 1 + \frac{\mu \cdot \beta^2}{2} \cdot \chi \cdot (1 - \chi) \right]$$

$$= \frac{q \cdot l^4}{EI} \cdot F(\beta_N, \chi)_{q;v} \qquad (4.9.41)$$

und mit (4.9.39) aus (4.9.30) für die Neigung $v_0{}'(\beta_N, \chi)$ der Biegelinie:

$$v_0{}'(\beta_N, \chi) \simeq \frac{q \cdot l^3}{EI} \cdot \frac{1}{\mu^2 \cdot \beta^3} \cdot \left[-e^{-\beta\chi} + e^{-\beta\cdot(1-\chi)} + e^{-\beta\cdot(1+\chi)} + \frac{\mu \cdot \beta}{2} \cdot (1 - 2\chi) \right]$$

$$= \frac{q \cdot l^3}{EI} \cdot F(\beta_N, \chi)_{q;v'} . \qquad (4.9.42)$$

4.9.4. Darstellung der Funktionen F_q, $F_{q;M}$, $F_{q;Q}$, $F_{q;v}$ und $F_{q;v'}$

In Abb. 55 ist der Verlauf der Funktion F_q in Abhängigkeit von α und β dargestellt und in Abb. 56 der Verlauf der Funktionen $F(\chi)_{q;M}$, $F(\chi)_{q;Q}$, $F(\chi)_{q;v}$ und $F(\chi)_{q;v'}$ für $\alpha = 2$, $\alpha = \beta = 0$ und $\beta = 2$.

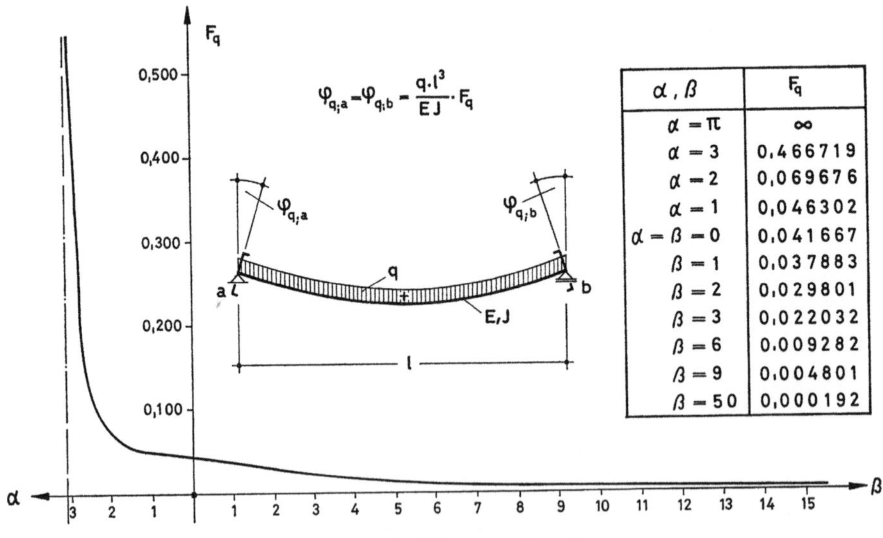

α , β	F_q
$\alpha = \pi$	∞
$\alpha = 3$	0,466719
$\alpha = 2$	0,069676
$\alpha = 1$	0,046302
$\alpha = \beta = 0$	0,041667
$\beta = 1$	0,037883
$\beta = 2$	0,029801
$\beta = 3$	0,022032
$\beta = 6$	0,009282
$\beta = 9$	0,004801
$\beta = 50$	0,000192

Abb. 55. Darstellung der Funktion F_q

Die in den Abbildungen angegebenen Zahlenwerte für die Funktionen F wurden unter Vernachlässigung des Einflusses der Querkraftverformungen berechnet ($\mu = 1$, $\varkappa_0 = 0$).

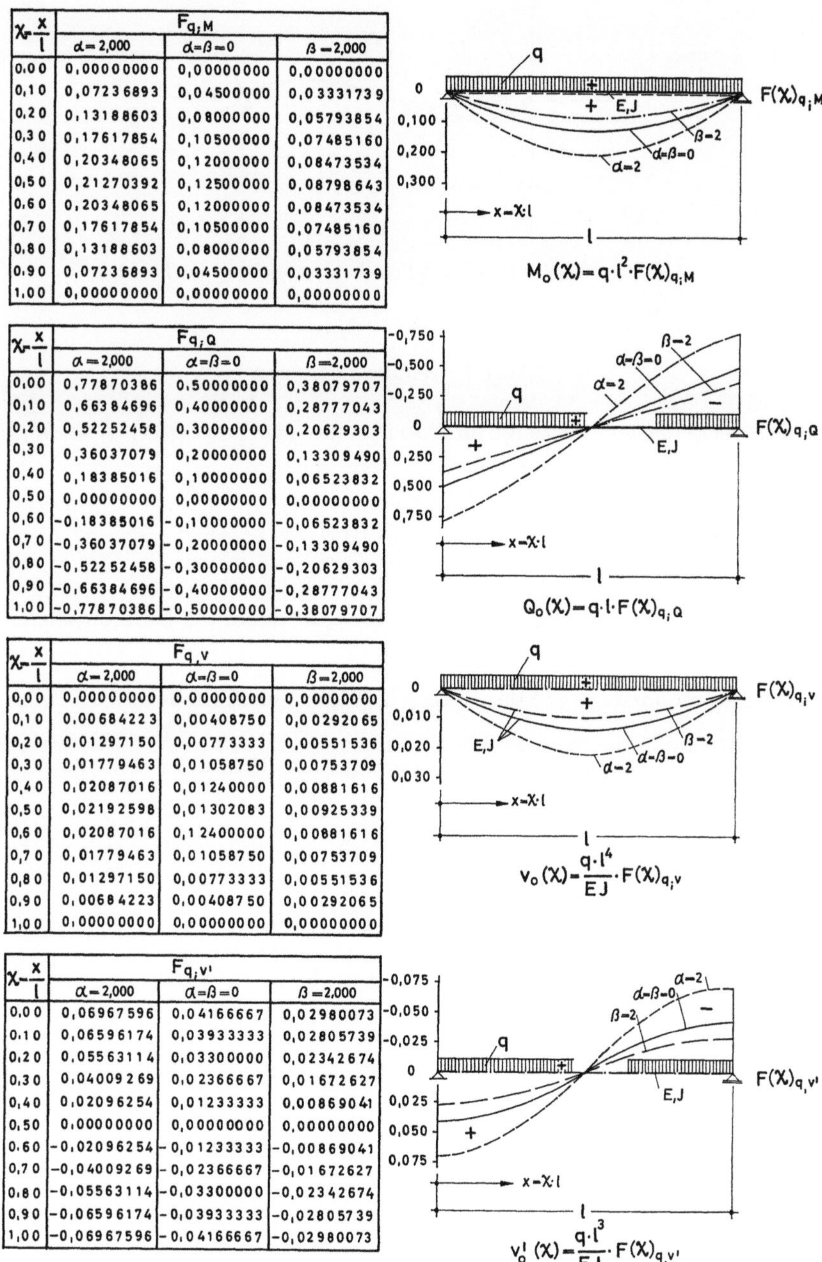

$\varkappa = \dfrac{x}{l}$	$F_{q;M}$		
	$\alpha = 2{,}000$	$\alpha = \beta = 0$	$\beta = 2{,}000$
0,00	0,00000000	0,00000000	0,00000000
0,10	0,07236893	0,04500000	0,03331739
0,20	0,13188603	0,08000000	0,05793854
0,30	0,17617854	0,10500000	0,07485160
0,40	0,20348065	0,12000000	0,08473534
0,50	0,21270392	0,12500000	0,08798643
0,60	0,20348065	0,12000000	0,08473534
0,70	0,17617854	0,10500000	0,07485160
0,80	0,13188603	0,08000000	0,05793854
0,90	0,07236893	0,04500000	0,03331739
1,00	0,00000000	0,00000000	0,00000000

$$M_0(\varkappa) = q \cdot l^2 \cdot F(\varkappa)_{q;M}$$

$\varkappa = \dfrac{x}{l}$	$F_{q;Q}$		
	$\alpha = 2{,}000$	$\alpha = \beta = 0$	$\beta = 2{,}000$
0,00	0,77870386	0,50000000	0,38079707
0,10	0,66384696	0,40000000	0,28777043
0,20	0,52252458	0,30000000	0,20629303
0,30	0,36037079	0,20000000	0,13309490
0,40	0,18385016	0,10000000	0,06523832
0,50	0,00000000	0,00000000	0,00000000
0,60	-0,18385016	-0,10000000	-0,06523832
0,70	-0,36037079	-0,20000000	-0,13309490
0,80	-0,52252458	-0,30000000	-0,20629303
0,90	-0,66384696	-0,40000000	-0,28777043
1,00	-0,77870386	-0,50000000	-0,38079707

$$Q_0(\varkappa) = q \cdot l \cdot F(\varkappa)_{q;Q}$$

$\varkappa = \dfrac{x}{l}$	$F_{q;v}$		
	$\alpha = 2{,}000$	$\alpha = \beta = 0$	$\beta = 2{,}000$
0,00	0,00000000	0,00000000	0,00000000
0,10	0,00684223	0,00408750	0,00292065
0,20	0,01297150	0,00773333	0,00551536
0,30	0,01779463	0,01058750	0,00753709
0,40	0,02087016	0,01240000	0,00881616
0,50	0,02192598	0,01302083	0,00925339
0,60	0,02087016	0,12400000	0,00881616
0,70	0,01779463	0,01058750	0,00753709
0,80	0,01297150	0,00773333	0,00551536
0,90	0,00684223	0,00408750	0,00292065
1,00	0,00000000	0,00000000	0,00000000

$$v_0(\varkappa) = \frac{q \cdot l^4}{EJ} \cdot F(\varkappa)_{q;v}$$

$\varkappa = \dfrac{x}{l}$	$F_{q;v'}$		
	$\alpha = 2{,}000$	$\alpha = \beta = 0$	$\beta = 2{,}000$
0,00	0,06967596	0,04166667	0,02980073
0,10	0,06596174	0,03933333	0,02805739
0,20	0,05563114	0,03300000	0,02342674
0,30	0,04009269	0,02366667	0,01672627
0,40	0,02096254	0,01233333	0,00869041
0,50	0,00000000	0,00000000	0,00000000
0,60	-0,02096254	-0,01233333	-0,00869041
0,70	-0,04009269	-0,02366667	-0,01672627
0,80	-0,05563114	-0,03300000	-0,02342674
0,90	-0,06596174	-0,03933333	-0,02805739
1,00	-0,06967596	-0,04166667	-0,02980073

$$v_0'(\varkappa) = \frac{q \cdot l^3}{EJ} \cdot F(\varkappa)_{q;v'}$$

Abb. 56. Darstellung der Funktionen $F_{q;M}$, $F_{q;Q}$, $F_{q;v}$ und $F_{q;v'}$

4.10. Streckenlast $q(\chi) = q' \cdot (1 - 2\chi)$

4.10.1. Druckstab

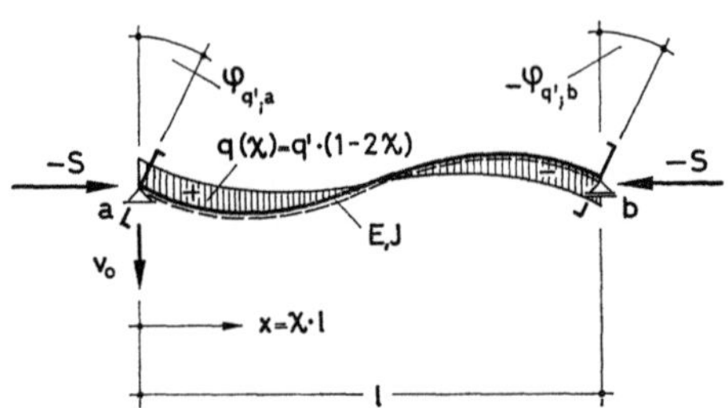

Abb. 57. Druckstab a,b mit Streckenlast $q(\chi) = q' \cdot (1 - 2\chi)$

4.10.1.1. Genaue Lösungen

Die Streckenlast $q(x)$ erzeugt im Stab a,b eine Querkraft $Q_{\ddot{a}}(x)$ (Abb. 58) für die

$$\int_0^l Q_{\ddot{a}}(x) \cdot \mathrm{d}x = \frac{q' \cdot l}{6} \cdot \int_0^l \left[1 - 6 \cdot \frac{x}{l} + 6 \cdot \left(\frac{x}{l}\right)^2 \right] \cdot \mathrm{d}x = \frac{q' \cdot l^2}{6} \cdot (1 - 3 + 2) = 0$$

wird.

Für die Teildurchbiegung $^M v_0(x)$ des Stabes gilt daher die Differentialgleichung (4.2.24)

Das Biegemoment $M_{\ddot{a}}(x)$ des Stabes beträgt nach Abb. 58:

$$M_{\ddot{a}}(x) = \frac{q' \cdot l^2}{6} \cdot \frac{x}{l} \cdot \left[1 - 3 \cdot \frac{x}{l} + 2 \cdot \left(\frac{x}{l}\right)^2 \right].$$

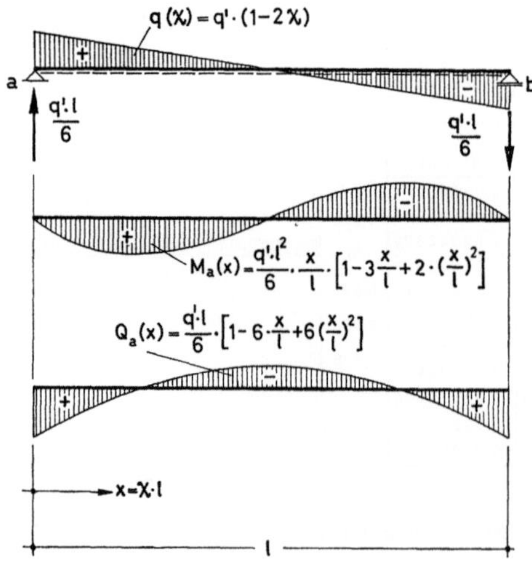

Abb. 58. Stab a,b mit Streckenlast $q(\chi) = q' \cdot (1 - 2\chi)$

Mit (4.3.3) ergibt sich hieraus:

$$M_{\ddot{a}}(\chi) = \frac{q' \cdot l^2}{6} \cdot \chi \cdot (1 - 3\chi + 2\chi^2). \qquad (4.10.1)$$

Die Differentialgleichung für die Teildurchbiegung $^{M}v_0(\chi)$ eines Stabes infolge einer Streckenlast $q(\chi) = q' \cdot (1 - 2\chi)$ folgt aus (4.2.24) mit (4.3.3), (4.3.5) und (4.10.1) zu:

$$^{M}v_0''(\chi) + \alpha^2 \cdot {}^{M}v_0(\chi) + \frac{q' \cdot l^4}{6\mu \cdot EI} \cdot \chi \cdot (1 - 3\chi + 2\chi^2) = 0. \qquad (4.10.2)$$

Die Lösung dieser Differentialgleichung lautet:

$$^{M}v_0(\chi) = c_1 \cdot \sin(\alpha\chi) + c_2 \cdot \cos(\alpha\chi)$$

$$- \frac{q' \cdot l^4}{\mu \cdot \alpha^4 \cdot EI} \cdot \left[1 - \frac{(12 - \alpha^2)}{6} \cdot \chi - \frac{\alpha^2}{6} \cdot \chi^2 \cdot (3 - 2\chi) \right]. \qquad (4.10.3)$$

Die Konstanten c_1 und c_2 werden aus den Randbedingungen

$$v_0(0) = {}^{M}v_0(0) = 0 \quad \text{und} \quad v_0(1) = {}^{M}v_0(1) = 0$$

bestimmt. (4.10.3) erfüllt diese Randbedingungen für

$$c_2 = \frac{q' \cdot l^4}{\mu \cdot \alpha^4 \cdot EI} \quad \text{und} \qquad (4.10.4)$$

$$c_1 = -c_2 \cdot \frac{1 + \cos\alpha}{\sin\alpha} = -\frac{q' \cdot l^4}{\mu \cdot \alpha^4 \cdot EI} \cdot \frac{1 + \cos\alpha}{\sin\alpha}. \qquad (4.10.5)$$

Für die Teildurchbiegung $^{M}v_0(\alpha, \chi)$ erhält man aus (4.10.3) mit (4.10.4) und (4.10.5):

$$^{M}v_0(\alpha, \chi) = \frac{q' \cdot l^4}{EI} \cdot \frac{1}{\mu \cdot \alpha^4} \cdot \left[-\frac{(1 + \cos\alpha)}{\sin\alpha} \cdot \sin(\alpha\chi) + \cos(\alpha\chi) - 1 \right.$$

$$\left. + \frac{(12 - \alpha^2)}{6} \cdot \chi + \frac{\alpha^2}{6} \cdot \chi^2 \cdot (3 - 2\chi) \right]. \qquad (4.10.6)$$

Durch Differenzieren ergibt sich hieraus

$$^{M}v_0'(\alpha, \chi) = \frac{q' \cdot l^3}{EI} \cdot \frac{1}{\mu \cdot \alpha^3} \cdot \left[-\frac{(1 + \cos\alpha)}{\sin\alpha} \cdot \cos(\alpha\chi) - \sin(\alpha\chi) \right.$$

$$\left. + \frac{12 - \alpha^2}{6\alpha} + \alpha \cdot (\chi - \chi^2) \right], \qquad (4.10.7)$$

$$^{M}v_0''(\alpha, \chi) = \frac{q' \cdot l^2}{EI} \cdot \frac{1}{\mu \cdot \alpha^2} \cdot \left[\frac{(1 + \cos\alpha)}{\sin\alpha} \cdot \sin(\alpha\chi) - \cos(\alpha\chi) + 1 - 2\chi \right] \qquad (4.10.8)$$

und

$$M_{v_0}'''(\alpha, \chi) = \frac{q' \cdot l}{EI} \cdot \frac{1}{\mu \cdot \alpha} \cdot \left[\frac{(1 + \cos \alpha)}{\sin \alpha} \cdot \cos (\alpha\chi) + \sin (\alpha\chi) - \frac{2}{\alpha} \right]. \quad (4.10.9)$$

Mit (4.10.6), (4.10.8), (4.3.5) und (4.2.11) folgt aus (4.2.25) für die Durchbiegung $v_0(\alpha, \chi)$:

$$v_0(\alpha, \chi) = \frac{q' \cdot l^4}{EI} \cdot \frac{1}{\mu^2 \cdot \alpha^4} \cdot \left[-\frac{(1 + \cos \alpha)}{\sin \alpha} \cdot \sin (\alpha\chi) + \cos (\alpha\chi) - 1 + 2\chi \right.$$
$$\left. -\frac{\mu \cdot \alpha^2}{6} \cdot \chi \cdot (1 - 3\chi + 2\chi^2) \right] = \frac{q' \cdot l^4}{EI} \cdot F(\alpha, \chi)_{q';v}. \quad (4.10.10)$$

Wir differenzieren (4.10.10) und erhalten für die Neigung $v_0'(\alpha, \chi)$ der Biegelinie:

$$v_0'(\alpha, \chi) = \frac{q' \cdot l^3}{EI} \cdot \frac{1}{\mu^2 \cdot \alpha^3} \cdot \left[-\frac{(1 + \cos \alpha)}{\sin \alpha} \cdot \cos (\alpha\chi) - \sin (\alpha\chi) + \frac{2}{\alpha} \right.$$
$$\left. -\frac{\mu \cdot \alpha}{6} \cdot (1 - 6\chi + 6\chi^2) \right] = \frac{q' \cdot l^3}{EI} \cdot F(\alpha, \chi)_{q';v'}. \quad (4.10.11)$$

Für das Biegemoment $M_0(\alpha, \chi)$ ergibt sich aus (4.2.14) mit (4.10.8)

$$M_0(\alpha, \chi) = q' \cdot l^2 \cdot \frac{1}{\mu \cdot \alpha^2} \cdot \left[-\frac{(1 + \cos \alpha)}{\sin \alpha} \cdot \sin (\alpha\chi) + \cos (\alpha\chi) - 1 + 2\chi \right]$$
$$= q' \cdot l^2 \cdot F(\alpha, \chi)_{q';M}, \quad (4.10.12)$$

für die Querkraft $Q_0(\alpha, \chi)$ aus (4.2.15) mit (4.10.9)

$$Q_0(\alpha, \chi) = q' \cdot l \cdot \frac{1}{\mu \cdot \alpha} \cdot \left[-\frac{(1 + \cos \alpha)}{\sin \alpha} \cdot \cos (\alpha\chi) - \sin (\alpha\chi) + \frac{2}{\alpha} \right]$$
$$= q' \cdot l \cdot F(\alpha, \chi)_{q';Q}, \quad (4.10.13)$$

für die Drehung $\varphi(\alpha)_{q';a}$ des Stabendes a ($\chi = 0$) aus (4.2.26) mit (4.10.7)

$$\varphi(\alpha)_{q';a} = \frac{q' \cdot l^3}{EI} \cdot \frac{1}{\mu \cdot \alpha^3} \cdot \left(-\frac{1 + \cos \alpha}{\sin \alpha} + \frac{12 - \alpha^2}{6\alpha} \right) = \frac{q' \cdot l^3}{EI} \cdot F(\alpha)_{q'} \quad (4.10.14)$$

und für die Drehung $\varphi(\alpha)_{q';b}$ des Stabendes b ($\chi = 1$) aus (4.2.27) mit (4.10.7):

$$\varphi(\alpha)_{q';b} = -\frac{q' \cdot l^3}{EI} \cdot \frac{1}{\mu \cdot \alpha^3} \cdot \left(-\frac{1 + \cos \alpha}{\sin \alpha} + \frac{12 - \alpha^2}{6\alpha} \right)$$
$$= -\varphi(\alpha)_{q';a} = -\frac{q' \cdot l_3}{EI} \cdot F(\alpha)_{q'}. \quad (4.10.15)$$

4.10.1.2. Näherungslösungen für $\alpha \ll 1$

Mit (4.3.21), (4.3.22) und (4.3.29) folgt

aus (4.10.14) und (4.10.15) für die Drehungen $\varphi(\alpha^2)_{q';a}$ und $\varphi(\alpha^2)_{q';b}$

$$\varphi(\alpha^2)_{q';a} = -\varphi(\alpha^2)_{q';b} \simeq \frac{q' \cdot l^3}{EI} \cdot \left(1 + \frac{\varkappa_0}{3} \cdot \alpha^2\right) \cdot \frac{1}{360} \cdot \frac{1 - \dfrac{\alpha^2}{7}}{1 - \dfrac{\alpha^2}{6}} = \frac{q' \cdot l^3}{EI} \cdot F(\alpha^2)_{q'},$$

$$(4.10.16)$$

aus (4.10.12) für das Biegemoment $M_0(\alpha^2, \chi)$

$$M_0(\alpha^2, \chi) \simeq q' \cdot l^2 \cdot \left(1 + \frac{\varkappa_0}{3} \cdot \alpha^2\right) \cdot \frac{\chi}{6}$$

$$\times \left[\frac{1 - 3\chi + 2\chi^2 - \dfrac{\alpha^2}{20} \cdot (-3 + 10\chi - 10\chi^2 + 5\chi^3 - 2\chi^4)}{1 - \dfrac{\alpha^2}{6}}\right]$$

$$= q' \cdot l^2 \cdot F(\alpha^2, \chi)_{q';M},$$

$$(4.10.17)$$

aus (4.10.13) für die Querkraft $Q_0(\alpha^2, \chi)$

$$Q_0(\alpha^2, \chi) \simeq q' \cdot l \cdot \left(1 + \frac{\varkappa_0}{3} \cdot \alpha^2\right) \cdot \frac{1}{6}$$

$$\times \left[\frac{1 - 6\chi + 6\chi^2 - \dfrac{\alpha^2}{20} \cdot (-3 + 20\chi - 30\chi^2 + 20\chi^3 - 10\chi^4)}{1 - \dfrac{\alpha^2}{6}}\right]$$

$$= q' \cdot l \cdot F(\alpha^2, \chi)_{q';Q},$$

$$(4.10.18)$$

aus (4.10.10) für die Durchbiegung $v_0(\alpha^2, \chi)$

$$v_0(\alpha^2, \chi) \simeq \frac{q' \cdot l^4}{EI} \cdot \left(1 + \frac{\varkappa_0}{3} \cdot \alpha^2\right) \cdot \frac{\chi}{18} \cdot \left[\varkappa_0 \cdot (1 - 3\chi + 2\chi^2) + \frac{1 + \dfrac{\varkappa_0}{3} \cdot \alpha^2}{20}\right.$$

$$\times \left.\frac{1 - 10\chi^2 + 15\chi^3 - 6\chi^4 - \dfrac{\alpha^2}{14} \cdot (2 - 21\chi^2 + 35\chi^3 - 21\chi^4 + 7\chi^5 - 2\chi^6)}{1 - \dfrac{\alpha^2}{6}}\right]$$

$$= \frac{q' \cdot l^4}{EI} \cdot F(\alpha^2, \chi)_{q';v}$$

$$(4.10.19)$$

und aus (4.10.11) für die Neigung $v_0'(\alpha^2, \chi)$ der Biegelinie:

$$v_0'(\alpha^2, \chi) \simeq \frac{q' \cdot l^3}{EI} \cdot \left(1 + \frac{\varkappa_0}{3} \cdot \alpha^2\right) \cdot \frac{1}{18} \cdot \left[\varkappa_0 \cdot (1 - 6\chi + 6\chi^2) + \frac{1 + \dfrac{\varkappa_0}{3} \cdot \alpha^2}{20} \right.$$

$$\times \left. \frac{1 - 30\chi^2 + 60\chi^3 - 30\chi^4 - \dfrac{\alpha^2}{14} \cdot (2 - 63\chi^2 + 140\chi^3 - 105\chi^4 + 42\chi^5 - 14\chi^6)}{1 - \dfrac{\alpha^2}{6}} \right]$$

$$= \frac{q' \cdot l^3}{EI} \cdot F(\alpha^2, \chi)_{q';v'} \, . \tag{4.10.20}$$

4.10.2. Genaue Lösungen für einen Stab ohne Längskraft

Mit $\alpha = 0$ erhält man für die Drehungen $\varphi(0)_{q';a}$ und $\varphi(0)_{q';b}$ aus (4.10.16)

$$\varphi(0)_{q';a} = -\varphi(0)_{q';b} = \frac{q' \cdot l^3}{EI} \cdot \frac{1}{360} = \frac{q' \cdot l^3}{EI} \cdot F(0)_{q'} \, , \tag{4.10.21}$$

für das Biegemoment $M_0(0, \chi)$ aus (4.10.17)

$$M_0(0, \chi) = q' \cdot l^2 \cdot \frac{\chi}{6} \cdot (1 - 3\chi + 2\chi^2) = q' \cdot l^2 \cdot F(0, \chi)_{q';M} \, , \tag{4.10.22}$$

für die Querkraft $Q_0(0, \chi)$ aus (4.10.18)

$$Q_0(0, \chi) = q' \cdot l \cdot \frac{1}{6} \cdot (1 - 6\chi + 6\chi^2) = q' \cdot l \cdot F(0, \chi)_{q';Q} \, , \tag{4.10.23}$$

für die Durchbiegung $v_0(0, \chi)$ aus (4.10.19)

$$v_0(0, \chi) = \frac{q' \cdot l^4}{EI} \cdot \frac{\chi}{18} \cdot \left[\varkappa_0 \cdot (1 - 3\chi + 2\chi^2) + \frac{1}{20} \cdot (1 - 10\chi^2 + 15\chi^3 - 6\chi^4) \right]$$

$$= \frac{q' \cdot l^4}{EI} \cdot F(0, \chi)_{q';v} \tag{4.10.24}$$

und für die Neigung $v_0'(\alpha, \chi)$ der Biegelinie aus (4.10.20):

$$v_0'(0, \chi) = \frac{q' \cdot l^3}{EI} \cdot \frac{1}{18} \cdot \left[\varkappa_0 \cdot (1 - 6\chi + 6\chi^2) + \frac{1}{20} \cdot (1 - 30\chi^2 + 60\chi^3 - 30\chi^4) \right]$$

$$= \frac{q' \cdot l^3}{EI} \cdot F(0, \chi)_{q';v'} \, . \tag{4.10.25}$$

4.10.3. Zugstab

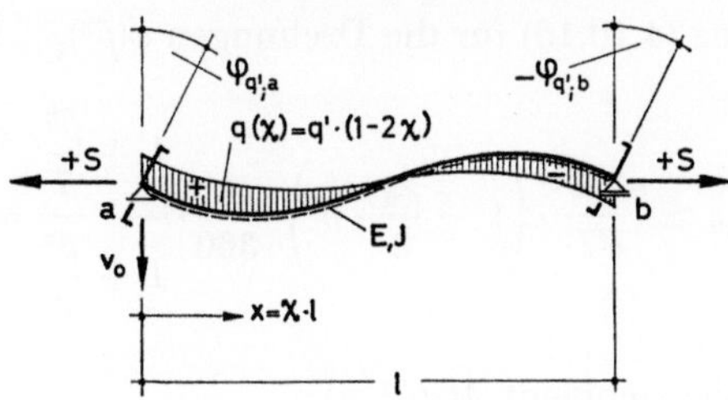

Abb. 59. Zugstab a,b mit Streckenlast $q(\chi) = q' \cdot (1 - 2\chi)$

4.10.3.1. Genaue Lösungen

Unter Beachtung von (4.3.40), (4.3.41), (4.3.42) und (4.3.43) ergibt sich für die Drehungen $\varphi(\beta)_{q';a}$ und $\varphi(\beta)_{q';b}$ aus (4.10.14) und (4.10.15)

$$\varphi(\beta)_{q';a} = -\varphi(\beta)_{q';b} = \frac{q' \cdot l^3}{EI} \cdot \frac{1}{\mu \cdot \beta^3} \cdot \left(-\frac{1 + \operatorname{Cosh} \beta}{\operatorname{Sinh} \beta} + \frac{12 + \beta^2}{6\beta} \right) = \frac{q' \cdot l^3}{EI} \cdot F(\beta)_{q'},$$

$$(4.10.26)$$

für das Biegemoment $M_0(\beta, \chi)$ aus (4.10.12)

$$M_0(\beta, \chi) = q' \cdot l^2 \cdot \frac{1}{\mu \cdot \beta^2} \cdot \left[\frac{(1 + \operatorname{Cosh} \beta)}{\operatorname{Sinh} \beta} \cdot \operatorname{Sinh} (\beta\chi) - \operatorname{Cosh} (\beta\chi) + 1 - 2\chi \right]$$

$$= q' \cdot l^2 \cdot F(\beta, \chi)_{q';M}, \qquad (4.10.27)$$

für die Querkraft $Q_0(\beta, \chi)$ aus (4.10.13)

$$Q_0(\beta, \chi) = q' \cdot l \cdot \frac{1}{\mu \cdot \beta} \cdot \left[\frac{(1 + \operatorname{Cosh} \beta)}{\operatorname{Sinh} \beta} \cdot \operatorname{Cosh} (\beta\chi) - \operatorname{Sinh} (\beta\chi) - \frac{2}{\beta} \right]$$

$$= q' \cdot l \cdot F(\beta, \chi)_{q';Q}, \qquad (4.10.28)$$

für die Durchbiegung $v_0(\beta, \chi)$ aus (4.10.10)

$$v_0(\beta, \chi) = \frac{q' \cdot l^4}{EI} \cdot \frac{1}{\mu^2 \cdot \beta^4} \cdot \left[-\frac{(1 + \operatorname{Cosh} \beta)}{\operatorname{Sinh} \beta} \cdot \operatorname{Sinh} (\beta\chi) + \operatorname{Cosh} (\beta\chi) - 1 + 2\chi \right.$$

$$\left. + \frac{\mu \cdot \beta^2}{6} \cdot \chi \cdot (1 - 3\chi + 2\chi^2) \right] = \frac{q' \cdot l^4}{EI} \cdot F(\beta, \chi)_{q';v} \qquad (4.10.29)$$

und für die Neigung $v_0'(\beta, \chi)$ der Biegelinie aus (4.10.11):

$$v_0'(\beta, \chi) = \frac{q' \cdot l^3}{EI} \cdot \frac{1}{\mu^2 \cdot \beta^3} \cdot \left[-\frac{(1 + \operatorname{Cosh} \beta)}{\operatorname{Sinh} \beta} \cdot \operatorname{Cosh} (\beta\chi) + \operatorname{Sinh} (\beta\chi) + \frac{2}{\beta} \right.$$

$$\left. + \frac{\mu \cdot \beta}{6} \cdot (1 - 6\chi + 6\chi^2) \right] = \frac{q' \cdot l^3}{EI} \cdot F(\beta, \chi)_{q';v'}. \qquad (4.10.30)$$

4.10.3.2. Näherungslösungen für $\beta \ll 1$

Mit (4.3.41) folgt aus (4.10.16) für die Drehungen $\varphi(\beta^2)_{q';a}$ und $\varphi(\beta^2)_{q';b}$

$$\varphi(\beta^2)_{q';a} = -\varphi(\beta^2)_{q';b} \simeq \frac{q' \cdot l^3}{EI} \cdot \left(1 - \frac{\varkappa_0}{3} \cdot \beta^2\right) \cdot \frac{1}{360} \cdot \frac{1 + \dfrac{\beta^2}{7}}{1 + \dfrac{\beta^2}{6}} = \frac{q' \cdot l^3}{EI} \cdot F(\beta^2)_{q'},$$

$$(4.10.31)$$

aus (4.10.17) für das Biegemoment $M_0(\beta^2, \chi)$

$$M_0(\beta^2, \chi) \simeq q' \cdot l^2 \cdot \left(1 - \frac{\varkappa_0}{3} \cdot \beta^2\right) \cdot \frac{\chi}{6}$$

$$\times \left[\frac{1 - 3\chi + 2\chi^2 + \dfrac{\beta^2}{20} \cdot (-3 + 10\chi - 10\chi^2 + 5\chi^3 - 2\chi^4)}{1 + \dfrac{\beta^2}{6}}\right]$$

$$= q' \cdot l^2 \cdot F(\beta^2, \chi)_{q';M},$$

$$(4.10.32)$$

aus (4.10.18) für die Querkraft $Q_0(\beta^2, \chi)$

$$Q_0(\beta^2, \chi) \simeq q' \cdot l \cdot \left(1 - \frac{\varkappa_0}{3} \cdot \beta^2\right) \cdot \frac{1}{6}$$

$$\times \left[\frac{1 - 6\chi + 6\chi^2 + \dfrac{\beta^2}{20} \cdot (-3 + 20\chi - 30\chi^2 + 20\chi^3 - 10\chi^4)}{1 + \dfrac{\beta^2}{6}}\right]$$

$$= q' \cdot l \cdot F(\beta^2, \chi)_{q';Q},$$

$$(4.10.33)$$

aus (4.10.19) für die Durchbiegung $v_0(\beta^2, \chi)$

$$v_0(\beta^2, \chi) \simeq \frac{q' \cdot l^4}{EI} \cdot \left(1 - \frac{\varkappa_0}{3} \cdot \beta^2\right) \cdot \frac{\chi}{18} \cdot \left[\varkappa_0 \cdot (1 - 3\chi + 2\chi^2) + \frac{1 - \dfrac{\varkappa_0}{3} \cdot \beta^2}{20}\right.$$

$$\left. \times \frac{1 - 10\chi^2 + 15\chi^3 - 6\chi^4 + \dfrac{\beta^2}{14} \cdot (2 - 21\chi^2 + 35\chi^3 - 21\chi^4 + 7\chi^5 - 2\chi^6)}{1 + \dfrac{\beta^2}{6}}\right]$$

$$= \frac{q' \cdot l^4}{EI} \cdot F(\beta^2, \chi)_{q';v}$$

$$(4.10.34)$$

und aus (4.10.20) für die Neigung $v_0'(\beta^2, \chi)$ der Biegelinie:

$$v_0'(\beta^2, \chi) \simeq \frac{q' \cdot l^3}{EI} \cdot \left(1 - \frac{\varkappa_0}{3} \cdot \beta^2\right) \cdot \frac{1}{18} \cdot \left[\varkappa_0 \cdot (1 - 6\chi + 6\chi^2) + \frac{1 - \dfrac{\varkappa_0}{3} \cdot \beta^2}{20} \right.$$

$$\left. \times \frac{1 - 30\chi^2 + 60\chi^3 - 30\chi^4 + \dfrac{\beta^2}{14} \cdot (2 - 63\chi^2 + 140\chi^3 - 105\chi^4 + 42\chi^5 - 14\chi^6)}{1 + \dfrac{\beta^2}{6}} \right]$$

$$= \frac{q' \cdot l^3}{EI} \cdot F(\beta^2, \chi)_{q';v'} \, . \tag{4.10.35}$$

4.10.3.3. Näherungslösungen für $\beta \gg 1$

Mit (4.3.56) und (4.3.57) erhalten wir aus (4.10.26) für die Drehungen $\varphi(\beta_N)_{q';a}$ und $\varphi(\beta_N)_{q';b}$

$$\varphi(\beta_N)_{q';a} = \varphi(\beta_N)_{q';b} \simeq \frac{q' \cdot l^3}{EI} \cdot \frac{1}{\mu \cdot \beta^3} \cdot \left(\frac{-1 - \dfrac{1}{2} \cdot e^\beta}{\dfrac{1}{2} \cdot e^\beta} + \frac{12 + \beta^2}{6\beta} \right)$$

$$\simeq \frac{q' \cdot l^3}{EI} \cdot \frac{1}{6\mu} \cdot \frac{12 - 6\beta + \beta^2}{\beta^4} = \frac{q' \cdot l^3}{EI} \cdot F(\beta_N)_{q'}, \tag{4.10.36}$$

mit

$$\frac{(1 + \mathrm{Cosh}\,\beta)}{\mathrm{Sinh}\,\beta} \cdot \mathrm{Sinh}\,(\beta\chi) - \mathrm{Cosh}\,(\beta\chi) = \frac{1 + \dfrac{1}{2} \cdot (e^\beta + e^{-\beta})}{\dfrac{1}{2} \cdot (e^\beta - e^{-\beta})} \cdot \frac{1}{2} \cdot (e^{\beta\cdot\chi} - e^{-\beta\cdot\chi})$$

$$- \frac{1}{2} \cdot (e^{\beta\cdot\chi} + e^{-\beta\cdot\chi}) \simeq -e^{-\beta\cdot\chi} + e^{-\beta\cdot(1-\chi)} - e^{-\beta\cdot(1+\chi)} \tag{4.10.37}$$

aus (4.10.27) für das Biegemoment $M_0(\beta_N, \chi)$

$$M_0(\beta_N, \chi) \simeq q' \cdot l^2 \cdot \frac{1}{\mu \cdot \beta^2} \cdot [-e^{-\beta\cdot\chi} + e^{-\beta\cdot(1-\chi)} - e^{-\beta\cdot(1+\chi)} + 1 - 2\chi]$$

$$= q' \cdot l^2 \cdot F(\beta_N, \chi)_{q';M}, \tag{4.10.38}$$

mit

$$\frac{(1 + \mathrm{Cosh}\,\beta)}{\mathrm{Sinh}\,\beta} \cdot \mathrm{Cosh}\,(\beta\chi) - \mathrm{Sinh}\,(\beta\chi) = \frac{1 + \dfrac{1}{2} \cdot (e^\beta + e^{-\beta})}{\dfrac{1}{2} \cdot (e^\beta - e^{-\beta})} \cdot \frac{1}{2} \cdot (e^{\beta\cdot\chi} + e^{-\beta\cdot\chi})$$

$$- \frac{1}{2} \cdot (e^{\beta\cdot\chi} - e^{-\beta\cdot\chi}) \simeq e^{-\beta\cdot\chi} + e^{-\beta\cdot(1-\chi)} + e^{-\beta\cdot(1+\chi)} \tag{4.10.39}$$

aus (4.10.28) für die Querkraft $Q_0(\beta_N, \chi)$

$$Q_0(\beta_N, \chi) \simeq q' \cdot l \cdot \frac{1}{\mu \cdot \beta} \cdot \left[e^{-\beta \cdot \chi} + e^{-\beta \cdot (1-\chi)} + e^{-\beta \cdot (1+\chi)} - \frac{2}{\beta} \right] = q' \cdot l \cdot F(\beta_N, \chi)_{q';Q},$$

(4.10.40)

mit (4.10.37) aus (4.10.29) für die Durchbiegung $v_0(\beta_N, \chi)$

$$v_0(\beta_N, \chi) \simeq \frac{q' \cdot l^4}{EI} \cdot \frac{1}{\mu^2 \cdot \beta^4} \cdot \left[e^{-\beta \cdot \chi} - e^{-\beta \cdot (1-\chi)} + e^{-\beta \cdot (1+\chi)} - 1 + 2\chi \right.$$

$$\left. + \frac{\mu \cdot \beta^2}{6} \cdot \chi \cdot (1 - 3\chi + 2\chi^2) \right] = \frac{q' \cdot l^4}{EI} \cdot F(\beta_N, \chi)_{q';v} \quad (4.10.41)$$

und mit (4.10.39) aus (4.10.30) für die Neigung $v_0'(\beta_N, \chi)$ der Biegelinie:

$$v_0'(\beta_N, \chi) \simeq \frac{q' \cdot l^3}{EI} \cdot \frac{1}{\mu^2 \cdot \beta^3} \cdot \left[-e^{-\beta \cdot \chi} - e^{-\beta \cdot (1-\chi)} - e^{-\beta \cdot (1+\chi)} + \frac{2}{\beta} \right.$$

$$\left. + \frac{\mu \cdot \beta}{6} \cdot (1 - 6\chi + 6\chi^2) \right] = \frac{q' \cdot l^3}{EI} \cdot F(\beta_N, \chi)_{q';v'}. \quad (4.10.42)$$

4.10.4. Darstellung der Funktionen $F_{q'}$, $F_{q';M}$, $F_{q';Q}$, $F_{q';v}$ und $F_{q';v'}$

In Abb. 60 ist der Verlauf der Funktion $F_{q'}$, in Abhängigkeit von α und β dargestellt und in Abb. 61 der Verlauf der Funktionen $F(\chi)_{q';M}$, $F(\chi)_{q';Q}$, $F(\chi)_{q';v}$ und $F(\chi)_{q';v'}$ für $\alpha = 2$, $\alpha = \beta = 0$ und $\beta = 2$.

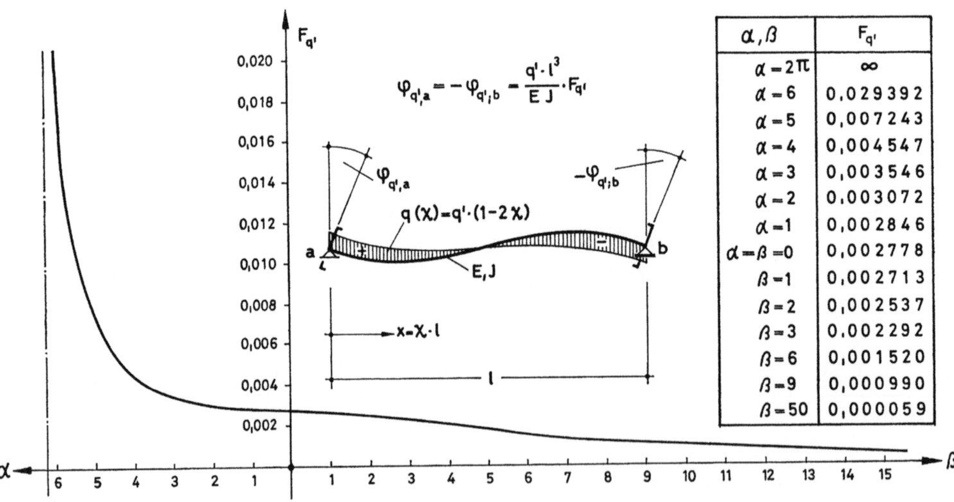

α, β	$F_{q'}$
$\alpha = 2\pi$	∞
$\alpha = 6$	0,029392
$\alpha = 5$	0,007243
$\alpha = 4$	0,004547
$\alpha = 3$	0,003546
$\alpha = 2$	0,003072
$\alpha = 1$	0,002846
$\alpha = \beta = 0$	0,002778
$\beta = 1$	0,002713
$\beta = 2$	0,002537
$\beta = 3$	0,002292
$\beta = 6$	0,001520
$\beta = 9$	0,000990
$\beta = 50$	0,000059

Abb. 60. Darstellung der Funktion $F_{q'}$

Die in den Abbildungen angegebenen Zahlenwerte für die Funktionen F wurden unter Vernachlässigung des Einflusses der Querkraftverformungen berechnet ($\mu = 1$, $\varkappa_0 = 0$).

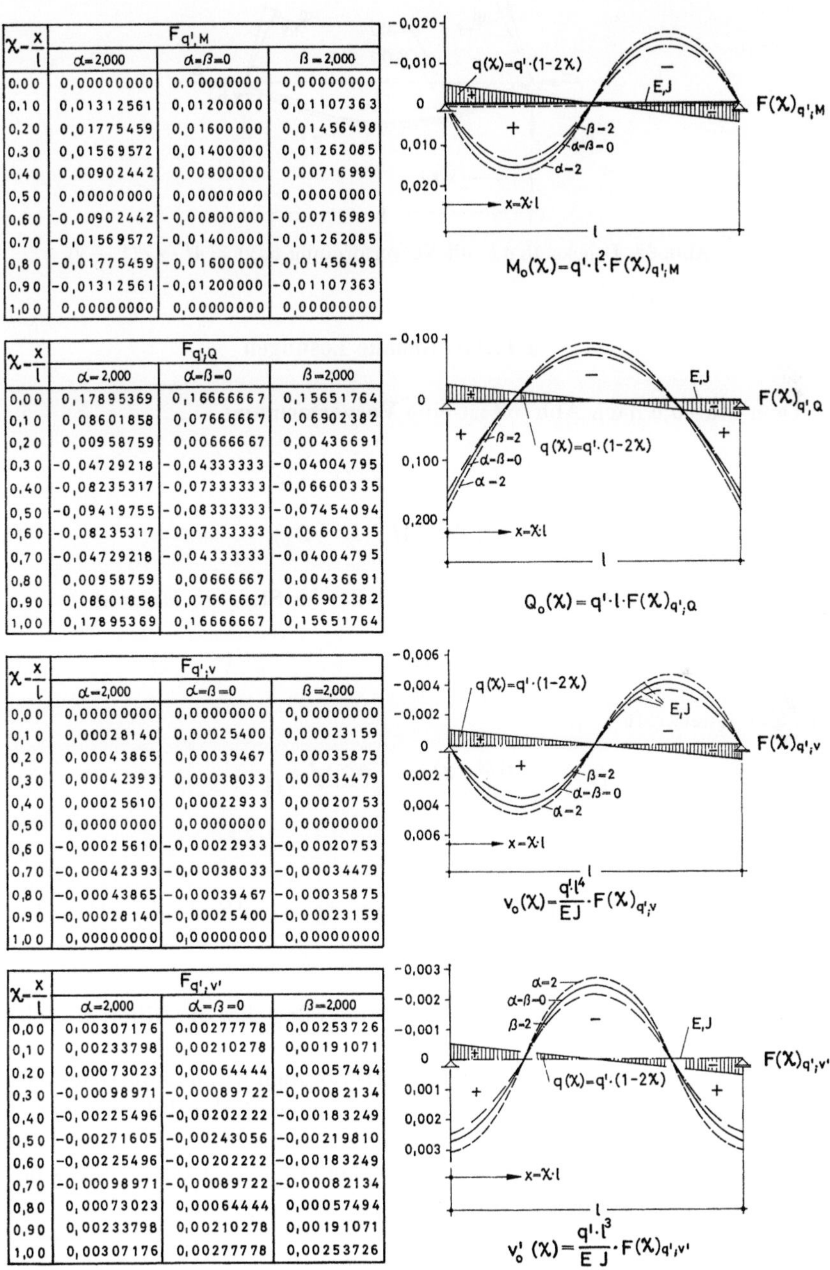

$\chi - \dfrac{x}{l}$	$F_{q';M}$		
	$\alpha = 2{,}000$	$\alpha = \beta = 0$	$\beta = 2{,}000$
0,00	0,00000000	0,00000000	0,00000000
0,10	0,01312561	0,01200000	0,01107363
0,20	0,01775459	0,01600000	0,01456498
0,30	0,01569572	0,01400000	0,01262085
0,40	0,00902442	0,00800000	0,00716989
0,50	0,00000000	0,00000000	0,00000000
0,60	-0,00902442	-0,00800000	-0,00716989
0,70	-0,01569572	-0,01400000	-0,01262085
0,80	-0,01775459	-0,01600000	-0,01456498
0,90	-0,01312561	-0,01200000	-0,01107363
1,00	0,00000000	0,00000000	0,00000000

$$M_0(\chi) = q' \cdot l^2 \cdot F(\chi)_{q';M}$$

$\chi - \dfrac{x}{l}$	$F_{q';Q}$		
	$\alpha = 2{,}000$	$\alpha = \beta = 0$	$\beta = 2{,}000$
0,00	0,17895369	0,16666667	0,15651764
0,10	0,08601858	0,07666667	0,06902382
0,20	0,00958759	0,00666667	0,00436691
0,30	-0,04729218	-0,04333333	-0,04004795
0,40	-0,08235317	-0,07333333	-0,06600335
0,50	-0,09419755	-0,08333333	-0,07454094
0,60	-0,08235317	-0,07333333	-0,06600335
0,70	-0,04729218	-0,04333333	-0,04004795
0,80	0,00958759	0,00666667	0,00436691
0,90	0,08601858	0,07666667	0,06902382
1,00	0,17895369	0,16666667	0,15651764

$$Q_0(\chi) = q' \cdot l \cdot F(\chi)_{q';Q}$$

$\chi - \dfrac{x}{l}$	$F_{q';v}$		
	$\alpha = 2{,}000$	$\alpha = \beta = 0$	$\beta = 2{,}000$
0,00	0,00000000	0,00000000	0,00000000
0,10	0,00028140	0,00025400	0,00023159
0,20	0,00043865	0,00039467	0,00035875
0,30	0,00042393	0,00038033	0,00034479
0,40	0,00025610	0,00022933	0,00020753
0,50	0,00000000	0,00000000	0,00000000
0,60	-0,00025610	-0,00022933	-0,00020753
0,70	-0,00042393	-0,00038033	-0,00034479
0,80	-0,00043865	-0,00039467	-0,00035875
0,90	-0,00028140	-0,00025400	-0,00023159
1,00	0,00000000	0,00000000	0,00000000

$$v_0(\chi) = \frac{q' \cdot l^4}{EJ} \cdot F(\chi)_{q';v}$$

$\chi - \dfrac{x}{l}$	$F_{q';v'}$		
	$\alpha = 2{,}000$	$\alpha = \beta = 0$	$\beta = 2{,}000$
0,00	0,00307176	0,00277778	0,00253726
0,10	0,00233798	0,00210278	0,00191071
0,20	0,00073023	0,00064444	0,00057494
0,30	-0,00098971	-0,00089722	-0,00082134
0,40	-0,00225496	-0,00202222	-0,00183249
0,50	-0,00271605	-0,00243056	-0,00219810
0,60	-0,00225496	-0,00202222	-0,00183249
0,70	-0,00098971	-0,00089722	-0,00082134
0,80	0,00073023	0,00064444	0,00057494
0,90	0,00233798	0,00210278	0,00191071
1,00	0,00307176	0,00277778	0,00253726

$$v_0'(\chi) = \frac{q' \cdot l^3}{EJ} \cdot F(\chi)_{q';v'}$$

Abb. 61. Darstellung der Funktionen $F_{q';M}$, $F_{q';Q}$, $F_{q';v}$ und $F_{q';v'}$

4.11. Vorverformung $v_v(\chi) = 4f \cdot \chi \cdot (1 - \chi)$

4.11.1. Druckstab

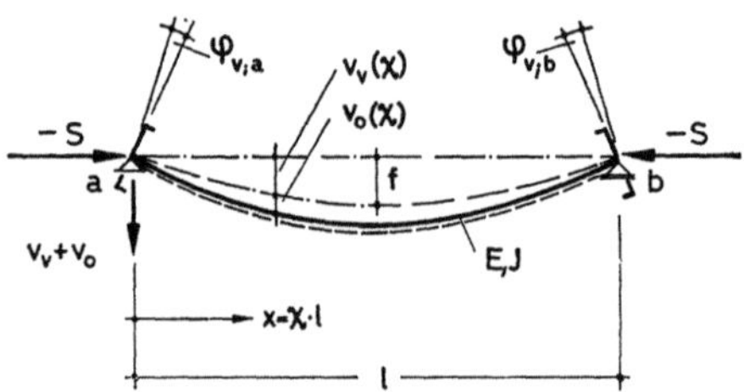

Abb. 62. Druckstab a,b mit Vorverformung $v_v(\chi) = 4f \cdot \chi \cdot (1 - \chi)$

4.11.1.1. Genaue Lösungen

Dem Stab a,b nach Abb. 62 ist eine Vorverformung

$$v_v(\chi) = 4f \cdot \chi \cdot (1 - \chi),$$

$$v_v'(\chi) = 4f \cdot (1 - 2\chi), \quad \text{usw.} \tag{4.11.1}$$

eingeprägt. Die Längskraft $-S$ erzeugt daher im Stab ein Moment

$$M_{\ddot{a}}(\chi) = -S \cdot v_v(\chi) = -4S \cdot f \cdot \chi \cdot (1 - \chi) \tag{4.11.2}$$

und eine Querkraft

$$Q_{\ddot{a}}(\chi) = \frac{\mathrm{d}M_{\ddot{a}}(\chi)}{l \cdot \mathrm{d}\chi} = -\frac{4S \cdot f}{l} \cdot (1 - 2\chi),$$

für die

$$\int_0^l Q_{\ddot{a}}(x) \cdot \mathrm{d}x = -4S \cdot f \cdot \int_0^1 (1 - 2\chi) \cdot \mathrm{d}\chi = -4S \cdot f \cdot (1 - 1) = 0$$

wird.

Für die Teildurchbiegung $^M v_0(x)$ des Stabes gilt daher die Differentialgleichung (4.2.24).

Durch Vergleich von (4.9.1) und (4.11.2) erkennen wir, daß die Grundbeziehungen für die Schnittlasten und Verformungen eines Stabes infolge einer Vorverformung $v_v(\chi)$ nach (4.11.1) aus den Grundbeziehungen für die Schnittlasten und Verformungen eines durch eine Gleichstreckenlast q belasteten Stabes nach 4.9. gewonnen werden können, wenn wir

$$q \cdot l^2 = -8S \cdot f \tag{4.11.3}$$

setzen.

Mit (4.11.3) und (4.3.5) ergibt sich aus (4.9.14) und (4.9.15) für die Drehungen $\varphi(\alpha)_{v;a}$ und $\varphi(\alpha)_{v;b}$

$$\varphi(\alpha)_{v;a} = \varphi(\alpha)_{v;b} = -\frac{8S \cdot f \cdot l}{EI} \cdot F(\alpha)_q = \frac{f}{l} \cdot 4 \cdot \left[\frac{2 \cdot (1 - \cos \alpha)}{\alpha \cdot \sin \alpha} - 1 \right], \qquad (4.11.4)$$

aus (4.9.12) für das Biegemoment $M_0(\alpha, \chi)$

$$M_0(\alpha, \chi) = -8S \cdot f \cdot F(\alpha, \chi)_{q;M}$$

$$= \frac{f}{l} \cdot \frac{EI}{l} \cdot 8 \cdot \left[\frac{(1 - \cos \alpha)}{\sin \alpha} \cdot \sin (\alpha\chi) + \cos (\alpha\chi) - 1 \right], \qquad (4.11.5)$$

aus (4.9.13) für die Querkraft $Q_0(\alpha, \chi)$

$$Q_0(\alpha, \chi) = -\frac{8S \cdot f}{l} \cdot F(\alpha, \chi)_{q;Q}$$

$$= \frac{f}{l} \cdot \frac{EI}{l^2} \cdot 8\alpha \cdot \left[\frac{(1 - \cos \alpha)}{\sin \alpha} \cdot \cos (\alpha\chi) - \sin (\alpha\chi) \right], \qquad (4.11.6)$$

aus (4.9.10) für die Durchbiegung $v_0(\alpha, \chi)$

$$v_0(\alpha, \chi) = -\frac{8S \cdot f \cdot l^2}{EI} \cdot F(\alpha, \chi)_{q;v} = f \cdot \frac{8}{\mu \cdot \alpha^2} \cdot \left[\frac{(1 - \cos \alpha)}{\sin \alpha} \cdot \sin (\alpha\chi) + \cos (\alpha\chi) \right.$$

$$\left. - 1 - \frac{\mu \cdot \alpha^2}{2} \cdot \chi \cdot (1 - \chi) \right] \qquad (4.11.7)$$

und aus (4.9.11) für die Neigung $v_0{}'(\alpha, \chi)$ der Biegelinie:

$$v_0{}'(\alpha, \chi) = -\frac{8S \cdot f \cdot l}{EI} \cdot F(\alpha, \chi)_{q;v'} = \frac{f}{l} \cdot \frac{8}{\mu \cdot \alpha} \cdot \left[\frac{(1 - \cos \alpha)}{\sin \alpha} \cdot \cos (\alpha\chi) - \sin (\alpha\chi) \right.$$

$$\left. - \frac{\mu \cdot \alpha}{2} \cdot (1 - 2\chi) \right]. \qquad (4.11.8)$$

4.11.1.2. Näherungslösungen für $\alpha \ll 1$

Mit (4.11.3), (4.3.5) und (4.3.29) folgt aus (4.9.16) für die Drehungen $\varphi(\alpha^2)_{v;a}$ und $\varphi(\alpha^2)_{v;b}$

$$\varphi(\alpha^2)_{v;a} = \varphi(\alpha^2)_{v;b} \simeq -\frac{8S \cdot f \cdot l}{EI} \cdot F(\alpha^2)_q = \frac{f}{l} \cdot \frac{\alpha^2}{3} \cdot \frac{1 - \dfrac{\alpha^2}{15}}{1 - \dfrac{\alpha^2}{6}}, \qquad (4.11.9)$$

aus (4.9.17) für das Biegemoment $M_0(\alpha^2, \chi)$

$$M_0(\alpha^2, \chi) \simeq -8S \cdot f \cdot F(\alpha^2, \chi)_{q;M}$$

$$= \frac{f}{l} \cdot \frac{EI}{l} \cdot \chi \cdot (1 - \chi) \cdot \alpha^2 \cdot \frac{4 - \dfrac{\alpha^2}{3} \cdot (1 - \chi + \chi^2)}{1 - \dfrac{\alpha^2}{6}}, \qquad (4.11.10)$$

aus (4.9.18) für die Querkraft $Q_0(\alpha^2, \chi)$

$$Q_0(\alpha^2, \chi) \simeq -\frac{8S \cdot f}{l} \cdot F(\alpha^2, \chi)_{q;Q} = \frac{f}{l} \cdot \frac{EI}{l^2} \cdot (1 - 2\chi) \cdot \alpha^2$$

$$\times \frac{4 - \dfrac{\alpha^2}{3} \cdot (1 - 2\chi + 2\chi^2)}{1 - \dfrac{\alpha^2}{6}}, \qquad (4.11.11)$$

aus (4.9.19) für die Durchbiegung $v_0(\alpha^2, \chi)$

$$v_0(\alpha^2, \chi) \simeq -\frac{8S \cdot f \cdot l^2}{EI} \cdot F(\alpha^2, \chi)_{q;v} = f \cdot \chi \cdot \frac{\alpha^2}{3} \cdot \left[4\varkappa_0 \cdot (1 - \chi) + \left(1 + \frac{\varkappa_0}{3} \cdot \alpha^2 \right) \right.$$

$$\left. \times \frac{1 - 2\chi^2 + \chi^3 - \dfrac{\alpha^2}{30} \cdot (2 - 5\chi^2 + 5\chi^3 - 3\chi^4 + \chi^5)}{1 - \dfrac{\alpha^2}{6}} \right] \qquad (4.11.12)$$

und aus (4.9.20) für die Neigung $v_0'(\alpha^2, \chi)$ der Biegelinie:

$$v_0'(\alpha^2, \chi) \simeq -\frac{8S \cdot f \cdot l}{EI} \cdot F(\alpha^2, \chi)_{q;v'} = \frac{f}{l} \cdot \frac{\alpha^2}{3} \cdot \left[4\varkappa_0 \cdot (1 - 2\chi) + \left(1 + \frac{\varkappa_0}{3} \cdot \alpha^2 \right) \right.$$

$$\left. \times \frac{1 - 6\chi^2 + 4\chi^3 - \dfrac{\alpha^2}{30} \cdot (2 - 15\chi^2 + 20\chi^3 - 15\chi^4 + 6\chi^5)}{1 - \dfrac{\alpha^2}{6}} \right]. \qquad (4.11.13)$$

4.11.2. Genaue Lösungen für einen Stab ohne Längskraft

Für $S = 0$ erhält man aus (4.11.9) bis (4.11.13) die Schnittlasten und Verformungen des Stabes zu:

$$\varphi(0)_{v;a} = \varphi(0)_{v;b} = M_0(0, \chi) = Q_0(0, \chi) = v_0(0, \chi) = v_0{}'(0, \chi) = 0. \tag{4.11.14}$$

4.11.3. Zugstab

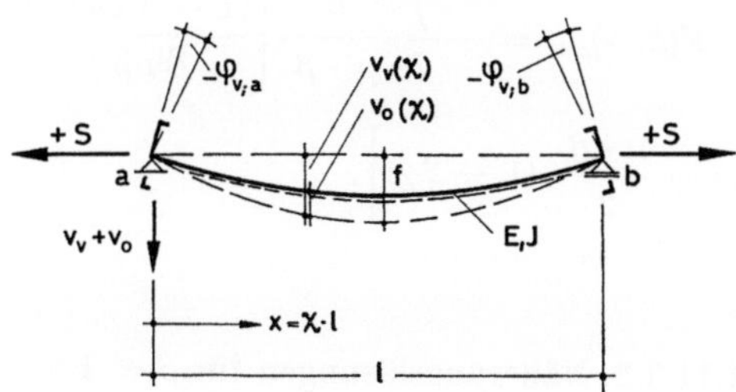

Abb. 63. Zugstab a,b mit Vorverformung $v_v(\chi) = 4f \cdot \chi \cdot (1 - \chi)$

4.11.3.1. Genaue Lösungen

Mit (4.11.3) und (4.3.38) ergibt sich aus (4.9.26) für die Drehungen $\varphi(\beta)_{v;a}$ und $\varphi(\beta)_{v;b}$

$$\varphi(\beta)_{v;a} = \varphi(\beta)_{v;b} = -\frac{8S \cdot f \cdot l}{EI} \cdot F(\beta)_q = -\frac{f}{l} \cdot 4 \cdot \left[\frac{2 \cdot (1 - \mathrm{Cosh}\,\beta)}{\beta \cdot \mathrm{Sinh}\,\beta} + 1\right],$$
$$\tag{4.11.15}$$

aus (4.9.27) für das Biegemoment $M_0(\beta, \chi)$

$$M_0(\beta, \chi) = -8S \cdot f \cdot F(\beta, \chi)_{q;M}$$

$$= -\frac{f}{l} \cdot \frac{EI}{l} \cdot 8 \cdot \left[-\frac{(1 - \mathrm{Cosh}\,\beta)}{\mathrm{Sinh}\,\beta} \cdot \mathrm{Sinh}\,(\beta\chi) - \mathrm{Cosh}\,(\beta\chi) + 1\right],$$
$$\tag{4.11.16}$$

aus (4.9.28) für die Querkraft $Q_0(\beta, \chi)$

$$Q_0(\beta, \chi) = -\frac{8S \cdot f}{l} \cdot F(\beta, \chi)_{q;Q}$$

$$= -\frac{f}{l} \cdot \frac{EI}{l^2} \cdot 8\beta \cdot \left[-\frac{(1 - \mathrm{Cosh}\,\beta)}{\mathrm{Sinh}\,\beta} \cdot \mathrm{Cosh}\,(\beta\chi) - \mathrm{Sinh}\,(\beta\chi)\right], \tag{4.11.17}$$

aus (4.9.29) für die Durchbiegung $v_0(\beta, \chi)$

$$v_0(\beta, \chi) = -\frac{8S \cdot f \cdot l^2}{EI} \cdot F(\beta, \chi)_{q;v} = -f \cdot \frac{8}{\mu \cdot \beta^2} \cdot \left[\frac{(1 - \text{Cosh}\,\beta)}{\text{Sinh}\,\beta} \cdot \text{Sinh}\,(\beta\chi) \right.$$

$$\left. + \text{Cosh}\,(\beta\chi) - 1 + \frac{\mu \cdot \beta^2}{2} \cdot \chi \cdot (1 - \chi) \right] \qquad (4.11.18)$$

und aus (4.9.30) für die Neigung $v_0{}'(\beta, \chi)$ der Biegelinie:

$$v_0{}'(\beta, \chi) = -\frac{8S \cdot f \cdot l}{EI} \cdot F(\beta, \chi)_{q;v'} = -\frac{f}{l} \cdot \frac{8}{\mu \cdot \beta} \cdot \left[\frac{(1 - \text{Cosh}\,\beta)}{\text{Sinh}\,\beta} \cdot \text{Cosh}\,(\beta\chi) \right.$$

$$\left. + \text{Sinh}\,(\beta\chi) + \frac{\mu \cdot \beta}{2} \cdot (1 - 2\chi) \right]. \qquad (4.11.19)$$

4.11.3.2. Näherungslösungen für $\beta \ll 1$

Mit (4.11.3), (4.3.38), (4.3.41) und (4.3.29) folgt aus (4.9.31) für die Drehungen $\varphi(\beta^2)_{v;a}$ und $\varphi(\beta^2)_{v;b}$

$$\varphi(\beta^2)_{v;a} = \varphi(\beta^2)_{v;b} \simeq -\frac{8S \cdot f \cdot l}{EI} \cdot F(\beta^2)_q = -\frac{f}{l} \cdot \frac{\beta^2}{3} \cdot \frac{1 + \dfrac{\beta^2}{15}}{1 + \dfrac{\beta^2}{6}}, \qquad (4.11.20)$$

aus (4.9.32) für das Biegemoment $M_0(\beta^2, \chi)$

$$M_0(\beta^2, \chi) \simeq -8S \cdot f \cdot F(\beta^2, \chi)_{q;M}$$

$$= -\frac{f}{l} \cdot \frac{EI}{l} \cdot \chi \cdot (1 - \chi) \cdot \beta^2 \cdot \frac{4 + \dfrac{\beta^2}{3} \cdot (1 - \chi + \chi^2)}{1 + \dfrac{\beta^2}{6}}, \qquad (4.11.21)$$

aus (4.9.33) für die Querkraft $Q_0(\beta^2, \chi)$

$$Q_0(\beta^2, \chi) \simeq -\frac{8S \cdot f}{l} \cdot F(\beta^2, \chi)_{q;Q}$$

$$= -\frac{f}{l} \cdot \frac{EI}{l^2} \cdot (1 - 2\chi) \cdot \beta^2 \cdot \frac{4 + \dfrac{\beta^2}{3} \cdot (1 - 2\chi + 2\chi^2)}{1 + \dfrac{\beta^2}{6}}, \qquad (4.11.22)$$

aus (4.9.34) für die Durchbiegung $v_0(\beta^2, \chi)$

$$v_0(\beta^2, \chi) \simeq -\frac{8S \cdot f \cdot l^2}{EI} \cdot F(\beta^2, \chi)_{q;v} = -f \cdot \chi \cdot \frac{\beta^2}{3} \cdot \left[4\varkappa_0 \cdot (1 - \chi) + \left(1 - \frac{\varkappa_0}{3} \cdot \beta^2\right) \right.$$

$$\left. \times \frac{1 - 2\chi^2 + \chi^3 + \dfrac{\beta^2}{30} \cdot (2 - 5\chi^2 + 5\chi^3 - 3\chi^4 + \chi^5)}{1 + \dfrac{\beta^2}{6}} \right] \qquad (4.11.23)$$

und aus (4.9.35) für die Neigung $v_0{}'(\beta^2, \chi)$ der Biegelinie:

$$v_0{}'(\beta^2, \chi) \simeq -\frac{8S \cdot f \cdot l}{EI} \cdot F(\beta^2, \chi)_{q;v'} = -\frac{f}{l} \cdot \frac{\beta^2}{3} \cdot \left[4\varkappa_0 \cdot (1 - 2\chi) + \left(1 - \frac{\varkappa_0}{3} \cdot \beta^2\right) \right.$$

$$\left. \times \frac{1 - 6\chi^2 + 4\chi^3 + \dfrac{\beta^2}{30} \cdot (2 - 15\chi^2 + 20\chi^3 - 15\chi^4 + 6\chi^5)}{1 + \dfrac{\beta^2}{6}} \right]. \qquad (4.11.24)$$

4.11.3.3. Näherungslösungen für $\beta \gg 1$

Mit (4.11.3) und (4.3.38) erhalten wir aus (4.9.36) für die Drehungen $\varphi(\beta_N)_{v;a}$ und $\varphi(\beta_N)_{v;b}$

$$\varphi(\beta_N)_{v;a} = \varphi(\beta_N)_{v;b} \simeq -\frac{8S \cdot f \cdot l}{EI} \cdot F(\beta_N)_q = -\frac{f}{l} \cdot 4 \cdot \frac{\beta - 2}{\beta}, \qquad (4.11.25)$$

aus (4.9.38) für das Biegemoment $M_0(\beta_N, \chi)$

$$M_0(\beta_N, \chi) \simeq -8S \cdot f \cdot F(\beta_N, \chi)_{q;M}$$

$$= -\frac{f}{l} \cdot \frac{EI}{l} \cdot 8 \cdot [-e^{-\beta \cdot \chi} - e^{-\beta \cdot (1-\chi)} + e^{-\beta \cdot (1+\chi)} + 1], \qquad (4.11.26)$$

aus (4.9.40) für die Querkraft $Q_0(\beta_N, \chi)$

$$Q_0(\beta_N, \chi) \simeq -\frac{8S \cdot f}{l} \cdot F(\beta_N, \chi)_{q;Q}$$

$$= -\frac{f}{l} \cdot \frac{EI}{l^2} \cdot 8\beta \cdot [e^{-\beta \cdot \chi} - e^{-\beta \cdot (1-\chi)} - e^{-\beta \cdot (1+\chi)}], \qquad (4.11.27)$$

aus (4.9.41) für die Durchbiegung $v_0(\beta_N, \chi)$

$$v_0(\beta_N, \chi) \simeq -\frac{8S \cdot f \cdot l^2}{EI} \cdot F(\beta_N, \chi)_{q;v}$$

$$= -f \cdot \frac{8}{\mu \cdot \beta^2} \cdot \left[e^{-\beta \cdot \chi} + e^{-\beta \cdot (1-\chi)} - e^{-\beta \cdot (1+\chi)} - 1 + \frac{\mu \cdot \beta^2}{2} \cdot \chi \cdot (1 - \chi) \right]$$

$$(4.11.28)$$

und aus (4.9.42) für die Neigung $v_0'(\beta_N, \chi)$ der Biegelinie:

$$v_0'(\beta_N, \chi) \simeq -\frac{8S \cdot f \cdot l}{EI} \cdot F(\beta_N, \chi)_{q;v'}$$

$$= -\frac{f}{l} \cdot \frac{8}{\mu \cdot \beta} \cdot \left[-e^{-\beta \cdot \chi} + e^{-\beta \cdot (1-\chi)} + e^{-\beta \cdot (1+\chi)} + \frac{\mu \cdot \beta}{2} \cdot (1 - 2\chi) \right].$$

$$(4.11.29)$$

4.12. Temperaturdifferenz $\Delta t = t_u - t_0$

4.12.1. Druckstab

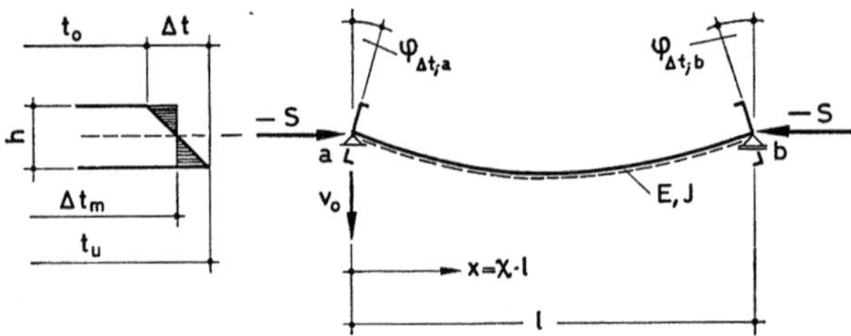

Abb. 64. Druckstab a,b mit Temperaturdifferenz $\Delta t = t_u - t_0$

4.12.1.1. Genaue Lösungen

Die Temperaturdifferenz $\Delta t = t_u - t_0$ erzeugt im Stab a,b nach Abb. 64 eine Durchbiegung

$${}^1v_{\Delta t}(\chi) = \frac{\alpha_t \cdot \Delta t}{2h} \cdot l^2 \cdot \chi \cdot (1 - \chi) \tag{4.12.1}$$

und mit der Längskraft $-S$ ein Moment

$$M_{\ddot a}(\chi) = -S \cdot {}^1v_{\Delta t}(\chi) = -S \cdot \frac{\alpha_t \cdot \Delta t}{2h} \cdot l^2 \cdot \chi \cdot (1 - \chi) \tag{4.12.2}$$

und eine Querkraft

$$Q_{\ddot a}(\chi) = \frac{\mathrm{d}M_{\ddot a}(\chi)}{l \cdot \mathrm{d}\chi} = -S \cdot \frac{\alpha_t \cdot \Delta t}{2h} \cdot l \cdot (1 - 2\chi),$$

für die

$$\int\limits_0^l Q_{\ddot{a}}(x) \cdot \mathrm{d}x = -S \cdot \frac{\alpha_t \cdot \Delta t}{2h} \cdot l^2 \cdot \int\limits_0^1 (1 - 2\chi) \cdot \mathrm{d}\chi = -S \cdot \frac{\alpha_t \cdot \Delta t}{2h} \cdot l^2 \cdot (1 - 1) = 0$$

wird.

Für die Teildurchbiegung $^M v_0(x)$ des Stabes gilt daher die Differentialgleichung (4.2.24).

Durch Vergleich von (4.9.1) und (4.12.2) ergibt sich, daß die Grundbeziehungen für die Schnittlasten eines Stabes infolge einer Temperaturdifferenz Δt aus den Grundbeziehungen für die Schnittlasten eines durch eine Gleichstreckenlast q belasteten Stabes nach 4.9. folgen, wenn wir

$$q = -S \cdot \frac{\alpha_t \cdot \Delta t}{h}$$

setzen, woraus mit (4.3.5) erhalten wird:

$$q = \frac{\mu \cdot \alpha^2 \cdot EI}{l^2} \cdot \frac{\alpha_t \cdot \Delta t}{h}. \tag{4.12.3}$$

Bei der Ermittlung der Grundbeziehungen für die Verformungen eines Stabes müssen wir beachten, daß die Temperaturdifferenz Δt zusätzlich zu den Verformungen $^2\varphi_{\Delta t;a}$, $^2\varphi_{\Delta t;b}$, $^2 v_{\Delta t}(\chi)$ und $^2 v'_{\Delta t}(\chi)$, die sich mit (4.12.3) aus 4.9. ergeben, eine Durchbiegung $^1 v_{\Delta t}(\chi)$ nach (4.12.1) erzeugt und damit eine Neigung $^1 v'_{\Delta t}(\chi)$ der Biegelinie

$$^1 v'_{\Delta t}(\chi) = \frac{\alpha_t \cdot \Delta t}{2h} \cdot l \cdot (1 - 2\chi) \tag{4.12.4}$$

und Drehungen $^1\varphi_{\Delta t;a}$ und $^1\varphi_{\Delta t;b}$ der Stabenden a und b, für die aus (4.12.4) folgt:

$$^1\varphi_{\Delta t;a} = {}^1 v'_{\Delta t}(0) = {}^1\varphi_{\Delta t;b} = -{}^1 v'_{\Delta t}(1) = \frac{\alpha_t \cdot \Delta t}{2h} \cdot l. \tag{4.12.5}$$

Man erhält mit (4.12.5), (4.9.14), (4.9.15) und (4.12.3) für die Drehungen $\varphi(\alpha)_{\Delta t;a}$ und $\varphi(\alpha)_{\Delta t;b}$

$$\varphi(\alpha)_{\Delta t;a} = {}^1\varphi_{\Delta t;a} + {}^2\varphi_{\Delta t;a} = \varphi(\alpha)_{\Delta t;b} = {}^1\varphi_{\Delta t;b} + {}^2\varphi_{\Delta t;b}$$

$$= \frac{\alpha_t \cdot \Delta t}{2h} \cdot l + \frac{\mu \cdot \alpha^2 \cdot EI}{l^2} \cdot \frac{\alpha_t \cdot \Delta t}{h} \cdot \frac{l^3}{EI} \cdot \frac{2 \cdot (1 - \cos\alpha) - \alpha \cdot \sin\alpha}{2 \cdot \mu \cdot \alpha^3 \cdot \sin\alpha}$$

$$= \frac{\alpha_t \cdot \Delta t}{h} \cdot l \cdot \frac{1 - \cos\alpha}{\alpha \cdot \sin\alpha} = \frac{\alpha_t \cdot \Delta t}{h} \cdot l \cdot F(\alpha)_{\Delta t}, \tag{4.12.6}$$

mit (4.12.3) aus (4.9.12) für das Biegemoment $M_0(\alpha, \chi)$

$$M_0(\alpha, \chi) = \frac{\alpha_t \cdot \Delta t}{h} \cdot EI \cdot \left[\frac{(1 - \cos \alpha)}{\sin \alpha} \cdot \sin(\alpha\chi) + \cos(\alpha\chi) - 1 \right]$$

$$= \frac{\alpha_t \cdot \Delta t}{h} EI \cdot F(\alpha, \chi)_{\Delta t; M}, \tag{4.12.7}$$

mit (4.12.3) aus (4.9.13) für die Querkraft $Q_0(\alpha, \chi)$

$$Q_0(\alpha, \chi) = \frac{\alpha_t \cdot \Delta t}{h} \cdot \frac{EI}{l} \cdot \alpha \cdot \left[\frac{(1 - \cos \alpha)}{\sin \alpha} \cdot \cos(\alpha\chi) - \sin(\alpha\chi) \right]$$

$$= \frac{\alpha_t \cdot \Delta t}{h} \cdot \frac{EI}{l} \cdot F(\alpha, \chi)_{\Delta t; Q}, \tag{4.12.8}$$

mit (4.12.1), (4.9.10) und (4.12.3) für die Durchbiegung $v_0(\alpha, \chi)$

$$v_0(\alpha, \chi) = {}^1v_{\Delta t}(\chi) + {}^2v_{\Delta t}(\chi) = \frac{\alpha_t \cdot \Delta t}{h} \cdot l^2 \cdot \frac{1}{\mu \cdot \alpha^2} \cdot \left[\frac{(1 - \cos \alpha)}{\sin \alpha} \cdot \sin(\alpha\chi) \right.$$

$$\left. + \cos(\alpha\chi) - 1 \right] = \frac{\alpha_t \cdot \Delta t}{h} \cdot l^2 \cdot F(\alpha, \chi)_{\Delta t; v} \tag{4.12.9}$$

und mit (4.12.4), (4.9.11) und (4.12.3) für die Neigung $v_0'(\alpha, \chi)$ der Biegelinie:

$$v_0'(\alpha, \chi) = {}^1v_{\Delta t}'(\chi) + {}^2v_{\Delta t}'(\chi) = \frac{\alpha_t \cdot \Delta t}{h} \cdot l \cdot \frac{1}{\mu \cdot \alpha} \cdot \left[\frac{(1 - \cos \alpha)}{\sin \alpha} \cdot \cos(\alpha\chi) \right.$$

$$\left. - \sin(\alpha\chi) \right] = \frac{\alpha_t \cdot \Delta t}{h} \cdot l \cdot F(\alpha, \chi)_{\Delta t; v'}. \tag{4.12.10}$$

4.12.1.2. Näherungslösungen für $\alpha \ll 1$

Es ergibt sich aus (4.12.6) mit (4.3.21) und (4.3.22) für die Drehungen $\varphi(\alpha^2)_{\Delta t; a}$ und $\varphi(\alpha^2)_{\Delta t; b}$

$$\varphi(\alpha^2)_{\Delta t; a} = \varphi(\alpha^2)_{\Delta t; b} \simeq \frac{\alpha_t \cdot \Delta t}{h} \cdot l \cdot \frac{1}{2} \cdot \frac{1 - \dfrac{\alpha^2}{12}}{1 - \dfrac{\alpha^2}{6}} = \frac{\alpha_t \cdot \Delta t}{h} \cdot l \cdot F(\alpha^2)_{\Delta t}, \tag{4.12.11}$$

aus (4.12.7) mit (4.3.21) und (4.3.22) für das Biegemoment $M_0(\alpha^2, \chi)$

$$M_0(\alpha^2, \chi) \simeq \frac{\alpha_t \cdot \Delta t}{h} \cdot EI \cdot \frac{\chi}{2} \cdot (1 - \chi) \cdot \alpha^2 \cdot \frac{1 - \dfrac{\alpha^2}{12}(1 - \chi + \chi^2)}{1 - \dfrac{\alpha^2}{6}}$$

$$= \frac{\alpha_t \cdot \Delta t}{h} \cdot EI \cdot F(\alpha^2, \chi)_{\Delta t; M}, \tag{4.12.12}$$

aus (4.12.8) mit (4.3.21) und (4.3.22) für die Querkraft $Q_0(\alpha^2, \chi)$

$$Q_0(\alpha^2, \chi) \simeq \frac{\alpha_t \cdot \Delta t}{h} \cdot \frac{EI}{l} \cdot \frac{(1 - 2\chi)}{2} \cdot \alpha^2 \cdot \frac{1 - \dfrac{\alpha^2}{12}(1 - 2\chi + 2\chi^2)}{1 - \dfrac{\alpha^2}{6}}$$

$$= \frac{\alpha_t \cdot \Delta t}{h} \cdot \frac{EI}{l} \cdot F(\alpha^2, \chi)_{\Delta t;Q}, \tag{4.12.13}$$

aus (4.12.9) mit (4.3.21), (4.3.22) und (4.3.29) für die Durchbiegung $v_0(\alpha^2, \chi)$

$$v_0(\alpha^2, \chi) \simeq \frac{\alpha_t \cdot \Delta t}{h} \cdot l^2 \cdot \left(1 + \frac{\varkappa_0}{3} \cdot \alpha^2\right) \cdot \frac{\chi}{2} \cdot (1 - \chi) \cdot \frac{1 - \dfrac{\alpha^2}{12} \cdot (1 - \chi + \chi^2)}{1 - \dfrac{\alpha^2}{6}}$$

$$= \frac{\alpha_t \cdot \Delta t}{h} \cdot l^2 \cdot F(\alpha^2, \chi)_{\Delta t;v} \tag{4.12.14}$$

und aus (4.12.10) mit (4.3.21), (4.3.22) und (4.3.29) für die Neigung $v_0{'}(\alpha^2, \chi)$ der Biegelinie:

$$v_0{'}(\alpha^2, \chi) \simeq \frac{\alpha_t \cdot \Delta t}{h} \cdot l \cdot \left(1 + \frac{\varkappa_0}{3} \cdot \alpha^2\right) \cdot \frac{(1 - 2\chi)}{2} \cdot \frac{1 - \dfrac{\alpha^2}{12} \cdot (1 - 2\chi + 2\chi^2)}{1 - \dfrac{\alpha^2}{6}}$$

$$= \frac{\alpha_t \cdot \Delta t}{h} \cdot l \cdot F(\alpha^2, \chi)_{\Delta t;v'}. \tag{4.12.15}$$

4.12.2. Genaue Lösungen für einen Stab ohne Längskraft

Mit $\alpha = 0$ folgt

aus (4.12.11) für die Drehungen $\varphi(0)_{\Delta t;a}$ und $\varphi(0)_{\Delta t;b}$

$$\varphi(0)_{\Delta t;a} = \varphi(0)_{\Delta t;b} = \frac{\alpha_t \cdot \Delta_t}{h} \cdot l \cdot \frac{1}{2} = \frac{\alpha_t \cdot \Delta t}{h} \cdot l \cdot F(0)_{\Delta t}, \tag{4.12.16}$$

aus (4.12.12) für das Biegemoment $M_0(0, \chi)$

$$M_0(0, \chi) = 0, \tag{4.12.17}$$

aus (4.12.13) für die Querkraft $Q_0(0, \chi)$

$$Q_0(0, \chi) = 0, \tag{4.12.18}$$

aus (4.12.14) für die Durchbiegung $v_0(0, \chi)$

$$v_0(0, \chi) = \frac{\alpha_t \cdot \Delta t}{h} \cdot l^2 \cdot \frac{\chi}{2} \cdot (1 - \chi) = \frac{\alpha_t \cdot \Delta t}{h} \cdot l^2 \cdot F(0, \chi)_{\Delta t; v} \quad (4.12.19)$$

und aus (4.12.15) für die Neigung $v_0{}'(0, \chi)$ der Biegelinie:

$$v_0{}'(0, \chi) = \frac{\alpha_t \cdot \Delta t}{h} \cdot l \cdot \frac{(1 - 2\chi)}{2} = \frac{\alpha_t \cdot \Delta t}{h} \cdot l \cdot F(0, \chi)_{\Delta t; v'}. \quad (4.12.20)$$

4.12.3. Zugstab

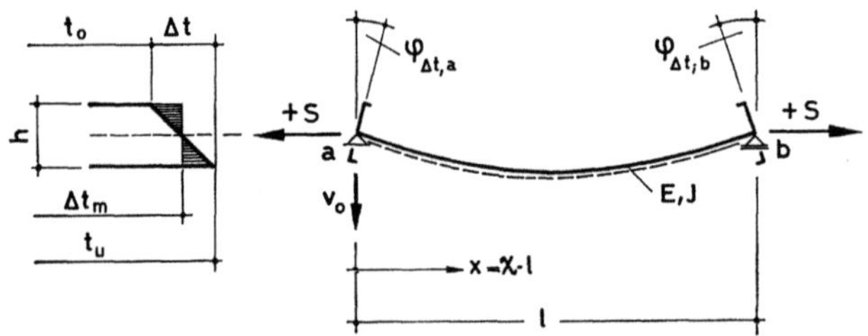

Abb. 65. Zugstab a,b mit Temperaturdifferenz $\Delta t = t_u - t_0$

4.12.3.1. Genaue Lösungen

Unter Beachtung von (4.3.40), (4.3.41), (4.3.42) und (4.3.43) erhalten wir aus (4.12.6) für die Drehungen $\varphi(\beta)_{\Delta t; a}$ und $\varphi(\beta)_{\Delta t; b}$

$$\varphi(\beta)_{\Delta t; a} = \varphi(\beta)_{\Delta t; b} = \frac{\alpha_t \cdot \Delta t}{h} \cdot l \cdot \left(-\frac{1 - \mathrm{Cosh}\,\beta}{\beta \cdot \mathrm{Sinh}\,\beta} \right) = \frac{\alpha_t \cdot \Delta t}{h} \cdot l \cdot F(\beta)_{\Delta t}, \quad (4.12.21)$$

aus (4.12.7) für das Biegemoment $M_0(\beta, \chi)$

$$M_0(\beta, \chi) = \frac{\alpha_t \cdot \Delta t}{h} \cdot EI \cdot \left[\frac{(1 - \mathrm{Cosh}\,\beta)}{\mathrm{Sinh}\,\beta} \cdot \mathrm{Sinh}\,(\beta\chi) + \mathrm{Cosh}\,(\beta\chi) - 1 \right]$$

$$= \frac{\alpha_t \cdot \Delta t}{h} \cdot EI \cdot F(\beta, \chi)_{\Delta t; M}, \quad (4.12.22)$$

aus (4.12.8) für die Querkraft $Q_0(\beta, \chi)$

$$Q_0(\beta, \chi) = \frac{\alpha_t \cdot \Delta t}{h} \cdot \frac{EI}{l} \cdot \beta \cdot \left[\frac{(1 - \mathrm{Cosh}\,\beta)}{\mathrm{Sinh}\,\beta} \cdot \mathrm{Cosh}\,(\beta\chi) + \mathrm{Sinh}\,(\beta\chi) \right]$$

$$= \frac{\alpha_t \cdot \Delta t}{h} \cdot \frac{EI}{l} \cdot F(\beta, \chi)_{\Delta t; Q}, \quad (4.12.23)$$

aus (4.12.9) für die Durchbiegung $v_0(\beta, \chi)$

$$v_0(\beta, \chi) = \frac{\alpha_t \cdot \Delta t}{h} \cdot l^2 \cdot \frac{1}{\mu \cdot \beta^2} \cdot \left[-\frac{(1 - \mathrm{Cosh}\,\beta)}{\mathrm{Sinh}\,\beta} \cdot \mathrm{Sinh}\,(\beta\chi) - \mathrm{Cosh}\,(\beta\chi) + 1 \right]$$

$$= \frac{\alpha_t \cdot \Delta t}{h} \cdot l^2 \cdot F(\beta, \chi)_{\Delta t;v} \tag{4.12.24}$$

und aus (4.12.10) für die Neigung $v_0'(\beta, \chi)$ der Biegelinie:

$$v_0'(\beta, \chi) = \frac{\alpha_t \cdot \Delta t}{h} \cdot l \cdot \frac{1}{\mu \cdot \beta} \cdot \left[-\frac{(1 - \mathrm{Cosh}\,\beta)}{\mathrm{Sinh}\,\beta} \cdot \mathrm{Cosh}\,(\beta\chi) - \mathrm{Sinh}\,(\beta\chi) \right]$$

$$= \frac{\alpha_t \cdot \Delta t}{h} \cdot l \cdot F(\beta, \chi)_{\Delta t;v'}. \tag{4.12.25}$$

4.12.3.2. Näherungslösungen für $\beta \ll 1$

Mit (4.3.41) ergibt sich

aus (4.12.11) für die Drehungen $\varphi(\beta^2)_{\Delta t;a}$ und $\varphi(\beta^2)_{\Delta t;b}$

$$\varphi(\beta^2)_{\Delta t;a} = \varphi(\beta^2)_{\Delta t;b} \simeq \frac{\alpha_t \cdot \Delta t}{h} \cdot l \cdot \frac{1}{2} \cdot \frac{1 + \dfrac{\beta^2}{12}}{1 + \dfrac{\beta^2}{6}} = \frac{\alpha_t \cdot \Delta t}{h} \cdot l \cdot F(\beta^2)_{\Delta t}, \tag{4.12.26}$$

aus (4.12.12) für das Biegemoment $M_0(\beta^2, \chi)$

$$M_0(\beta^2, \chi) \simeq \frac{\alpha_t \cdot \Delta t}{h} \cdot EI \cdot \frac{\chi}{2} \cdot (1 - \chi) \cdot (-\beta^2) \cdot \frac{1 + \dfrac{\beta^2}{12} \cdot (1 - \chi + \chi^2)}{1 + \dfrac{\beta^2}{6}}$$

$$= \frac{\alpha_t \cdot \Delta t}{h} \cdot EI \cdot F(\beta^2, \chi)_{\Delta t;M}, \tag{4.12.27}$$

aus (4.12.13) für die Querkraft $Q_0(\beta^2, \chi)$

$$Q_0(\beta^2, \chi) \simeq \frac{\alpha_t \cdot \Delta t}{h} \cdot \frac{EI}{l} \cdot \frac{(1 - 2\chi)}{2} \cdot (-\beta^2) \cdot \frac{1 + \dfrac{\beta^2}{12} \cdot (1 - 2\chi + 2\chi^2)}{1 + \dfrac{\beta^2}{6}}$$

$$= \frac{\alpha_t \cdot \Delta t}{h} \cdot \frac{EI}{l} \cdot F(\beta^2, \chi)_{\Delta t;Q}, \tag{4.12.28}$$

aus (4.12.14) für die Durchbiegung $v_0(\beta^2, \chi)$

$$v_0(\beta^2, \chi) \simeq \frac{\alpha_t \cdot \Delta t}{h} \cdot l^2 \cdot \left(1 - \frac{\varkappa_0}{3} \cdot \beta^2\right) \cdot \frac{\chi}{2} \cdot (1 - \chi) \cdot \frac{1 + \dfrac{\beta^2}{12} \cdot (1 - \chi + \chi^2)}{1 + \dfrac{\beta^2}{6}}$$

$$= \frac{\alpha_t \cdot \Delta t}{h} \cdot l^2 \cdot F(\beta^2, \chi)_{\Delta t;v} \qquad\qquad (4.12.29)$$

und aus (4.12.15) für die Neigung $v_0'(\beta^2, \chi)$ der Biegelinie:

$$v_0'(\beta^2, \chi) \simeq \frac{\alpha_t \cdot \Delta t}{h} \cdot l \cdot \left(1 - \frac{\varkappa_0}{3} \cdot \beta^2\right) \cdot \frac{(1 - 2\chi)}{2} \cdot \frac{1 + \dfrac{\beta^2}{12} \cdot (1 - 2\chi + 2\chi^2)}{1 + \dfrac{\beta^2}{6}}$$

$$= \frac{\alpha_t \cdot \Delta t}{h} \cdot l \cdot F(\beta^2, \chi)_{\Delta t;v'} . \qquad\qquad (4.12.30)$$

4.12.3.3. Näherungslösungen für $\beta \gg 1$

Mit (4.3.56) und (4.3.57) folgt aus (4.12.21) für die Drehungen $\varphi(\beta_N)_{\Delta t;a}$ und $\varphi(\beta_N)_{\Delta t;b}$

$$\varphi(\beta_N)_{\Delta t;a} = \varphi(\beta_N)_{\Delta t;b} \simeq \frac{\alpha_t \cdot \Delta t}{h} \cdot l \cdot \frac{1}{\beta} = \frac{\alpha_t \cdot \Delta t}{h} \cdot l \cdot F(\beta_N)_{\Delta t}, \quad (4.12.31)$$

mit (4.9.37) aus (4.12.22) für das Biegemoment $M_0(\beta_N, \chi)$

$$M_0(\beta_N, \chi) \simeq \frac{\alpha_t \cdot \Delta t}{h} \cdot EI \cdot [e^{-\beta \cdot \chi} + e^{-\beta \cdot (1-\chi)} - e^{-\beta \cdot (1+\chi)} - 1]$$

$$= \frac{\alpha_t \cdot \Delta t}{h} \cdot EI \cdot F(\beta_N, \chi)_{\Delta t;M}, \qquad\qquad (4.12.32)$$

mit (4.9.39) aus (4.12.23) für die Querkraft $Q_0(\beta_N, \chi)$

$$Q_0(\beta_N, \chi) \simeq \frac{\alpha_t \cdot \Delta t}{h} \cdot \frac{EI}{l} \cdot \beta \cdot [-e^{-\beta \cdot \chi} + e^{-\beta \cdot (1-\chi)} + e^{-\beta \cdot (1+\chi)}]$$

$$= \frac{\alpha_t \cdot \Delta t}{h} \cdot \frac{EI}{l} \cdot F(\beta_N, \chi)_{\Delta t;Q}, \qquad\qquad (4.12.33)$$

mit (4.9.37) aus (4.12.24) für die Durchbiegung $v_0(\beta_N, \chi)$

$$v_0(\beta_N, \chi) \simeq \frac{\alpha_t \cdot \Delta t}{h} \cdot l^2 \cdot \frac{1}{\mu \cdot \beta^2} \cdot [-e^{-\beta \cdot \chi} - e^{-\beta \cdot (1-\chi)} + e^{-\beta \cdot (1+\chi)} + 1]$$

$$= \frac{\alpha_t \cdot \Delta t}{h} \cdot l^2 \cdot F(\beta_N, \chi)_{\Delta t;v} \qquad\qquad (4.12.34)$$

und mit (4.9.39) aus (4.12.25) für die Neigung $v_0'(\beta_N, \chi)$ der Biegelinie:

$$v_0'(\beta_N, \chi) \simeq \frac{\alpha_t \cdot \Delta t}{h} \cdot l \cdot \frac{1}{\mu \cdot \beta} \cdot [e^{-\beta \cdot \chi} - e^{-\beta \cdot (1-\chi)} - e^{-\beta \cdot (1+\chi)}] = \frac{\alpha_t \cdot \Delta t}{h} \cdot l \cdot F(\beta_N, \chi)_{\Delta t; v'} \cdot$$

$$(4.12.35)$$

4.12.4. Darstellung der Funktionen $F_{\Delta t}$, $F_{\Delta t; M}$, $F_{\Delta t; Q}$, $F_{\Delta t; v}$ und $F_{\Delta t; v'}$

In Abb. 66 ist der Verlauf der Funktion $F_{\Delta t}$ in Abhängigkeit von α und β dargestellt und in Abb. 67 der Verlauf der Funktionen $F(\chi)_{\Delta t; M}$, $F(\chi)_{\Delta t; Q}$, $F(\chi)_{\Delta t; v}$ und $F(\chi)_{\Delta t; v'}$ für $\alpha = 2$, $\alpha = \beta = 0$ und $\beta = 2$.

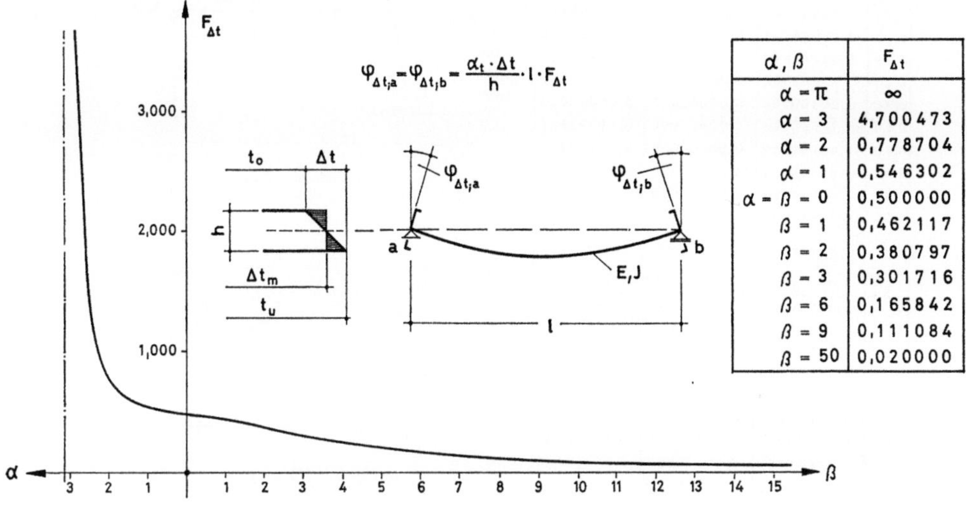

α, β	$F_{\Delta t}$
$\alpha = \pi$	∞
$\alpha = 3$	4,700473
$\alpha = 2$	0,778704
$\alpha = 1$	0,546302
$\alpha = \beta = 0$	0,500000
$\beta = 1$	0,462117
$\beta = 2$	0,380797
$\beta = 3$	0,301716
$\beta = 6$	0,165842
$\beta = 9$	0,111084
$\beta = 50$	0,020000

Abb. 66. Darstellung der Funktion $F_{\Delta t}$

Die in den Abbildungen angegebenen Zahlenwerte für die Funktionen F wurden unter Vernachlässigung des Einflusses der Querkraftverformungen berechnet ($\mu = 1$, $\varkappa_0 = 0$).

$\chi = \frac{x}{l}$	$F_{\Delta t, M}$		
	$\alpha = 2{,}000$	$\alpha = \beta = 0$	$\beta = 2{,}000$
0,00	0,00000000	0,00000000	0,00000000
0,10	0,28947572	0,00000000	-0,13326956
0,20	0,52754412	0,00000000	-0,23175419
0,30	0,70471416	0,00000000	-0,29940642
0,40	0,81392262	0,00000000	-0,33894137
0,50	0,85081571	0,00000000	-0,35194572
0,60	0,81392262	0,00000000	-0,33894137
0,70	0,70471416	0,00000000	-0,29940642
0,80	0,52754412	0,00000000	-0,23175419
0,90	0,28947572	0,00000000	-0,13326956
1,00	0,00000000	0,00000000	0,00000000

$\chi = \frac{x}{l}$	$F_{\Delta t, Q}$		
	$\alpha = 2{,}000$	$\alpha = \beta = 0$	$\beta = 2{,}000$
0,00	3,11481544	0,00000000	-1,52318831
0,10	2,65538785	0,00000000	-1,15108175
0,20	2,09009832	0,00000000	-0,82517214
0,30	1,44148317	0,00000000	-0,53237960
0,40	0,73540064	0,00000000	-0,26095331
0,50	0,00000000	0,00000000	0,00000000
0,60	-0,73540064	0,00000000	0,26095331
0,70	-1,44148317	0,00000000	0,53237960
0,80	-2,09009832	0,00000000	0,82517214
0,90	-2,65538785	0,00000000	1,15108175
1,00	-3,11481544	0,00000000	1,52318831

$\chi = \frac{x}{l}$	$F_{\Delta t, v}$		
	$\alpha = 2{,}000$	$\alpha = \beta = 0$	$\beta = 2{,}000$
0,00	0,00000000	0,00000000	0,00000000
0,10	0,07236893	0,04500000	0,03331739
0,20	0,13188603	0,08000000	0,05793854
0,30	0,17617854	0,10500000	0,07485160
0,40	0,20348065	0,12000000	0,08473534
0,50	0,21270392	0,12500000	0,08798643
0,60	0,20348065	0,12000000	0,08473534
0,70	0,17617854	0,10500000	0,07485160
0,80	0,13188603	0,08000000	0,05793854
0,90	0,07236893	0,04500000	0,03331739
1,00	0,00000000	0,00000000	0,00000000

$\chi = \frac{x}{l}$	$F_{\Delta t, v'}$		
	$\alpha = 2{,}000$	$\alpha = \beta = 0$	$\beta = 2{,}000$
0,00	0,77870386	0,50000000	0,38079707
0,10	0,66384696	0,40000000	0,28777043
0,20	0,52252458	0,30000000	0,20629303
0,30	0,36037079	0,20000000	0,13309490
0,40	0,18385016	0,10000000	0,06523832
0,50	0,00000000	0,00000000	0,00000000
0,60	-0,18385016	-0,10000000	-0,06523832
0,70	-0,36037079	-0,20000000	-0,13309490
0,80	-0,52252458	-0,30000000	-0,20629303
0,90	-0,66384696	-0,40000000	-0,28777043
1,00	-0,77870386	-0,50000000	-0,38079707

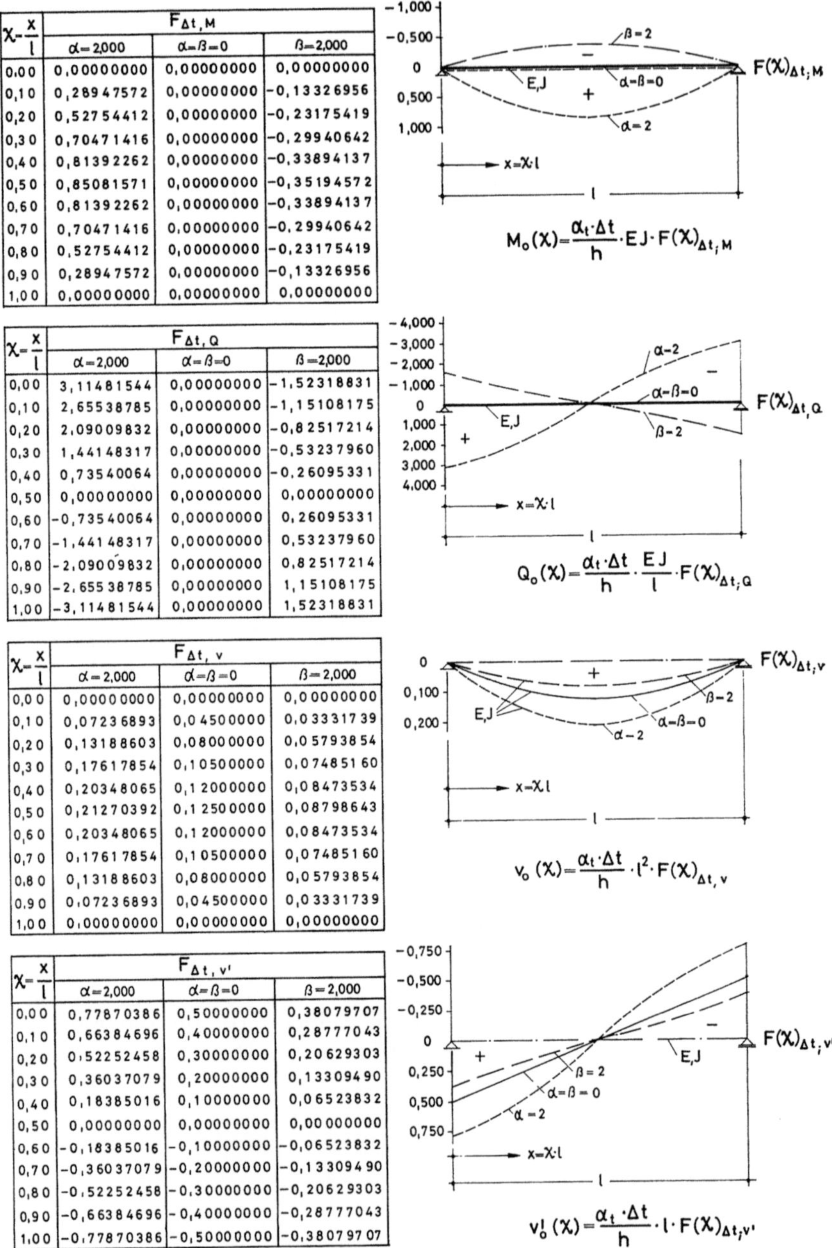

$$M_o(\chi) = \frac{\alpha_t \cdot \Delta t}{h} \cdot EJ \cdot F(\chi)_{\Delta t; M}$$

$$Q_o(\chi) = \frac{\alpha_t \cdot \Delta t}{h} \cdot \frac{EJ}{l} \cdot F(\chi)_{\Delta t; Q}$$

$$v_o(\chi) = \frac{\alpha_t \cdot \Delta t}{h} \cdot l^2 \cdot F(\chi)_{\Delta t, v}$$

$$v'_o(\chi) = \frac{\alpha_t \cdot \Delta t}{h} \cdot l \cdot F(\chi)_{\Delta t; v'}$$

Abb. 67. Darstellung der Funktionen $F_{\Delta t; M}$, $F_{\Delta; Q}$, $F_{\Delta t; v}$ und $F_{\Delta t; v'}$

5. Stabendschnittlasten $\mathfrak{M}$ und $\mathfrak{K}_Q$ infolge Knotendrehungen $\varphi = 1$ und Stabsehnendrehungen $\psi = 1$

5.1. Allgemeines

Die Grundbeziehungen für die Beträge der Stabendmomente $\mathfrak{M}_{a,b}$ und $\mathfrak{M}_{b,a}$ und der Stabendquerkräfte $\mathfrak{K}_{a,b;Q}$ und $\mathfrak{K}_{b,a;Q}$ von Stäben a,b infolge Drehungen $\varphi_a = 1$ und $\varphi_b = 1$ der Knotenpunkte a und b und Drehungen $\psi_{a,b} = 1$ der Stabsehnen a,b werden nach der Kraftgrößenmethode ermittelt unter Verwendung der in 4. abgeleiteten Grundbeziehungen für die Beträge der Drehungen $\varphi_{a;a}$ und $\varphi_{a;b}$ bzw. $\varphi_{b;a}$ und $\varphi_{b;b}$ der Stabenden a und b beidseits gelenkig gelagerter Stäbe a,b, an deren Stabenden a bzw. b Momente M_a bzw. M_b angreifen.

5.2. Knotendrehungen $\varphi_a = 1$ und $\varphi_b = 0$, Stabsehnendrehung $\psi_{a,b} = 0$

5.2.1. Druckstab a,b (b,b)

5.2.1.1. Genaue Lösungen

Den Drehungen $\varphi_a = 1$ und $\varphi_b = 0$ der Knotenpunkte a und b (Drehungen im Uhrzeigersinn positiv) sind die Drehung $^{\varphi_a=1}\varphi_{\bar{a}} = 1$ (Drehung im Uhrzeigersinn positiv) des Stabendquerschnitts a des Druckstabes a,b (b,b) nach Abb. 68 sind die Drehung $^{\varphi_a=1}\varphi_{\bar{b}} = 0$ (Drehung entgegen dem Uhrzeigersinn positiv) des Stabendquerschnittes b zugeordnet.

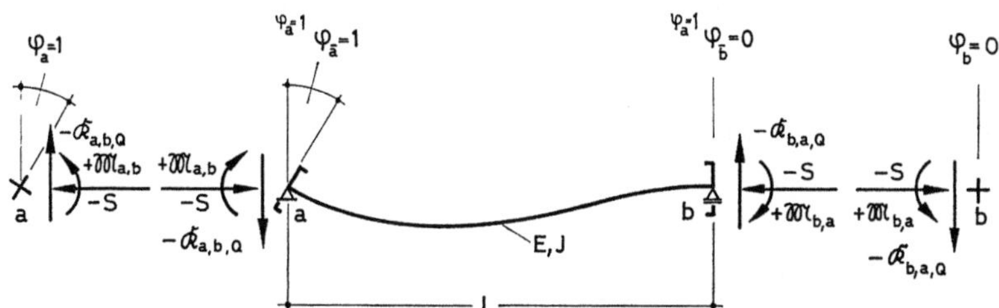

Abb. 68. Stabendschnittlasten $\mathfrak{M}$ und $\mathfrak{K}_Q$ eines Druckstabes a,b (b,b) infolge einer Knotendrehung $\varphi_a = 1$

Nach (4.3.19) und (4.3.20) betragen die Drehungen $^{M_a=1}\varphi(\alpha)_{a;a}$ und $^{M_a=1}\varphi(\alpha)_{a;b}$ der Stabenden a und b eines beidseits gelenkig gelagerten Druckstabes a,b infolge eines Momentes $M_a = 1$ (Moment positiv, wenn es im Uhrzeigersinn wirkt)

$$^{M_a=1}\varphi(\alpha)_{a;a} = \frac{l}{EI} \cdot \left(\frac{\sin \alpha - \alpha \cdot \cos \alpha}{\alpha^2 \cdot \sin \alpha} + \frac{\varkappa_0}{3} \right) = \frac{l}{EI} \cdot F(\alpha)_{a;a}, \qquad (5.2.1)$$

$$^{M_a=1}\varphi(\alpha)_{a;b} = \frac{l}{EI} \cdot \left(\frac{\alpha - \sin \alpha}{\alpha^2 \cdot \sin \alpha} - \frac{\varkappa_0}{3} \right) = \frac{l}{EI} \cdot F(\alpha)_{a;b} \qquad (5.2.2)$$

und nach (4.4.2) und (4.4.3) ergeben sich mit (5.2.1) und (5.2.2) die Drehungen $^{M_b=1}\varphi(\alpha)_{b;a}$ und $^{M_b=1}\varphi(\alpha)_{b;b}$ der Stabenden a und b des Druckstabes a,b infolge eines Momentes $M_b = 1$ (Moment positiv, wenn es entgegen dem Uhrzeigersinn wirkt) zu:

$$^{M_b=1}\varphi(\alpha)_{b;a} = \frac{l}{EI} \cdot \left(\frac{\alpha - \sin \alpha}{\alpha^2 \cdot \sin \alpha} - \frac{\varkappa_0}{3} \right) = \frac{l}{EI} \cdot F(\alpha)_{b;a} = \frac{l}{EI} \cdot F(\alpha)_{a;b}, \qquad (5.2.3)$$

$$^{M_b=1}\varphi(\alpha)_{b;b} = \frac{l}{EI} \cdot \left(\frac{\sin \alpha - \alpha \cdot \cos \alpha}{\alpha^2 \cdot \sin \alpha} + \frac{\varkappa_0}{3} \right) = \frac{l}{EI} \cdot F(\alpha)_{b;b} = \frac{l}{EI} \cdot F(\alpha)_{a;a}.$$
$$(5.2.4)$$

Wir beachten, daß Stabendmomente nach der Formänderungsgrößenmethode positiv sind, wenn sie im Uhrzeigersinn wirken, und erhalten für die Ermittlung der Stabendmomente $^{\varphi_a=1}\mathfrak{M}_{a,b(b,b)}$ und $^{\varphi_a=1}\mathfrak{M}_{b,a(b,b)}$ infolge der gegebenen Verformungen $^{\varphi_a=1}\varphi_{\bar{a}} = \varphi_a = 1$, $^{\varphi_a=1}\varphi_{\bar{b}} = -\varphi_b = 0$ und $\psi_{a,b} = 0$:

$$^{\varphi_a=1}\varphi_{\bar{a}} = + \varphi_a = {}^{\varphi_a=1}\mathfrak{M}_{a,b(b,b)} \cdot {}^{M_a=1}\varphi(\alpha)_{a;a} - {}^{\varphi_a=1}\mathfrak{M}_{b,a(b,b)} \cdot {}^{M_b=1}\varphi(\alpha)_{b;a} = 1,$$

$$^{\varphi_a=1}\varphi_{\bar{b}} = - \varphi_b = {}^{\varphi_a=1}\mathfrak{M}_{a,b(b,b)} \cdot {}^{M_a=1}\varphi(\alpha)_{a;b} - {}^{\varphi_a=1}\mathfrak{M}_{b,a(b,b)} \cdot {}^{M_b=1}\varphi(\alpha)_{b;b} = 0.$$

Mit (5.2.1), (5.2.2), (5.2.3) und (5.2.4) folgt hieraus

$$^{\varphi_a=1}\mathfrak{M}_{a,b(b,b)} \cdot \frac{l}{EI} \cdot F(\alpha)_{a;a} - {}^{\varphi_a=1}\mathfrak{M}_{b,a(b,b)} \cdot \frac{l}{EI} \cdot F(\alpha)_{b;a} = 1,$$

$$^{\varphi_a=1}\mathfrak{M}_{a,b(b,b)} \cdot \frac{l}{EI} \cdot F(\alpha)_{a;b} - {}^{\varphi_a=1}\mathfrak{M}_{b,a(b,b)} \cdot \frac{l}{EI} \cdot F(\alpha)_{b;b} = 0$$

und:

$$\varphi_a=1\mathfrak{M}(\alpha)_{a,b(b,b)} = \frac{EI}{l} \cdot \frac{F(\alpha)_{b;b}}{F(\alpha)_{a;a} \cdot F(\alpha)_{b;b} - F(\alpha)_{a;b} \cdot F(\alpha)_{b;a}}, \qquad (5.2.5)$$

$$\varphi_a=1\mathfrak{M}(\alpha)_{b,a(b,b)} = \frac{EI}{l} \cdot \frac{F(\alpha)_{a;b}}{F(\alpha)_{a;a} \cdot F(\alpha)_{b;b} - F(\alpha)_{a;b} \cdot F(\alpha)_{b;a}}. \qquad (5.2.6)$$

Mit (5.2.3) und (5.2.4) ergibt sich aus (5.2.5) für das Stabendmoment $\varphi_a=1\mathfrak{M}(\alpha)_{a,b(b,b)}$

$$\varphi_a=1\mathfrak{M}(\alpha)_{a,b(b,b)} = \frac{EI}{l} \cdot \frac{\dfrac{\sin\alpha - \alpha \cdot \cos\alpha}{\alpha^2 \cdot \sin\alpha} + \dfrac{\varkappa_0}{3}}{\left(\dfrac{\sin\alpha - \alpha \cdot \cos\alpha}{\alpha^2 \cdot \sin\alpha} + \dfrac{\varkappa_0}{3}\right)^2 - \left(\dfrac{\alpha - \sin\alpha}{\alpha^2 \cdot \sin\alpha} - \dfrac{\varkappa_0}{3}\right)^2}$$

und nach Zwischenrechnung unter Beachtung von (4.3.29) mit

$$\frac{\varkappa_0}{3} = \frac{1-\mu}{\alpha^2 \cdot \mu}: \qquad (5.2.7)$$

$$\varphi_a=1\mathfrak{M}(\alpha)_{a,b(b,b)} = \frac{EI}{l} \cdot \frac{\alpha \cdot (\sin\alpha - \mu \cdot \alpha \cdot \cos\alpha)}{2 \cdot (1 - \cos\alpha) - \mu \cdot \alpha \cdot \sin\alpha} = \frac{EI}{l} \cdot F_1(\alpha). \quad (5.2.8)$$

Analog hierzu erhalten wir aus (5.2.6) mit (5.2.3), (5.2.4) und (5.2.7) für das Stabendmoment $\varphi_a=1\mathfrak{M}(\alpha)_{b,a(b,b)}$:

$$\varphi_a=1\mathfrak{M}(\alpha)_{b,a(b,b)} = \frac{EI}{l} \cdot \frac{\alpha \cdot (\mu \cdot \alpha - \sin\alpha)}{2 \cdot (1 - \cos\alpha) - \mu \cdot \alpha \cdot \sin\alpha} = \frac{EI}{l} F_2(\alpha). \quad (5.2.9)$$

Aus den Momentengleichgewichtsbedingungen bezogen auf die Stabenden a und b folgt nach Abb. 68 mit (5.2.8) und (5.2.9) für die Stabquerkräfte $\varphi_a=1\mathfrak{K}(\alpha)_{a,b;Q(b,b)}$ und $\varphi_a=1\mathfrak{K}(\alpha)_{b,a;Q(b,b)}$:

$$\varphi_a=1\mathfrak{K}(\alpha)_{a,b;Q(b,b)} = \varphi_a=1\mathfrak{K}(\alpha)_{b,a;Q(b,b)} = -\frac{\varphi_a=1\mathfrak{M}(\alpha)_{a,b(b,b)} + \varphi_a=1\mathfrak{M}(\alpha)_{b,a(b,b)}}{l}$$

$$= -\frac{EI}{l^2} \cdot \frac{\mu \cdot \alpha^2 \cdot (1 - \cos\alpha)}{2 \cdot (1 - \cos\alpha) - \mu \cdot \alpha \cdot \sin\alpha} = -\frac{EI}{l^2} \cdot \big(F_1(\alpha) + F_2(\alpha)\big) = -\frac{EI}{l^2} \cdot F_3(\alpha).$$

$$(5.2.10)$$

5.2.1.2. Näherungslösungen für $\alpha \ll 1$

Die Näherungslösungen für die Stabendschnittlasten $\varphi_a=1\mathfrak{M}(\alpha^2)_{a,b(b,b)}$, $\varphi_a=1\mathfrak{M}(\alpha^2)_{b,a(b,b)}$, $\varphi_a=1\mathfrak{K}(\alpha^2)_{a,b;Q(b,b)}$ und $\varphi_a=1\mathfrak{K}(\alpha^2)_{b,a;Q(b,b)}$ eines Druckstabes a,b (b,b) infolge der Verformungen $\varphi_a = 1$, $\varphi_b = 0$ und $\psi_{a,b} = 0$ ergeben sich mit

(4.3.21), (4.3.22) und (4.3.29) aus den genauen Lösungen für die Stabendschnittlasten eines Druckstabes a,b (b,b) nach 5.2.1.1.

Man erhält aus (5.2.8)

$$\varphi_a=1\mathfrak{M}(\alpha^2)_{a,b(b,b)} = \frac{EI}{l} \cdot \frac{\alpha \cdot (\sin\alpha - \mu \cdot \alpha \cdot \cos\alpha)}{2 \cdot (1 - \cos\alpha) - \mu \cdot \alpha \cdot \sin\alpha}$$

$$= \frac{EI}{l} \cdot \frac{\alpha \cdot \left(\dfrac{\sin\alpha}{\mu} - \alpha \cdot \cos\alpha\right)}{\dfrac{2 \cdot (1 - \cos\alpha)}{\mu} - \alpha \cdot \sin\alpha}$$

$$= \frac{EI}{l} \frac{\alpha \cdot \left(1 + \dfrac{\varkappa_0}{3} \cdot \alpha^2\right) \cdot \left(\alpha - \dfrac{\alpha^3}{6} + \dfrac{\alpha^5}{120}\ldots\right) - \alpha^2 \cdot \left(1 - \dfrac{\alpha^2}{2} + \dfrac{\alpha^4}{24}\ldots\right)}{2 \cdot \left(1 + \dfrac{\varkappa_0}{3} \cdot \alpha^2\right) \cdot \left(1 - 1 + \dfrac{\alpha^2}{2} - \dfrac{\alpha^4}{24} + \dfrac{\alpha^6}{720}\ldots\right) - \alpha \cdot \left(\alpha - \dfrac{\alpha^3}{6} + \dfrac{\alpha^5}{120}\ldots\right)}$$

und nach Zwischenrechnung

$$\varphi_a=1\mathfrak{M}(\alpha^2)_{a,b(b,b)} \simeq \frac{EI}{l} \cdot \frac{4 \cdot (1 + \varkappa_0) - \dfrac{\alpha^2}{15} \cdot (6 + 10\varkappa_0)}{1 + 4\varkappa_0 - \dfrac{\alpha^2}{15} \cdot (1 + 5\varkappa_0)} = \frac{EI}{l} \cdot F_1(\alpha^2) \qquad (5.2.11)$$

und ebenso aus (5.2.9)

$$\varphi_a=1\mathfrak{M}(\alpha^2)_{b,a(b,b)} \simeq \frac{EI}{l} \cdot \frac{2 \cdot (1 - 2\varkappa_0) - \dfrac{\alpha^2}{30} \cdot (3 - 20\varkappa_0)}{1 + 4\varkappa_0 - \dfrac{\alpha^2}{15} \cdot (1 + 5\varkappa_0)} = \frac{EI}{l} \cdot F_2(\alpha^2) \qquad (5.2.12)$$

und aus (5.2.10):

$$\varphi_a=1\mathfrak{K}(\alpha^2)_{a,b;Q(b,b)} = \varphi_a=1\mathfrak{K}(\alpha^2)_{b,a;Q(b,b)} \simeq -\frac{EI}{l^2} \cdot \frac{6 - \dfrac{\alpha^2}{2}}{1 + 4\varkappa_0 - \dfrac{\alpha^2}{15} \cdot (1 + 5\varkappa_0)}$$

$$= -\frac{EI}{l^2} \cdot \big(F_1(\alpha^2) + F_2(\alpha^2)\big) = -\frac{EI}{l^2} \cdot F_3(\alpha^2). \qquad (5.2.13)$$

5.2.2. Genaue Lösungen für einen Stab a,b (b,b) ohne Längskraft

Die genauen Lösungen für die Stabendschnittlasten $^{\varphi_a=1}\mathfrak{M}(0)_{a,b(b,b)}$, $^{\varphi_a=1}\mathfrak{M}(0)_{b,a(b,b)}$, $^{\varphi_a=1}\mathfrak{K}(0)_{a,b;Q(b,b)}$ und $^{\varphi_a=1}\mathfrak{K}(0)_{b,a;Q(b,b)}$ eines Stabes a,b (b,b) ohne Längskraft infolge der Verformungen $\varphi_a = 1$, $\varphi_b = 0$ und $\psi_{a,b} = 0$ folgen für $\alpha = 0$ aus den Näherungslösungen für die Stabendschnittlasten eines Druckstabes a,b (b,b) nach 5.2.1.2.

Es ergibt sich aus (5.2.11)

$$^{\varphi_a=1}\mathfrak{M}(0)_{a,b(b,b)} = \frac{EI}{l} \cdot \frac{4 \cdot (1 + \varkappa_0)}{1 + 4\varkappa_0} = \frac{EI}{l} \cdot F_1(0), \qquad (5.2.14)$$

aus (5.2.12)

$$^{\varphi_a=1}\mathfrak{M}(0)_{b,a(b,b)} = \frac{EI}{l} \cdot \frac{2 \cdot (1 - 2\varkappa_0)}{1 + 4\varkappa_0} = \frac{EI}{l} \cdot F_2(0) \qquad (5.2.15)$$

und aus (5.2.13):

$$^{\varphi_a=1}\mathfrak{K}(0)_{a,b;Q(b,b)} = {}^{\varphi_a=1}\mathfrak{K}(0)_{b,a;Q(b,b)} = -\frac{EI}{l^2} \cdot \frac{6}{1 + 4\varkappa_0} = -\frac{EI}{l^2} \cdot \big(F_1(0) + F_2(0)\big)$$

$$= -\frac{EI}{l^2} \cdot F_3(0). \qquad (5.2.16)$$

5.2.3. Zugstab a,b (b,b)

5.2.3.1. Genaue Lösungen

Die genauen Lösungen für die Stabendschnittlasten $^{\varphi_a=1}\mathfrak{M}(\beta)_{a,b(b,b)}$, $^{\varphi_a=1}\mathfrak{M}(\beta)_{b,a(b,b)}$, $^{\varphi_a=1}\mathfrak{K}(\beta)_{a,b;Q(b,b)}$ und $^{\varphi_a=1}\mathfrak{K}(\beta)_{b,a;Q(b,b)}$ eines Zugstabes a,b (b,b) nach Abb. 69 infolge der Verformungen $\varphi_a = 1$, $\varphi_b = 0$ und $\psi_{a,b} = 0$ erhalten wir aus den genauen Lösungen für die Stabendschnittlasten eines Druckstabes a,b (b,b) nach 5.2.1.1. unter Beachtung von (4.3.40), (4.3.41), (4.3.42) und (4.3.43).

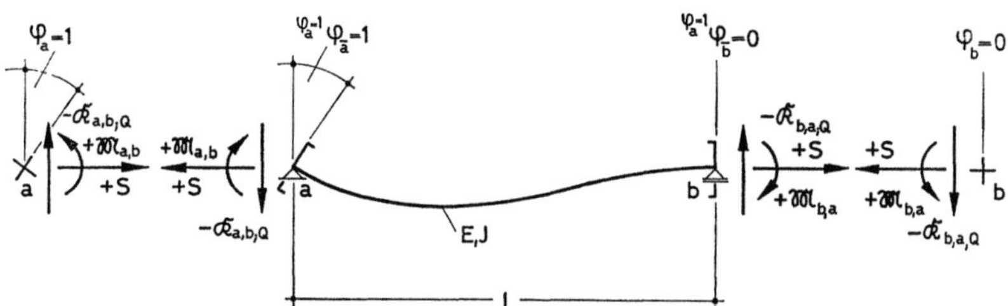

Abb. 69. Stabendschnittlasten $\mathfrak{M}$ und $\mathfrak{K}_Q$ eines Zugstabes a,b (b,b) infolge einer Knotendrehung $\varphi_a = 1$

Es folgt aus (5.2.8)

$$\varphi_a=1\mathfrak{M}(\beta)_{a,b(b,b)} = \frac{EI}{l} \cdot \frac{\beta \cdot (\mathrm{Sinh}\,\beta - \mu \cdot \beta \cdot \mathrm{Cosh}\,\beta)}{2 \cdot (\mathrm{Cosh}\,\beta - 1) - \mu \cdot \beta \cdot \mathrm{Sinh}\,\beta} = \frac{EI}{l} \cdot F_1(\beta), \qquad (5.2.17)$$

aus (5.2.9)

$$\varphi_a=1\mathfrak{M}(\beta)_{b,a(b,b)} = \frac{EI}{l} \cdot \frac{\beta \cdot (\mu \cdot \beta - \mathrm{Sinh}\,\beta)}{2 \cdot (\mathrm{Cosh}\,\beta - 1) - \mu \cdot \beta \cdot \mathrm{Sinh}\,\beta} = \frac{EI}{l} \cdot F_2(\beta) \qquad (5.2.18)$$

und aus (5.2.10):

$$\varphi_a=1\mathfrak{K}(\beta)_{a,b;Q(b,b)} = \varphi_a=1\mathfrak{K}(\beta)_{b,a;Q(b,b)} = -\frac{EI}{l^2} \cdot \frac{\mu \cdot \beta^2 \cdot (1 - \mathrm{Cosh}\,\beta)}{2 \cdot (\mathrm{Cosh}\,\beta - 1) - \mu \cdot \beta \cdot \mathrm{Sinh}\,\beta}$$

$$= -\frac{EI}{l^2} \cdot \big(F_1(\beta) + F_2(\beta)\big) = -\frac{EI}{l^2} \cdot F_3(\beta). \qquad (5.2.19)$$

5.2.3.2. Näherungslösungen für $\beta \ll 1$

Mit (4.3.41) ergeben sich die Näherungslösungen für die Stabendschnittlasten $\varphi_a=1\mathfrak{M}(\beta^2)_{a,b(b,b)}$, $\varphi_a=1\mathfrak{M}(\beta^2)_{b,a(b,b)}$, $\varphi_a=1\mathfrak{K}(\beta^2)_{a,b;Q(b,b)}$ und $\varphi_a=1\mathfrak{K}(\beta^2)_{b,a;Q(b,b)}$ eines Zugstabes a,b (b,b) infolge der Verformungen $\varphi_a = 1$, $\varphi_b = 0$ und $\psi_{a,b} = 0$ aus den Näherungslösungen für die Stabendschnittlasten eines Druckstabes a,b (b,b) nach 5.2.1.2.

Man erhält aus (5.2.11)

$$\varphi_a=1\mathfrak{M}(\beta^2)_{a,b(b,b)} \simeq \frac{EI}{l} \cdot \frac{4 \cdot (1 + \varkappa_0) + \dfrac{\beta^2}{15} \cdot (6 + 10\varkappa_0)}{1 + 4\varkappa_0 + \dfrac{\beta^2}{15} \cdot (1 + 5\varkappa_0)} = \frac{EI}{l} \cdot F_1(\beta^2), \qquad (5.2.20)$$

aus (5.2.12)

$$\varphi_a=1\mathfrak{M}(\beta^2)_{b,a(b,b)} \simeq \frac{EI}{l} \cdot \frac{2 \cdot (1 - 2\varkappa_0) + \dfrac{\beta^2}{30} \cdot (3 - 20\varkappa_0)}{1 + 4\varkappa_0 + \dfrac{\beta^2}{15} \cdot (1 + 5\varkappa_0)} = \frac{EI}{l} \cdot F_2(\beta^2) \qquad (5.2.21)$$

und aus (5.2.13):

$$\varphi_a=1\mathfrak{K}(\beta^2)_{a,b;Q(b,b)} = \varphi_a=1\mathfrak{K}(\beta^2)_{b,a;Q(b,b)} \simeq -\frac{EI}{l^2} \cdot \frac{6 + \dfrac{\beta^2}{2}}{1 + 4\varkappa_0 + \dfrac{\beta^2}{15} \cdot (1 + 5\varkappa_0)}$$

$$= -\frac{EI}{l^2} \cdot \big(F_1(\beta^2) + F_2(\beta^2)\big) = -\frac{EI}{l^2} \cdot F_3(\beta^2). \qquad (5.2.22)$$

5.2.3.3. Näherungslösungen für $\beta \gg 1$

Die Näherungslösungen für die Stabendschnittlasten ${}^{\varphi_a=1}\mathfrak{M}(\beta_N)_{a,b(b,b)}$, ${}^{\varphi_a=1}\mathfrak{M}(\beta_N)_{b,a(b,b)}$, ${}^{\varphi_a=1}\mathfrak{K}(\beta_N)_{a,b;Q(b,b)}$ und ${}^{\varphi_a=1}\mathfrak{K}(\beta_N)_{b,a;Q(b,b)}$ eines Zugstabes a,b (b,b) infolge der Verformungen $\varphi_a = 1$, $\varphi_b = 0$ und $\psi_{a,b} = 0$ folgen aus den genauen Lösungen für die Stabendschnittlasten eines Zugstabes a,b (b,b) nach 5.2.3.1.

Für $\beta > 15$ ist näherungsweise:

$$\mathrm{Sinh}\,\beta = \mathrm{Cosh}\,\beta \gg \mu \cdot \beta \gg 1\,. \tag{5.2.23}$$

Damit ergibt sich aus (5.2.17)

$$^{\varphi_a=1}\mathfrak{M}(\beta_N)_{a,b(b,b)} \simeq \frac{EI}{l} \cdot \frac{\beta \cdot (\mu \cdot \beta - 1)}{\mu \cdot \beta - 2} = \frac{EI}{l} \cdot F_1(\beta_N)\,, \tag{5.2.24}$$

aus (5.2.18)

$$^{\varphi_a=1}\mathfrak{M}(\beta_N)_{b,a(b,b)} \simeq \frac{EI}{l} \cdot \frac{\beta}{\mu \cdot \beta - 2} = \frac{EI}{l} \cdot F_2(\beta_N) \tag{5.2.25}$$

und aus (5.2.19):

$$^{\varphi_a=1}\mathfrak{K}(\beta_N)_{a,b;Q(b,b)} = {}^{\varphi_a=1}\mathfrak{K}(\beta_N)_{b,a;Q(b,b)} \simeq -\frac{EI}{l^2} \cdot \frac{\mu \cdot \beta^2}{\mu \cdot \beta - 2}$$

$$= -\frac{EI}{l^2} \cdot \big(F_1(\beta_N) + F_2(\beta_N)\big) = -\frac{EI}{l^2} \cdot F_3(\beta_N)\,. \tag{5.2.26}$$

5.3. Knotendrehungen $\varphi_a = 0$ und $\varphi_b = 1$, Stabsehnendrehung $\psi_{a,b} = 0$

5.3.1. Druckstab a,b (b,b)

5.3.1.1. Genaue Lösungen

Die genauen Lösungen für die Stabendschnittlasten ${}^{\varphi_b=1}\mathfrak{M}(\alpha)_{a,b(b,b)}$, ${}^{\varphi_b=1}\mathfrak{M}(\alpha)_{b,a(b,b)}$, ${}^{\varphi_b=1}\mathfrak{K}(\alpha)_{a,b;Q(b,b)}$ und ${}^{\varphi_b=1}\mathfrak{K}(\alpha)_{b,a;Q(b,b)}$ eines Druckstabes a,b (b,b) nach Abb. 70 infolge der Verformungen $\varphi_a = 0$, $\varphi_b = 1$ und $\psi_{a,b} = 0$ erhalten wir

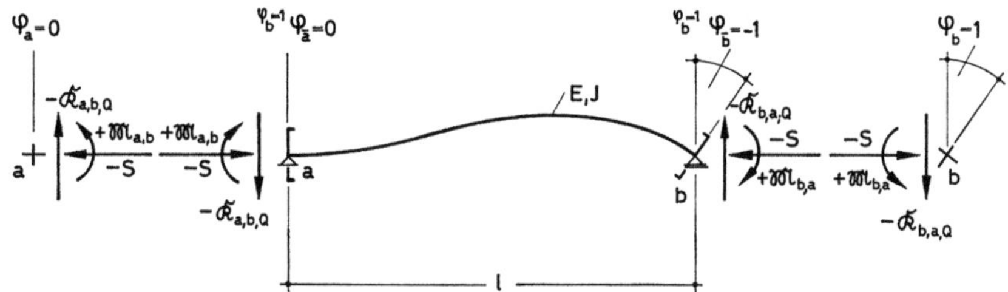

Abb. 70. Stabendschnittlasten $\mathfrak{M}$ und $\mathfrak{K}_Q$ eines Druckstabes a,b (b,b) infolge einer Knotendrehung $\varphi_b = 1$

analog 5.2.1.1. zu:

$$\varphi_b=1\mathfrak{M}(\alpha)_{a,b(b,b)} = \frac{EI}{l} \cdot \frac{\alpha \cdot (\mu \cdot \alpha - \sin\alpha)}{2 \cdot (1 - \cos\alpha) - \mu \cdot \alpha \cdot \sin\alpha} = \frac{EI}{l} \cdot F_2(\alpha), \quad (5.3.1)$$

$$\varphi_b=1\mathfrak{M}(\alpha)_{b,a(b,b)} = \frac{EI}{l} \cdot \frac{\alpha \cdot (\sin\alpha - \mu \cdot \alpha \cdot \cos\alpha)}{2 \cdot (1 - \cos\alpha) - \mu \cdot \alpha \cdot \sin\alpha} = \frac{EI}{l} \cdot F_1(\alpha), \quad (5.3.2)$$

$$\varphi_b=1\mathfrak{K}(\alpha)_{a,b;Q(b,b)} = \varphi_b=1\mathfrak{K}(\alpha)_{b,a;Q(b,b)} = -\frac{EI}{l^2} \cdot \frac{\mu \cdot \alpha^2 \cdot (1 - \cos\alpha)}{2 \cdot (1 - \cos\alpha) - \mu \cdot \alpha \cdot \sin\alpha}$$

$$= -\frac{EI}{l^2} \cdot \big(F_1(\alpha) + F_2(\alpha)\big) = -\frac{EI}{l^2} \cdot F_3(\alpha). \quad (5.3.3)$$

5.3.1.2. Näherungslösungen für $\alpha \ll 1$

Die Näherungslösungen für die Stabendschnittlasten $\varphi_b=1\mathfrak{M}(\alpha^2)_{a,b(b,b)}$, $\varphi_b=1\mathfrak{M}(\alpha^2)_{b,a(b,b)}$, $\varphi_b=1\mathfrak{K}(\alpha^2)_{a,b;Q(b,b)}$ und $\varphi_b=1\mathfrak{K}(\alpha^2)_{b,a;Q(b,b)}$ eines Druckstabes a,b (b,b) infolge der Verformungen $\varphi_a = 0$, $\varphi_b = 1$ und $\psi_{a,b} = 0$ folgen analog 5.2.1.2. zu:

$$\varphi_b=1\mathfrak{M}(\alpha^2)_{a,b(b,b)} \simeq \frac{EI}{l} \cdot \frac{2 \cdot (1 - 2\varkappa_0) - \dfrac{\alpha^2}{30} \cdot (3 - 20\varkappa_0)}{1 + 4\varkappa_0 - \dfrac{\alpha^2}{15} \cdot (1 + 5\varkappa_0)} = \frac{EI}{l} \cdot F_2(\alpha^2), \quad (5.3.4)$$

$$\varphi_b=1\mathfrak{M}(\alpha^2)_{b,a(b,b)} \simeq \frac{EI}{l} \cdot \frac{4 \cdot (1 + \varkappa_0) - \dfrac{\alpha^2}{15} \cdot (6 + 10\varkappa_0)}{1 + 4\varkappa_0 - \dfrac{\alpha^2}{15} \cdot (1 + 5\varkappa_0)} = \frac{EI}{l} \cdot F_1(\alpha^2), \quad (5.3.5)$$

$$\varphi_b=1\mathfrak{K}(\alpha^2)_{a,b;Q(b,b)} = \varphi_b=1\mathfrak{K}(\alpha^2)_{b,a;Q(b,b)} \simeq -\frac{EI}{l^2} \cdot \frac{6 - \dfrac{\alpha^2}{2}}{1 + 4\varkappa_0 - \dfrac{\alpha^2}{15} \cdot (1 + 5\varkappa_0)}$$

$$= -\frac{EI}{l^2} \cdot \big(F_1(\alpha^2) + F_2(\alpha^2)\big) = -\frac{EI}{l^2} \cdot F_3(\alpha^2). \quad (5.3.6)$$

5.3.2. Genaue Lösungen für einen Stab a,b (b,b) ohne Längskraft

Die genauen Lösungen für die Stabendschnittlasten $\varphi_b=1\mathfrak{M}(0)_{a,b(b,b)}$, $\varphi_b=1\mathfrak{M}(0)_{b,a(b,b)}$, $\varphi_b=1\mathfrak{K}(0)_{a,b;Q(b,b)}$ und $\varphi_b=1\mathfrak{K}(0)_{b,a;Q(b,b)}$ eines Stabes a,b (b,b) ohne Längskraft infolge der Verformungen $\varphi_a = 0$, $\varphi_b = 1$ und $\psi_{a,b} = 0$ ergeben sich analog 5.2.2. zu:

$$^{\varphi_b=1}\mathfrak{M}(0)_{a,b(b,b)} = \frac{EI}{l} \cdot \frac{2 \cdot (1 - 2\varkappa_0)}{1 + 4\varkappa_0} = \frac{EI}{l} \cdot F_2(0), \qquad (5.3.7)$$

$$^{\varphi_b=1}\mathfrak{M}(0)_{b,a(b,b)} = \frac{EI}{l} \cdot \frac{4 \cdot (1 + \varkappa_0)}{1 + 4\varkappa_0} = \frac{EI}{l} \cdot F_1(0), \qquad (5.3.8)$$

$$^{\varphi_b=1}\mathfrak{K}(0)_{a,b;Q(b,b)} = {}^{\varphi_b=1}\mathfrak{K}(0)_{b,a;Q(b,b)} = -\frac{EI}{l^2} \cdot \frac{6}{1 + 4\varkappa_0} = -\frac{EI}{l^2} \cdot \big(F_1(0) + F_2(0)\big)$$

$$= -\frac{EI}{l^2} \cdot F_3(0). \qquad (5.3.9)$$

5.3.3. Zugstab a,b (b,b)

5.3.3.1. Genaue Lösungen

Die genauen Lösungen für die Stabendschnittlasten $^{\varphi_b=1}\mathfrak{M}(\beta)_{a,b(b,b)}$, $^{\varphi_b=1}\mathfrak{M}(\beta)_{b,a(b,b)}$, $^{\varphi_b=1}\mathfrak{K}(\beta)_{a,b;Q(b,b)}$ und $^{\varphi_b=1}\mathfrak{K}(\beta)_{b,a;Q(b,b)}$ eines Zugstabes a,b (b,b) nach Abb. 71 infolge der Verformungen $\varphi_a = 0$, $\varphi_b = 1$ und $\psi_{a,b} = 0$ erhält man analog 5.2.3.1. zu:

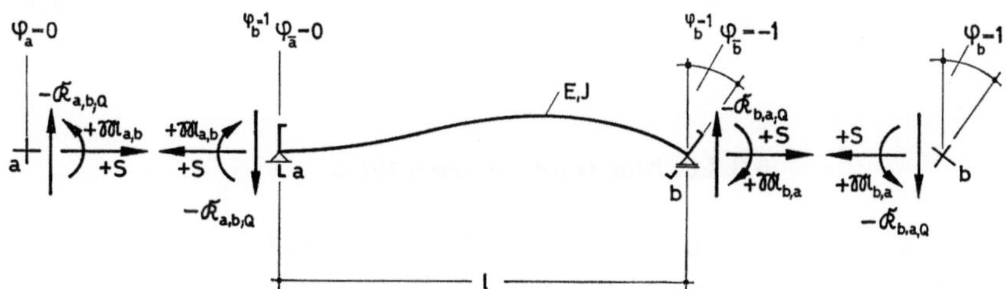

Abb. 71. Stabendschnittlasten $\mathfrak{M}$ und $\mathfrak{K}_Q$ eines Zugstabes a,b (b,b)
infolge einer Knotendrehung $\varphi_b = 1$

$$^{\varphi_b=1}\mathfrak{M}(\beta)_{a,b(b,b)} = \frac{EI}{l} \cdot \frac{\beta \cdot (\mu \cdot \beta - \operatorname{Sinh}\beta)}{2 \cdot (\operatorname{Cosh}\beta - 1) - \mu \cdot \beta \cdot \operatorname{Sinh}\beta} = \frac{EI}{l} \cdot F_2(\beta), \quad (5.3.10)$$

$$^{\varphi_b=1}\mathfrak{M}(\beta)_{b,a(b,b)} = \frac{EI}{l} \cdot \frac{\beta \cdot (\operatorname{Sinh}\beta - \mu \cdot \beta \cdot \operatorname{Cosh}\beta)}{2 \cdot (\operatorname{Cosh}\beta - 1) - \mu \cdot \beta \cdot \operatorname{Sinh}\beta} = \frac{EI}{l} \cdot F_1(\beta), \quad (5.3.11)$$

$$^{\varphi_b=1}\mathfrak{K}(\beta)_{a,b;Q(b,b)} = {}^{\varphi_b=1}\mathfrak{K}(\beta)_{b,a;Q(b,b)} = -\frac{EI}{l^2} \cdot \frac{\mu \cdot \beta^2 \cdot (1 - \operatorname{Cosh}\beta)}{2 \cdot (\operatorname{Cosh}\beta - 1) - \mu \cdot \beta \cdot \operatorname{Sinh}\beta}$$

$$= -\frac{EI}{l^2} \cdot \big(F_1(\beta) + F_2(\beta)\big) = -\frac{EI}{l^2} \cdot F_3(\beta). \qquad (5.3.12)$$

5.3.3.2. Näherungslösungen für $\beta \ll 1$

Die Näherungslösungen für die Stabendschnittlasten $\varphi_b=1\mathfrak{M}(\beta^2)_{a,b(b,b)}$, $\varphi_b=1\mathfrak{M}(\beta^2)_{b,a(b,b)}$, $\varphi_b=1\mathfrak{K}(\beta^2)_{a,b;Q(b,b)}$ und $\varphi_b=1\mathfrak{K}(\beta^2)_{b,a;Q(b,b)}$ eines Zugstabes a,b (b,b) infolge der Verformungen $\varphi_a = 0$, $\varphi_b = 1$ und $\psi_{a,b} = 0$ folgen analog 5.2.3.2. zu:

$$\varphi_b=1\mathfrak{M}(\beta^2)_{a,b(b,b)} \simeq \frac{EI}{l} \cdot \frac{2 \cdot (1 - 2\varkappa_0) + \dfrac{\beta^2}{30} \cdot (3 - 20\varkappa_0)}{1 + 4\varkappa_0 + \dfrac{\beta^2}{15} \cdot (1 + 5\varkappa_0)} = \frac{EI}{l} \cdot F_2(\beta^2), \qquad (5.3.13)$$

$$\varphi_b=1\mathfrak{M}(\beta^2)_{b,a(b,b)} \simeq \frac{EI}{l} \cdot \frac{4 \cdot (1 + \varkappa_0) + \dfrac{\beta^2}{15} \cdot (6 + 10\varkappa_0)}{1 + 4\varkappa_0 + \dfrac{\beta^2}{15} \cdot (1 + 5\varkappa_0)} = \frac{EI}{l} \cdot F_1(\beta^2), \qquad (5.3.14)$$

$$\varphi_b=1\mathfrak{K}(\beta^2)_{a,b;Q(b,b)} = \varphi_b=1\mathfrak{K}(\beta^2)_{b,a;Q(b,b)} \simeq -\frac{EI}{l^2} \cdot \frac{6 + \dfrac{\beta^2}{2}}{1 + 4\varkappa_0 + \dfrac{\beta^2}{15} \cdot (1 + 5\varkappa_0)}$$

$$= -\frac{EI}{l^2} \cdot \left(F_1(\beta^2) + F_2(\beta^2)\right) = -\frac{EI}{l^2} \cdot F_3(\beta^2). \qquad (5.3.15)$$

5.3.3.3. Näherungslösungen für $\beta \gg 1$

Die Näherungslösungen für die Stabendschnittlasten $\varphi_b=1\mathfrak{M}(\beta_N)_{a,b(b,b)}$, $\varphi_b=1\mathfrak{M}(\beta_N)_{b,a(b,b)}$, $\varphi_b=1\mathfrak{K}(\beta_N)_{a,b;Q(b,b)}$ und $\varphi_b=1\mathfrak{K}(\beta_N)_{b,a;Q(b,b)}$ eines Zugstabes a,b (b,b) infolge der Verformungen $\varphi_a = 0$, $\varphi_b = 1$ und $\psi_{a,b} = 0$ ergeben sich analog 5.2.3.3. zu:

$$\varphi_b=1\mathfrak{M}(\beta_N)_{a,b(b,b)} \simeq \frac{EI}{l} \cdot \frac{\beta}{\mu \cdot \beta - 2} = \frac{EI}{l} \cdot F_2(\beta_N), \qquad (5.3.16)$$

$$\varphi_b=1\mathfrak{M}(\beta_N)_{b,a(b,b)} \simeq \frac{EI}{l} \cdot \frac{\beta \cdot (\mu \cdot \beta - 1)}{\mu \cdot \beta - 2} = \frac{EI}{l} \cdot F_1(\beta_N), \qquad (5.3.17)$$

$$\varphi_b=1\mathfrak{K}(\beta_N)_{a,b;Q(b,b)} = \varphi_b=1\mathfrak{K}(\beta_N)_{b,a;Q(b,b)} \simeq -\frac{EI}{l^2} \cdot \frac{\mu \cdot \beta^2}{\mu \cdot \beta - 2}$$

$$= -\frac{EI}{l^2} \cdot \left(F_1(\beta_N) + F_2(\beta_N)\right) = -\frac{EI}{l^2} \cdot F_3(\beta_N). \qquad (5.3.18)$$

5.4. Knotendrehungen $\varphi_a = 0$ und $\varphi_b = 0$, Stabsehnendrehung $\psi_{a,b} = 1$

5.4.1. Druckstab a,b (b,b)

5.4.1.1. Genaue Lösungen

Drehen wir den Druckstab a,b (b,b), dem die Verformungen $\varphi_a = 0$, $\varphi_b = 0$ und $\psi_{a,b} = 1$ nach Abb. 72.1 eingeprägt sind, in eine horizontale Lage nach Abb. 72.2 und setzen voraus, daß der Stab beim Drehen nicht verformt wird, so bleiben die Stabendmomente $^{\psi_{a,b}=1}\mathfrak{M}_{a,b(b,b)}$ und $^{\psi_{a,b}=1}\mathfrak{M}_{b,a(b,b)}$ des Druckstabes a,b (b,b) bei dieser Drehung unverändert. Wir können demnach bei der Ermittlung der Stabendmomente anstelle der gegebenen Verformungen $\varphi_a = {}^{\psi_{a,b}=1}\varphi_{\bar{a}} = 0$, $\varphi_b = -{}^{\psi_{a,b}=1}\varphi_{\bar{b}} = 0$ und $\psi_{a,b} = 1$ nach Abb. 72.1) die Verformungen $^{\psi_{a,b}=1}\varphi_{\bar{a}} = -1$, $^{\psi_{a,b}=1}\varphi_{\bar{b}} = 1$ und $\psi_{a,b} = 0$ verwenden (Abb. 72.2) und erhalten analog 5.2.1.1.:

$$^{\psi_{a,b}=1}\varphi_{\bar{a}} = {}^{\psi_{a,b}=1}\mathfrak{M}_{a,b(b,b)} \cdot {}^{M_a=1}\varphi(\alpha)_{a;a} - {}^{\psi_{a,b}=1}\mathfrak{M}_{b,a(b,b)} \cdot {}^{M_b=1}\varphi(\alpha)_{b;a} = -1,$$

$$^{\psi_{a,b}=1}\varphi_{\bar{b}} = {}^{\psi_{a,b}=1}\mathfrak{M}_{a,b(b,b)} \cdot {}^{M_a=1}\varphi(\alpha)_{a;b} - {}^{\psi_{a,b}=1}\mathfrak{M}_{b,a(b,b)} \cdot {}^{M_b=1}\varphi(\alpha)_{b;b} = +1.$$

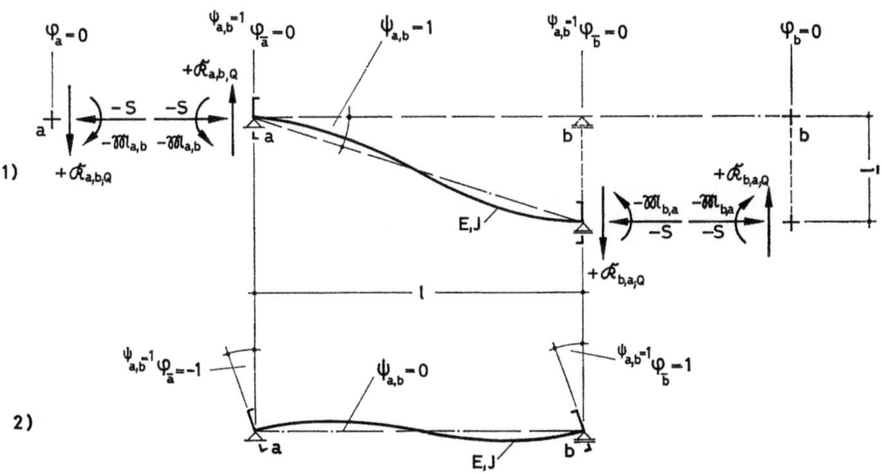

Abb. 72. Stabendschnittlasten $\mathfrak{M}$ und $\mathfrak{K}_Q$ eines Druckstabes a,b (b,b) infolge einer Stabsehnendrehung $\psi_{a,b} = 1$

Hieraus folgt mit (5.2.1), (5.2.2), (5.2.3), (5.2.4) und (5.2.7) nach Zwischenrechnung:

$$^{\psi_{a,b}=1}\mathfrak{M}(\alpha)_{a,b(b,b)} = {}^{\psi_{a,b}=1}\mathfrak{M}(\alpha)_{b,a(b,b)} = -\frac{EI}{l} \cdot \frac{\mu \cdot \alpha^2 \cdot (1 - \cos \alpha)}{2 \cdot (1 - \cos \alpha) - \mu \cdot \alpha \cdot \sin \alpha}$$

$$= -\frac{EI}{l} \cdot \left(F_1(\alpha) + F_2(\alpha)\right) = -\frac{EI}{l} \cdot F_3(\alpha). \tag{5.4.1}$$

Nach Abb. 72.1 ergibt sich für das Momentengleichgewicht bezogen auf das Stabende b:

$$^{\psi_{a,b}=1}\mathfrak{K}(\alpha)_{a,b;Q(b,b)} = -\frac{^{\psi_{a,b}=1}\mathfrak{M}(\alpha)_{a,b(b,b)} + {}^{\psi_{a,b}=1}\mathfrak{M}(\alpha)_{b,a(b,b)}}{l} + S.$$

Mit (5.4.1) und (4.3.5) erhält man hieraus

$$^{\psi_{a,b}=1}\mathfrak{K}(\alpha)_{a,b;Q(b,b)} = \frac{EI}{l^2} \cdot \frac{2\mu \cdot \alpha^2 \cdot (1 - \cos \alpha)}{2 \cdot (1 - \cos \alpha) - \mu \cdot \alpha \cdot \sin \alpha} - \frac{\mu \cdot \alpha^2 \cdot EI}{l^2}$$

und:

$$^{\psi_{a,b}=1}\mathfrak{K}(\alpha)_{a,b;Q(b,b)} = \frac{EI}{l^2} \cdot \frac{\mu^2 \cdot \alpha^3 \cdot \sin \alpha}{2 \cdot (1 - \cos \alpha) - \mu \cdot \alpha \cdot \sin \alpha}$$

$$= \frac{EI}{l^2} \cdot \left[2 \cdot \left(F_1(\alpha) + F_2(\alpha)\right) - \mu \cdot \alpha^2\right] = \frac{EI}{l^2} \cdot \left(2F_3(\alpha) + F_7(\alpha)\right)$$

$$= \frac{EI}{l^2} \cdot F_4(\alpha).$$

Für die Stabendquerkraft $^{\psi_{a,b}=1}\mathfrak{K}(\alpha)_{b,a;Q(b,b)}$ folgt ebenso aus dem Momentengleichgewicht bezogen auf das Stabende a:

$$^{\psi_{a,b}=1}\mathfrak{K}(\alpha)_{b,a;Q(b,b)} = \frac{EI}{l^2} \cdot \frac{\mu^2 \cdot \alpha^3 \cdot \sin \alpha}{2 \cdot (1 - \cos \alpha) - \mu \cdot \alpha \cdot \sin \alpha} = \frac{EI}{l^2} \cdot F_4(\alpha)$$

$$= {}^{\psi_{a,b}=1}\mathfrak{K}(\alpha)_{a,b;Q(b,b)} . \tag{5.4.2}$$

5.4.1.2. Näherungslösungen für $\alpha \ll 1$

Die Näherungslösungen für die Stabendschnittlasten $^{\psi_{a,b}=1}\mathfrak{M}(\alpha^2)_{a,b(b,b)}$, $^{\psi_{a,b}=1}\mathfrak{M}(\alpha^2)_{b,a(b,b)}$, $^{\psi_{a,b}=1}\mathfrak{K}(\alpha^2)_{a,b;Q(bb)}$ und $^{\psi_{a,b}=1}\mathfrak{K}(\alpha^2)_{b,a;Q(b,b)}$ eines Druckstabes a,b (b,b) infolge der Verformungen $\varphi_a = 0$, $\varphi_b = 0$ und $\psi_{a,b} = 1$ ergeben sich analog 5.2.1.2. aus den genauen Lösungen für die Stabendschnittlasten eines Druckstabes a,b (b,b) nach 5.4.1.1. mit (4.3.21), (4.3.22) und (4.3.29).

Wir erhalten aus (5.4.1)

$$^{\psi_{a,b}=1}\mathfrak{M}(\alpha^2)_{a,b(b,b)} = {}^{\psi_{a,b}=1}\mathfrak{M}(\alpha^2)_{b,a(b,b)} \simeq -\frac{EI}{l} \cdot \frac{6 - \dfrac{\alpha^2}{2}}{1 + 4\varkappa_0 - \dfrac{\alpha^2}{15} \cdot (1 + 5\varkappa_0)}$$

$$= -\frac{EI}{l} \cdot \left(F_1(\alpha^2) + F_2(\alpha^2)\right) = -\frac{EI}{l} \cdot F_3(\alpha^2) \tag{5.4.3}$$

und aus (5.4.2):

$$\psi_{a,b}=1\,\mathfrak{K}(\alpha^2)_{a,b;Q(b,b)} = \psi_{a,b}=1\,\mathfrak{K}(\alpha^2)_{b,a;Q(b,b)}$$

$$\simeq \frac{EI}{l^2} \cdot \frac{2 \cdot (6 - \alpha^2)}{\left(1 + \dfrac{\varkappa_0}{3} \cdot \alpha^2\right) \cdot \left[1 + 4\varkappa_0 - \dfrac{\alpha^2}{15} \cdot (1 + 5\varkappa_0)\right]} = \frac{EI}{l^2} \cdot F_4(\alpha^2)$$

$$\simeq \frac{EI}{l^2} \cdot \left[2 \cdot \left(F_1(\alpha^2) + F_2(\alpha^2)\right) - \mu \cdot \alpha^2\right] = \frac{EI}{l^2} \cdot \left(2F_3(\alpha^2) + F_7(\alpha)\right). \qquad (5.4.4)$$

5.4.2. Genaue Lösungen für einen Stab a,b (b,b) ohne Längskraft

Aus den Näherungslösungen für die Stabendschnittlasten eines Druckstabes a,b (b,b) nach 5.4.1.2. folgen für $\alpha = 0$ die genauen Lösungen für die Stabendschnittlasten $\psi_{a,b}=1\,\mathfrak{M}(0)_{a,b(b,b)}$, $\psi_{a,b}=1\,\mathfrak{M}(0)_{b,a(b,b)}$, $\psi_{a,b}=1\,\mathfrak{K}(0)_{a,b;Q(b,b)}$ und $\psi_{a,b}=1\,\mathfrak{K}(0)_{b,a;Q(b,b)}$ eines Stabes a,b (b,b) ohne Längskraft infolge der Verformungen $\varphi_a = 0$, $\varphi_b = 0$ und $\psi_{a,b} = 1$.

Es ergibt sich aus (5.4.3)

$$\psi_{a,b}=1\,\mathfrak{M}(0)_{a,b(b,b)} = \psi_{a,b}=1\,\mathfrak{M}(0)_{b,a(b,b)} = -\frac{EI}{l} \cdot \frac{6}{1 + 4\varkappa_0} = -\frac{EI}{l} \cdot \left(F_1(0) + F_2(0)\right)$$

$$= -\frac{EI}{l} \cdot F_3(0) \qquad (5.4.5)$$

und aus (5.4.4):

$$\psi_{a,b}=1\,\mathfrak{K}(0)_{a,b;Q(b,b)} = \psi_{a,b}=1\,\mathfrak{K}(0)_{b,a;Q(b,b)} = \frac{EI}{l^2} \cdot \frac{12}{1 + 4\varkappa_0} = \frac{EI}{l^2} \cdot 2 \cdot \left(F_1(0) + F_2(0)\right)$$

$$= \frac{EI}{l^2} \cdot 2F_3(0) = \frac{EI}{l^2} \cdot F_4(0). \qquad (5.4.6)$$

5.4.3. Zugstab a,b (b,b)

5.4.3.1. Genaue Lösungen

Die genauen Lösungen für die Stabendschnittlasten $\psi_{a,b}=1\,\mathfrak{M}(\beta)_{a,b(b,b)}$, $\psi_{a,b}=1\,\mathfrak{M}(\beta)_{b,a(b,b)}$, $\psi_{a,b}=1\,\mathfrak{K}(\beta)_{a,b;Q(b,b)}$ und $\psi_{a,b}=1\,\mathfrak{K}(\beta)_{b,a;Q(b,b)}$ eines Zugstabes a,b (b,b) nach Abb. 73 infolge der Verformungen $\varphi_a = 0$, $\varphi_b = 0$ und $\psi_{a,b} = 1$ erhält man aus den genauen Lösungen für die Stabendschnittlasten eines Druckstabes a,b (b,b) nach 5.4.1.1. unter Beachtung von (4.3.40), (4.3.41), (4.3.42) und (4.3.43).

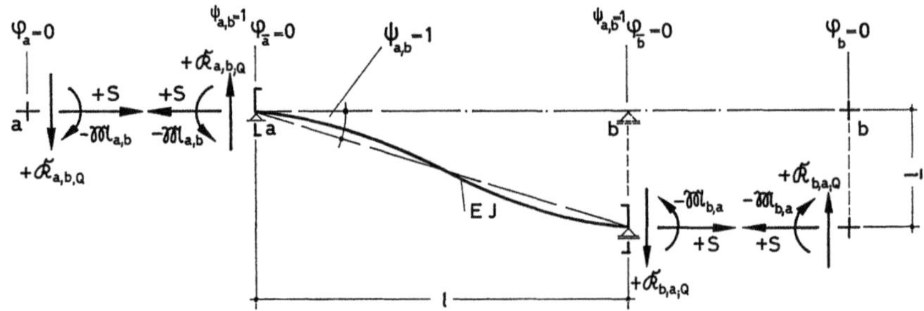

Abb. 73. Stabendschnittlasten $\mathfrak{M}$ und $\mathfrak{K}_Q$ eines Zugstabes a,b (b,b)
infolge einer Stabsehnendrehung $\psi_{a,b} = 1$

Es folgt aus (5.4.1)

$$\psi_{a,b}=1\mathfrak{M}(\beta)_{a,b(b,b)} = \psi_{a,b}=1\mathfrak{M}(\beta)_{b,a(b,b)} = -\frac{EI}{l} \cdot \frac{\mu \cdot \beta^2 \cdot (1 - \mathrm{Cosh}\,\beta)}{2 \cdot (\mathrm{Cosh}\,\beta - 1) - \mu \cdot \beta \cdot \mathrm{Sinh}\,\beta}$$

$$= -\frac{EI}{l} \cdot \big(F_1(\beta) + F_2(\beta)\big) = -\frac{EI}{l} \cdot F_3(\beta) \tag{5.4.7}$$

und aus (5.4.2):

$$\psi_{a,b}=1\mathfrak{K}(\beta)_{a,b;Q(b,b)} = \psi_{a,b}=1\mathfrak{K}(\beta)_{b,a;Q(b,b)} = \frac{EI}{l^2} \cdot \frac{-\mu^2 \cdot \beta^3 \cdot \mathrm{Sinh}\,\beta}{2 \cdot (\mathrm{Cosh}\,\beta - 1) - \mu \cdot \beta \cdot \mathrm{Sinh}\,\beta}$$

$$= \frac{EI}{l^2} \cdot \big[2 \cdot \big(F_1(\beta) + F_2(\beta)\big) + \mu \cdot \beta^2\big] = \frac{EI}{l^2} \cdot \big(2F_3(\beta) + F_7(\beta)\big)$$

$$= \frac{EI}{l^2} \cdot F_4(\beta). \tag{5.4.8}$$

5.4.3.2. Näherungslösungen für $\beta \ll 1$

Mit (4.3.41) ergeben sich aus den Näherungslösungen für die Stabendschnittlasten eines Druckstabes a,b (b,b) nach 5.4.1.2. die Näherungslösungen für die Stabendschnittlasten $\psi_{a,b}=1\mathfrak{M}(\beta^2)_{a,b(b,b)}$, $\psi_{a,b}=1\mathfrak{M}(\beta^2)_{b,a(b,b)}$, $\psi_{a,b}=1\mathfrak{K}(\beta^2)_{a,b;Q(b,b)}$ und $\psi_{a,b}=1\mathfrak{K}(\beta^2)_{b,a;Q(b,b)}$ eines Zugstabes a,b (b,b) infolge der Verformungen $\varphi_a = 0$, $\varphi_b = 0$ und $\psi_{a,b} = 1$.

Wir erhalten aus (5.4.3)

$$^{\psi_{a,b}=1}\mathfrak{M}(\beta^2)_{a,b(b,b)} = {}^{\psi_{a,b}=1}\mathfrak{M}(\beta^2)_{b,a(b,b)} \simeq -\frac{EI}{l} \cdot \frac{6 + \dfrac{\beta^2}{2}}{1 + 4\varkappa_0 + \dfrac{\beta^2}{15} \cdot (1 + 5\varkappa_0)}$$

$$= -\frac{EI}{l} \cdot \left(F_1(\beta^2) + F_2(\beta^2) \right) = -\frac{EI}{l} \cdot F_3(\beta^2) \qquad (5.4.9)$$

und aus (5.4.4):

$$^{\psi_{a,b}=1}\mathfrak{K}(\beta^2)_{a,b;Q(b,b)} = {}^{\psi_{a,b}=1}\mathfrak{K}(\beta^2)_{b,a;Q(b,b)}$$

$$\simeq \frac{EI}{l^2} \cdot \frac{2 \cdot (6 + \beta^2)}{\left(1 - \dfrac{\varkappa_0}{3} \cdot \beta^2\right) \cdot \left[1 + 4\varkappa_0 + \dfrac{\beta^2}{15} \cdot (1 + 5\varkappa_0)\right]} = \frac{EI}{l^2} \cdot F_4(\beta^2)$$

$$\simeq \frac{EI}{l^2} \cdot \left[2 \cdot \left(F_1(\beta^2) + F_2(\beta^2)\right) + \mu \cdot \beta^2\right] = \frac{EI}{l^2} \cdot \left(2F_3(\beta^2) + F_7(\beta)\right). \qquad (5.4.10)$$

5.4.3.3. Näherungslösungen für $\beta \gg 1$

Die Näherungslösungen für die Stabendschnittlasten $^{\psi_{a,b}=1}\mathfrak{M}(\beta_N)_{a,b(b,b)}$, $^{\psi_{a,b}=1}\mathfrak{M}(\beta_N)_{b,a(b,b)}$, $^{\psi_{a,b}=1}\mathfrak{K}(\beta_N)_{a,b;Q(b,b)}$ und $^{\psi_{a,b}=1}\mathfrak{K}(\beta_N)_{b,a;Q(b,b)}$ eines Zugstabes a,b (b,b) infolge der Verformungen $\varphi_a = 0$, $\varphi_b = 0$ und $\psi_{a,b} = 1$ folgen mit (5.2.23) aus den genauen Lösungen für die Stabendschnittlasten eines Zugstabes a,b (b,b) nach 5.4.3.1.

Es ergibt sich aus (5.4.7)

$$^{\psi_{a,b}=1}\mathfrak{M}(\beta_N)_{a,b(b,b)} = {}^{\psi_{a,b}=1}\mathfrak{M}(\beta_N)_{b,a(b,b)} \simeq -\frac{EI}{l} \cdot \frac{\mu \cdot \beta^2}{\mu \cdot \beta - 2}$$

$$= -\frac{EI}{l} \cdot \left(F_1(\beta_N) + F_2(\beta_N)\right) = -\frac{EI}{l} \cdot F_3(\beta_N)$$

$$(5.4.11)$$

und aus (5.4.8):

$$^{\psi_{a,b}=1}\mathfrak{K}(\beta_N)_{a,b;Q(b,b)} = {}^{\psi_{a,b}=1}\mathfrak{K}(\beta_N)_{b,a;Q(b,b)} \simeq \frac{EI}{l^2} \cdot \frac{\mu^2 \cdot \beta^3}{\mu \cdot \beta - 2}$$

$$= \frac{EI}{l^2} \cdot \left[2 \cdot \left(F_1(\beta_N) + F_2(\beta_N)\right) + \mu \cdot \beta^2\right]$$

$$= \frac{EI}{l^2} \cdot \left(2F_3(\beta_N) + F_7(\beta)\right) = \frac{EI}{l^2} \cdot F_4(\beta_N). \qquad (5.4.12)$$

5.5. Knotendrehung $\varphi_a = 1$, Stabsehnendrehung $\psi_{a,b} = 0$

5.5.1. Druckstab a,b (b,g)

5.5.1.1. Genaue Lösungen

Für die Ermittlung des Stabendmomentes $^{\varphi_a=1}\mathfrak{M}_{a,b(b,g)}$ eines Druckstabes a,b (b,g) nach Abb. 74 infolge der Verformungen $^{\varphi_a=1}\varphi_{\bar{a}} = \varphi_a = 1$ und $\psi_{a,b} = 0$ erhält man analog 5.2.1.1.:

$$^{\varphi_a=1}\varphi_{\bar{a}} = \varphi_a = {}^{\varphi_a=1}\mathfrak{M}_{a,b(b,g)} \cdot {}^{M_a=1}\varphi(\alpha)_{a;a} = 1 \,.$$

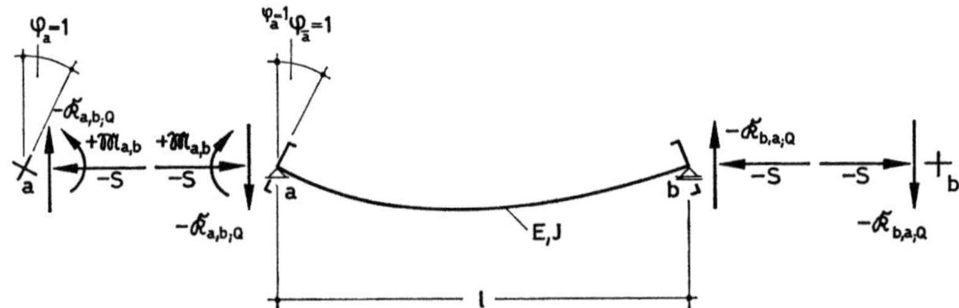

Abb. 74. Stabendschnittlasten $\mathfrak{M}$ und $\mathfrak{K}_Q$ eines Druckstabes a,b (b,g) infolge einer Knotendrehung $\varphi_a = 1$

Mit (5.2.1) folgt hieraus

$$^{\varphi_a=1}\mathfrak{M}(\alpha)_{a,b(b,g)} = \frac{EI}{l} \cdot \frac{1}{F(\alpha)_{a;a}} = \frac{EI}{l} \cdot \frac{1}{\dfrac{\sin\alpha - \alpha \cdot \cos\alpha}{\alpha^2 \cdot \sin\alpha} + \dfrac{\varkappa_0}{3}}$$

und mit (5.2.7):

$$^{\varphi_a=1}\mathfrak{M}(\alpha)_{a,b(b,g)} = \frac{EI}{l} \cdot \frac{1}{F(\alpha)_{a;a}} = \frac{EI}{l} \cdot \frac{\mu \cdot \alpha^2 \cdot \sin\alpha}{\sin\alpha - \mu \cdot \alpha \cdot \cos\alpha} = \frac{EI}{l} \cdot F_5(\alpha) \,. \quad (5.5.1)$$

Für die Stabendquerkräfte $^{\varphi_a=1}\mathfrak{K}(\alpha)_{a,b;Q(b,g)}$ und $^{\varphi_a=1}\mathfrak{K}(\alpha)_{b,a;Q(b,g)}$ ergibt sich nach Abb. 74 mit (5.5.1) aus den Momentengleichgewichtsbedingungen bezogen auf die Stabenden a und b:

$$^{\varphi_a=1}\mathfrak{K}(\alpha)_{a,b;Q(b,g)} = {}^{\varphi_a=1}\mathfrak{K}(\alpha)_{b,a;Q(b,g)} = -\frac{{}^{\varphi_a=1}\mathfrak{M}(\alpha)_{a,b(b,g)}}{l}$$

$$= -\frac{EI}{l^2} \cdot \frac{\mu \cdot \alpha^2 \cdot \sin\alpha}{\sin\alpha - \mu \cdot \alpha \cdot \cos\alpha} = -\frac{EI}{l^2} \cdot F_5(\alpha) \,. \quad (5.5.2)$$

5.5.1.2. Näherungslösungen für $\alpha \ll 1$

Die Näherungslösungen für die Stabendschnittlasten $^{\varphi_a=1}\mathfrak{M}(\alpha^2)_{a,b(b,g)}$, $^{\varphi_a=1}\mathfrak{K}(\alpha^2)_{a,b;Q(b,g)}$ und $^{\varphi_a=1}\mathfrak{K}(\alpha^2)_{b,a;Q,b,g}$ eines Druckstabes a,b (b,g) infolge der Verformungen $\varphi_a = 1$ und $\psi_{a,b} = 0$ erhalten wir analog 5.2.1.2. aus den genauen Lösungen für die Stabendschnittlasten eines Druckstabes a,b (b,g) nach 5.5.1.1. mit (4.3.21), (4.3.22) und (4.3.29).

Es folgt aus (5.5.1)

$$^{\varphi_a=1}\mathfrak{M}(\alpha^2)_{a,b(b,g)} \simeq \frac{EI}{l} \cdot \frac{3 - \dfrac{\alpha^2}{2}}{1 + \varkappa_0 - \dfrac{\alpha^2}{30} \cdot (3 + 5\varkappa_0)} = \frac{EI}{l} \cdot F_5(\alpha^2) \qquad (5.5.3)$$

und aus (5.5.2):

$$^{\varphi_a=1}\mathfrak{K}(\alpha^2)_{a,b;Q(b,g)} = {}^{\varphi_a=1}\mathfrak{K}(\alpha^2)_{b,a;Q(b,g)} \simeq -\frac{EI}{l^2} \cdot \frac{3 - \dfrac{\alpha^2}{2}}{1 + \varkappa_0 - \dfrac{\alpha^2}{30} \cdot (3 + 5\varkappa_0)}$$

$$= -\frac{EI}{l^2} \cdot F_5(\alpha^2). \qquad (5.5.4)$$

5.5.2. Genaue Lösungen für einen Stab a,b (b,g) ohne Längskraft

Aus den Näherungslösungen für die Stabendschnittlasten eines Druckstabes a,b (b,g) nach 5.5.1.2. ergeben sich für $\alpha = 0$ die genauen Lösungen für die Stabendschnittlasten $^{\varphi_a=1}\mathfrak{M}(0)_{a,b(b,g)}$, $^{\varphi_a=1}\mathfrak{K}(0)_{a,b;Q(b,g)}$ und $^{\varphi_a=1}\mathfrak{K}(0)_{b,a;Q(b,g)}$ eines Stabes a,b (b,g) ohne Längskraft infolge der Verformungen $\varphi_a = 1$ und $\psi_{a,b} = 0$.

Man erhält aus (5.5.3)

$$^{\varphi_a=1}\mathfrak{M}(0)_{a,b(b,g)} = \frac{EI}{l} \cdot \frac{3}{1 + \varkappa_0} = \frac{EI}{l} \cdot F_5(0) \qquad (5.5.5)$$

und aus (5.5.4):

$$^{\varphi_a=1}\mathfrak{K}(0)_{a,b;Q(b,g)} = {}^{\varphi_a=1}\mathfrak{K}(0)_{b,a;Q(b,g)} = -\frac{EI}{l^2} \cdot \frac{3}{1 + \varkappa_0} = -\frac{EI}{l^2} \cdot F_5(0). \qquad (5.5.6)$$

5.5.3. Zugstab a,b (b,g)

5.5.3.1. Genaue Lösungen

Die genauen Lösungen für die Stabendschnittlasten $^{\varphi_a=1}\mathfrak{M}(\beta)_{a,b(b,g)}$, $^{\varphi_a=1}\mathfrak{K}(\beta)_{a,b;Q(b,g)}$ und $^{\varphi_a=1}\mathfrak{K}(\beta)_{b,a;Q(b,g)}$ eines Zugstabes a,b (b,g) nach Abb. 75 infolge der Verformungen $\varphi_a = 1$ und $\psi_{a,b} = 0$ folgen aus den genauen Lösungen für die Stabendschnittlasten eines Druckstabes a,b (b,g) nach 5.5.1.1. unter Beachtung von (4.3.40), (4.3.41), (4.3.42) und (4.3.43).

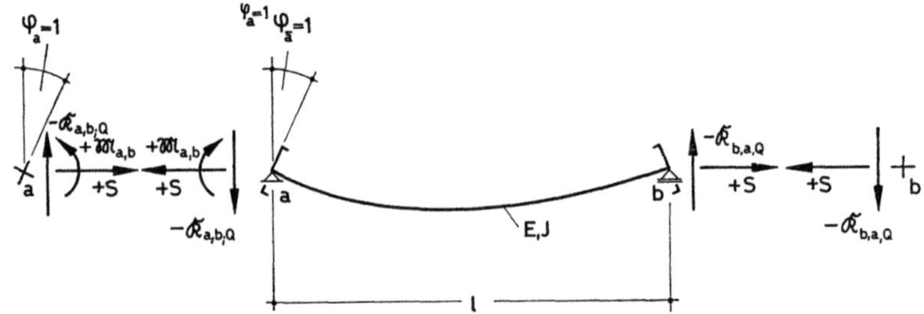

Abb. 75. Stabendschnittlasten $\mathfrak{M}$ und $\mathfrak{K}_Q$ eines Zugstabes a,b (b,g)
infolge einer Knotendrehung $\varphi_a = 1$

Es ergibt sich aus (5.5.1)

$$^{\varphi_a=1}\mathfrak{M}(\beta)_{a,b(b,g)} = \frac{EI}{l} \cdot \frac{\mu \cdot \beta^2 \cdot \operatorname{Sinh}\beta}{\mu \cdot \beta \cdot \operatorname{Cosh}\beta - \operatorname{Sinh}\beta} = \frac{EI}{l} \cdot F_5(\beta) \qquad (5.5.7)$$

und aus (5.5.2):

$$^{\varphi_a=1}\mathfrak{K}(\beta)_{a,b;Q(b,g)} = {}^{\varphi_a=1}\mathfrak{K}(\beta)_{b,a;Q(b,g)} = -\frac{EI}{l^2} \cdot \frac{\mu \cdot \beta^2 \cdot \operatorname{Sinh}\beta}{\mu \cdot \beta \cdot \operatorname{Cosh}\beta - \operatorname{Sinh}\beta}$$

$$= -\frac{EI}{l^2} \cdot F_5(\beta). \qquad (5.5.8)$$

5.5.3.2. Näherungslösungen für $\beta \ll 1$

Mit (4.3.41) erhalten wir aus den Näherungslösungen für die Stabendschnittlasten eines Druckstabes a,b (b,g) nach 5.5.1.2. die Näherungslösungen für die Stabendschnittlasten $^{\varphi_a=1}\mathfrak{M}(\beta^2)_{a,b(b,g)}$, $^{\varphi_a=1}\mathfrak{K}(\beta^2)_{a,b;Q(b,g)}$ und $^{\varphi_a=1}\mathfrak{K}(\beta^2)_{b,a;Q(b,g)}$ eines Zugstabes a,b (b,g) infolge der Verformungen $\varphi_a = 1$ und $\psi_{a,b} = 0$.

Es folgt aus (5.5.3)

$$^{\varphi_a=1}\mathfrak{M}(\beta^2)_{a,b(b,g)} \simeq \frac{EI}{l} \cdot \frac{3 + \dfrac{\beta^2}{2}}{1 + \varkappa_0 + \dfrac{\beta^2}{30} \cdot (3 + 5\varkappa_0)} = \frac{EI}{l} \cdot F_5(\beta^2) \qquad (5.5.9)$$

und aus (5.5.4):

$$^{\varphi_a=1}\mathfrak{K}(\beta^2)_{a,b;Q(b,g)} = {}^{\varphi_a=1}\mathfrak{K}(\beta^2)_{b,a;Q(b,g)} \simeq -\frac{EI}{l^2} \cdot \frac{3 + \dfrac{\beta^2}{2}}{1 + \varkappa_0 + \dfrac{\beta^2}{30} \cdot (3 + 5\varkappa_0)}$$

$$= -\frac{EI}{l^2} \cdot F_5(\beta^2). \qquad (5.5.10)$$

5.5.3.3. Näherungslösungen für $\beta \gg 1$

Die Näherungslösungen für die Stabendschnittlasten $^{\varphi_a=1}\mathfrak{M}(\beta_N)_{a,b(b,g)}$, $^{\varphi_a=1}\mathfrak{K}(\beta_N)_{a,b;Q(b,g)}$ und $^{\varphi_a=1}\mathfrak{K}(\beta_N)_{b,a;Q(b,g)}$ eines Zugstabes a,b (b,g) infolge der Verformungen $\varphi_a = 1$ und $\psi_{a,b} = 0$ ergeben sich mit (5.2.23) aus den genauen Lösungen für die Stabendschnittlasten eines Zugstabes a,b (b,g) nach 5.5.3.1.

Man erhält aus (5.5.7)

$$^{\varphi_a=1}\mathfrak{M}(\beta_N)_{a,b(b,g)} \simeq \frac{EI}{l} \cdot \frac{\mu \cdot \beta^2}{\mu \cdot \beta - 1} = \frac{EI}{l} \cdot F_5(\beta_N) \tag{5.5.11}$$

und aus (5.5.8):

$$^{\varphi_a=1}\mathfrak{K}(\beta_N)_{a,b;Q(b,g)} = {}^{\varphi_a=1}\mathfrak{K}(\beta_N)_{b,a;Q(b,g)} \simeq -\frac{EI}{l^2} \cdot \frac{\mu \cdot \beta^2}{\mu \cdot \beta - 1} = -\frac{EI}{l^2} \cdot F_5(\beta_N).$$

$$\tag{5.5.12}$$

5.6. Knotendrehung $\varphi_b = 1$, Stabsehnendrehung $\psi_{a,b} = 0$

5.6.1. Druckstab a,b (g,b)

5.6.1.1. Genaue Lösungen

Die genauen Lösungen für die Stabendschnittlasten $^{\varphi_b=1}\mathfrak{M}(\alpha)_{b,a(g,b)}$, $^{\varphi_b=1}\mathfrak{K}(\alpha)_{a,b;Q(g,b)}$ und $^{\varphi_b=1}\mathfrak{K}(\alpha)_{b,a;Q(g,b)}$ eines Druckstabes a,b (g,b) nach Abb. 76 infolge der Verformungen $\varphi_b = 1$ und $\psi_{a,b} = 0$ folgen analog 5.5.1.1. zu:

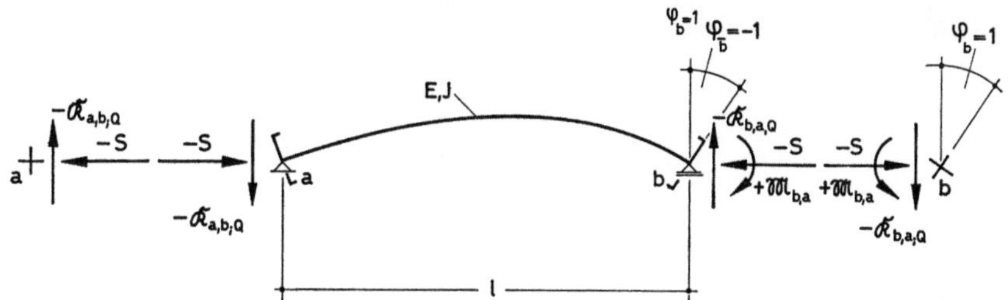

Abb. 76. Stabendschnittlasten $\mathfrak{M}$ und $\mathfrak{K}_Q$ eines Druckstabes a,b (g,b) infolge einer Knotendrehung $\varphi_b = 1$

$$^{\varphi_b=1}\mathfrak{M}(\alpha)_{b,a(g,b)} = \frac{EI}{l} \cdot \frac{\mu \cdot \alpha^2 \cdot \sin \alpha}{\sin \alpha - \mu \cdot \alpha \cdot \cos \alpha} = \frac{EI}{l} \cdot F_5(\alpha), \tag{5.6.1}$$

$$^{\varphi_b=1}\mathfrak{K}(\alpha)_{a,b;Q(g,b)} = {}^{\varphi_b=1}\mathfrak{K}(\alpha)_{b,a;Q(g,b)} = -\frac{EI}{l^2} \cdot \frac{\mu \cdot \alpha^2 \cdot \sin \alpha}{\sin \alpha - \mu \cdot \alpha \cdot \cos \alpha}$$

$$= -\frac{EI}{l^2} \cdot F_5(\alpha). \tag{5.6.2}$$

5.6.1.2. Näherungslösungen für $\alpha \ll 1$

Die Näherungslösungen für die Stabendschnittlasten ${}^{\varphi_b=1}\mathfrak{M}(\alpha^2)_{b,a(g,b)}$, ${}^{\varphi_b=1}\mathfrak{K}(\alpha^2)_{a,b;Q(g,b)}$ und ${}^{\varphi_b=1}\mathfrak{K}(\alpha^2)_{b,a;Q(g,b)}$ eines Druckstabes a,b (g,b) infolge der Verformungen $\varphi_b = 1$ und $\psi_{a,b} = 0$ ergeben sich analog 5.5.1.2. zu:

$$
{}^{\varphi_b=1}\mathfrak{M}(\alpha^2)_{b,a(g,b)} \simeq \frac{EI}{l} \cdot \frac{3 - \dfrac{\alpha^2}{2}}{1 + \varkappa_0 - \dfrac{\alpha^2}{30} \cdot (3 + 5\varkappa_0)} = \frac{EI}{l} \cdot F_5(\alpha^2), \qquad (5.6.3)
$$

$$
{}^{\varphi_b=1}\mathfrak{K}(\alpha^2)_{a,b;Q(g,b)} = {}^{\varphi_b=1}\mathfrak{K}(\alpha^2)_{b,a;Q(g,b)} \simeq -\frac{EI}{l^2} \cdot \frac{3 - \dfrac{\alpha^2}{2}}{1 + \varkappa_0 - \dfrac{\alpha^2}{30} \cdot (3 + 5\varkappa_0)}
$$

$$
= -\frac{EI}{l^2} \cdot F_5(\alpha^2). \qquad (5.6.4)
$$

5.6.2. Genaue Lösungen für einen Stab a,b (g,b) ohne Längskraft

Die genauen Lösungen für die Stabendschnittlasten ${}^{\varphi_b=1}\mathfrak{M}(0)_{b,a(g,b)}$, ${}^{\varphi_b=1}\mathfrak{K}(0)_{a,b;Q(g,b)}$ und ${}^{\varphi_b=1}\mathfrak{K}(0)_{b,a;Q(g,b)}$ eines Stabes a,b (g,b) ohne Längskraft infolge der Verformungen $\varphi_b = 1$ und $\psi_{a,b} = 0$ erhalten wir analog 5.5.2. zu:

$$
{}^{\varphi_b=1}\mathfrak{M}(0)_{b,a(g,b)} = \frac{EI}{l} \cdot \frac{3}{1 + \varkappa_0} = \frac{EI}{l} \cdot F_5(0), \qquad (5.6.5)
$$

$$
{}^{\varphi_b=1}\mathfrak{K}(0)_{a,b;Q(g,b)} = {}^{\varphi_b=1}\mathfrak{K}(0)_{b,a;Q(g,b)} = -\frac{EI}{l^2} \cdot \frac{3}{1 + \varkappa_0} = -\frac{EI}{l^2} \cdot F_5(0). \qquad (5.6.6)
$$

5.6.3. Zugstab a,b (g,b)

5.6.3.1. Genaue Lösungen

Die genauen Lösungen für die Stabendschnittlasten ${}^{\varphi_b=1}\mathfrak{M}(\beta)_{b,a(g,b)}$, ${}^{\varphi_b=1}\mathfrak{K}(\beta)_{a,b;Q(g,b)}$ und ${}^{\varphi_b=1}\mathfrak{K}(\beta)_{b,a;Q(g,b)}$ eines Zugstabes a,b (g,b) nach Abb. 77 infolge der Verformungen $\varphi_b = 1$ und $\psi_{a,b} = 0$ folgen analog 5.5.3.1. zu:

$$
{}^{\varphi_b=1}\mathfrak{M}(\beta)_{b,a(g,b)} = \frac{EI}{l} \cdot \frac{\mu \cdot \beta^2 \cdot \mathrm{Sinh}\,\beta}{\mu \cdot \beta \cdot \mathrm{Cosh}\,\beta - \mathrm{Sinh}\,\beta} = \frac{EI}{l} \cdot F_5(\beta), \qquad (5.6.7)
$$

$$
{}^{\varphi_b=1}\mathfrak{K}(\beta)_{a,b;Q(g,b)} = {}^{\varphi_b=1}\mathfrak{K}(\beta)_{b,a;Q(g,b)} = -\frac{EI}{l^2} \cdot \frac{\mu \cdot \beta^2 \cdot \mathrm{Sinh}\,\beta}{\mu \cdot \beta \cdot \mathrm{Cosh}\,\beta - \mathrm{Sinh}\,\beta}
$$

$$
= -\frac{EI}{l^2} \cdot F_5(\beta). \qquad (5.6.8)
$$

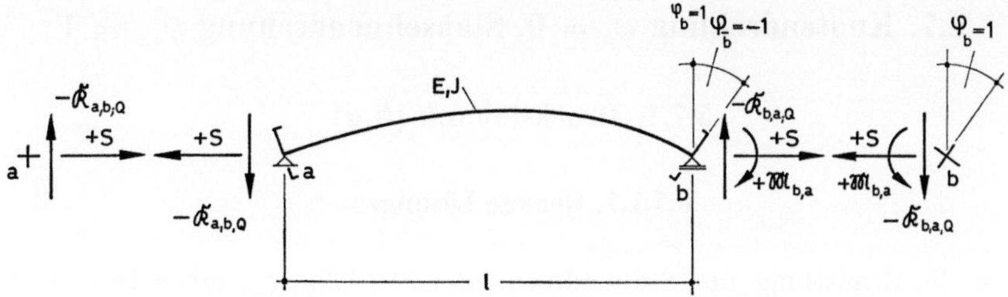

Abb. 77. Stabendschnittlasten $\mathfrak{M}$ und $\mathfrak{K}_Q$ eines Zugstabes a,b (g,b)
infolge einer Knotendrehung $\varphi_b = 1$

5.6.3.2. Näherungslösungen für $\beta \ll 1$

Die Näherungslösungen für die Stabendschnittlasten $^{\varphi_b=1}\mathfrak{M}(\beta^2)_{b,a(g,b)}$, $^{\varphi_b=1}\mathfrak{K}(\beta^2)_{a,b;Q(g,b)}$ und $^{\varphi_b=1}\mathfrak{K}(\beta^2)_{b,a;Q(g,b)}$ eines Zugstabes a,b (g,b) infolge der Verformungen $\varphi_b = 1$ und $\psi_{a,b} = 0$ ergeben sich analog 5.5.3.2. zu:

$$^{\varphi_b=1}\mathfrak{M}(\beta^2)_{b,a(g,b)} \simeq \frac{EI}{l} \cdot \frac{3 + \dfrac{\beta^2}{2}}{1 + \varkappa_0 + \dfrac{\beta^2}{30} \cdot (3 + 5\varkappa_0)} = \frac{EI}{l} \cdot F_5(\beta^2), \quad (5.6.9)$$

$$^{\varphi_b=1}\mathfrak{K}(\beta^2)_{a,b;Q(g,b)} = {}^{\varphi_b=1}\mathfrak{K}(\beta^2)_{b,a;Q(g,b)} \simeq -\frac{EI}{l^2} \cdot \frac{3 + \dfrac{\beta^2}{2}}{1 + \varkappa_0 + \dfrac{\beta^2}{30} \cdot (3 + 5\varkappa_0)}$$

$$= -\frac{EI}{l^2} \cdot F_5(\beta^2). \quad (5.6.10)$$

5.6.3.3. Näherungslösungen für $\beta \gg 1$

Die Näherungslösungen für die Stabendschnittlasten $^{\varphi_b=1}\mathfrak{M}(\beta_N)_{b,a(g,b)}$, $^{\varphi_b=1}\mathfrak{K}(\beta_N)_{a,b;Q(g,b)}$ und $^{\varphi_b=1}\mathfrak{K}(\beta_N)_{b,a;Q(g,b)}$ eines Zugstabes a,b (g,b) infolge der Verformungen $\varphi_b = 1$ und $\psi_{a,b} = 0$ erhält man analog 5.5.3.3. zu:

$$^{\varphi_b=1}\mathfrak{M}(\beta_N)_{b,a(g,b)} \simeq \frac{EI}{l} \cdot \frac{\mu \cdot \beta^2}{\mu \cdot \beta - 1} = \frac{EI}{l} \cdot F_5(\beta_N), \quad (5.6.11)$$

$$^{\varphi_b=1}\mathfrak{K}(\beta_N)_{a,b;Q(g,b)} = {}^{\varphi_b=1}\mathfrak{K}(\beta_N)_{b,a;Q(g,b)} \simeq -\frac{EI}{l^2} \cdot \frac{\mu \cdot \beta^2}{\mu \cdot \beta - 1} = -\frac{EI}{l^2} \cdot F_5(\beta_N).$$

$$(5.6.12)$$

5.7. Knotendrehung $\varphi_a = 0$, Stabsehnendrehung $\psi_{a,b} = 1$

5.7.1. Druckstab a,b (b,g)

5.7.1.1. Genaue Lösungen

Für die Ermittlung des Stabendmomentes $^{\psi_{a,b}=1}\mathfrak{M}_{a,b(b,g)}$ eines Druckstabes a,b (b,g) nach Abb. 78.1 infolge der Verformungen $\varphi_a = {}^{\psi_{a,b}=1}\varphi_{\bar{a}} = 0$ und $\psi_{a,b} = 1$, die den Verformungen $^{\psi_{a,b}=1}\varphi_{\bar{a}} = -1$ und $\psi_{a,b} = 0$ des Druckstabes a,b (b,g) nach dem Drehen des Stabes in eine horizontale Lage entsprechen (Abb. 78.2), ergibt sich analog 5.2.1.1 und 5.4.1.1.:

$$^{\psi_{a,b}=1}\varphi_{\bar{a}} = {}^{\psi_{a,b}=1}\mathfrak{M}_{a,b(b,g)} \cdot {}^{M_a=1}\varphi(\alpha)_{a;a} = -1\,.$$

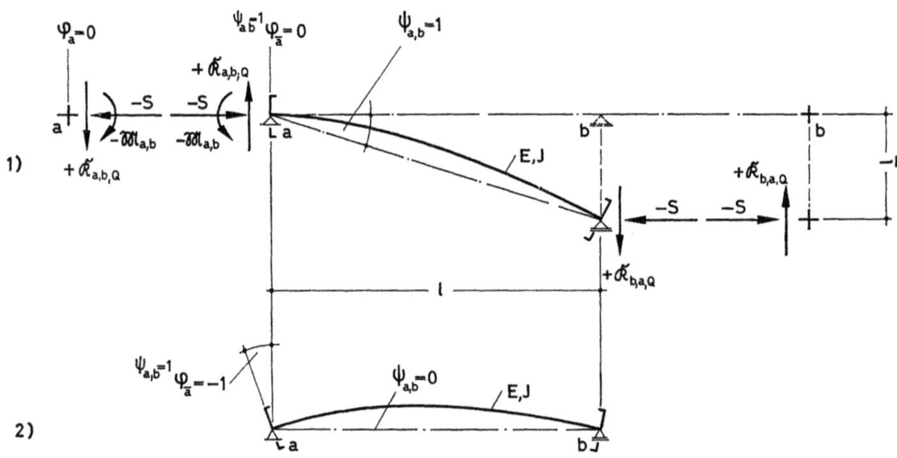

Abb. 78. Stabendschnittlasten $\mathfrak{M}$ und $\mathfrak{K}_Q$ eines Druckstabes a,b (b,g) infolge einer Stabsehnendrehung $\psi_{a,b} = 1$

Hieraus erhalten wir mit (5.2.1) und (5.2.7) nach Zwischenrechnung:

$$^{\psi_{a,b}=1}\mathfrak{M}(\alpha)_{a,b(b,g)} = -\frac{EI}{l} \cdot \frac{\mu \cdot \alpha^2 \cdot \sin \alpha}{\sin \alpha - \mu \cdot \alpha \cdot \cos \alpha} = -\frac{EI}{l} \cdot F_5(\alpha)\,. \quad (5.7.1)$$

Aus Abb. 78 folgt für das Momentengleichgewicht bezogen auf das Stabende b:

$$^{\psi_{a,b}=1}\mathfrak{K}(\alpha)_{a,b;Q(b,g)} = -\frac{^{\psi_{a,b}=1}\mathfrak{M}(\alpha)_{a,b(b,g)}}{l} + S\,.$$

Mit (5.7.1) und (4.3.5) ergibt sich hieraus:

$$
{}^{\psi_{a,b}=1}\Re(\alpha)_{a,b;\,Q(b,g)} = \frac{EI}{l^2} \cdot \frac{\mu \cdot \alpha^2 \cdot \sin \alpha}{\sin \alpha - \mu \cdot \alpha \cdot \cos \alpha} - \frac{\mu \cdot \alpha^2 \cdot EI}{l^2}
$$

$$
= \frac{EI}{l^2} \cdot \frac{\mu^2 \cdot \alpha^3 \cdot \cos \alpha}{\sin \alpha - \mu \cdot \alpha \cdot \cos \alpha} = \frac{EI}{l^2} \cdot \big(F_5(\alpha) - \mu \cdot \alpha^2\big)
$$

$$
= \frac{EI}{l^2} \cdot \big(F_5(\alpha) + F_7(\alpha)\big) = \frac{EI}{l^2} \cdot F_6(\alpha).
$$

Für die Stabendquerkraft ${}^{\psi_{a,b}=1}\Re(\alpha)_{b,a;\,Q(b,g)}$ erhält man ebenso aus dem Momentengleichgewicht bezogen auf das Stabende a:

$$
{}^{\psi_{a,b}=1}\Re(\alpha)_{b,a;\,Q(b,g)} = \frac{EI}{l^2} \cdot \frac{\mu^2 \cdot \alpha^3 \cdot \cos \alpha}{\sin \alpha - \mu \cdot \alpha \cdot \cos \alpha} = \frac{EI}{l^2} \cdot F_6(\alpha) = {}^{\psi_{a,b}=1}\Re(\alpha)_{a,b;\,Q(b,g)}.
$$

$$(5.7.2)$$

5.7.1.2. Näherungslösungen für $\alpha \ll 1$

Die Näherungslösungen für die Stabendschnittlasten ${}^{\psi_{a,b}=1}\mathfrak{M}(\alpha^2)_{a,b(b,g)}$, ${}^{\psi_{a,b}=1}\Re(\alpha^2)_{a,b;\,Q(b,g)}$ und ${}^{\psi_{a,b}=1}\Re(\alpha^2)_{b,a;\,Q(b,g)}$ eines Druckstabes a,b (b,g) infolge der Verformungen $\varphi_a = 0$ und $\psi_{a,b} = 1$ folgen analog 5.2.1.2. aus den genauen Lösungen für die Stabendschnittlasten eines Druckstabes a,b (b,g) nach 5.7.1.1. mit (4.3.21), (4.3.22) und (4.3.29).

Es ergibt sich aus (5.7.1)

$$
{}^{\psi_{a,b}=1}\mathfrak{M}(\alpha^2)_{a,b(b,g)} \simeq -\frac{EI}{l} \cdot \frac{3 - \dfrac{\alpha^2}{2}}{1 + \varkappa_0 - \dfrac{\alpha^2}{30} \cdot (3 + 5\varkappa_0)} = -\frac{EI}{l} \cdot F_5(\alpha^2) \quad (5.7.3)
$$

und aus (5.7.2):

$$
{}^{\psi_{a,b}=1}\Re(\alpha^2)_{a,b;\,Q(b,g)} = {}^{\psi_{a,b}=1}\Re(\alpha^2)_{b,a;\,Q(b,g)}
$$

$$
\simeq \frac{EI}{l^2} \cdot \frac{3 \cdot \left(1 - \dfrac{\alpha^2}{2}\right)}{\left(1 + \dfrac{\varkappa_0}{3} \cdot \alpha^2\right) \cdot \left[1 + \varkappa_0 - \dfrac{\alpha^2}{30} \cdot (3 + 5\varkappa_0)\right]} = \frac{EI}{l^2} \cdot F_6(\alpha^2)
$$

$$
\simeq \frac{EI}{l^2} \cdot \big(F_5(\alpha^2) - \mu \cdot \alpha^2\big) = \frac{EI}{l^2} \cdot \big(F_5(\alpha^2) + F_7(\alpha)\big). \quad (5.7.4)
$$

5.7.2. Genaue Lösungen für einen Stab a,b (b,g) ohne Längskraft

Aus den Näherungslösungen für die Stabendschnittlasten eines Druckstabes a,b (b,g) nach 5.7.1.2. erhalten wir für $\alpha = 0$ die genauen Lösungen für die Stabendschnittlasten ${}^{\psi_{a,b}=1}\mathfrak{M}(0)_{a,b(b,g)}$, ${}^{\psi_{a,b}=1}\Re(0)_{a,b;\,Q(b,g)}$ und ${}^{\psi_{a,b}=1}\Re(0)_{b,a;\,Q(b,g)}$ eines Stabes a,b (b,g) ohne Längskraft infolge der Verformungen $\varphi_a = 0$ und $\psi_{a,b} = 1$.

Es folgt aus (5.7.3)

$$^{\psi_{a,b}=1}\mathfrak{M}(0)_{a,b(b,g)} = -\frac{EI}{l} \cdot \frac{3}{1 + \varkappa_0} = -\frac{EI}{l} \cdot F_5(0) \tag{5.7.5}$$

und aus (5.7.4):

$$^{\psi_{a,b}=1}\mathfrak{K}(0)_{a,b;Q(b,g)} = {}^{\psi_{a,b}=1}\mathfrak{K}(0)_{b,a;Q(b,g)} = \frac{EI}{l^2} \cdot \frac{3}{1 + \varkappa_0} = \frac{EI}{l^2} \cdot F_5(0) = \frac{EI}{l^2} \cdot F_6(0). \tag{5.7.6}$$

5.7.3. Zugstab a,b (b,g)

5.7.3.1. Genaue Lösungen

Die genauen Lösungen für die Stabendschnittlasten $^{\psi_{a,b}=1}\mathfrak{M}(\beta)_{a,b(b,g)}$, $^{\psi_{a,b}=1}\mathfrak{K}(\beta)_{a,b;Q(b,g)}$ und $^{\psi_{a,b}=1}\mathfrak{K}(\beta)_{b,a;Q(b,g)}$ eines Zugstabes a,b (b,g) nach Abb. 79 infolge der Verformungen $\varphi_a = 0$ und $\psi_{a,b} = 1$ ergeben sich aus den genauen Lösungen für die Stabendschnittlasten eines Druckstabes a,b (b,g) nach 5.7.1.1. unter Beachtung von (4.3.40), (4.3.41), (4.3.42) und (4.3.43).

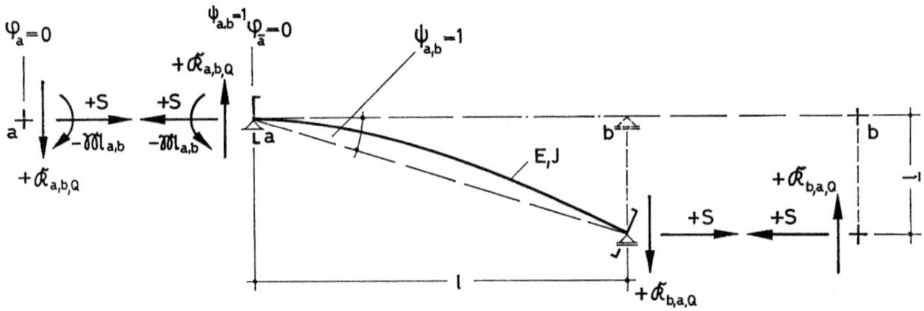

Abb. 79. Stabendschnittlasten $\mathfrak{M}$ und $\mathfrak{K}_Q$ eines Zugstabes a,b (b,g) infolge einer Stabsehnendrehung $\psi_{a,b} = 1$

Man erhält aus (5.7.1)

$$^{\psi_{a,b}=1}\mathfrak{M}(\beta)_{a,b(b,g)} = -\frac{EI}{l} \cdot \frac{\mu \cdot \beta^2 \cdot \operatorname{Sinh} \beta}{\mu \cdot \beta \cdot \operatorname{Cosh} \beta - \operatorname{Sinh} \beta} = -\frac{EI}{l} \cdot F_5(\beta) \tag{5.7.7}$$

und aus (5.7.2):

$$^{\psi_{a,b}=1}\mathfrak{K}(\beta)_{a,b;Q(b,g)} = {}^{\psi_{a,b}=1}\mathfrak{K}(\beta)_{b,a;Q(b,g)} = \frac{EI}{l^2} \cdot \frac{\mu^2 \cdot \beta^3 \cdot \operatorname{Cosh} \beta}{\mu \cdot \beta \cdot \operatorname{Cosh} \beta - \operatorname{Sinh} \beta}$$

$$= \frac{EI}{l^2} \cdot \left(F_5(\beta) + \mu \cdot \beta^2\right) = \frac{EI}{l^2} \cdot \left(F_5(\beta) + F_7(\beta)\right)$$

$$= \frac{EI}{l^2} \cdot F_6(\beta). \tag{5.7.8}$$

5.7.3.2. Näherungslösungen für $\beta \ll 1$

Mit (4.3.41) folgen aus den Näherungslösungen für die Stabendschnittlasten eines Druckstabes a,b (b,g) nach 5.7.1.2. die Näherungslösungen für die Stabendschnittlasten $^{\psi_{a,b}=1}\mathfrak{M}(\beta^2)_{a,b(b,g)}$, $^{\psi_{a,b}=1}\mathfrak{K}(\beta^2)_{a,b;Q(b,g)}$ und $^{\psi_{a,b}=1}\mathfrak{K}(\beta^2)_{b,a;Q(b,g)}$ infolge der Verformungen $\varphi_a = 0$ und $\psi_{a,b} = 1$.

Es ergibt sich aus (5.7.3)

$$^{\psi_{a,b}=1}\mathfrak{M}(\beta^2)_{a,b(b,g)} \simeq -\frac{EI}{l} \cdot \frac{3 + \dfrac{\beta^2}{2}}{1 + \varkappa_0 + \dfrac{\beta^2}{30} \cdot (3 + 5\varkappa_0)} = -\frac{EI}{l} \cdot F_5(\beta^2) \quad (5.7.9)$$

und aus (5.7.4):

$$^{\psi_{a,b}=1}\mathfrak{K}(\beta^2)_{a,b;Q(b,g)} = {}^{\psi_{a,b}=1}\mathfrak{K}(\beta^2)_{b,a;Q(b,g)}$$

$$\simeq \frac{EI}{l^2} \cdot \frac{3 \cdot \left(1 + \dfrac{\beta^2}{2}\right)}{\left(1 - \dfrac{\varkappa_0}{3} \cdot \beta^2\right) \cdot \left[1 + \varkappa_0 + \dfrac{\beta^2}{30} \cdot (3 + 5\varkappa_0)\right]} = \frac{EI}{l^2} \cdot F_6(\beta^2)$$

$$\simeq \frac{EI}{l^2} \cdot \left(F_5(\beta^2) + \mu \cdot \beta^2\right) = \frac{EI}{l^2} \cdot \left(F_5(\beta^2) + F_7(\beta)\right). \quad (5.7.10)$$

5.7.3.3. Näherungslösungen für $\beta \gg 1$

Die Näherungslösungen für die Stabendschnittlasten $^{\psi_{a,b}=1}\mathfrak{M}(\beta_N)_{a,b(b,g)}$, $^{\psi_{a,b}=1}\mathfrak{K}(\beta_N)_{a,b;Q(b,g)}$ und $^{\psi_{a,b}=1}\mathfrak{K}(\beta_N)_{b,a;Q(b,g)}$ eines Zugstabes a,b (b,g) infolge der Verformungen $\varphi_a = 0$ und $\psi_{a,b} = 1$ erhalten wir mit (5.2.23) aus den genauen Lösungen für die Stabendschnittlasten eines Zugstabes a,b (b,g) nach 5.7.3.1.

Es folgt aus (5.7.7)

$$^{\psi_{a,b}=1}\mathfrak{M}(\beta_N)_{a,b(b,g)} \simeq -\frac{EI}{l} \cdot \frac{\mu \cdot \beta^2}{\mu \cdot \beta - 1} = -\frac{EI}{l} \cdot F_5(\beta_N) \quad (5.7.11)$$

und aus (5.7.8):

$$^{\psi_{a,b}=1}\mathfrak{K}(\beta_N)_{a,b;Q(b,g)} = {}^{\psi_{a,b}=1}\mathfrak{K}(\beta_N)_{b,a;Q(b,g)} \simeq \frac{EI}{l^2} \cdot \frac{\mu^2 \cdot \beta^3}{\mu \cdot \beta - 1} = \frac{EI}{l^2} \cdot \left(F_5(\beta_N) + \mu \cdot \beta^2\right)$$

$$= \frac{EI}{l^2} \cdot \left(F_5(\beta_N) + F_7(\beta)\right) = \frac{EI}{l^2} \cdot F_6(\beta_N). \quad (5.7.12)$$

5.8. Knotendrehung $\varphi_b = 0$, Stabsehnendrehung $\psi_{a,b} = 1$

5.8.1. Druckstab a,b (g,b)

5.8.1.1. Genaue Lösungen

Die genauen Lösungen für die Stabendschnittlasten $^{\psi_{a,b}=1}\mathfrak{M}(\alpha)_{b,a(g,b)}$, $^{\psi_{a,b}=1}\mathfrak{K}(\alpha)_{a,b;Q(g,b)}$ und $^{\psi_{a,b}=1}\mathfrak{K}(\alpha)_{b,a;Q(g,b)}$ eines Druckstabes a,b (g,b) nach Abb. 80 infolge der Verformungen $\varphi_b = 0$ und $\psi_{a,b} = 1$ ergeben sich analog 5.7.1.1. zu:

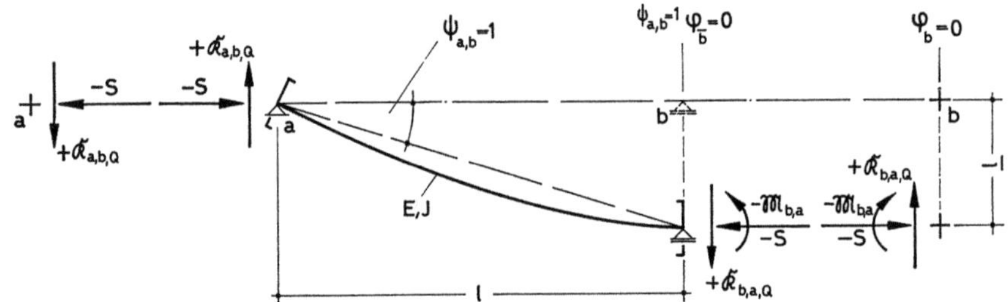

Abb. 80. Stabendschnittlasten $\mathfrak{M}$ und $\mathfrak{K}_Q$ eines Druckstabes a,b (g,b)
infolge einer Stabsehnendrehung $\psi_{a,b} = 1$

$$^{\psi_{a,b}=1}\mathfrak{M}(\alpha)_{b,a(g,b)} = -\frac{EI}{l} \cdot \frac{\mu \cdot \alpha^2 \cdot \sin\alpha}{\sin\alpha - \mu \cdot \alpha \cdot \cos\alpha} = -\frac{EI}{l} \cdot F_5(\alpha), \qquad (5.8.1)$$

$$^{\psi_{a,b}=1}\mathfrak{K}(\alpha)_{a,b;Q(g,b)} = \,^{\psi_{a,b}=1}\mathfrak{K}(\alpha)_{b,a;Q(g,b)} = \frac{EI}{l^2} \cdot \frac{\mu^2 \cdot \alpha^3 \cdot \cos\alpha}{\sin\alpha - \mu \cdot \alpha \cdot \cos\alpha}$$

$$= \frac{EI}{l^2} \cdot \left(F_5(\alpha) - \mu \cdot \alpha^2\right) = \frac{EI}{l^2} \cdot \left(F_5(\alpha) + F_7(\alpha)\right)$$

$$= \frac{EI}{l^2} \cdot F_6(\alpha). \qquad (5.8.2)$$

5.8.1.2. Näherungslösungen für $\alpha \ll 1$

Die Näherungslösungen für die Stabendschnittlasten $^{\psi_{a,b}=1}\mathfrak{M}(\alpha^2)_{b,a(g,b)}$, $^{\psi_{a,b}=1}\mathfrak{K}(\alpha^2)_{a,b;Q(g,b)}$ und $^{\psi_{a,b}=1}\mathfrak{K}(\alpha^2)_{b,a;Q(g,b)}$ eines Druckstabes a,b (g,b) infolge der Verformungen $\varphi_b = 0$ und $\psi_{a,b} = 1$ erhält man analog 5.7.1.2. zu:

$$^{\psi_{a,b}=1}\mathfrak{M}(\alpha^2)_{b,a(g,b)} \simeq -\frac{EI}{l} \cdot \frac{3 - \dfrac{\alpha^2}{2}}{1 + \varkappa_0 - \dfrac{\alpha^2}{30} \cdot (3 + 5\varkappa_0)} = -\frac{EI}{l} \cdot F_5(\alpha^2), \qquad (5.8.3)$$

$${}^{\psi_{a,b}=1}\mathfrak{K}(\alpha^2)_{a,b;Q(g,b)} = {}^{\psi_{a,b}=1}\mathfrak{K}(\alpha^2)_{b,a;Q(g,b)}$$

$$\simeq \frac{EI}{l^2} \cdot \frac{3 \cdot \left(1 - \dfrac{\alpha^2}{2}\right)}{\left(1 + \dfrac{\varkappa_0}{3} \cdot \alpha^2\right) \cdot \left[1 + \varkappa_0 - \dfrac{\alpha^2}{30} \cdot (3 + 5\varkappa_0)\right]} = \frac{EI}{l^2} \cdot F_6(\alpha^2)$$

$$\simeq \frac{EI}{l^2} \cdot \left(F_5(\alpha^2) - \mu \cdot \alpha^2\right) = \frac{EI}{l^2} \cdot \left(F_5(\alpha^2) + F_7(\alpha)\right). \tag{5.8.4}$$

5.8.2. Genaue Lösungen für einen Stab a,b (g,b) ohne Längskraft

Die genauen Lösungen für die Stabendschnittlasten ${}^{\psi_{a,b}=1}\mathfrak{M}(0)_{b,a(g,b)}$ ${}^{\psi_{a,b}=1}\mathfrak{K}(0)_{a,b;Q(g,b)}$ und ${}^{\psi_{a,b}=1}\mathfrak{K}(0)_{b,a;Q(g,b)}$ eines Stabes a,b (g,b) ohne Längskraft infolge der Verformungen $\varphi_b = 0$ und $\psi_{a,b} = 1$ folgen analog 5.7.2. zu:

$${}^{\psi_{a,b}=1}\mathfrak{M}(0)_{b,a(g,b)} = -\frac{EI}{l} \cdot \frac{3}{1 + \varkappa_0} = -\frac{EI}{l} \cdot F_5(0), \tag{5.8.5}$$

$${}^{\psi_{a,b}=1}\mathfrak{K}(0)_{a,b;Q(g,b)} = {}^{\psi_{a,b}=1}\mathfrak{K}(0)_{b,a;Q(g,b)} = \frac{EI}{l^2} \cdot \frac{3}{1 + \varkappa_0} = \frac{EI}{l^2} \cdot F_5(0) = \frac{EI}{l^2} \cdot F_6(0).$$

$$\tag{5.8.6}$$

5.8.3. Zugstab a,b (g,b)

5.8.3.1. Genaue Lösungen

Die genauen Lösungen für die Stabendschnittlasten ${}^{\psi_{a,b}=1}\mathfrak{M}(\beta)_{b,a(g,b)}$, ${}^{\psi_{a,b}=1}\mathfrak{K}(\beta)_{a,b;Q(g,b)}$ und ${}^{\psi_{a,b}=1}\mathfrak{K}(\beta)_{b,a;Q(g,b)}$ eines Zugstabes a,b (g,b) nach Abb. 81 infolge der Verformungen $\varphi_b = 0$ und $\psi_{a,b} = 1$ ergeben sich analog 5.7.3.1. zu:

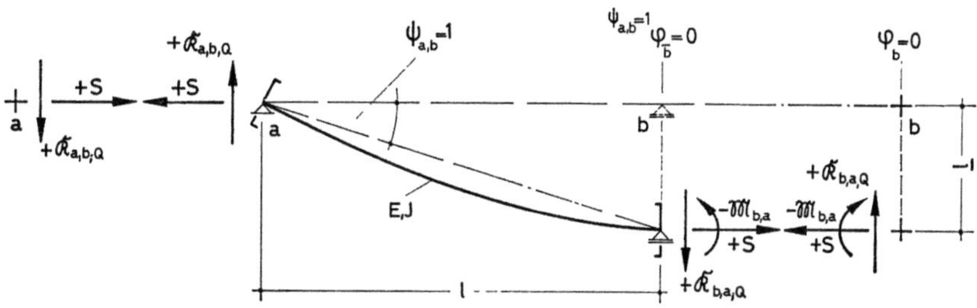

Abb. 81. Stabendschnittlasten $\mathfrak{M}$ und $\mathfrak{K}_Q$ eines Zugstabes a,b (g,b) infolge einer Stabsehnendrehung $\psi_{a,b} = 1$

$$\psi_{a,b}=1 \mathfrak{M}(\beta)_{b,a(g,b)} = -\frac{EI}{l} \cdot \frac{\mu \cdot \beta^2 \cdot \mathrm{Sinh}\,\beta}{\mu \cdot \beta \cdot \mathrm{Cosh}\,\beta - \mathrm{Sinh}\,\beta} = -\frac{EI}{l} \cdot F_5(\beta), \quad (5.8.7)$$

$$\psi_{a,b}=1 \mathfrak{K}(\beta)_{a,b;Q(g,b)} = \psi_{a,b}=1 \mathfrak{K}(\beta)_{b,a;Q(g,b)} = \frac{EI}{l^2} \cdot \frac{\mu^2 \cdot \beta^3 \cdot \mathrm{Cosh}\,\beta}{\mu \cdot \beta \cdot \mathrm{Cosh}\,\beta - \mathrm{Sinh}\,\beta}$$

$$= \frac{EI}{l^2} \cdot \left(F_5(\beta) + \mu \cdot \beta^2\right) = \frac{EI}{l^2} \cdot \left(F_5(\beta) + F_7(\beta)\right)$$

$$= \frac{EI}{l^2} \cdot F_6(\beta). \tag{5.8.8}$$

5.8.3.2. Näherungslösungen für $\beta \ll 1$

Die Näherungslösungen für die Stabendschnittlasten $\psi_{a,b}=1 \mathfrak{M}(\beta^2)_{b,a(g,b)}$, $\psi_{a,b}=1 \mathfrak{K}(\beta^2)_{a,b;Q(g,b)}$ und $\psi_{a,b}=1 \mathfrak{K}(\beta^2)_{b,a;Q(g,b)}$ eines Zugstabes a,b (g,b) infolge der Verformungen $\varphi_b = 0$ und $\psi_{a,b} = 1$ erhalten wir analog 5.7.3.2. zu:

$$\psi_{a,b}=1 \mathfrak{M}(\beta^2)_{b,a(g,b)} \simeq -\frac{EI}{l} \cdot \frac{3 + \dfrac{\beta^2}{2}}{1 + \varkappa_0 + \dfrac{\beta^2}{30} \cdot (3 + 5\varkappa_0)} = -\frac{EI}{l} \cdot F_5(\beta^2), \quad (5.8.9)$$

$$\psi_{a\,b}=1 \mathfrak{K}(\beta^2)_{a,b;Q(g,b)} = \psi_{a,b}=1 \mathfrak{K}(\beta^2)_{b,a;Q(g,b)}$$

$$\simeq \frac{EI}{l^2} \cdot \frac{3 \cdot \left(1 + \dfrac{\beta^2}{2}\right)}{\left(1 - \dfrac{\varkappa_0}{3} \cdot \beta^2\right) \cdot \left[1 + \varkappa_0 + \dfrac{\beta^2}{30} \cdot (3 + 5\varkappa_0)\right]} = \frac{EI}{l^2} \cdot F_6(\beta^2)$$

$$\simeq \frac{EI}{l^2} \cdot \left(F_5(\beta^2) + \mu \cdot \beta^2\right) = \frac{EI}{l^2} \cdot \left(F_5(\beta^2) + F_7(\beta)\right). \tag{5.8.10}$$

5.8.3.3. Näherungslösungen für $\beta \gg 1$

Die Näherungslösungen für die Stabendschnittlasten $\psi_{a,b}=1 \mathfrak{M}(\beta_N)_{b,a(g,b)}$, $\psi_{a,b}=1 \mathfrak{K}(\beta_N)_{a,b;Q(g,b)}$, und $\psi_{a,b}=1 \mathfrak{K}(\beta_N)_{b,a;Q(g,b)}$ eines Zugstabes $a,b(g,b)$ infolge der Verformungen $\varphi_b = 0$ und $\psi_{a,b} = 1$ folgen analog 5.7.3.3. zu:

$$\psi_{a,b}=1 \mathfrak{M}(\beta_N)_{b,a(g,b)} \simeq -\frac{EI}{l} \cdot \frac{\mu \cdot \beta^2}{\mu \cdot \beta - 1} = -\frac{EI}{l} \cdot F_5(\beta_N), \tag{5.8.11}$$

$$\psi_{a,b}=1 \mathfrak{K}(\beta_N)_{a,b;Q(g,b)} = \psi_{a,b}=1 \mathfrak{K}(\beta_N)_{b,a;Q(g,b)} \simeq \frac{EI}{l^2} \cdot \frac{\mu^2 \cdot \beta^3}{\mu \cdot \beta - 1} = \frac{EI}{l^2} \cdot \left(F_5(\beta_N) + \mu \cdot \beta^2\right)$$

$$= \frac{EI}{l^2} \cdot \left(F_5(\beta_N) + F_7(\beta)\right) = \frac{EI}{l^2} \cdot F_6(\beta_N). \tag{5.8.12}$$

5.9. Stabsehnendrehung $\psi_{a,b} = 1$

5.9.1. Genaue Lösungen für einen Druckstab a,b (g,g)

Aus dem Momentengleichgewicht bezogen auf das Stabende b ergibt sich mit (4.3.5) für die Stabendquerkraft $^{\psi_{a,b}=1}\Re(\alpha)_{a,b;Q(g,g)}$ eines Druckstabes a,b (g,g) nach Abb. 82 infolge der Verformung $\psi_{a,b} = 1$:

$$^{\psi_{a,b}=1}\Re(\alpha)_{a,b;Q(g,g)} = S = \frac{EI}{l^2} \cdot (-\mu \cdot \alpha^2) = \frac{EI}{l^2} \cdot F_7(\alpha).$$

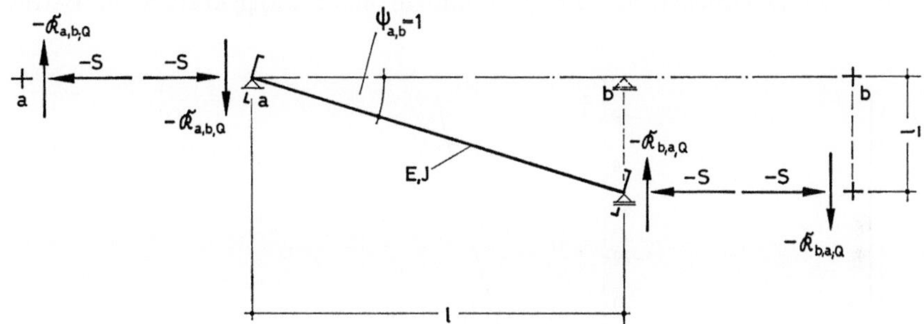

Abb. 82. Stabendquerkräfte $\Re_Q$ eines Druckstabes a,b (g,g)
infolge einer Stabsehnendrehung $\psi_{a,b} = 1$

Für die Stabendquerkraft $^{\psi_{a,b}=1}\Re(\alpha)_{b,a;Q(g,g)}$ erhält man ebenso aus dem Momentengleichgewicht bezogen auf das Stabende a:

$$^{\psi_{a,b}=1}\Re(\alpha)_{b,a;Q(g,g)} = S = \frac{EI}{l^2} \cdot (-\mu \cdot \alpha^2) = \frac{EI}{l^2} \cdot F_7(\alpha) = {}^{\psi_{a,b}=1}\Re(\alpha)_{a,b;Q(g,g)}. \quad (5.9.1)$$

5.9.2. Genaue Lösungen für einen Zugstab a,b (g,g)

Mit (4.3.41) folgt aus der genauen Lösung für die Stabendquerkräfte eines Druckstabes a,b (g,g) nach (5.9.1) die genaue Lösung für die Stabendquerkräfte $^{\psi_{a,b}=1}\Re(\beta)_{a,b;Q(g,g)}$ und $^{\psi_{a,b}=1}\Re(\beta)_{b,a;Q(g,g)}$ eines Zugstabes a,b (g,g) nach Abb. 83 infolge der Verformung $\psi_{a,b} = 1$ zu:

$$^{\psi_{a,b}=1}\Re(\beta)_{a,b;Q(g,g)} = {}^{\psi_{a,b}=1}\Re(\beta)_{b,a;Q(g,g)} = S = \frac{EI}{l^2} \cdot \mu \cdot \beta^2 = \frac{EI}{l^2} \cdot F_7(\beta). \quad (5.9.2)$$

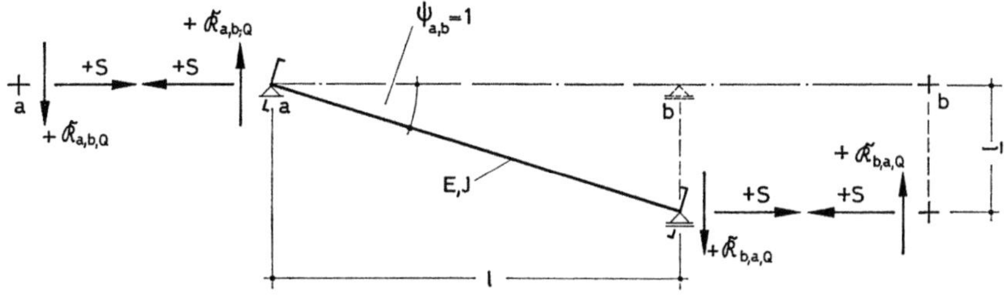

Abb. 83. Stabendquerkräfte $\Re_Q$ eines Zugstabes a,b (g,g)
infolge einer Stabsehnendrehung $\psi_{a,b} = 1$

5.10. Darstellung und Diskussion der Funktionen F_1 bis F_7

Abb. 84 zeigt den Verlauf der Funktionen F_1, F_2, F_3 und F_4 in Abhängigkeit vom Kennwert α bzw. β eines Stabes. Die angegebenen Funktionswerte gelten für $\mu = 1$ und $\varkappa_0 = 0$, d. h. sie berücksichtigen keine Querkraftverformungen.

Die Nullstelle der Funktion $F_1(\alpha)$ wird für $\alpha = 4.493409$ erhalten. Für $F_1(\alpha) = 0$ wird das Stabendmoment $^{\varphi_a=1}\mathfrak{M}(\alpha)_{a,b(b,b)}$ des Druckstabes a,b (b,b) nach (5.2.8), das den Verformungen $\varphi_a = 1$, $\varphi_b = 0$ und $\psi_{a,b} = 0$ nach Abb. 68 zugeordnet ist, ebenfalls Null. Wir folgern hieraus, daß sich das Stabende a eines Druckstabes a,b (b,b) infolge einer Längskraft vom Betrage

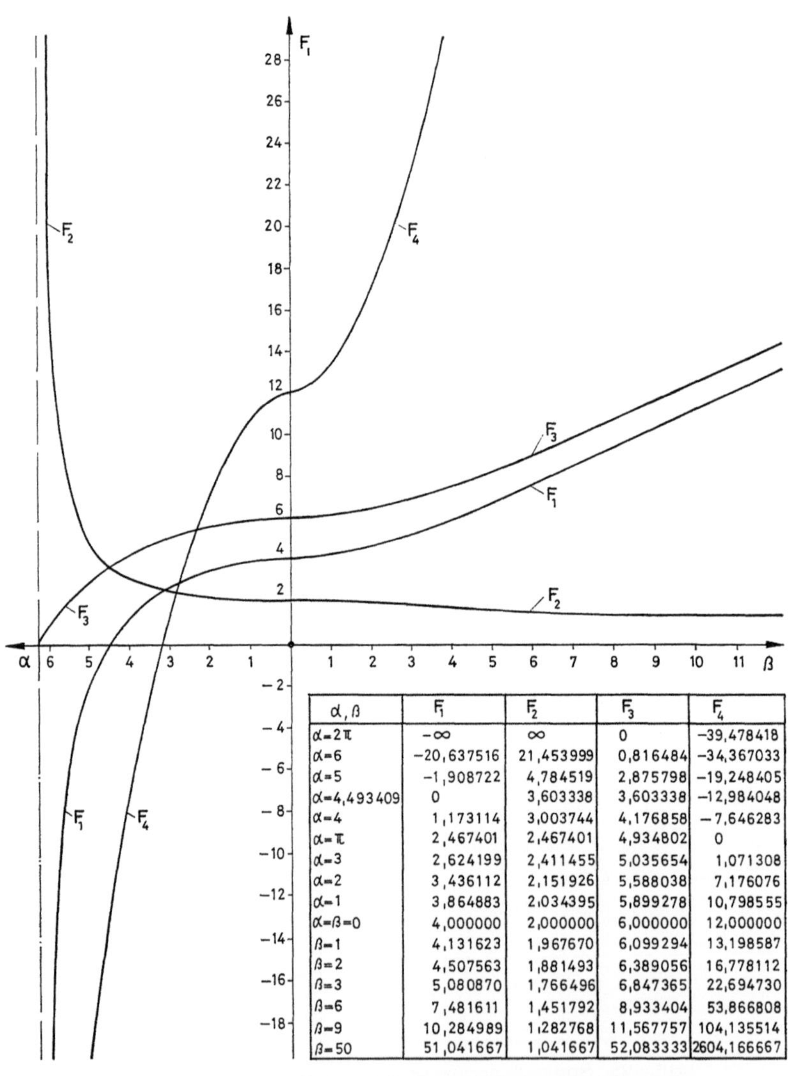

α, β	F_1	F_2	F_3	F_4
$\alpha=2\pi$	$-\infty$	∞	0	−39,478418
$\alpha=6$	−20,637516	21,453999	0,816484	−34,367033
$\alpha=5$	−1,908722	4,784519	2,875798	−19,248405
$\alpha=4,493409$	0	3,603338	3,603338	−12,984048
$\alpha=4$	1,173114	3,003744	4,176858	−7,646283
$\alpha=\pi$	2,467401	2,467401	4,934802	0
$\alpha=3$	2,624199	2,411455	5,035654	1,071308
$\alpha=2$	3,436112	2,151926	5,588038	7,176076
$\alpha=1$	3,864883	2,034395	5,899278	10,798555
$\alpha=\beta=0$	4,000000	2,000000	6,000000	12,000000
$\beta=1$	4,131623	1,967670	6,099294	13,198587
$\beta=2$	4,507563	1,881493	6,389056	16,778112
$\beta=3$	5,080870	1,766496	6,847365	22,694730
$\beta=6$	7,481611	1,451792	8,933404	53,866808
$\beta=9$	10,284989	1,282768	11,567757	104,135514
$\beta=50$	51,041667	1,041667	52,083333	2604,166667

Abb. 84. Darstellung der Funktionen F_1, F_2, F_3 und F_4

$$S = -\frac{\alpha^2 \cdot EI}{l^2} = -\frac{(4{,}493\,409)^2 \cdot EI}{l^2}$$ drehen wird, ohne daß auf das Stabende a ein Zwang ausgeübt wird. Wir sprechen in diesem Zusammenhang vom „Knicken" eines Stabes und bezeichnen eine Längskraft von oben genanntem Betrag als kritische Belastung eines Druckstabes a,b, dessen Stabende a drehbar und in Stabquerrichtung unverschieblich und dessen Stabende b drehstarr und in Stabquerrichtung unverschieblich gelagert ist.

Die Nullstelle der Funktion $F_4(\alpha)$ ergibt sich für $\alpha = \pi$. Für $F_4(\alpha) = 0$ werden die Stabendquerkräfte $^{\varphi_{a,b}=1}\Re(\alpha)_{a,b;Q(b,b)}$ und $^{\varphi_{a,b}=1}\Re(\alpha)_{b,a;Q(b,b)}$ des Druckstabes a,b (b,b) nach (5.4.2) infolge der Verformungen $\varphi_a = 0$, $\varphi_b = 0$

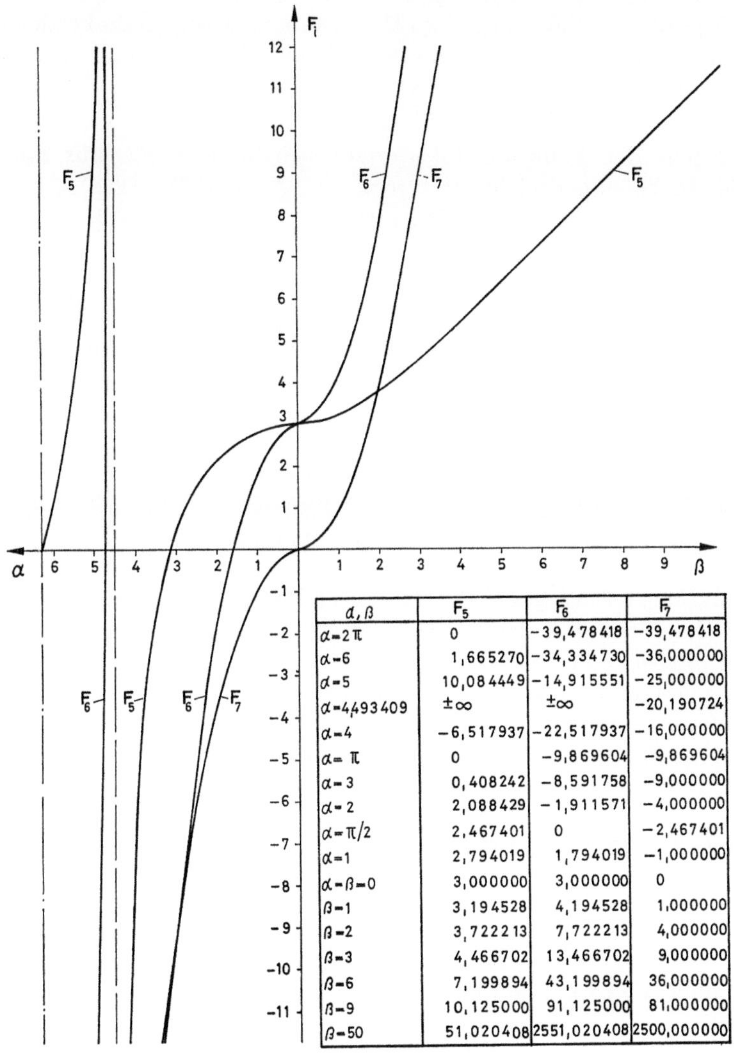

α, β	F_5	F_6	F_7
$\alpha = 2\pi$	0	$-39{,}478418$	$-39{,}478418$
$\alpha = 6$	$1{,}665270$	$-34{,}334730$	$-36{,}000000$
$\alpha = 5$	$10{,}084449$	$-14{,}915551$	$-25{,}000000$
$\alpha = 4{,}493409$	$\pm\infty$	$\pm\infty$	$-20{,}190724$
$\alpha = 4$	$-6{,}517937$	$-22{,}517937$	$-16{,}000000$
$\alpha = \pi$	0	$-9{,}869604$	$-9{,}869604$
$\alpha = 3$	$0{,}408242$	$-8{,}591758$	$-9{,}000000$
$\alpha = 2$	$2{,}088429$	$-1{,}911571$	$-4{,}000000$
$\alpha = \pi/2$	$2{,}467401$	0	$-2{,}467401$
$\alpha = 1$	$2{,}794019$	$1{,}794019$	$-1{,}000000$
$\alpha = \beta = 0$	$3{,}000000$	$3{,}000000$	0
$\beta = 1$	$3{,}194528$	$4{,}194528$	$1{,}000000$
$\beta = 2$	$3{,}722213$	$7{,}722213$	$4{,}000000$
$\beta = 3$	$4{,}466702$	$13{,}466702$	$9{,}000000$
$\beta = 6$	$7{,}199894$	$43{,}199894$	$36{,}000000$
$\beta = 9$	$10{,}125000$	$91{,}125000$	$81{,}000000$
$\beta = 50$	$51{,}020408$	$2551{,}020408$	$2500{,}000000$

Abb. 85. Darstellung der Funktionen F_5, F_6 und F_7

und $\psi_{a,b} = 1$ nach Abb. 72 ebenfalls Null. Eine Längskraft vom Betrage
$$S = -\frac{\alpha^2 \cdot EI}{l^2} = -\frac{\pi^2 \cdot EI}{l^2}$$ stellt daher die kritische Belastung eines Druckstabes a,b dar, dessen Stabende a drehstarr und in Stabquerrichtung unverschieblich und dessen Stabende b drehstarr und in Stabquerrichtung verschieblich gelagert ist.

Abb. 85 zeigt den Verlauf der Funktionen F_5, F_6 und F_7 in Abhängigkeit vom Kennwert α bzw. β eines Stabes. Die angegebenen Funktionswerte gelten für $\mu = 1$ und $\varkappa_0 = 0$, d. h. sie berücksichtigen keine Querkraftverformungen.

Die Nullstelle der Funktion $F_5(\alpha)$ wird für $\alpha = \pi$ erhalten. Für $F_5(\alpha) = 0$ wird das Stabendmoment $^{\varphi_a=1}\mathfrak{M}(\alpha)_{a,b(b,g)}$ des Druckstabes a,b (b,g) nach (5.5.1), das den Verformungen $\varphi_a = 1$ und $\psi_{a,b} = 0$ nach Abb. 74 zugeordnet ist, ebenfalls Null. Die kritische Belastung eines Druckstabes a,b, dessen Stabenden a und b drehbar und in Stabquerrichtung unverschieblich gelagert sind, ist daher durch eine Längskraft vom Betrage $S = -\dfrac{\alpha^2 \cdot EI}{l^2} = -\dfrac{\pi^2 \cdot EI}{l^2}$ gegeben.

Die Nullstelle der Funktion $F_6(\alpha)$ ergibt sich für $\alpha = \pi/2$. Für $F_6(\alpha) = 0$ werden die Stabendquerkräfte $^{\varphi_{a,b}=1}\mathfrak{K}(\alpha)_{a,b;Q(b,g)}$ und $^{\varphi_{a,b}=1}\mathfrak{K}(\alpha)_{b,a:Q(b,g)}$ des Druckstabes a,b (b,g) nach (5.7.2) infolge der Verformungen $\varphi_a = 0$ und $\psi_{a,b} = 1$ nach Abb. 78 ebenfalls Null.

Eine Längskraft vom Betrage $S = -\dfrac{\alpha^2 \cdot EI}{l^2} = -\dfrac{(\pi/2)^2 \cdot EI}{l^2}$ kennzeichnet daher die kritische Belastung eines Druckstabes a,b, dessen Stabende a drehstarr und in Stabquerrichtung unverschieblich und dessen Stabende b drehbar und in Stabquerrichtung verschieblich gelagert ist.

5.11. Beziehungen zwischen den Funktionen $F_{i;k}$ nach 4.
und den Funktionen F_i nach 5.

Die Funktionen $F(\alpha)_{a;a}$, $F(\alpha)_{a;b}$, $F(\alpha)_{b;a}$ und $F(\alpha)_{b;b}$ nach (4.3.19), (4.3.20), (4.4.2) und (4.4.3) sind mit den Funktionen $F_1(\alpha)$, $F_2(\alpha)$ und $F_3(\alpha)$ nach (5.2.8), (5.2.9) und (5.2.10) und der Funktion $F_5(\alpha)$ nach (5.5.1) durch die folgenden Beziehungen verknüpft. Man erhält aus (5.2.3), (5.2.4), (5.2.5), (5.2.6), (5.2.8) und (5.2.9)

$$\frac{F(\alpha)_{a;b}}{F(\alpha)_{a;a}} = \frac{F(\alpha)_{b;a}}{F(\alpha)_{a;a}} = \frac{F(\alpha)_{a;b}}{F(\alpha)_{b;b}} = \frac{F(\alpha)_{b;a}}{F(\alpha)_{b;b}} = \frac{F_2(\alpha)}{F_1(\alpha)}, \tag{5.11.1}$$

aus (5.2.3), (5.2.4), (5.2.5) und (5.2.8)

$$-\frac{F(\alpha)_{a;a}}{\left(F(\alpha)_{a;a}\right)^2 - \left(F(\alpha)_{a;b}\right)^2} = F_1(\alpha), \tag{5.11.2}$$

aus (5.2.3), (5.2.4), (5.2.6) und (5.2.9)

$$\frac{F(\alpha)_{a;b}}{\left(F(\alpha)_{a;a}\right)^2 - \left(F(\alpha)_{a;b}\right)^2} = F_2(\alpha), \tag{5.11.3}$$

aus (5.11.2), (5.11.3) und (5.2.10)

$$\frac{1}{F(\alpha)_{a;a} - F(\alpha)_{a;b}} = F_1(\alpha) + F_2(\alpha) = F_3(\alpha), \qquad (5.11.4)$$

aus (5.11.2) und (5.11.3)

$$\frac{1}{F(\alpha)_{a;a} + F(\alpha)_{a;b}} = F_1(\alpha) - F_2(\alpha) \qquad (5.11.5)$$

und aus (5.5.1), (5.11.2), (5.11.4) und (5.11.5):

$$\frac{1}{F(\alpha)_{a;a}} = \left(1 - \frac{F_2(\alpha)}{F_1(\alpha)}\right) \cdot \left(F_1(\alpha) + F_2(\alpha)\right) = F_5(\alpha). \qquad (5.11.6)$$

Mit (0) für (α) gelten die Beziehungen (5.11.1) bis (5.11.6) auch für die Funktionen $F(0)_{a;a}$, $F(0)_{a;b}$, $F(0)_{b;a}$ und $F(0)_{b;b}$ nach (4.3.32), (4.3.33), (4.4.14) und (4.4.15), die Funktionen $F_1(0)$, $F_2(0)$ und $F_3(0)$ nach (5.2.14), (5.2.15) und (5.2.16) und die Funktion $F_5(0)$ nach (5.5.5) und mit (β) für (α) auch für die Funktionen $F(\beta)_{a;a}$, $F(\beta)_{a;b}$, $F(\beta)_{b;a}$ und $F(\beta)_{b;b}$ nach (4.3.44), (4.3.45), (4.4.20) und (4.4.21), die Funktionen $F_1(\beta)$, $F_2(\beta)$ und $F_3(\beta)$ nach (5.2.17), (5.2.18) und (5.2.19) und die Funktion $F_5(\beta)$ nach (5.5.7).

6. Stabendschnittlasten $\overline{M}$ und $\overline{K}_Q$ infolge gegebener Stabbelastungen

6.1. Allgemeines

Die Grundgleichungen für die Beträge der Stabendmomente $\overline{M}_{a,b}$ und $\overline{M}_{b,a}$ und der Stabendquerkräfte $\overline{K}_{a,b;Q}$ und $\overline{K}_{b,a;Q}$ von Stäben a,b infolge gegebener Stabbelastungen B nach 4.1. werden nach der Kraftgrößenmethode ermittelt unter Verwendung der in 4. entwickelten Grundbeziehungen für die Beträge der Drehungen $\varphi_{a;a}$ und $\varphi_{a;b}$ bzw. $\varphi_{b;a}$ und $\varphi_{b;b}$ der Stabenden a und b beidseits gelenkig gelagerter Stäbe a,b, an deren Stabenden a bzw. b Momente M_a bzw. M_b angreifen und der Grundbeziehungen für die Beträge der Drehungen $\varphi_{B;a}$ und $\varphi_{B;b}$ der Stabenden a und b infolge der Stabbelastungen B.

Die Grundgleichungen für die Beträge der Stabendmomente $\overline{M}_{a,b}$ und $\overline{M}_{b,a}$ und der Stabendquerkräfte $\overline{K}_{a,b;Q}$ und $\overline{K}_{b,a;Q}$ von Stäben a,b infolge eingeprägter Drehungen $\overline{\varphi}_a$ und eingeprägter Verschiebungen $\overline{v}_{a;x}$ und $\overline{v}_{a;y}$ der Knotenpunkte a ebener Stabwerke werden aus den Grundbeziehungen für die Beträge der Stabendmomente $\mathfrak{M}_{a,b}$ und $\mathfrak{M}_{b,a}$ und der Stabendquerkräfte $\mathfrak{K}_{a,b;Q}$ und $\mathfrak{K}_{b,a;Q}$ infolge Knotendrehungen $\varphi_a = 1$ und Stabsehnendrehungen $\psi_{a,b} = 1$ nach 5. gewonnen.

6.2. Allgemeine Grundgleichungen

6.2.1. Stab a,b (b,b)

Der Schnittlasten- und Verformungszustand „$\overline{O}$" eines Stabwerkes ist nach 2.2. dadurch gekennzeichnet, daß fiktive Dreh- und Verschiebungsfessel Drehungen und Verschiebungen der Knotenpunkte des Stabwerkes infolge einer gegebenen Stabwerksbelastung verhindern. Die Stabendschnittlasten $\overline{M}$ und $\overline{K}_Q$ des Zustandes „$\overline{O}$" des Druckstabes a,b nach Abb. 86 für gegebene Stabbelastungen B können daher nach der Kraftgrößenmethode ermittelt werden unter der Annahme, daß sich die Stabenden a und b nicht drehen können:

$$\varphi_{\overline{a}} = \varphi_a = 0, \tag{6.2.1}$$

$$\varphi_{\overline{b}} = \varphi_b = 0. \tag{6.2.2}$$

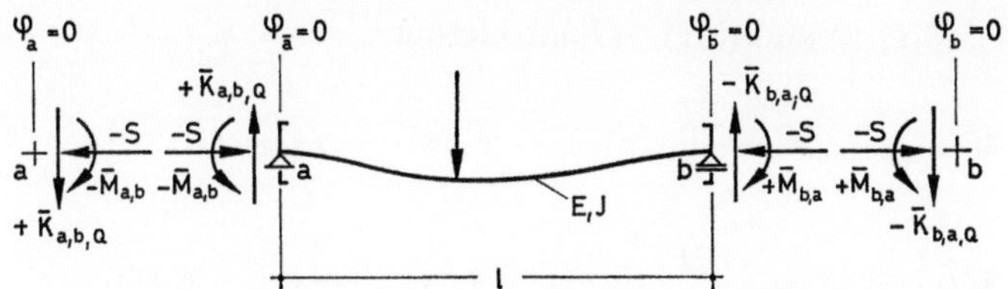

Abb. 86. Stabendschnittlasten $\overline{M}$ und $\overline{K}_Q$ eines Druckstabes a,b (b,b)

Nach (4.3.19) und (4.3.20) gilt für die Drehungen $^{M_a=1}\varphi(\alpha)_{a;a}$ und $^{M_a=1}\varphi(\alpha)_{a;b}$ der Stabenden a und b eines beidseits gelenkig gelagerten Druckstabes a,b infolge eines Momentes $M_a = 1$ (Moment positiv, wenn es im Uhrzeigersinn wirkt)

$$^{M_a=1}\varphi(\alpha)_{a;a} = \frac{l}{EI} \cdot F(\alpha)_{a;a}, \tag{6.2.3}$$

$$^{M_a=1}\varphi(\alpha)_{a;b} = \frac{l}{EI} \cdot F(\alpha)_{a;b} \tag{6.2.4}$$

und nach (4.4.2) und (4.4.3) für die Drehungen $^{M_b=1}\varphi(\alpha)_{b;a}$ und $^{M_b=1}\varphi(\alpha)_{b;b}$ der Stabenden a und b infolge eines Momentes $M_b = 1$ (Moment positiv, wenn es entgegen dem Uhrzeigersinn wirkt):

$$^{M_b=1}\varphi(\alpha)_{b;a} = \frac{l}{EI} \cdot F(\alpha)_{b;a}, \tag{6.2.5}$$

$$^{M_b=1}\varphi(\alpha)_{b;b} = \frac{l}{EI} \cdot F(\alpha)_{b;b}. \tag{6.2.6}$$

Bezeichnen wir die durch Stabbelastungen B erzeugten Drehungen der Stabenden a und b eines beidseits gelenkig gelagerten Druckstabes a,b mit $\varphi(\alpha)_{B;a}$ und $\varphi(\alpha)_{B;b}$, wird (6.2.1) mit (6.2.3) und (6.2.5) erfüllt für

$$M_a \cdot \frac{l}{EI} \cdot F(\alpha)_{a;a} + M_b \cdot \frac{l}{EI} \cdot F(\alpha)_{b;a} + \varphi(\alpha)_{B;a} = 0 \tag{6.2.7}$$

und (6.2.2) mit (6.2.4) und (6.2.6) für:

$$M_a \cdot \frac{l}{EI} \cdot F(\alpha)_{a;b} + M_b \cdot \frac{l}{EI} \cdot F(\alpha)_{b;b} + \varphi(\alpha)_{B;b} = 0. \tag{6.2.8}$$

Aus (6.2.7) und (6.2.8) ergibt sich unter Beachtung, daß die Stabendmomente $\overline{M}(\alpha)_{a,b(b,b)}$ und $\overline{M}(\alpha)_{b,a(b,b)}$ positiv sind, wenn sie im Uhrzeigersinn wirken:

$$\overline{M}(\alpha)_{a,b(b,b)} = +M_a = \frac{EI}{l} \cdot \left(\frac{-\varphi(\alpha)_{B;a} \cdot F(\alpha)_{b;b} + \varphi(\alpha)_{B;b} \cdot F(\alpha)_{b;a}}{F(\alpha)_{a;a} \cdot F(\alpha)_{b;b} - F(\alpha)_{a;b} \cdot F(\alpha)_{b;a}} \right),$$

$$\overline{M}(\alpha)_{b,a(b,b)} = -M_b = \frac{EI}{l} \cdot \left(\frac{\varphi(\alpha)_{B;b} \cdot F(\alpha)_{a;a} - \varphi(\alpha)_{B;a} \cdot F(\alpha)_{a;b}}{F(\alpha)_{a;a} \cdot F(\alpha)_{b;b} - F(\alpha)_{a;b} \cdot F(\alpha)_{b;a}} \right).$$

Mit (5.11.1), (5.11.2) und (5.11.3) folgt hieraus:

$$\overline{M}(\alpha)_{a,b(b,b)} = -\frac{EI}{l} \cdot \left(\varphi(\alpha)_{B;a} \cdot F_1(\alpha) - \varphi(\alpha)_{B;b} \cdot F_2(\alpha)\right), \qquad (6.2.9)$$

$$\overline{M}(\alpha)_{b,a(b,b)} = +\frac{EI}{l} \cdot \left(\varphi(\alpha)_{B;b} \cdot F_1(\alpha) - \varphi(\alpha)_{B;a} \cdot F_2(\alpha)\right). \qquad (6.2.10)$$

Für die Stabendquerkräfte $\overline{K}(\alpha)_{a,b;Q(b,b)}$ und $\overline{K}(\alpha)_{b,a;Q(b,b)}$ gilt:

$$\overline{K}(\alpha)_{a,b;Q(b,b)} = K(\alpha)_{a,b;Q(g,g)} \frac{\overline{M}(\alpha)_{a,b(b,b)} + \overline{M}(\alpha)_{b,a(b,b)}}{l}, \qquad (6.2.11)$$

$$\overline{K}(\alpha)_{b,a;Q(b,b)} = K(\alpha)_{b,a;Q(g,g)} \frac{\overline{M}(\alpha)_{a,b(b,b)} + \overline{M}(\alpha)_{b,a(b,b)}}{l}. \qquad (6.2.12)$$

Mit (6.2.9) und (6.2.10) erhält man aus (6.2.11)

$$\overline{K}(\alpha)_{a,b;Q(b,b)} = K(\alpha)_{a,b;Q(g,g)} + \frac{EI}{l^2} \cdot \left[\left(\varphi(\alpha)_{B;a} - \varphi(\alpha)_{B;b}\right) \cdot \left(F_1(\alpha) + F_2(\alpha)\right)\right]$$
$$(6.2.13)$$

und aus (6.2.12):

$$\overline{K}(\alpha)_{b,a;Q(b,b)} = K(\alpha)_{b,a;Q(g,g)} + \frac{EI}{l^2} \cdot \left[\left(\varphi(\alpha)_{B;a} - \varphi(\alpha)_{B;b}\right) \cdot \left(F_1(\alpha) + F_2(\alpha)\right)\right].$$
$$(6.2.14)$$

Aus 4. und 5. ist zu erkennen, daß die Grundgleichungen (6.2.9), (6.2.10), (6.2.13) und (6.2.14) für die Stabendschnittlasten $\overline{M}(\alpha)_{a,b(b,b)}$, $\overline{M}(\alpha)_{b,a(b,b)}$, $\overline{K}(\alpha)_{a,b;Q(b,b)}$ und $\overline{K}(\alpha)_{b,a;Q(b,b)}$ allgemein gelten und zwar

mit (α) (genaue Lösungen) bzw. (α^2) (Näherungslösungen für $\alpha \ll 1$) für die Stabendschnittlasten von Druckstäben,

mit (0) (genaue Lösungen) für die Stabendschnittlasten von Stäben ohne Längskraft und

mit (β) (genaue Lösungen) bzw. (β^2) (Näherungslösungen für $\beta \ll 1$) bzw. (β_N) (Näherungslösungen für $\beta \gg 1$) für die Stabendschnittlasten von Zugstäben.

6.2.2. Stab a,b (b,g)

Analog 6.2.1. können die Stabendschnittlasten $\overline{M}(\alpha)_{a,b(b,g)}$, $\overline{K}(\alpha)_{a,b;Q(b,g)}$ und $\overline{K}(\alpha)_{b,a;Q(b,g)}$ des Zustandes „$\overline{O}$" des Druckstabes a,b nach Abb. 87 für gegebene Stabbelastungen B nach der Kraftgrößenmethode ermittelt werden unter der Annahme, daß sich das Stabende a nicht drehen kann:

$$\varphi_{\bar{a}} = \varphi_a = 0. \qquad (6.2.15)$$

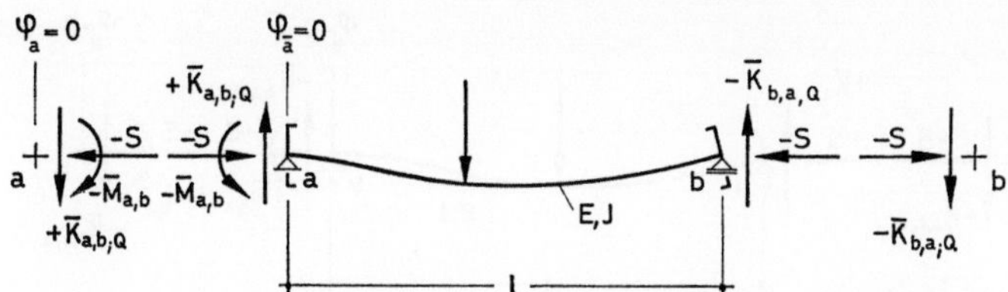

Abb. 87. Stabendschnittlasten $\overline{M}$ und $\overline{K}_Q$ eines Druckstabes a,b (b,g)

Mit (6.2.3) ergibt sich hieraus

$$M_a \cdot \frac{l}{EI} \cdot F(\alpha)_{a;a} + \varphi(\alpha)_{B;a} = 0$$

und mit (5.11.6) folgt für das Stabendmoment $\overline{M}(\alpha)_{a,b(b,g)}$:

$$\overline{M}(\alpha)_{a,b(b,g)} = M_a = -\frac{EI}{l} \cdot \varphi(\alpha)_{B;a} \cdot \frac{1}{F(\alpha)_{a;a}} = -\frac{EI}{l} \cdot \varphi(\alpha)_{B;a} \cdot F_5(\alpha). \qquad (6.2.16)$$

Für die Stabendquerkräfte $\overline{K}(\alpha)_{a,b;Q(b,g)}$ und $\overline{K}(\alpha)_{b,a;Q(b,g)}$ erhalten wir analog 6.2.1.

$$\overline{K}(\alpha)_{a,b;Q(b,g)} = K(\alpha)_{a,b;Q(g,g)} - \frac{\overline{M}(\alpha)_{a,b(b,g)}}{l}, \qquad (6.2.17)$$

$$\overline{K}(\alpha)_{b,a;Q(b,g)} = K(\alpha)_{b,a;Q(g,g)} - \frac{\overline{M}(\alpha)_{a,b(b,g)}}{l} \qquad (6.2.18)$$

und mit (6.2.16):

$$\overline{K}(\alpha)_{a,b;Q(b,g)} = K(\alpha)_{a,b;Q(g,g)} + \frac{EI}{l^2} \cdot \varphi(\alpha)_{B;a} \cdot F_5(\alpha), \qquad (6.2.19)$$

$$\overline{K}(\alpha)_{b,a;Q(b,g)} = K(\alpha)_{b,a;Q(g,g)} + \frac{EI}{l^2} \cdot \varphi(\alpha)_{B;a} \cdot F_5(\alpha). \qquad (6.2.20)$$

Über die allgemeine Gültigkeit der Grundgleichungen (6.2.16), (6.2.19) und (6.2.20) siehe Bemerkung unter 6.2.1.

6.2.3. Stab a,b (g,b)

Analog 6.2.1. können die Stabendschnittlasten $\overline{M}(\alpha)_{b,a(g,b)}$, $\overline{K}(\alpha)_{a,b;Q(g,b)}$ und $\overline{K}(\alpha)_{b,a;Q(g,b)}$ des Zustandes „$\overline{O}$" des Druckstabes a,b nach Abb. 88 für gegebene Stabbelastungen B nach der Kraftgrößenmethode ermittelt werden unter der Annahme, daß sich das Stabende b nicht drehen kann:

$$\varphi_{\overline{b}} = \varphi_b = 0. \qquad (6.2.21)$$

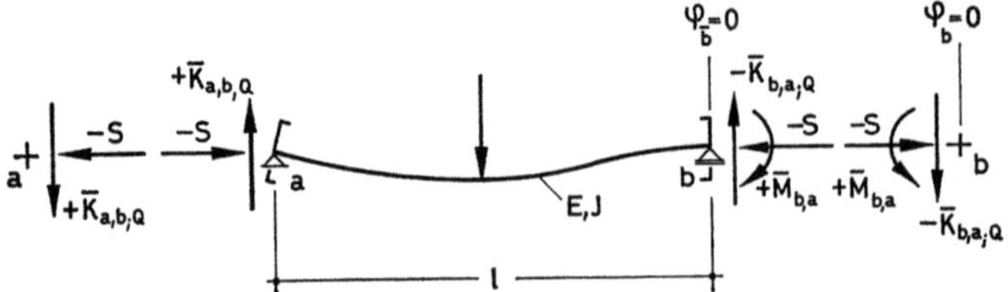

Abb. 88. Stabendschnittlasten $\overline{M}$ und $\overline{K}_Q$ eines Druckstabes a,b (g,b)

Mit (6.2.6) ergibt sich hieraus

$$M_b \cdot \frac{l}{EI} \cdot F(\alpha)_{b;b} + \varphi(\alpha)_{B;b} = 0$$

und mit (5.11.1) und (5.11.6) folgt für das Stabendmoment $\overline{M}(\alpha)_{b,a(g,b)}$:

$$\overline{M}(\alpha)_{b,a(g,b)} = -M_b = \frac{EI}{l} \cdot \varphi(\alpha)_{B;b} \cdot \frac{1}{F(\alpha)_{b;b}} = \frac{EI}{l} \cdot \varphi(\alpha)_{B;b} \cdot F_5(\alpha). \qquad (6.2.22)$$

Für die Stabendquerkräfte $\overline{K}(\alpha)_{a,b;Q(g,b)}$ und $\overline{K}(\alpha)_{b,a;Q(g,b)}$ erhält man analog 6.2.1.

$$\overline{K}(\alpha)_{a,b;Q(g,b)} = K(\alpha)_{a,b;Q(g,g)} - \frac{\overline{M}(\alpha)_{b,a(g,b)}}{l}, \qquad (6.2.23)$$

$$\overline{K}(\alpha)_{b,a;Q(g,b)} = K(\alpha)_{b,a;Q(g,g)} - \frac{\overline{M}(\alpha)_{b,a(g,b)}}{l} \qquad (6.2.24)$$

und mit (6.2.22):

$$\overline{K}(\alpha)_{a,b;Q(g,b)} = K(\alpha)_{a,b;Q(g,g)} - \frac{EI}{l^2} \cdot \varphi(\alpha)_{B;b} \cdot F_5(\alpha), \qquad (6.2.25)$$

$$\overline{K}(\alpha)_{b,a;Q(g,b)} = K(\alpha)_{b,a;Q(g,g)} - \frac{EI}{l^2} \cdot \varphi(\alpha)_{B;b} \cdot F_5(\alpha). \qquad (6.2.26)$$

Über die allgemeine Gültigkeit der Grundgleichungen (6.2.22), (6.2.25) und (6.2.26) siehe Bemerkung unter 6.2.1.

6.2.4. Stab a,b (g,g)

Für die Stabendquerkräfte $\overline{K}_{a,b;Q(g,g)}$ und $\overline{K}_{b,a;Q(b,b)}$ des Zustandes „$\overline{O}$" des Stabes a,b nach Abb. 89 infolge gegebener Stabbelastungen B gilt analog 6.2.1.:

$$\overline{K}_{a,b;Q(g,g)} = K_{a,b;Q(g,g)}, \qquad (6.2.27)$$

$$\overline{K}_{b,a;Q(g,g)} = K_{b,a;Q(g,g)}. \qquad (6.2.28)$$

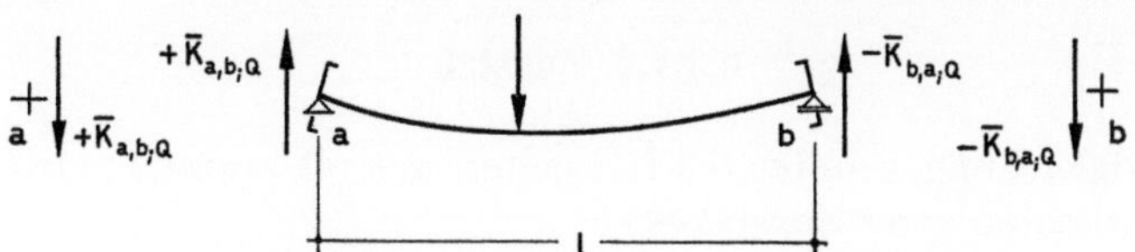

Abb. 89. Stabendquerkräfte $\overline{K}_Q$ eines Stabes a,b (g,g)

6.3. Außermittige Längskräfte an den Stabenden

6.3.1. Stab a,b (b,b), außermittige Längskraft am Stabende a

6.3.1.1. Druckstab

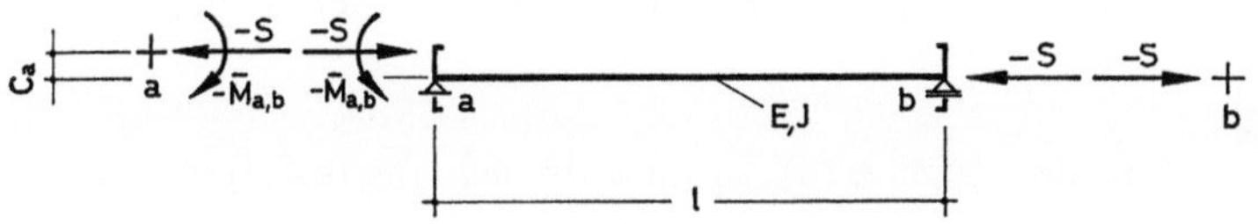

Abb. 90. Stabendmoment $\overline{M}$ eines Druckstabes a,b (b,b)

Für das Stabendmoment $\overline{M}(\alpha)_{a,b(b,b)}$ ergibt sich aus (6.2.9) mit (4.5.2), (4.5.3) (5.11.1), (5.11.2) und (5.11.3):

$$\overline{M}(\alpha)_{a,b(b,b)} = -\frac{EI}{l} \cdot \left(-\frac{S \cdot c_a \cdot l}{EI} \cdot F(\alpha)_{a;a} \cdot F_1(\alpha) + \frac{S \cdot c_a \cdot l}{EI} \cdot F(\alpha)_{a;b} \cdot F_2(\alpha)\right)$$

$$= S \cdot c_a = -\frac{\mu \cdot EI \cdot \alpha^2}{l^2} \cdot c_a. \tag{6.3.1}$$

Das Stabendmoment $\overline{M}(\alpha)_{b,a(b,b)}$ folgt aus (6.2.10) mit (4.5.3), (4.5.2) und (5.11.1) zu:

$$\overline{M}(\alpha)_{b,a(b,b)} = \frac{EI}{l} \cdot \left(-\frac{S \cdot c_a \cdot l}{EI} \cdot F(\alpha)_{a;b} \cdot F_1(\alpha) + \frac{S \cdot c_a \cdot l}{EI} \cdot F(\alpha)_{a;a} \cdot F_2(\alpha)\right) = 0. \tag{6.3.2}$$

Aus (6.2.11) und (6.2.12) erhalten wir mit (6.3.1), (6.3.2) und

$$K(\alpha)_{a,b;Q(g,g)} = K(\alpha)_{b,a;Q(g,g)} = \frac{S \cdot c_a}{l} = -\frac{\mu \cdot EI \cdot \alpha^2}{l^2} \cdot \frac{c_a}{l} \tag{6.3.3}$$

für die Stabendquerkräfte $\overline{K}(\alpha)_{a,b;Q(b,b)}$ und $\overline{K}(\alpha)_{b,a;Q(b,b)}$:

$$\overline{K}(\alpha)_{a,b;Q(b,b)} = \overline{K}(\alpha)_{b,a;Q(b,b)} = \frac{S \cdot c_a}{l} - \frac{S \cdot c_a}{l} = 0. \tag{6.3.4}$$

6.3.1.2. Zugstab

Die Grundgleichungen unter 6.3.1.1. gelten mit (β) anstelle (α) auch für die Stabendschnittlasten eines Zugstabes.

6.3.2. Stab a,b (b,b), außermittige Längskraft am Stabende b

6.3.2.1. Druckstab

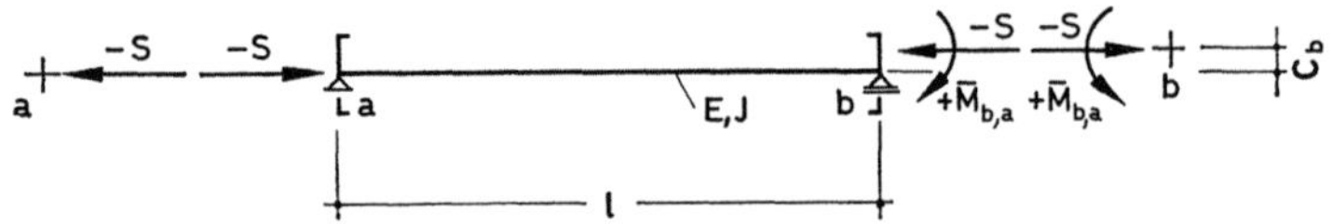

Abb. 91. Stabendmoment $\overline{M}$ eines Druckstabes a,b (b,b)

Für das Stabendmoment $\overline{M}(\alpha)_{a,b(b,b)}$ ergibt sich aus (6.2.9) mit (4.6.2), (4.6.3) und (5.11.1):

$$\overline{M}(\alpha)_{a\,b(b,b)} = -\frac{EI}{l} \cdot \left(-\frac{S \cdot c_b \cdot l}{EI} \cdot F(\alpha)_{b;a} \cdot F_1(\alpha) + \frac{S \cdot c_b \cdot l}{EI} \cdot F(\alpha)_{b;h} \cdot F_2(\alpha) \right) = 0.$$

$$(6.3.5)$$

Das Stabendmoment $\overline{M}(\alpha)_{b,a(b,b)}$ folgt aus (6.2.10) mit (4.6.3), (4.6.2), (5.11.1), (5.11.2) und (5.11.3) zu:

$$\overline{M}(\alpha)_{b,a(b,b)} = \frac{EI}{l} \cdot \left(-\frac{S \cdot c_b \cdot l}{EI} \cdot F(\alpha)_{b;b} \cdot F_1(\alpha) + \frac{S \cdot c_b \cdot l}{EI} \cdot F(\alpha)_{b;a} \cdot F_2(\alpha) \right)$$

$$= -S \cdot c_b = \frac{\mu \cdot EI \cdot \alpha^2}{l^2} \cdot c_b.$$

$$(6.3.6)$$

Aus (6.2.11) und (6.2.12) erhält man mit (6.3.5), (6.3.6) und

$$K(\alpha)_{a,b;Q(g,g)} = K(\alpha)_{b,a;Q(g,g)} = -\frac{S \cdot c_b}{l} = \frac{\mu \cdot EI \cdot \alpha^2}{l^2} \cdot \frac{c_b}{l} \qquad (6.3.7)$$

für die Stabendquerkräfte $\overline{K}(\alpha)_{a,b;Q(b,b)}$ und $\overline{K}(\alpha)_{b,a;Q(b,b)}$:

$$\overline{K}(\alpha)_{a,b;Q(b,b)} = \overline{K}(\alpha)_{b,a;Q(b,b)} = -\frac{S \cdot c_b}{l} + \frac{S \cdot c_b}{l} = 0. \qquad (6.3.8)$$

6.3.2.2. Zugstab

Die Grundgleichungen unter 6.3.2.1. gelten mit (β) anstelle (α) auch für die Stabendschnittlasten eines Zugstabes.

6.3.3. Stab a,b (b,g), außermittige Längskraft am Stabende a

6.3.3.1. Druckstab

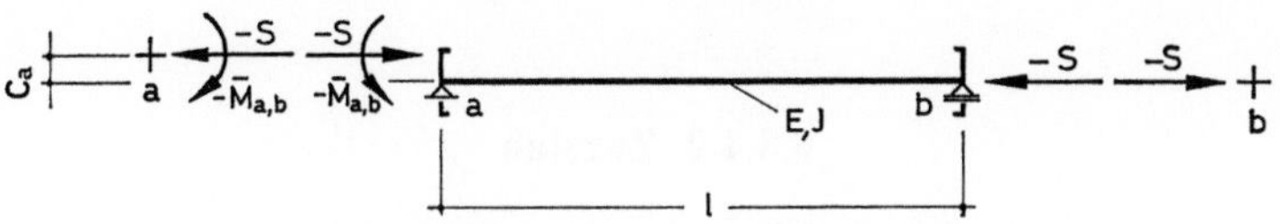

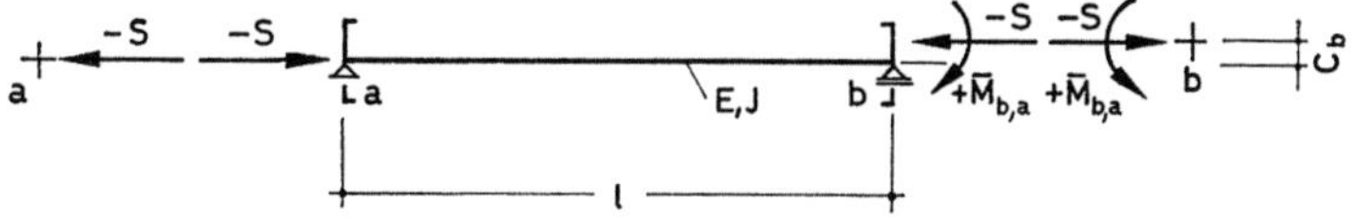

Abb. 92. Stabendmoment $\overline{M}$ eines Druckstabes a,b (b,g)

Für das Stabendmoment $\overline{M}(\alpha)_{a,b(b,g)}$ ergibt sich aus (6.2.16) mit (4.5.2) und (5.11.6):

$$\overline{M}(\alpha)_{a,b(b,g)} = -\frac{EI}{l}\cdot\left(-\frac{S\cdot c_a\cdot l}{EI}\cdot F(\alpha)_{a;a}\cdot F_5(\alpha)\right) = S\cdot c_a = -\frac{\mu\cdot EI\cdot\alpha^2}{l^2}\cdot c_a.$$

$$(6.3.9)$$

Die Stabendquerkräfte $\overline{K}(\alpha)_{a,b;Q(b,g)}$ und $\overline{K}(\alpha)_{b,a;Q(b,g)}$ folgen aus (6.2.17) und (6.2.18) mit (6.3.3) und (6.3.9) zu:

$$\overline{K}(\alpha)_{a,b;Q(b,g)} = \overline{K}(\alpha)_{b,a;Q(b,g)} = \frac{S\cdot c_a}{l} - \frac{S\cdot c_a}{l} = 0.\qquad(6.3.10)$$

6.3.3.2. Zugstab

Die Grundgleichungen unter 6.3.3.1. gelten mit (β) anstelle (α) auch für die Stabendschnittlasten eines Zugstabes.

6.3.4. Stab a,b (g,b), außermittige Längskraft am Stabende b

6.3.4.1. Druckstab

Abb. 93. Stabendmoment $\overline{M}$ eines Druckstabes a,b (g,b)

Für das Stabendmoment $\overline{M}(\alpha)_{b,a(g,b)}$ erhalten wir aus (6.2.22) mit (4.6.3), (5.11.1) und (5.11.6):

$$\overline{M}(\alpha)_{b,a(g,b)} = \frac{EI}{l}\cdot\left(-\frac{S\cdot c_b\cdot l}{EI}\cdot F(\alpha)_{b;b}\cdot F_5(\alpha)\right) = -S\cdot c_b = \frac{\mu\cdot EI\cdot\alpha^2}{l^2}\cdot c_b.$$

$$(6.3.11)$$

Die Stabendquerkräfte $\overline{K}(\alpha)_{a,b;Q(g,b)}$ und $\overline{K}(\alpha)_{b,a;Q(g,b)}$ ergeben sich aus (6.2.23) und (6.2.24) mit (6.3.7) und (6.3.11) zu:

$$\overline{K}(\alpha)_{a,b;Q(g,b)} = \overline{K}(\alpha)_{b,a;Q(g,b)} = -\frac{S \cdot c_b}{l} + \frac{S \cdot c_b}{l} = 0. \qquad (6.3.12)$$

6.3.4.2. Zugstab

Die Grundgleichungen unter 6.3.4.1. gelten mit (β) anstelle (α) auch für die Stabendschnittlasten eines Zugstabes.

6.3.5. Stab a,b (b,g), außermittige Längskraft am Stabende b

6.3.5.1. Druckstab

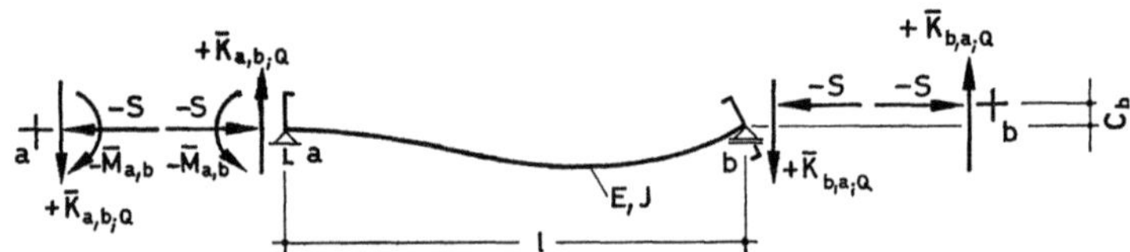

Abb. 94. Stabendschnittlasten $\overline{M}$ und $\overline{K}_Q$ eines Druckstabes a,b (b,g)

Für das Stabendmoment $\overline{M}(\alpha)_{a,b(b,g)}$ folgt aus (6.2.16) mit (4.6.2), (5.11.1) und (5.11.6):

$$\overline{M}(\alpha)_{a,b(b,g)} = -\frac{EI}{l} \cdot \left(-\frac{S \cdot c_b \cdot l}{EI} \cdot F(\alpha)_{b;a} \cdot F_5(\alpha)\right) = S \cdot c_b \cdot \frac{F_2(\alpha)}{F_1(\alpha)}. \qquad (6.3.13)$$

Die Stabendquerkräfte $\overline{K}(\alpha)_{a,b;Q(b,g)}$ und $\overline{K}(\alpha)_{b,a;Q(b,g)}$ erhält man aus (6.2.17) und (6.2.18) mit (6.3.7) und (6.3.13) zu:

$$\overline{K}(\alpha)_{a,b;Q(b,g)} = \overline{K}(\alpha)_{b,a;Q(b,g)} = -\frac{S \cdot c_b}{l} - \frac{S \cdot c_b}{l} \cdot \frac{F_2(\alpha)}{F_1(\alpha)} = -\frac{S \cdot c_b}{l} \cdot \left(1 + \frac{F_2(\alpha)}{F_1(\alpha)}\right)$$

$$= \frac{\mu \cdot EI \cdot \alpha^2}{l^2} \cdot \frac{c_b}{l} \cdot \left(1 + \frac{F_2(\alpha)}{F_1(\alpha)}\right). \qquad (6.3.14)$$

Für $\alpha \ll 1$ ist in den obigen Gleichungen $F(\alpha^2)$ (Näherungslösungen) anstelle $F(\alpha)$ zu setzen.

6.3.5.2. Zugstab

Die Grundgleichungen unter 6.3.5.1. gelten mit $F(\beta)$ (genaue Lösungen) bzw. $F(\beta^2)$ (Näherungslösungen für $\beta \ll 1$) bzw. $F(\beta_N)$ (Näherungslösungen für $\beta \gg 1$) anstelle $F(\alpha)$ auch für die Stabendschnittlasten eines Zugstabes.

6.3.6. Stab a,b (g,b), außermittige Längskraft am Stabende a

6.3.6.1. Druckstab

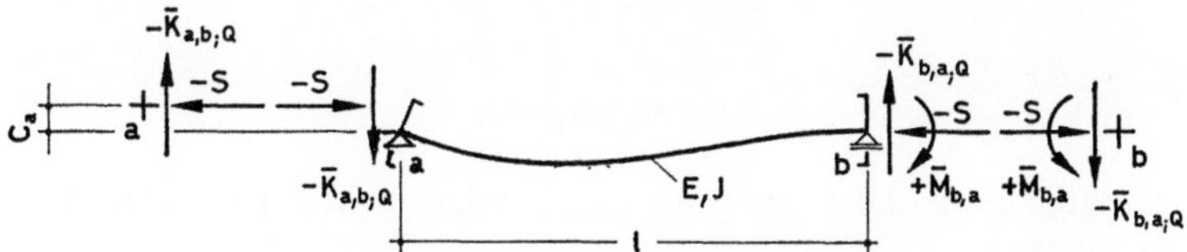

Abb. 95. Stabendschnittlasten $\overline{M}$ und $\overline{K}_Q$ eines Druckstabes a,b (g,b)

Für das Stabendmoment $\overline{M}(\alpha)_{b,a(g,b)}$ ergibt sich aus (6.2.22) mit (4.5.3), (5.11.1) und (5.11.6):

$$\overline{M}(\alpha)_{b,a(g,b)} = \frac{EI}{l} \cdot \left(-\frac{S \cdot c_a \cdot l}{EI} \cdot F(\alpha)_{a;b} \cdot F_5(\alpha)\right) = -S \cdot c_a \cdot \frac{F_2(\alpha)}{F_1(\alpha)}. \tag{6.3.15}$$

Die Stabendquerkräfte $\overline{K}(\alpha)_{a,b;Q(g,b)}$ und $\overline{K}(\alpha)_{b,a;Q(g,b)}$ folgen aus (6.2.23) und (6.2.24) mit (6.3.3) und (6.3.15) zu:

$$\overline{K}(\alpha)_{a,b;Q(g,b)} = \overline{K}(\alpha)_{b,a;Q(g,b)} = \frac{S \cdot c_a}{l} + \frac{S \cdot c_a}{l} \cdot \frac{F_2(\alpha)}{F_1(\alpha)} = \frac{S \cdot c_a}{l} \cdot \left(1 + \frac{F_2(\alpha)}{F_1(\alpha)}\right)$$

$$= -\frac{\mu \cdot EI \cdot \alpha^2}{l^2} \cdot \frac{c_a}{l} \cdot \left(1 + \frac{F_2(\alpha)}{F_1(\alpha)}\right). \tag{6.3.16}$$

Für $\alpha \ll 1$ ist in den obigen Gleichungen $F(\alpha^2)$ (Näherungslösungen) anstelle $F(\alpha)$ zu setzen.

6.3.6.2. Zugstab

Über genaue Lösungen und Näherungslösungen siehe Bemerkung unter 6.3.5.2.

6.3.7. Stab a,b (g,g), außermittige Längskraft am Stabende a

6.3.7.1. Druckstab

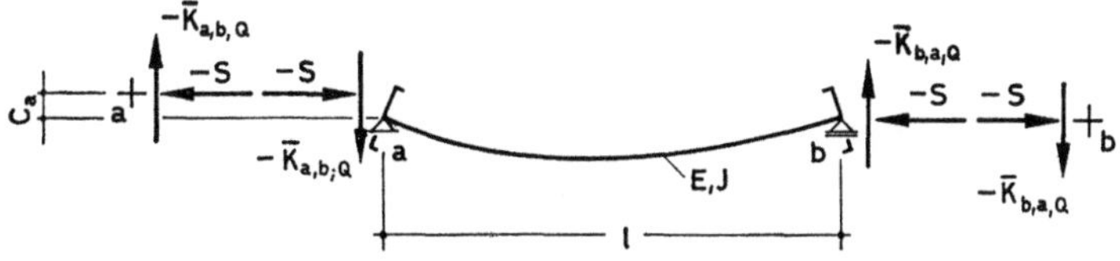

Abb. 96. Stabendquerkräfte $\overline{K}_Q$ eines Druckstabes a,b (g,g)

Für die Stabendquerkräfte $\overline{K}(\alpha)_{a,b;Q(g,g)}$ und $\overline{K}(\alpha)_{b,a;Q(g,g)}$ erhalten wir aus (6.2.27) und (6.2.28) mit (6.3.3):

$$\overline{K}(\alpha)_{a,b;Q(g,g)} = \overline{K}(\alpha)_{b,a;Q(g,g)} = \frac{S \cdot c_a}{l} = -\frac{\mu \cdot EI \cdot \alpha^2}{l^2} \cdot \frac{c_a}{l}. \qquad (6.3.17)$$

6.3.7.2. Zugstab

Die Grundgleichung (6.3.17) gilt mit (β) anstelle (α) auch für die Stabendquerkräfte eines Zugstabes.

6.3.8. Stab *a,b* (*g,g*), außermittige Längskraft am Stabende *b*

6.3.8.1. Druckstab

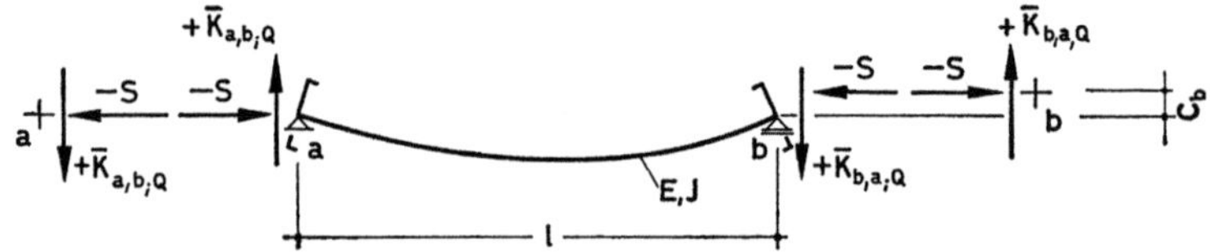

Abb. 97. Stabendquerkräfte $\overline{K}_Q$ eines Druckstabes *a,b* (*g,g*)

Für die Stabendquerkräfte $\overline{K}(\alpha)_{a,b;Q(g,g)}$ und $\overline{K}(\alpha)_{b,a;Q(g,g)}$ ergibt sich aus (6.2.27) und (6.2.28) mit (6.3.7):

$$\overline{K}(\alpha)_{a,b;Q(g,g)} = \overline{K}(\alpha)_{b,a;Q(g,g)} = -\frac{S \cdot c_b}{l} = \frac{\mu \cdot EI \cdot \alpha^2}{l^2} \cdot \frac{c_b}{l}. \qquad (6.3.18)$$

6.3.8.2. Zugstab

Die Grundgleichung (6.3.18) gilt mit (β) anstelle (α) auch für die Stabendquerkräfte eines Zugstabes.

6.4. Moment M

6.4.1. Stab *a,b* (*b,b*)

6.4.1.1. Druckstab

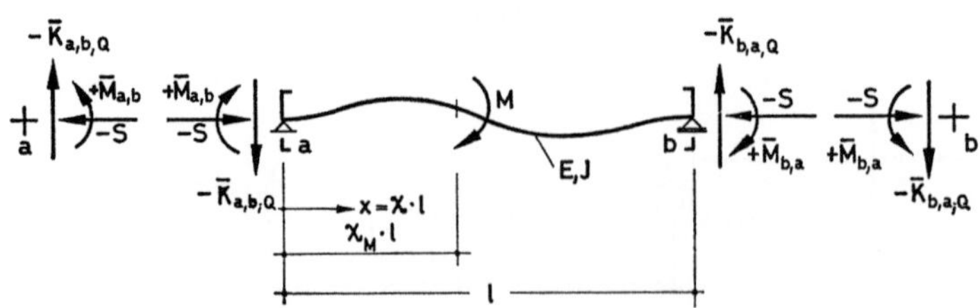

Abb. 98. Stabendschnittlasten $\overline{M}$ und $\overline{K}_Q$ eines Druckstabes *a,b* (*b,b*)

Für das Stabendmoment $\overline{M}(\alpha)_{a,b(b,b)}$ folgt aus (6.2.9) mit (4.7.22) und (4.7.31):

$$\overline{M}(\alpha)_{a,b(b,b)} = M \cdot \left(-F(\alpha)_{M;a} \cdot F_1(\alpha) + F(\alpha)_{M;b} \cdot F_2(\alpha)\right)$$

$$= M \cdot F(\alpha)_{M;\overline{M}_a(b,b)} \, . \tag{6.4.1}$$

Das Stabendmoment $\overline{M}(\alpha)_{b,a(b,b)}$ erhält man aus (6.2.10) mit (4.7.31) und (4.7.22) zu:

$$\overline{M}(\alpha)_{b,a(b,b)} = M \cdot \left(F(\alpha)_{M;b} \cdot F_1(\alpha) - F(\alpha)_{M;a} \cdot F_2(\alpha)\right)$$

$$= M \cdot F(\alpha)_{M;\overline{M}_b(b,b)} \, . \tag{6.4.2}$$

Für die Stabendquerkräfte $\overline{K}(\alpha)_{a,b;Q(b,b)}$ und $\overline{K}(\alpha)_{b,a;Q(b,b)}$ ergibt sich aus (6.2.11) und (6.2.12) mit (6.4.1), (6.4.2) und

$$K_{a,b;Q(g,g)} = K_{b,a;Q(g,g)} = -\frac{M}{l}: \tag{6.4.3}$$

$$\overline{K}(\alpha)_{a,b;Q(b,b)} = \overline{K}(\alpha)_{b,a;Q(b,b)}$$

$$= -\frac{M}{l} - \frac{M}{l} \cdot \left(-F(\alpha)_{M;a} \cdot F_1(\alpha) + F(\alpha)_{M;b} \cdot F_2(\alpha)\right.$$

$$\left. + F(\alpha)_{M;b} \cdot F_1(\alpha) - F(\alpha)_{M;a} \cdot F_2(\alpha)\right)$$

$$= \frac{M}{l} \cdot \left[-1 + \left(F(\alpha)_{M;a} - F(\alpha)_{M;b}\right) \cdot \left(F_1(\alpha) + F_2(\alpha)\right)\right]$$

$$= \frac{M}{l} \cdot F(\alpha)_{M;\overline{K}(b,b)} \, . \tag{6.4.4}$$

Für $\alpha \ll 1$ ist in den obigen Gleichungen $F(\alpha^2)$ (Näherungslösungen) anstelle $F(\alpha)$ zu setzen.

6.4.1.2. Stab ohne Längskraft und Zugstab

Die Grundgleichungen unter 6.4.1.1. gelten mit $F(0)$ (genaue Lösungen) anstelle $F(\alpha)$ auch für die Stabendschnittlasten eines Stabes ohne Längskraft und mit $F(\beta)$ (genaue Lösungen) bzw. $F(\beta^2)$ (Näherungslösungen für $\beta \ll 1$) bzw. $F(\beta_N)$ (Näherungslösungen für $\beta \gg 1$) anstelle $F(\alpha)$ auch für die Stabendschnittlasten eines Zugstabes.

6.4.1.3. Darstellung der Funktionen $F_{M;\overline{M}_a(b,b)}$, $F_{M;\overline{M}_b(b,b)}$ und $F_{M;\overline{K}(b,b)}$

Abb. 99 zeigt den Verlauf der Funktionen $F_{M;\overline{M}_a(b,b)}$, $F_{M;\overline{M}_b(b,b)}$ und $F_{M;\overline{K}(b,b)}$ für $\chi_M = 0{,}25$ in Abhängigkeit von α und β ($\mu = 1$, $\varkappa_0 = 0$).

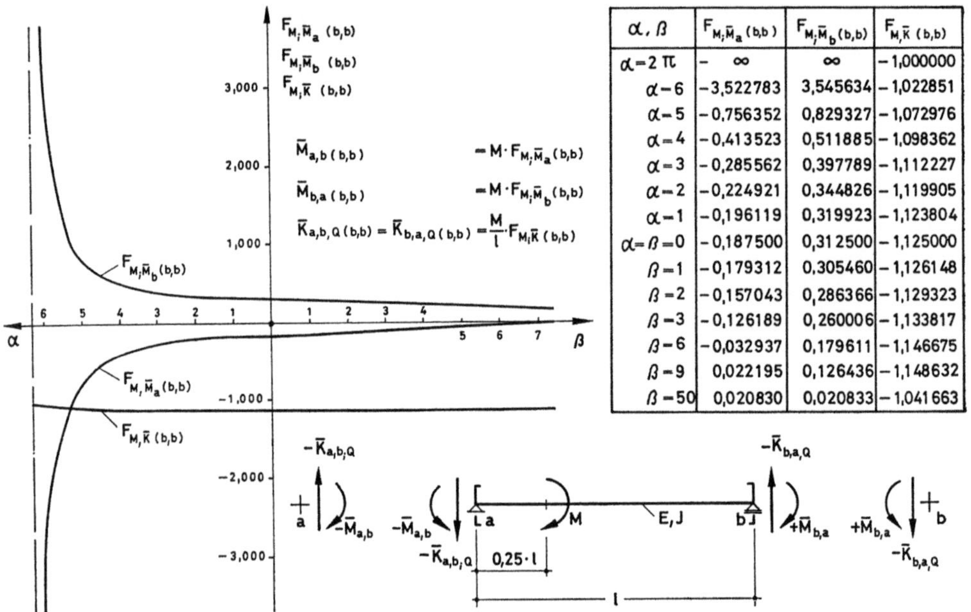

α,β	$F_{M;\overline{M}_a}(b,b)$	$F_{M;\overline{M}_b}(b,b)$	$F_{M,\overline{K}}(b,b)$
$\alpha=2\pi$	$-\infty$	∞	$-1{,}000000$
$\alpha-6$	$-3{,}522783$	$3{,}545634$	$-1{,}022851$
$\alpha-5$	$-0{,}756352$	$0{,}829327$	$-1{,}072976$
$\alpha-4$	$-0{,}413523$	$0{,}511885$	$-1{,}098362$
$\alpha-3$	$-0{,}285562$	$0{,}397789$	$-1{,}112227$
$\alpha-2$	$-0{,}224921$	$0{,}344826$	$-1{,}119905$
$\alpha-1$	$-0{,}196119$	$0{,}319923$	$-1{,}123804$
$\alpha=\beta=0$	$-0{,}187500$	$0{,}312500$	$-1{,}125000$
$\beta-1$	$-0{,}179312$	$0{,}305460$	$-1{,}126148$
$\beta-2$	$-0{,}157043$	$0{,}286366$	$-1{,}129323$
$\beta-3$	$-0{,}126189$	$0{,}260006$	$-1{,}133817$
$\beta-6$	$-0{,}032937$	$0{,}179611$	$-1{,}146675$
$\beta-9$	$0{,}022195$	$0{,}126436$	$-1{,}148632$
$\beta-50$	$0{,}020830$	$0{,}020833$	$-1{,}041663$

Abb. 99. Darstellung der Funktionen $F_{M;\overline{M}_a(b,b)}$, $F_{M;\overline{M}_b(b,b)}$ und $F_{M;\overline{K}(b,b)}$

6.4.2. Stab a,b (b,g)

6.4.2.1. Druckstab

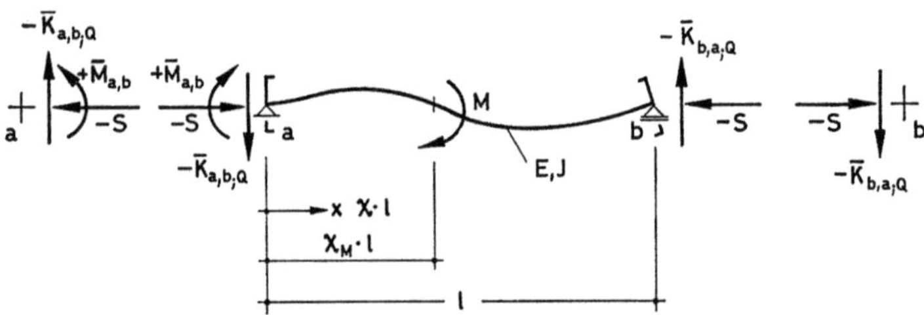

Abb. 100. Stabendschnittlasten $\overline{M}$ und $\overline{K}_Q$ eines Druckstabes a,b (b,g)

Für das Stabendmoment $\overline{M}(\alpha)_{a,b(b,g)}$ folgt aus (6.2.16) mit (4.7.22):

$$\overline{M}(\alpha)_{a,b(b,g)} = M \cdot \big(-F(\alpha)_{M;a} \cdot F_5(\alpha)\big) = M \cdot F(\alpha)_{M;\overline{M}_a(b,g)}. \qquad (6.4.5)$$

Die Stabendquerkräfte $\overline{K}(\alpha)_{a,b;Q(b,g)}$ und $\overline{K}(\alpha)_{b,a;Q(b,g)}$ erhalten wir aus (6.2.17) und (6.2.18) mit (6.4.3) und (6.4.5) zu:

$$\overline{K}(\alpha)_{a,b;Q(b,g)} = \overline{K}(\alpha)_{b,a;Q(b,g)} = \frac{M}{l} \cdot \big(-1 + F(\alpha)_{M;a} \cdot F_5(\alpha)\big) = \frac{M}{l} \cdot F(\alpha)_{M;\overline{K}(b,g)}. \qquad (6.4.6)$$

Für $\alpha \ll 1$ ist in den obigen Gleichungen $F(\alpha^2)$ (Näherungslösungen) anstelle $F(\alpha)$ zu setzen.

6.4.2.2. Stab ohne Längskraft und Zugstab

Über genaue Lösungen und Näherungslösungen siehe Bemerkung unter 6.4.1.2.

6.4.2.3. Darstellung der Funktionen $F_{M;\overline{M}_a(b,g)}$ und $F_{M;\overline{K}(b,g)}$

Abb. 101 zeigt den Verlauf der Funktionen $F_{M;\overline{M}_a(b,g)}$ und $F_{M;\overline{K}(b,g)}$ für $\chi_M = 0{,}25$ in Abhängigkeit von α und β ($\mu = 1$, $\varkappa_0 = 0$).

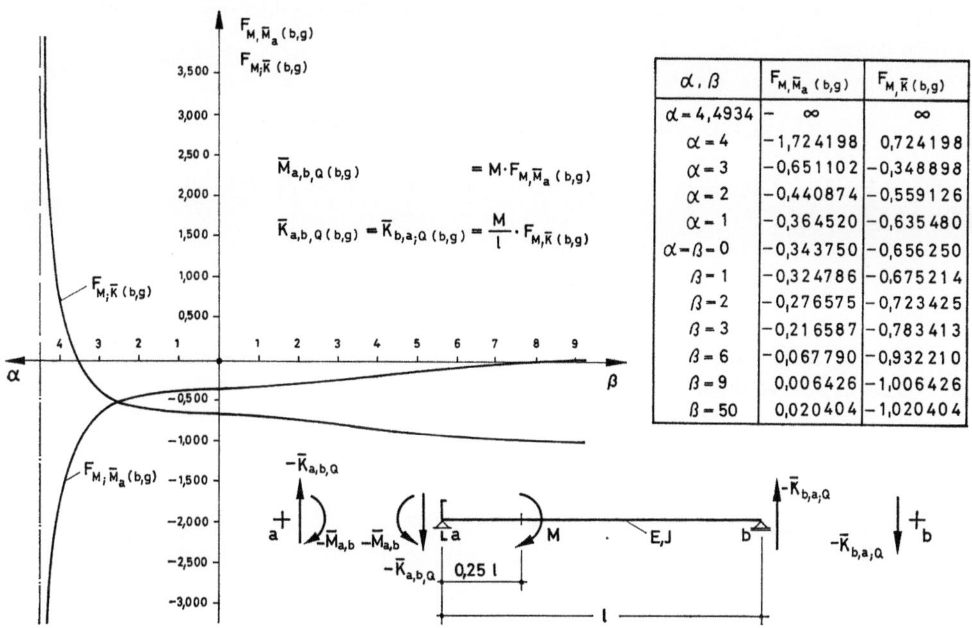

$\alpha,\ \beta$	$F_{M,\overline{M}_a}\,(b,g)$	$F_{M,\overline{K}}\,(b,g)$
$\alpha = 4{,}4934$	$-\ \infty$	∞
$\alpha = 4$	$-1{,}724198$	$0{,}724198$
$\alpha = 3$	$-0{,}651102$	$-0{,}348898$
$\alpha = 2$	$-0{,}440874$	$-0{,}559126$
$\alpha = 1$	$-0{,}364520$	$-0{,}635480$
$\alpha = \beta = 0$	$-0{,}343750$	$-0{,}656250$
$\beta = 1$	$-0{,}324786$	$-0{,}675214$
$\beta = 2$	$-0{,}276575$	$-0{,}723425$
$\beta = 3$	$-0{,}216587$	$-0{,}783413$
$\beta = 6$	$-0{,}067790$	$-0{,}932210$
$\beta = 9$	$0{,}006426$	$-1{,}006426$
$\beta = 50$	$0{,}020404$	$-1{,}020404$

$$\overline{M}_{a,b,Q}(b,g) = M \cdot F_{M,\overline{M}_a}(b,g)$$

$$\overline{K}_{a,b,Q}(b,g) = \overline{K}_{b,a;Q}(b,g) = \frac{M}{l} \cdot F_{M,\overline{K}}(b,g)$$

Abb. 101. Darstellung der Funktionen $F_{M;\overline{M}_a(b,g)}$ und $F_{M;\overline{K}(b,g)}$

6.4.3. Stab a,b (g,b)

6.4.3.1. Druckstab

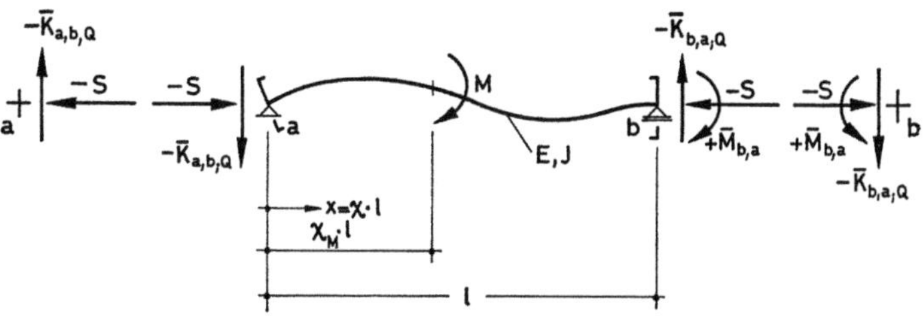

Abb. 102. Stabendschnittlasten $\overline{M}$ und $\overline{K}_Q$ eines Druckstabes a,b (g,b)

Für das Stabendmoment $\overline{M}(\alpha)_{b,a(g,b)}$ ergibt sich aus (6.2.22) mit (4.7.31):

$$\overline{M}(\alpha)_{b,a(g,b)} = M \cdot F(\alpha)_{M;b} \cdot F_5(\alpha) = M \cdot F(\alpha)_{M;\overline{M}_b(g,b)}. \tag{6.4.7}$$

Die Stabendquerkräfte $\overline{K}(\alpha)_{a,b;Q(g,b)}$ und $\overline{K}(\alpha)_{b,a;Q(g,b)}$ folgen aus (6.2.23) und (6.2.24) mit (6.4.3) und (6.4.7) zu:

$$\overline{K}(\alpha)_{a,b;Q(g,b)} = \overline{K}_{b,a;Q(g,b)} = \frac{M}{l} \cdot \left(-1 - F(\alpha)_{M;b} \cdot F_5(\alpha)\right) = \frac{M}{l} \cdot F(\alpha)_{M;\overline{K}(g,b)}. \tag{6.4.8}$$

Für $\alpha \ll 1$ ist in den obigen Gleichungen $F(\alpha^2)$ (Näherungslösungen) anstelle $F(\alpha)$ zu setzen.

6.4.3.2. Stab ohne Längskraft und Zugstab

Über genaue Lösungen und Näherungslösungen siehe Bemerkung unter 6.4.1.2.

6.4.3.3. Darstellung der Funktionen $F_{M;\overline{M}_b(g,b)}$ und $F_{M;\overline{K}(g,b)}$

Abb. 103 zeigt den Verlauf der Funktionen $F_{M;\overline{M}_b(g,b)}$ und $F_{M;\overline{K}(g,b)}$ für $\chi_M = 0{,}25$ in Abhängigkeit von α und β ($\mu = 1$, $\varkappa_0 = 0$).

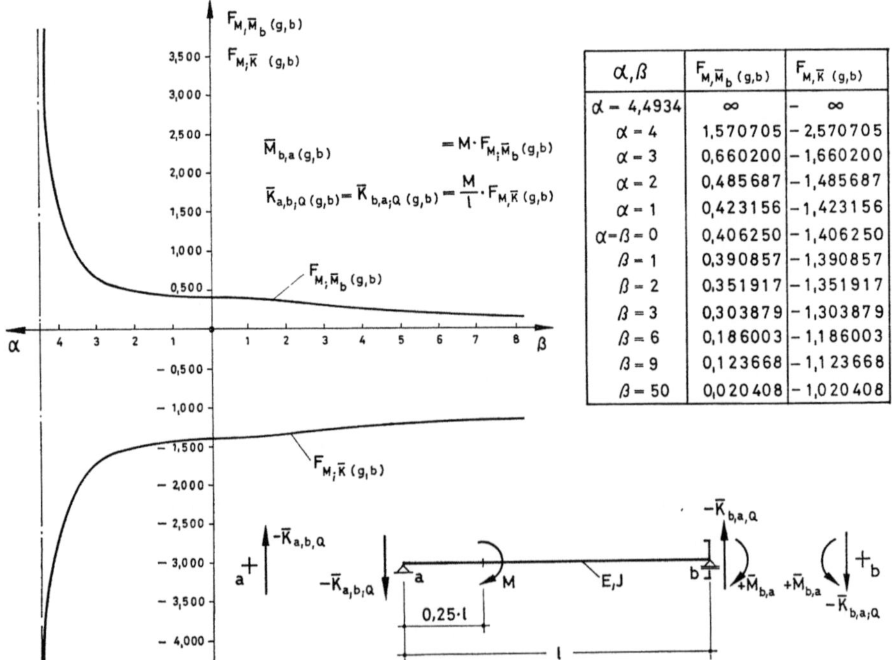

α,β	$F_{M,\overline{M}_b}(g,b)$	$F_{M,\overline{K}}(g,b)$
$\alpha - 4{,}4934$	∞	$-\ \infty$
$\alpha - 4$	$1{,}570705$	$-2{,}570705$
$\alpha - 3$	$0{,}660200$	$-1{,}660200$
$\alpha - 2$	$0{,}485687$	$-1{,}485687$
$\alpha - 1$	$0{,}423156$	$-1{,}423156$
$\alpha - \beta - 0$	$0{,}406250$	$-1{,}406250$
$\beta - 1$	$0{,}390857$	$-1{,}390857$
$\beta - 2$	$0{,}351917$	$-1{,}351917$
$\beta - 3$	$0{,}303879$	$-1{,}303879$
$\beta - 6$	$0{,}186003$	$-1{,}186003$
$\beta - 9$	$0{,}123668$	$-1{,}123668$
$\beta - 50$	$0{,}020408$	$-1{,}020408$

Abb. 103. Darstellung der Funktionen $F_{M;\overline{M}_b(g,b)}$ und $F_{M;\overline{K}(g,b)}$

6.4.4. Stab a,b (g,g)

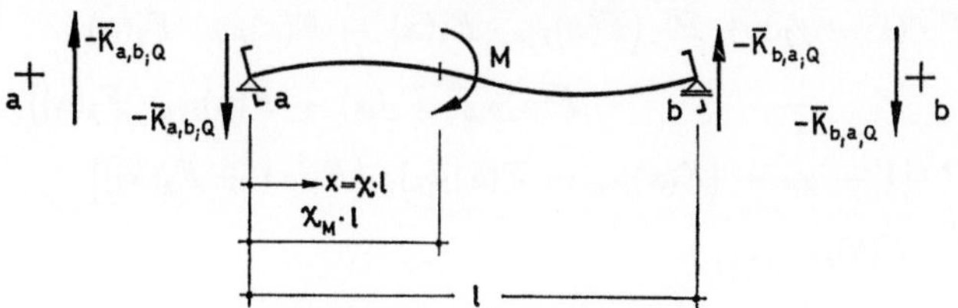

Abb. 104. Stabendquerkräfte $\overline{K}_Q$ eines Stabes a,b (g,g)

Für die Stabendquerkräfte $\overline{K}_{a,b;Q(g,g)}$ und $\overline{K}_{b,a;Q(g,g)}$ erhält man aus (6.2.27) und (6.2.28) mit (6.4.3):

$$\overline{K}_{a,b;Q(g,g)} = \overline{K}_{b,a;Q(g,g)} = -\frac{M}{l}. \tag{6.4.9}$$

6.5. Einzellast P

6.5.1. Stab a,b (b,b)

6.5.1.1. Druckstab

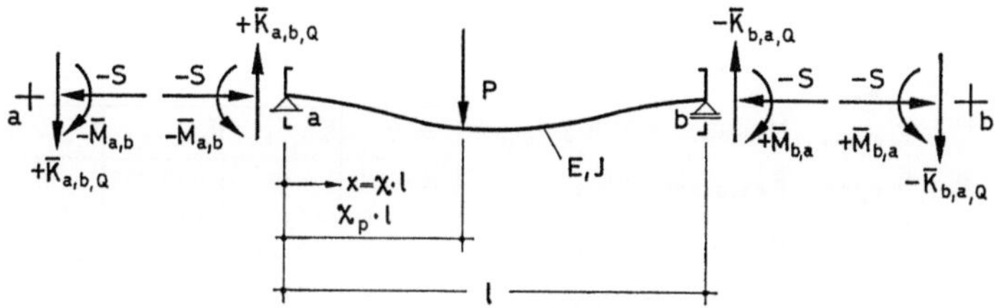

Abb. 105. Stabendschnittlasten $\overline{M}$ und $\overline{K}_Q$ eines Druckstabes a,b (b,b)

Für das Stabendmoment $\overline{M}(\alpha)_{a,b(b,b)}$ ergibt sich aus (6.2.9) mit (4.8.22) und (4.8.31):

$$\overline{M}(\alpha)_{a,b(b,b)} = P \cdot l \cdot \left(-F(\alpha)_{P;a} \cdot F_1(\alpha) + F(\alpha)_{P;b} \cdot F_2(\alpha)\right) = P \cdot l \cdot F(\alpha)_{P;\overline{M}_a(b,b)}.$$

$$\tag{6.5.1}$$

Das Stabendmoment $\overline{M}(\alpha)_{b,a(b,b)}$ folgt aus (6.2.10) mit (4.8.31) und (4.8.22) zu:

$$\overline{M}(\alpha)_{b,a(b,b)} = P \cdot l \cdot \left(F(\alpha)_{P;b} \cdot F_1(\alpha) - F(\alpha)_{P;a} \cdot F_2(\alpha)\right) = P \cdot l \cdot F(\alpha)_{P;\overline{M}_b(b,b)}.$$

$$\tag{6.5.2}$$

Mit (6.5.1), (6.5.2) und

$$K_{a,b;Q(g,g)} = P \cdot (1 - \chi_P) \tag{6.5.3}$$

erhalten wir aus (6.2.11) für die Stabendquerkraft $\overline{K}(\alpha)_{a,b;\,Q(b,b)}$

$$\begin{aligned}
\overline{K}(\alpha)_{a,b;\,Q(b,b)} &= P \cdot (1 - \chi_P) + P \cdot \big(F(\alpha)_{P;a} \cdot F_1(\alpha) - F(\alpha)_{P;b} \cdot F_2(\alpha) \\
&\qquad - F(\alpha)_{P;b} \cdot F_1(\alpha) + F(\alpha)_{P;a} \cdot F_2(\alpha)\big) \\
&= P \cdot \big[1 - \chi_P + \big(F(\alpha)_{P;a} - F(\alpha)_{P;b}\big) \cdot \big(F_1(\alpha) + F_2(\alpha)\big)\big] \\
&= P \cdot F(\alpha)_{P;\,\overline{K}_a(b,b)}
\end{aligned}$$

$$ (6.5.4)$$

und mit (6.5.1), (6.5.2) und

$$K_{b,a;\,Q(g,g)} = -P \cdot \chi_P \tag{6.5.5}$$

aus (6.2.12) für die Stabendquerkraft $\overline{K}(\alpha)_{b,a;\,Q(b,b)}$:

$$\begin{aligned}
\overline{K}(\alpha)_{b,a;\,Q(b,b)} &= P \cdot \big[-\chi_P + \big(F(\alpha)_{P;a} - F(\alpha)_{P;b}\big) \cdot \big(F_1(\alpha) + F_2(\alpha)\big)\big] \\
&= P \cdot F(\alpha)_{P;\,\overline{K}_b(b,b)} \, .
\end{aligned}$$

$$(6.5.6)$$

Für $\alpha \ll 1$ ist in den obigen Gleichungen $F(\alpha^2)$ (Näherungslösungen) anstelle $F(\alpha)$ zu setzen.

6.5.1.2. Stab ohne Längskraft und Zugstab

Über genaue Lösungen und Näherungslösungen siehe Bemerkung unter 6.4.1.2.

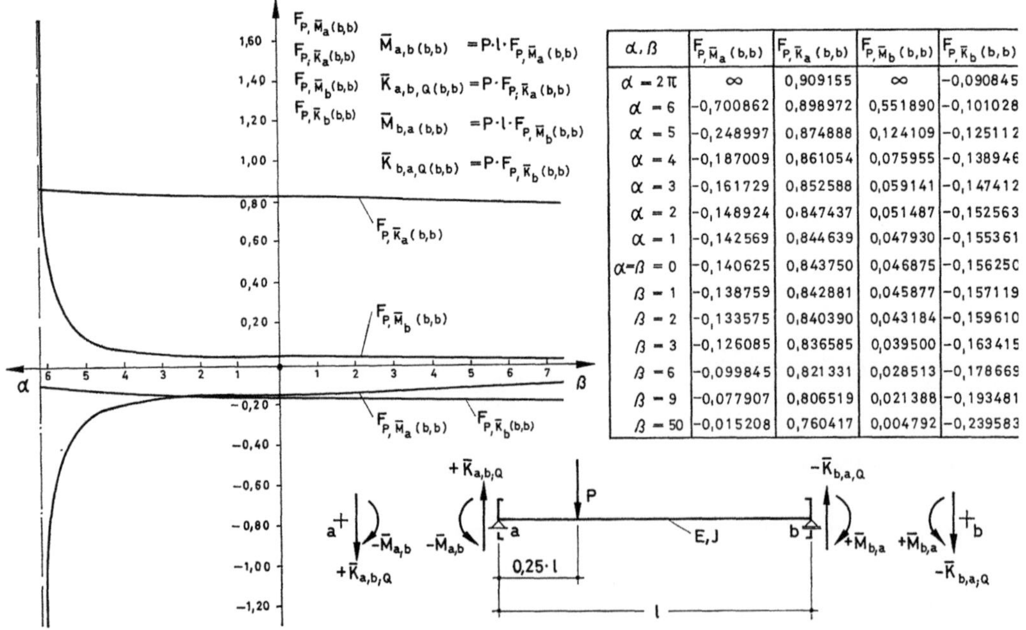

α, β	$F_{P,\overline{M}_a}(b,b)$	$F_{P,\overline{K}_a}(b,b)$	$F_{P,\overline{M}_b}(b,b)$	$F_{P,\overline{K}_b}(b,b)$
$\alpha = 2\pi$	∞	0,909155	∞	-0,090845
$\alpha = 6$	-0,700862	0,898972	0,551890	-0,101028
$\alpha = 5$	-0,248997	0,874888	0,124109	-0,125112
$\alpha = 4$	-0,187009	0,861054	0,075955	-0,138946
$\alpha = 3$	-0,161729	0,852588	0,059141	-0,147412
$\alpha = 2$	-0,148924	0,847437	0,051487	-0,152563
$\alpha = 1$	-0,142569	0,844639	0,047930	-0,155361
$\alpha = \beta = 0$	-0,140625	0,843750	0,046875	-0,156250
$\beta = 1$	-0,138759	0,842881	0,045877	-0,157119
$\beta = 2$	-0,133575	0,840390	0,043184	-0,159610
$\beta = 3$	-0,126085	0,836585	0,039500	-0,163415
$\beta = 6$	-0,099845	0,821331	0,028513	-0,178669
$\beta = 9$	-0,077907	0,806519	0,021388	-0,193481
$\beta = 50$	-0,015208	0,760417	0,004792	-0,239583

Abb. 106. Darstellung der Funktionen $F_{P;\overline{M}_a(b,b)}$, $F_{P;\overline{K}_a(b,b)}$, $F_{P;\overline{M}_b(b,b)}$ und $F_{P;\overline{K}_b(b,b)}$

6.5.1.3. Darstellung der Funktionen $F_{P;\overline{M}_a(b,b)}$, $F_{P;\overline{K}_a(b,b)}$, $F_{P;\overline{M}_b(b,b)}$ und $F_{P;\overline{K}_b(b,b)}$

Abb. 106 zeigt den Verlauf der Funktionen $F_{P;\overline{M}_a(b,b)}$, $F_{P;\overline{K}_a(b,b)}$, $F_{P;\overline{M}_b(b,b)}$ und $F_{P;\overline{K}_b(b,b)}$ für $\chi_P = 0{,}25$ in Abhängigkeit von α und β ($\mu = 1$, $\varkappa_0 = 0$).

6.5.2. Stab a,b (b,g)

6.5.2.1. Druckstab

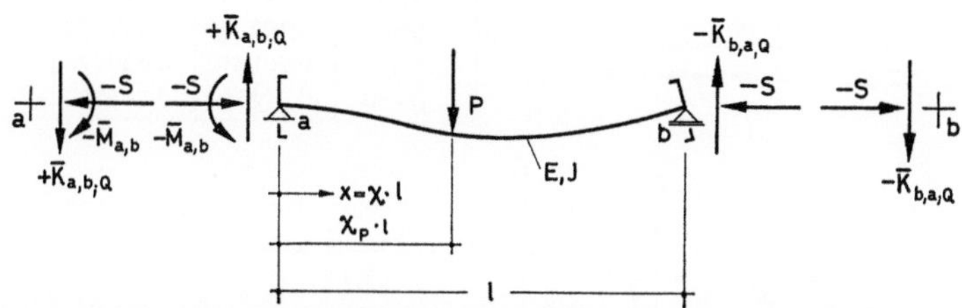

Abb. 107. Stabendschnittlasten $\overline{M}$ und $\overline{K}_Q$ eines Druckstabes a,b (b,g)

Für das Stabendmoment $\overline{M}(\alpha)_{a,b(b,g)}$ ergibt sich aus (6.2.16) mit (4.8.22):

$$\overline{M}(\alpha)_{a,b(b,g)} = P \cdot l \cdot \left(-F(\alpha)_{P;a} \cdot F_5(\alpha)\right) = P \cdot l \cdot F(\alpha)_{P;\overline{M}_a(b,g)}. \qquad (6.5.7)$$

Die Stabendquerkraft $\overline{K}(\alpha)_{a,b;Q(b,g)}$ folgt aus (6.2.17) mit (6.5.3) und (6.5.7) zu:

$$\overline{K}(\alpha)_{a,b;Q(b,g)} = P \cdot \left(1 - \chi_P + F(\alpha)_{P;a} \cdot F_5(\alpha)\right) = P \cdot F(\alpha)_{P;\overline{K}_a(b,g)}. \qquad (6.5.8)$$

Für die Stabendquerkraft $\overline{K}(\alpha)_{b,a;Q(b,g)}$ erhält man aus (6.2.18) mit (6.5.5) und (6.5.7):

$$\overline{K}(\alpha)_{b,a;Q(b,g)} = P \cdot \left(-\chi_P + F(\alpha)_{P;a} \cdot F_5(\alpha)\right) = P \cdot F(\alpha)_{P;\overline{K}_b(b,g)}. \qquad (6.5.9)$$

Für $\varkappa \ll 1$ ist in den obigen Gleichungen $F(\alpha^2)$ (Näherungslösungen) anstelle $F(\alpha)$ zu setzen.

6.5.2.2. Stab ohne Längskraft und Zugstab

Über genaue Lösungen und Näherungslösungen siehe Bemerkung unter 6.4.1.2.

6.5.2.3. Darstellung der Funktionen $F_{P;\overline{M}_a(b,g)}$, $F_{P;\overline{K}_a(b,g)}$ und $F_{P;\overline{K}_b(b,g)}$

Abb. 108 zeigt den Verlauf der Funktionen $F_{P;\overline{M}_a(b,g)}$, $F_{P;\overline{K}_a(b,g)}$ und $F_{P;\overline{K}_b(b,g)}$ für $\chi_P = 0{,}25$ in Abhängigkeit von α und β ($\mu = 1$, $\varkappa_0 = 0$).

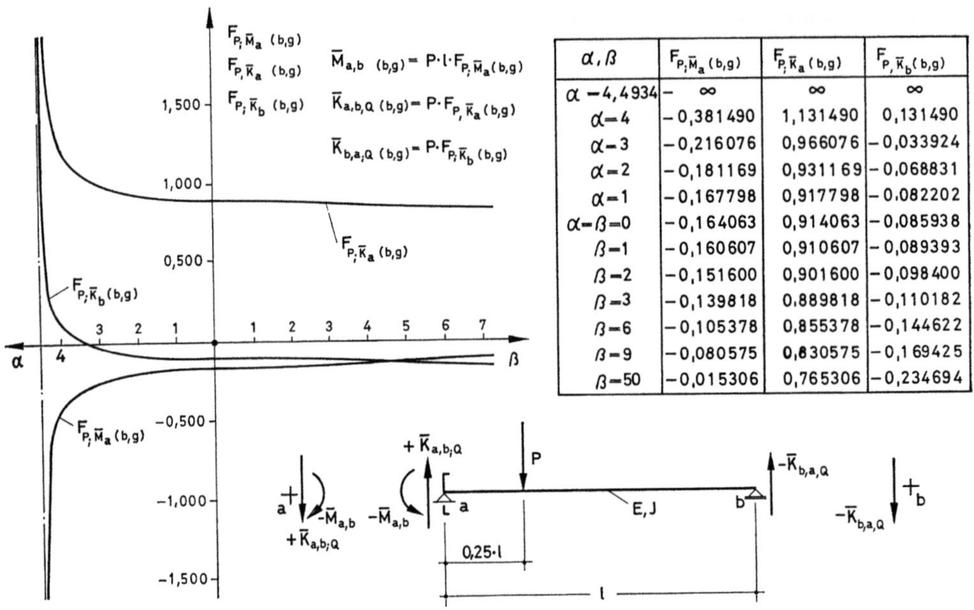

α,β	$F_{P;\overline{M}_a}(b,g)$	$F_{P;\overline{K}_a}(b,g)$	$F_{P,\overline{K}_b}(b,g)$
$\alpha=-4,4934$	$-\infty$	∞	∞
$\alpha=4$	$-0,381490$	$1,131490$	$0,131490$
$\alpha=3$	$-0,216076$	$0,966076$	$-0,033924$
$\alpha=2$	$-0,181169$	$0,931169$	$-0,068831$
$\alpha=1$	$-0,167798$	$0,917798$	$-0,082202$
$\alpha=\beta=0$	$-0,164063$	$0,914063$	$-0,085938$
$\beta=1$	$-0,160607$	$0,910607$	$-0,089393$
$\beta=2$	$-0,151600$	$0,901600$	$-0,098400$
$\beta=3$	$-0,139818$	$0,889818$	$-0,110182$
$\beta=6$	$-0,105378$	$0,855378$	$-0,144622$
$\beta=9$	$-0,080575$	$0,830575$	$-0,169425$
$\beta=50$	$-0,015306$	$0,765306$	$-0,234694$

Abb. 108. Darstellung der Funktionen $F_{P;\overline{M}_a(b,g)}$, $F_{P;\overline{K}_a(b,g)}$ und $F_{P;\overline{K}_b(b,g)}$

6.5.3. Stab a,b (g,b)

6.5.3.1. Druckstab

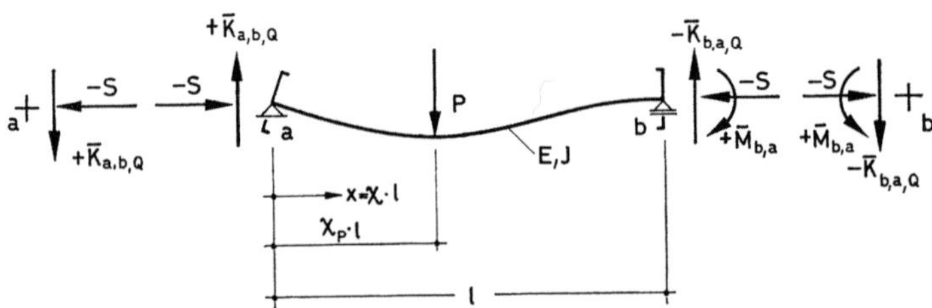

Abb. 109. Stabendschnittlasten $\overline{M}$ und $\overline{K}_Q$ eines Druckstabes a,b (g,b)

Für das Stabendmoment $\overline{M}(\alpha)_{b,a(g,b)}$ ergibt sich aus (6.2.22) mit (4.8.31):

$$\overline{M}(\alpha)_{b,a(g,b)} = P \cdot l \cdot F(\alpha)_{P;b} \cdot F_5(\alpha) = P \cdot l \cdot F(\alpha)_{P;\overline{M}_b(g,b)}. \qquad (6.5.10)$$

Die Stabendquerkraft $\overline{K}(\alpha)_{a,b;Q(g,b)}$ folgt aus (6.2.23) mit (6.5.3) und (6.5.10) zu:

$$\overline{K}(\alpha)_{a,b;Q(g,b)} = P \cdot \big(1 - \chi_P - F(\alpha)_{P;b} \cdot F_5(\alpha)\big) = P \cdot F(\alpha)_{P;\overline{K}_a(g,b)}. \qquad (6.5.11)$$

Für die Stabendquerkraft $\overline{K}(\alpha)_{b,a;Q(g,b)}$ erhalten wir aus (6.2.24) mit (6.5.5) und (6.5.10):

$$\overline{K}(\alpha)_{b,a;Q(g,b)} = P \cdot \left(-\chi_P - F(\alpha)_{P;b} \cdot F_5(\alpha)\right) = P \cdot F(\alpha)_{P;\overline{K}_b(g,b)}. \quad (6.5.12)$$

Für $\alpha \ll 1$ ist in den obigen Gleichungen $F(\alpha^2)$ (Näherungslösungen) anstelle $F(\alpha)$ zu setzen.

6.5.3.2. Stab ohne Längskraft und Zugstab

Über genaue Lösungen und Näherungslösungen siehe Bemerkung unter 6.4.1.2.

6.5.3.3. Darstellung der Funktionen $F_{P;\overline{K}_a(g,b)}$, $F_{P;\overline{M}_b(g,b)}$ und $F_{P;\overline{K}_b(g,b)}$

Abb. 110 zeigt den Verlauf der Funktionen $F_{P;\overline{K}_a(g,b)}$, $F_{P;\overline{M}_b(g,b)}$ und $F_{P;\overline{K}_b(g,b)}$ für $\chi_P = 0{,}25$ in Abhängigkeit von α und β ($\mu = 1$, $\varkappa_0 = 0$).

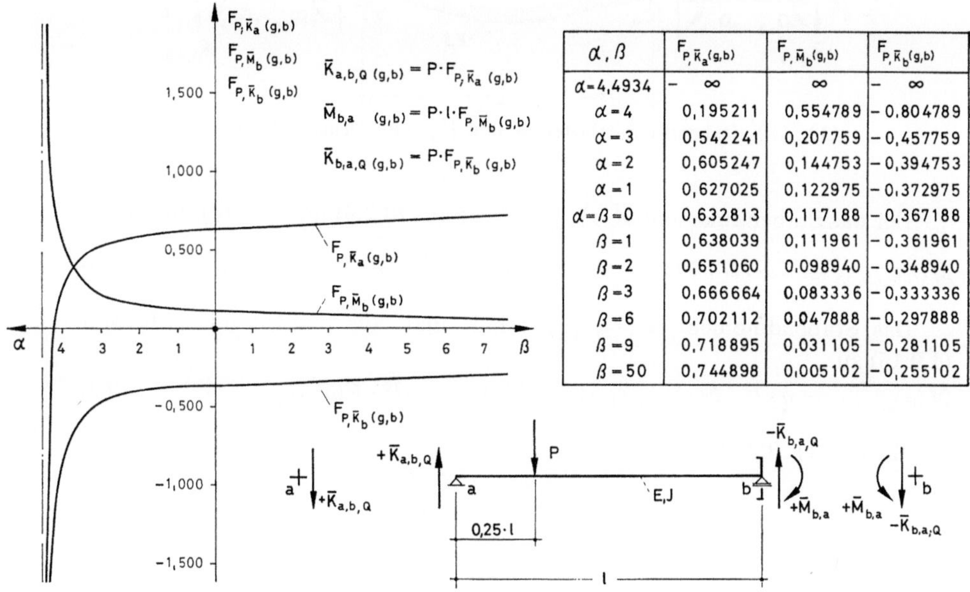

α , β	$F_{P,\overline{K}_a(g,b)}$	$F_{P,\overline{M}_b(g,b)}$	$F_{P,\overline{K}_b(g,b)}$
$\alpha = 4{,}4934$	$-\infty$	∞	$-\infty$
$\alpha = 4$	$0{,}195211$	$0{,}554789$	$-0{,}804789$
$\alpha = 3$	$0{,}542241$	$0{,}207759$	$-0{,}457759$
$\alpha = 2$	$0{,}605247$	$0{,}144753$	$-0{,}394753$
$\alpha = 1$	$0{,}627025$	$0{,}122975$	$-0{,}372975$
$\alpha = \beta = 0$	$0{,}632813$	$0{,}117188$	$-0{,}367188$
$\beta = 1$	$0{,}638039$	$0{,}111961$	$-0{,}361961$
$\beta = 2$	$0{,}651060$	$0{,}098940$	$-0{,}348940$
$\beta = 3$	$0{,}666664$	$0{,}083336$	$-0{,}333336$
$\beta = 6$	$0{,}702112$	$0{,}047888$	$-0{,}297888$
$\beta = 9$	$0{,}718895$	$0{,}031105$	$-0{,}281105$
$\beta = 50$	$0{,}744898$	$0{,}005102$	$-0{,}255102$

Abb. 110. Darstellung der Funktionen $F_{P;\overline{K}_a(g,b)}$, $F_{P;\overline{M}_b(g,b)}$ und $F_{P;\overline{K}_b(g,b)}$

6.5.4. Stab a,b (g,g)

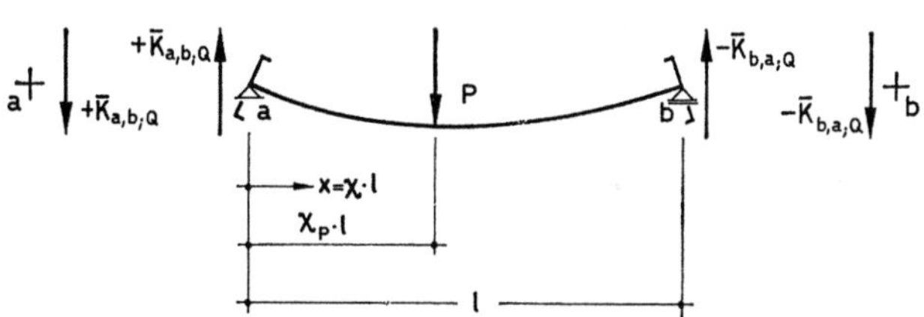

Abb. 111. Stabendquerkräfte $\overline{K}_Q$ eines Stabes a,b (g,g)

Für die Stabendquerkraft $\overline{K}_{a,b;Q(g,g)}$ ergibt sich aus (6.2.27) mit (6.5.3)

$$\overline{K}_{a,b;Q(g,g)} = P \cdot (1 - \chi_P) \qquad (6.5.1?)$$

und für die Stabendquerkraft $\overline{K}_{b,a;Q(g,g)}$ aus (6.2.28) mit (6.5.5):

$$\overline{K}_{b,a;Q(g,g)} = -P \cdot \chi_P. \qquad (6.5.1?)$$

6.6. Gleichstreckenlast q = konstant

6.6.1. Stab a,b (b,b)

6.6.1.1. Druckstab

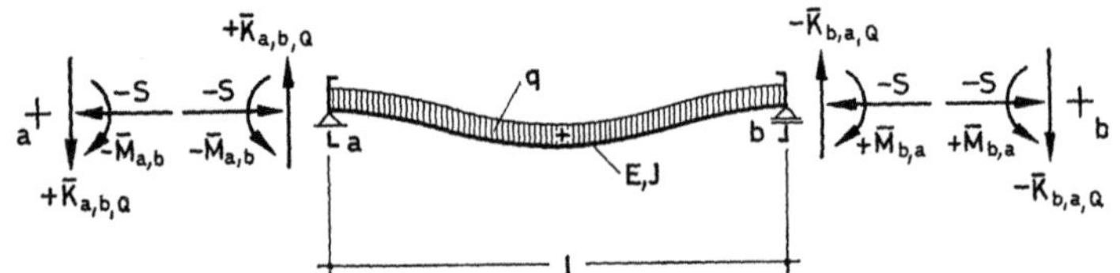

Abb. 112. Stabendschnittlasten $\overline{M}$ und $\overline{K}_Q$ eines Druckstabes a,b (b,b)

Für das Stabendmoment $\overline{M}(\alpha)_{a,b(b,b)}$ folgt aus (6.2.9) mit (4.9.14) und (4.9.1?)

$$\overline{M}(\alpha)_{a,b(b,b)} = -q \cdot l^2 \cdot F(\alpha)_q \cdot \big(F_1(\alpha) - F_2(\alpha)\big) = -q \cdot l^2 \cdot F(\alpha)_{q;\overline{M}(b,b)}. \qquad (6.6?)$$

Das Stabendmoment $\overline{M}(\alpha)_{b,a(b,b)}$ erhält man aus (6.2.10) mit (4.9.14) un (4.9.15) zu:

$$\overline{M}(\alpha)_{b,a(b,b)} = q \cdot l^2 \cdot F(\alpha)_q \cdot \big(F_1(\alpha) - F_2(\alpha)\big) = q \cdot l^2 \cdot F(\alpha)_{q;\overline{M}(b,b)}. \qquad (6.6?)$$

Mit (6.6.1), (6,6.2) und

$$K_{a,b;Q(g,g)} = \frac{q \cdot l}{2} \qquad (6.6?)$$

ergibt sich aus (6.2.11) für die Stabendquerkraft $\overline{K}_{a,b;Q(b,b)}$

$$\overline{K}_{a,b;Q(b,b)} = q \cdot l \cdot \frac{1}{2} = q \cdot l \cdot F_{q;\overline{K}(b,b)} \qquad (6.6?)$$

und mit (6.6.1), (6.6.2) und

$$K_{b,a;Q(g,g)} = -\frac{q \cdot l}{2} \qquad (6.6?)$$

aus (6.2.12) für die Stabendquerkraft $\overline{K}_{b,a;Q(b,b)}$:

$$\overline{K}_{b,a;Q(b,b)} = -q \cdot l \cdot \frac{1}{2} = -q \cdot l \cdot F_{q;\overline{K}(b,b)}. \qquad (6.6?)$$

Für $\alpha \ll 1$ ist in den obigen Gleichungen $F(\alpha^2)$ (Näherungslösungen) anst? $F(\alpha)$ zu setzen.

6.6.1.2. Stab ohne Längskraft und Zugstab

Über genaue Lösungen und Näherungslösungen siehe Bemerkung unter 6.4.1.2.

6.6.1.3. Darstellung der Funktionen $F_{q;\overline{M}(b,b)}$ und $F_{q;\overline{K}(b,b)}$

Abb. 113 zeigt den Verlauf der Funktionen $F_{q;\overline{M}(b,b)}$ und $F_{q;\overline{K}(b,b)}$ in Abhängigkeit von α und β ($\mu = 1$, $\varkappa_0 = 0$).

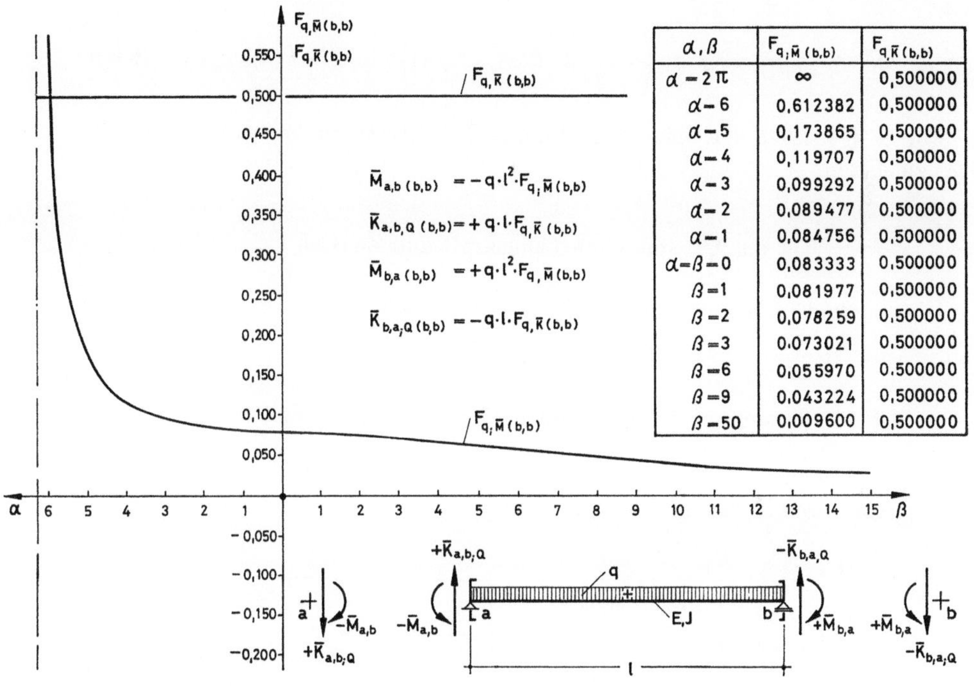

α,β	$F_{q;\overline{M}\,(b,b)}$	$F_{q,\overline{K}\,(b,b)}$
$\alpha = 2\pi$	∞	0,500000
$\alpha = 6$	0,612382	0,500000
$\alpha = 5$	0,173865	0,500000
$\alpha = 4$	0,119707	0,500000
$\alpha = 3$	0,099292	0,500000
$\alpha = 2$	0,089477	0,500000
$\alpha = 1$	0,084756	0,500000
$\alpha = \beta = 0$	0,083333	0,500000
$\beta = 1$	0,081977	0,500000
$\beta = 2$	0,078259	0,500000
$\beta = 3$	0,073021	0,500000
$\beta = 6$	0,055970	0,500000
$\beta = 9$	0,043224	0,500000
$\beta = 50$	0,009600	0,500000

Abb. 113. Darstellung der Funktionen $F_{q;\overline{M}(b,b)}$ und $F_{q;\overline{K}(b,b)}$

6.6.2. Stab a,b (b,g)

6.6.2.1. Druckstab

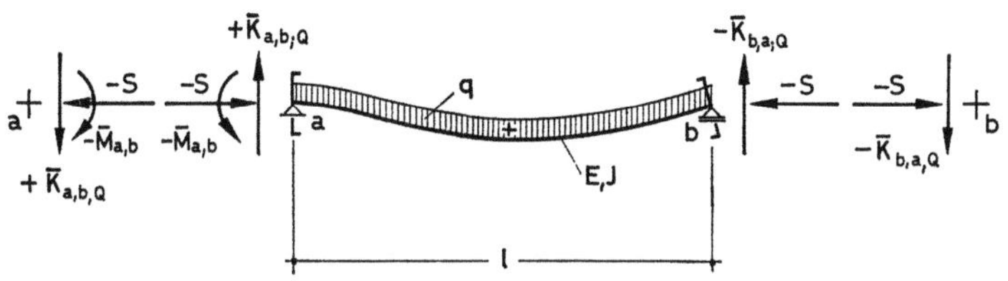

Abb. 114. Stabendschnittlasten $\overline{M}$ und $\overline{K}_Q$ eines Druckstabes a,b (b,g)

Für das Stabendmoment $\overline{M}(\alpha)_{a,b(b,g)}$ folgt aus (6.2.16) mit (4.9.14):

$$\overline{M}(\alpha)_{a,b(b,g)} = q \cdot l^2 \cdot \left(-F(\alpha)_q \cdot F_5(\alpha)\right) = q \cdot l^2 \cdot F(\alpha)_{q;\overline{M}(b,g)}. \qquad (6.6.7)$$

Die Stabendquerkraft $\overline{K}(\alpha)_{a,b;Q(b,g)}$ erhalten wir aus (6.2.17) mit (6.6.3) und (6.6.7) zu:

$$\overline{K}(\alpha)_{a,b;Q(b,g)} = q \cdot l \cdot \left(\frac{1}{2} + F(\alpha)_q \cdot F_5(\alpha)\right) = q \cdot l \cdot F(\alpha)_{q;\overline{K}_a(b,g)}. \qquad (6.6.8)$$

Für die Stabendquerkraft $\overline{K}(\alpha)_{b,a;Q(b,g)}$ ergibt sich aus (6.2.18) mit (6.6.5) und (6.6.7):

$$\overline{K}(\alpha)_{b,a;Q(b,g)} = q \cdot l \cdot \left(-\frac{1}{2} + F(\alpha)_q \cdot F_5(\alpha)\right) = q \cdot l \cdot F(\alpha)_{q;\overline{K}_b(b,g)}. \qquad (6.6.9)$$

Für $\alpha \ll 1$ ist in den obigen Gleichungen $F(\alpha^2)$ (Näherungslösungen) anstelle $F(\alpha)$ zu setzen.

6.6.2.2. Stab ohne Längskraft und Zugstab

Über genaue Lösungen und Näherungslösungen siehe Bemerkung unter 6.4.1.2.

6.6.2.3. Darstellung der Funktionen $F_{q;\overline{M}(b,g)}$, $F_{q;\overline{K}_a(b,g)}$ und $F_{q;\overline{K}_b(b,g)}$

Abb. 115 zeigt den Verlauf der Funktionen $F_{q;\overline{M}(b,g)}$, $F_{q;\overline{K}_a(b,g)}$ und $F_{q;\overline{K}_b(b,g)}$ in Abhängigkeit von α und β ($\mu = 1$, $\varkappa_0 = 0$).

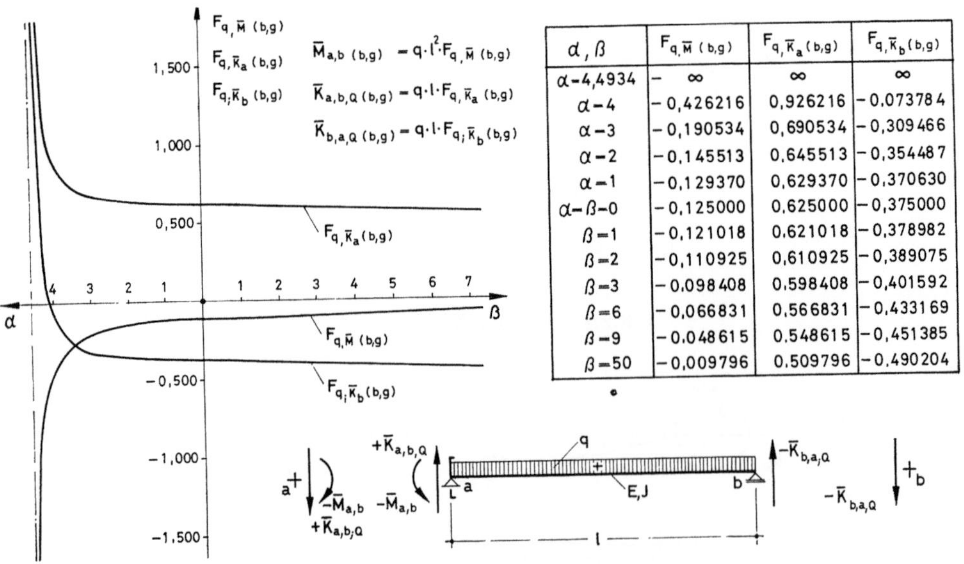

α, β	$F_{q,\overline{M}(b,g)}$	$F_{q,\overline{K}_a(b,g)}$	$F_{q,\overline{K}_b(b,g)}$
$\alpha-4,4934$	$-\infty$	∞	∞
$\alpha-4$	$-0,426216$	$0,926216$	$-0,073784$
$\alpha-3$	$-0,190534$	$0,690534$	$-0,309466$
$\alpha-2$	$-0,145513$	$0,645513$	$-0,354487$
$\alpha-1$	$-0,129370$	$0,629370$	$-0,370630$
$\alpha-\beta-0$	$-0,125000$	$0,625000$	$-0,375000$
$\beta=1$	$-0,121018$	$0,621018$	$-0,378982$
$\beta=2$	$-0,110925$	$0,610925$	$-0,389075$
$\beta=3$	$-0,098408$	$0,598408$	$-0,401592$
$\beta=6$	$-0,066831$	$0,566831$	$-0,433169$
$\beta-9$	$-0,048615$	$0,548615$	$-0,451385$
$\beta=50$	$-0,009796$	$0,509796$	$-0,490204$

Abb. 115. Darstellung der Funktionen $F_{q;\overline{M}(b,g)}$, $F_{q;\overline{K}_a(b,g)}$ und $F_{q;\overline{K}_b(b,g)}$

6.6.3. Stab *a,b* (*g,b*)

6.6.3.1. Druckstab

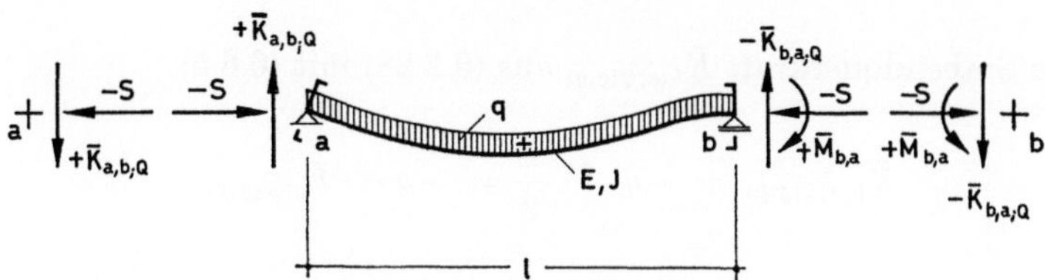

Abb. 116. Stabendschnittlasten $\overline{M}$ und $\overline{K}_Q$ eines Druckstabes a,b (g,b)

Für das Stabendmoment $\overline{M}(\alpha)_{b,a(g,b)}$ folgt aus (6.2.22) mit (4.9.15):

$$\overline{M}(\alpha)_{b,a(g,b)} = q \cdot l^2 \cdot F(\alpha)_q \cdot F_5(\alpha) \equiv q \cdot l^2 \cdot \left(-F(\alpha)_{q;\overline{M}(b,g)}\right). \qquad (6.6.10)$$

Die Stabendquerkraft $\overline{K}(\alpha)_{a,b;Q(g,b)}$' erhält man aus (6.2.23) mit (6.6.3) und (6,6.10) zu:

$$\overline{K}(\alpha)_{a,b;Q(g,b)} = q \cdot l \cdot \left(\frac{1}{2} - F(\alpha)_q \cdot F_5(\alpha)\right) \equiv q \cdot l \cdot \left(-F(\alpha)_{q;\overline{K}_b(b,g)}\right). \qquad (6.6.11)$$

Für die Stabendquerkraft $\overline{K}(\alpha)_{b,a;Q(g,b)}$ ergibt sich aus (6.2.24) mit (6.6.5) und (6.6.10):

$$\overline{K}(\alpha)_{b,a;Q(g,b)} = q \cdot l \left(-\frac{1}{2} - F(\alpha)_q \cdot F_5(\alpha)\right) \equiv q \cdot l \cdot \left(-F(\alpha)_{q;\overline{K}_a(b,g)}\right). \qquad (6.6.12)$$

Für $\alpha \ll 1$ ist in den obigen Gleichungen $F(\alpha^2)$ (Näherungslösungen) anstelle $F(\alpha)$ zu setzen.

6.6.3.2. Stab ohne Längskraft und Zugstab

Über genaue Lösungen und Näherungslösungen siehe Bemerkung unter 6.4.1.2.

6.6.4. Stab *a,b* (*g,g*)

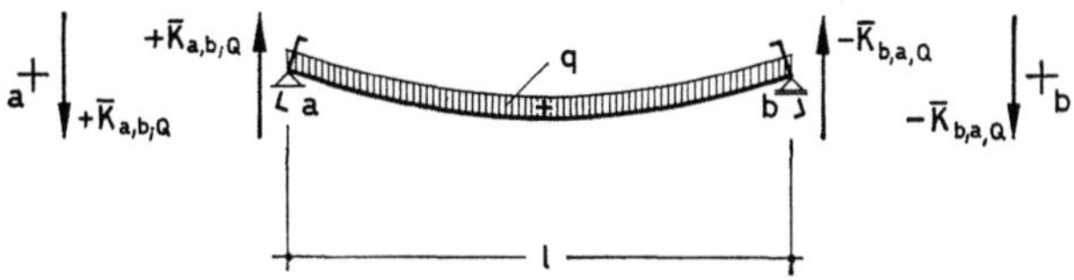

Abb. 117. Stabendquerkräfte $\overline{K}_Q$ eines Stabes a,b (g,g)

Für die Stabendquerkraft $\overline{K}_{a,b;Q(g,g)}$ folgt aus (6.2.27) mit (6.6.3)

$$\overline{K}_{a,b;Q(g,g)} = q \cdot l \cdot \frac{1}{2} = q \cdot l \cdot F_{q;\overline{K}(g,g)} \qquad (6.6.13)$$

und für die Stabendquerkraft $\overline{K}_{b,a;Q(g,g)}$ aus (6.2.28) mit (6.6.5):

$$\overline{K}_{b,a;Q(g,g)} = -q \cdot l \cdot \frac{1}{2} = -q \cdot l \cdot F_{q;\overline{K}(g,g)} . \qquad (6.6.14)$$

6.7. Streckenlast $q(\chi) = q' \cdot (1 - 2\chi)$

6.7.1. Stab a,b (b,b)

6.7.1.1. Druckstab

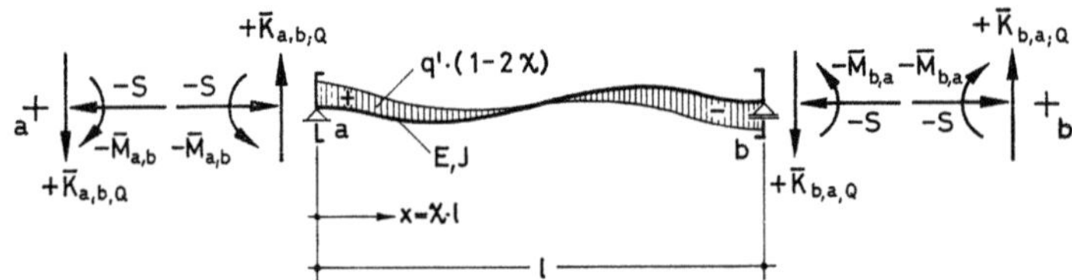

Abb. 118. Stabendschnittlasten $\overline{M}$ und $\overline{K}_Q$ eines Druckstabes a,b (b,b)

Für die Stabendmomente $\overline{M}(\alpha)_{a,b(b,b)}$ und $\overline{M}(\alpha)_{b,a(b,b)}$ erhalten wir aus (6.2.9) und (6.2.10) mit (4.10.14) und (4.10.15):

$$\overline{M}(\alpha)_{a,b(b,b)} = \overline{M}(\alpha)_{b,a(b,b)} = q' \cdot l^2 \cdot F(\alpha)_{q'} \cdot \left(-F_1(\alpha) - F_2(\alpha)\right)$$
$$= q' \cdot l^2 \cdot F(\alpha)_{q';\overline{M}(b,b)} . \qquad (6.7.1)$$

Mit (6.7.1) und

$$K_{a,b;Q(g,g)} = K_{b,a;Q(g,g)} = \frac{q' \cdot l}{6} \qquad (6.7.2)$$

ergeben sich aus (6.2.11) und (6.2.12) die Stabendquerkräfte $\overline{K}(\alpha)_{a,b;Q(b,b)}$ und $\overline{K}(\alpha)_{b,a;Q(b,b)}$ zu:

$$\overline{K}(\alpha)_{a,b;Q(b,b)} = \overline{K}(\alpha)_{b,a;Q(b,b)} = q' \cdot l \cdot \left[\frac{1}{6} + 2F(\alpha)_{q'} \cdot \left(F_1(\alpha) + F_2(\alpha)\right)\right]$$
$$= q' \cdot l \cdot F(\alpha)_{q';\overline{K}(b,b)} . \qquad (6.7.3)$$

Für $\alpha \ll 1$ ist in den obigen Gleichungen $F(\alpha^2)$ (Näherungslösungen) anstelle $F(\alpha)$ zu setzen.

6.7.1.2. Stab ohne Längskraft und Zugstab

Über genaue Lösungen und Näherungslösungen siehe Bemerkung unter 6.4.1.2.

6.7.1.3. Darstellung der Funktionen $F_{q';\overline{M}(b,b)}$ und $F_{q';\overline{K}(b,b)}$

Abb. 119 zeigt den Verlauf der Funktionen $F_{q';\overline{M}(b,b)}$ und $F_{q';\overline{K}(b,b)}$ in Abhängigkeit von α und β ($\mu = 1$, $\varkappa_0 = 0$).

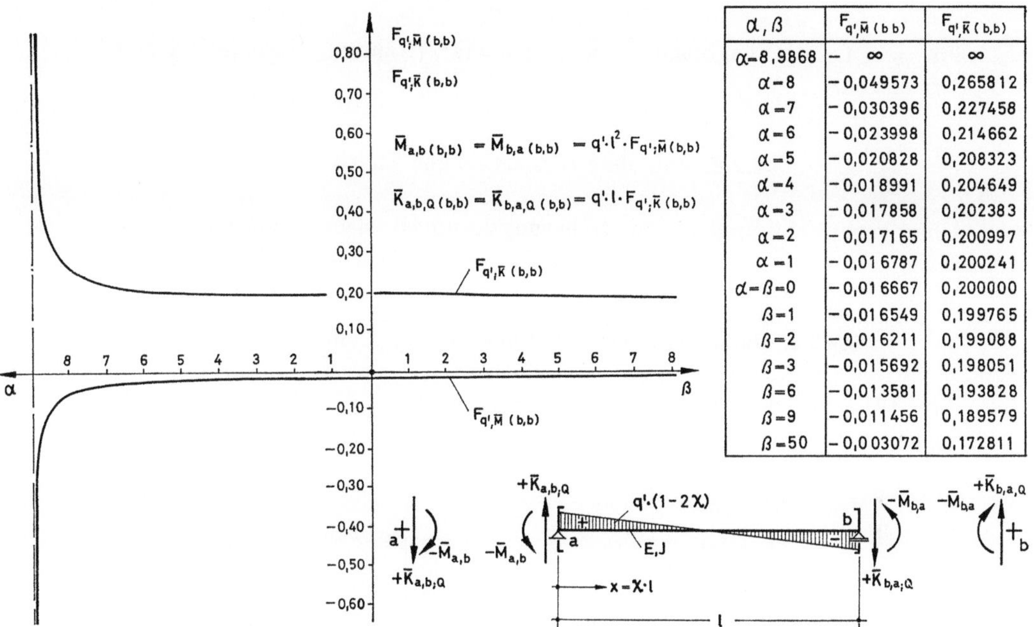

α,β	$F_{q';\overline{M}(bb)}$	$F_{q';\overline{K}(b,b)}$
$\alpha=8,9868$	$-\infty$	∞
$\alpha=8$	$-0,049573$	$0,265812$
$\alpha=7$	$-0,030396$	$0,227458$
$\alpha=6$	$-0,023998$	$0,214662$
$\alpha=5$	$-0,020828$	$0,208323$
$\alpha=4$	$-0,018991$	$0,204649$
$\alpha=3$	$-0,017858$	$0,202383$
$\alpha=2$	$-0,017165$	$0,200997$
$\alpha=1$	$-0,016787$	$0,200241$
$\alpha=\beta=0$	$-0,016667$	$0,200000$
$\beta=1$	$-0,016549$	$0,199765$
$\beta=2$	$-0,016211$	$0,199088$
$\beta=3$	$-0,015692$	$0,198051$
$\beta=6$	$-0,013581$	$0,193828$
$\beta=9$	$-0,011456$	$0,189579$
$\beta=50$	$-0,003072$	$0,172811$

Abb. 119. Darstellung der Funktionen $F_{q';\overline{M}(b,b)}$ und $F_{q';\overline{K}(b,b)}$

6.7.2. Stab a,b (b,g)

6.7.2.1. Druckstab

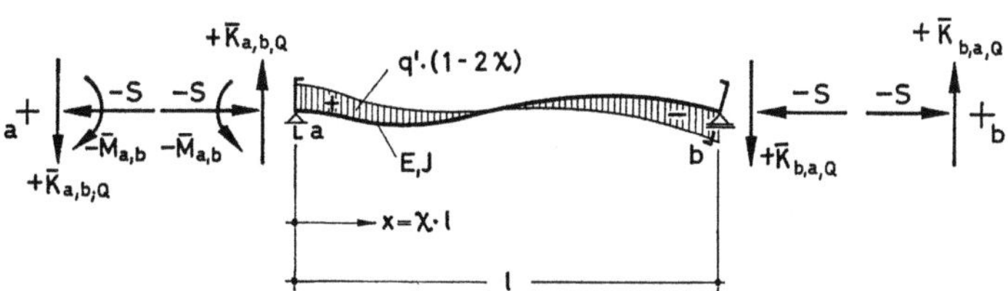

Abb. 120 Stabendschnittlasten $\overline{M}$ und $\overline{K}_Q$ eines Druckstabes a,b (b,g)

Für das Stabendmoment $\overline{M}(\alpha)_{a,b(b,g)}$ folgt aus (6.2.16) mit (4.10.14):

$$\overline{M}(\alpha)_{a,b(b,g)} = q' \cdot l^2 \cdot \left(-F(\alpha)_{q'} \cdot F_5(\alpha)\right) = q' \cdot l^2 \cdot F(\alpha)_{q';\overline{M}(b,g)}. \qquad (6.7.4)$$

Die Stabendquerkräfte $\overline{K}(\alpha)_{a,b;Q(b,g)}$ und $\overline{K}(\alpha)_{b,a;Q(b,g)}$ erhält man aus (6.2.17) und (6.2.18) mit (6.7.2) und (6.7.4): zu:

$$\overline{K}(\alpha)_{a,b;Q(b,g)} = \overline{K}(\alpha)_{b,a;Q(b,g)} = q' \cdot l \cdot \left(\frac{1}{6} + F(\alpha)_{q'} \cdot F_5(\alpha)\right)$$

$$= q' \cdot l \cdot F(\alpha)_{q';\overline{K}(b,g)}. \qquad (6.7.5)$$

Für $\alpha \ll 1$ ist in den obigen Gleichungen $F(\alpha^2)$ (Näherungslösungen) anstelle $F(\alpha)$ zu setzen.

6.7.2.2. Stab ohne Längskraft und Zugstab

Über genaue Lösungen und Näherungslösungen siehe Bemerkung unter 6.4.1.2.

6.7.2.3. Darstellung der Funktionen $F_{q';\overline{M}(b,g)}$ und $F_{q';\overline{K}(b,g)}$

Abb. 121 zeigt den Verlauf der Funktionen $F_{q';\overline{M}(b,g)}$ und $F_{q';\overline{K}(b,g)}$ in Abhängigkeit von α und β ($\mu = 1$, $\varkappa_0 = 0$).

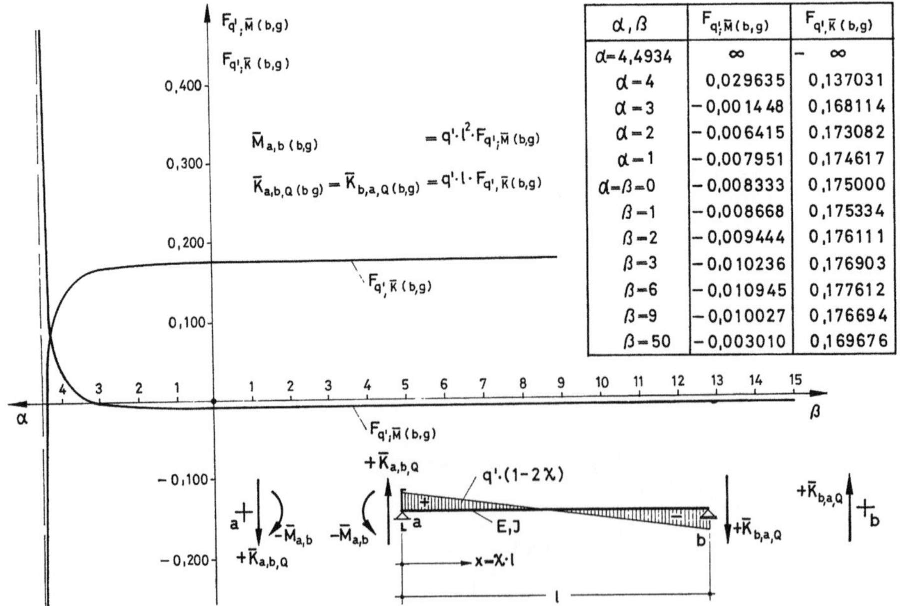

α, β	$F_{q';\overline{M}(b,g)}$	$F_{q';\overline{K}(b,g)}$
$\alpha = 4{,}4934$	∞	$-\ \infty$
$\alpha = 4$	$0{,}029635$	$0{,}137031$
$\alpha = 3$	$-0{,}001448$	$0{,}168114$
$\alpha = 2$	$-0{,}006415$	$0{,}173082$
$\alpha = 1$	$-0{,}007951$	$0{,}174617$
$\alpha = \beta = 0$	$-0{,}008333$	$0{,}175000$
$\beta = 1$	$-0{,}008668$	$0{,}175334$
$\beta = 2$	$-0{,}009444$	$0{,}176111$
$\beta = 3$	$-0{,}010236$	$0{,}176903$
$\beta = 6$	$-0{,}010945$	$0{,}177612$
$\beta = 9$	$-0{,}010027$	$0{,}176694$
$\beta = 50$	$-0{,}003010$	$0{,}169676$

Abb. 121. Darstellung der Funktionen $F_{q';\overline{M}(b,g)}$ und $F_{q';\overline{K}(b,g)}$

6.7.3. Stab *a,b* (*g,b*)

6.7.3.1. Druckstab

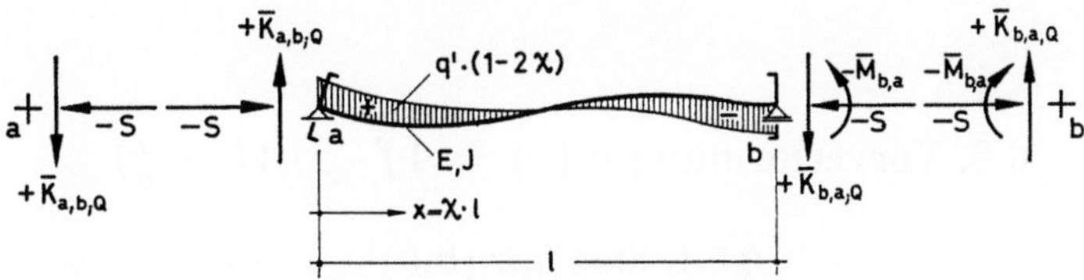

Abb. 122. Stabendschnittlasten $\overline{M}$ und $\overline{K}_Q$ eines Druckstabes *a,b* (*g,b*)

Für das Stabendmoment $\overline{M}(\alpha)_{b,a(g,b)}$ ergibt sich aus (6.2.22) mit (4.10.15):

$$\overline{M}(\alpha)_{b,a(g,b)} = q' \cdot l^2 \cdot \left(-F(\alpha)_{q'} \cdot F_5(\alpha)\right) \equiv q' \cdot l^2 \cdot F(\alpha)_{q';\overline{M}(b,g)}. \qquad (6.7.6)$$

Die Stabendquerkräfte $\overline{K}(\alpha)_{a,b;Q(g,b)}$ und $\overline{K}(\alpha)_{b,a;Q(g,b)}$ folgen aus (6.2.23) und (6.2.24) mit (6.7.2) und (6.7.6) zu:

$$\overline{K}(\alpha)_{a,b;Q(g,b)} = \overline{K}(\alpha)_{b,a;Q(g,b)} = q' \cdot l \cdot \left(\frac{1}{6} + F(\alpha)_{q'} \cdot F_5(\alpha)\right)$$

$$\equiv q' \cdot l \cdot F(\alpha)_{q';\overline{K}(b,g)}. \qquad (6.7.7)$$

Für $\alpha \ll 1$ ist in den obigen Gleichungen $F(\alpha^2)$ (Näherungslösungen) anstelle $F(\alpha)$ zu setzen.

6.7.3.2. Stab ohne Längskraft und Zugstab

Über genaue Lösungen und Näherungslösungen siehe Bemerkung unter 6.4.1.2.

6.7.4. Stab *a,b* (*g,g*)

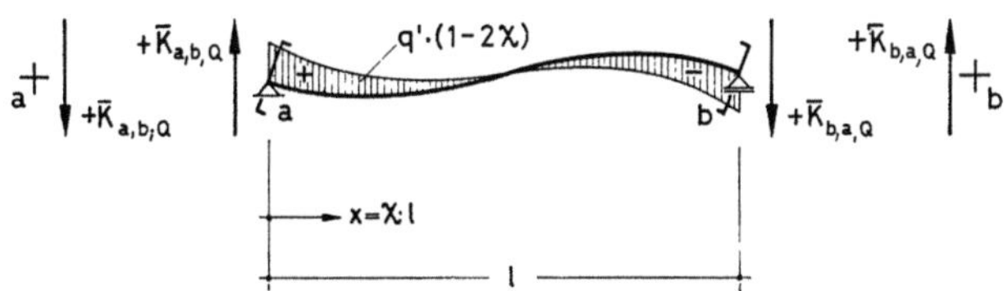

Abb. 123. Stabendquerkräfte $\overline{K}_Q$ eines Stabes *a,b* (*g,g*)

Für die Stabendquerkräfte $\overline{K}_{a,b;Q(g,g)}$ und $\overline{K}_{b,a;Q(g,g)}$ erhalten wir aus (6.2.27) und (6.2.28) mit (6.7.2):

$$\overline{K}_{a,b;Q(g,g)} = \overline{K}_{b,a;Q(g,g)} = q' \cdot l \cdot \frac{1}{6} = q' \cdot l \cdot F_{q';\overline{K}(g,g)} . \qquad (6.7.8)$$

6.8. Vorverformung $v_v(\chi) = 4f \cdot \chi \cdot (1 - \chi)$

6.8.1. Stab a,b (b,b)

6.8.1.1. Druckstab

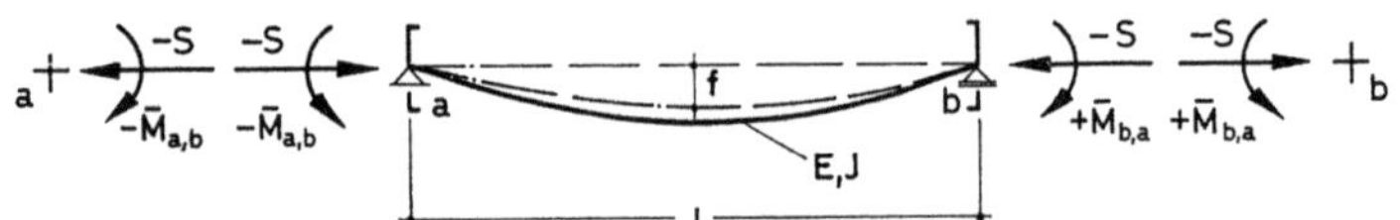

Abb. 124. Stabendmomente $\overline{M}$ eines Druckstabes a,b (b,b)

Für das Stabendmoment $\overline{M}(\alpha)_{a,b(b,b)}$ ergibt sich aus (6.2.9) mit (4.11.4):

$$\overline{M}(\alpha)_{a,b(b,b)} = 8S \cdot f \cdot F(\alpha)_q \cdot \big(F_1(\alpha) - F_2(\alpha)\big) = 8S \cdot f \cdot F(\alpha)_{q;\overline{M}(b,b)}$$

$$= -8 \cdot \frac{\mu \cdot EI \cdot \alpha^2}{l^2} \cdot f \cdot F(\alpha)_{q;\overline{M}(b,b)} . \qquad (6.8.1)$$

Das Stabendmoment $\overline{M}(\alpha)_{b,a(b,b)}$ folgt aus (6.2.10) mit (4.11.4) zu:

$$\overline{M}(\alpha)_{b,a(b,b)} = -8S \cdot f \cdot F(\alpha)_q \cdot \big(F_1(\alpha) - F_2(\alpha)\big) = 8S \cdot f \cdot \big(-F(\alpha)_{q;\overline{M}(b,b)}\big)$$

$$= -8 \cdot \frac{\mu \cdot EI \cdot \alpha^2}{l^2} \cdot f \cdot \big(-F(\alpha)_{q;\overline{M}(b,b)}\big) . \qquad (6.8.2)$$

Mit (6.8.1), (6.8.2) und

$$K_{a,b;Q(g,g)} = K_{b,a;Q(g,g)} = 0 \qquad (6.8.3)$$

erhält man aus (6.2.11) und (6.2.12) für die Stabendquerkräfte $\overline{K}_{a,b;Q(b,b)}$ und $\overline{K}_{b,a;Q(b,b)}$:

$$\overline{K}_{a,b;Q(b,b)} = \overline{K}_{b,a;Q(b,b)} = 0 . \qquad (6.8.4)$$

Für $\alpha \ll 1$ ist in den obigen Gleichungen $F(\alpha^2)$ (Näherungslösungen) anstelle $F(\alpha)$ zu setzen.

6.8.1.2. Zugstab

Über genaue Lösungen und Näherungslösungen siehe Bemerkung unter 6.4.1.2.

6.8.2. Stab a,b (b,g)

6.8.2.1. Druckstab

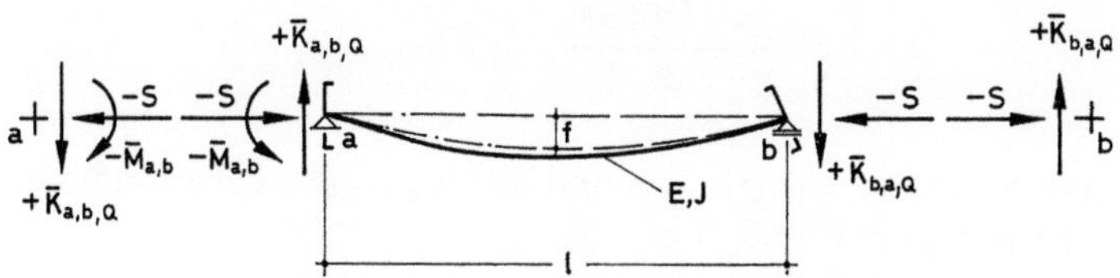

Abb. 125. Stabendschnittlasten $\overline{M}$ und $\overline{K}_Q$ eines Druckstabes a,b (b,g)

Für das Stabendmoment $\overline{M}(\alpha)_{a,b(b,g)}$ ergibt sich aus (6.2.16) mit (4.11.4):

$$\overline{M}(\alpha)_{a,b(b,g)} = 8S \cdot f \cdot F(\alpha)_q \cdot F_5(\alpha) = 8S \cdot f \cdot \left(-F(\alpha)_{q;\overline{M}(b,g)}\right)$$

$$= -8 \cdot \frac{\mu \cdot EI \cdot \alpha^2}{l^2} \cdot f \cdot \left(-F(\alpha)_{q;\overline{M}(b,g)}\right). \tag{6.8.5}$$

Die Stabendquerkräfte $\overline{K}(\alpha)_{a,b;Q(b,g)}$ und $\overline{K}(\alpha)_{b,a;Q(b,g)}$ folgen aus (6.2.17) und (6.2.18) mit (6.8.3) und (6.8.5) zu:

$$\overline{K}(\alpha)_{a,b;Q(b,g)} = \overline{K}(\alpha)_{b,a;Q(b,g)} = 8S \cdot \frac{f}{l} \cdot \left(-F(\alpha)_q \cdot F_5(\alpha)\right) = 8S \cdot \frac{f}{l} \cdot F(\alpha)_{q;\overline{M}(b,g)}$$

$$= -8 \cdot \frac{\mu \cdot EI \cdot \alpha^2}{l^2} \cdot \frac{f}{l} \cdot F(\alpha)_{q;\overline{M}(b,g)}. \tag{6.8.6}$$

Für $\alpha \ll 1$ ist in den obigen Gleichungen $F(\alpha^2)$ (Näherungslösungen) anstelle $F(\alpha)$ zu setzen.

6.8.2.2. Zugstab

Über genaue Lösungen und Näherungslösungen siehe Bemerkung unter 6.4.1.2.

6.8.3. Stab a,b (g,b)

6.8.3.1. Druckstab

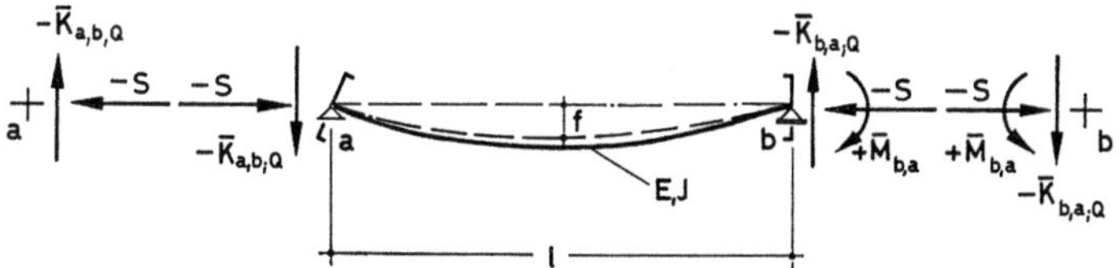

Abb. 126. Stabendschnittlasten $\overline{M}$ und $\overline{K}_Q$ eines Druckstabes a,b (g,b)

Für das Stabendmoment $\overline{M}(\alpha)_{b,a(g,b)}$ erhalten wir aus (6.2.22) mit (4.11.4):

$$\overline{M}(\alpha)_{b,a(g,b)} = 8S \cdot f \cdot \left(-F(\alpha)_q \cdot F_5(\alpha)\right) \equiv 8S \cdot f \cdot F(\alpha)_{q;\overline{M}(b,g)}$$

$$= -8 \cdot \frac{\mu \cdot EI \cdot \alpha^2}{l^2} \cdot f \cdot F(\alpha)_{q;\overline{M}(b\ g)}. \tag{6.8.7}$$

Die Stabendquerkräfte $\overline{K}(\alpha)_{a,b;Q(g,b)}$ und $\overline{K}(\alpha)_{b,a;Q(g,b)}$ ergeben sich aus (6.2.23) und (6.2.24) mit (6.8.3) und (6.8.7) zu:

$$\overline{K}(\alpha)_{a,b;Q(g,b)} = \overline{K}(\alpha)_{b,a;Q(g,b)} = 8S \cdot \frac{f}{l} \cdot F(\alpha)_q \cdot F_5(\alpha) \equiv 8S \cdot \frac{f}{l} \cdot \left(-F(\alpha)_{q;\overline{M}(b,g)}\right)$$

$$= -8 \cdot \frac{\mu \cdot EI \cdot \alpha^2}{l^2} \cdot \frac{f}{l} \cdot \left(-F(\alpha)_{q;\overline{M}(b,g)}\right). \tag{6.8.8}$$

Für $\alpha \ll 1$ ist in den obigen Gleichungen $F(\alpha^2)$ (Näherungslösungen) anstelle $F(\alpha)$ zu setzen.

6.8.3.2. Zugstab

Über genaue Lösungen und Näherungslösungen siehe Bemerkung unter 6.4.1.2.

6.9. Temperaturdifferenz $\Delta t = t_u - t_0$

6.9.1. Stab a,b (b,b)

6.9.1.1. Druckstab

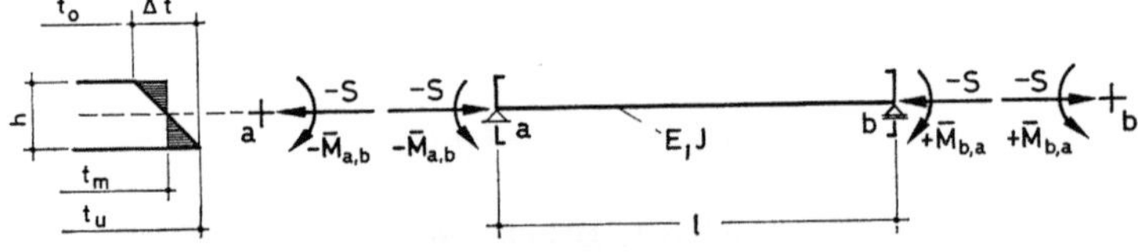

Abb. 127. Stabendmoment $\overline{M}$ eines Druckstabes a,b (b,b)

Für das Stabendmoment $\overline{M}(\alpha)_{a,b(b,b)}$ folgt aus (6.2.9) mit (4.12.6):

$$\overline{M}(\alpha)_{a,b(b,b)} = -\frac{\alpha_t \cdot \Delta t}{h} \cdot EI \cdot F(\alpha)_{\Delta t} \cdot \left(F_1(\alpha) - F_2(\alpha)\right). \tag{6.9.1}$$

Aus (5.11.5) erhält man mit (4.3.19), (4.3.20) und (4.12.6) nach Zwischenrechnung

$$F_1(\alpha) - F_2(\alpha) = \cfrac{1}{\left(\cfrac{\sin\alpha - \alpha\cdot\cos\alpha}{\alpha^2\cdot\sin\alpha} + \cfrac{\varkappa_0}{3}\right) + \left(\cfrac{\alpha - \sin\alpha}{\alpha^2\cdot\sin\alpha} - \cfrac{\varkappa_0}{3}\right)}$$

$$= \cfrac{1}{\cfrac{1 - \cos\alpha}{\alpha\cdot\sin\alpha}} = \frac{1}{F(\alpha)_{\Delta t}} \tag{6.9.2}$$

und damit aus (6.9.1) für das Stabendmoment $\overline{M}_{a,b(b,b)}$:

$$\overline{M}_{a,b(b,b)} = -\frac{\alpha_t\cdot\Delta t}{h}\cdot EI. \tag{6.9.3}$$

Ebenso ergibt sich aus (6.2.10) mit (4.12.6) und (6.9.2) für das Stabendmoment $\overline{M}_{b,a(b,b)}$:

$$\overline{M}_{b,a(b,b)} = \frac{\alpha_t\cdot\Delta t}{h}\cdot EI. \tag{6.9.4}$$

Mit (6.9.3), (6.9.4) und

$$K_{a,b;Q(g,g)} = K_{b,a;Q(g,g)} = 0 \tag{6.9.5}$$

folgt aus (6.2.11) und (6.2.12) für die Stabendquerkräfte $\overline{K}_{a,b;Q(b,b)}$ und $\overline{K}_{b,a;Q(b,b)}$:

$$\overline{K}_{a,b;Q(b,b)} = \overline{K}_{b,a;Q(b,b)} = 0. \tag{6.9.6}$$

6.9.1.2. Stab ohne Längskraft und Zugstab

Die Grundgleichungen (6.9.3), (6.9.4), (6.9.5) und (6.9.6) gelten auch für die Stabendschnittlasten eines Stabes ohne Längskraft und eines Zugstabes.

6.9.2. Stab a,b (b,g)

6.9.2.1. Druckstab

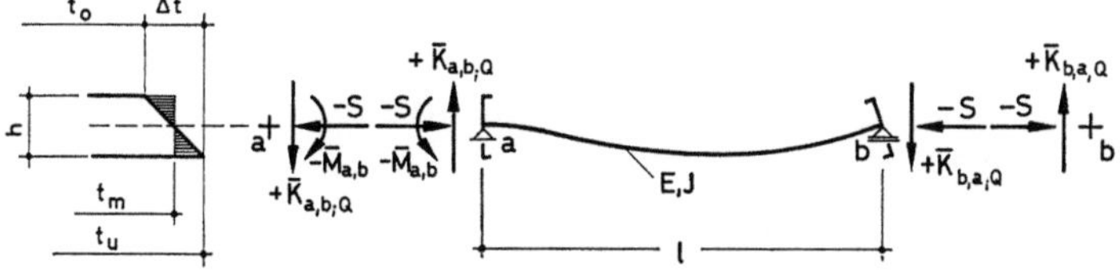

Abb. 128 Stabendschnittlasten $\overline{M}$ und $\overline{K}_Q$ eines Druckstabes a,b (b,g)

Das Stabendmoment $\overline{M}(\alpha)_{a,b(b,g)}$ erhalten wir aus (6.2.16) mit (4.12.6), (5.11.6) und (6.9.2) zu:

$$\overline{M}(\alpha)_{a,b(b,g)} = -\frac{\alpha_t \cdot \Delta t}{h} \cdot EI \cdot F(\alpha)_{\Delta t} \cdot F_5(\alpha)$$

$$= -\frac{\alpha_t \cdot \Delta t}{h} \cdot EI \cdot \frac{1}{F_1(\alpha) - F_2(\alpha)} \cdot \left(1 - \frac{F_2(\alpha)}{F_1(\alpha)}\right) \cdot \left(F_1(\alpha) + F_2(\alpha)\right)$$

$$= -\frac{\alpha_t \cdot \Delta t}{h} \cdot EI \cdot \left(1 + \frac{F_2(\alpha)}{F_1(\alpha)}\right). \qquad (6.9.7)$$

Für die Stabendquerkräfte $\overline{K}(\alpha)_{a,b;Q(b,g)}$ und $\overline{K}(\alpha)_{b,a;Q(b,g)}$ ergibt sich aus (6.2.17) und (6.2.18) mit (6.9.5) und (6.9.7):

$$\overline{K}(\alpha)_{a,b;Q(b,g)} = \overline{K}(\alpha)_{b,a;Q(b,g)} = \frac{\alpha_t \cdot \Delta t}{h} \cdot \frac{EI}{l} \cdot \left(1 + \frac{F_2(\alpha)}{F_1(\alpha)}\right). \qquad (6.9.8)$$

Für $\alpha \ll 1$ ist in den obigen Gleichungen $F(\alpha^2)$ (Näherungslösungen) anstelle $F(\alpha)$ zu setzen.

6.9.2.2. Stab ohne Längskraft und Zugstab

Über genaue Lösungen und Näherungslösungen siehe Bemerkung unter 6.4.1.2.

6.9.3. Stab a,b (g,b)

6.9.3.1. Druckstab

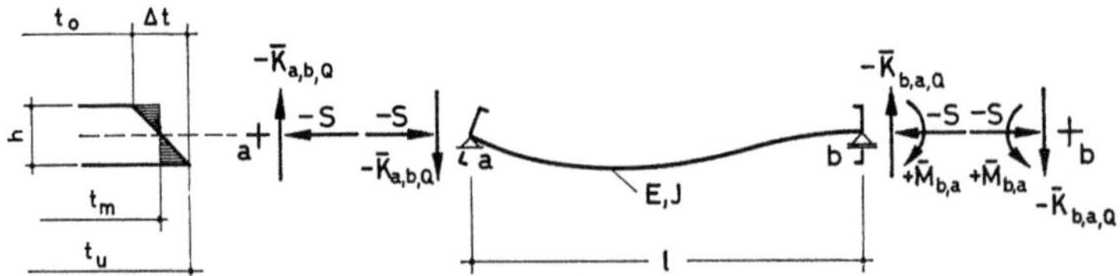

Abb. 129 Stabendschnittlasten $\overline{M}$ und $\overline{K}_Q$ eines Druckstabes a,b (g,b)

Das Stabendmoment $\overline{M}(\alpha)_{b,a(g,b)}$ folgt aus (6.2.22) mit (4.12.6), (5.11.6) und (6.9.2) analog 6.9.2.1. zu:

$$\overline{M}(\alpha)_{b,a(g,b)} = \frac{\alpha_t \cdot \Delta t}{h} \cdot EI \cdot \left(1 + \frac{F_2(\alpha)}{F_1(\alpha)}\right). \qquad (6.9.9)$$

Für die Stabendquerkräfte $\overline{K}(\alpha)_{a,b;Q(g,b)}$ und $\overline{K}(\alpha)_{b,a;Q(g,b)}$ erhält man aus (6.2.23) und (6.2.24) mit (6.9.5) und (6.9.9):

$$\overline{K}(\alpha)_{a,b;Q(g,b)} = \overline{K}(\alpha)_{b,a;Q(g,b)} = -\frac{\alpha_t \cdot \Delta t}{h} \cdot \frac{EI}{l} \cdot \left(1 + \frac{F_2(\alpha)}{F_1(\alpha)}\right). \qquad (6.9.10)$$

Für $\alpha \ll 1$ ist in den obigen Gleichungen $F(\alpha^2)$ (Näherungslösungen) anstelle $F(\alpha)$ zu setzen.

6.9.3.2. Stab ohne Längskraft und Zugstab

Über genaue Lösungen und Näherungslösungen siehe Bemerkung unter 6.4.1.2.

6.10. Eingeprägte Drehung $\overline{\varphi}_a$

6.10.1. Stab a,b (b,b)

6.10.1.1. Druckstab

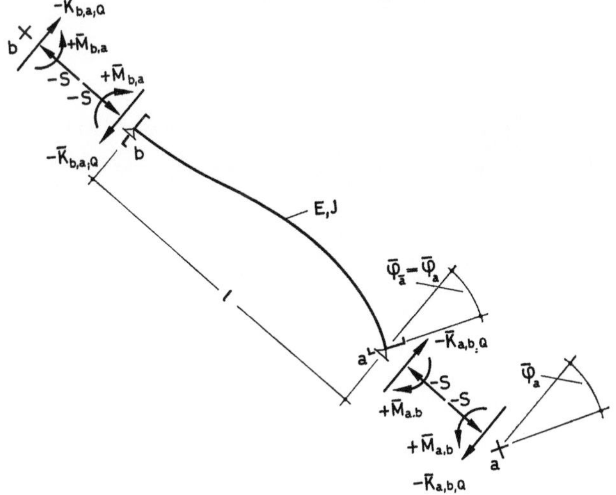

Abb. 130. Stabendschnittlasten $\overline{M}$ und $\overline{K}_Q$ eines Druckstabes a,b (b,b)

Für das Stabendmoment $\overline{M}(\alpha)_{a,b(b,b)}$ ergibt sich aus (5.2.8)

$$\overline{M}(\alpha)_{a,b(b,b)} = \overline{\varphi}_a \cdot \frac{EI}{l} \cdot F_1(\alpha) \qquad (6.10.1)$$

und für das Stabendmoment $\overline{M}(\alpha)_{b,a(b,b)}$ aus (5.2.9):

$$\overline{M}(\alpha)_{b,a(b,b)} = \overline{\varphi}_a \cdot \frac{EI}{l} \cdot F_2(\alpha). \tag{6.10.2}$$

Die Stabendquerkräfte $\overline{K}(\alpha)_{a,b;Q(b,b)}$ und $\overline{K}(\alpha)_{b,a;Q(b,b)}$ folgen aus (5.2.10) zu:

$$\overline{K}(\alpha)_{a,b;Q(b,b)} = \overline{K}(\alpha)_{b,a;Q(b,b)} = -\overline{\varphi}_a \cdot \frac{EI}{l^2} \cdot F_3(\alpha). \tag{6.10.3}$$

Für $\alpha \ll 1$ in den obigen Gleichungen $F(\alpha^2)$ (Näherungslösungen) anstelle $F(\alpha)$ zu setzen.

6.10.1.2. Stab ohne Längskraft und Zugstab

Über genaue Lösungen und Näherungslösungen siehe Bemerkung unter 6.4.1.2.

6.10.2. Stab a,b (b,g)

6.10.2.1. Druckstab

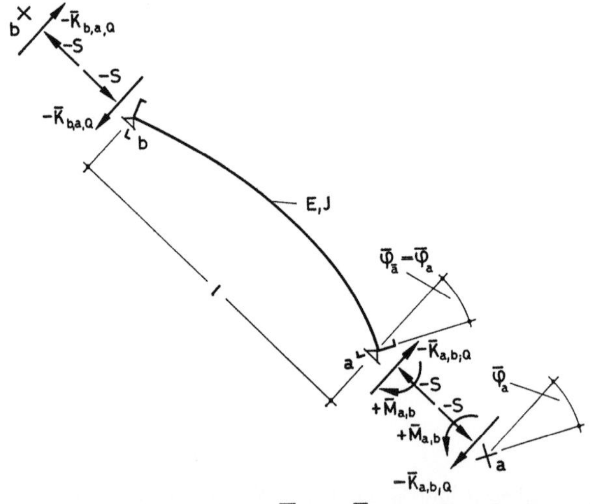

Abb. 131. Stabendschnittlasten $\overline{M}$ und $\overline{K}_Q$ eines Druckstabes a,b (b,g)

Für das Stabendmoment $\overline{M}(\alpha)_{a,b(b,g)}$ erhalten wir aus (5.5.1):

$$\overline{M}(\alpha)_{1,b(b,g)} = \overline{\varphi}_a \cdot \frac{EI}{l} \cdot F_5(\alpha). \tag{6.10.4}$$

Die Stabendquerkräfte $\bar{K}(\alpha)_{a,b;Q(b,g)}$ und $\bar{K}(\alpha)_{b,a;Q(b,g)}$ ergeben sich aus (5.5.2) zu:

$$\bar{K}(\alpha)_{a,b;Q(b,g)} = \bar{K}(\alpha)_{b,a;Q(b,g)} = -\bar{\varphi}_a \cdot \frac{EI}{l^2} \cdot F_5(\alpha). \tag{6.10.5}$$

Für $\alpha \ll 1$ ist in den obigen Gleichungen $F(\alpha^2)$ (Näherungslösungen) anstelle $F(\alpha)$ zu setzen.

6.10.2.2. Stab ohne Längskraft und Zugstab

Über genaue Lösungen und Näherungslösungen siehe Bemerkung unter 6.4.1.2.

6.11. Eingeprägte Verschiebung $\bar{v}_{a;x}$

6.11.1. Stab a,b (b,b)

6.11.1.1. Druckstab

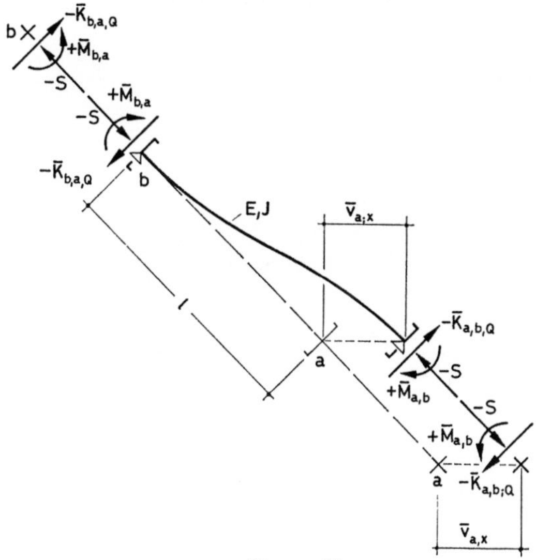

Abb. 132. Stabendschnittlasten $\bar{M}$ und $\bar{K}_Q$ eines Druckstabes a,b (b,b)

Für die Stabendmomente $\bar{M}(\alpha)_{a,b(b,b)}$ und $\bar{M}(\alpha)_{b,a(b,b)}$ folgt aus (5.4.1) mit (2.2.9), (2.2.13) und (2.2.16):

$$\bar{M}(\alpha)_{a,b(b,b)} = \bar{M}(\alpha)_{b,a(b,b)} = -\bar{v}_{a;x}\psi_{a,b} \cdot \frac{EI}{l} \cdot F_3(\alpha) = \bar{v}_{a;x} \cdot \theta_y \cdot \frac{EI}{l^2} \cdot F_3(\alpha).$$

$$\tag{6.11.1}$$

Die Stabendquerkräfte $\overline{K}(\alpha)_{a,b;Q(b,b)}$ und $\overline{K}(\alpha)_{b,a;Q(b,b)}$ erhält man aus (5.4.2) mit (2.2.9), (2.2.13) und (2.2.16) zu:

$$\overline{K}(\alpha)_{a,b;Q(b,b)} = \overline{K}(\alpha)_{b,a;Q(b,b)} = {}^{\bar{v}a;x}\psi_{a,b} \cdot \frac{EI}{l^2} \cdot F_4(\alpha) = -\bar{v}_{a;x} \cdot \theta_y \cdot \frac{EI}{l^3} \cdot F_4(\alpha).$$

$$(6.11.2)$$

Für $\alpha \ll 1$ ist in den obigen Gleichungen $F(\alpha^2)$ (Näherungslösungen) anstelle $F(\alpha)$ zu setzen.

6.11.1.2. Stab ohne Längskraft und Zugstab

Über genaue Lösungen und Näherungslösungen siehe Bemerkung unter 6.4.1.2.

6.11.2. Stab a,b (b,g)

6.11.2.1. Druckstab

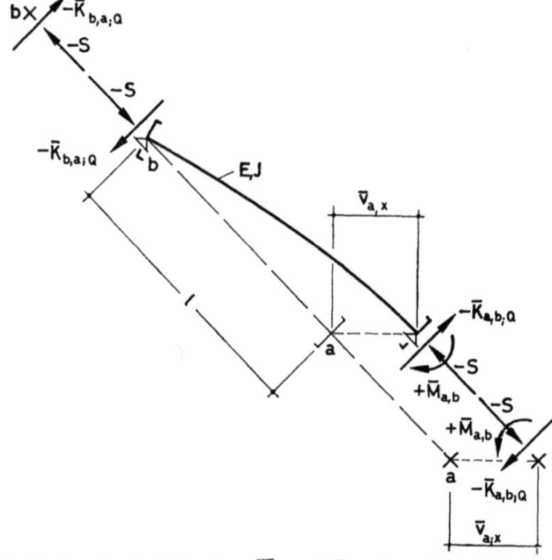

Abb. 133. Stabendschnittlasten $\overline{M}$ und $\overline{K}_Q$ eines Druckstabes a,b (b,g)

Für das Stabendmoment $\overline{M}(\alpha)_{a,b(b,g)}$ ergibt sich aus (5.7.1) mit (2.2.9), (2.2.13) und (2.2.16):

$$\overline{M}(\alpha)_{a,b(b,g)} = -{}^{\bar{v}a;x}\psi_{a,b} \cdot \frac{EI}{l} \cdot F_5(\alpha) = \bar{v}_{a;x} \cdot \theta_y \cdot \frac{EI}{l^2} \cdot F_5(\alpha). \quad (6.11.3)$$

Die Stabendquerkräfte $\bar{K}(\alpha)_{a,b;Q(b,g)}$ und $\bar{K}(\alpha)_{b,a;Q(b,g)}$ folgen aus (5.7.2) mit (2.2.9), (2.2.13) und (2.2.16) zu:

$$\bar{K}(\alpha)_{a,b;Q(b,g)} = \bar{K}(\alpha)_{b,a;Q(b,g)} = {}^{\bar{v}a;x}\psi_{a,b} \cdot \frac{EI}{l^2} \cdot F_6(\alpha) = -\bar{v}_{a;x} \cdot \theta_y \cdot \frac{EI}{l^3} \cdot F_6(\alpha).$$

$$(6.11.4)$$

Für $\alpha \ll 1$ ist in den obigen Gleichungen $F(\alpha^2)$ (Näherungslösungen) anstelle $F(\alpha)$ zu setzen.

6.11.2.2. Stab ohne Längskraft und Zugstab

Über genaue Lösungen und Näherungslösungen siehe Bemerkung unter 6.4.1.2.

6.11.3. Stab a,b (g,b)

6.11.3.1. Druckstab

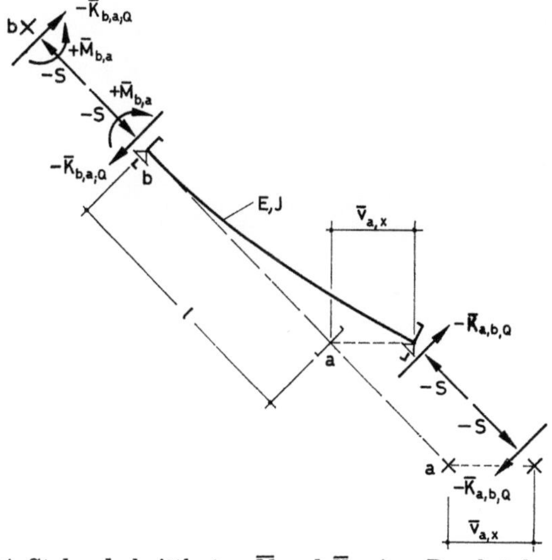

Abb. 134. Stabendschnittlasten $\bar{M}$ und $\bar{K}_Q$ eines Druckstabes a,b (g,b)

Für das Stabendmoment $\bar{M}(\alpha)_{b,a(g,b)}$ erhalten wir aus (5.8.1) mit (2.2.9), (2.2.13) und (2.2.16):

$$\bar{M}(\alpha)_{b,a(g,b)} = -{}^{\bar{v}a;x}\psi_{a,b} \cdot \frac{EI}{l} \cdot F_5(\alpha) = \bar{v}_{a;x} \cdot \theta_y \cdot \frac{EI}{l^2} \cdot F_5(\alpha). \quad (6.11.5)$$

Die Stabendquerkräfte $\overline{K}(\alpha)_{a,b;Q(g,b)}$ und $\overline{K}(\alpha)_{b,a;Q(g,b)}$ ergeben sich aus (5.8.2) mit (2.2.9), (2.2.13) und (2.2.16) zu:

$$\overline{K}(\alpha)_{a,b;Q(g,b)} = \overline{K}(\alpha)_{b,a;Q(g,b)} = {}^{\bar{v}a;x}\psi_{a,b} \cdot \frac{EI}{l^2} \cdot F_6(\alpha) = -\bar{v}_{a;x} \cdot \theta_y \cdot \frac{EI}{l^3} \cdot F_6(\alpha).$$

$$(6.11.6)$$

Für $\alpha \ll 1$ ist in den obigen Gleichungen $F(\alpha^2)$ (Näherungslösungen) anstelle $F(\alpha)$ zu setzen.

6.11.3.2. Stab ohne Längskraft und Zugstab

Über genaue Lösungen und Näherungslösungen siehe Bemerkung unter 6.4.1.2.

6.11.4. Stab a,b (g,g)

6.11.4.1. Druckstab

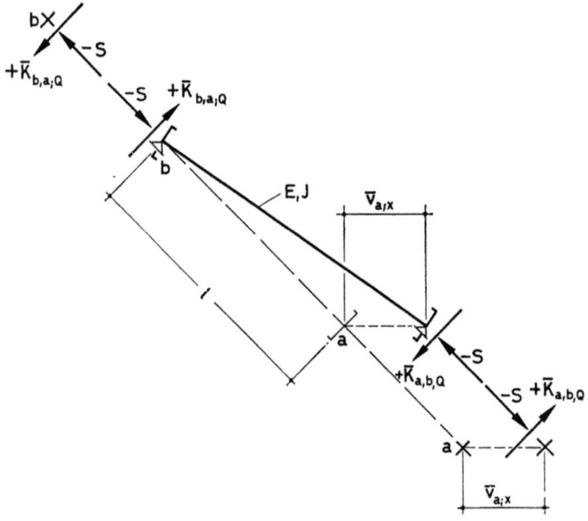

Abb. 135. Stabendquerkräfte $\overline{K}_Q$ eines Druckstabes a,b (g,g)

Für die Stabendquerkräfte $\overline{K}(\alpha)_{a,b;Q(g,g)}$ und $\overline{K}(\alpha)_{b,a;Q(g,g)}$ folgt aus (5.9.1) mit (2.2.9), (2.2.13) und (2.2.16):

$$\overline{K}(\alpha)_{a,b;Q(g,g)} = \overline{K}(\alpha)_{b,a;Q(g,g)} = {}^{\bar{v}a;x}\psi_{a,b} \cdot \frac{EI}{l^2} \cdot F_7(\alpha) = -\bar{v}_{a;x} \cdot \theta_y \cdot \frac{EI}{l^3} \cdot F_7(\alpha).$$

$$(6.11.7)$$

6.11.4.2. Zugstab

Über genaue Lösungen siehe Bemerkung unter 6.4.1.2.

6.12. Eingeprägte Verschiebung $\bar{v}_{a;y}$

6.12.1. Stab a,b (b,b)

6.12.1.1. Druckstab

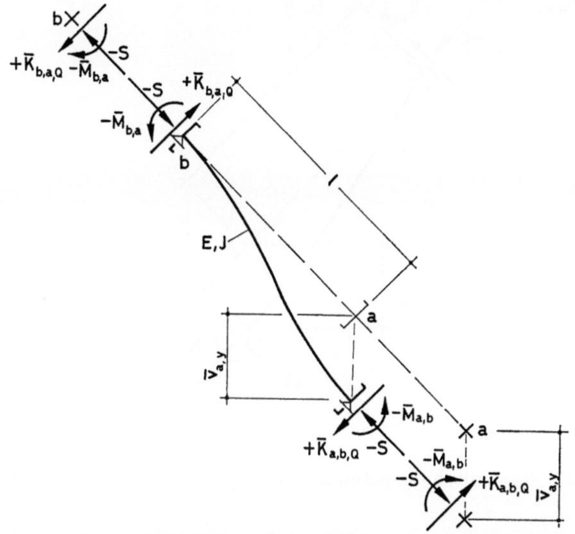

Abb. 136. Stabendschnittlasten $\bar{M}$ und $\bar{K}_Q$ eines Druckstabes a,b (b,b)

Für die Stabendmomente $\bar{M}(\alpha)_{a,b(b,b)}$ und $\bar{M}(\alpha)_{b,a(b,b)}$ erhält man aus (5.4.1) mit (2.2.10), (2.2.13) und (2.2.16):

$$\bar{M}(\alpha)_{a,b(b,b)} = \bar{M}(\alpha)_{b,a(b,b)} = -^{\bar{v}a;y}\psi_{a,b} \cdot \frac{EI}{l} \cdot F_3(\alpha) = -\bar{v}_{a;y} \cdot \theta_x \cdot \frac{EI}{l^2} \cdot F_3(\alpha).$$

$$(6.12.1)$$

Die Stabendquerkräfte $\bar{K}(\alpha)_{a,b;Q(b,b)}$ und $\bar{K}(\alpha)_{b,a;Q(b,b)}$ ergeben sich aus (5.4.2) mit (2.2.10), (2.2.13) und (2.2.16) zu:

$$\bar{K}(\alpha)_{a,b;Q(b,b)} = \bar{K}(\alpha)_{b,a;Q(b,b)} = ^{\bar{v}a;y}\psi_{a,b} \cdot \frac{EI}{l^2} \cdot F_4(\alpha) = \bar{v}_{a;y} \cdot \theta_x \cdot \frac{EI}{l^3} \cdot F_4(\alpha).$$

$$(6.12.2)$$

Für $\alpha \ll 1$ ist in den obigen Gleichungen $F(\alpha^2)$ (Näherungslösungen) anstelle $F(\alpha)$ zu setzen.

6.12.1.2. Stab ohne Längskraft und Zugstab

Über genaue Lösungen und Näherungslösungen siehe Bemerkung unter 6.4.1.2.

6.12.2. Stab a,b (b,g)

6.12.2.1. Druckstab

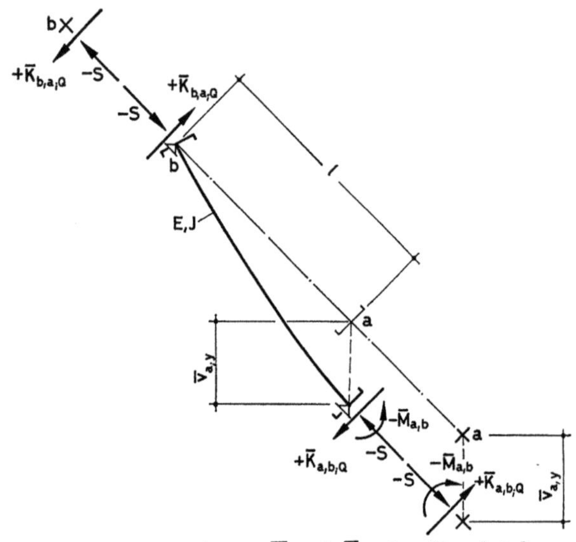

Abb. 137. Stabendschnittlasten $\overline{M}$ und $\overline{K}_Q$ eines Druckstabes a,b (b,g)

Für das Stabendmoment $\overline{M}(\alpha)_{a,b(b,g)}$ folgt aus (5.7.1) mit (2.2.10), (2.2.13) und (2.2.16):

$$\overline{M}(\alpha)_{a,b(b,g)} = -{}^{\overline{v}a;y}\psi_{a,b} \cdot \frac{EI}{l} \cdot F_5(\alpha) = -\overline{v}_{a;y} \cdot \theta_x \cdot \frac{EI}{l^2} \cdot F_5(\alpha). \quad (6.12.3)$$

Die Stabendquerkräfte $\overline{K}(\alpha)_{a,b;Q(b,g)}$ und $\overline{K}(\alpha)_{b,a;Q(b,g)}$ erhalten wir aus (5.7.2) mit (2.2.10), (2.2.13) und (2.2.16) zu:

$$\overline{K}(\alpha)_{a,b;Q(b,g)} = \overline{K}(\alpha)_{b,a;Q(b,g)} = {}^{\overline{v}a;y}\psi_{a,b} \cdot \frac{EI}{l^2} \cdot F_6(\alpha) = \overline{v}_{a;y} \cdot \theta_x \cdot \frac{EI}{l^3} \cdot F_6(\alpha).$$

$$(6.12.4)$$

Für $\alpha \ll 1$ ist in den obigen Gleichungen $F(\alpha^2)$ (Näherungslösungen) anstelle $F(\alpha)$ zu setzen.

6.12.2.2. Stab ohne Längskraft und Zugstab

Über genaue Lösungen und Näherungslösungen siehe Bemerkung unter 6.4.1.2.

6.12.3. Stab *a,b* (*g,b*)

6.12.3.1. Druckstab

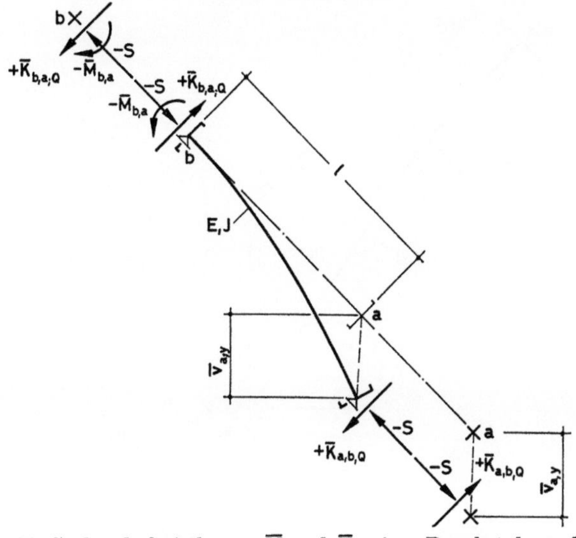

Abb. 138. Stabendschnittlasten $\overline{M}$ und $\overline{K}_Q$ eines Druckstabes *a,b* (*g,b*)

Für das Stabendmoment $\overline{M}(\alpha)_{b,a(g,b)}$ ergibt sich aus (5.8.1) mit (2.2.10), (2.2.13) und (2.2.16):

$$\overline{M}(\alpha)_{b,a(g,b)} = -\,\bar{v}_{a;y}\psi_{a,b}\cdot\frac{EI}{l}\cdot F_5(\alpha) = -\bar{v}_{a;y}\cdot\theta_x\cdot\frac{EI}{l^2}\cdot F_5(\alpha). \quad (6.12.5)$$

Die Stabendquerkräfte $\overline{K}(\alpha)_{a,b;Q(g,b)}$ und $\overline{K}(\alpha)_{b,a;Q(g,b)}$ folgen aus (5.8.2) mit (2.2.10), (2.2.13) und (2.2.16) zu:

$$\overline{K}(\alpha)_{a,b;Q(g,b)} = \overline{K}(\alpha)_{b,a;Q(g,b)} = \bar{v}_{a;y}\psi_{a,b}\cdot\frac{EI}{l^2}\cdot F_6(\alpha) = \bar{v}_{a;y}\cdot\theta_x\cdot\frac{EI}{l^3}\cdot F_6(\alpha).$$

$$(6.12.6)$$

Für $\alpha \ll 1$ ist in den obigen Gleichungen $F(\alpha^2)$ (Näherungslösungen) anstelle $F(\alpha)$ zu setzen.

6.12.3.2. Stab ohne Längskraft und Zugstab

Über genaue Lösungen und Näherungslösungen siehe Bemerkung unter 6.4.1.2.

6.12.4. Stab a,b (g,g)

6.12.4.1. Druckstab

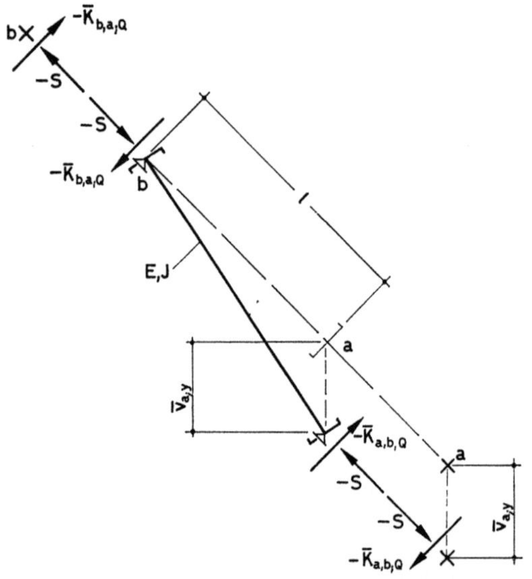

Abb. 139. Stabendquerkräfte $\overline{K}_Q$ eines Druckstabes a,b (g,g)

Für die Stabendquerkräfte $\overline{K}(\alpha)_{a,b;Q(g,g)}$ und $\overline{K}(\alpha)_{b,a;Q(g,g)}$ erhält man aus (5.9.1) mit (2.2.10), (2.2.13) und (2.2.16):

$$\overline{K}(\alpha)_{a,b;Q(g,g)} = \overline{K}(\alpha)_{b,a;Q(g,g)} = \bar{v}_{a;y}\psi_{a,b} \cdot \frac{EI}{l^2} \cdot F_7(\alpha) = \bar{v}_{a;y} \cdot \theta_x \cdot \frac{EI}{l^3} \cdot F_7(\alpha).$$

$$(6.12.7)$$

6.12.4.2. Zugstab

Über genaue Lösungen siehe Bemerkung unter 6.4.1.2.

7. Stablängskräfte $\bar{S}$ und Verschiebungen $\bar{u}$ infolge gegebener Stabbelastungen, Stablängskraft $\mathfrak{S}$ und Verschiebung $\tilde{u}$ infolge einer Stablängenänderung $\Delta l = 1$

7.1. Allgemeines

Die Grundbeziehungen für den Verlauf der Stablängskräfte $\bar{S}(\tilde{x})$ und der Verschiebungen $\bar{u}(\tilde{x})$ in Stäben a,b infolge gegebener Stabbelastungen und die Grundbeziehungen für den Verlauf der Stablängskraft $\mathfrak{S}(\tilde{x})$ und der Verschiebung $\tilde{u}(\tilde{x})$ in Stäben a,b infolge einer Stablängenänderung $\Delta l_{a,b} = 1$ werden als bekannt vorausgesetzt und daher nachfolgend ohne Ableitung angegeben. Sie gelten für konstante Stabdehnsteifigkeiten EF.

Gegebene Stabbelastungen seien Einzellasten L, Gleichstreckenlasten p, linear veränderliche Streckenlasten $p(\tilde{x})$, gleichmäßige Temperaturdifferenzen Δt_m in den Stabquerschnitten und eingeprägte Verschiebungen $\bar{v}$ der Knotenpunkte der Stabwerke. Die Verschiebungen seien klein im Vergleich zu den Längen der Stabwerksstäbe.

7.2. Einzellast L

7.2.1. Stab a,b (f,f)

Stablängskraft nach Abb. 140.2 im Stababschnitt $0 \leqq \chi \leqq \chi_L$

$$\bar{S}_{(f,f)} = L \cdot (1 - \chi_L) \qquad (7.2.1)$$

und im Stababschnitt $\chi_L \leqq \chi \leqq 1$:

$$\bar{S}_{(f,f)} = -L \cdot \chi_L . \qquad (7.2.2)$$

Verschiebung nach Abb. 140.3 im Stababschnitt $0 \leqq \chi \leqq \chi_L$

$$\bar{u}(\chi)_{(f,f)} = \frac{L \cdot l \cdot (1 - \chi_L) \cdot \chi}{EF} \qquad (7.2.3)$$

und im Stababschnitt $\chi_L \leqq \chi \leqq 1$:

$$\bar{u}(\chi)_{(f,f)} = \frac{L \cdot l \cdot \chi_L \cdot (1 - \chi)}{EF}. \qquad (7.2.4)$$

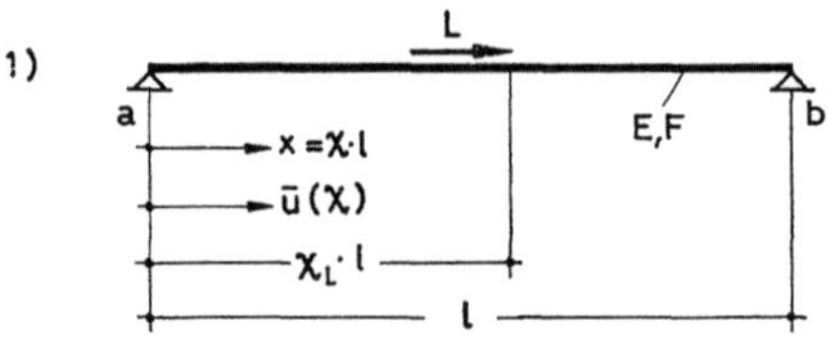

Abb. 140. Längskraft $\bar{S}$ und Verschiebung $\bar{u}$ eines Stabes a,b (f,f)

7.2.2. Stab a,b (f,l)

Stablängskraft nach Abb. 141.2 im Stababschnitt $0 \leqq \chi \leqq \chi_L$

$$\bar{S}_{(f,l)} = L \qquad (7.2.5)$$

und im Stababschnitt $\chi_L \leqq \chi \leqq 1$:

$$\bar{S}_{(f,l)} = 0. \qquad (7.2.6)$$

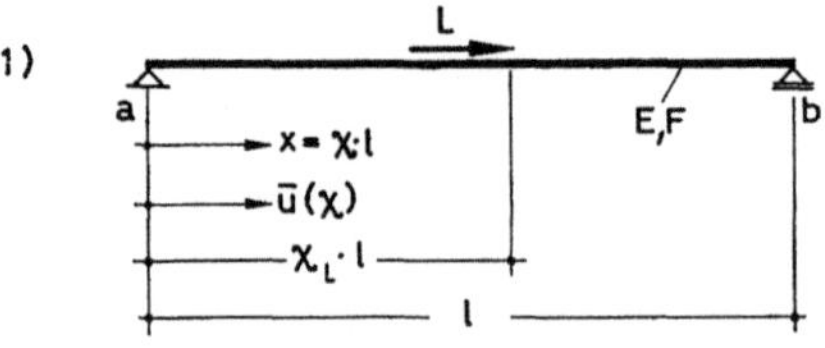
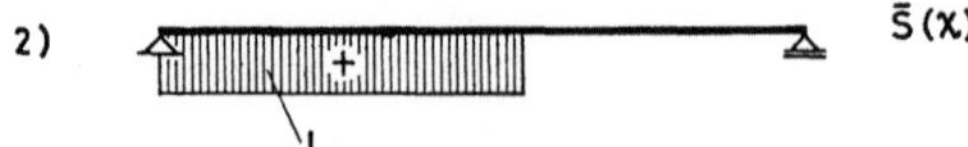
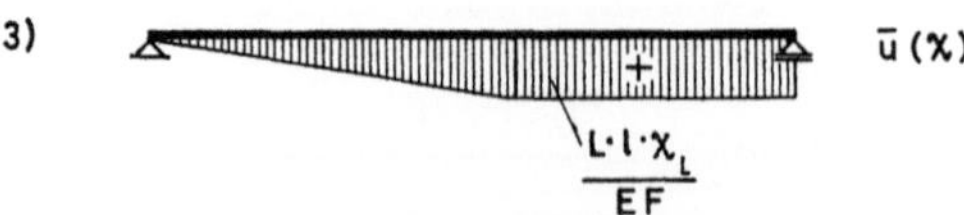

Abb. 141. Längskraft $\bar{S}$ und Verschiebung $\bar{u}$ eines Stabes a,b (f,l)

Verschiebung nach Abb. 141.3 im Stababschnitt $0 \leqq \chi \leqq \chi_L$

$$\bar{u}(\chi)_{(f,l)} = \frac{L \cdot l \cdot \chi}{EF} \tag{7.2.7}$$

und im Stababschnitt $\chi_L \leqq \chi \leqq 1$:

$$\bar{u}_{(f,l)} = \frac{L \cdot l \cdot \chi_L}{EF}. \tag{7.2.8}$$

7.2.3. Stab a,b (l,f)

Stablängskraft nach Abb. 142.2 im Stababschnitt $0 \leqq \chi \leqq \chi_L$

$$\bar{S}_{(l,f)} = 0 \tag{7.2.9}$$

und im Stababschnitt $\chi_L \leqq \chi \leqq 1$:

$$\bar{S}_{(l,f)} = -L. \tag{7.2.10}$$

Verschiebung nach Abb. 142.3 im Stababschnitt $0 \leqq \chi \leqq \chi_L$

$$\bar{u}_{(l,f)} = \frac{L \cdot l \cdot (1 - \chi_L)}{EF} \tag{7.2.11}$$

und im Stababschnitt $\chi_L \leqq \chi \leqq 1$:

$$\bar{u}(\chi)_{(l,f)} = \frac{L \cdot l \cdot (1 - \chi)}{EF}. \tag{7.2.12}$$

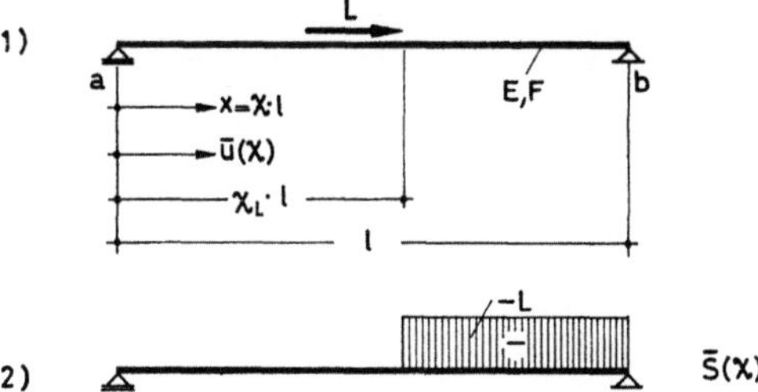

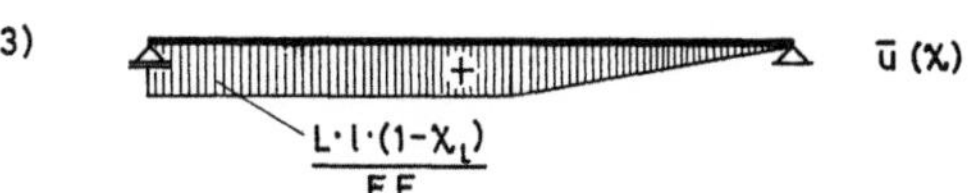

Abb. 142. Längskraft $\bar{S}$ und Verschiebung $\bar{u}$ eines Stabes a,b (l,f)

7.3. Gleichstreckenlast $p = \mathrm{konstant}$

7.3.1. Stab a,b (f,f)

Stablängskraft nach Abb. 143.2:

$$\bar{S}(\chi)_{(f,f)} = \frac{p \cdot l}{2} \cdot (1 - 2\chi).$$
(7.3.1)

Verschiebung nach Abb. 143.3:

$$\bar{u}(\chi)_{(f,f)} = \frac{p \cdot l^2}{2\,EF} \cdot \chi \cdot (1 - \chi).$$
(7.3.2)

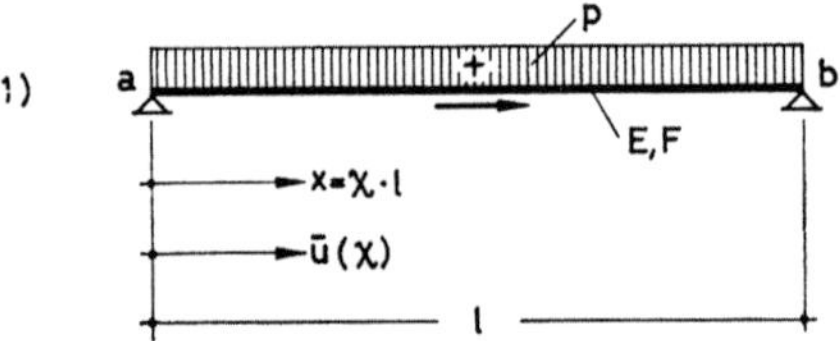

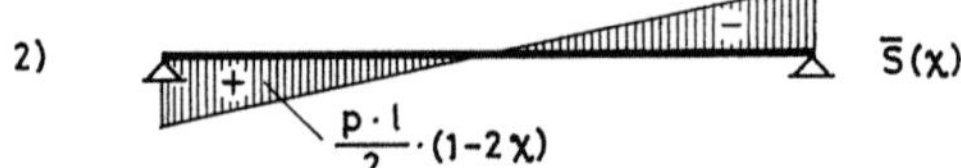

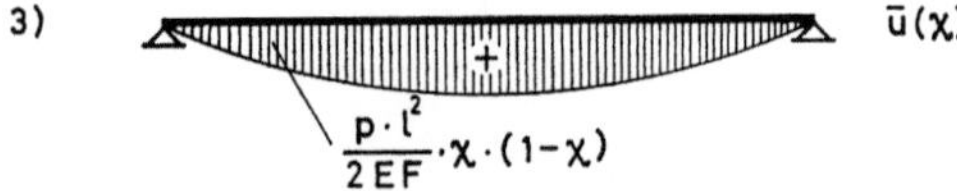

Abb. 143. Längskraft $\bar{S}$ und Verschiebung $\bar{u}$ eines Stabes a,b (f,f)

7.3.2. Stab a,b (f,l)

Stablängskraft nach Abb. 144.2:

$$\bar{S}(\chi)_{(f,l)} = p \cdot l \cdot (1 - \chi).$$
(7.3.3)

Verschiebung nach Abb. 144.3:

$$\bar{u}(\chi)_{(f,l)} = \frac{p \cdot l^2}{EF} \cdot \chi \cdot \left(1 - \frac{\chi}{2}\right).$$
(7.3.4)

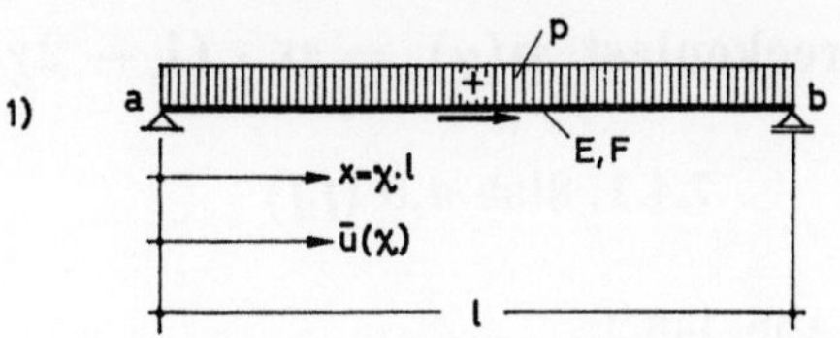

Abb. 144. Längskraft $\bar{S}$ und Verschiebung $\bar{u}$ eines Stabes a,b (f,l)

7.3.3. Stab a,b (l,f)

Stablängskraft nach Abb. 145.2:

$$\bar{S}(\chi)_{(l,f)} = -p \cdot l \cdot \chi. \tag{7.3.5}$$

Verschiebung nach Abb. 145.3:

$$\bar{u}(\chi)_{(l,f)} = \frac{p \cdot l^2}{2\,EF} \cdot (1 - \chi^2). \tag{7.3.6}$$

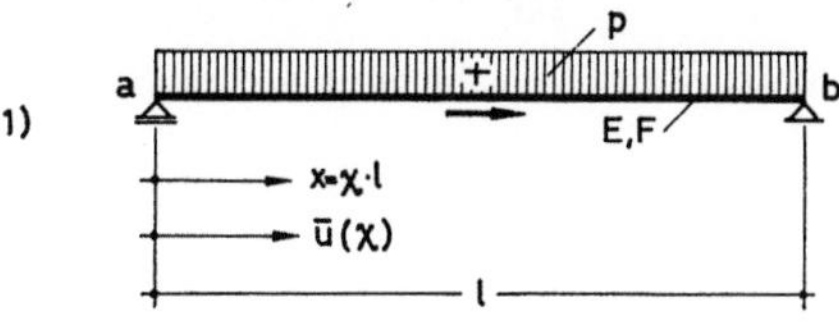

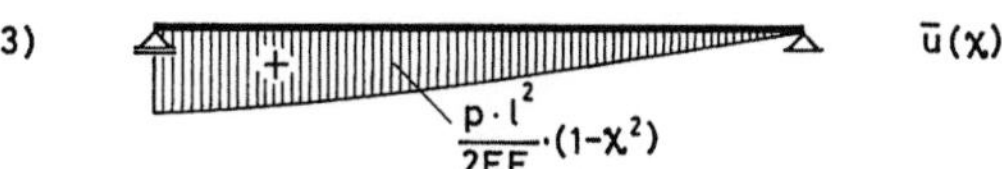

Abb. 145. Längskraft $\bar{S}$ und Verschiebung $\bar{u}$ eines Stabes a,b (l,f)

7.4. Streckenlast $p(\chi) = p' \cdot (1 - 2\chi)$

7.4.1. Stab a,b (f,f)

Stablängskraft nach Abb. 146.2:

$$\bar{S}(\chi)_{(f,f)} = p' \cdot l \cdot \left[\frac{1}{6} - \chi \cdot (1 - \chi) \right]. \qquad (7.4.1)$$

Verschiebung nach Abb. 146.3:

$$\bar{u}(\chi)_{(f,f)} = \frac{p' \cdot l^2}{6\,EF} \cdot \chi \cdot (1 - 3\chi + 2\chi^2). \qquad (7.4.2)$$

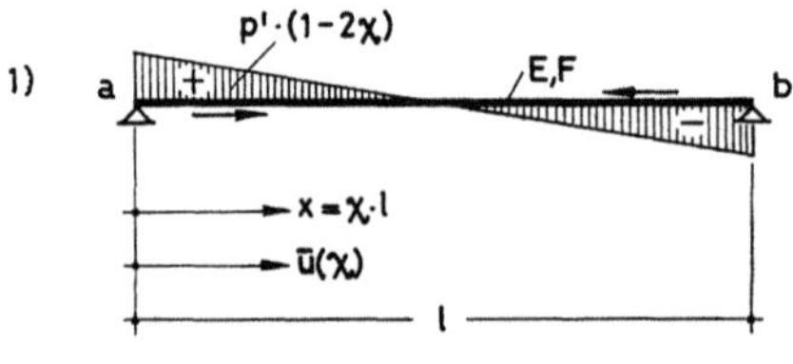

Abb. 146. Längskraft $\bar{S}$ und Verschiebung $\bar{u}$ eines Stabes a,b (f,f)

7.4.2. Stab a,b (f,l)

Stablängskraft nach Abb. 147.2:

$$\bar{S}(\chi)_{(f,l)} = -p' \cdot l \cdot \chi \cdot (1 - \chi). \qquad (7.4.3)$$

Verschiebung nach Abb. 147.3:

$$\bar{u}(\chi)_{(f,l)} = -\frac{p' \cdot l^2}{6\,EF} \cdot \chi^2 \cdot (3 - 2\chi). \qquad (7.4.4)$$

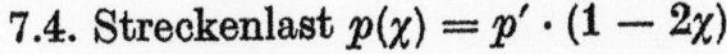

7.4. Streckenlast $p(\chi) = p' \cdot (1 - 2\chi)$

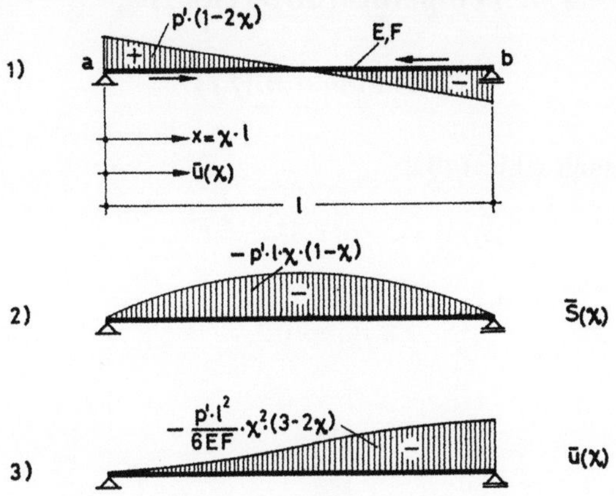

Abb. 147. Längskraft $\bar{S}$ und Verschiebung $\bar{u}$ eines Stabes a,b (f,l)

7.4.3. Stab a,b (l,f)

Stablängskraft nach Abb. 148.2:

$$\bar{S}(\chi)_{(l,f)} = -p' \cdot l \cdot \chi \cdot (1 - \chi). \qquad (7.4.5)$$

Verschiebung nach Abb. 148.3:

$$\bar{u}(\chi)_{(l,f)} = \frac{p' \cdot l^2}{6EF} \cdot (1 - 3\chi^2 + 2\chi^3). \qquad (7.4.6)$$

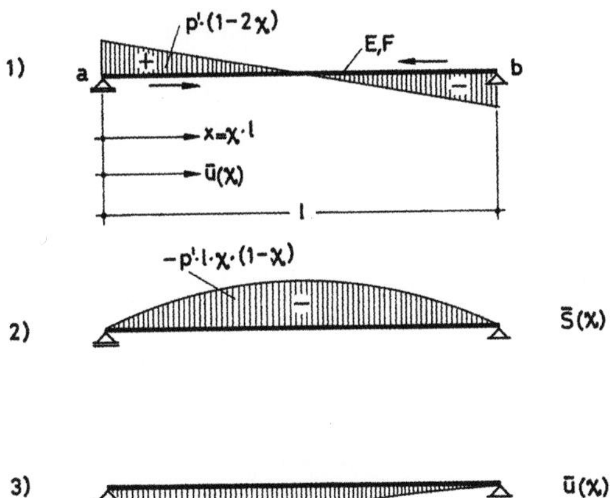

Abb. 148. Längskraft $\bar{S}$ und Verschiebung $\bar{u}$ eines Stabes a,b (l,f)

7.5. Temperaturdifferenz Δt_m

7.5.1. Stab a,b (f,f)

Stablängskraft nach Abb. 149.2:

$$\bar{S}_{(f,f)} = -\alpha_t \cdot \Delta t_m \cdot EF.$$ (7.5.1)

Verschiebung:

$$\bar{u}_{(f,f)} = 0.$$ (7.5.2)

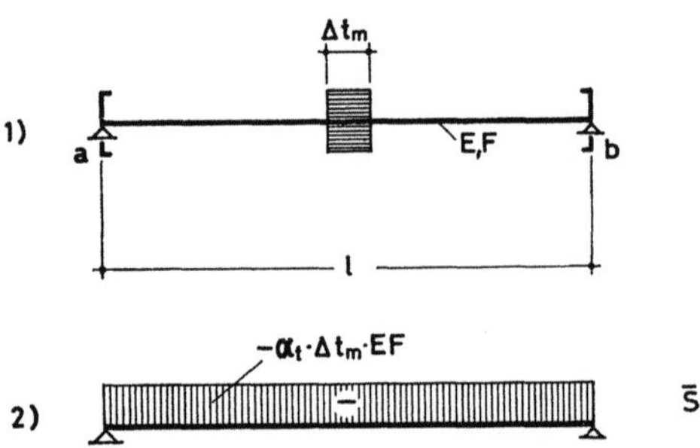

Abb. 149. Längskraft $\bar{S}$ eines Stabes a,b (f,f)

7.5.2. Stab a,b (f,l)

Stablängskraft:

$$\bar{S}_{(f,l)} = 0.$$ (7.5.3)

Verschiebung nach Abb. 150.2:

$$\bar{u}(\chi)_{(f,l)} = \alpha_t \cdot \Delta t_m \cdot l \cdot \chi.$$ (7.5.4)

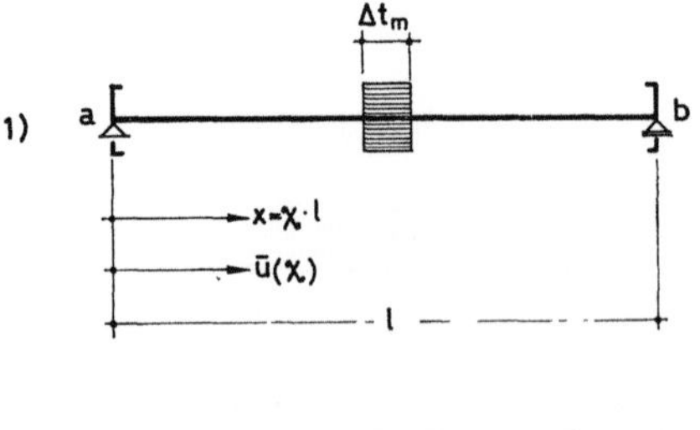

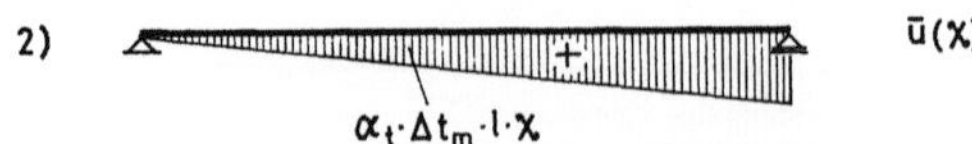

Abb. 150. Verschiebung $\bar{u}$ eines Stabes a,b (f,l)

7.5.3. Stab *a,b* (*l,f*)

Stablängskraft:

$$\bar{S}_{(l,f)} = 0. \tag{7.5.5}$$

Verschiebung nach Abb. 151.2:

$$\bar{u}(\chi)_{(l,f)} = -\alpha_t \cdot \Delta t_m \cdot l \cdot (1 - \chi). \tag{7.5.6}$$

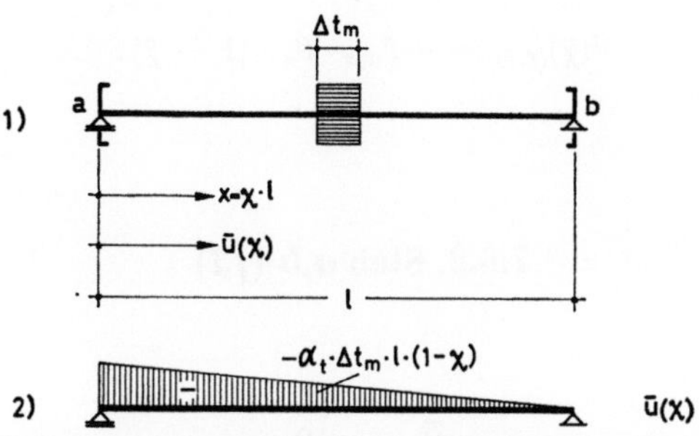

Abb. 151. Verschiebung $\bar{u}$ eines Stabes *a,b* (*l,f*)

7.6. Eingeprägte Verschiebung $\overline{v}_{a;x}$

7.6.1. Stab *a,b* (*f,f*)

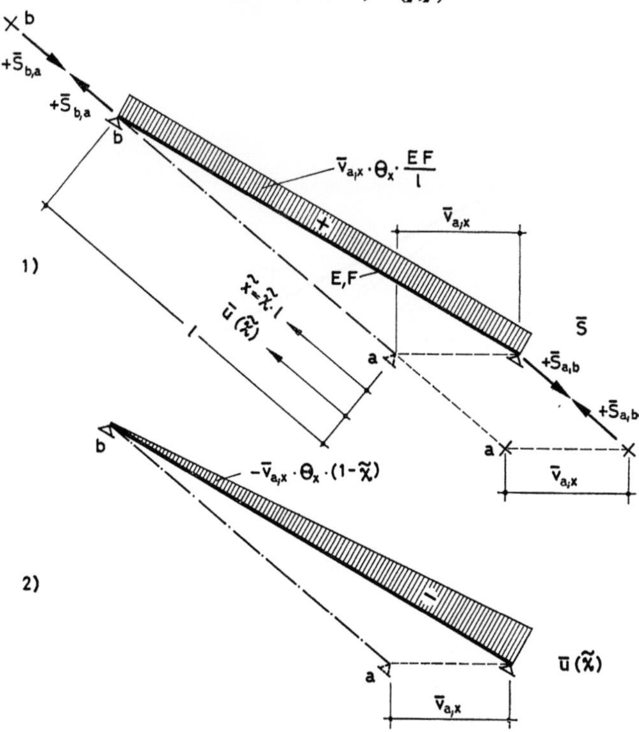

Abb. 152. Längskraft $\bar{S}$ und Verschiebung $\bar{u}$ eines Stabes *a,b* (*f,f*)

Stablängskraft nach Abb. 152.1:

$$\bar{S}_{(f,f)} = \bar{v}_{a;x} \cdot \theta_x \cdot \frac{EF}{l}. \tag{7.6.1}$$

Verschiebung nach Abb. 152.2:

$$\bar{u}(\tilde{\chi})_{(f,f)} = -\bar{v}_{a;x} \cdot \theta_x \cdot (1 - \tilde{\chi}). \tag{7.6.2}$$

7.6.2. Stab a,b (f,l)

Stablängskraft:

$$\bar{S}_{(f,l)} = 0. \tag{7.6.3}$$

Verschiebung nach Abb. 153.2:

$$\bar{u}_{(f,l)} = -\bar{v}_{a;x} \cdot \theta_x. \tag{7.6.4}$$

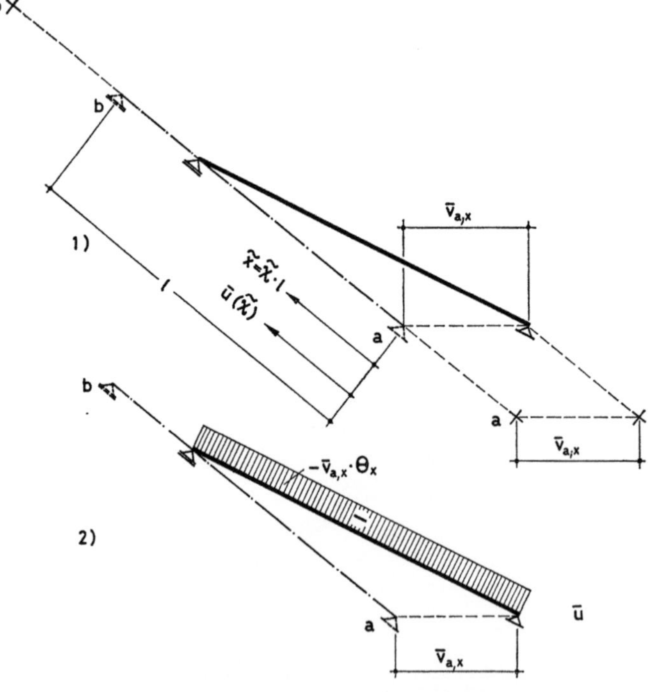

Abb. 153. Verschiebung $\bar{u}$ eines Stabes a,b (f,l)

7.7. Eingeprägte Verschiebung $\overline{\boldsymbol{v}}_{a;y}$

7.7.1. Stab a,b (f,f)

Stablängskraft nach Abb. 154.1:

$$\bar{S}_{(f,f)} = \bar{v}_{a;y} \cdot \theta_y \cdot \frac{EF}{l}.$$

(7.7.1)

Verschiebung nach Abb. 154.2:

$$\bar{u}(\tilde{\chi})_{(f,f)} = -\bar{v}_{a;y} \cdot \theta_y \cdot (1 - \tilde{\chi}).$$

(7.7.2)

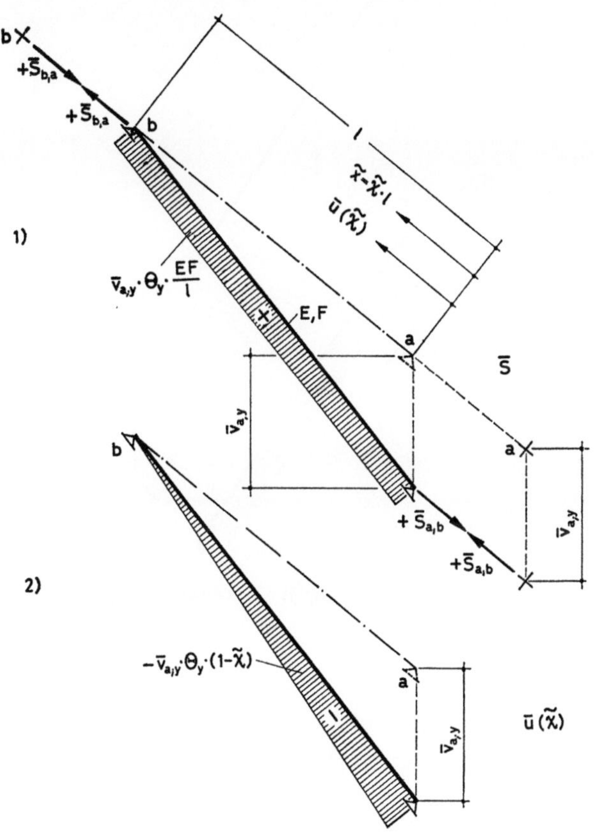

Abb. 154. Längskraft $\bar{S}$ und Verschiebung $\bar{u}$ eines Stabes a,b (f,f)

7.7.2. Stab a,b (f,l)

Stablängskraft:

$$\bar{S}_{(f,l)} = 0.$$

(7.7.3)

Verschiebung nach Abb. 155.2:

$$\bar{u}_{(f,l)} = -\bar{v}_{a;y} \cdot \theta_y.$$

(7.7.4)

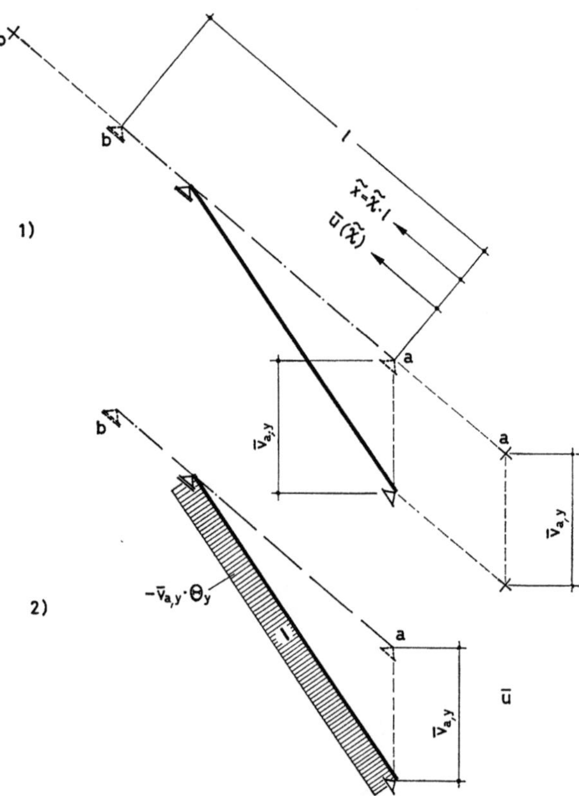

Abb. 155. Verschiebung $\bar{u}$ eines Stabes a,b (f,l)

7.8. Stablängskraft $\mathfrak{S}$ und Verschiebung $\tilde{u}$ eines Stabes a,b
infolge einer Stablängenänderung $\Delta l_{a,b} = 1$

Stablängskraft nach Abb. 156.2:

$$^{\Delta l_{a,b}=1}\mathfrak{S} = \frac{EF}{l}.$$

(7.8.1)

Verschiebung nach Abb. 156.3:

$$^{\Delta l_{a,b}=1}\tilde{u}(\tilde{\chi}) = \tilde{\chi}.$$

(7.8.2)

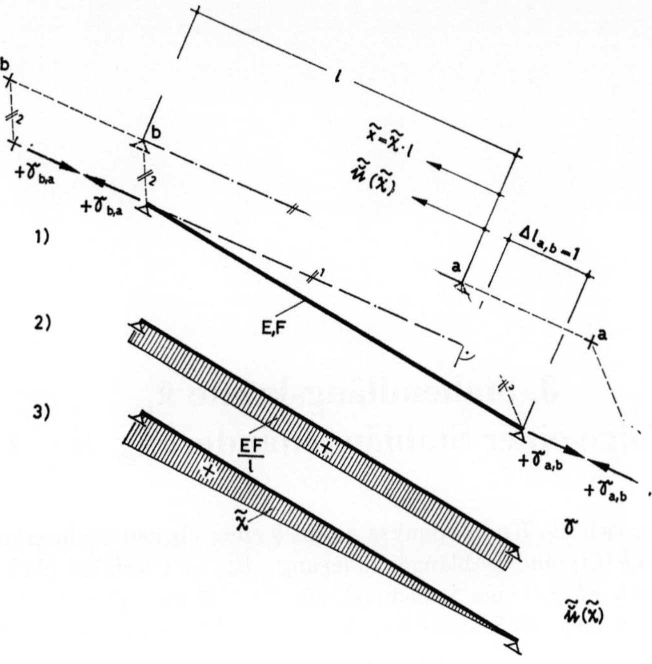

Abb. 156. Längskraft $\mathfrak{S}$ und Verschiebung $\tilde{u}$ eines Stabes a,b

8. Stabendlängskräfte $\mathfrak{K}_L$ infolge einer Stablängenänderung $\Delta l = 1$

Verschieben sich die Knotenpunkte a und b eines ebenen Stabwerkes derart, daß ein Stab a,b (f,f) eine Stablängenänderung $\Delta l_{a,b} = 1$ erfährt (Abb. 157), so entsteht im Stab a,b (f,f) eine Stablängskraft $^{\Delta l_{a,b}=1}\mathfrak{S}$ nach (7.8.1). Dieser Stablängskraft sind gleichgroße Stabendlängskräfte $^{\Delta l_{a,b}=1}\mathfrak{K}_{a,b;L(f,f)}$ und $^{\Delta l_{a,b}=1}\mathfrak{K}_{b,a;L(f,f)}$ zugeordnet.

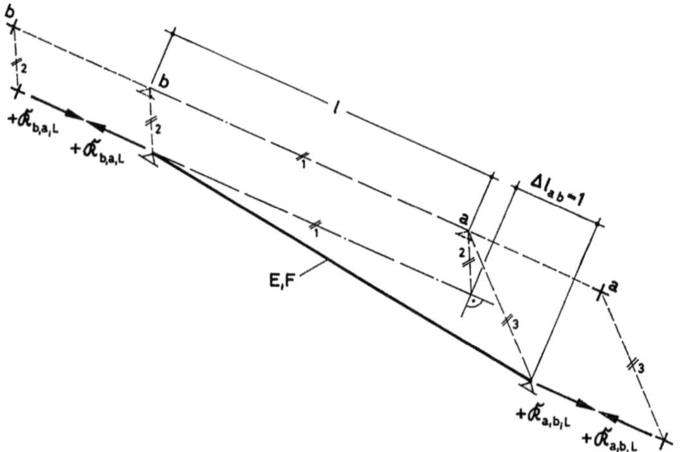

Abb. 157. Stabendlängskräfte $\mathfrak{K}_L$ eines Stabes a,b infolge einer Stablängenänderung $\Delta l_{a,b} = 1$

Die Grundbeziehung für die Beträge der Stabendlängskräfte $^{\Delta l_{a,b}=1}\mathfrak{K}_{a,b;L(f,f)}$ und $^{\Delta l_{a,b}=1}\mathfrak{K}_{b,a;L(f,f)}$ ergibt sich damit zu:

$$^{\Delta l_{a,b}=1}\mathfrak{K}_{a,b;L(f,f)} = {}^{\Delta l_{a,b}=1}\mathfrak{K}_{b,a;L(f,f)} = \frac{EF}{l}. \tag{8}$$

9. Stabendlängskräfte $\overline{K}_L$ infolge gegebener Stabbelastungen

9.1. Allgemeines

Die Grundgleichungen für die Beträge der Stabendlängskräfte $\overline{K}_{a,b;L}$ und $\overline{K}_{b,a;L}$ von Stäben a,b infolge gegebener Stabbelastungen nach 7.1. werden aus den Grundbeziehungen für die Stablängskräfte $\overline{S}$ infolge dieser Belastungen nach 7.2. bis 7.7. gewonnen. Da die Stabendlängskraft $\overline{K}_{a,b;L}$ der Stabkraft $\overline{S}$ im Stabende a eines Stabes a,b entspricht und die Stabendlängskraft $\overline{K}_{b,a;L}$ der Stabkraft $\overline{S}$ im Stabende b, geschieht dies unter Beachtung der Beziehungen:

$$\overline{K}_{a,b;L} = \overline{S}(\chi = 0) = \overline{S}(0),$$

$$\overline{K}_{b,a;L} = \overline{S}(\chi = 1) = \overline{S}(1).$$

9.2. Einzellast L

9.2.1. Stab a,b (f,f)

Für die Stabendlängskräfte $\overline{K}_{a,b;L(f,f)}$ und $\overline{K}_{b,a;L(f,f)}$ eines Stabes a,b nach Abb. 158 erhalten wir aus (7.2.1) und (7.2.2):

$$\overline{K}_{a,b;L(f,f)} = \overline{S}(0) = L \cdot (1 - \chi_L), \tag{9.2.1}$$

$$\overline{K}_{b,a;L(f,f)} = \overline{S}(1) = -L \cdot \chi_L. \tag{9.2.2}$$

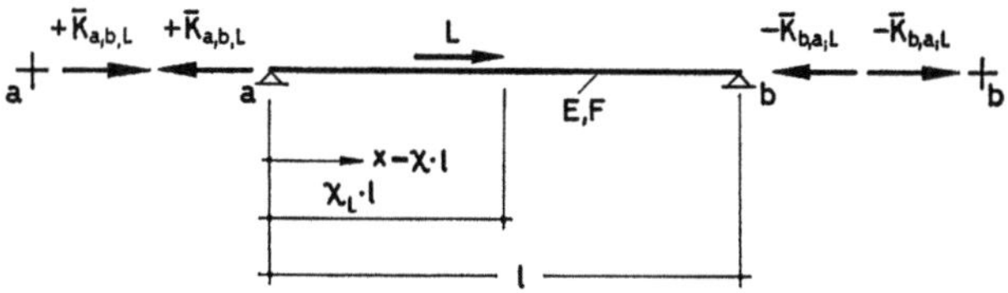

Abb. 158. Stabendlängskräfte $\overline{K}_L$ eines Stabes a,b (f,f)

9.2.2. Stab a,b (f,l)

Die Stabendlängskraft $\overline{K}_{a,b;L(f,l)}$ eines Stabes a,b nach Abb. 159 ergibt sich aus (7.2.5) zu:

$$\overline{K}_{a,b;L(f,l)} = \overline{S}(0) = L. \qquad (9.2.3)$$

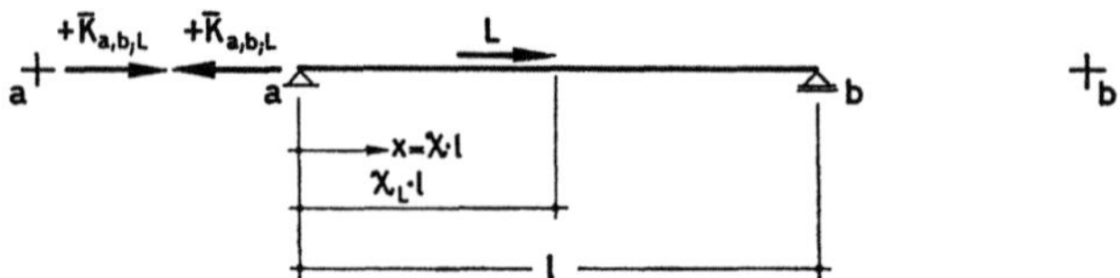

Abb. 159. Stabendlängskraft $\overline{K}_L$ eines Stabes a,b (f,l)

9.2.3. Stab a,b (l,f)

Für die Stabendlängskraft $\overline{K}_{b,a;L(l,f)}$ eines Stabes a,b nach Abb. 160 folgt aus (7.2.10):

$$\overline{K}_{b,a;L(l,f)} = \overline{S}(1) = -L. \qquad (9.2.4)$$

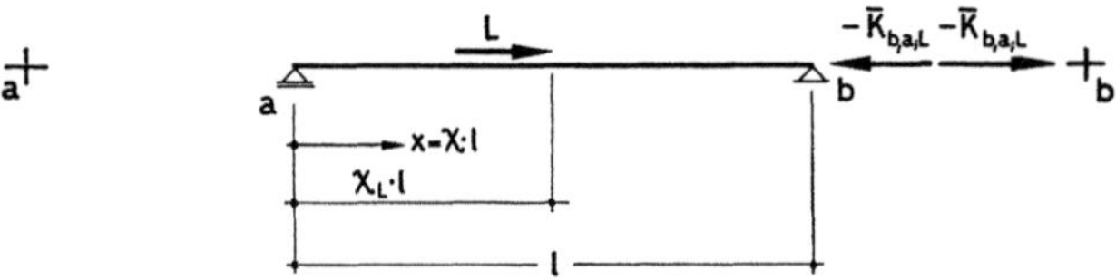

Abb. 160. Stabendlängskraft $\overline{K}_L$ eines Stabes a,b (l,f)

9.3. Gleichstreckenlast p = konstant

9.3.1. Stab a,b (f,f)

Die Stabendlängskräfte $\overline{K}_{a,b;L(f,f)}$ und $\overline{K}_{b,a;L(f,f)}$ eines Stabes a,b nach Abb. 161 erhält man aus (7.3.1) zu:

$$\overline{K}_{a,b;L(f,f)} = \overline{S}(0) = \frac{p \cdot l}{2}, \qquad (9.3.1)$$

$$\overline{K}_{b,a;L(f,f)} = \overline{S}(1) = -\frac{p \cdot l}{2}. \qquad (9.3.2)$$

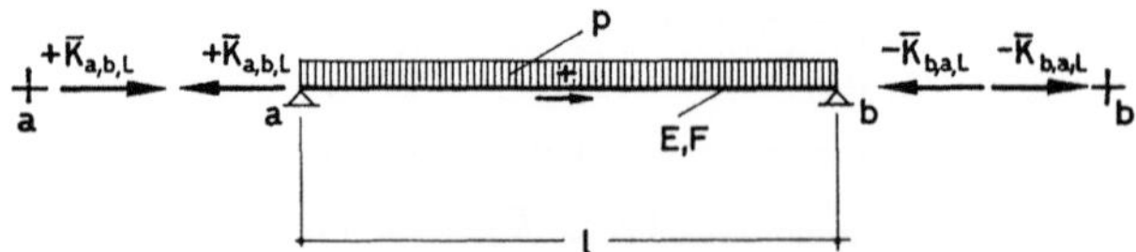

Abb. 161. Stabendlängskräfte $\overline{K}_L$ eines Stabes a,b (f,f)

9.3.2. Stab *a,b* (*f,l*)

Für die Stabendlängskraft $\overline{K}_{a,b;L(f,l)}$ eines Stabes a,b nach Abb. 162 ergibt sich aus (7.3.3):

$$\overline{K}_{a,b;L(f,l)} = \overline{S}(0) = p \cdot l, \tag{9.3.3}$$

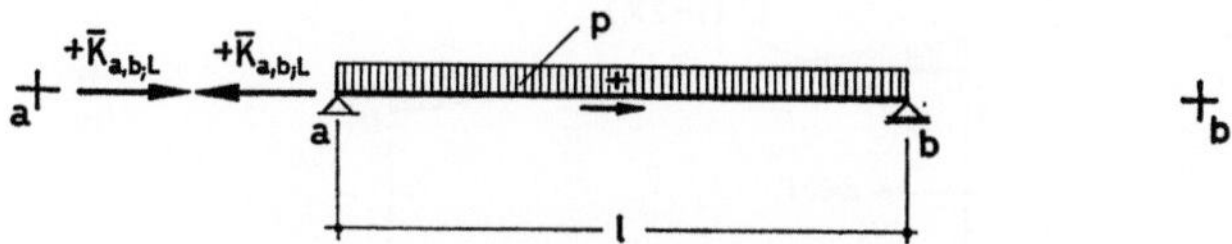

Abb. 162. Stabendlängskraft $\overline{K}_L$ eines Stabes a,b (*f,l*)

9.3.3. Stab *a,b* (*l,f*)

Die Stabendlängskraft $\overline{K}_{b,a;L(l,f)}$ eines Stabes a,b nach Abb. 163 folgt aus (7.3.5) zu:

$$\overline{K}_{b,a;L(l,f)} = \overline{S}(1) = -p \cdot l. \tag{9.3.4}$$

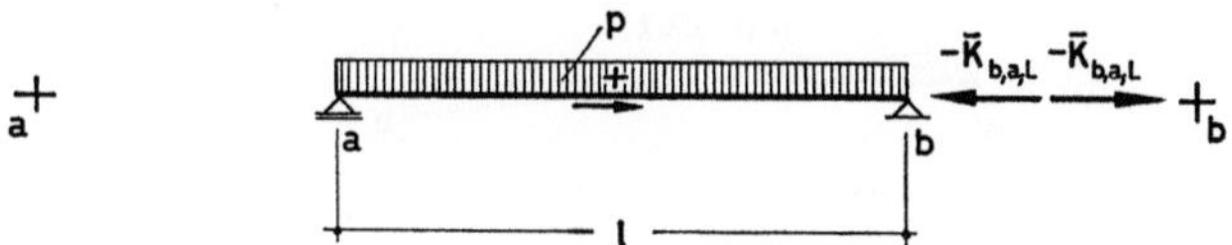

Abb. 163. Stabendlängskraft $\overline{K}_L$ eines Stabes a,b (*l,f*)

9.4. Streckenlast $p(\chi) = p' \cdot (1 - 2\chi)$

9.4.1. Stab *a,b* (*f,f*)

Für die Stabendlängskräfte $\overline{K}_{a,b;L(f,f)}$ und $\overline{K}_{b,a;L(f,f)}$ eines Stabes a,b nach Abb. 164 erhalten wir aus (7.4.1):

$$\overline{K}_{a,b;L(f,f)} = \overline{S}(0) = \overline{K}_{b,a;L(f,f)} = \overline{S}(1) = \frac{p' \cdot l}{6}. \tag{9.4.1}$$

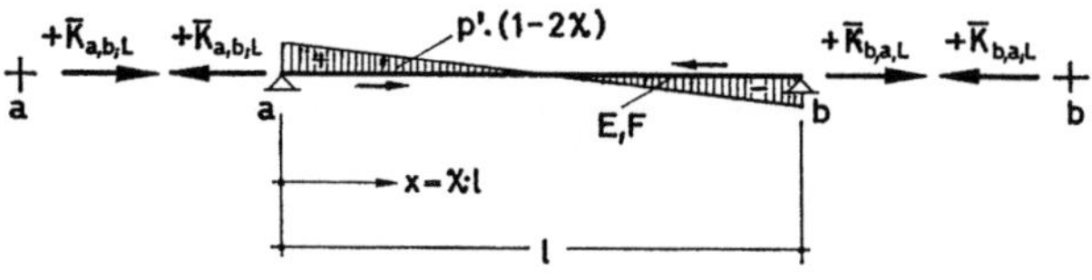

Abb. 164. Stabendlängskräfte $\overline{K}_L$ eines Stabes a,b (*f,f*)

9.4.2. Stab a,b (f,l)

Die Stabendlängskraft $\overset{\cdot}{\overline{K}}_{a,b;L(f,l)}$ eines Stabes a,b nach Abb. 165 ergibt sich aus (7.4.3) zu:

$$\overline{K}_{a,b;L(f,l)} = \overline{S}(0) = 0. \tag{9.4.2}$$

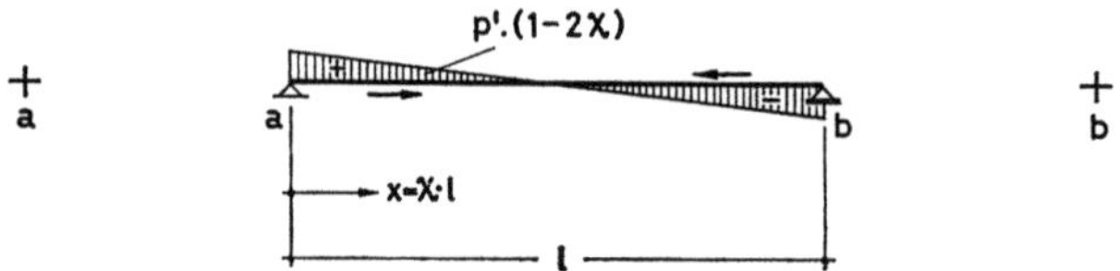

Abb. 165. Stabendlängskraft $\overline{K}_L$ eines Stabes a,b (f,l), $(\overline{K}_{a,b;L} = 0)$

9.4.3. Stab a,b (l,f)

Für die Stabendlängskraft $\overline{K}_{b,a;L(l,f)}$ eines Stabes a,b nach Abb. 166 folgt aus (7.4.5):

$$\overline{K}_{b,a;L(l,f)} = \overline{S}(1) = 0. \tag{9.4.3}$$

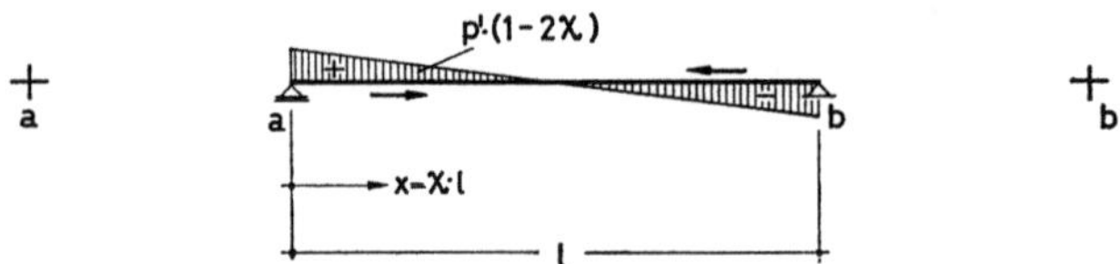

Abb. 166. Stabendlängskraft $\overline{K}_L$ eines Stabes a,b (l,f), $(\overline{K}_{b,a;L} = 0)$

9.5. Temperaturdifferenz Δt_m

9.5.1. Stab a,b (f,f)

Die Stabendlängskräfte $\overline{K}_{a,b;L(f,f)}$ und $\overline{K}_{b,a;L(f,f)}$ eines Stabes a,b nach Abb. 167 erhält man aus (7.5.1) zu:

$$\overline{K}_{a,b;L(f,f)} = \overline{S}(0) = \overline{K}_{b,a;L(f,f)} = \overline{S}(1) = -\alpha_t \cdot \Delta t_m \cdot EF. \tag{9.5}$$

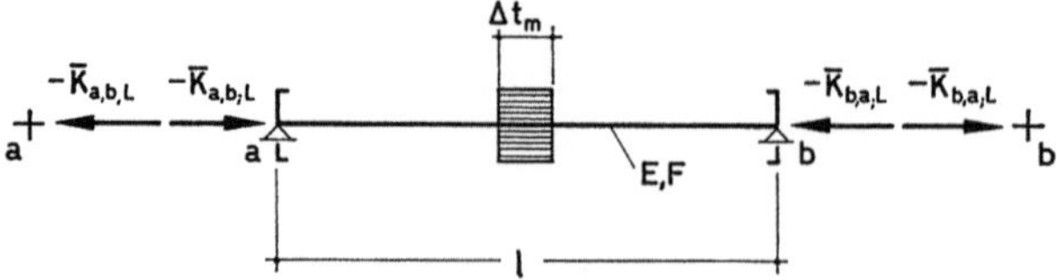

Abb. 167. Stabendlängskräfte $\overline{K}_L$ eines Stabes a,b (f,f)

9.6. Eingeprägte Verschiebung $\overline{\boldsymbol{v}}_{a;x}$

9.6.1. Stab a,b (f,f)

Für die Stabendlängskräfte $\overline{K}_{a,b;L(f,f)}$ und $\overline{K}_{b,a;L(f,f)}$ eines Stabes a,b nach Abb. 168 ergibt sich aus (7.6.1):

$$\overline{K}_{a,b;L(f,f)} = \overline{S}(0) = \overline{K}_{b,a;L(f,f)} = \overline{S}(1) = \overline{v}_{a;x} \cdot \theta_x \cdot \frac{EF}{l}. \qquad (9.6)$$

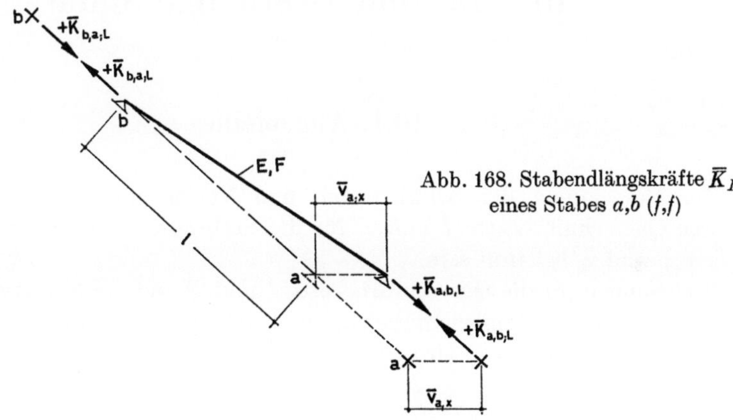

Abb. 168. Stabendlängskräfte $\overline{K}_L$ eines Stabes a,b (f,f)

9.7. Eingeprägte Verschiebung $\overline{\boldsymbol{v}}_{a;y}$

9.7.1. Stab a,b (f,f)

Die Stabendlängskräfte $\overline{K}_{a,b;L(f,f)}$ und $\overline{K}_{b,a;L(f,f)}$ eines Stabes a,b nach Abb. 169 folgen aus (7.7.1) zu:

$$\overline{K}_{a,b;L(f,f)} = \overline{S}(0) = \overline{K}_{b,a;L(f,f)} = \overline{S}(1) = \overline{v}_{a;y} \cdot \theta_y \cdot \frac{EF}{l}. \qquad (9.7)$$

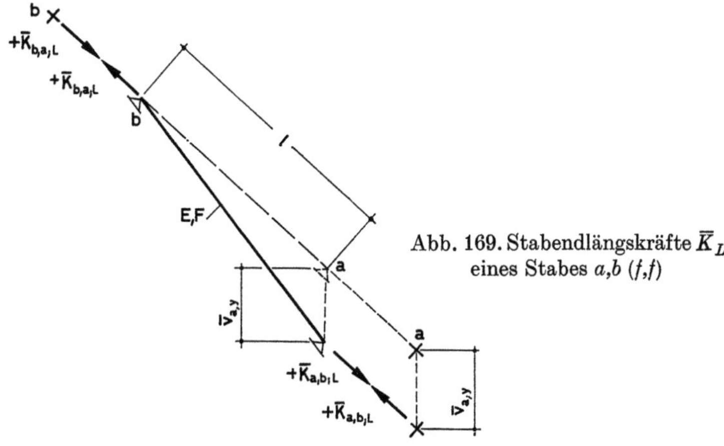

Abb. 169. Stabendlängskräfte $\overline{K}_L$ eines Stabes a,b (f,f)

10. Querschnittswerte I und F und Kennwerte γ, μ, α, β und $\tilde{\varkappa}_0$ für ein- und zweiteilige Stäbe

10.1. Allgemeines

Zur Berechnung der Schnittlasten und Verformungen ebener Stabwerke müssen Querschnittswerte I und F für die Stabwerksstäbe und Stabkennwerte γ, μ, α, β und $\varkappa_0$ bekannt sein.

Gleichungen für die Querschnittswerte I und F und die Kennwerte γ, μ, α, β und $\varkappa_0$ ein- und zweiteiliger Stäbe sind in Tafel 2 zusammengestellt. Die Ermittlung der Stabkennwerte γ wird nachfolgend dargestellt.

10.2. Kennwerte γ für ein- und zweiteilige Stäbe

10.2.1. Kennwert γ für einteilige Stäbe

Der Stabkennwert γ kennzeichnet nach 4. den Betrag des Schubwinkels eines Stabelementes infolge $Q = 1$.

Für ein durch eine Schubspannung $\tau_{(Q=1)}$ beanspruchtes Stabelement beträgt der Schubwinkel $\gamma_{(Q=1)}$ (Abb. 170):

$$\gamma_{(Q=1)} = \frac{\tau_{(Q=1)}}{G} \tag{10.1}$$

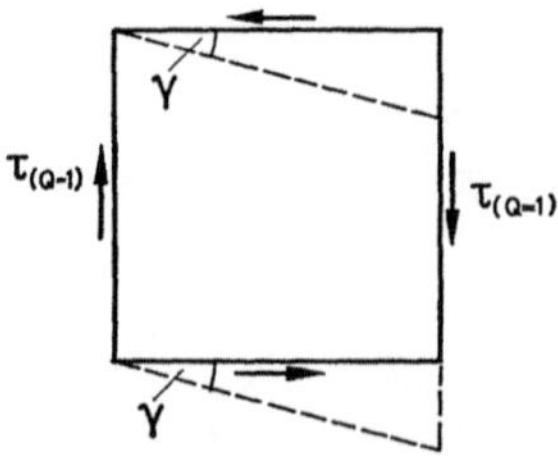

Abb. 170. Schubwinkel γ eines Stabelementes infolge einer Schubspannung $\tau_{(Q-1)}$

Tafel 2. *Querschnittswerte I und F und Kennwerte γ, μ, α, β und $\varkappa_0$ für ein- und zweiteilige Stäbe*

		J	F	γ	μ	α	β	$\varkappa_0$
		$J_{z\text{-}z}$	F	$\dfrac{\varkappa}{G\cdot F}$	$1+\gamma\cdot S$	$l\cdot\sqrt{\dfrac{-S}{\mu\cdot EJ}}$	$l\cdot\sqrt{\dfrac{S}{\mu\cdot EJ}}$	$\dfrac{3\,EJ}{l^2}\cdot\gamma$
		$J_{z\text{-}z}$	$2\cdot F_i$	$\dfrac{\varkappa}{G\cdot F}$	$1+\gamma\cdot S$	$l\cdot\sqrt{\dfrac{-S}{\mu\cdot EJ}}$	$l\cdot\sqrt{\dfrac{S}{\mu\cdot EJ}}$	$\dfrac{3\,EJ}{l^2}\cdot\gamma$
		$\dfrac{F_G\cdot h^2}{2}$	$2\cdot F_G$	$\dfrac{1}{4(EF)_D\cos\theta\cdot\sin^2\theta}$ [1]	$1+\gamma\cdot S$	$l\cdot\sqrt{\dfrac{-2S}{\mu\cdot(EF)_G\cdot h^2}}$	$l\cdot\sqrt{\dfrac{2S}{\mu\cdot(EF)_G\cdot h^2}}$	$\dfrac{3}{2}\dfrac{(EF)_G\cdot h^2}{l^2}\cdot\gamma$
		$\dfrac{F_G\cdot h^2}{2}$	$2\cdot F_G$	$\dfrac{1}{2(EF)_D\cdot\cos\theta\cdot\sin^2\theta}$ [1]	$1+\gamma\cdot S$	$l\cdot\sqrt{\dfrac{-2S}{\mu\cdot(EF)_G\cdot h^2}}$	$l\cdot\sqrt{\dfrac{2S}{\mu\cdot(EF)_G\cdot h^2}}$	$\dfrac{3}{2}\dfrac{(EF)_G\cdot h^2}{l^2}\cdot\gamma$
		$\dfrac{F_G\cdot h^2}{2}$	$2\cdot F_G$	$\dfrac{a}{24}\left[\dfrac{h}{(EJ)_R}+\dfrac{a}{(EJ)_G}\right]^2$ $+\dfrac{1}{2}\cdot\left[\dfrac{a}{h}\cdot\left(\dfrac{\varkappa}{GF}\right)_R+\left(\dfrac{\varkappa}{GF}\right)_G\right]$	$1+\gamma\cdot S$	$l\cdot\sqrt{\dfrac{-2S}{\mu\cdot(EF)_G\cdot h^2}}$	$l\cdot\sqrt{\dfrac{2S}{\mu\cdot(EF)_G\cdot h^2}}$	$\dfrac{3}{2}\dfrac{(EF)_G\cdot h^2}{l^2}\cdot\gamma$

[1] Für F_D ist die Querschnittsfläche einer Diagonale zu setzen.

[2] Für J_R bzw F_R ist das Trägheitsmoment bzw die Querschnittsfläche eines Riegels zu berücksichten.

Die Schubspannung $\tau(y)_{(Q=1)}$ in einem gegebenen Stabquerschnitt (z. B. in einem Rechteckquerschnitt nach Abb. 171.1) ergibt sich bekanntlich zu:

$$\tau(y)_{(Q=1)} = \frac{S(y)}{I \cdot b}.\tag{10.2}$$

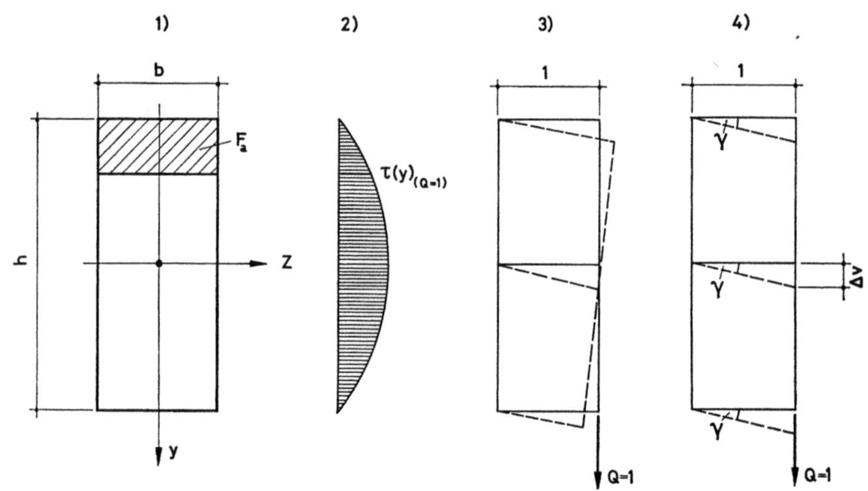

Abb. 171. Schubspannungen τ und Schubwinkel γ eines Stabes mit Rechteckquerschnitt infolge $Q = 1$

In (10.2) bedeutet $S(y)$ das statische Moment der Teilquerschnittsfläche F_a nach Abb. 171.1 um die Schwerachse $z - z$, I das Trägheitsmoment des Gesamtquerschnittes um die Schwerachse $z - z$ und b die Querschnittsbreite.

Wie aus Abb. 171.2 ersichtlich, ist die Schubspannung $\tau(y)_{(Q=1)}$ im Rechteckquerschnitt über die Querschnittshöhe h nicht konstant. Daher kann auch der Schubwinkel γ nach (10.1) über die Querschnittshöhe nicht konstant sein. Für die Längsfasern eines Stabes mit Rechteckquerschnitt werden sich unterschiedliche Schubwinkel γ ergeben (Abb. 171.3), was eine Verwölbung des Stabquerschnittes zur Folge hat [6].

Es ist für praktische Berechnungen üblich, die Verformungen eines Stabelementes infolge einer Querkraft der Verformung der Stabsehne gleichzusetzen. Dies bedeutet, daß eine Querkraftverformung des Stabelementes nach Abb. 171.4 vorausgesetzt und Querschnittsverwölbungen vernachlässigt werden.

Für den Schubwinkel $\gamma_{(Q=1)}$ setzt man

$$\gamma_{(Q=1)} = \frac{\varkappa}{GF}\tag{10.3}$$

und berechnet die Schubkonstante $\varkappa$ aus der Bedingung, daß die Arbeit A_i der Schubspannungen $\tau_{(Q=1)}$ (innere Arbeit) in einem Stabelement gleich der Arbeit $A_ä$ der Querkraft $Q = 1$ (äußere Arbeit) infolge der Querkraftverformung des Stabelementes ist.

Für die innere Arbeit gilt

$$A_i = \frac{1}{2} \cdot \int\limits_{(F)} (\tau_{(Q=1)} \cdot \mathrm{d}F) \cdot \gamma,$$

woraus sich mit (10.1) ergibt:

$$A_i = \frac{1}{2G} \cdot \int\limits_{(F)} \tau_{(Q=1)}^2 \cdot \mathrm{d}F. \qquad (10.4)$$

Die äußere Arbeit beträgt (Abb. 171.4):

$$A_{\ddot{a}} = \frac{1}{2} \cdot 1 \cdot \Delta v = \frac{1}{2} \cdot \gamma.$$

Mit (10.3) folgt hieraus:

$$A_{\ddot{a}} = \frac{1}{2} \cdot \frac{\varkappa}{GF}. \qquad (10.5)$$

Wir setzen $A_i = A_{\ddot{a}}$ und erhalten aus (10.4) und (10.5) die Schubkonstante $\varkappa$ zu:

$$\varkappa = F \cdot \int\limits_{(F)} \tau_{(Q=1)}^2 \cdot \mathrm{d}F. \qquad (10.6)$$

Die Zahlenrechnung nach (10.6) ergibt z. B. die folgenden Schubkonstanten $\varkappa$:

$$\varkappa = \frac{6}{5} \qquad \text{für einen Voll-Rechteckquerschnitt,}$$

$$\varkappa \simeq \frac{10}{9} \qquad \text{für einen Voll-Kreisquerschnitt und}$$

$$\varkappa \simeq \frac{F}{F_{\text{Steg}}} \qquad \text{für ein Walzprofil} \quad (F = \text{gesamte Querschnittsfläche,}$$
$$F_{\text{Steg}} = \text{Fläche des Steges)}.$$

10.2.2. Kennwerte γ für zweiteilige Stäbe

Für einen zweiteiligen Stab nach Abb. 172.1 und Abb. 172.2 betragen die Diagonalkräfte D_1 und D_2 infolge $Q = 1$ (Abb. 172.3) und die Diagonalkräfte $^V\vartheta_1$ und $^V\vartheta_2$ infolge eines virtuellen Belastungszustandes $^V\mathfrak{P} = 1$ (Abb. 172.4)

$$D_1 = {}^V\vartheta_1 = -D_2 = -{}^V\vartheta_2 = \frac{1}{4} \cdot \frac{1}{\sin\theta}$$

unter der Voraussetzung, daß die vier Diagonalen in den beiden Fachwerkebenen des Stabes gleiche Dehnsteifigkeiten $(EF)_D$ aufweisen.

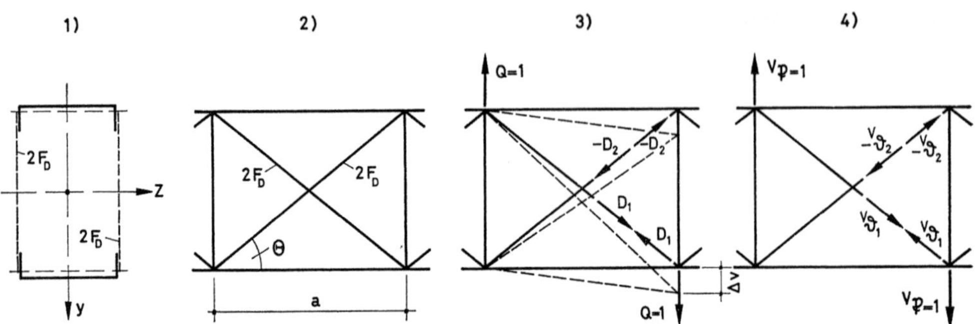

Abb. 172. Verformung Δv eines zweiteiligen Stabes infolge $Q = 1$

Die Durchbiegung Δv (Abb. 172.3) senkrecht zur Stabsehne infolge $Q = 1$ bezogen auf die Feldlänge a des Stabes folgt damit zu:

$$\Delta v = \sum_i \frac{D_i \cdot {}^V\vartheta_i \cdot l}{(EF)_D} = 4 \cdot \left(\frac{1}{4 \cdot \sin \theta}\right)^2 \cdot \frac{a}{\cos \theta} \cdot \frac{1}{(EF)_D} = \frac{a}{4 \cdot (EF)_D \cdot \cos \theta \cdot \sin^2 \theta} \, .$$

Hieraus erhält man für den Stabkennwert γ:

$$\gamma = \frac{\Delta v}{a} = \frac{1}{4 \cdot (EF)_D \cdot \cos \theta \cdot \sin^2 \theta} \, . \tag{10.7}$$

Analog hierzu ergibt sich für den Stabkennwert γ eines zweiteiligen Stabes nach Abb. 173:

$$\gamma = \frac{1}{2 \cdot (EF)_D \cdot \cos \theta \cdot \sin^2 \theta} \, . \tag{10.8}$$

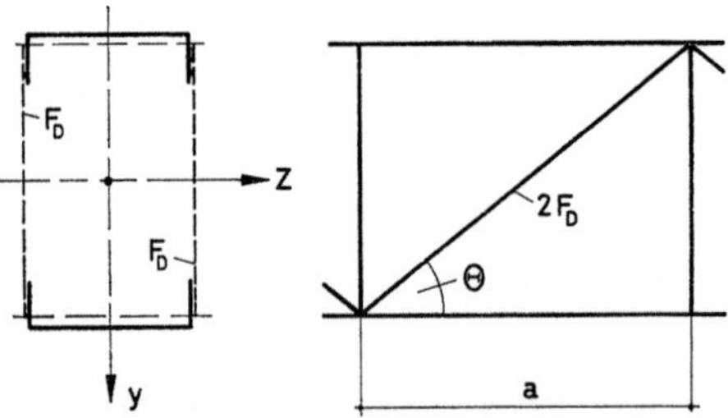

Abb. 173. Zweiteiliger Stab

Für einen zweiteiligen Rahmenstab nach Abb. 174.1 und Abb. 174.2 sind die Biegemomente M und Querkräfte Q im Stab infolge $Q = 1$ unter der Annahme von Biegegelenken in der Mitte der Gurte und Riegel des Stabes in Abb. 174.3 und Abb. 174.4 dargestellt. Einem virtuellen Belastungszustand ${}^V\mathfrak{P} = 1$ entsprechen gleichgroße Schnittlasten ${}^V\mathfrak{M}$ und ${}^V\mathfrak{Q}$.

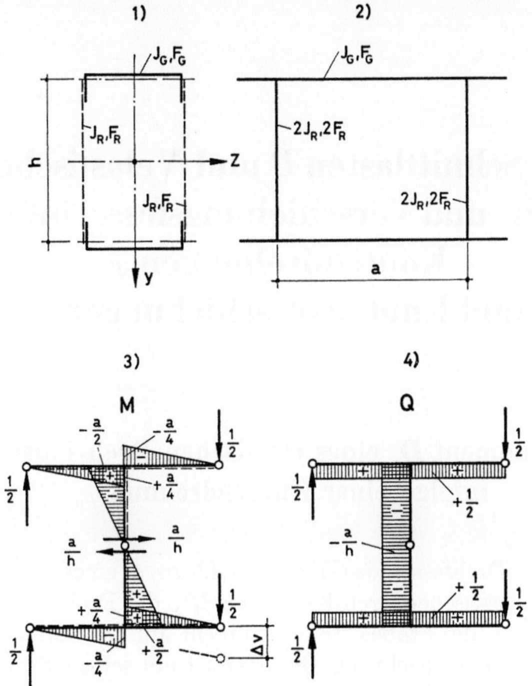

Abb. 174. Verformung Δv eines zweiteiligen Stabes infolge $Q = 1$

Die Durchbiegung Δv (Abb. 174.3) senkrecht zur Stabsehne infolge $Q = 1$ bezogen auf die Feldlänge a des Stabes beträgt damit:

$$\Delta v = \int\limits_{(s)} \frac{M \cdot {}^V\mathfrak{M}}{EI} \cdot \mathrm{d}s + \int\limits_{(s)} \frac{\varkappa \cdot Q \cdot {}^V\mathfrak{Q}}{GF} \cdot \mathrm{d}s$$

$$= 2 \cdot \frac{1}{3} \cdot \frac{a}{2} \cdot \frac{a}{2} \cdot \frac{h}{2} \cdot \frac{1}{(2EI)_R} + 4 \cdot \frac{1}{3} \cdot \frac{a}{4} \cdot \frac{a}{4} \cdot \frac{a}{2} \cdot \frac{1}{(EI)_G}$$

$$+ 2 \cdot \frac{a}{h} \cdot \frac{a}{h} \cdot \frac{h}{2} \cdot \left(\frac{\varkappa}{2GF}\right)_R + 4 \cdot \frac{1}{2} \cdot \frac{1}{2} \cdot \frac{a}{2} \cdot \left(\frac{\varkappa}{GF}\right)_G$$

$$= \frac{a^2}{24} \cdot \left[\frac{h}{(EI)_R} + \frac{a}{(EI)_G}\right] + \frac{a}{2} \cdot \left[\frac{a}{h} \cdot \left(\frac{\varkappa}{GF}\right)_R + \left(\frac{\varkappa}{GF}\right)_G\right].$$

Hieraus folgt der Stabkennwert γ des zweiteiligen Rahmenstabes zu:

$$\gamma = \frac{\Delta v}{a} = \frac{a}{24} \cdot \left[\frac{h}{(EI)_R} + \frac{a}{(EI)_G}\right] + \frac{1}{2} \cdot \left[\frac{a}{h} \cdot \left(\frac{\varkappa}{GF}\right)_R + \left(\frac{\varkappa}{GF}\right)_G\right]. \qquad (10.9)$$

11. Schnittlasten D und N elastischer Dreh- und Verschiebungsfessel infolge Knotendrehungen φ und Knotenverschiebungen v

11.1. Drehmoment D_a eines elastischen Dreh-Fesselstabes ^DF_a infolge einer Knotendrehung φ_a

Eine elastische Drehfessel des Knotenpunktes a eines ebenen Stabwerkes besteht aus einem elastischen Dreh-Fesselstab ^DF_a, der Drehmomente aufnehmen kann. Die Achse a, $\bar{a}_z$ des Stabes steht senkrecht auf der Stabwerksebene $x - y$ und zeigt in die positive z-Richtung. Der Stab ist mit seinem Stabende a drehfest mit dem Knotenpunkt a des Stabwerkes und mit seinem Stabende $\bar{a}_z$ drehfest mit dem Punkt $\bar{a}_z$ verbunden. Dieser Punkt sei drehstarr (Abb. 175).

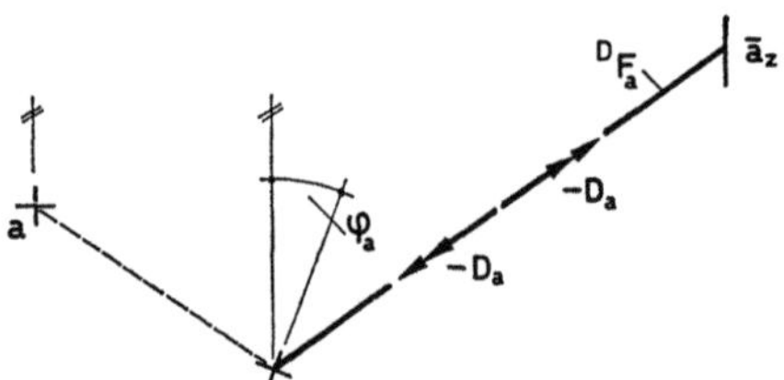

Abb. 175. Drehmoment D_a eines elastischen Dreh-Fesselstabes ^DF_a infolge einer Knotendrehung φ_a

Das Drehmoment D_a des Dreh-Fesselstabes ^DF_a ist porportional einer Knotendrehung φ_a (positiv im Uhrzeigersinn). Das von einer negativen Knotendrehung φ_a erzeugte Drehmoment D_a sei positiv:

$$D_a = -\varphi_a \cdot {}^{\varphi_a=1}\vartheta_a. \tag{11.1}$$

In (11.1) bezeichnet $^{\varphi_a=1}\vartheta_a$ den Betrag des Drehmomentes des Dreh-Fesselstabes ^DF_a infolge einer Knotendrehung $\varphi_a = 1$.

11.2. Längskraft N_a eines elastischen Verschiebungs-Fesselstabes ^VF_a infolge einer Knotenverschiebung v_a

Eine elastische Verschiebungsfessel des Knotenpunktes a eines ebenen Stabwerkes besteht aus einem elastischen Verschiebungs-Fesselstab ^VF_a, der Längskräfte aufnehmen kann. Die Achse a, $\bar{a}_{x,y}$ des Stabes liegt in der Stabwerksebene $x - y$ und zeigt in die positive x- und (oder) y-Richtung. Der Stab ist mit seinem Stabende a gelenkig und unverschieblich mit dem Knotenpunkt a des Stabwerkes und mit seinem Stabende $\bar{a}_{x,y}$ gelenkig und unverschieblich mit dem Punkt $\bar{a}_{x,y}$ verbunden. Dieser Punkt sei unverschieblich (Abb. 176).

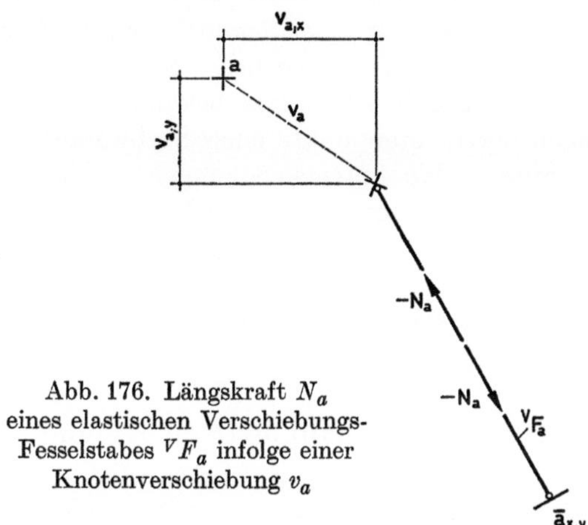

Abb. 176. Längskraft N_a eines elastischen Verschiebungs-Fesselstabes ^VF_a infolge einer Knotenverschiebung v_a

Die Längskraft N_a des Verschiebungs-Fesselstabes ^VF_a ist proportional einer Knotenverschiebung v_a (positiv in positiver x- und (oder) y-Richtung) und damit proportional einer Stablängenänderung $^{v_a}\Delta l_{a,\bar{a}}$ infolge der Knotenverschiebung v_a. Die von einer positiven Stablängenänderung $^{v_a}\Delta l_{a,\bar{a}}$ erzeugte Längskraft N_a (Zugkraft) sei positiv:

$$N_a = {}^{v_a}\Delta l_{a,\bar{a}} \cdot {}^{\Delta l_{a,\bar{a}}=1}\mathfrak{N}_a. \tag{11.2}$$

In (11.2) bezeichnet $^{\Delta l_{a,\bar{a}}=1}\mathfrak{N}_a$ den Betrag der Längskraft des Verschiebungs-Fesselstabes ^VF_a infolge einer Stablängenänderung $\Delta l_{a,\bar{a}} = 1$.

Aus (11.2) folgt mit (2.6.4) unter Beachtung der Unverschieblichkeit des Punktes $\bar{a}_{x,y}$ ($\xi_{\bar{a}} = \eta_{\bar{a}} = 0$):

$$N_a = l_c \cdot (\xi_a \cdot \theta_x + \eta_a \cdot \theta_y)_{a,\bar{a}} \cdot {}^{\Delta l_{a,\bar{a}}=1}\mathfrak{N}_a. \tag{11.3}$$

$\theta_{x;a,\bar{a}}$ und $\theta_{y;a,\bar{a}}$ sind durch die Wirkungsrichtung a, $\bar{a}_{x,y}$ der Längskraft N_a gegeben.

12. Berechnung der unabhängigen Komponenten φ, ξ und η des Verformungszustandes eines ebenen Stabwerkes

12.1. Unabhängige Komponenten des Verformungszustandes

Nach 2. müssen zur Berechnung der Schnittlasten, Auflagerlasten und Verformungen ebener Stabwerke infolge gegebener Stabwerksbelastungen die Verformungen der Knotenpunkte der Stabwerke bekannt sein.

Die Verformungen der Knotenpunkte eines Stabwerkes sind durch Knotendrehungen φ und bezogene Knotenverschiebungen $\xi = v_x/l_c$ und $\eta = v_y/l_c$ bestimmt, die als unabhängige Komponenten des Verformungszustandes des Stabwerkes bezeichnet werden und deren Berechnung durch Aufstellen und Lösen eines Systems von Gleichungen, der sogenannten Elastizitätsgleichungen der Formänderungsgrößenmethode, erfolgt [3], [7].

12.2. Anzahl der unabhängigen Komponenten des Verformungszustandes

12.2.1. Allgemeines

Gegeben sei ein ebenes Stabwerk mit Knotenpunkten, die Drehungen und (oder) Verschiebungen ausführen können, mit Auflagerpunkten, die durch Dreh- und Verschiebungsfessel drehstarr und unverschieblich gehalten sind und mit Auflagerpunkten, die sich drehen und (oder) verschieben können und die zu den Knotenpunkten des Stabwerkes gezählt werden.

Die Drehfessel eines Auflagerpunktes i ist gegeben durch einen Dreh-Fesselstab $^D\bar{F}_i$ (Abb. 177). Der Stab soll so beschaffen sein, daß er als drehstarr angenommen werden kann. Die Achse i, $\bar{i}_z$ des Stabes steht senkrecht auf der Stabwerksebene $x - y$ und zeigt in die positive z-Richtung. Der Stab ist mit seinem Stabende i drehfest mit dem Auflagerpunkt i des Stabwerkes und mit seinem Stabende $\bar{i}_z$ drehfest mit dem Punkt $\bar{i}_z$ verbunden, von dem vorausgesetzt wird, daß er sich nicht drehen kann.

Die Verschiebungsfessel eines Auflagerpunktes i ist gegeben durch zwei Verschiebungs-Fesselstäbe $^V\bar{F}_{i;x}$ bzw. $^V\bar{F}_{i;y}$ (Abb. 177). Die Stäbe sollen so beschaffen sein, daß sie als längsstarr angenommen werden können. Die Achsen i, $\bar{i}_x$ bzw. i, $\bar{i}_y$ der Stäbe liegen in der Stabwerksebene $x - y$ und zeigen in die positive x-

bzw. positive y-Richtung. Die Stäbe sind mit ihren Stabenden i gelenkig und unverschieblich mit dem Auflagerpunkt i des Stabwerkes und mit ihren Stabenden i_x bzw. i_y gelenkig und unverschieblich mit den Punkten i_x bzw. i_y verbunden, von denen vorausgesetzt wird, daß sie sich nicht verschieben können.

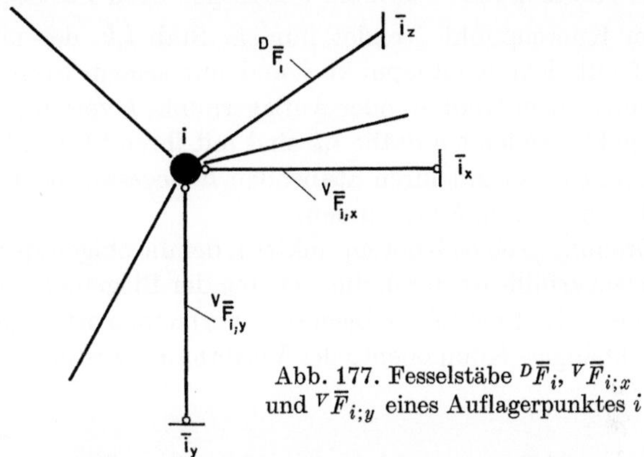

Abb. 177. Fesselstäbe ${}^D\overline{F}_i$, ${}^V\overline{F}_{i;x}$ und ${}^V\overline{F}_{i;y}$ eines Auflagerpunktes i

Die Anzahl der unabhängigen Komponenten des Verformungszustandes des Stabwerkes ist durch die Anzahl der Drehungen φ_i und der bezogenen Knotenverschiebungen ξ_i und η_i der Knotenpunkte i des Stabwerkes gegeben. Unter der Voraussetzung, daß das Stabwerk beliebig belastet und der Betrag der Nennerdeterminante der Elastizitätsgleichungen für die unabhängigen Komponenten des Verformungszustandes des Stabwerkes ungleich Null ist, kann die Ermittlung dieser Anzahl nach 12.2.2. bis 12.2.4. erfolgen.

Der Betrag der Nennerdeterminante ist dann Null, wenn das Stabwerk zu viele oder ungeeignet angeordnete Verschieblichkeiten enthält, oder wenn es mit zu wenig oder ungeeignet angeordneten Fesselstäben gelagert ist. Er ist ferner Null, wenn die Belastung des Stabwerkes eine kritische Belastung darstellt (siehe auch 19.).

Wir bezeichnen ein Stabwerk, für das der Betrag der Nennerdeterminante der Elastizitätsgleichungen Null ist, als unstabil, weil die Elastizitätsgleichungen nicht für beliebige Belastungszustände des Stabwerkes erfüllt werden.

Die Bedingungen unter 12.2.2. bis 12.2.4. sind zugleich notwendige (aber nicht hinreichende) Bedingungen dafür, daß das Stabwerk unter einer beliebigen Belastung stabil ist.

12.2.2. Anzahl der unabhängigen Komponenten φ_i

Ein ebenes Stabwerk hat r unabhängige Komponenten φ_i des Verformungszustandes, wenn r drehbare Knotenpunkte i des Stabwerkes mit mindestens

1. einem Stab i,k (b,b) und (oder)
2. einem Stab i,k (b,g) und (oder)
3. einem elastischen Dreh-Fesselstab ${}^D F_i$

verbunden sind.

Gegebenenfalls verringert sich die Anzahl r der unabhängigen Komponenten φ_i des Verformungszustandes eines Stabwerkes um die Anzahl r_0, wenn für r_0 der r drehbaren Knotenpunkte i des Stabwerkes die folgenden speziellen Knotenpunktsbedingungen vorliegen:

1. Am Knotenpunkt i ist kein elastischer Dreh-Fesselstab $^D F_i$ angeschlossen.

2. Am Knotenpunkt i endet nur *ein* Stab i,k, der mit seinem Stabende i biegesteif mit dem Knotenpunkt i und mit seinem Stabende k biegesteif oder gelenkig mit einem Knoten- oder Auflagerpunkt k verbunden ist (alle anderen am Knotenpunkt i endenden Stäbe i,k sind mit ihren Stabenden i gelenkig mit dem Knotenpunkt i und mit ihren Stabenden k biegesteif oder gelenkig mit Knoten- oder Auflagerpunkten k verbunden).

Die Drehung φ_i eines Knotenpunktes i, der die obigen speziellen Knotenpunktsbedingungen erfüllt, ist durch die Neigung der Biegelinie am Ende des Stabes i,k, der mit dem Knotenpunkt i biegesteif verbunden ist, gegeben. Sie stellt daher keine unabhängige Komponente des Verformungszustandes des Stabwerkes dar.

12.2.3. Anzahl der unabhängigen Komponenten ξ_i

Ein ebenes Stabwerk hat s unabhängige Komponenten ξ_i des Verformungszustandes, wenn s in x-Richtung verschiebliche Knotenpunkte i des Stabwerkes mit mindestens

1. einem Stab i,k (b,b) (für den $\theta_y \neq 0$ ist) und (oder)
2. einem Stab i,k (b,g) (für den $\theta_y \neq 0$ ist) und (oder)
3. einem Stab i,k (g,b) (für den $\theta_y \neq 0$ ist) und (oder)
4. einem Stab i,k (g,g) (für den $\theta_y \neq 0$ ist) und (oder)
5. einem Stab i,k (f,f) (für den $\theta_x \neq 0$ ist) und (oder)
6. einem elastischen Verschiebungs-Fesselstab $^V F_i$ (für den $\theta_x \neq 0$ ist)

verbunden sind.

12.2.4. Anzahl der unabhängigen Komponenten η_i

Ein ebenes Stabwerk hat t unabhängige Komponenten η_i des Verformungszustandes, wenn   in y-Richtung verschiebliche Knotenpunkte i des Stabwerkes mit mindestens

1. einem Stab i,k (b,b) (für den $\theta_x \neq 0$ ist) und (oder)
2. einem Stab i,k (b,g) (für den $\theta_x \neq 0$ ist) und (oder)
3. einem Stab i,k (g,b) (für den $\theta_x \neq 0$ ist) und (oder)
4. einem Stab i,k (g,g) (für den $\theta_x \neq 0$ ist) und (oder)
5. einem Stab i,k (f,f) (für den $\theta_y \neq 0$ ist) und (oder)
6. einem elastischen Verschiebungs-Fesselstab $^V F_i$ (für den $\theta_y \neq 0$ ist)

verbunden sind.

12.2.5. Ermittlung der Anzahl der unabhängigen Komponenten des Verformungszustandes eines Stabwerkes (Beispiel)

Für ein ebenes Stabwerk nach Abb. 178 soll die Anzahl der unabhängigen Komponenten des Verformungszustandes bestimmt werden.

Der Auflagerpunkt 3 des Stabwerkes ist durch Verschiebungs-Fesselstäbe $^V\overline{F}_{3;x}$ und $^V\overline{F}_{3;y}$ unverschieblich, der Auflagerpunkt 4 durch Dreh- und Verschiebungs-Fesselstäbe $^D\overline{F}_4$, $^V\overline{F}_{4;x}$ und $^V\overline{F}_{4;y}$ drehstarr und unverschieblich und der Auflagerpunkt 6 durch einen Verschiebungs-Fesselstab $^V\overline{F}_{6;y}$ in y-Richtung unverschieblich gehalten.

Am Auflagerpunkt 3 ist ein elastischer Dreh-Fesselstab $^DF_3$ angeschlossen und am Knotenpunkt 5 ein elastischer Verschiebungs-Fesselstab $^VF_5$.

Von den insgesamt vier Auflagerpunkten i des Stabwerkes ($i = 3, 4, 5, 6$) kann sich demnach nur der Punkt 4 nicht drehen und verschieben. Der Auflagerpunkt 3 ist drehbar, die Auflagerpunkte 5 und 6 können sich drehen und verschieben. Diese Auflagerpunkte werden daher zu den Knotenpunkten des Stabwerkes gezählt. Das Stabwerk hat also insgesamt fünf Knotenpunkte i ($i = 1, 2, 3, 5, 6$).

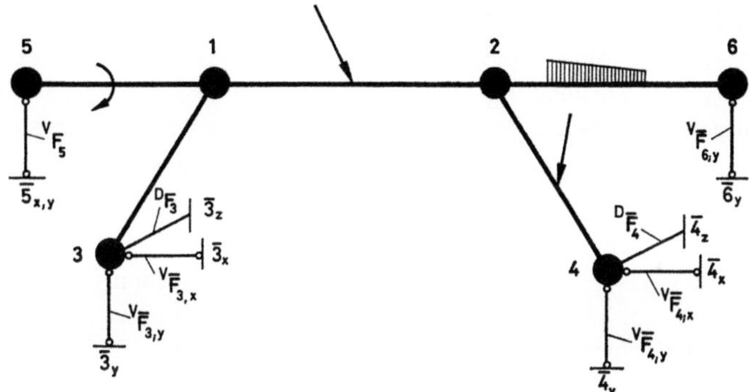

Abb. 178. Ebenes Stabwerk

Wenn wir voraussetzen, daß die Stabenden 5 bzw. 6 der Stäbe 5,1 bzw. 2,6 biegesteif mit den Knotenpunkten 5 bzw. 6 des Stabwerkes verbunden sind, hat das Stabwerk $r = 5$ drehbare Knotenpunkte i ($i = 1, 2, 3, 5, 6$), für die mindestens eine der Bedingungen 1. bis 3. unter 12.2.2. zutrifft. Für $r_0 = 2$ drehbare Knotenpunkte i ($i = 5, 6$) sind die speziellen Knotenpunktsbedingungen 1. und 2. nach 12.2.2. gegeben. Das Stabwerk hat damit $r - r_0 = 5 - 2 = 3$ unabhängige Komponenten φ_i des Verformungszustandes und zwar die Knotendrehungen φ_1, φ_2 und φ_3.

Die Knotenpunkte $i = 1, 2, 5, 6$ des Stabwerkes können sich in x-Richtung verschieben. Unter der Annahme, daß die Stabenden 5 bzw. 6 der Stäbe 5, 1 bzw. 2, 6 unverschieblich mit den Knotenpunkten 5 bzw. 6 verbunden sind, erfüllen alle diese Knotenpunkte i mindestens eine der unter 12.3.3. angegebenen Bedingungen. Das Stabwerk hat also $s = 4$ unabhängige Komponenten ξ_i des Verformungszustandes, nämlich die bezogenen Knotenverschiebungen ξ_1, ξ_2, ξ_5 und ξ_6.

Die Knotenpunkte $i = 1, 2, 5$ des Stabwerkes können sich in y-Richtung verschieben. Da für alle diese Knotenpunkte i mindestens eine der Bedingungen nach 12.2.4. gegeben ist, hat das Stabwerk $t = 3$ unabhängige Komponenten η_i des Verformungszustandes, nämlich die bezogenen Knotenverschiebungen η_1, η_2 und η_5.

Die Anzahl der unabhängigen Komponenten des Verformungszustandes des Stabwerkes beträgt daher

$$(r - r_0) + s + t = (5 - 2) + 3 + 4 = 10$$

und zwar

$(r - r_0) = (5 - 2) = 3$ Knotendrehwinkel φ_i (φ_1, φ_2, φ_3),

$s = 4$ bezogene Knotenverschiebungen ξ_i (ξ_1, $\xi_{,2}$ ξ_5, ξ_6) und

$t = 3$ bezogene Knotenverschiebungen η_i (η_1, η_2, η_5).

12.3. Stabilisiertes Gelenksystem

Zur Aufstellung der Elastizitätsgleichungen für die $(r - r_0)$ unabhängigen Komponenten φ_i, die s unabhängigen Komponenten ξ_i und die t unabhängigen Komponenten η_i des Verformungszustandes eines ebenen Stabwerkes wird ein Stabsystem eingeführt, das aus dem gegebenen Stabwerk wie folgt entsteht [3]:

1. An jedem der mit einem der $(r - r_0)$ drehbaren Knotenpunkte i des Stabwerkes biegesteif verbundenen Stabende i eines Stabes i,k wird ein Biegegelenk eingelegt.

2. An jedem der $(r - r_0)$ drehbaren Knotenpunkte i werden ein (drehstarrer) Dreh-Fesselstab $^D\mathfrak{F}_i$, an jedem der s in x-Richtung verschieblichen Knotenpunkte i ein (längsstarrer) Verschiebungs-Fesselstab $^V\mathfrak{F}_{i;\mathfrak{x}}$ und an jedem der t in y-Richtung verschieblichen Knotenpunkte i ein (längsstarrer) Verschiebungs-Fesselstab $^V\mathfrak{F}_{i;\mathfrak{y}}$ angeschlossen.

Das durch Einlegen von Biegegelenken aus einem Stabwerk mit $(r - r_0)$ unabhängigen Komponenten φ_i, s unabhängigen Komponenten ξ_i und t unabhängigen Komponenten η_i des Verformungszustandes entstandene Gelenksystem wird demnach durch Anbringen von $(r - r_0)$ Dreh-Fesselstäben $^D\mathfrak{F}_i$, s Verschiebungs-Fesselstäben $^V\mathfrak{F}_{i;\mathfrak{x}}$ und t Verschiebungs-Fesselstäben $^V\mathfrak{F}_{i;\mathfrak{y}}$ stabilisiert, indem die Knotenpunkte des Gelenksystems durch die Dreh- und Verschiebungs-Fesselstäbe drehstarr und unverschieblich gehalten werden.

Dieses aus einem Stabwerk gebildete Stabsystem wird „stabilisiertes Gelenksystem" eines Stabwerkes genannt.

Das in Abb. 179 dargestellte stabilisierte Gelenksystem des Stabwerkes nach Abb. 178 entstand aus dem gegebenen Stabwerk durch

1. Einlegen von Biegegelenken an jedem Stabende *der* Stäbe, **die** mit den Knotenpunkten 1, 2 und 3 des Stabwerkes biegesteif verbunden sind (das sind Biegegelenke an den Stabenden 1 der Stäbe 1,2, 1,3 und 1,5, an den Stabenden 2 der Stäbe 2,1, 2,4 und 2,6 und am Stabende 3 des Stabes 3,1).

2. Anschließen von Dreh-Fesselstäben $^D\mathfrak{F}_1$, $^D\mathfrak{F}_2$ und $^D\mathfrak{F}_3$ an die Knotenpunkte 1, 2 und 3, von Verschiebungs-Fesselstäben $^V\mathfrak{F}_{1;\mathfrak{x}}$, $^V\mathfrak{F}_{2;\mathfrak{x}}$, $^V\mathfrak{F}_{5;\mathfrak{x}}$ und $^V\mathfrak{F}_{6;\mathfrak{x}}$ an die Knotenpunkte 1, 2, 5 und 6 und von Verschiebungs-Fesselstäben $^V\mathfrak{F}_{1;\mathfrak{y}}$, $^V\mathfrak{F}_{2;\mathfrak{y}}$ und $^V\mathfrak{F}_{5;\mathfrak{y}}$ an die Knotenpunkte 1, 2 und 5.

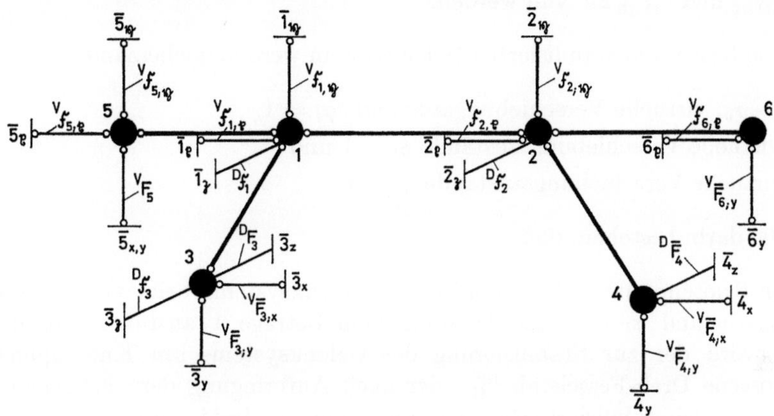

Abb. 179. Stabilisiertes Gelenksystem eines ebenen Stabwerkes

12.4. Die Elastizitätsgleichungen der Formänderungsgrößenmethode

12.4.1. Virtuelle Verschiebungen $\varphi_i = 1$, $\xi_i = 1$ und $\eta_i = 1$

Einem ebenen Stabwerk sei ein Schnittlasten- und Verformungszustand „O" eingeprägt, gekennzeichnet durch die Stabbelastungen P, L, M, q, $q(\tilde{x})$, p und $p(\tilde{x})$, durch exzentrische Krafteinleitungen an den Stabenden und Vorverformungen $v_v(\tilde{x})$ der Stäbe, gleichmäßige Temperaturdifferenzen $\varDelta t_m$ und ungleichmäßige Temperaturdifferenzen $\varDelta t$ in den Stabquerschnitten und eingeprägte Verformungen $\bar{\varphi}$, $\bar{v}_x$ und $\bar{v}_y$ und Belastungen $\overline{M}$, $\overline{H}$ und $\overline{V}$ der Knotenpunkte des Stabwerkes.

Dieselben Schnittlasten wie im Stabwerk für den Zustand „O" ergeben sich im stabilisierten Gelenksystem des Stabwerkes infolge eines Belastungszustandes, der beschrieben ist durch

1. die Stabbelastungen P, L, M, q, $q(\tilde{x})$, p und $p(\tilde{x})$, durch exzentrische Krafteinleitungen an den Stabenden und Vorverformungen $v_v(\tilde{x})$ der Stäbe, gleichmäßige Temperaturdifferenzen $\varDelta t_m$ und ungleichmäßige Temperaturdifferenzen $\varDelta t$ in den Stabquerschnitten und eingeprägte Verformungen $\bar{\varphi}$, $\bar{v}_x$ und $\bar{v}_y$ und Belastungen $\overline{M}$, $\overline{H}$ und $\overline{V}$ der Knotenpunkte des Stabwerkes,

2. die dem Zustand „O" zugeordneten noch unbekannten Stabendmomente $M_{i,k}$, Stabendquerkräfte $K_{i,k;Q}$ und Stabendlängskräfte $K_{i,k;L}$,

3. die dem Zustand „O" zugeordneten noch unbekannten Drehmomente D_i der elastischen Dreh-Fesselstäbe $^D F_i$ und Längskräfte N_i der elastischen Verschiebungs-Fesselstäbe $^V F_i$ des Stabwerkes.

Dieser Belastungszustand läßt die Schnittlasten in den zur Stabilisierung des Gelenksystems angebrachten Dreh-Fesselstäben $^D\mathfrak{F}_i$ und Verschiebungs-Fesselstäben $^V\mathfrak{F}_{i;\mathfrak{x}}$ und $^V\mathfrak{F}_{i;\mathfrak{y}}$ zu Null werden.

Dem so belasteten stabilisierten Gelenksystem werden nacheinander

1. $(r - r_0)$ virtuelle Verschiebungszustände $\varphi_i = 1$,

2. s virtuelle Verschiebungszustände $\xi_i = 1$ und

3. t virtuelle Verschiebungszustände $\eta_i = 1$

erteilt, die darin bestehen, daß

1. der Knotenpunkt i des stabilisierten Gelenksystems beim virtuellen Verschiebungszustand $\varphi_i = 1$ eine Drehung vom Betrage 1 ausführt (vor dieser Drehung wird der zur Stabilisierung des Gelenksystems am Knotenpunkt i angeschlossene Dreh-Fesselstab $^D\mathfrak{F}_i$, der nach Aufbringung der obengenannten Belastung auf das stabilisierte Gelenksystem momentenfrei ist, durchgeschnitten), während sich alle anderen Knotenpunkte des stabilisierten Gelenksystems nicht drehen und sich alle Knotenpunkte nicht verschieben,

2. der Knotenpunkt i des stabilisierten Gelenksystems beim virtuellen Verschiebungszustand $\xi_i = 1$ eine Verschiebung in x-Richtung vom Betrage l_c ausführt (vor dieser Verschiebung wird der zur Stabilisierung des Gelenksystems am Knotenpunkt i angeschlossene Verschiebungs-Fesselstab $^V\mathfrak{F}_{i;\mathfrak{x}}$, der nach Aufbringung der obengenannten Belastung auf das stabilisierte Gelenksystem kräftefrei ist, durchgeschnitten), während sich alle anderen Knotenpunkte des stabilisierten Gelenksystems nicht verschieben und sich alle Knotenpunkte nicht drehen,

3. der Knotenpunkt i des stabilisierten Gelenksystems beim virtuellen Verschiebungszustand $\eta_i = 1$ eine Verschiebung in y-Richtung vom Betrage l_c ausführt (vor dieser Verschiebung wird der zur Stabilisierung des Gelenksystems am Knotenpunkt i angeschlossene Verschiebungs-Fesselstab $^V\mathfrak{F}_{i;\mathfrak{y}}$, der nach Aufbringung der obengenannten Belastung auf das stabilisierte Gelenksystem kräftefrei ist, durchgeschnitten), während sich alle anderen Knotenpunkte des stabilisierten Gelenksystems nicht verschieben und sich alle Knotenpunkte nicht drehen.

Für jeden dieser virtuellen Verschiebungszustände sei ausgesprochen, daß die infolge einer virtuellen Verschiebung geleistete virtuelle Arbeit Null sein muß, weil am Knotenpunkt i Momentengleichgewicht und Kräftegleichgewicht in x- und y-Richtung bestehen muß.

Die $(r - r_0) + s + t$ virtuellen Verschiebungszustände ergeben damit ebensoviele Gleichungen, die sogenannten Elastizitätsgleichungen der Formänderungsgrößenmethode, durch deren Auflösung die $(r - r_0)$ Knotendrehungen φ_i, die s bezogenen Knotenverschiebungen ξ_i und die t bezogenen Knotenverschiebungen η_i des gegebenen Stabwerkes erhalten werden.

12.4.2. Die Elastizitätsgleichung für die Knotendrehung φ_i

Beim virtuellen Verschiebungszustand $\varphi_i = 1$ werden am Knotenpunkt i des stabilisierten Gelenksystems eines Stabwerkes, dem die Belastung nach 12.4.1. eingeprägt ist (Abb. 180), virtuelle Arbeiten geleistet von

1. einem Moment $\overline{M}_i$ (das als positiv bezeichnet wird, wenn es im Uhrzeigersinn wirkt),

2. den Stabendmomenten $M_{i,k(b,b)}$ der Stäbe i,k (b,b),

3. den Stabendmomenten $M_{i,k(b,g)}$ der Stäbe i,k (b,g),

4. dem Drehmoment D_i eines elastischen Dreh-Fesselstabes $^D F_i$.

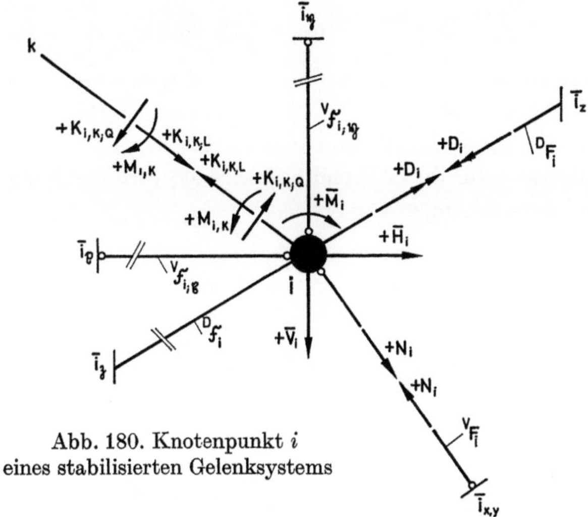

Abb. 180. Knotenpunkt i
eines stabilisierten Gelenksystems

Aus der Gleichgewichtsaussage, daß die Summe der virtuellen Arbeiten, die am Knotenpunkt i infolge der virtuellen Verschiebung $\varphi_i = 1$ geleistet werden, Null sein muß,

$$\sum M_i \cdot 1 = 0 = (+\overline{M}_i - \sum M_{i,k(b,b)} - \sum M_{i,k(b,g)} + D_i) \cdot 1\,,$$

erhält man mit (2.2.17), (2.3.8) und (11.1):

$$+\overline{M}_i$$

$$-\sum \left[+ \sum_B \overline{M}_{i,k(b,b)} + \varphi_i \cdot {}^{\varphi_i=1}\mathfrak{M}_{i,k(b,b)} + \varphi_k \cdot {}^{\varphi_k=1}\mathfrak{M}_{i,k(b,b)} \right.$$

$$- \xi_i \cdot {}^{\psi_{i,k}=1}\mathfrak{M}_{i,k(b,b)} \cdot (\varrho_l \cdot \theta_y)_{i,k} + \eta_i \cdot {}^{\psi_{i,k}=1}\mathfrak{M}_{i,k(b,b)} \cdot (\varrho_l \cdot \theta_x)_{i,k}$$

$$\left. + \xi_k \cdot {}^{\psi_{i,k}=1}\mathfrak{M}_{i,k(b,b)} \cdot (\varrho_l \cdot \theta_y)_{i,k} - \eta_k \cdot {}^{\psi_{i,k}=1}\mathfrak{M}_{i,k(b,b)} \cdot (\varrho_l \cdot \theta_x)_{i,k} \right]$$

$$-\sum \left[+ \sum_B \overline{M}_{i,k(b,g)} + \varphi_i \cdot {}^{\varphi_i=1}\mathfrak{M}_{i,k(b,g)} \right.$$

$$- \xi_i \cdot {}^{\psi_{i,k}=1}\mathfrak{M}_{i,k(b,g)} \cdot (\varrho_l \cdot \theta_y)_{i,k} + \eta_i \cdot {}^{\psi_{i,k}=1}\mathfrak{M}_{i,k(b,g)} \cdot (\varrho_l \cdot \theta_x)_{i,k}$$

$$\left. + \xi_k \cdot {}^{\psi_{i,k}=1}\mathfrak{M}_{i,k(b,g)} \cdot (\varrho_l \cdot \theta_y)_{i,k} - \eta_k \cdot {}^{\psi_{i,k}=1}\mathfrak{M}_{i,k(b,g)} \cdot (\varrho_l \cdot \theta_x)_{i,k} \right]$$

$$-\varphi_i \cdot {}^{\varphi_i=1}\vartheta_i = 0\,. \tag{12.4.1}$$

Die Verbindung der Knotenpunkte i und k, denen die unabhängigen Komponenten φ_i, φ_k, ξ_k und η_k des Verformungszustandes zugeordnet sind, kann nur durch *einen* Stab i,k gegeben sein. Daher sind die mit φ_k, ξ_k und η_k behafteten Ausdrücke der Elastizitätsgleichung, die Ausdrücke

$$(1) \quad -\varphi_k \cdot {}^{\varphi_k=1}\mathfrak{M}_{i,k(b,b)},$$

$$(2) \quad \begin{aligned} -\xi_k \cdot {}^{\psi_{i,k}=1}\mathfrak{M}_{i,k(b,b)} \cdot (\varrho_l \cdot \theta_y)_{i,k}, \\ -\xi_k \cdot {}^{\psi_{i,k}=1}\mathfrak{M}_{i,k(b,g)} \cdot (\varrho_l \cdot \theta_y)_{i,k}, \end{aligned}$$

$$(3) \quad \begin{aligned} +\eta_k \cdot {}^{\psi_{i\,k}=1}\mathfrak{M}_{i,k(b,b)} \cdot (\varrho_l \cdot \theta_x)_{i,k}, \\ +\eta_k \cdot {}^{\psi_{i,k}=1}\mathfrak{M}_{i,k(b,g)} \cdot (\varrho_l \cdot \theta_x)_{i,k} \end{aligned}$$

nur auf *einen* Stab i,k zu beziehen. Von den Ausdrücken unter (2) und (3) ist jeweils nur *der* zu berücksichtigen, der den gegebenen Verbindungen der Stabenden i und k mit den Knotenpunkten i und k entspricht.

Nach 5. gilt allgemein für die Stabendmomente $\mathfrak{M}_{i,k}$ infolge Knotendrehungen $\varphi = 1$ und Stabsehnendrehungen $\psi = 1$:

$${}^{\varphi_i=1}\mathfrak{M}_{i,k(b,b)} = +\left(\frac{EI}{l} \cdot F_1(\varepsilon)\right)_{i,k}, \tag{12.4.2}$$

$${}^{\varphi_k=1}\mathfrak{M}_{i,k(b,b)} = +\left(\frac{EI}{l} \cdot F_2(\varepsilon)\right)_{i,k}, \tag{12.4.3}$$

$${}^{\psi_{i,k}=1}\mathfrak{M}_{i,k(b,b)} = -\left(\frac{EI}{l} \cdot F_3(\varepsilon)\right)_{i,k}, \tag{12.4.4}$$

$${}^{\varphi_i=1}\mathfrak{M}_{i,k(b,g)} = +\left(\frac{EI}{l} \cdot F_5(\varepsilon)\right)_{i,k}, \tag{12.4.5}$$

$${}^{\psi_{i,k}=1}\mathfrak{M}_{i,k(b,g)} = -\left(\frac{EI}{l} \cdot F_5(\varepsilon)\right)_{i,k}. \tag{12.4.6}$$

Mit (12.4.2) bis (12.4.6) folgt aus (12.4.1) die Elastizitätsgleichung für die Knotendrehung φ_i zu:

$$+\varphi_i \cdot \left[-\sum_{(b,b)}\left(\frac{EI}{l} \cdot F_1(\varepsilon)\right)_{i,k} - \sum_{(b,g)}\left(\frac{EI}{l} \cdot F_5(\varepsilon)\right)_{i,k} - {}^{\varphi_i=1}\vartheta_i\right]$$

$$+\xi_i \cdot \left[-\sum_{(b,b)}\left(\frac{EI}{l} \cdot F_3(\varepsilon) \cdot \varrho_l \cdot \theta_y\right)_{i,k} - \sum_{(b,g)}\left(\frac{EI}{l} \cdot F_5(\varepsilon) \cdot \varrho_l \cdot \theta_y\right)_{i,k}\right]$$

$$+\eta_i \cdot \left[+\sum_{(b,b)}\left(\frac{EI}{l} \cdot F_3(\varepsilon) \cdot \varrho_l \cdot \theta_x\right)_{i,k} + \sum_{(b,g)}\left(\frac{EI}{l} \cdot F_5(\varepsilon) \cdot \varrho_l \cdot \theta_x\right)_{i,k}\right]$$

$$-\varphi_k \cdot \left(\frac{EI}{l} \cdot F_2(\varepsilon)\right)_{i,k(b,b)}$$

$$+\xi_k \cdot \left[+\left(\frac{EI}{l} \cdot F_3(\varepsilon) \cdot \varrho_l \cdot \theta_y\right)_{i,k(b,b)} \qquad \text{bzw.} \qquad +\left(\frac{EI}{l} \cdot F_5(\varepsilon) \cdot \varrho_l \cdot \theta_y\right)_{i,k(b,g)}\right]$$

$$+\eta_k \cdot \left[-\left(\frac{EI}{l} \cdot F_3(\varepsilon) \cdot \varrho_l \cdot \theta_x\right)_{i,k(b,b)} \qquad \text{bzw.} \qquad -\left(\frac{EI}{l} \cdot F_5(\varepsilon) \cdot \varrho_l \cdot \theta_x\right)_{i,k(b,g)}\right]$$

$$+\overline{M}_i - \sum_{(b,b);(b,g)}\left(\sum_B \overline{M}(\varepsilon)_{i,k}\right) = 0. \tag{12.4.7}$$

Für die Zahlenrechnung erweist es sich als zweckmäßig, mit $E_c I_c/l_c$-fachen Verformungen

$$\varphi_i{}^* = \varphi_i \cdot \frac{E_c I_c}{l_c}, \tag{12.4.8}$$

$$\xi_i{}^* = \xi_i \cdot \frac{E_c I_c}{l_c}, \tag{12.4.9}$$

$$\eta_i{}^* = \eta_i \cdot \frac{E_c I_c}{l_c} \tag{12.4.10}$$

zu rechnen. Vereinfachen wir die Zahlenrechnung weiter, indem wir

$$\varrho_{E;i,k} = \left(\frac{E}{E_c}\right)_{i,k}, \tag{12.4.11}$$

$$\varrho_{I;i,k} = \left(\frac{I}{I_c}\right)_{i,k}, \tag{12.4.12}$$

$$\varrho_{D;i} = \frac{{}^{\varphi_i=1}\vartheta_i \cdot l_c}{E_c I_c} \tag{12.4.13}$$

setzen, so ergibt sich aus (12.4.7) mit (2.2.13) und (12.4.8) bis (12.4.13):

$$+\varphi_i{}^* \cdot \left[-\sum_{(b,b)}\big(F_1(\varepsilon) \cdot \varrho_l \cdot \varrho_E \cdot \varrho_I\big)_{i,k} - \sum_{(b,g)}\big(F_5(\varepsilon) \cdot \varrho_l \cdot \varrho_E \cdot \varrho_I\big)_{i,k} - \varrho_{D;i}\right]$$

$$+\xi_i{}^* \cdot \left[-\sum_{(b,b)}\big(F_3(\varepsilon) \cdot \varrho_l{}^2 \cdot \varrho_E \cdot \varrho_I \cdot \theta_y\big)_{i,k} - \sum_{(b,g)}\big(F_5(\varepsilon) \cdot \varrho_l{}^2 \cdot \varrho_E \cdot \varrho_I \cdot \theta_y\big)_{i,k}\right]$$

$$+\eta_i{}^* \cdot \left[+\sum_{(b,b)}\big(F_3(\varepsilon) \cdot \varrho_l{}^2 \cdot \varrho_E \cdot \varrho_I \cdot \theta_x\big)_{i,k} + \sum_{(b,g)}\big(F_5(\varepsilon) \cdot \varrho_l{}^2 \cdot \varrho_E \cdot \varrho_I \cdot \theta_x\big)_{i,k}\right]$$

$$+\varphi_k{}^* \cdot \big(-F_2(\varepsilon) \cdot \varrho_l \cdot \varrho_E \cdot \varrho_I\big)_{i,k(b,b)}$$

$$+\xi_k{}^* \cdot \left[+\big(F_3(\varepsilon) \cdot \varrho_l{}^2 \cdot \varrho_E \cdot \varrho_I \cdot \theta_y\big)_{i,k(b,b)} \qquad \text{bzw.} \qquad +\big(F_5(\varepsilon) \cdot \varrho_l{}^2 \cdot \varrho_E \cdot \varrho_I \cdot \theta_y\big)_{i,k(b,g)}\right]$$

$$+\eta_k{}^* \cdot \left[-\big(F_3(\varepsilon) \cdot \varrho_l{}^2 \cdot \varrho_E \cdot \varrho_I \cdot \theta_x\big)_{i,k(b,b)} \qquad \text{bzw.} \qquad -\big(F_5(\varepsilon) \cdot \varrho_l{}^2 \cdot \varrho_E \cdot \varrho_I \cdot \theta_x\big)_{i,k(b,g)}\right]$$

$$+\overline{M}_i - \sum_{(b,b);(b,g)}\left(\sum_B \overline{M}(\varepsilon)_{i,k}\right) = 0. \tag{12.4.14}$$

Wir schreiben die Elastizitätsgleichung für die Knotendrehung $\varphi_i{}^*$ in der Form (siehe auch Tafel 3)

$$\varphi_i{}^* \cdot {}^{\varphi_i}a_{\varphi_i}^* + \xi_i{}^* \cdot {}^{\xi_i}a_{\varphi_i}^* + \eta_i{}^* \cdot {}^{\eta_i}a_{\varphi_i}^* + \varphi_k{}^* \cdot {}^{\varphi_k}a_{\varphi_i}^* + \xi_k{}^* \cdot {}^{\xi_k}a_{\varphi_i}^* + \eta_k{}^* \cdot {}^{\eta_k}a_{\varphi_i}^* + \bar{a}_{\varphi_i} = 0$$

$$(12.4.15)$$

und erhalten die Koeffizienten der Elastizitätsgleichung durch Vergleich von (12.4.14) und (12.4.15) zu:

$$^{\varphi_i}a_{\varphi_i}^* = -\sum_{(b,b)} \big(F_1(\varepsilon) \cdot \varrho_l \cdot \varrho_E \cdot \varrho_I\big)_{i,k} - \sum_{(b,g)} \big(F_5(\varepsilon) \cdot \varrho_l \cdot \varrho_E \cdot \varrho_I\big)_{i,k} - \varrho_{D;i}, \qquad (12.4.16)$$

$$^{\xi_i}a_{\varphi_i}^* = -\sum_{(b,b)} \big(F_3(\varepsilon) \cdot \varrho_l{}^2 \cdot \varrho_E \cdot \varrho_I \cdot \theta_y\big)_{i,k} - \sum_{(b,g)} \big(F_5(\varepsilon) \cdot \varrho_l{}^2 \cdot \varrho_E \cdot \varrho_I \cdot \theta_y\big)_{i,k}, \qquad (12.4.17)$$

$$^{\eta_i}a_{\varphi_i}^* = +\sum_{(b,b)} \big(F_3(\varepsilon) \cdot \varrho_l{}^2 \cdot \varrho_E \cdot \varrho_I \cdot \theta_x\big)_{i,k} + \sum_{(b,g)} \big(F_5(\varepsilon) \cdot \varrho_l{}^2 \cdot \varrho_E \cdot \varrho_I \cdot \theta_x\big)_{i,k}, \qquad (12.4.18)$$

$$^{\varphi_k}a_{\varphi_i}^* = -\big(F_2(\varepsilon) \cdot \varrho_l \cdot \varrho_E \cdot \varrho_I\big)_{i,k(b,b)}, \qquad (12.4.19)$$

$$^{\xi_k}a_{\varphi_i}^* = +\big(F_3(\varepsilon) \cdot \varrho_l{}^2 \cdot \varrho_E \cdot \varrho_I \cdot \theta_y\big)_{i,k(b,b)} \quad \text{bzw.} \quad +\big(F_5(\varepsilon) \cdot \varrho_l{}^2 \cdot \varrho_E \cdot \varrho_I \cdot \theta_y\big)_{i,k(b,g)}, \qquad (12.4.20)$$

$$^{\eta_k}a_{\varphi_i}^* = -\big(F_3(\varepsilon) \cdot \varrho_l{}^2 \cdot \varrho_E \cdot \varrho_I \cdot \theta_x\big)_{i,k(b,b)} \quad \text{bzw.} \quad -\big(F_5(\varepsilon) \cdot \varrho_l{}^2 \cdot \varrho_E \cdot \varrho_I \cdot \theta_x\big)_{i,k(b,g)}. \qquad (12.4.21)$$

Für das Absolutglied der Elastizitätsgleichung folgt aus (12.4.14) und (12.4.15):

$$\bar{a}_{\varphi_i} = +\overline{M}_i - \sum_{(b,b):(b,g)} \Big(\sum_B \overline{M}(\varepsilon)_{i,k}\Big). \qquad (12.4.22)$$

Die Koeffizienten ${}^{\varphi_i}a_{\varphi_i}$, ${}^{\xi_i}a_{\varphi_i}$, ${}^{\eta_i}a_{\varphi_i}$, ${}^{\varphi_k}a_{\varphi_i}$, ${}^{\xi_k}a_{\varphi_i}$ und ${}^{\eta_k}a_{\varphi_i}$ einer Elastizitätsgleichung für die Knotendrehung φ_i eines ebenen Stabwerkes sind virtuelle Arbeiten, welche die Stabendschnittlasten $\mathfrak{M}_{i,k}$ und ϑ_i des Stabwerkes infolge der Verformungszustände $\varphi_i = 1$, $\xi_i = 1$, $\eta_i = 1$, $\varphi_k = 1$, $\xi_k = 1$ und $\eta_k = 1$ bei einer virtuellen Verschiebung $\varphi_i = 1$ am stabilisierten Gelenksystem des Stabwerkes (fiktive Drehfessel ${}^D\mathfrak{F}_i$ ist durchschnitten) leisten.

Das Absolutglied $\bar{a}_{\varphi_i}$ einer Elastizitätsgleichung für die Knotendrehung φ_i eines ebenen Stabwerkes ist die virtuelle Arbeit, welche das Knotenmoment $\overline{M}_i$ und die Stabendmomente $\overline{M}_{i,k}$ des Zustandes „$\overline{O}$" des Stabwerkes bei einer virtuellen Verschiebung $\varphi_i = 1$ am stabilisierten Gelenksystem (fiktive Drehfessel ${}^D\mathfrak{F}_i$ ist durchschnitten) leisten.

Die Matrix der Elastizitätsgleichungen für die unabhängigen Komponenten $\varphi_i{}^*$, $\xi_i{}^*$ und $\eta_i{}^*$ des Verformungszustandes eines ebenen Stabwerkes nach Tafel 3 ist „symmetrisch zu ihrer Hauptdiagonale". Es gilt also ${}^k a_i{}^* = {}^i a_k{}^*$, usw.

Tafel 3. *Elastizitätsgleichungen der Formänderungsgrößenmethode*

...	$\varphi_i{}^*$	$\xi_i{}^*$	$\eta_i{}^*$	$\varphi_k{}^*$	$\xi_k{}^*$	$\eta_k{}^*$	...	Absl.	= 0
...	...	...	...	...	...	...	...	...	...
...	${}^{\varphi i}a_{\varphi i}^*$	${}^{\xi i}a_{\varphi i}^*$	${}^{\eta i}a_{\varphi i}^*$	${}^{\varphi k}a_{\varphi i}^*$	${}^{\xi k}a_{\varphi i}^*$	${}^{\eta k}a_{\varphi i}^*$	...	$\bar{a}_{\varphi i}$	= 0
...	${}^{\varphi i}a_{\xi i}^*$	${}^{\xi i}a_{\xi i}^*$	${}^{\eta i}a_{\xi i}^*$	${}^{\varphi k}a_{\xi i}^*$	${}^{\xi k}a_{\xi i}^*$	${}^{\eta k}a_{\xi i}^*$	...	$\bar{a}_{\xi i}$	= 0
...	${}^{\varphi i}\varphi_{\eta i}^*$	${}^{\xi i}a_{\eta i}^*$	${}^{\eta i}a_{\eta i}^*$	${}^{\varphi k}a_{\eta i}^*$	${}^{\xi k}a_{\eta i}^*$	${}^{\eta k}a_{\eta i}^*$	...	$\bar{a}_{\eta i}$	= 0
...	...	...	...	...	...	...	...	...	...

Zur Berechnung der Koeffizienten und des Absolutgliedes der Elastizitätsgleichung für die Knotendrehung $\varphi_i{}^*$ werden nachstehend noch einige ergänzende Bemerkungen gemacht.

Wir betrachten den Knotenpunkt i eines Stabwerkes nach Abb. 181 mit den unabhängigen Komponenten φ_i, ξ_i und η_i des Verformungszustandes des Stabwerkes. Dieser Knotenpunkt i ist mit dem Knotenpunkt k (7), dem die unabhängigen Komponenten φ_k, ξ_k und η_k des Verformungszustandes zugeordnet sind, durch den Stab i,k ($k = 7$) verbunden und durch die Stäbe i,k ($k = 6, 8, 9$) mit weiteren Knoten- oder Auflagerpunkten k ($k = 6, 8, 9$).

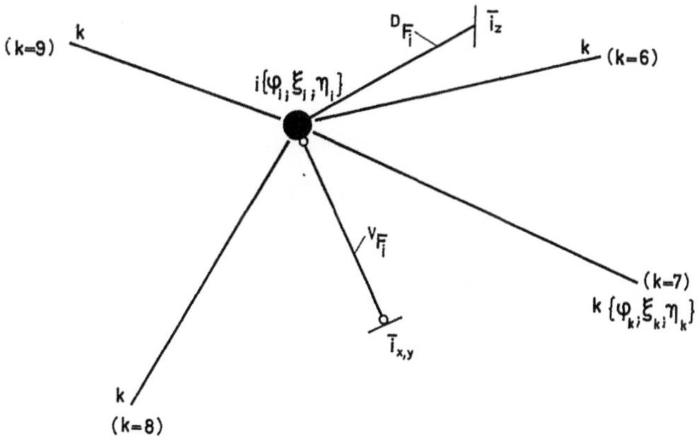

Abb. 181. Knotenpunkt i eines ebenen Stabwerkes

Die Verbindungen der Stabenden i der Stäbe i,k ($k = 6, 7, 8, 9$) mit dem Knotenpunkt i sind in Abb. 181 im einzelnen nicht näher gekennzeichnet. Sie können biegesteif oder gelenkig und unverschieblich oder in Richtung der Stabsehnen verschieblich sein.

Zur Berechnung der Koeffizienten ${}^{\varphi i}a_{\varphi i}^*$, ${}^{\xi i}a_{\varphi i}^*$ und ${}^{\eta i}a_{\varphi i}^*$ der Elastizitätsgleichung für die Drehung $\varphi_i{}^*$ des Knotenpunktes i nach Abb. 181 sind die ersten Ausdrücke in (12.4.16), (12.4.17) und (12.4.18) über alle Stäbe i,k (b,b) ($k = 6, 7, 8, 9$) zu erstrecken und die zweiten Ausdrücke in (12.4.16), (12.4.17) und (12.4.18) über alle Stäbe i,k (b,g) $(k = 6, 7, 8, 9)$. Der dritte Ausdruck in (12.4.16) bezieht sich auf einen am Knotenpunkt i angeschlossenen Dreh-Fesselstab $^D F_i$.

Die Koeffizienten $^{\varphi k}a^*_{\varphi_i}$, $^{\xi k}a^*_{\varphi_i}$ und $^{\eta k}a^*_{\varphi_i}$ der Elastizitätsgleichung für die Knotendrehung $\varphi_i{}^*$ des Knotenpunktes i nach Abb. 181 sind nur dem Stab i,k $(k = 7)$ zugeordnet. Der Koeffizient $^{\varphi k}a^*_{\varphi_i}$ nach (12.4.19) entfällt nur dann nicht, wenn ein Stab i,k (b,b) $(k = 7)$ vorliegt. Für die Ermittlung der Koeffizienten $^{\xi k}a^*_{\varphi_i}$ und $^{\eta k}a^*_{\varphi_i}$ ist in (12.4.20) und (12.4.21) jeweils der erste Ausdruck zu berücksichtigen, wenn ein Stab i,k (b,b) $(k = 7)$ vorhanden, oder der zweite Ausdruck, wenn ein Stab i,k (b,g) $(k = 7)$ gegeben ist.

Zur Berechnung des Absolutgliedes $\bar{a}_{\varphi_i}$ der Elastizitätsgleichung für die Knotendrehung $\varphi_i{}^*$ des Knotenpunktes i nach Abb. 181 ist in (12.4.22) der zweite Ausdruck über alle Stäbe i,k (b,b) $(k = 6, 7, 8, 9)$ zu erstrecken und über alle Stäbe i,k (b,g) $(k = 6, 7, 8, 9)$. Der erste Ausdruck in (12.4.22) bezieht sich auf ein am Knotenpunkt i angreifendes Moment $\bar{M}_i$.

12.4.3. Die Elastizitätsgleichung für die bezogene Knotenverschiebung $\tilde{\xi}_i$

Beim virtuellen Verschiebungszustand $\xi_i = 1$ (d. h. $v_{i,x} = l_c$) werden am Knotenpunkt i des stabilisierten Gelenksystems eines Stabwerkes, dem die Belastung nach 12.4.1. eingeprägt ist (Abb. 180), virtuelle Arbeiten geleistet von

1. einer Horizontalkraft $\bar{H}_i$(die als positiv bezeichnet wird, wenn sie in positiver x-Richtung wirkt),

2. den Stabendquerkräften $K_{i,k;Q(b,b)}$ der Stäbe i,k (b,b),

3. den Stabendquerkräften $K_{i,k;Q(b,g)}$ der Stäbe i,k (b,g),

4. den Stabendquerkräften $K_{i,k;Q(g,b)}$ der Stäbe i,k (g,b),

5. den Stabendquerkräften $K_{i,k;Q(g,g)}$ der Stäbe i,k (g,g),

6. den Stabendlängskräften $K_{i,k;L(f,f)}$ der Stäbe i,k (f,f),

7. den Stabendlängskräften $K_{i,k;L(f,l)}$ der Stäbe i,k (f,l),

8. der Längskraft N_i eines elastischen Verschiebungs-Fesselstabes $^V F_i$.

Die Gleichgewichtsaussage, daß die Summe der virtuellen Arbeiten, die am Knotenpunkt i infolge der virtuellen Verschiebung $\xi_i = 1$ (d. h. $v_{i;x} = l_c$) geleistet werden, Null sein muß, lautet, wenn wir eine einem positiven Stabsehnendrehwinkel $\psi_{i,k}$ zugeordnete Verschiebung $^\xi v_{i;Q}$ und eine einer positiven Stablängenänderung $\varDelta l_{i,k}$ zugeordnete Verschiebung $^\xi v_{i;L}$ des Stabendes i eines Stabes i,k als positiv bezeichnen:

$$\sum H_i \cdot l_c = 0 = + \bar{H}_i \cdot {}^{\xi_i = 1}v_{i;x}$$
$$- \left(\sum K_{i,k;Q(b,b)} + \sum K_{i,k;Q(b,g)} + \sum K_{i,k;Q(g,b)} + \sum K_{i,k;Q(g,g)} \right) \cdot {}^{\xi_i = 1}v_{i;Q}$$
$$- \left(\sum K_{i,k;L(f,f)} + \sum K_{i,k;L(f,l)} \right) \cdot {}^{\xi_i = 1}v_{i;L} - N_i \cdot {}^{\xi_i = 1}v_{i;L}.$$

Mit (2.2.19), (2.3.9), (2.4.9), (2.5.7), (2.6.5), (2.7.1), (11.3) und (2.2.9) ergibt sich hieraus:

$$+\bar{H}_i \cdot l_c$$

$$-\sum \left[+\sum_B \bar{K}_{i,k;Q(b,b)} + \varphi_i \cdot {}^{\varphi_i=1}\Re_{i,k;Q(b,b)} + \varphi_k \cdot {}^{\varphi_k=1}\Re_{i,k;Q(b,b)} \right.$$

$$-\xi_i \cdot {}^{\psi_i,k=1}\Re_{i,k;Q(b,b)} \cdot (\varrho_l \cdot \theta_y)_{i,k} + \eta_i \cdot {}^{\psi_i,k=1}\Re_{i,k;Q(b,b)} \cdot (\varrho_l \cdot \theta_x)_{i,k}$$

$$\left. +\xi_k \cdot {}^{\psi_i,k=1}\Re_{i,k;Q(b,b)} \cdot (\varrho_l \cdot \theta_y)_{i,k} - \eta_k \cdot {}^{\psi_i,k=1}\Re_{i,k;Q(b,b)} \cdot (\varrho_l \cdot \theta_x)_{i,k} \right] \cdot {}^{\xi_i=1}v_{i;Q}$$

$$-\sum \left[+\sum_B \bar{K}_{i,k;Q(b,g)} + \varphi_i \cdot {}^{\varphi_i=1}\Re_{i,k;Q(b,g)} \right.$$

$$-\xi_i \cdot {}^{\psi_i,k=1}\Re_{i,k;Q(b,g)} \cdot (\varrho_l \cdot \theta_y)_{i,k} + \eta_i \cdot {}^{\psi_i,k=1}\Re_{i,k;Q(b,g)} \cdot (\varrho_l \cdot \theta_x)_{i,k}$$

$$\left. +\xi_k \cdot {}^{\psi_i,k=1}\Re_{i,k;Q(b,g)} \cdot (\varrho_l \cdot \theta_y)_{i,k} - \eta_k \cdot {}^{\psi_i,k=1}\Re_{i,k;Q(b,g)} \cdot (\varrho_l \cdot \theta_x)_{i,k} \right] \cdot {}^{\xi_i=1}v_{i;Q}$$

$$-\sum \left[+\sum_B \bar{K}_{i,k;Q(g,b)} + \varphi_k \cdot {}^{\varphi_k=1}\Re_{i,k;Q(g,b)} \right.$$

$$-\xi_i \cdot {}^{\psi_i,k=1}\Re_{i,k;Q(g,b)} \cdot (\varrho_l \cdot \theta_y)_{i,k} + \eta_i \cdot {}^{\psi_i,k=1}\Re_{i,k;Q(g,b)} \cdot (\varrho_l \cdot \theta_x)_{i,k}$$

$$\left. +\xi_k \cdot {}^{\psi_i,k=1}\Re_{i,k;Q(g,b)} \cdot (\varrho_l \cdot \theta_y)_{i,k} - \eta_k \cdot {}^{\psi_i,k=1}\Re_{i,k;Q(g,b)} \cdot (\varrho_l \cdot \theta_x)_{i,k} \right] \cdot {}^{\xi_i=1}v_{i;Q}$$

$$-\sum \left[+\sum_B \bar{K}_{i,k;Q(g,g)} \right.$$

$$-\xi_i \cdot {}^{\psi_i,k=1}\Re_{i,k;Q(g,g)} \cdot (\varrho_l \cdot \theta_y)_{i,k} + \eta_i \cdot {}^{\psi_i,k=1}\Re_{i,k;Q(g,g)} \cdot (\varrho_l \cdot \theta_x)_{i,k}$$

$$\left. +\xi_k \cdot {}^{\psi_i,k=1}\Re_{i,k;Q(g,g)} \cdot (\varrho_l \cdot \theta_y)_{i,k} - \eta_k \cdot {}^{\psi_i,k=1}\Re_{i,k;Q(g,g)} \cdot (\varrho_l \cdot \theta_x)_{i,k} \right] \cdot {}^{\xi_i=1}v_{i;Q}$$

$$-\sum \left[+\sum_B \bar{K}_{i,k;L(f,f)} \right.$$

$$+ \xi_i \cdot {}^{\Delta l_i,k=1}\Re_{i,k;L(f,f)} \cdot l_c \cdot \theta_{x;i,k} + \eta_i \cdot {}^{\Delta l_i,k=1}\Re_{i,k;L(f,f)} \cdot l_c \cdot \theta_{y;i,k}$$

$$\left. - \xi_k \cdot {}^{\Delta l_i,k=1}\Re_{i,k;L(f,f)} \cdot l_c \cdot \theta_{x;i,k} - \eta_k \cdot {}^{\Delta l_i,k=1}\Re_{i,k;L(f,f)} \cdot l_c \cdot \theta_{y;i,k} \right] \cdot {}^{\xi_i=1}v_{i;L}$$

$$-\sum \left[+\sum_B \bar{K}_{i,k;L(f,l)} \right] \cdot {}^{\xi_i=1}v_{i;L}$$

$$- \left(+\xi_i \cdot l_c \cdot \theta_{x;i,i} \cdot {}^{\Delta l_i,i=1}\Re_i + \eta_i \cdot l_c \cdot \theta_{y;i,i} \cdot {}^{\Delta l_i,i=1}\Re_i \right) \cdot {}^{\xi_i=1}v_{i;L} = 0. \qquad (12.4.23)$$

Die Verbindung der Knotenpunkte i und k, denen die unabhängigen Komponenten ξ_i, φ_k, ξ_k und η_k des Verformungszustandes zugeordnet sind, kann nur durch *einen* Stab i,k gegeben sein. Daher sind die mit φ_k, ξ_k und η_k behafteten Ausdrücke der Elastizitätsgleichung, die Ausdrücke

$$(1) \quad \begin{aligned} &-\varphi_k \cdot {}^{\varphi k=1}\Re_{i,k;Q(b,b)} \cdot {}^{\xi_i=1}v_{i;Q}, \\ &-\varphi_k \cdot {}^{\varphi k=1}\Re_{i,k;Q(g,b)} \cdot {}^{\xi_i=1}v_{i;Q}, \end{aligned}$$

$$(2) \quad \begin{aligned} &-\xi_k \cdot {}^{\psi_i,k=1}\Re_{i,k;Q(b,b)} \cdot (\varrho_l \cdot \theta_y)_{i,k} \cdot {}^{\xi_i=1}v_{i;Q}, \\ &-\xi_k \cdot {}^{\psi_i,k=1}\Re_{i,k;Q(b,g)} \cdot (\varrho_l \cdot \theta_y)_{i,k} \cdot {}^{\xi_i=1}v_{i;Q}, \\ &-\xi_k \cdot {}^{\psi_i,k=1}\Re_{i,k;Q(g,b)} \cdot (\varrho_l \cdot \theta_y)_{i,k} \cdot {}^{\xi_i=1}v_{i;Q}, \\ &-\xi_k \cdot {}^{\psi_i,k=1}\Re_{i,k;Q(g,g)} \cdot (\varrho_l \cdot \theta_y)_{i,k} \cdot {}^{\xi_i=1}v_{i;Q}, \end{aligned}$$

$$(3) \quad \begin{aligned} &+\eta_k \cdot {}^{\psi_i,k=1}\Re_{i,k;Q(b,b)} \cdot (\varrho_l \cdot \theta_x)_{i,k} \cdot {}^{\xi_i=1}v_{i;Q}, \\ &+\eta_k \cdot {}^{\psi_i,k=1}\Re_{i,k;Q(b,g)} \cdot (\varrho_l \cdot \theta_x)_{i,k} \cdot {}^{\xi_i=1}v_{i;Q}, \\ &+\eta_k \cdot {}^{\psi_i,k=1}\Re_{i,k;Q(g,b)} \cdot (\varrho_l \cdot \theta_x)_{i,k} \cdot {}^{\xi_i=1}v_{i;Q}, \\ &+\eta_k \cdot {}^{\psi_i,k=1}\Re_{i,k;Q(g,g)} \cdot (\varrho_l \cdot \theta_x)_{i,k} \cdot {}^{\xi_i=1}v_{i;Q}, \end{aligned}$$

$$(4) \quad +\xi_k \cdot {}^{\Delta l_i,k=1}\Re_{i,k;L(f,f)} \cdot l_c \cdot \theta_{x;i,k} \cdot {}^{\xi_i=1}v_{i;L},$$

$$(5) \quad +\eta_k \cdot {}^{\Delta l_i,k=1}\Re_{i,k;L(f,f)} \cdot l_c \cdot \theta_{y;i,k} \cdot {}^{\xi_i=1}v_{i;L}$$

nur auf *einen* Stab i,k zu beziehen. Von den Ausdrücken unter 1. bis 3. ist jeweils nur *der* zu berücksichtigen, der den gegebenen Verbindungen der Stabenden i und k mit den Knotenpunkten i und k entspricht.

Für die Verschiebungen ${}^{\xi_i=1}v_{i;Q}$ und ${}^{\xi_i=1}v_{i;L}$ erhält man nach Abb. 182 mit (2.2.14) und (2.2.15):

$$ {}^{\xi_i=1}v_{i;Q} = -l_c \cdot \theta_{y;i,k}, \tag{12.4.24}$$

$$ {}^{\xi_i=1}v_{i;L} = +l_c \cdot \theta_{x;i,k}. \tag{12.4.25}$$

Nach 5. gilt allgemein für die Stabendquerkräfte $\Re_{i,k;Q}$ infolge Knotendrehungen $\varphi = 1$ und Stabsehnendrehungen $\psi = 1$:

$$ {}^{\varphi_i=1}\Re_{i,k;Q(b,b)} = -\left(\frac{EI}{l^2} \cdot F_3(\varepsilon)\right)_{i,k}, \tag{12.4.26}$$

$$ {}^{\varphi k=1}\Re_{i,k;Q(b,b)} = -\left(\frac{EI}{l^2} \cdot F_3(\varepsilon)\right)_{i,k}, \tag{12.4.27}$$

$$ {}^{\psi_i,k=1}\Re_{i,k;Q(b,b)} = +\left(\frac{EI}{l^2} \cdot F_4(\varepsilon)\right)_{i,k}, \tag{12.4.28}$$

$$ {}^{\varphi_i=1}\Re_{i,k;Q(b,g)} = -\left(\frac{EI}{l^2} \cdot F_5(\varepsilon)\right)_{i,k}, \tag{12.4.29}$$

$$^{\psi_i,k=1}\mathfrak{R}_{i,k;Q(b,g)} \;=\; +\left(\frac{EI}{l^2}\cdot F_6(\varepsilon)\right)_{i,k},\qquad (12.4.30)$$

$$^{\varphi k=1}\mathfrak{R}_{i,k;Q(g,b)} \;=\; -\left(\frac{EI}{l^2}\cdot F_5(\varepsilon)\right)_{i,k},\qquad (12.4.31)$$

$$^{\psi_i,k=1}\mathfrak{R}_{i,k;Q(g,b)} \;=\; +\left(\frac{EI}{l^2}\cdot F_6(\varepsilon)\right)_{i,k},\qquad (12.4.32)$$

$$^{\psi_i,k=1}\mathfrak{R}_{i,k;Q(g,g)} \;=\; +\left(\frac{EI}{l^2}\cdot F_7(\varepsilon)\right)_{i,k}.\qquad (12.4.33)$$

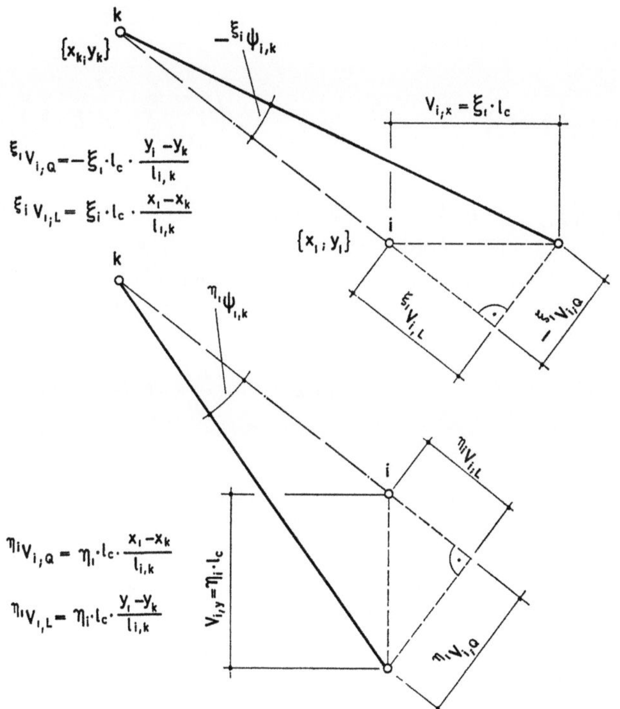

Abb. 182. Verschiebungen $v_{i;Q}$ und $v_{i;L}$ infolge Knotenverschiebungen $v_{i;x}$ und $v_{i;y}$

Mit (12.4.24) bis (12.4.33) und (8) folgt aus (12.4.23) die Elastizitätsgleichung für die bezogene Knotenverschiebung ξ_i zu:

$$+\varphi_i\cdot\left[-\sum_{(b,b)}\left(\frac{EI}{l^2}\cdot F_3(\varepsilon)\cdot l_c\cdot\theta_y\right)_{i,k}-\sum_{(b,g)}\left(\frac{EI}{l^2}\cdot F_5(\varepsilon)\cdot l_c\cdot\theta_y\right)_{i,k}\right]$$

$$+\xi_i \cdot \left[-\sum_{(b,b)} \left(\frac{EI}{l^2} \cdot F_4(\varepsilon) \cdot l_c \cdot \varrho_l \cdot \theta_y{}^2 \right)_{i,k} - \sum_{(b,g);(g,b)} \left(\frac{EI}{l^2} \cdot F_6(\varepsilon) \cdot l_c \cdot \varrho_l \cdot \theta_y{}^2 \right)_{i,k} \right.$$

$$\left. -\sum_{(g,g)} \left(\frac{EI}{l^2} \cdot F_7(\varepsilon) \cdot l_c \cdot \varrho_l \cdot \theta_y{}^2 \right)_{i,k} - \sum_{(f,f)} \left(\frac{EF}{l} \cdot l_c{}^2 \cdot \theta_x{}^2 \right)_{i,k} \right.$$

$$\left. - {}^{\varDelta l_i,\bar{i}=1}\mathfrak{R}_i \cdot l_c{}^2 \cdot \theta^2{}_{x;i,\bar{i}} \right]$$

$$+\eta_i \cdot \left[+\sum_{(b,b)} \left(\frac{EI}{l^2} \cdot F_4(\varepsilon) \cdot l_c \cdot \varrho_l \cdot \theta_x \cdot \theta_y \right)_{i,k} + \sum_{(b,g);(g,b)} \left(\frac{EI}{l^2} \cdot F_6(\varepsilon) \cdot l_c \cdot \varrho_l \cdot \theta_x \cdot \theta_y \right)_{i,k} \right.$$

$$\left. +\sum_{(g,g)} \left(\frac{EI}{l^2} \cdot F_7(\varepsilon) \cdot l_c \cdot \varrho_l \cdot \theta_x \cdot \theta_y \right)_{i,k} - \sum_{(f,f)} \left(\frac{EF}{l} \cdot l_c{}^2 \cdot \theta_x \cdot \theta_y \right)_{i,k} \right.$$

$$\left. - {}^{\varDelta l_i,\bar{i}=1}\mathfrak{R}_i \cdot l_c{}^2 \cdot (\theta_x \cdot \theta_y)_{i,\bar{i}} \right]$$

$$+\varphi_k \cdot \left[-\left(\frac{EI}{l^2} \cdot F_3(\varepsilon) \cdot l_c \cdot \theta_y \right)_{i,k(b,b)} \qquad \text{bzw.} \qquad -\left(\frac{EI}{l^2} \cdot F_5(\varepsilon) \cdot l_c \cdot \theta_y \right)_{i,k(g,b)} \right]$$

$$+\xi_k \cdot \left[+\left(\frac{EI}{l^2} \cdot F_4(\varepsilon) \cdot l_c \cdot \varrho_l \cdot \theta_y{}^2 \right)_{i,k(b,b)} \qquad \text{bzw.} \qquad +\left(\frac{EI}{l^2} \cdot F_6(\varepsilon) \cdot l_c \cdot \varrho_l \cdot \theta_y{}^2 \right)_{i,k(b,g)} \right.$$

$$\text{bzw.} \qquad +\left(\frac{EI}{l^2} \cdot F_6(\varepsilon) \cdot l_c \cdot \varrho_l \cdot \theta_y{}^2 \right)_{i,k(g,b)}$$

$$\text{bzw.} \qquad +\left(\frac{EI}{l^2} \cdot F_7(\varepsilon) \cdot l_c \cdot \varrho_l \cdot \theta_y{}^2 \right)_{i,k(g,g)}$$

$$\left. +\left(\frac{EF}{l} \cdot l_c{}^2 \cdot \theta_x{}^2 \right)_{i,k(f,f)} \right]$$

$$+\eta_k \cdot \left[-\left(\frac{EI}{l^2} \cdot F_4(\varepsilon) \cdot l_c \cdot \varrho_l \cdot \theta_x \cdot \theta_y \right)_{i,k(b,b)} \quad \text{bzw.} \quad -\left(\frac{EI}{l^2} \cdot F_6(\varepsilon) \cdot l_c \cdot \varrho_l \cdot \theta_x \cdot \theta_y \right)_{i,k(b,g)} \right.$$

$$\text{bzw.} \qquad -\left(\frac{EI}{l^2} \cdot F_6(\varepsilon) \cdot l_c \cdot \varrho_l \cdot \theta_x \cdot \theta_y \right)_{i,k(g,b)}$$

$$\text{bzw.} \qquad -\left(\frac{EI}{l^2} \cdot F_7(\varepsilon) \cdot l_c \cdot \varrho_l \cdot \theta_x \cdot \theta_y \right)_{i,k(g,g)}$$

$$\left. +\left(\frac{EF}{l} \cdot l_c{}^2 \cdot \theta_x \cdot \theta_y \right)_{i,k(f,f)} \right]$$

$$+\bar{H}_i \cdot l_c + \sum_{(b,b);(b,g);(g,b);(g,g)} \left[\sum_B \left(\bar{K}(\varepsilon)_Q \cdot l_c \cdot \theta_y \right)_{i,k} \right] - \sum_{(f,f);(f,l)} \left[\sum_B \left(\bar{K}_L \cdot l_c \cdot \theta_x \right)_{i,k} \right] = 0.$$

$$\text{(12.4.34)}$$

Mit

$$\varrho_{F;i,k} = \frac{F_{i,k} \cdot l_c{}^2}{I_c}, \tag{12.4.35}$$

$$\varrho_{N;i} = \frac{{}^{\Delta l_{i,\bar{i}}=1}\mathfrak{M}_i \cdot l_c{}^3}{E_c I_c}, \tag{12.4.36}$$

(2.2.13) und (12.4.8) bis (12.4.12) ergibt sich aus (12.4.34):

$$+\varphi_i{}^* \cdot \left[-\sum_{(b,b)} \left(F_3(\varepsilon) \cdot \varrho_l{}^2 \cdot \varrho_E \cdot \varrho_I \cdot \theta_y \right)_{i,k} - \sum_{(b,g)} \left(F_5(\varepsilon) \cdot \varrho_l{}^2 \cdot \varrho_E \cdot \varrho_I \cdot \theta_y \right)_{i,k} \right]$$

$$+\xi_i{}^* \cdot \left[-\sum_{(b,b)} \left(F_4(\varepsilon) \cdot \varrho_l{}^3 \cdot \varrho_E \cdot \varrho_I \cdot \theta_y{}^2 \right)_{i,k} - \sum_{(b,g):(g,b)} \left(F_6(\varepsilon) \cdot \varrho_l{}^3 \cdot \varrho_E \cdot \varrho_I \cdot \theta_y{}^2 \right)_{i,k} \right.$$

$$\left. -\sum_{(g,g)} \left(F_7(\varepsilon) \cdot \varrho_l{}^3 \cdot \varrho_E \cdot \varrho_I \cdot \theta_y{}^2 \right)_{i,k} - \sum_{(f,f)} \left(\varrho_l \cdot \varrho_E \cdot \varrho_F \cdot \theta_x{}^2 \right)_{i,k} - \varrho_{N;i} \cdot \theta^2{}_{x;i,\bar{i}} \right]$$

$$+\eta_i{}^* \cdot \left[+\sum_{(b,b)} \left(F_4(\varepsilon) \cdot \varrho_l{}^3 \cdot \varrho_E \cdot \varrho_I \cdot \theta_x \cdot \theta_y \right)_{i,k} + \sum_{(b,g):(g,b)} \left(F_6(\varepsilon) \cdot \varrho_l{}^3 \cdot \varrho_E \cdot \varrho_I \cdot \theta_x \cdot \theta_y \right)_{i,k} \right.$$

$$+\sum_{(g,g)} \left(F_7(\varepsilon) \cdot \varrho_l{}^3 \cdot \varrho_E \cdot \varrho_I \cdot \theta_x \cdot \theta_y \right)_{i,k} - \sum_{(f,f)} \left(\varrho_l \cdot \varrho_E \cdot \varrho_F \cdot \theta_x \cdot \theta_y \right)_{i,k}$$

$$\left. - \varrho_{N;i} \cdot \left(\theta_x \cdot \theta_y \right)_{i;\bar{i}} \right]$$

$$+\varphi_k{}^* \cdot \left[-\left(F_3(\varepsilon) \cdot \varrho_l{}^2 \cdot \varrho_E \cdot \varrho_I \cdot \theta_y \right)_{i,k(b,b)} \quad \text{bzw.} \quad -\left(F_5(\varepsilon) \cdot \varrho_l{}^2 \cdot \varrho_E \cdot \varrho_I \cdot \theta_y \right)_{i,k(g,b)} \right]$$

$$+\xi_k{}^* \cdot \left[+\left(F_4(\varepsilon) \cdot \varrho_l{}^3 \cdot \varrho_E \cdot \varrho_I \cdot \theta_y{}^2 \right)_{i,k(b,b)} \quad \text{bzw.} \quad +\left(F_6(\varepsilon) \cdot \varrho_l{}^3 \cdot \varrho_E \cdot \varrho_I \cdot \theta_y{}^2 \right)_{i,k(b,g)} \right.$$

$$\text{bzw.} \quad +\left(F_6(\varepsilon) \cdot \varrho_l{}^3 \cdot \varrho_E \cdot \varrho_I \cdot \theta_y{}^2 \right)_{i,k(g,b)}$$

$$\text{bzw.} \quad +\left(F_7(\varepsilon) \cdot \varrho_l{}^3 \cdot \varrho_E \cdot \varrho_I \cdot \theta_y{}^2 \right)_{i,k(g,g)}$$

$$\left. + \left(\varrho_l \cdot \varrho_E \cdot \varrho_F \cdot \theta_x{}^2 \right)_{i,k(f,f)} \right]$$

$$+\eta_k{}^* \cdot \left[-\left(F_4(\varepsilon) \cdot \varrho_l{}^3 \cdot \varrho_E \cdot \varrho_I \cdot \theta_x \cdot \theta_y \right)_{i,k(b,b)} \quad \text{bzw.} \quad -\left(F_6(\varepsilon) \cdot \varrho_l{}^3 \cdot \varrho_E \cdot \varrho_I \cdot \theta_x \cdot \theta_y \right)_{i,k(b,g)} \right.$$

$$\text{bzw.} \quad -\left(F_6(\varepsilon) \cdot \varrho_l{}^3 \cdot \varrho_E \cdot \varrho_I \cdot \theta_x \cdot \theta_y \right)_{i,k(g,b)}$$

$$\text{bzw.} \quad -\left(F_7(\varepsilon) \cdot \varrho_l{}^3 \cdot \varrho_E \cdot \varrho_I \cdot \theta_x \cdot \theta_y \right)_{i,k(g,g)}$$

$$\left. + \left(\varrho_l \cdot \varrho_E \cdot \varrho_F \cdot \theta_x \cdot \theta_y \right)_{i,k(f,f)} \right]$$

$$+\bar{H}_i \cdot l_c + \sum_{(b,b):(b,g):(g,b):(g,g)} \left[\sum_B \left(\bar{K}(\varepsilon)_Q \cdot l_c \cdot \theta_y \right)_{i,k} \right] - \sum_{(f,f):(f,l)} \left[\sum_B \left(\bar{K}_L \cdot l_c \cdot \theta_x \right)_{i,k} \right] = 0. \tag{12.4.37}$$

Wir schreiben die Elastizitätsgleichung für die bezogene Knotenverschiebung $\xi_i{}^*$ in der Form (siehe auch Tafel 3)

$$\varphi_i{}^* \cdot {}^{\varphi_i}a_{\xi_i}^* + \xi_i{}^* \cdot {}^{\xi_i}a_{\xi_i}^* + \eta_i{}^* \cdot {}^{\eta_i}a_{\xi_i}^* + \varphi_k{}^* \cdot {}^{\varphi_k}a_{\xi_i}^* + \xi_k{}^* \cdot {}^{\xi_k}a_{\xi_i}^* + \eta_k{}^* \cdot {}^{\eta_k}a_{\xi_i}^* + \bar{a}_{\xi_i} = 0 \tag{12.4.38}$$

und erhalten die Koeffizienten der Elastizitätsgleichung durch Vergleich von (12.4.37) und (12.4.38) zu:

$${}^{\varphi_i}a_{\xi_i}^* = -\sum_{(b,b)} \left(F_3(\varepsilon) \cdot \varrho_l{}^2 \cdot \varrho_E \cdot \varrho_I \cdot \theta_y \right)_{i,k} - \sum_{(b,g)} \left(F_5(\varepsilon) \cdot \varrho_l{}^2 \cdot \varrho_E \cdot \varrho_I \cdot \theta_y \right)_{i,k}, \tag{12.4.39}$$

$$\xi^i a_{\xi_i}^* = -\sum_{(b,b)} \left(F_4(\varepsilon)\cdot\varrho_l{}^3\cdot\varrho_E\cdot\varrho_I\cdot\theta_y{}^2\right)_{i,k} - \sum_{(b,g);(g,b)} \left(F_6(\varepsilon)\cdot\varrho_l{}^3\cdot\varrho_E\cdot\varrho_I\cdot\theta_y{}^2\right)_{i,k}$$

$$-\sum_{(g,g)} \left(F_7(\varepsilon)\cdot\varrho_l{}^3\cdot\varrho_E\cdot\varrho_I\cdot\theta_y{}^2\right)_{i,k} - \sum_{(f,f)} \left(\varrho_l\cdot\varrho_E\cdot\varrho_F\cdot\theta_x{}^2\right)_{i,k} - \varrho_{N;i}\cdot\theta^2{}_{x;i,\bar{\imath}},$$

$$\tag{12.4.40}$$

$$\eta^i a_{\xi_i}^* = +\sum_{(b,b)} \left(F_4(\varepsilon)\cdot\varrho_l{}^3\cdot\varrho_E\cdot\varrho_I\cdot\theta_x\cdot\theta_y\right)_{i,k} + \sum_{(b,g);(g,b)} \left(F_6(\varepsilon)\cdot\varrho_l{}^3\cdot\varrho_E\cdot\varrho_I\cdot\theta_x\cdot\theta_y\right)_{i,k}$$

$$+\sum_{(g,g)} \left(F_7(\varepsilon)\cdot\varrho_l{}^3\cdot\varrho_E\cdot\varrho_I\cdot\theta_x\cdot\theta_y\right)_{i,k} - \sum_{(f,f)} \left(\varrho_l\cdot\varrho_E\cdot\varrho_F\cdot\theta_x\cdot\theta_y\right)_{i,k} - \varrho_{N;i}\cdot\left(\theta_x\cdot\theta_y\right)_{i,\bar{\imath}},$$

$$\tag{12.4.41}$$

$$\varphi^k a_{\xi_i}^* = -\left(F_3(\varepsilon)\cdot\varrho_l{}^2\cdot\varrho_E\cdot\varrho_I\cdot\theta_y\right)_{i,k(b,b)} \qquad \text{bzw.} \quad -\left(F_5(\varepsilon)\cdot\varrho_l{}^2\cdot\varrho_E\cdot\varrho_I\cdot\theta_y\right)_{i,k(g,b)},$$

$$\tag{12.4.42}$$

$$\xi^k a_{\xi_i}^* = +\left(F_4(\varepsilon)\cdot\varrho_l{}^3\cdot\varrho_E\cdot\varrho_I\cdot\theta_y{}^2\right)_{i,k(b,b)} \qquad \text{bzw.} \quad +\left(F_6(\varepsilon)\cdot\varrho_l{}^3\cdot\varrho_E\cdot\varrho_I\cdot\theta_y{}^2\right)_{i,k(b,g)}$$

$$\text{bzw.} \quad +\left(F_6(\varepsilon)\cdot\varrho_l{}^3\cdot\varrho_E\cdot\varrho_I\cdot\theta_y{}^2\right)_{i,k(g,b)}$$

$$\text{bzw.} \quad +\left(F_7(\varepsilon)\cdot\varrho_l{}^3\cdot\varrho_E\cdot\varrho_I\cdot\theta_y{}^2\right)_{i,k(g,g)}$$

$$+\left(\varrho_l\cdot\varrho_E\cdot\varrho_F\cdot\theta_x{}^2\right)_{i,k(f,f)}, \tag{12.4.43}$$

$$\eta^k a_{\xi_i}^* = -\left(F_4(\varepsilon)\cdot\varrho_l{}^3\cdot\varrho_E\cdot\varrho_I\cdot\theta_x\cdot\theta_y\right)_{i,k(b,b)} \quad \text{bzw.} \quad -\left(F_6(\varepsilon)\cdot\varrho_l{}^3\cdot\varrho_E\cdot\varrho_I\cdot\theta_x\cdot\theta_y\right)_{i,k(b,g)}$$

$$\text{bzw.} \quad -\left(F_6(\varepsilon)\cdot\varrho_l{}^3\cdot\varrho_E\cdot\varrho_I\cdot\theta_x\cdot\theta_y\right)_{i,k(g,b)}$$

$$\text{bzw.} \quad -\left(F_7(\varepsilon)\cdot\varrho_l{}^3\cdot\varrho_E\cdot\varrho_I\cdot\theta_x\cdot\theta_y\right)_{i,k(g,g)}$$

$$+\left(\varrho_l\cdot\varrho_E\cdot\varrho_F\cdot\theta_x\cdot\theta_y\right)_{i,k(f,f)}. \tag{12.4.44}$$

Für das Absolutglied der Elastizitätsgleichung folgt aus (12.4.37) und (12.4.38):

$$\bar{a}_{\xi_i} = +\bar{H}_i\cdot l_c + \sum_{(b,b);(b,g);(g,b);(g,g)} \left[\sum_B \left(\bar{K}(\varepsilon)_Q\cdot l_c\cdot\theta_y\right)_{i,k}\right] - \sum_{(f,f);(f,l)} \left[\sum_B \left(\bar{K}_L\cdot l_c\cdot\theta_x\right)_{i,k}\right].$$

$$\tag{12.4.45}$$

Die Koeffizienten $\varphi^i a_{\xi_i}$, $\xi^i a_{\xi_i}$, $\eta^i a_{\xi_i}$, $\varphi^k a_{\xi_i}$, $\xi^k a_{\xi_i}$ und $\eta^k a_{\xi_i}$ einer Elastizitätsgleichung für die Knotenverschiebung ξ_i eines ebenen Stabwerkes sind virtuelle Arbeiten, welche die Stabendschnittlasten $\Re_{i,k}$ und $\mathfrak{M}_i$ des Stabwerkes infolge der Verformungszustände $\varphi_i = 1$, $\xi_i = 1$, $\eta_i = 1$, $\varphi_k = 1$, $\xi_k = 1$ und $\eta_k = 1$ bei einer virtuellen Verschiebung $\xi_i = 1$ am stabilisierten Gelenksystem des Stabwerkes (fiktive Verschiebungsfessel ${}^V\mathfrak{F}_{i;\underline{\imath}}$ ist durchschnitten) leisten.

Das Absolutglied $\bar{a}_{\xi_i}$ einer Elastizitätsgleichung für die Knotenverschiebung ξ_i eines ebenen Stabwerkes ist die virtuelle Arbeit, welche die Knotenlast $\bar{H}_i$ und die Stabendschnittlasten $\bar{K}_{i,k}$ des Zustandes „$\bar{O}$" des Stabwerkes bei einer virtuellen Verschiebung $\xi_i = 1$ am stabilisierten Gelenksystem (fiktive Verschiebungsfessel ${}^V\mathfrak{F}_{i;\underline{\imath}}$ ist durchschnitten) leisten.

Zur Berechnung der Koeffizienten $\varphi^i a_{\xi_i}^*$, $\xi^i a_{\xi_i}^*$ und $\eta^i a_{\xi_i}^*$ der Elastizitätsgleichung für die bezogene Knotenverschiebung ξ_i^* des Knotenpunktes i nach Abb. 181 sind die ersten Ausdrücke in (12.4.39), (12.4.40) und (12.4.41) über alle Stäbe i,k (b,b) $(k = 6, 7, 8, 9)$ zu erstrecken, der zweite Ausdruck in (12.4.39) über alle Stäbe i,k (b,g) $(k = 6, 7, 8, 9)$, die zweiten Ausdrücke in (12.4.40) und (12.4.41) über alle Stäbe i,k (b,g) $(k = 6, 7, 8, 9)$ und alle Stäbe i,k (g,b) $(k = 6, 7, 8, 9)$, die dritten Ausdrücke in (12.4.40) und (12.4.41) über alle Stäbe i,k (g,g) $(k = 6, 7, 8, 9)$ und die vierten Ausdrücke in (12.4.40) und (12.4.41) über alle

Stäbe i,k (f,f) $(k = 6, 7, 8, 9)$. Die fünften Ausdrücke in (12.4.40) und (12.4.41) beziehen sich auf einen am Knotenpunkt i angeschlossenen Verschiebungs-Fesselstab $^V F_i$.

Die Koeffizienten $^{\varphi k}a^*_{\xi_i}$, $^{\xi k}a^*_{\xi_i}$ und $^{\eta k}a^*_{\xi_i}$ der Elastizitätsgleichung für die bezogene Knotenverschiebung ξ_i^* des Knotenpunktes i nach Abb. 181 sind nur dem Stab i,k $(k = 7)$ zugeordnet. Für die Ermittlung des Koeffizientes $^{\varphi k}a^*_{\xi_i}$ ist in (12.4.42) der erste Ausdruck zu berücksichtigen, wenn ein Stab i,k (b,b) $(k = 7)$ vorliegt, oder der zweite Ausdruck, wenn ein Stab i,k (g,b) $(k = 7)$ gegeben ist. Bei der Berechnung der Koeffizienten $^{\xi k}a^*_{\xi_i}$ und $^{\eta k}a^*_{\xi_i}$ sind in (12.4.43) und (12.4.44) jeweils der erste oder zweite oder dritte oder vierte Ausdruck für einen Stab i,k (b,b) $(k = 7)$ oder i,k (b,g) $(k = 7)$ oder i,k (g,b) $(k = 7)$ oder i,k (g,g) $(k = 7)$ zu verwenden und der fünfte Ausdruck für einen Stab i,k (f,f) $(k = 7)$. (Dieser Ausdruck entfällt, wenn ein Stab i,k (f,l) $(k = 7)$ oder ein Stab i,k (l,f) $(k = 7)$ vorhanden ist.)

Zur Ermittlung des Absolutgliedes $\bar{a}_{\xi_i}$ der Elastizitätsgleichung für die bezogene Knotenverschiebung ξ_i^* des Knotenpunktes i nach Abb. 181 ist in (12.4.45) der zweite Ausdruck über alle Stäbe i,k (b,b) $(k = 6, 7, 8, 9)$, alle Stäbe i,k (b,g) $(k = 6, 7, 8, 9)$, alle Stäbe i,k (g,b) $(k = 6, 7, 8, 9)$ und alle Stäbe i,k (g,g) $(k = 6, 7, 8, 9)$ zu erstrecken und der dritte Ausdruck über alle Stäbe i,k (f,f) $(k = 6, 7, 8, 9)$ und alle Stäbe i,k (f,l) $(k = 6, 7, 8, 9)$. Der erste Ausdruck in (12.4.45) bezieht sich auf eine am Knotenpunkt i angreifende Horizontalkraft $\bar{H}_i$.

12.4.4. Die Elastizitätsgleichung für die bezogene Knotenverschiebung η_i

Beim virtuellen Verschiebungszustand $\eta_i = 1$ (d. h. $v_{i,y} = l_c$) werden am Knotenpunkt i des stabilisierten Gelenksystems eines gegebenen Stabwerkes, dem die Belastung nach 12.4.1. eingeprägt ist (Abb. 180), virtuelle Arbeiten geleistet von

1. einer Vertikalkraft $\bar{V}_i$ (die als positiv bezeichnet wird, wenn sie in positiver y-Richtung wirkt),

2. den Stabendquerkräften $K_{i,k;Q(b,b)}$ der Stäbe i,k (b,b),

3. den Stabendquerkräften $K_{i,k;Q(b,g)}$ der Stäbe i,k (b,g),

4. den Stabendquerkräften $K_{i,k;Q(g,b)}$ der Stäbe i,k (g,b),

5. den Stabendquerkräften $K_{i,k;Q(g,g)}$ der Stäbe i,k (g,g),

6. den Stabendlängskräften $K_{i,k;L(f,f)}$ der Stäbe i,k (f,f),

7. den Stabendlängskräften $K_{i,k;L(f,l)}$ der Stäbe i,k (f,l),

8. der Längskraft N_i eines elastischen Verschiebungs-Fesselstabes $^V F_i$.

Die Gleichgewichtsaussage, daß die Summe der virtuellen Arbeiten, die am Knotenpunkt i infolge der virtuellen Verschiebung $\eta_i = 1$ (d. h. $v_{i;y} = l_c$) geleistet werden, Null sein muß, lautet, wenn wir eine einem positiven Stabsehnendrehwinkel $\psi_{i,k}$ zugeordnete Verschiebung $^\eta v_{i;Q}$ und eine einer positiven Stablängenänderung $\Delta l_{i,k}$ zugeordnete Verschiebung $^{n}v_{i;L}$ des Stabendes i eines Stabes i,k als positiv bezeichnen:

$$\sum V_i \cdot l_c = 0 = +\overline{V}_i \cdot {}^{n_t=1}v_{i;y}$$

$$- \left(\sum K_{i,k;Q(b,b)} + \sum K_{i,k;Q(b,g)} + \sum K_{i,k;Q(g,b)} + \sum K_{i,k;Q(g,g)}\right) \cdot {}^{n_t=1}v_{i;Q}$$

$$- \left(\sum K_{i,k;L(f,f)} + \sum K_{i,k;L(f,l)}\right) \cdot {}^{n_t=1}v_{i;L} - N_i \cdot {}^{n_t=1}v_{i;L}.$$

Mit (2.2.19), (2.3.9), (2.4.9), (2.5.7), (2.6.5), (2.7.1), (11.3) und (2.2.10) ergibt sich hieraus:

$$+\overline{V}_i \cdot l_c$$

$$-\sum \Bigg[+ \sum_B \overline{K}_{i,k;Q(b,b)} + \varphi_i \cdot {}^{\varphi_i=1}\mathfrak{K}_{i,k;Q(b,b)} + \varphi_k \cdot {}^{\varphi_k=1}\mathfrak{K}_{i,k;Q(b,b)}$$

$$- \xi_i \cdot {}^{\psi_{i,k}=1}\mathfrak{K}_{i,k;Q(b,b)} \cdot (\varrho_l \cdot \theta_y)_{i,k} + \eta_i \cdot {}^{\psi_{i,k}=1}\mathfrak{K}_{i,k;Q(b,b)} \cdot (\varrho_l \cdot \theta_x)_{i,k}$$

$$+ \xi_k \cdot {}^{\psi_{i,k}=1}\mathfrak{K}_{i,k;Q(b,b)} \cdot (\varrho_l \cdot \theta_y)_{i,k} - \eta_k \cdot {}^{\psi_{i,k}=1}\mathfrak{K}_{i,k;Q(b,b)} \cdot (\varrho_l \cdot \theta_x)_{i,k} \Bigg] \cdot {}^{n_t=1}v_{i;Q}$$

$$-\sum \Bigg[+ \sum_B \overline{K}_{i,k;Q(b,g)} + \varphi_i \cdot {}^{\varphi_i=1}\mathfrak{K}_{i,k;Q(b,g)}$$

$$- \xi_i \cdot {}^{\psi_{i,k}=1}\mathfrak{K}_{i,k;Q(b,g)} \cdot (\varrho_l \cdot \theta_y)_{i,k} + \eta_i \cdot {}^{\psi_{i,k}=1}\mathfrak{K}_{i,k;Q(b,g)} \cdot (\varrho_l \cdot \theta_x)_{i,k}$$

$$+ \xi_k \cdot {}^{\psi_{i,k}=1}\mathfrak{K}_{i,k;Q(b,g)} \cdot (\varrho_l \cdot \theta_y)_{i,k} - \eta_k \cdot {}^{\psi_{i,k}=1}\mathfrak{K}_{i,k;Q(b,g)} \cdot (\varrho_l \cdot \theta_x)_{i,k} \Bigg] \cdot {}^{n_t=1}v_{i;Q}$$

$$-\sum \Bigg[+ \sum_B \overline{K}_{i,k;Q(g,b)} + \varphi_k \cdot {}^{\varphi_k=1}\mathfrak{K}_{i,k;Q(g,b)}$$

$$- \xi_i \cdot {}^{\psi_{i,k}=1}\mathfrak{K}_{i,k;Q(g,b)} \cdot (\varrho_l \cdot \theta_y)_{i,k} + \eta_i \cdot {}^{\psi_{i,k}=1}\mathfrak{K}_{i,k;Q(g,b)} \cdot (\varrho_l \cdot \theta_x)_{i,k}$$

$$+ \xi_k \cdot {}^{\psi_{i,k}=1}\mathfrak{K}_{i,k;Q(g,b)} \cdot (\varrho_l \cdot \theta_y)_{i,k} - \eta_k \cdot {}^{\psi_{i,k}=1}\mathfrak{K}_{i,k;Q(g,b)} \cdot (\varrho_l \cdot \theta_x)_{i,k} \Bigg] \cdot {}^{n_t=1}v_{i;Q}$$

$$-\sum \Bigg[+ \sum_B \overline{K}_{i,k;Q(g,g)}$$

$$- \xi_i \cdot {}^{\psi_{i,k}=1}\mathfrak{K}_{i,k;Q(g,g)} \cdot (\varrho_l \cdot \theta_y)_{i,k} + \eta_i \cdot {}^{\psi_{i,k}=1}\mathfrak{K}_{i,k;Q(g,g)} \cdot (\varrho_l \cdot \theta_x)_{i,k}$$

$$+ \xi_k \cdot {}^{\psi_{i,k}=1}\mathfrak{K}_{i,k;Q(g,g)} \cdot (\varrho_l \cdot \theta_y)_{i,k} - \eta_k \cdot {}^{\psi_{i,k}=1}\mathfrak{K}_{i,k;Q(g,g)} \cdot (\varrho_l \cdot \theta_x)_{i,k} \Bigg] \cdot {}^{n_t=1}v_{i;Q}$$

$$-\sum \Bigg[+ \sum_B \overline{K}_{i,k;L(f,f)}$$

$$+ \xi_i \cdot {}^{\Delta l_{i,k}=1}\mathfrak{K}_{i,k;L(f,f)} \cdot l_c \cdot \theta_{x;i,k} + \eta_i \cdot {}^{\Delta l_{i,k}=1}\mathfrak{K}_{i,k;L(f,f)} \cdot l_c \cdot \theta_{y;i,k}$$

$$- \xi_k \cdot {}^{\Delta l_{i,k}=1}\mathfrak{K}_{i,k;L(f,f)} \cdot l_c \cdot \theta_{x;i,k} - \eta_k \cdot {}^{\Delta l_{i,k}=1}\mathfrak{K}_{i,k;L(f,f)} \cdot l_c \cdot \theta_{y;i,k} \Bigg] \cdot {}^{n_t=1}v_{i;L}$$

$$-\sum \Bigg[+ \sum_B \overline{K}_{i,k;L(f,l)} \Bigg] \cdot {}^{n_t=1}v_{i;L}$$

$$-(+ \xi_i \cdot l_c \cdot \theta_{x;i,\bar{\imath}} \cdot {}^{\Delta l_{i,\bar{\imath}}=1}\mathfrak{N}_i + \eta_i \cdot l_c \cdot \theta_{y;i,\bar{\imath}} \cdot {}^{\Delta l_{i,\bar{\imath}}=1}\mathfrak{N}_i) \cdot {}^{n_t=1}v_{i;L} = 0. \qquad (12.4.46)$$

Für die Verschiebungen $^{n_i=1}v_{i;Q}$ und $^{n_i=1}v_{i;L}$ erhält man nach Abb. 182 mit (2.2.14) und (2.2.15):

$$^{n_i=1}v_{i;Q} = l_c \cdot \theta_{x;i,k},\tag{12.4.47}$$

$$^{n_i=1}v_{i;L} = l_c \cdot \theta_{y;i,k}.\tag{12.4.48}$$

Mit (12.4.26) bis (12.4.33), (12.4.47), (12.4.48) und (8) folgt analog 12.4.3. aus (12.4.46) die Elastizitätsgleichung für die bezogene Knotenverschiebung η_i zu:

$$+\varphi_i \cdot \left[+\sum_{(b,b)} \left(\frac{EI}{l^2} \cdot F_3(\varepsilon) \cdot l_c \cdot \theta_x \right)_{i,k} + \sum_{(b,g)} \left(\frac{EI}{l^2} \cdot F_5(\varepsilon) \cdot l_c \cdot \theta_x \right)_{i,k} \right]$$

$$+\xi_i \cdot \left[+\sum_{(b,b)} \left(\frac{EI}{l^2} \cdot F_4(\varepsilon) \cdot l_c \cdot \varrho_l \cdot \theta_x \cdot \theta_y \right)_{i,k} + \sum_{(b,g);(g,b)} \left(\frac{EI}{l^2} \cdot F_6(\varepsilon) \cdot l_c \cdot \varrho_l \cdot \theta_x \cdot \theta_y \right)_{i,k} \right.$$

$$+\sum_{(g,g)} \left(\frac{EI}{l^2} \cdot F_7(\varepsilon) \cdot l_c \cdot \varrho_l \cdot \theta_x \cdot \theta_y \right)_{i,k} - \sum_{(f,f)} \left(\frac{EF}{l} \cdot l_c^2 \cdot \theta_x \cdot \theta_y \right)_{i,k}$$

$$\left. -\,^{\Delta l_{i,\bar{\imath}}=1}\mathfrak{N}_i \cdot l_c^2 \cdot (\theta_x \cdot \theta_y)_{i,\bar{\imath}} \right]$$

$$+\eta_i \cdot \left[-\sum_{(b,b)} \left(\frac{EI}{l^2} \cdot F_4(\varepsilon) \cdot l_c \cdot \varrho_l \cdot \theta_x^2 \right)_{i,k} - \sum_{(b,g);(g,b)} \left(\frac{EI}{l^2} \cdot F_6(\varepsilon) \cdot l_c \cdot \varrho_l \cdot \theta_x^2 \right)_{i,k} \right.$$

$$-\sum_{(g,g)} \left(\frac{EI}{l^2} \cdot F_7(\varepsilon) \cdot l_c \cdot \varrho_l \cdot \theta_x^2 \right)_{i,k} - \sum_{(f,f)} \left(\frac{EF}{l} \cdot l_c^2 \cdot \theta_y^2 \right)_{i,k}$$

$$\left. -\,^{\Delta l_{i,\bar{\imath}}=1}\mathfrak{N}_i \cdot l_c^2 \cdot \theta_y^2{}_{;i,\bar{\imath}} \right]$$

$$+\varphi_k \cdot \left[+\left(\frac{EI}{l^2} \cdot F_3(\varepsilon) \cdot l_c \cdot \theta_x \right)_{i,k(b,b)} \qquad \text{bzw.} \quad +\left(\frac{EI}{l^2} \cdot F_5(\varepsilon) \cdot l_c \cdot \theta_x \right)_{i,k(g,b)} \right]$$

$$+\xi_k \cdot \left[-\left(\frac{EI}{l^2} \cdot F_4(\varepsilon) \cdot l_c \cdot \varrho_l \cdot \theta_x \cdot \theta_y \right)_{i,k(b,b)} \qquad \text{bzw.} \quad -\left(\frac{EI}{l^2} \cdot F_6(\varepsilon) \cdot l_c \cdot \varrho_l \cdot \theta_x \cdot \theta_y \right)_{i,k(b,g)} \right.$$

$$\text{bzw.} \quad -\left(\frac{EI}{l^2} \cdot F_6(\varepsilon) \cdot l_c \cdot \varrho_l \cdot \theta_x \cdot \theta_y \right)_{i,k(g,b)}$$

$$\text{bzw.} \quad -\left(\frac{EI}{l^2} \cdot F_7(\varepsilon) \cdot l_c \cdot \varrho_l \cdot \theta_x \cdot \theta_y \right)_{i,k(g,g)}$$

$$\left. +\left(\frac{EF}{l} \cdot l_c^2 \cdot \theta_x \cdot \theta_y \right)_{i,k(f,f)} \right]$$

$$+\eta_k \cdot \left[+\left(\frac{EI}{l^2} \cdot F_4(\varepsilon) \cdot l_c \cdot \varrho_l \cdot \theta_x{}^2\right)_{i,k(b,b)} \quad \text{bzw.} \quad +\left(\frac{EI}{l^2} \cdot F_6(\varepsilon) \cdot l_c \cdot \varrho_l \cdot \theta_x{}^2\right)_{i,k(b,g)}\right.$$

$$\text{bzw.} \quad +\left(\frac{EI}{l^2} \cdot F_6(\varepsilon) \cdot l_c \cdot \varrho_l \cdot \theta_x{}^2\right)_{i,k(g,b)}$$

$$\text{bzw.} \quad +\left(\frac{EI}{l^2} \cdot F_7(\varepsilon) \cdot l_c \cdot \varrho_l \cdot \theta_x{}^2\right)_{i,k(g,g)}$$

$$\left.+\left(\frac{EF}{l} \cdot l_c{}^2 \cdot \theta_y{}^2\right)_{i,k(f,f)}\right]$$

$$+\overline{V}_i \cdot l_c - \sum_{(b,b);(b,g);(g,b);(g,g)} \left[\sum_B \left(\overline{K}(\varepsilon)_Q \cdot l_c \cdot \theta_x\right)_{i,k}\right] - \sum_{(f,f);(f,l)} \left[\sum_B \left(\overline{K}_L \cdot l_c \cdot \theta_y\right)_{i,k}\right] = 0.$$

$$(12.4.49)$$

Mit (2.2.13), (12.4.8) bis (12.4.12), (12.4.35) und (12.4.36) ergibt sich aus (12.4.49):

$$+\varphi_i{}^* \cdot \left[+\sum_{(b,b)} \left(F_3(\varepsilon) \cdot \varrho_l{}^2 \cdot \varrho_E \cdot \varrho_I \cdot \theta_x\right)_{i,k} + \sum_{(b,g)} \left(F_5(\varepsilon) \cdot \varrho_l{}^2 \cdot \varrho_E \cdot \varrho_I \cdot \theta_x\right)_{i,k}\right]$$

$$+\xi_i{}^* \cdot \left[+\sum_{(b,b)} \left(F_4(\varepsilon) \cdot \varrho_l{}^3 \cdot \varrho_E \cdot \varrho_I \cdot \theta_x \cdot \theta_y\right)_{i,k} + \sum_{(b,g);(g,b)} \left(F_6(\varepsilon) \cdot \varrho_l{}^3 \cdot \varrho_E \cdot \varrho_I \cdot \theta_x \cdot \theta_y\right)_{i,k}\right.$$

$$+\sum_{(g,g)} \left(F_7(\varepsilon) \cdot \varrho_l{}^3 \cdot \varrho_E \cdot \varrho_I \cdot \theta_x \cdot \theta_y\right)_{i,k} - \sum_{(f,f)} \left(\varrho_l \cdot \varrho_E \cdot \varrho_F \cdot \theta_x \cdot \theta_y\right)_{i,k}$$

$$\left.- \varrho_{N;i} \cdot \left(\theta_x \cdot \theta_y\right)_{i,\bar{\imath}}\right]$$

$$+\eta_i{}^* \cdot \left[-\sum_{(b,b)} \left(F_4(\varepsilon) \cdot \varrho_l{}^3 \cdot \varrho_E \cdot \varrho_I \cdot \theta_x{}^2\right)_{i,k} - \sum_{(b,g);(g,b)} \left(F_6(\varepsilon) \cdot \varrho_l{}^3 \cdot \varrho_E \cdot \varrho_I \cdot \theta_x{}^2\right)_{i,k}\right.$$

$$\left.- \sum_{(g,g)} \left(F_7(\varepsilon) \cdot \varrho_l{}^3 \cdot \varrho_E \cdot \varrho_I \cdot \theta_x{}^2\right)_{i,k} - \sum_{(f,f)} \left(\varrho_l \cdot \varrho_E \cdot \varrho_F \cdot \theta_y{}^2\right)_{i,k} - \varrho_{N;i} \cdot \theta_y{}^2{}_{;i,\bar{\imath}}\right]$$

$$+\varphi_k{}^* \cdot \left[+\left(F_3(\varepsilon) \cdot \varrho_l{}^2 \cdot \varrho_E \cdot \varrho_I \cdot \theta_x\right)_{i,k(b,b)} \quad \text{bzw.} \quad +\left(F_5(\varepsilon) \cdot \varrho_l{}^2 \cdot \varrho_E \cdot \varrho_I \cdot \theta_x\right)_{i,k(g,b)}\right]$$

$$+\xi_k{}^* \cdot \left[-\left(F_4(\varepsilon) \cdot \varrho_l{}^3 \cdot \varrho_E \cdot \varrho_I \cdot \theta_x \cdot \theta_y\right)_{i,k(b,b)} \quad \text{bzw.} \quad -\left(F_6(\varepsilon) \cdot \varrho_l{}^3 \cdot \varrho_E \cdot \varrho_I \cdot \theta_x \cdot \theta_y\right)_{i,k(b,g)}\right.$$

$$\text{bzw.} \quad -\left(F_6(\varepsilon) \cdot \varrho_l{}^3 \cdot \varrho_E \cdot \varrho_I \cdot \theta_x \cdot \theta_y\right)_{i,k(g,b)}$$

$$\text{bzw.} \quad -\left(F_7(\varepsilon) \cdot \varrho_l{}^3 \cdot \varrho_E \cdot \varrho_I \cdot \theta_x \cdot \theta_y\right)_{i,k(g,g)}$$

$$\left.+ \left(\varrho_l \cdot \varrho_E \cdot \varrho_F \cdot \theta_x \cdot \theta_y\right)_{i,k(f,f)}\right]$$

$$+\eta_k{}^* \cdot \left[+\left(F_4(\varepsilon) \cdot \varrho_l{}^3 \cdot \varrho_E \cdot \varrho_I \cdot \theta_x{}^2\right)_{i,k(b,b)} \quad \text{bzw.} \quad +\left(F_6(\varepsilon) \cdot \varrho_l{}^3 \cdot \varrho_E \cdot \varrho_I \cdot \theta_x{}^2\right)_{i,k(b,g)}\right.$$

$$\text{bzw.} \quad +\left(F_6(\varepsilon) \cdot \varrho_l{}^3 \cdot \varrho_E \cdot \varrho_I \cdot \theta_x{}^2\right)_{i,k(g,b)}$$

$$\text{bzw.} \quad +\left(F_7(\varepsilon) \cdot \varrho_l{}^3 \cdot \varrho_E \cdot \varrho_I \cdot \theta_x{}^2\right)_{i,k(g,g)}$$

$$\left.+ \left(\varrho_l \cdot \varrho_E \cdot \varrho_F \cdot \theta_y{}^2\right)_{i,k(f,f)}\right]$$

$$+\overline{V}_i \cdot l_c - \sum_{(b,b);(b,g);(g,b);(g,g)} \left[\sum_B \left(\overline{K}(\varepsilon)_Q \cdot l_c \cdot \theta_x\right)_{i,k}\right] - \sum_{(f,f);(f,l)} \left[\sum_B \left(\overline{K}_L \cdot l_c \cdot \theta_y\right)_{i,k}\right] = 0.$$

$$(12.4.50)$$

Wir schreiben die Elastizitätsgleichung für die bezogene Knotenverschiebung $\eta_i{}^*$ in der Form (siehe auch Tafel 3)

$$\varphi_i{}^* \cdot {}^{\varphi_i}a_{\eta_i}^* + \xi_i{}^* \cdot {}^{\xi_i}a_{\eta_i}^* + \eta_i{}^* \cdot {}^{\eta_i}a_{\eta_i}^* + \varphi_k{}^* \cdot {}^{\varphi_k}a_{\eta_i}^* + \xi_k{}^* \cdot {}^{\xi_k}a_{\eta_i}^* + \eta_k{}^* \cdot {}^{\eta_k}a_{\eta_i}^* + \bar{a}_{\eta_i} = 0 \tag{12.4.51}$$

und erhalten die Koeffizienten der Elastizitätsgleichung durch Vergleich von (12.4.50) und (12.4.51) zu:

$$^{\varphi_i}a_{\eta_i}^* = + \sum_{(b,b)} \left(F_3(\varepsilon) \cdot \varrho_l{}^2 \cdot \varrho_E \cdot \varrho_I \cdot \theta_x \right)_{i,k} + \sum_{(b,g)} \left(F_5(\varepsilon) \cdot \varrho_l{}^2 \cdot \varrho_E \cdot \varrho_I \cdot \theta_x \right)_{i,k}, \tag{12.4.52}$$

$$^{\xi_i}a_{\eta_i}^* = + \sum_{(b,b)} \left(F_4(\varepsilon) \cdot \varrho_l{}^3 \cdot \varrho_E \cdot \varrho_I \cdot \theta_x \cdot \theta_y \right)_{i,k} + \sum_{(b,g);(g,b)} \left(F_6(\varepsilon) \cdot \varrho_l{}^3 \cdot \varrho_E \cdot \varrho_I \cdot \theta_x \cdot \theta_y \right)_{i,k}$$
$$+ \sum_{(g,g)} \left(F_7(\varepsilon) \cdot \varrho_l{}^3 \cdot \varrho_E \cdot \varrho_I \cdot \theta_x \cdot \theta_y \right)_{i,k} - \sum_{(f,f)} \left(\varrho_l \cdot \varrho_E \cdot \varrho_F \cdot \theta_x \cdot \theta_y \right)_{i,k}$$
$$- \varrho_{N;i} \cdot \left(\theta_x \cdot \theta_y \right)_{i,\bar{\imath}}, \tag{12.4.53}$$

$$^{\eta_i}a_{\eta_i}^* = - \sum_{(b,b)} \left(F_4(\varepsilon) \cdot \varrho_l{}^3 \cdot \varrho_E \cdot \varrho_I \cdot \theta_x{}^2 \right)_{i,k} - \sum_{(b,g);(g,b)} \left(F_6(\varepsilon) \cdot \varrho_l{}^3 \cdot \varrho_E \cdot \varrho_I \cdot \theta_x{}^2 \right)_{i,k}$$
$$- \sum_{(g,g)} \left(F_7(\varepsilon) \cdot \varrho_l{}^3 \cdot \varrho_E \cdot \varrho_I \cdot \theta_x{}^2 \right)_{i,k} - \sum_{(f,f)} \left(\varrho_l \cdot \varrho_E \cdot \varrho_F \cdot \theta_y{}^2 \right)_{i,k} - \varrho_{N;i} \cdot \theta_{y;i,\bar{\imath}}^2, \tag{12.4.54}$$

$$^{\varphi_k}a_{\eta_i}^* = + \left(F_3(\varepsilon) \cdot \varrho_l{}^2 \cdot \varrho_E \cdot \varrho_I \cdot \theta_x \right)_{i,k(b,b)} \quad \text{bzw.} \quad + \left(F_5(\varepsilon) \cdot \varrho_l{}^2 \cdot \varrho_E \cdot \varrho_I \cdot \theta_x \right)_{i,k(g,b)}, \tag{12.4.55}$$

$$^{\xi_k}a_{\eta_i}^* = - \left(F_4(\varepsilon) \cdot \varrho_l{}^3 \cdot \varrho_E \cdot \varrho_I \cdot \theta_x \cdot \theta_y \right)_{i,k(b,b)} \quad \text{bzw.} \quad - \left(F_6(\varepsilon) \cdot \varrho_l{}^3 \cdot \varrho_E \cdot \varrho_I \cdot \theta_x \cdot \theta_y \right)_{i,k(b,g)}$$
$$\text{bzw.} \quad - \left(F_6(\varepsilon) \cdot \varrho_l{}^3 \cdot \varrho_E \cdot \varrho_I \cdot \theta_x \cdot \theta_y \right)_{i,k(g,b)}$$
$$\text{bzw.} \quad - \left(F_7(\varepsilon) \cdot \varrho_l{}^3 \cdot \varrho_E \cdot \varrho_I \cdot \theta_x \cdot \theta_y \right)_{i,k(g,g)}$$
$$+ \left(\varrho_l \cdot \varrho_E \cdot \varrho_F \cdot \theta_x \cdot \theta_y \right)_{i,k(f,f)}, \tag{12.4.56}$$

$$^{\eta_k}a_{\eta_i}^* = + \left(F_4(\varepsilon) \cdot \varrho_l{}^3 \cdot \varrho_E \cdot \varrho_I \cdot \theta_x{}^2 \right)_{i,k(b,b)} \quad \text{bzw.} \quad + \left(F_6(\varepsilon) \cdot \varrho_l{}^3 \cdot \varrho_E \cdot \varrho_I \cdot \theta_x{}^2 \right)_{i,k(b,g)}$$
$$\text{bzw.} \quad + \left(F_6(\varepsilon) \cdot \varrho_l{}^3 \cdot \varrho_E \cdot \varrho_I \cdot \theta_x{}^2 \right)_{i,k(g,b)}$$
$$\text{bzw.} \quad + \left(F_7(\varepsilon) \cdot \varrho_l{}^3 \cdot \varrho_E \cdot \varrho_I \cdot \theta_x{}^2 \right)_{i,k(g,g)}$$
$$+ \left(\varrho_l \cdot \varrho_E \cdot \varrho_F \cdot \theta_y{}^2 \right)_{i,k(f,f)}. \tag{12.4.57}$$

Für das Absolutglied der Elastizitätsgleichung folgt aus (12.4.50) und (12.4.51):

$$\bar{a}_{\eta_i} = + \bar{V}_i \cdot l_c - \sum_{(b,b);(b,g);(g,b);(g,g)} \left[\sum_B \left(\bar{K}(\varepsilon)_Q \cdot l_c \cdot \theta_x \right)_{i,k} \right] - \sum_{(f,f);(f,l)} \left[\sum_B \left(\bar{K}_L \cdot l_c \cdot \theta_y \right)_{i,k} \right]. \tag{12.4.58}$$

Die Koeffizienten $^{\varphi_i}a_{\eta_i}$, $^{\xi_i}a_{\eta_i}$, $^{\eta_i}a_{\eta_i}$, $^{\varphi_k}a_{\eta_i}$, $^{\xi_k}a_{\eta_i}$ und $^{\eta_k}a_{\eta_i}$ einer Elastizitäsgleichung für die Knotenverschiebung η_i eines ebenen Stabwerkes sind virtuelle Arbeiten, welche die Stabendschnittlasten $\Re_{i,k}$ und $\Re_i$ des Stabwerkes infolge der Verformungszustände $\varphi_i = 1$, $\xi_i = 1$, $\eta_i = 1$, $\varphi_k = 1$, $\xi_k = 1$ und $\eta_k = 1$ bei einer virtuellen Verschiebung $\eta_i = 1$ am stabilisierten Gelenksystem des Stabwerkes (fiktive Verschiebungsfessel $^V\mathfrak{F}_{i;\eta}$ ist durchschnitten) leisten.

Das Absolutglied $\bar{a}_{\eta_i}$ einer Elastizitätsgleichung für die Knotenverschiebung η_i eines ebenen Stabwerkes ist die virtuelle Arbeit, welche die Knotenlast $\overline{V}_i$ und die Stabendschnittlasten $\overline{K}_{i,k}$ des Zustandes „$\overline{O}$" des Stabwerkes bei einer virtuellen Verschiebung $\eta_i = 1$ am stabilisierten Gelenksystem (fiktive Verschiebungsfessel $^V\mathfrak{F}_{i;\eta}$ ist durchschnitten) leisten.

Die Berechnung der Koeffizienten und des Absolutgliedes der Elastizitätsgleichung für die bezogene Knotenverschiebung η_i^* des Knotenpunktes i nach Abb. 181 erfolgt nach (12.4.52) bis (12.4.58) gemäß den Ausführungen in 12.4.3. zur Berechnung der Koeffizienten und des Absolutgliedes der Elastizitätsgleichung für die bezogene Knotenverschiebung ξ_i^* nach (12.4.39) bis (12.4.45).

13. Verformungen φ und v der Knotenpunkte ebener Stabwerke

Die Verformungen des Knotenpunktes a eines ebenen Stabwerkes sind allgemein durch die Knotendrehung φ_a und die Knotenverschiebungen $v_{a;x}$ und $v_{a;y}$ gegeben.

Für die Knotendrehung φ_a folgt aus (12.4.8):

$$\varphi_a = \varphi_a{}^* \cdot \frac{l_c}{E_c I_c} . \tag{13.1}$$

Für die Knotenverschiebungen $v_{a;x}$ und $v_{a;y}$ erhält man aus (2.2.9) und (2.2.10):

$$v_{a;x} = \xi_a \cdot l_c ,$$

$$v_{a;y} = \eta_a \cdot l_c .$$

Hieraus ergibt sich mit (12.4.9) und (12.4.10):

$$v_{a;x} = \xi_a{}^* \cdot \frac{l_c{}^2}{E_c I_c} , \tag{13.2}$$

$$v_{a;y} = \eta_a{}^* \cdot \frac{l_c{}^2}{E_c I_c} . \tag{13.3}$$

Gegebenenfalls können für einen (Auflager)-Knotenpunkt a eines ebenen Stabwerkes eine oder zwei der Verformungen nach (13.1), (13.2) und (13.3) Null sein, wenn

ein am Knotenpunkt a angreifender (drehstarrer) Dreh-Fesselstab $^D\bar{F}_a$ eine Drehung des Knotenpunktes a verhindert ($\varphi_a = 0$),

oder ein am Knotenpunkt a angeschlossener (längsstarrer) Verschiebungs-Fesselstab $^V\bar{F}_{a;x}$ bzw. $^V\bar{F}_{a;y}$ keine Verschiebung des Knotenpunktes a in x-Richtung ($v_{a;x} = 0$) bzw. in y-Richtung ($v_{a;y} = 0$) zuläßt.

14. Schnittlasten M, Q und S und Verformungen $\tilde{u}$, $\tilde{v}$ und $\tilde{v}'$ der Stäbe ebener Stabwerke

14.1. Allgemeines

Die Grundgleichungen für die Beträge der Stabendschnittlasten $M_{a,b}$, $M_{b,a}$, $K_{a,b;Q}$, $K_{b,a;Q}$, $K_{a,b;L}$ und $K_{b,a;L}$ von Stäben ebener Stabwerke, den Verlauf der Schnittlasten $M(\tilde{x})$, $Q(\tilde{x})$ und $S(\tilde{x})$ und der Verformungen $\tilde{v}(\tilde{x})$, $\tilde{v}'(\tilde{x})$ und $\tilde{u}(\tilde{x})$ nach 2. werden nachfolgend unter Verwendung von Grundbeziehungen und Gleichungen nach 2., 4., 5., 7. und 12. so umgeschrieben, daß sie für die Zahlenrechnung geeigneter sind.

14.2. Stab a,b (b,b)

Aus (2.2.17) erhalten wir mit (12.4.8), (12.4.9), (12.4.10), (5.2.8), (5.3.1), (5.4.1), (2.2.13), (12.4.11), (12.4.12) und

$$\psi_{a,b}^* = \left\{\varrho_l \cdot \left[-(\xi_a^* - \xi_b^*) \cdot \theta_y + (\eta_a^* - \eta_b^*) \cdot \theta_x\right]\right\}_{a,b} = \psi_{a,b} \cdot \frac{E_c I_c}{l_c} \tag{14.2.1}$$

für das Stabendmoment $M(\alpha)_{a,b(b,b)}$ eines Druckstabes a,b (b,b) (siehe auch Abb. 9):

$$M(\alpha)_{a,b(b,b)} = \sum_B \overline{M}(\alpha)_{a,b(b,b)} + \left[\left(\varphi_a^* \cdot F_1(\alpha) + \varphi_b^* \cdot F_2(\alpha) - \psi_{a,b}^* \cdot F_3(\alpha)\right)\right.$$
$$\left. \times \varrho_l \cdot \varrho_E \cdot \varrho_I\right]_{a,b}.$$

Wir schreiben diese Grundgleichung in der Form

$$M(\varepsilon)_{a,b(b,b)} = \sum_B \overline{M}(\varepsilon)_{a,b(b,b)} + \left[\left(\varphi_a^* \cdot F_1(\varepsilon) + \varphi_b^* \cdot F_2(\varepsilon) - \psi_{a,b}^* \cdot F_3(\varepsilon)\right)\right.$$
$$\left. \times \varrho_l \cdot \varrho_E \cdot \varrho_I\right]_{a,b} \tag{14.2.2}$$

und erkennen mit 5. und 6., daß (14.2.2) mit $(\varepsilon) = (\alpha)$ bzw. (α^2) für das Stabendmoment $M(\alpha)_{a,b(b,b)}$ bzw. $M(\alpha^2)_{a,b(b,b)}$ eines Druckstabes a,b (b,b), mit $(\varepsilon) = (0)$ für das Stabendmoment $M(0)_{a,b(b,b)}$ eines Stabes a,b (b,b) ohne Längskraft und mit $(\varepsilon) = (\beta)$ bzw. (β^2) bzw. (β_N) für das Stabendmoment $M(\beta)_{a,b(b,b)}$ bzw. $M(\beta^2)_{a,b(b,b)}$ bzw. $M(\beta_N)_{a,b(b,b)}$ eines Zugstabes a,b (b,b) gilt.

Ebenso ergibt sich aus (2.2.18) mit (12.4.8), (12.4.9), (12.4.10), (5.2.9), (5.3.2), (5.4.1), (2.2.13), (12.4.11), (12.4.12) und (14.2.1) für das Stabendmoment $M(\varepsilon)_{b,a(b,b)}$ eines Stabes a,b (b,b):

$$M(\varepsilon)_{b,a(b,b)} = \sum_B \overline{M}(\varepsilon)_{b,a(b,b)} + \left[\left(\varphi_a{}^* \cdot F_2(\varepsilon) + \varphi_b{}^* \cdot F_1(\varepsilon) - \psi_{a,b}^* \cdot F_3(\varepsilon)\right)\right.$$
$$\left. \times \varrho_l \cdot \varrho_E \cdot \varrho_I\right]_{a,b}. \tag{14.2.3}$$

Für die Stabendquerkräfte $K(\alpha)_{a,b;Q(b,b)}$ und $K(\alpha)_{b,a;Q(b,b)}$ eines Druckstabes a,b (b,b) folgt aus (2.2.19) und (2.2.20) mit (12.4.8), (12.4.9), (12.4.10), (5.2.10), (5.3.3), (5.4.2), (2.2.13), (12.4.11), (12.4.12) und (14.2.1)

$$K(\alpha)_{a,b;Q(b,b)} = \sum_B \overline{K}(\alpha)_{a,b;Q(b,b)} + \left\{\left[-(\varphi_a{}^* + \varphi_b{}^*) \cdot F_3(\alpha) + \psi_{a,b}^* \cdot F_4(\alpha)\right]\right.$$
$$\left. \times \frac{\varrho_l{}^2 \cdot \varrho_E \cdot \varrho_I}{l_c}\right\}_{a,b},$$

$$K(\alpha)_{b,a;Q(b,b)} = \sum_B \overline{K}(\alpha)_{b,a;Q(b,b)} + \left\{\left[-(\varphi_a{}^* + \varphi_b{}^*) \cdot F_3(\alpha) + \psi_{a,b}^* \cdot F_4(\alpha)\right]\right.$$
$$\left. \times \frac{\varrho_l{}^2 \cdot \varrho_E \cdot \varrho_I}{l_c}\right\}_{a,b}$$

und damit allgemein:

$$K(\varepsilon)_{a,b;Q(b,b)} = \sum_B \overline{K}(\varepsilon)_{a,b;Q(b,b)} + \left\{\left[-(\varphi_a{}^* + \varphi_b{}^*) \cdot F_3(\varepsilon) + \psi_{a,b}^* \cdot F_4(\varepsilon)\right]\right.$$
$$\left. \times \frac{\varrho_l{}^2 \cdot \varrho_E \cdot \varrho_I}{l_c}\right\}_{a,b}, \tag{14.2.4}$$

$$K(\varepsilon)_{b,a;Q(b,b)} = \sum_B \overline{K}(\varepsilon)_{b,a;Q(b,b)} + \left\{\left[-(\varphi_a{}^* + \varphi_b{}^*) \cdot F_3(\varepsilon) + \psi_{a,b}^* \cdot F_4(\varepsilon)\right]\right.$$
$$\left. \times \frac{\varrho_l{}^2 \cdot \varrho_E \cdot \varrho_I}{l_c}\right\}_{a,b}. \tag{14.2.5}$$

Das Biegemoment $M(\alpha, \tilde{\chi})_{(b,b)}$ eines Druckstabes a,b (b,b) erhält man aus (2.2.5) mit (4.3.16) und (4.4.4) unter Beachtung der Vorzeichenfestsetzung für die Momente M_a und M_b nach 4. (siehe auch die Abb. 31 und Abb. 36) und die Stabendmomente $M_{a,b}$ und $M_{b,a}$ nach 2. (siehe auch Abb. 6) zu:

$$M(\alpha, \tilde{\chi})_{(b,b)} = \sum_B M_0(\alpha, \tilde{\chi}) + M(\alpha)_{a,b(b,b)} \cdot F(\alpha, \tilde{\chi})_{a;M} - M(\alpha)_{b,a(b,b)} \cdot F(\alpha, \tilde{\chi})_{b;M}.$$

Wir schreiben diese Grundgleichung in der Form

$$M(\varepsilon, \tilde{\chi})_{(b,b)} = \sum_B M_0(\varepsilon, \tilde{\chi}) + M(\varepsilon)_{a,b(b,b)} \cdot F(\varepsilon, \tilde{\chi})_{a;M} - M(\varepsilon)_{b,a(b,b)} \cdot F(\varepsilon, \tilde{\chi})_{b;M}$$
$$\tag{14.2.6}$$

und folgern mit 4., daß (14.2.6) mit $(\varepsilon) = (\alpha)$ bzw. (α^2) für das Biegemoment $M(\alpha, \tilde{\chi})_{(b,b)}$ bzw. $M(\alpha^2, \tilde{\chi})_{(b,b)}$ eines Druckstabes a,b (b,b), mit $(\varepsilon) = (0)$ für das

Biegemoment $M(0, \tilde{\chi})_{(b,b)}$ eines Stabes a,b (b,b) ohne Längskraft und mit $(\varepsilon) = (\beta)$ bzw. (β^2) bzw. (β_N) für das Biegemoment $M(\beta, \tilde{\chi})_{(b,b)}$ bzw. $M(\beta^2, \tilde{\chi})_{(b,b)}$ bzw. $M(\beta_N, \tilde{\chi})_{(b,b)}$ eines Zugstabes a,b (b,b) gilt.

Ebenso ergibt sich aus (2.2.6) mit (4.3.17) und (4.4.5) für die Querkraft $Q(\varepsilon, \tilde{\chi})_{(b,b)}$ eines Stabes a,b (b,b)

$$Q(\varepsilon, \tilde{\chi})_{(b,b)} = \sum_B Q_0(\varepsilon, \tilde{\chi}) + \big(M(\varepsilon)_{a,b(b,b)} \cdot F(\varepsilon, \tilde{\chi})_{a;Q} - M(\varepsilon)_{b,a(b,b)} \cdot F(\varepsilon, \tilde{\chi})_{b;Q} \big) \cdot \frac{1}{l_{a,b}},$$

$$(14.2.7)$$

aus (2.2.22) mit (4.3.14), (4.4.6), (12.4.9), (12.4.10), (2.2.13), (12.4.11), (12.4.12), (14.2.1) und (4.3.3) für die Verschiebung $\bar{v}(\varepsilon, \tilde{\chi})_{(b,b)}$ eines Stabes a,b (b,b) mit Vorverformung $\bar{v}_v(\tilde{\chi})$

$$\bar{v}(\varepsilon, \tilde{\chi})_{(b,b)} = \bar{v}_v(\tilde{\chi}) + \sum_B \bar{v}_0(\varepsilon, \tilde{\chi})$$

$$+ \big(M(\varepsilon)_{a,b(b,b)} \cdot F(\varepsilon, \tilde{\chi})_{a;v} - M(\varepsilon)_{b,a(b,b)} \cdot F(\varepsilon, \tilde{\chi})_{b;v} \big) \cdot \left(\frac{l^2}{EI} \right)_{a,b}$$

$$+ \left(\xi_a^* \cdot \theta_y - \eta_a^* \cdot \theta_x + \psi_{a,b}^* \cdot \frac{\tilde{\chi}}{\varrho_l} \right)_{a,b} \cdot \frac{l_c^2}{E_c I_c} \qquad (14.2.8)$$

und aus (2.2.23) mit (4.3.15), (4.4.7), (12.4.9), (12.4.10), (2.2.13), (12.4.11), (12.4.12) und (14.2.1) für die Neigung $\bar{v}'(\varepsilon, \tilde{\chi})_{(b,b)}$ der Sehne eines Stabes a,b (b,b) mit Vorverformung:

$$\bar{v}'(\varepsilon, \tilde{\chi})_{(b,b)} = \bar{v}'_v(\tilde{\chi}) + \sum_B \bar{v}_0'(\varepsilon, \tilde{\chi})$$

$$+ \big(M(\varepsilon)_{a,b(b,b)} \cdot F(\varepsilon, \tilde{\chi})_{a;v'} - M(\varepsilon)_{b,a(b,b)} \cdot F(\varepsilon, \tilde{\chi})_{b;v'} \big) \cdot \left(\frac{l}{EI} \right)_{a,b}$$

$$+ \psi_{a,b}^* \cdot \frac{l_c}{E_c I_c} \cdot \qquad (14.2.9)$$

14.3. Stab a,b (b,g)

Aus (2.3.8) folgt mit (12.4.8), (12.4.9), (12.4.10), (5.5.1), (5.7.1), (2.2.13), (12.4.11), (12.4.12) und (14.2.1) für das Stabendmoment $M(\alpha)_{a,b(b,g)}$ eines Druckstabes a,b (b,g) (siehe auch Abb. 14)

$$M(\alpha)_{a,b(b,g)} = \sum_B \overline{M}(\alpha)_{a,b(b,g)} + \big[(\varphi_a^* - \psi_{a,b}^*) \cdot F_5(\alpha) \cdot \varrho_l \cdot \varrho_E \cdot \varrho_I \big]_{a,b}$$

oder allgemein:

$$M(\varepsilon)_{a,b(b,g)} = \sum_B \overline{M}(\varepsilon)_{a,b(b,g)} + \big[(\varphi_a^* - \psi_{a,b}^*) \cdot F_5(\varepsilon) \cdot \varrho_l \cdot \varrho_E \cdot \varrho_I \big]_{a,b}. \qquad (14.3.1)$$

Die Stabendquerkräfte $K(\alpha)_{a,b;Q(b,g)}$ und $K(\alpha)_{b,a;Q(b,g)}$ eines Druckstabes a,b (b,g) erhalten wir aus (2.3.9) und (2.3.10) mit (12.4.8), (12.4.9), (12.4.10), (5.5.2), (5.7.2), (2.2.13), (12.4.11), (12.4.12) und (14.2.1) zu

$$K(\alpha)_{a,b;Q(b,g)} = \sum_B \overline{K}(\alpha)_{a,b;Q(b,g)} + \left[\big(-\varphi_a^* \cdot F_5(\alpha) + \psi_{a,b}^* \cdot F_6(\alpha) \big) \cdot \frac{\varrho_l^2 \cdot \varrho_E \cdot \varrho_I}{l_c} \right]_{a,b},$$

$$K(\alpha)_{b,a;Q(b,g)} = \sum_B \overline{K}(\alpha)_{b,a;Q(b,g)} + \left[\big(-\varphi_a^* \cdot F_5(\alpha) + \psi_{a,b}^* \cdot F_6(\alpha) \big) \cdot \frac{\varrho_l^2 \cdot \varrho_E \cdot \varrho_I}{l_c} \right]_{a,b}$$

und damit allgemein zu:

$$K(\varepsilon)_{a,b;Q(b,g)} = \sum_B \overline{K}(\varepsilon)_{a,b;Q(b,g)} + \left[\left(-\varphi_a{}^* \cdot F_5(\varepsilon) + \psi_{a,b}^* \cdot F_6(\varepsilon)\right) \cdot \frac{\varrho_l{}^2 \cdot \varrho_E \cdot \varrho_I}{l_c}\right]_{a,b},$$

$$(14.3.2)$$

$$K(\varepsilon)_{b,a;Q(b,g)} = \sum_B \overline{K}(\varepsilon)_{b,a;Q(b,g)} + \left[\left(-\varphi_a{}^* \cdot F_5(\varepsilon) + \psi_{a,b}^* \cdot F_6(\varepsilon)\right) \cdot \frac{\varrho_l{}^2 \cdot \varrho_E \cdot \varrho_I}{l_c}\right]_{a,b} \cdot$$

$$(14.3.3)$$

Für das Biegemoment $M(\alpha, \tilde{\chi})_{(b,g)}$ eines Druckstabes a,b (b,g) ergibt sich aus (2.3.4) mit (4.3.16)

$$M(\alpha, \tilde{\chi})_{(b,g)} = \sum_B M_0(\alpha, \tilde{\chi}) + M(\alpha)_{a,b(b,g)} \cdot F(\alpha, \tilde{\chi})_{a;M}$$

oder allgemein

$$M(\varepsilon, \tilde{\chi})_{(b,g)} = \sum_B M_0(\varepsilon, \tilde{\chi}) + M(\varepsilon)_{a,b(b,g)} \cdot F(\varepsilon, \tilde{\chi})_{a;M} \cdot \qquad (14.3.4)$$

Ebenso folgt aus (2.3.5) mit (4.3.17) für die Querkraft $Q(\varepsilon, \tilde{\chi})_{(b,g)}$ eines Stabes a,b (b,g)

$$Q(\varepsilon, \tilde{\chi})_{(b,g)} = \sum_B Q_0(\varepsilon, \tilde{\chi}) + M(\varepsilon)_{a,b(b,g)} \cdot F(\varepsilon, \tilde{\chi})_{a;Q} \cdot \frac{1}{l_{a,b}}, \qquad (14.3.5)$$

aus (2.3.11) mit (4.3.14), (12.4.9), (12.4.10), (2.2.13), (12.4.11), (12.4.12), (14.2.1) und (4.3.3) für die Verschiebung $\tilde{v}(\varepsilon, \tilde{\chi})_{(b,g)}$ eines Stabes a,b (b,g) mit Vorverformung $\tilde{v}_v(\tilde{\chi})$

$$\tilde{v}(\varepsilon, \tilde{\chi})_{(b,g)} = \tilde{v}_v(\tilde{\chi}) + \sum_B \tilde{v}_0(\varepsilon, \tilde{\chi}) + M(\varepsilon)_{a,b(b,g)} \cdot F(\varepsilon, \tilde{\chi})_{a;v} \cdot \left(\frac{l^2}{EI}\right)_{a,b}$$

$$+ \left(\xi_a{}^* \cdot \theta_y - \eta_a{}^* \cdot \theta_x + \psi_{a,b}^* \cdot \frac{\tilde{\chi}}{\varrho_l}\right)_{a,b} \cdot \frac{l_c{}^2}{E_c I_c} \qquad (14.3.6)$$

und aus (2.3.12) mit (4.3.15), (12.4.9), (12.4.10), (2.2.13), (12.4.11), (12.4.12) und (14.2.1) für die Neigung $\tilde{v}'(\varepsilon, \tilde{\chi})_{(b,g)}$ der Sehne eines Stabes a,b (b,g) mit Vorverformung:

$$\tilde{v}'(\varepsilon, \tilde{\chi})_{(b,g)} = \tilde{v}_v{}'(\tilde{\chi}) + \sum_B \tilde{v}_0{}'(\varepsilon, \tilde{\chi}) + M(\varepsilon)_{a,b(b,g)} \cdot F(\varepsilon, \tilde{\chi})_{a;v'} \cdot \left(\frac{l}{EI}\right)_{a,b} + \psi_{a,b}^* \cdot \frac{l_c}{E_c I_c} \cdot$$

$$(14.3.7)$$

14.4. Stab a,b (g,b)

Aus (2.4.8) erhält man mit (12.4.8), (12.4.9), (12.4.10), (5.6.1), (5.8.1), (2.2.13) (12.4.11), (12.4.12) und (14.2.1) für das Stabendmoment $M(\alpha)_{b,a(g,b)}$ eines Druck stabes a,b (g,b) (siehe auch Abb. 15)

$$M(\alpha)_{b,a(g,b)} = \sum_B \overline{M}(\alpha)_{b,a(g,b)} + \left[(\varphi_b{}^* - \psi_{a,b}^*) \cdot F_5(\alpha) \cdot \varrho_l \cdot \varrho_E \cdot \varrho_I\right]_{a,b}$$

oder allgemein:

$$M(\varepsilon)_{b,a(g,b)} = \sum_B \overline{M}(\varepsilon)_{b,a(g,b)} + \left[(\varphi_b{}^* - \psi_{a,b}^*) \cdot F_5(\varepsilon) \cdot \varrho_l \cdot \varrho_E \cdot \varrho_I\right]_{a,b}. \qquad (14.4.1$$

Die Stabendquerkräfte $K(\alpha)_{a,b;Q(g,b)}$ und $K(\alpha)_{b,a;Q(g,b)}$ eines Druckstabe a,b (g,b) ergeben sich aus (2.4.9) und (2.4.10) mit (12.4.8), (12.4.9), (12.4.10) (5.6.2), (5.8.2), (2.2.13), (12.4.11), (12.4.12) und (14.2.1) zu

$$K(\alpha)_{a,b;Q(g,b)} = \sum_B \overline{K}(\alpha)_{a,b;Q(g,b)} + \left[\left(-\varphi_b{}^* \cdot F_5(\alpha) + \psi_{a,b}^* \cdot F_6(\alpha)\right) \cdot \frac{\varrho_l{}^2 \cdot \varrho_E \cdot \varrho_I}{l_c}\right]_{a,b},$$

$$K(\alpha)_{b,a;Q(g,b)} = \sum_B \overline{K}(\alpha)_{b,a;Q(g,b)} + \left[\left(-\varphi_b{}^* \cdot F_5(\alpha) + \psi_{a,b}^* \cdot F_6(\alpha)\right) \cdot \frac{\varrho_l{}^2 \cdot \varrho_E \cdot \varrho_I}{l_c}\right]_{a,b}$$

und damit allgemein zu:

$$K(\varepsilon)_{a,b;Q(g,b)} = \sum_B \overline{K}(\varepsilon)_{a,b;Q(g,b)} + \left[\left(-\varphi_b{}^* \cdot F_5(\varepsilon) + \psi_{a,b}^* \cdot F_6(\varepsilon)\right) \cdot \frac{\varrho_l{}^2 \cdot \varrho_E \cdot \varrho_I}{l_c}\right]_{a,b},$$

$$\qquad (14.4.2$$

$$K(\varepsilon)_{b,a;Q(g,b)} = \sum_B \overline{K}(\varepsilon)_{b,a;Q(g,b)} + \left[\left(-\varphi_b{}^* \cdot F_5(\varepsilon) + \psi_{a,b}^* \cdot F_6(\varepsilon)\right) \cdot \frac{\varrho_l{}^2 \cdot \varrho_E \cdot \varrho_I}{l_c}\right]_{a,b}.$$

$$\qquad (14.4.3$$

Für das Biegemoment $M(\alpha, \tilde{\chi})_{(g,b)}$ eines Druckstabes a,b (g,b) folgt aus (2.4.4 mit (4.4.4)

$$M(\alpha, \tilde{\chi})_{(g,b)} = \sum_B M_0(\alpha, \tilde{\chi}) - M(\alpha)_{b,a(g,b)} \cdot F(\alpha, \tilde{\chi})_{b;M}$$

oder allgemein:

$$M(\varepsilon, \tilde{\chi})_{(g,b)} = \sum_B M_0(\varepsilon, \tilde{\chi}) - M(\varepsilon)_{b,a(g,b)} \cdot F(\varepsilon, \tilde{\chi})_{b;M}. \qquad (14.4.4$$

Ebenso erhalten wir aus (2.4.5) mit (4.4.5) für die Querkraft $Q(\varepsilon, \tilde{\chi})_{(g,b)}$ eine Stabes a,b (g,b)

$$Q(\varepsilon, \tilde{\chi})_{(g,b)} = \sum_B Q_0(\varepsilon, \tilde{\chi}) - M(\varepsilon)_{b,a(g,b)} \cdot F(\varepsilon, \tilde{\chi})_{b;Q} \cdot \frac{1}{l_{a,b}}, \qquad (14.4.5$$

aus (2.4.11) mit (4.4.6), (12.4.9), 12.4.10), (2.2.13), (12.4.11), (12.4.12), (14.2.1) und (4.3.3) für die Verschiebung $\tilde{v}(\varepsilon, \tilde{\chi})_{(g,b)}$ eines Stabes a,b (g,b) mit Vorverformung $\tilde{v}_v(\tilde{\chi})$

$$\tilde{v}(\varepsilon, \tilde{\chi})_{(g,b)} = \tilde{v}_v(\tilde{\chi}) + \sum_B \tilde{v}_0(\varepsilon, \tilde{\chi}) - M(\varepsilon)_{b,a(g,b)} \cdot F(\varepsilon, \tilde{\chi})_{b;v} \cdot \left(\frac{l^2}{EI}\right)_{a,b}$$

$$+ \left(\xi_a{}^* \cdot \theta_y - \eta_a{}^* \cdot \theta_x + \psi_{a,b}^* \cdot \frac{\tilde{\chi}}{\varrho_l}\right)_{a,b} \cdot \frac{l_c{}^2}{E_c I_c} \qquad (14.4.6)$$

und aus (2.4.12) mit (4.4.7), (12.4.9), (12.4.10), (2.2.13), (12.4.11), (12.4.12) und (14.2.1) für die Neigung $\tilde{v}'(\varepsilon, \tilde{\chi})_{(g,b)}$ der Sehne eines Stabes a,b (g,b) mit Vorverformung:

$$\tilde{v}'(\varepsilon, \tilde{\chi})_{(g,b)} = \tilde{v}_v{}'(\tilde{\chi}) + \sum_B \tilde{v}_0{}'(\varepsilon, \tilde{\chi}) - M(\varepsilon)_{b,a(g,b)} \cdot F(\varepsilon, \tilde{\chi})_{b;v'} \cdot \left(\frac{l}{EI}\right)_{a,b} + \psi_{a,b}^* \cdot \frac{l_c}{E_c I_c} \cdot$$

$$(14.4.7)$$

14.5. Stab a,b (g,g)

Aus (2.5.7) und (2.5.8) ergeben sich mit (12.4.9), (12.4.10), (5.9.1), (2.2.13), (12.4.11), (12.4.12) und (14.2.1) die Stabendquerkräfte $K(\alpha)_{a,b;Q(g,g)}$ und $K(\alpha)_{b,a;Q(g,g)}$ eines Druckstabes a,b (g,g) (siehe auch Abb. 16) zu

$$K(\alpha)_{a,b;Q(g,g)} = \sum_B \overline{K}_{a,b;Q(g,g)} + \left(\psi_{a,b}^* \cdot F_7(\alpha) \cdot \frac{\varrho_l{}^2 \cdot \varrho_E \cdot \varrho_I}{l_c}\right)_{a,b},$$

$$K(\alpha)_{b,a;Q(g,g)} = \sum_B \overline{K}_{b,a;Q(g,g)} + \left(\psi_{a,b}^* \cdot F_7(\alpha) \cdot \frac{\varrho_l{}^2 \cdot \varrho_E \cdot \varrho_I}{l_c}\right)_{a,b}$$

und damit allgemein zu:

$$K(\varepsilon)_{a,b;Q(g,g)} = \sum_B \overline{K}_{a,b;Q(g,g)} + \left(\psi_{a,b}^* \cdot F_7(\varepsilon) \cdot \frac{\varrho_l{}^2 \cdot \varrho_E \cdot \varrho_I}{l_c}\right)_{a,b}, \qquad (14.5.1)$$

$$K(\varepsilon)_{b,a;Q(g,g)} = \sum_B \overline{K}_{b,a;Q(g,g)} + \left(\psi_{a,b}^* \cdot F_7(\varepsilon) \cdot \frac{\varrho_l{}^2 \cdot \varrho_E \cdot \varrho_I}{l_c}\right)_{a,b}. \qquad (14.5.2)$$

Für das Biegemoment $M(\alpha, \tilde{\chi})_{(g,g)}$ eines Druckstabes a,b (g,g) folgt aus (2.5.3)

$$M(\alpha, \tilde{\chi})_{(g,g)} = \sum_B M_0(\alpha, \tilde{\chi})$$

oder allgemein:

$$M(\varepsilon, \tilde{\chi})_{(g,g)} = \sum_B M_0(\varepsilon, \tilde{\chi}) \qquad (14.5.3)$$

Ebenso erhält man aus (2.5.4) für die Querkraft $Q(\varepsilon, \tilde{\chi})_{(g,g)}$ eines Stabes a,b (g,g)

$$Q(\varepsilon, \tilde{\chi})_{(g,g)} = \sum_B Q_0(\varepsilon, \tilde{\chi}), \qquad (14.5.4)$$

aus (2.5.9) mit (12.4.9), (12.4.10), (2.2.13), (14.2.1) und (4.3.3) für die Verschiebung $\tilde{v}(\varepsilon, \tilde{\chi})_{(g,g)}$ eines Stabes a,b (g,g) mit Vorverformung $\tilde{v}_v(\tilde{\chi})$

$$\tilde{v}(\varepsilon, \tilde{\chi})_{(g,g)} = \tilde{v}_v(\tilde{\chi}) + \sum_B \tilde{v}_0(\varepsilon, \tilde{\chi}) + \left(\xi_a^* \cdot \theta_y - \eta_a^* \cdot \theta_x + \psi_{a,b}^* \cdot \frac{\tilde{\chi}}{\varrho_l} \right)_{a,b} \cdot \frac{l_c^2}{E_c I_c}$$

$$(14.5.5)$$

und aus (2.5.10) mit (12.4.9), (12.4.10) und (14.2.1) für die Neigung $\tilde{v}'(\varepsilon, \tilde{\chi})_{(g,g)}$ der Sehne eines Stabes a,b (g,g) mit Vorverformung:

$$\tilde{v}'(\varepsilon, \tilde{\chi})_{(g,g)} = \tilde{v}_v'(\tilde{\chi}) + \sum_B \tilde{v}_0'(\varepsilon, \tilde{\chi}) + \psi_{a,b}^* \cdot \frac{l_c}{E_c I_c} . \qquad (14.5.6)$$

14.6. Stab a,b (f,f)

Für die Stabendlängskräfte $K_{a,b;L(f,f)}$ und $K_{b,a;L(f,f)}$ eines Stabes a,b (f,f) (siehe auch Abb. 17) ergibt sich aus (2.6.5) und (2.6.6) mit (12.4.9), (12.4.10), (8), (2.2.13), (12.4.11), (12.4.35) und

$$\Delta l_{a,b}^* = l_c \cdot \left[(\xi_a^* - \xi_b^*) \cdot \theta_x + (\eta_a^* - \eta_b^*) \cdot \theta_y \right]_{a,b} = \Delta l_{a,b} \cdot \frac{E_c I_c}{l_c} : \qquad (14.6.1)$$

$$K_{a,b;L(f,f)} = \sum_B \overline{K}_{a,b;L(f,f)} + \left(\Delta l_{a,b}^* \cdot \frac{\varrho_l \cdot \varrho_E \cdot \varrho_F}{l_c^2} \right)_{a,b} , \qquad (14.6.2)$$

$$K_{b,a;L(f,f)} = \sum_B \overline{K}_{b,a;L(f,f)} + \left(\Delta l_{a,b}^* \cdot \frac{\varrho_l \cdot \varrho_E \cdot \varrho_F}{l_c^2} \right)_{a,b} . \qquad (14.6.3)$$

Die Längskraft $S(\tilde{\chi})_{(f,f)}$ eines Stabes a,b (f,f) folgt aus (2.6.7) mit (12.4.9), (12.4.10), (7.8.1), (2.2.13), (12.4.11), (12.4.35) und (14.6.1) zu:

$$S(\tilde{\chi})_{(f,f)} = \sum_B \overline{S}(\tilde{\chi})_{(f,f)} + \left(\Delta l_{a,b}^* \cdot \frac{\varrho_l \cdot \varrho_E \cdot \varrho_F}{l_c^2} \right)_{a,b} . \qquad (14.6.4)$$

Aus (2.6.10) erhalten wir mit (12.4.9), (12.4.10), (7.8.2) und (14.6.1) für die Verschiebung $\tilde{u}(\tilde{\chi})_{(f,f)}$ eines Stabes a,b (f,f):

$$\tilde{u}(\tilde{\chi})_{(f,f)} = \sum_B \tilde{u}(\tilde{\chi})_{(f,f)} - \left(\xi_a^* \cdot \theta_x + \eta_a^* \cdot \theta_y - \Delta l_{a,b}^* \cdot \frac{\tilde{\chi}}{l_c} \right)_{a,b} \cdot \frac{l_c^2}{E_c I_c} . \qquad (14.6.5)$$

14.7. Stab a,b (f,l)

Für die Stabendlängskraft $K_{a,b;L(f,l)}$ eines Stabes a,b (f,l) (siehe auch Abb. 19) gilt (2.7.1)

$$K_{a,b;L(f,l)} = \sum_B \overline{K}_{a,b;L(f,l)} \qquad (14.7.1)$$

und für die Längskraft $S(\tilde{\chi})_{(f,l)}$ (2.7.2):

$$S(\tilde{\chi})_{(f,l)} = \sum_B \bar{S}(\tilde{\chi})_{(f,l)}. \qquad (14.7.2)$$

Die Verschiebung $\tilde{u}(\tilde{\chi})_{(f,l)}$ eines Stabes a,b (f,l) ergibt sich aus (2.7.4) mit (12.4.9) und (12.4.10) zu:

$$\tilde{u}(\tilde{\chi})_{(f,l)} = \sum_B \tilde{u}(\tilde{\chi})_{(f,l)} - (\xi_a{}^* \cdot \theta_x + \eta_a{}^* \cdot \theta_y)_{a,b} \cdot \frac{l_c{}^2}{E_c I_c}. \qquad (14.7.3)$$

14.8. Stab a,b (l,f)

Für die Stabendlängskraft $K_{b,a;L(l,f)}$ eines Stabes a,b (l,f) (siehe auch Abb. 20) gilt (2.8.1)

$$K_{b,a;L(l,f)} = \sum_B \bar{K}_{b,a;L(l,f)} \qquad (14.8.1)$$

und für die Längskraft $S(\tilde{\chi})_{(l,f)}$ (2.8.2):

$$S(\tilde{\chi})_{(l,f)} = \sum_B \bar{S}(\tilde{\chi})_{(l,f)}. \qquad (14.8.2)$$

Die Verschiebung $\tilde{u}(\tilde{\chi})_{(l,f)}$ eines Stabes a,b (l,f) folgt aus (2.8.3) mit (12.4.9) und (12.4.10) zu:

$$\tilde{u}(\tilde{\chi})_{(l,f)} = \sum_B \tilde{u}(\tilde{\chi})_{(l,f)} - (\xi_b{}^* \cdot \theta_x + \eta_b{}^* \cdot \theta_y)_{a,b} \cdot \frac{l_c{}^2}{E_c I_c}. \qquad (14.8.3)$$

15. Schnittlasten D und N elastischer Dreh- und Verschiebungsfessel

15.1. Drehmoment $\boldsymbol{D}_a$ eines elastischen Dreh-Fesselstabes $^D\boldsymbol{F}_a$

Aus (11.1) folgt mit (12.4.8) und (12.4.13) für das Drehmoment D_a eines elastischen Dreh-Fesselstabes ^DF_a infolge einer Knotendrehung φ_a (siehe auch Abb. 175):

$$D_a = -\varphi_a{}^* \cdot \frac{l_c}{E_c I_c} \cdot {}^{\varphi_a=1}\vartheta = -\varphi_a{}^* \cdot \varrho_{D;a} \, . \tag{15.1}$$

15.2. Längskraft $\boldsymbol{N}_a$ eines elastischen Verschiebungs-Fesselstabes $^V\boldsymbol{F}_a$

Aus (11.3) erhält man mit (12.4.9), (12.4.10) und (12.4.36) für die Längskraft N_a eines elastischen Verschiebungs-Fesselstabes ^VF_a infolge einer Knotenverschiebung v_a (siehe auch Abb. 176):

$$N_a = l_c \cdot (\xi_a{}^* \cdot \theta_x + \eta_a{}^* \cdot \theta_y)_{a,\bar{a}} \cdot \frac{l_c}{E_c I_c} \cdot {}^{\Delta l_{a,\bar{a}}=1}\mathfrak{N}_a = \left(\frac{\xi_a{}^* \cdot \theta_x + \eta_a{}^* \cdot \theta_y}{l_c} \right)_{a,\bar{a}} \cdot \varrho_{N;a} \, . \tag{15.2}$$

16. Schnittlasten der Dreh- und Verschiebungsfessel von Auflagerpunkten

16.1. Schnittlasten $\overline{D}$ und $\overline{N}$ starrer Dreh- und Verschiebungsfessel

Wir betrachten den Auflagerpunkt a eines ebenen Stabwerkes, der durch einen drehstarren Drehfesselstab $^D\overline{F}_a$ und längsstarre Verschiebungs-Fesselstäbe $^V\overline{F}_{a;x}$ und $^V\overline{F}_{a;y}$ gehindert wird, sich zu drehen und zu verschieben (siehe auch Abb. 177). Die Verbindungen der Stabenden a der Stäbe a,b mit dem Auflagerpunkt a sind in dieser Abbildung im einzelnen nicht näher gekennzeichnet. Sie können biegesteif oder gelenkig und unverschieblich oder in Richtung der Stabsehnen a,b verschieblich sein.

Am Auflagerpunkt a kann eine Belastung angreifen, die durch ein Moment $\overline{M}_a$, eine Horizontalkraft $\overline{H}_a$ und eine Vertikalkraft $\overline{V}_a$ gegeben ist (siehe auch Abb. 180).

16.1.1. Drehmoment $\overline{D}_a$ eines drehstarren Dreh-Fesselstabes $^D\overline{F}_a$

Auf den Dreh-Fesselstab $^D\overline{F}_a$, der den Knotenpunkt a drehstarr hält, wirken

1. das Moment $\overline{M}_a$,

2. die Stabendmomente $M(\varepsilon)_{a,b(b,b)}$,

3. die Stabendmomente $M(\varepsilon)_{a,b(b,g)}$.

Aus der Momentengleichgewichtsbedingung für den Auflagerpunkt a ergibt sich das Drehmoment $\overline{D}_a$ des Dreh-Fesselstabes $^D\overline{F}_a$ zu (siehe auch Abbildung 183):

$$\overline{D}_a = -\overline{M}_a + \sum_{(b,b);(b,g)} M(\varepsilon)_{a,b}. \quad (16.1)$$

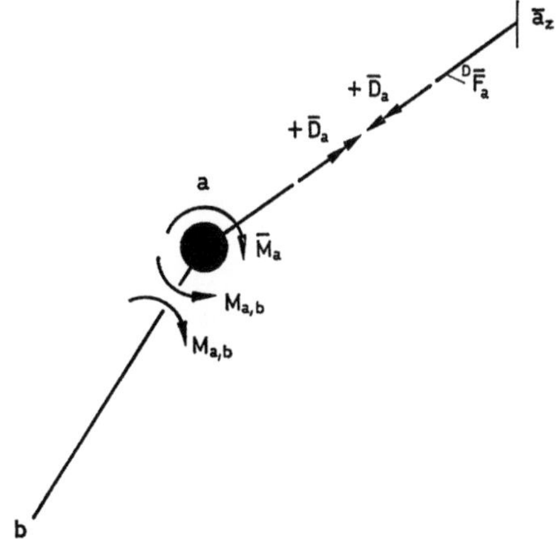

Abb. 183. Drehmoment $\overline{D}_a$ eines drehstarren Dreh-Fesselstabes $^D\overline{F}_a$

16.1.2. Längskraft $\overline{N}_{a;x}$ eines längsstarren Verschiebungs-Fesselstabes $^V\overline{F}_{a;x}$

Auf den Verschiebungs-Fesselstab $^V\overline{F}_{a;x}$, der keine Verschiebung des Auflagerpunktes a in x-Richtung zuläßt, wirken

1. die Horizontalkraft $\overline{H}_a$,

2. die Horizontalkomponenten der Stabendquerkräfte $K(\varepsilon)_{a,b;Q(b,b)}$,

3. die Horizontalkomponenten der Stabendquerkräfte $K(\varepsilon)_{a,b;Q(b,g)}$,

4. die Horizontalkomponenten der Stabendquerkräfte $K(\varepsilon)_{a,b;Q(g,b)}$,

5. die Horizontalkomponenten der Stabendquerkräfte $K(\varepsilon)_{a,b;Q(g,g)}$,

6. die Horizontalkomponenten der Stabendlängskräfte $K_{a,b;L(f,f)}$,

7. die Horizontalkomponenten der Stabendlängskräfte $K_{a,b;L(f,l)}$.

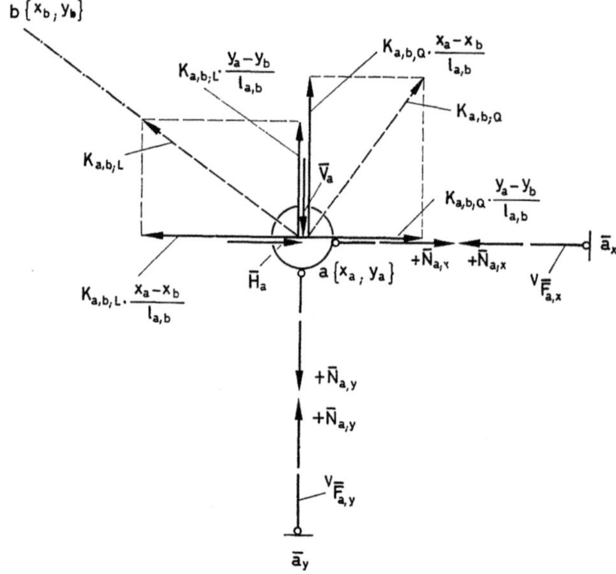

Abb. 184. Längskräfte $\overline{N}_{a;x}$ und $\overline{N}_{a;y}$ längsstarrer Verschiebungs-Fesselstäbe $^V\overline{F}_{a;x}$ und $^V\overline{F}_{a;y}$

Mit (2.2.14) und (2.2.15) folgt aus der Kräftegleichgewichtsbedingung in x-Richtung für die Längskraft $\overline{N}_{a;x}$ des Verschiebungs-Fesselstabes $^V\overline{F}_{a;x}$ (siehe auch Abb. 184):

$$\overline{N}_{a;x} = -\overline{H}_a - \sum_{(b,b);(b,g);(g,b);(g,g)} \left(K(\varepsilon)_Q \cdot \theta_y\right)_{a,b} + \sum_{(f,f);(f,l)} \left(K_L \cdot \theta_x\right)_{a,b}. \tag{16.2}$$

16.1.3. Längskraft $\overline{N}_{a;y}$ eines längsstarren Verschiebungs-Fesselstabes $^V\overline{F}_{a;y}$

Auf den Verschiebungs-Fesselstab $^V\overline{F}_{a;y}$, der eine Verschiebung des Auflagerpunktes a in y-Richtung verhindert, wirken

1. die Vertikalkraft $\overline{V}_a$,

2. die Vertikalkomponenten der Stabendquerkräfte $K(\varepsilon)_{a,b;Q(b,b)}$,

3. die Vertikalkomponenten der Stabendquerkräfte $K(\varepsilon)_{a,b;Q(b,g)}$,

4. die Vertikalkomponenten der Stabendquerkräfte $K(\varepsilon)_{a,b;Q(g,b)}$,

5. die Vertikalkomponenten der Stabendquerkräfte $K(\varepsilon)_{a,b;Q(g,g)}$,

6. die Vertikalkomponenten der Stabendlängskräfte $K_{a,b;L(f,f)}$,

7. die Vertikalkomponenten der Stabendlängskräfte $K_{a,b;L(f,l)}$.

Mit (2.2.14) und (2.2.15) erhält man aus der Kräftegleichgewichtsbedingung in y-Richtung für die Längskraft $\overline{N}_{a;y}$ des Verschiebungs-Fesselstabes $^V\overline{F}_{a;y}$ (siehe auch Abb. 184):

$$\overline{N}_{a;y} = -\overline{V}_a + \sum_{(b,b);(b,g);(g,b);(g,g)} \left(K(\varepsilon)_Q \cdot \theta_x\right)_{a,b} + \sum_{(f,f);(f,l)} (K_L \cdot \theta_y)_{a,b}. \tag{16.3}$$

16.2. Schnittlasten D und N elastischer Dreh- und Verschiebungsfessel

Ein ebenes Stabwerk kann außer den Auflagerpunkten, die sich infolge starrer Dreh- und Verschiebungsfessel nicht drehen und verschieben können, noch drehbare und (oder) verschiebliche Auflagerpunkte aufweisen. Diese Auflagerpunkte werden nach 12.2.1. zu den Knotenpunkten des Stabwerkes gezählt.

An einem drehbaren (Auflager)-Knotenpunkt a kann ein elastischer Dreh-Fesselstab $^D F_a$ angeschlossen sein und an einem verschieblichen (Auflager)-Knotenpunkt a ein elastischer Verschiebungs-Fesselstab $^V F_a$.

Das Drehmoment D_a eines an einem drehbaren Knotenpunkt a angreifenden elastischen Dreh-Fesselstabes $^D F_a$ ist durch (11.1) gegeben und die Längskraft N_a eines an einem verschieblichen Knotenpunkt a angeschlossenen elastischen Verschiebungs-Fesselstabes $^V F_a$ durch (11.2).

17. Zur Anwendung des Berechnungsverfahrens

17.1. Allgemeines

Vorstehend wird ein Berechnungsverfahren dargestellt, mit dem Schnittlasten, Auflagerlasten und Verformungen ebener Stabwerke nach Theorie II. Ordnung ermittelt werden können. Dem Verfahren liegen nach 1.3. eine Anzahl von Voraussetzungen hinsichtlich der Ausbildung und der Belastung der Stabwerke zugrunde. Diese Voraussetzungen waren nötig, um ein für die praktische Berechnung brauchbares Verfahren entwickeln zu können.

Nachfolgend wird beschrieben, wie Schnittlasten, Auflagerlasten und Verformungen ebener Stabwerke, die nicht alle Voraussetzungen nach 1.3. erfüllen, näherungsweise berechnet werden können. Darüber hinaus werden noch einige Ausführungen zur Anwendung des Verfahrens gemacht.

17.2. Veränderliche Stabquerschnitte, beliebige Stabbelastungen

Mit dem dargestellten Berechnungsverfahren können „genaue" Schnittlasten, Auflagerlasten und Verformungen ebener Stabwerke nach Theorie II. Ordnung ermittelt werden, wenn diese Stabwerke so ausgebildet und belastet sind, daß alle für die Berechnung der Schnittlasten, Auflagerlasten und Verformungen erforderlichen Grundbeziehungen und Grundgleichungen gegeben sind. Dies trifft für Stabwerke zu, deren Stäbe konstante Querschnitte aufweisen und deren Belastungen konstante Stablängskräfte erzeugen.

Die Stabwerksstäbe können demnach durch Momente M, Querlasten P, q und $q(\bar{x})$ belastet und ihre Querschnitte gleichmäßigen Temperaturdifferenzen Δt_m und ungleichmäßigen Temperaturdifferenzen Δt ausgesetzt sein. An den Knoten- und Auflagerpunkten der Stabwerke können Momente $\overline{M}$ und Kräfte $\overline{H}$ und $\overline{V}$ angreifen, den Knotenpunkten der Stabwerke können Drehungen $\bar{\varphi}$ und Verschiebungen $\bar{v}_x$ und $\bar{v}_y$ eingeprägt sein.

Stäbe, an denen Längslasten L, p und $p(\bar{x})$ angreifen, haben veränderliche Stablängskräfte $S(\bar{x})$. Daher ist gegebenenfalls zu prüfen, ob bei Vorliegen solcher Stabbelastungen näherungsweise mit konstanten Stablängskräften S gerechnet werden kann (dies ist der Fall, wenn die durch Stablängenänderungen Δl erzeugten konstanten Stablängskräfte $^{\Delta l}S$ wesentlich größer sind, als die Stablängskräfte $\bar{S}(\bar{x})$ des Zustandes „$\overline{0}$" infolge der Stablängslasten L, p und $p(\bar{x})$, so daß näherungsweise konstante Stablängskräfte S angenommen werden können, z. B.

$$S = \frac{1}{l} \cdot \int_0^l S(\bar{x}) \cdot d\bar{x} = \text{konstant}),\quad \text{oder ob bei der Berechnung wie nachfolgend}$$

beschrieben verfahren werden muß.

Schnittlasten, Auflagerlasten und Verformungen ebener Stabwerke mit veränderlichen Stabquerschnitten und beliebigen Stabbelastungen können näherungsweise wie gezeigt berechnet werden, wenn

1. Stäbe mit veränderlichen Querschnitten und Längskräften durch Einführung zusätzlicher „Knotenpunkte" aufgeteilt werden in Stababschnitte, für die konstante Querschnitte und Längskräfte vorausgesetzt werden können und

2. beliebige Streckenquerlasten durch eine Anzahl Einzellasten P, beliebige Streckenlängslasten durch eine Anzahl Einzellasten L und beliebige Streckenmomente durch eine Anzahl Einzelmomente M ersetzt werden,

wenn also aus ebenen Stabwerken, deren Stäbe veränderliche Querschnitte und Längskräfte aufweisen und die beliebig belastet sind, Stabwerke gebildet werden, die aus Stäben oder Stababschnitten mit konstanten Querschnitten und Längskräften bestehen und denen Lasten eingeprägt sind, für die Grundbeziehungen und Grundgleichungen für Schnittlasten, Auflagerlasten und Verformungen entwickelt wurden.

Mit der Einführung zusätzlicher Knotenpunkte und der Belastungsumformungen kann u. U. der Aufwand zur näherungsweisen Berechnung solcher Stabwerke groß werden.

17.3. Überlagerung von Schnittlasten, Auflagerlasten und Verformungen für Teil-Belastungszustände

Schnittlasten, Auflagerlasten und Verformungen eines ebenen Stabwerkes nach Theorie II. Ordnung sind durch einen Belastungszustand infolge einer gegebenen Stabwerksbelastung bestimmt. Hinsichtlich dieses Belastungszustandes sei unterschieden zwischen einem „Längsbelastungszustand" und einem „Querbelastungszustand", wobei der Längsbelastungszustand durch die Längskräfte in den Stäben des Stabwerkes und der Querbelastungszustand durch den gesamten übrigen Belastungszustand des Stabwerkes gegeben sei. Die Ausführungen unter 4., 5., 6., 7., 9., 12., 14. und 16. zeigen, wie diese Belastungszustände die Berechnung eines ebenen Stabwerkes nach Theorie II. Ordnung beeinflussen.

Wir ersehen aus 6. und 12., daß der Querbelastungszustand des Stabwerkes nur linear in den Absolutgliedern der Elastizitätsgleichungen der Formänderungsgrößenmethode enthalten ist und aus 5., 6. und 12., daß die Koeffizienten und die Absolutglieder der Elastizitätsgleichungen nichtlinear vom Längsbelastungszustand des Stabwerkes abhängig sind.

Wie bei der Berechnung eines ebenen Stabwerkes nach Theorie I. Ordnung besteht daher auch bei der Berechnung nach Theorie II. Ordnung die Möglichkeit, die Gesamt-Belastung $B(I) + B(II) + \ldots$ eines Stabwerkes in Teil-Belastungen $B(I)$, $B(II)$, $\ldots$ zu zerlegen, die Schnittlasten, Auflagerlasten und Verformungen des Stabwerkes infolge dieser Teil-Belastungen zu berechnen und sie dann einander zu überlagern, um damit die Schnittlasten, Auflagerlasten und Verformungen infolge der Gesamt-Belastung zu erhalten.

Wegen der Abhängigkeit der Schnittlasten, Auflagerlasten und Verformungen vom Längsbelastungszustand des Stabwerkes ist diese Überlagerung aber nur zulässig, wenn bei der Berechnung der Schnittlasten- und Verformungszustände infolge der Teil-Belastungen der Längsbelastungszustand infolge der Gesamt-Belastung berücksichtigt wird, d. h. wenn jeweils bei der Berechnung der Schnittlasten, Auflagerlasten und Verformungen infolge der Teil-Belastungen die Stablängskräfte infolge der Gesamt-Belastung in die Berechnung eingeführt werden [3].

Dies erfordert, daß am Beginn der Berechnung eine Schätzung der Beträge der Stablängskräfte infolge der Gesamt-Belastung vorgenommen werden muß. Diese Beträge sind dann durch wiederholtes Rechnen zu verbessern. Die Berechnung ist solange zu wiederholen, bis eine Überlagerung der Stablängskräfte infolge der Teil-Belastungen genügend genau *die* Beträge der Stablängskräfte ergibt, die für die Berechnung der Schnittlasten, Auflagerlasten und Verformungen infolge der Teil-Belastungen berücksichtigt wurden.

17.4. Berücksichtigung des Längsbelastungszustandes

In 17.3. wird dargelegt, daß Schnittlasten, Auflagerlasten und Verformungen eines ebenen Stabwerkes nach Theorie II. Ordnung infolge Teil-Belastungen $B(I)$, $B(II)$, ... nur dann überlagert werden dürfen, wenn bei der Berechnung dieser Schnittlasten, Auflagerlasten und Verformungen die Beträge der Stablängskräfte infolge der Gesamt-Belastung $B(I) + B(II) + ...$ in die Berechnung eingeführt werden.

Dies gilt sinngemäß auch für den Fall, daß Gesamt-Belastung und Teil-Belastung gleich sind, daß also das Stabwerk für eine Belastung $B(I)$ berechnet werden soll:

Die Stablängskräfte werden zunächst für eine erste Berechnung geschätzt. Sie sind durch wiederholtes Rechnen solange zu verbessern, bis eine Berechnung Stablängskräfte ergibt, deren Beträge genügend genau mit denen übereinstimmen, die dieser Berechnung zugrunde gelegt wurden.

17.5. Ebene Stabwerke mit längsstarren Stäben

17.5.1. Allgemeines

Bei der Berechnung ebener Stabwerke nach der Formänderungsgrößenmethode werden vielfach die Stäbe der Stabwerke als längsstarr angenommen, d. h. es werden die (im allgemeinen geringen) Einflüsse der Stablängenänderungen auf die Beträge der Schnittlasten, Auflagerlasten und Verformungen der Stabwerke vernachlässigt.

Nachstehend wird erläutert, wie man vorgehen kann, um mit dem dargestellten Verfahren ebene Stabwerke mit längsstarren Stäben zu berechnen. Wir werden sehen, daß die Vernachlässigung der Längselastizität der Stäbe eines Stabwerkes die Anzahl der unabhängigen Komponenten des Verformungszustandes des Stabwerkes vermindert und damit die Anzahl der zu lösenden Elastizitätsgleichungen der Formänderungsgrößenmethode. Die Annahme längsstarrer Stäbe verhindert jedoch eine Berechnung der Stablängskräfte nach der Formänderungsgrößenmethode. Hierfür muß dann von der Kraftgrößenmethode Gebrauch gemacht werden.

Nach 17.4. ist die Berechnung eines ebenen Stabwerkes nach Theorie II. Ordnung mit einer iterativen Verbesserung der Stablängskräfte verbunden. Da diese mit geringem Aufwand nach 14. ermittelt werden können, mag dahingestellt bleiben, ob die Annahme längsstarrer Stäbe wesentliche Rechenvorteile bietet, zumal angenommen werden kann, daß für die Auflösung der Elastizitätsgleichungen der Formänderungsgrößenmethode Rechenautomaten zur Verfügung stehen.

17.5.2. Ebene Stabwerke, die bei Annahme gelenkiger Stabverbindungen mit den Knoten- und Auflagerpunkten zu stabilen Gelenksystemen werden

Die Knotenpunkte eines ebenen Stabwerkes mit längsstarren Stäben werden sich unter einer gegebenen Belastung nicht verschieben, wenn das Stabwerk bei Annahme gelenkiger Stabverbindungen mit den Knoten- und Auflagerpunkten zu einem stabilen Gelenksystem wird. Als unabhängige Komponenten des Verformungszustandes eines solchen Stabwerkes können daher nur Knotendrehungen eingeführt werden.

So hat z. B. das ebene Stabwerk nach Abb. 185, dessen Gelenksystem statisch bestimmt und damit stabil ist, unter Vernachlässigung der Längselastizität der Stäbe vier unabhängige Komponenten des Verformungszustandes, die Knotendrehwinkel φ_1, φ_2, φ_3 und φ_4.

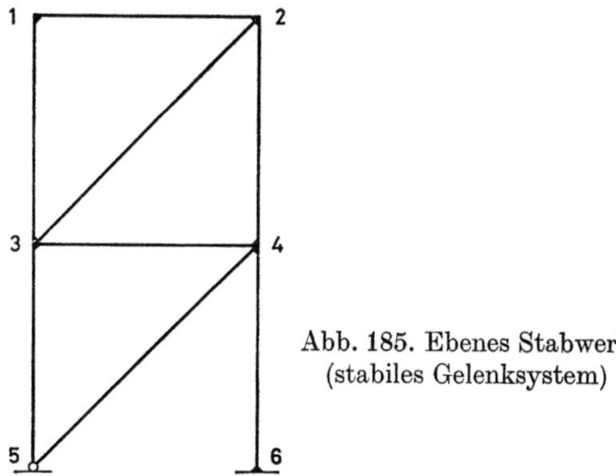

Abb. 185. Ebenes Stabwerk
(stabiles Gelenksystem)

Für eine gegebene Belastung des Stabwerkes können die Drehungen der Knotenpunkte des Stabwerkes, die Biegemomente, Querkräfte, Biegelinien und Neigungen der Biegelinien der Stäbe und die Auflagerlasten des Stabwerkes wie beschrieben nach der Formänderungsgrößenmethode ermittelt werden. Die Stablängskräfte müssen dann in einer gesonderten Berechnung nach der Kraftgrößenmethode bestimmt werden.

Die Berechnung ergibt die „vollständigen" Schnittlasten, Auflagerlasten und Verformungen des Stabwerkes für die gegebene Belastung unter der Annahme längsstarrer Stäbe. Die elastischen Hebelarme für die Stablängskräfte sind durch die Verformungen der Stabwerksstäbe gegeben.

Vernachlässigt man den Einfluß, den die Stablängskräfte infolge dieser Hebelarme auf den Schnittlasten- und Verformungszustand des Stabwerkes ausüben, indem man für alle Stäbe $S = 0$ setzt (rechnet man also nach Theorie I. Ordnung), so entfällt eine iterative Verbesserung der Stabkräfte nach 17.4. Schnittlasten, Auflagerlasten und Verformungen des Stabwerkes infolge der gegebenen Belastung werden nach Durchführung *eines* Rechnungsganges erhalten.

Will man auch die Stablängskräfte nach der Formänderungsgrößenmethode ermitteln, muß die Berechnung auch die Längselastizität der Stabwerksstäbe berücksichtigen. Der Verformungszustand des Stabwerkes ist dann nach 12.2.2. durch die vier Knotendrehungen φ_1, φ_2, φ_3 und φ_4, nach 12.2.3. durch die vier bezogenen Knotenverschiebungen ξ_1, ξ_2, ξ_3 und ξ_4 und nach 12.2.4. durch die vier bezogenen Knotenverschiebungen η_1, η_2, η_3, und η_4 gegeben, also durch insgesamt zwölf unabhängige Komponenten.

Die Berechnung ergibt die vollständigen Schnittlasten, Auflagerlasten und Verformungen des Stabwerkes für die gegebene Belastung unter Berücksichtigung längselastischer Stäbe. Die elastischen Hebelarme für die Stablängskräfte sind durch die Verschiebungen der Knotenpunkte und die Verformungen der Stabwerksstäbe gegeben.

Rechnet man nach Theorie I. Ordnung, erhält man die Schnittlasten, Auflagerlasten und Verformungen des Stabwerkes unter Berücksichtigung des Einflusses der Längselastizität der Stäbe nach *einem* Rechnungsgang.

17.5.3. Ebene Stabwerke,
die bei Annahme gelenkiger Stabverbindungen mit den Knoten- und
Auflagerpunkten zu unstabilen Gelenksystemen werden
(Stockwerkrahmen)

Die folgenden Betrachtungen beziehen sich auf die Berechnung von Stockwerkrahmen, also ebenen Stabwerken mit nur vertikalen Stielen und horizontalen Riegeln (Abb. 186).

Die Knotenpunkte von Stockwerkrahmen mit längsstarren Stäben werden sich unter einer gegebenen Belastung verschieben, da Stockwerkrahmen bei Annahme gelenkiger Stabverbindungen mit den Knoten- und Auflagerpunkten zu unstabilen Gelenksystemen werden. Alle Knotenpunkte eines Stockwerkes werden einen Knotenweg von gleichem Betrage in x-Richtung ausführen (längsstarre Riegel), während eine Verschiebung der Knotenpunkte in y-Richtung nicht möglich ist (längsstarre Stiele).

Die Anzahl der unabhängigen Knotenverschiebungen $v_{i;x}$ eines Stockwerkrahmens ist demnach durch die Anzahl der Stockwerke des Stockwerkrahmens gegeben, während die Anzahl der unabhängigen Knotendrehungen φ_i des Stockwerkrahmens nach 12.2.2. zu bestimmen ist.

So hat der dreistöckige Stockwerkrahmen nach Abb. 186, unter Vernachlässigung der Längselastizität der Stäbe neun unabhängige Knotendrehungen φ_1 bis φ_9 und drei unabhängige Knotenverschiebungen, z. B. die Knotenverschiebungen

$$v_{3;x} = \xi_3 \cdot l_c,$$

$$v_{6;x} = \xi_6 \cdot l_c,$$

$$v_{9;x} = \xi_9 \cdot l_c.$$

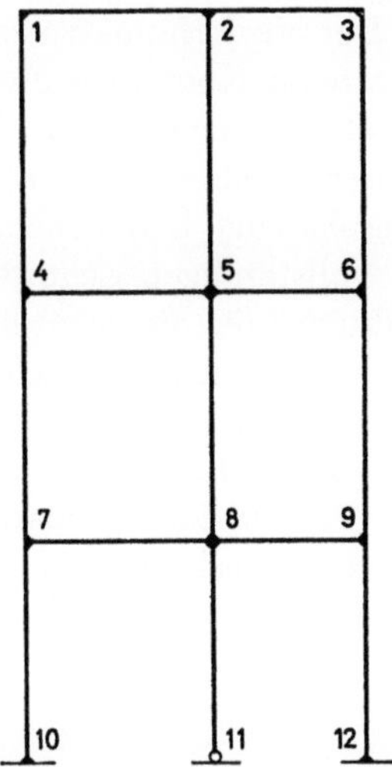

Abb. 186. Ebenes Stabwerk (unstabiles Gelenksystem)

Die Verschiebungen der übrigen Knotenpunkte in x-Richtung sind von diesen Knotenverschiebungen abhängig:

$$v_{1;x} = v_{2;x} = v_{3;x},$$

$$v_{4;x} = v_{5;x} = v_{6;x},$$

$$v_{7;x} = v_{8;x} = v_{9;x}.$$

Für eine gegebene Belastung des Stockwerkrahmens können die Drehungen und Verschiebungen der Knotenpunkte des Stockwerkrahmens, die Biegemomente, Querkräfte, Biegelinien und Neigungen der Biegelinien der Stäbe und die Auflagerlasten des Stockwerkrahmens wie beschrieben nach der Formänderungsgrößenmethode ermittelt werden. Die Stablängskräfte müssen dann in einer gesonderten Berechnung nach der Kraftgrößenmethode bestimmt werden.

Die Berechnung ergibt die vollständigen Schnittlasten, Auflagerlasten und Verformungen des Stockwerkrahmens für die gegebene Belastung unter der Annahme längsstarrer Stäbe. Die elastischen Hebelarme für die Stablängskräfte sind durch die Verschiebungen der Knotenpunkte und die Verformungen der Stäbe des Stockwerkrahmens gegeben.

Vernachlässigt man den Einfluß, den die Stablängskräfte infolge dieser Hebelarme auf den Schnittlasten- und Verformungszustand des Stockwerkrahmens ausüben, indem man für alle Stäbe $S = 0$ setzt (rechnet man also nach Theorie I. Ordnung), so entfällt eine iterative Verbesserung der Stabkräfte nach 17.4. Schnittlasten, Auflagerlasten und Verformungen des Stockwerkrahmens infolge der gegebenen Belastung werden nach Durchführung *eines* Rechnungsganges erhalten.

Will man auch die Stablängskräfte nach der Formänderungsgrößenmethode ermitteln, muß die Berechnung auch die Längselastizität der Stäbe des Stockwerkrahmens berücksichtigen. Der Verformungszustand des Stockwerkrahmens ist dann nach 12.2.2. durch die neun Knotendrehungen φ_1 bis φ_9, nach 12.2.3. durch die neun bezogenen Knotenverschiebungen ξ_1 bis ξ_9 und nach 12.2.4. durch die neun bezogenen Knotenverschiebungen η_1 bis η_9 gegeben, also durch insgesamt siebenundzwanzig unabhängige Komponenten.

Die Berechnung ergibt die vollständigen Schnittlasten, Auflagerlasten und Verformungen des Stockwerkrahmens für die gegebene Belastung unter Berücksichtigung längselastischer Stäbe. Die elastischen Hebelarme für die Stablängskräfte sind durch die Verschiebungen der Knotenpunkte und die Verformungen der Stäbe des Stockwerkrahmens gegeben.

Rechnet man nach Theorie I. Ordnung, erhält man die Schnittlasten, Auflagerlasten und Verformungen des Stockwerkrahmens unter Berücksichtigung des Einflusses der Längselastizität der Stäbe nach *einem* Rechnungsvorgang.

17.6. Iterative Auflösung der Elastizitätsgleichungen

Die Auflösung der Elastizitätsgleichungen der Formänderungsgrößenmethode für die unabhängigen Komponenten des Verformungszustandes ebener Stabwerke kann „von Hand", z. B. nach GAUSS oder CHOLESKY erfolgen. Für Stabwerke mit einer größeren Anzahl von Knotenpunkten ergeben sich jedoch so umfangreiche Gleichungssysteme, daß diese Art der Auflösung der Elastizitätsgleichungen wegen der damit verbundenen Rechenarbeit praktisch bedeutungslos wird [8].

Deshalb löst man in solchen Fällen die Elastizitätsgleichungen iterativ [3], [9], [10], [11], [12] (oder man verwendet hierfür einen Elektronenrechner). Eine geeignete Methode, die unabhängigen Komponenten des Verformungszustandes eines ebenen Stabwerkes durch Iteration zu berechnen, soll kurz beschrieben werden [3].

Bezeichnet man die unabhängigen Komponenten des Verformungszustandes des Stabwerkes mit $U_1{}^*, \ldots, U_i{}^*, \ldots, U_z{}^*$, die Koeffizienten der Elastizitätsgleichungen mit ${}^1a_1{}^*, \ldots, {}^ia_1{}^*, \ldots, {}^za_1{}^*, \ldots, {}^za_z{}^*$ und die Absolutglieder der Elastizitätsgleichungen mit $\bar{a}_1, \ldots, \bar{a}_i, \ldots, \bar{a}_z$, so ergeben sich die Elastizitätsgleichungen der Formänderungsgrößenmethode gemäß Tafel 4.

Tafel 4. *Elastizitätsgleichungen der Formänderungsgrößenmethode*

	$U_1{}^*$	...	...	$U_i{}^*$	...	...	$U_z{}^*$	Absl.	$= 0$
„1")	$^1a_1{}^*$	...	...	$^ia_1{}^*$	...	...	$^za_1{}^*$	$\bar{a}_1$	$= 0$
...	...	...	...	...	...	...	...	...	...
...	...	...	...	...	...	...	...	...	...
„i")	$^1a_i{}^*$	...	...	$^ia_i{}^*$	...	...	$^za_i{}^*$	$\bar{a}_i$	$= 0$
...	...	...	...	...	...	...	...	...	...
...	...	...	...	...	...	...	...	...	...
„z")	$^1a_z{}^*$	...	...	$^ia_z{}^*$	...	...	$^za_z{}^*$	$\bar{a}_z$	$= 0$

Wir schreiben diese Gleichungen in einer für die folgenden Betrachtungen geeigneteren Form

$$\text{„1").} \quad U_1{}^* \cdot {}^1a_1{}^* = -\left(\bar{a}_1 + \sum_{k=2}^{z} U_k{}^* \cdot {}^ka_1{}^*\right),$$

$- - -$

$$\text{„i").} \quad U_i{}^* \cdot {}^ia_i{}^* = -\left(\bar{a}_i + \sum_{k=1}^{i-1} U_k{}^* \cdot {}^ka_i{}^* + \sum_{k=i+1}^{z} U_k{}^* \cdot {}^ka_i{}^*\right), \qquad (17.6.1)$$

$- - -$

$$\text{„z").} \quad U_z{}^* \cdot {}^za_z{}^* = -\left(\bar{a}_z + \sum_{k=1}^{z-1} U_k{}^* \cdot {}^ka_z{}^*\right)$$

und lösen sich nach folgendem Schema (sog. Iteration in Teilschritten):

„Ausgang". Für $U_1{}^*, \ldots, U_i{}^*, \ldots, U_z{}^*$ werden irgendwelche Beträge angenommen, z. B. ${}^0U_1{}^* = \ldots = {}^0U_i{}^* = \ldots = {}^0U_z{}^* = 0$.

Schritt „I". Die Beträge ${}^0U_1{}^*, \ldots, {}^0U_i{}^*, \ldots, {}^0U_z{}^*$ werden nach (17.6.1) iterativ verbessert:

$$\text{„1").} \quad {}^IU_1{}^* = \frac{-\left(\bar{a}_1 + \sum\limits_{k=2}^{z} {}^0U_k{}^* \cdot {}^ka_1{}^*\right)}{{}^1a_1{}^*} = \frac{-(\bar{a}_1 + 0)}{{}^1a_1{}^*},$$

$- - -$

$$\text{„i").} \quad {}^IU_i{}^* = \frac{-\left(\bar{a}_i + \sum\limits_{k=1}^{i-1} {}^IU_k{}^* \cdot {}^ka_i{}^* + \sum\limits_{k=i+1}^{z} {}^0U_k{}^* \cdot {}^ka_i{}^*\right)}{{}^ia_i{}^*}$$

$$= \frac{-\left(\bar{a}_i + \sum\limits_{k=1}^{i-1} {}^IU_k{}^* \cdot {}^ka_i{}^* + 0\right)}{{}^ia_i{}^*}, \qquad (17.6.2)$$

$- - -$

$$\text{„z").} \quad {}^IU_z{}^* = \frac{-\left(\bar{a}_z + \sum\limits_{k=1}^{z-1} {}^IU_k{}^* \cdot {}^ka_z{}^*\right)}{{}^za_z{}^*}.$$

Die auf der rechten Seite der Gleichung i auftretenden Beträge ${}^{I}U_k$ sind durch die Auflösung der Gleichungen „1" bis „$i-1$" bekannt.

Schritt „II". Die Beträge ${}^{I}U_1{}^{*}, \ldots, {}^{I}U_i{}^{*}, \ldots, {}^{I}U_z{}^{*}$ werden nach (17.6.1) weiter iterativ verbessert:

$$\text{„1").} \quad {}^{II}U_1{}^{*} = \frac{-\left(\bar{a}_1 + \sum_{k=2}^{z} {}^{I}U_k{}^{*} \cdot {}^{k}a_1{}^{*}\right)}{{}^{1}a_1{}^{*}},$$

$$- - -$$

$$\text{„i").} \quad {}^{II}U_i{}^{*} = \frac{-\left(\bar{a}_i + \sum_{k=1}^{i-1} {}^{II}U_k{}^{*} \cdot {}^{k}a_i{}^{*} + \sum_{k=i+1}^{z} {}^{I}U_k{}^{*} \cdot {}^{k}a_i{}^{*}\right)}{{}^{i}a_i{}^{*}}, \qquad (17.6.3)$$

$$- - -$$

$$\text{„z").} \quad {}^{II}U_z{}^{*} = \frac{-\left(\bar{a}_z + \sum_{k=1}^{z-1} {}^{II}U_k{}^{*} \cdot {}^{k}a_z{}^{*}\right)}{{}^{z}a_z{}^{*}}.$$

Die auf der rechten Seite der Gleichung „i" auftretenden Beträge ${}^{II}U_k{}^{*}$ bzw. ${}^{I}U_k{}^{*}$ sind durch die Auflösung der Gleichungen „1" bis „$i-1$" des Schrittes II bzw. der Gleichungen „$i+1$" bis „z" des Schrittes I bekannt.

Schritte „III", $\ldots$, „T". Die Beträge der unabhängigen Komponenten des Verformungszustandes werden weiter iterativ verbessert

$$ {}^{III}U_1{}^{*}, \ldots, {}^{III}U_i{}^{*}, \ldots, {}^{III}U_z{}^{*}, $$

$$- - -$$

$$ {}^{T}U_1{}^{*}, \ldots, {}^{T}U_i{}^{*}, \ldots, {}^{T}U_z{}^{*} $$

bis angenähert gilt:

$$ {}^{T}U_1{}^{*} \simeq {}^{T-1}U_1{}^{*}, \ldots, {}^{T}U_i{}^{*} \simeq {}^{T-1}U_i{}^{*}, \ldots, {}^{T}U_z{}^{*} \simeq {}^{T-1}U_z{}^{*}. \qquad (17.6.4)$$

18. Einflußlinien für Schnittlasten, Auflagerlasten und Verformungen ebener Stabwerke

18.1. Allgemeines

Die Ausführungen unter 17.3. und 17.4. lassen erkennen, daß für die Ermittlung von Einflußlinien für Schnittlasten, Auflagerlasten und Verformungen eines ebenen Stabwerkes nach Theorie II. Ordnung Stablängskräfte berücksichtigt werden müssen, die von *der* Belastung des Stabwerkes erzeugt werden, für die eine Einflußlinie ausgewertet werden soll. Dies erfordert analog zu den Ausführungen unter 17.3. und 17.4. wiederholte Berechnungen mit einem iterativen Verbessern von Stablängskräften und Einflußlinienordinaten. Eine dieser Berechnungen unterscheidet sich von der bekannten Berechnung von Einflußlinien für Schnittlasten, Auflagerlasten und Verformungen ebener Stabwerke nach Theorie I. Ordnung nur durch die Berücksichtigung eines Längsbelastungszustandes des Stabwerkes, der bei der Berechnung von Einflußlinien nach Theorie I. Ordnung vernachlässigt wird.

Da Einflußlinien für Schnittlasten, Auflagerlasten und Verformungen ebener Stabwerke nach Theorie II. Ordnung vom Längsbelastungszustand, also von der Belastung der Stabwerke abhängen, erscheint es nicht sinnvoll, beliebige Stabwerke nach Theorie II. Ordnung durch Aufstellen und Auswerten von Einflußlinien berechnen zu wollen.

Für spezielle ebene Stabwerke kann diese Berechnungsart jedoch vorteilhaft sein, weshalb die Ermittlung von Einflußlinien nachstehend beschrieben wird.

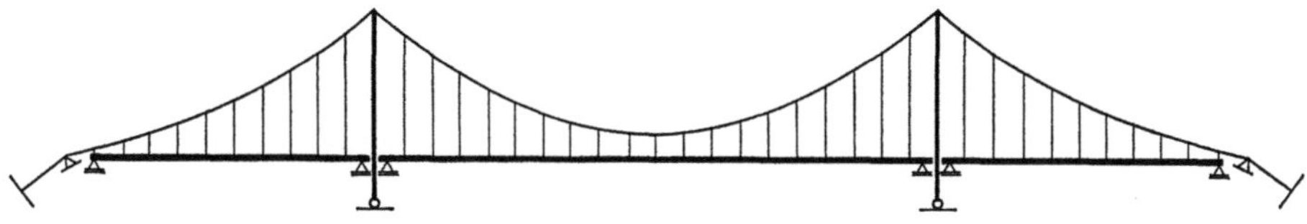

Abb. 187. Spezielles ebenes Stabwerk (Hängebrücke)

Eine Hängebrücke nach Abb. 187 stellt z. B. ein solches spezielles ebenes Stabwerk dar, weil deren Längsbelastungszustand allein durch die Horizontalkomponente der Kabelkraft bestimmt ist. Damit können Einflußlinien für Schnittlasten, Auflagerlasten und Verformungen der Hängebrücke unter Berücksichtigung ausgewählter Beträge dieser Horizontalkomponente berechnet und in geeigneter Weise ausgewertet werden [13].

Die folgenden unter 18.2. bis 18.5. zusammengestellten Gleichungen für die Einflußlinien der Schnittlasten, Auflagerlasten und Verformungen ebener Stabwerke folgen wie bekannt aus den entsprechenden Gleichungen für die Schnittlasten, Auflagerlasten und Verformungen nach 13., 14., 15. und 16. Die Gleichungen für die Einflußlinien der Schnittlasten $\mathfrak{M}$, $\mathfrak{Q}$ und $\mathfrak{S}$ und der Verformungen $\mathfrak{v}$, $\mathfrak{v}'$ und $\mathfrak{u}$ eines Stabes nach 18.3. gelten für den Querschnitt m (χ_m) eines Stabes a,b.

Die in den Gleichungen für die Schnittlasten $\mathfrak{M}$ und $\mathfrak{Q}$ und die Verformungen $\mathfrak{v}$ und $\mathfrak{v}'$ nach 18.3.1. bis 18.3.4. enthaltenen Gleichungen für die Einflußlinien der Schnittlasten $\mathfrak{M}_0$ und $\mathfrak{Q}_0$ und der Verformungen $\mathfrak{v}_0$ und $\mathfrak{v}_0'$ beidseits gelenkig gelagerter Stäbe nach 18.6.1. bzw. 18.6.2. werden aus 4.7. bzw. 4.8. gewonnen mit χ anstelle χ_M bzw. χ_P und χ_m anstelle χ.

Die Gleichungen für die Einflußlinien der Stabendschnittlasten $\overline{\mathfrak{M}}$ und $\overline{\mathfrak{R}}_Q$ nach 18.7.1. bzw. 18.7.2. erhält man aus 6.4. bzw. 6.5. mit χ anstelle χ_M bzw. χ_P.

Die in den Gleichungen für die Einflußlinien der Stablängskräfte $\mathfrak{S}$ und der Verschiebungen $\mathfrak{u}$ nach 18.3.5. bis 18.3.7. enthaltenen Gleichungen für die Einflußlinien der Stablängskräfte $\overline{\mathfrak{S}}$ und der Verschiebungen $\overline{\mathfrak{u}}$ nach 18.8. ergeben sich aus 7.2. mit χ anstelle χ_L und χ_m anstelle χ.

Die Gleichungen für die Einflußlinien der Stabendlängskräfte $\overline{\mathfrak{R}}_L$ nach 18.9. folgen aus 9.2. mit χ anstelle χ_L.

In den Gleichungen unter 18.2. bis 18.5. kennzeichnet

„φ_a*" den Verformungszustand eines Stabwerkes, den ein Moment $\overline{M}_a = E_c I_c / l_c$ erzeugt,

„ξ_a*" den Verformungszustand eines Stabwerkes, den eine Horizontalkraft $\overline{H}_a = E_c I_c / l_c^2$ erzeugt,

„η_a*" den Verformungszustand eines Stabwerkes, den eine Vertikalkraft $\overline{V}_a = E_c I_c / l_c^2$ erzeugt,

usw.

18.2. Verformungen φ und $\mathfrak{v}$ der Knotenpunkte

Aus (13.1) bis (13.3) erhält man:

$$\text{„}\varphi_a\text{"} = \text{„}\varphi_a\text{*"} \cdot \frac{l_c}{E_c I_c}, \qquad (18.2.1)$$

$$\text{„}\mathfrak{v}\text{"}_{a;\,x} = \text{„}\xi_a\text{*"} \cdot \frac{l_c^2}{E_c I_c}, \qquad (18.2.2)$$

$$\text{„}\mathfrak{v}\text{"}_{a;\,y} = \text{„}\eta_a\text{*"} \cdot \frac{l_c^2}{E_c I_c}. \qquad (18.2.3)$$

18.3. Schnittlasten $\mathfrak{M}$, $\mathfrak{Q}$ und $\mathfrak{S}$ und Verformungen $\mathfrak{v}$, $\mathfrak{v}'$ und $\tilde{\mathfrak{u}}$ der Stäbe

18.3.1. Stab a,b (b,b)

Aus (14.2.1) bis (14.2.9) ergibt sich:

$$,,\psi_{a,b}^{*}`` = \left\{\varrho_l \cdot \left[-(,,\xi_a^{*}`` - ,,\xi_b^{*}``) \cdot \theta_y + (,,\eta_a^{*}`` - ,,\eta_b^{*}``) \cdot \theta_x\right]\right\}_{a,b}, \tag{18.3.1}$$

$$,,\mathfrak{M}(\varepsilon)``_{a,b(b,b)} = ,,\overline{\mathfrak{M}}(\varepsilon)``_{a,b(b,b)} + \left[(,,\varphi_a^{*}`` \cdot F_1(\varepsilon) + ,,\varphi_b^{*}`` \cdot F_2(\varepsilon) - ,,\psi_{a,b}^{*}`` \cdot F_3(\varepsilon)\right)$$
$$\times \varrho_l \cdot \varrho_E \cdot \varrho_I\big]_{a,b}, \tag{18.3.2}$$

$$,,\mathfrak{M}(\varepsilon)``_{b,a(b,b)} = ,,\overline{\mathfrak{M}}(\varepsilon)``_{b,a(b,b)} + \left[(,,\varphi_a^{*}`` \cdot F_2(\varepsilon) + ,,\varphi_b^{*}`` \cdot F_1(\varepsilon) - \psi_{a,b}^{*}`` \cdot F_3(\varepsilon)\right)$$
$$\times \varrho_l \cdot \varrho_E \cdot \varrho_I\big]_{a,b}, \tag{18.3.3}$$

$$,,\mathfrak{R}(\varepsilon)``_{a,b;Q(b,b)} = ,,\overline{\mathfrak{R}}(\varepsilon)``_{a,b;Q(b,b)} + \left\{\left[-(,,\varphi_a^{*}`` + ,,\varphi_b^{*}``) \cdot F_3(\varepsilon) + \psi_{a,b}^{*}`` \cdot F_4(\varepsilon)\right]\right.$$
$$\left.\times \frac{\varrho_l^2 \cdot \varrho_E \cdot \varrho_I}{l_c}\right\}_{a,b}, \tag{18.3.4}$$

$$,,\mathfrak{R}(\varepsilon)``_{b,a;Q(b,b)} = ,,\overline{\mathfrak{R}}(\varepsilon)``_{b,a;Q(b,b)} + \left\{\left[-(,,\varphi_a^{*}`` + ,,\varphi_b^{*}``) \cdot F_3(\varepsilon) + \psi_{a,b}^{*}`` \cdot F_4(\varepsilon)\right]\right.$$
$$\left.\times \frac{\varrho_l^2 \cdot \varrho_E \cdot \varrho_I}{l_c}\right\}_{a,b}, \tag{18.3.5}$$

$$,,\mathfrak{M}(\varepsilon, \tilde{\chi}_m)``_{(b,b)} = ,,\mathfrak{M}_0(\varepsilon, \tilde{\chi}_m)`` + ,,\mathfrak{M}(\varepsilon)``_{a,b(b,b)} \cdot F(\varepsilon, \tilde{\chi}_m)_{a;M}$$
$$- ,,\mathfrak{M}(\varepsilon)``_{b,a(b,b)} \cdot F(\varepsilon, \tilde{\chi}_m)_{b;M}, \tag{18.3.6}$$

$$,,\mathfrak{Q}(\varepsilon, \tilde{\chi}_m)``_{(b,b)} = ,,\mathfrak{Q}_0(\varepsilon, \tilde{\chi}_m)`` + \left(,,\mathfrak{M}(\varepsilon)``_{a,b(b,b)} \cdot F(\varepsilon, \tilde{\chi}_m)_{a;Q}\right.$$
$$\left.- ,,\mathfrak{M}(\varepsilon)``_{b,a(b,b)} \cdot F(\varepsilon, \tilde{\chi}_m)_{b;Q}\right) \cdot \frac{1}{l_{a,b}}, \tag{18.3.7}$$

$$,,\mathfrak{v}(\varepsilon, \tilde{\chi}_m)``_{(b,b)} = ,,\mathfrak{v}_0(\varepsilon, \tilde{\chi}_m)``$$
$$+ \left(,,\mathfrak{M}(\varepsilon)``_{a,b(b,b)} \cdot F(\varepsilon, \tilde{\chi}_m)_{a;v} - ,,\mathfrak{M}(\varepsilon)``_{b,a(b,b)} \cdot F(\varepsilon, \tilde{\chi}_m)_{b;v}\right) \cdot \left(\frac{l^2}{EI}\right)_{a,b}$$
$$+ \left(,,\xi_a^{*}`` \cdot \theta_y - ,,\eta_a^{*}`` \cdot \theta_x + ,,\psi_{a,b}^{*}`` \cdot \frac{\tilde{\chi}_m}{\varrho_l}\right)_{a,b} \cdot \frac{l_c^2}{E_c I_c}, \tag{18.3.8}$$

$$,,\mathfrak{v}'(\varepsilon, \tilde{\chi}_m)``_{(b,b)} = ,,\mathfrak{v}_0'(\varepsilon, \tilde{\chi}_m)``$$
$$+ \left(,,\mathfrak{M}(\varepsilon)``_{a,b(b,b)} \cdot F(\varepsilon, \tilde{\chi}_m)_{a;v'} - ,,\mathfrak{M}(\varepsilon)``_{b,a(b,b)} \cdot F(\varepsilon, \tilde{\chi}_m)_{b;v'}\right) \cdot \left(\frac{l}{EI}\right)_{a,b}$$
$$+ ,,\psi_{a,b}^{*}`` \cdot \frac{l_c}{E_c I_c}. \tag{18.3.9}$$

18.3.2. Stab a,b (b,g)

Aus (14.3.1) bis (14.3.7) folgt:

$$\text{\grqq}\mathfrak{M}(\varepsilon)\text{\grqq}_{a,b(b,g)} = \text{\grqq}\overline{\mathfrak{M}}(\varepsilon)\text{\grqq}_{a,b(b,g)} + \left[(\text{\grqq}\varphi_a{}^*\text{\grqq} - \text{\grqq}\psi_{a,b}^{*}\text{\grqq}) \cdot F_5(\varepsilon) \cdot \varrho_l \cdot \varrho_E \cdot \varrho_I\right]_{a,b},$$
$$(18.3.10)$$

$$\text{\grqq}\mathfrak{K}(\varepsilon)\text{\grqq}_{a,b;Q(b,g)} = \text{\grqq}\overline{\overline{\mathfrak{K}}}(\varepsilon)\text{\grqq}_{a,b;Q(b,g)}$$
$$+ \left[\left(-\text{\grqq}\varphi_a{}^*\text{\grqq} \cdot F_5(\varepsilon) + \text{\grqq}\psi_{a,b}^{*}\text{\grqq} \cdot F_6(\varepsilon)\right) \cdot \frac{\varrho_l{}^2 \cdot \varrho_E \cdot \varrho_I}{l_c}\right]_{a,b}, \qquad (18.3.11)$$

$$\text{\grqq}\mathfrak{K}(\varepsilon)\text{\grqq}_{b,a;Q(b,g)} = \text{\grqq}\overline{\overline{\mathfrak{K}}}(\varepsilon)\text{\grqq}_{b,a;Q(b,g)}$$
$$+ \left[\left(-\text{\grqq}\varphi_a{}^*\text{\grqq} \cdot F_5(\varepsilon) + \text{\grqq}\psi_{a,b}^{*}\text{\grqq} \cdot F_6(\varepsilon)\right) \cdot \frac{\varrho_l{}^2 \cdot \varrho_E \cdot \varrho_I}{l_c}\right]_{a,b}, \qquad (18.3.12)$$

$$\text{\grqq}\mathfrak{M}(\varepsilon, \tilde{\chi}_m)\text{\grqq}_{(b,g)} = \text{\grqq}\mathfrak{M}_0(\varepsilon, \tilde{\chi}_m)\text{\grqq} + \text{\grqq}\mathfrak{M}(\varepsilon)\text{\grqq}_{a,b(b,g)} \cdot F(\varepsilon, \tilde{\chi}_m)_{a:M}, \qquad (18.3.13)$$

$$\text{\grqq}\mathfrak{Q}(\varepsilon, \tilde{\chi}_m)\text{\grqq}_{(b,g)} = \text{\grqq}\mathfrak{Q}_0(\varepsilon, \tilde{\chi}_m)\text{\grqq} + \text{\grqq}\mathfrak{M}(\varepsilon)\text{\grqq}_{a,b(b,g)} \cdot F(\varepsilon, \tilde{\chi}_m)_{a;Q} \cdot \frac{1}{l_{a,b}}, \qquad (18.3.14)$$

$$\text{\grqq}\mathfrak{v}(\varepsilon, \tilde{\chi}_m)\text{\grqq}_{(b,g)} = \text{\grqq}\mathfrak{v}_0(\varepsilon, \tilde{\chi}_m)\text{\grqq} + \text{\grqq}\mathfrak{M}(\varepsilon)\text{\grqq}_{a,b(b,g)} \cdot F(\varepsilon, \tilde{\chi}_m)_{a;v} \cdot \left(\frac{l^2}{EI}\right)_{a,b}$$
$$+ \left(\text{\grqq}\xi_a{}^*\text{\grqq} \cdot \theta_y - \text{\grqq}\eta_a{}^*\text{\grqq} \cdot \theta_x + \text{\grqq}\psi_{a,b}^{*}\text{\grqq} \cdot \frac{\tilde{\chi}_m}{\varrho_l}\right)_{a,b} \cdot \frac{l_c{}^2}{E_c I_c}, \qquad (18.3.15)$$

$$\text{\grqq}\mathfrak{v}'(\varepsilon, \tilde{\chi}_m)\text{\grqq}_{(b,g)} = \text{\grqq}\mathfrak{v}_0'(\varepsilon, \tilde{\chi}_m)\text{\grqq} + \text{\grqq}\mathfrak{M}(\varepsilon)\text{\grqq}_{a,b(b,g)} \cdot F(\varepsilon, \tilde{\chi}_m)_{a;v'} \cdot \left(\frac{l}{EI}\right)_{a,b} + \text{\grqq}\psi_{a,b}^{*}\text{\grqq} \cdot \frac{l_c}{E_c l_c} \cdot$$
$$(18.3.16)$$

18.3.3. Stab a,b (g,b)

Aus (14.4.1) bis (14.4.7) erhalten wir:

$$\text{\grqq}\mathfrak{M}(\varepsilon)\text{\grqq}_{b,a(g,b)} = \text{\grqq}\overline{\mathfrak{M}}(\varepsilon)\text{\grqq}_{b,a(g,b)} + \left[(\text{\grqq}\varphi_b{}^*\text{\grqq} - \text{\grqq}\psi_{a,b}^{*}\text{\grqq}) \cdot F_5(\varepsilon) \cdot \varrho_l \cdot \varrho_E \cdot \varrho_I\right]_{a,b},$$
$$(18.3.17)$$

$$\text{\grqq}\mathfrak{K}(\varepsilon)\text{\grqq}_{a,b;Q(g,b)} = \text{\grqq}\overline{\overline{\mathfrak{K}}}(\varepsilon)\text{\grqq}_{a,b;Q(g,b)}$$
$$+ \left[\left(-\text{\grqq}\varphi_b{}^*\text{\grqq} \cdot F_5(\varepsilon) + \text{\grqq}\psi_{a,b}^{*}\text{\grqq} \cdot F_6(\varepsilon)\right) \cdot \frac{\varrho_l{}^2 \cdot \varrho_E \cdot \varrho_I}{l_c}\right]_{a,b}, \qquad (18.3.18)$$

$$\text{,,}\mathfrak{K}(\varepsilon)\text{``}_{b,a;Q(g,b)} = \text{,,}\overline{\mathfrak{K}}(\varepsilon)\text{``}_{b,a;Q(g,b)}$$

$$+ \left[\left(-\text{,,}\varphi_b\text{*``} \cdot F_5(\varepsilon) + \text{,,}\psi_{a,b}^{*}\text{``} \cdot F_6(\varepsilon) \right) \cdot \frac{\varrho_l^2 \cdot \varrho_E \cdot \varrho_I}{l_c} \right]_{a,b}, \qquad (18.3.19)$$

$$\text{,,}\mathfrak{M}(\varepsilon, \tilde{\chi}_m)\text{``}_{(g,b)} = \text{,,}\mathfrak{M}_0(\varepsilon, \tilde{\chi}_m)\text{``} - \text{,,}\mathfrak{M}(\varepsilon)\text{``}_{b,a(g,b)} \cdot F(\varepsilon, \tilde{\chi}_m)_{b;M}, \quad (18.3.20)$$

$$\text{,,}\mathfrak{Q}(\varepsilon, \tilde{\chi}_m)\text{``}_{(g,b)} = \text{,,}\mathfrak{Q}_0(\varepsilon, \tilde{\chi}_m)\text{``} - \text{,,}\mathfrak{M}(\varepsilon)\text{``}_{b,a(g,b)} \cdot F(\varepsilon, \tilde{\chi}_m)_{b;Q} \cdot \frac{1}{l_{a,b}}, \quad (18.3.21)$$

$$\text{,,}\tilde{\mathfrak{v}}(\varepsilon, \tilde{\chi}_m)\text{``}_{(g,b)} = \text{,,}\tilde{\mathfrak{v}}_0(\varepsilon, \tilde{\chi}_m)\text{``} - \text{,,}\mathfrak{M}(\varepsilon)\text{``}_{b,a(g,b)} \cdot F(\varepsilon, \tilde{\chi}_m)_{b;v} \cdot \left(\frac{l^2}{EI} \right)_{a,b}$$

$$+ \left(\text{,,}\xi_a\text{*``} \cdot \theta_y - \text{,,}\eta_a\text{*``} \cdot \theta_x + \text{,,}\psi_{a,b}^{*}\text{``} \cdot \frac{\tilde{\chi}_m}{\varrho_l} \right)_{a,b} \cdot \frac{l_c^2}{E_c I_c}, \qquad (18.3.22)$$

$$\text{,,}\tilde{\mathfrak{v}}'(\varepsilon, \tilde{\chi}_m)\text{``}_{(g,b)} = \text{,,}\tilde{\mathfrak{v}}_0'(\varepsilon, \tilde{\chi}_m)\text{``} - \text{,,}\mathfrak{M}(\varepsilon)\text{``}_{b,a(g,b)} \cdot F(\varepsilon, \tilde{\chi}_m)_{b;v'} \cdot \left( \frac{l}{EI} \right)_{a,b} + \text{,,}\psi_{a,b}^{*}\text{``} \cdot \frac{l_c}{E_c I_c} \cdot$$

$$(18.3.23)$$

18.3.4. Stab a,b (g,g)

Aus (14.5.1) bis (14.5.6) ergibt sich:

$$\text{,,}\mathfrak{K}(\varepsilon)\text{``}_{a,b;Q(g,g)} = \text{,,}\overline{\mathfrak{K}}(\varepsilon)\text{``}_{a,b;Q(g,g)} + \left(\text{,,}\psi_{a,b}^{*}\text{``} \cdot F_7(\varepsilon) \cdot \frac{\varrho_l^2 \cdot \varrho_E \cdot \varrho_I}{l_c} \right)_{a,b}, \qquad (18.3.24)$$

$$\text{,,}\mathfrak{K}(\varepsilon)\text{``}_{b,a;Q(g,g)} = \text{,,}\overline{\mathfrak{K}}(\varepsilon)\text{``}_{b,a;Q(g,g)} + \left(\text{,,}\psi_{a,b}^{*}\text{``} \cdot F_7(\varepsilon) \cdot \frac{\varrho_l^2 \cdot \varrho_E \cdot \varrho_I}{l_c} \right)_{a,b}, \qquad (18.3.25)$$

$$\text{,,}\mathfrak{M}(\varepsilon, \tilde{\chi}_m)\text{``}_{(g,g)} = \text{,,}\mathfrak{M}_0(\varepsilon, \tilde{\chi}_m)\text{``}, \qquad (18.3.26)$$

$$\text{,,}\mathfrak{Q}(\varepsilon, \tilde{\chi}_m)\text{``}_{(g,g)} = \text{,,}\mathfrak{Q}_0(\varepsilon, \tilde{\chi}_m)\text{``}, \qquad (18.3.27)$$

$$\text{,,}\tilde{\mathfrak{v}}(\varepsilon, \tilde{\chi}_m)\text{``}_{(g,g)} = \text{,,}\tilde{\mathfrak{v}}_0(\varepsilon, \tilde{\chi}_m)\text{``} + \left(\text{,,}\xi_a\text{*``} \cdot \theta_y - \text{,,}\eta_a\text{*``} \cdot \theta_x + \text{,,}\psi_{a,b}^{*}\text{``} \cdot \frac{\tilde{\chi}_m}{\varrho_l} \right)_{a,b} \cdot \frac{l_c^2}{E_c I_c},$$

$$(18.3.28)$$

$$\text{,,}\tilde{\mathfrak{v}}'(\varepsilon, \tilde{\chi}_m)\text{``}_{(g,g)} = \text{,,}\tilde{\mathfrak{v}}_0'(\varepsilon, \tilde{\chi}_m)\text{``} + \text{,,}\psi_{a,b}^{*}\text{``} \cdot \frac{l_c}{E_c I_c} \cdot \qquad (18.3.29)$$

18.3.5. Stab a,b (f,f)

Aus (14.6.1) bis (14.6.5) folgt:

$$\text{„}\varDelta l_{a,b}^{*}\text{“} = l_c \cdot \left[(\text{„}\xi_a{}^{*}\text{“} - \text{„}\xi_b{}^{*}\text{“}) \cdot \theta_x + (\text{„}\eta_a{}^{*}\text{“} - \text{„}\eta_b{}^{*}\text{“}) \cdot \theta_y \right]_{a,b}, \qquad (18.3.30)$$

$$\text{„}\mathfrak{R}\text{“}_{a,b;L(f,f)} = \text{„}\overline{\overline{\mathfrak{R}}}\text{“}_{a,b;L(f,f)} + \left(\text{„}\varDelta l_{a,b}^{*}\text{“} \cdot \frac{\varrho_l \cdot \varrho_E \cdot \varrho_F}{l_c{}^2} \right)_{a,b}, \qquad (18.3.31)$$

$$\text{„}\mathfrak{R}\text{“}_{b,a;L(f,f)} = \text{„}\overline{\overline{\mathfrak{R}}}\text{“}_{b,a;L(f,f)} + \left(\text{„}\varDelta l_{a,b}^{*}\text{“} \cdot \frac{\varrho_l \cdot \varrho_E \cdot \varrho_F}{l_c{}^2} \right)_{a,b}, \qquad (18.3.32)$$

$$\text{„}\mathfrak{S}(\tilde{\chi}_m)\text{“}_{(f,f)} = \text{„}\overline{\overline{\mathfrak{S}}}(\tilde{\chi}_m)\text{“}_{(f,f)} + \left(\text{„}\varDelta l_{a,b}^{*}\text{“} \cdot \frac{\varrho_l \cdot \varrho_E \cdot \varrho_F}{l_c{}^2} \right)_{a,b}, \qquad (18.3.33)$$

$$\text{„}\tilde{u}(\tilde{\chi}_m)\text{“}_{(f,f)} = \text{„}\overline{u}(\tilde{\chi}_m)\text{“}_{(f,f)} - \left(\text{„}\xi_a{}^{*}\text{“} \cdot \theta_x + \text{„}\eta_a{}^{*}\text{“} \cdot \theta_y - \text{„}\varDelta l_{a,b}^{*}\text{“} \cdot \frac{\tilde{\chi}_m}{l_c} \right)_{a,b} \cdot \frac{l_c{}^2}{E_c I_c}.$$
$$(18.3.34)$$

18.3.6. Stab a,b (f,l)

Aus (14.7.1) bis (14.7.3) erhält man:

$$\text{„}\mathfrak{R}\text{“}_{a,b;L(f,l)} = \text{„}\overline{\overline{\mathfrak{R}}}\text{“}_{a,b;L(f,l)}, \qquad (18.3.35)$$

$$\text{„}\mathfrak{S}(\tilde{\chi}_m)\text{“}_{(f,l)} = \text{„}\overline{\overline{\mathfrak{S}}}(\tilde{\chi}_m)\text{“}_{(f,l)}, \qquad (18.3.36)$$

$$\text{„}\tilde{u}(\tilde{\chi}_m)\text{“}_{(f,l)} = \text{„}\overline{u}(\tilde{\chi}_m)\text{“}_{(f,l)} - (\text{„}\xi_a{}^{*}\text{“} \cdot \theta_x + \text{„}\eta_a{}^{*}\text{“} \cdot \theta_y)_{a,b} \cdot \frac{l_c{}^2}{E_c I_c}. \qquad (18.3.37)$$

18.3.7. Stab a,b (l,f)

Aus (14.8.1) bis (14.8.3) ergibt sich:

$$\text{„}\mathfrak{R}\text{“}_{b,a;L(l,f)} = \text{„}\overline{\overline{\mathfrak{R}}}\text{“}_{b,a;L(l,f)}, \qquad (18.3.38)$$

$$\text{„}\mathfrak{S}(\tilde{\chi}_m)\text{“}_{(l,f)} = \text{„}\overline{\overline{\mathfrak{S}}}(\tilde{\chi}_m)\text{“}_{(l,f)}, \qquad (18.3.39)$$

$$\text{„}\tilde{u}(\tilde{\chi}_m)\text{“}_{(l,f)} = \text{„}\overline{u}(\tilde{\chi}_m)\text{“}_{(l,f)} - (\text{„}\xi_b{}^{*}\text{“} \cdot \theta_x + \text{„}\eta_b{}^{*}\text{“} \cdot \theta_y)_{a,b} \cdot \frac{l_c{}^2}{E_c I_c}. \qquad (18.3.40)$$

18.4. Schnittlasten ϑ und $\mathfrak{R}$ elastischer Dreh- und Verschiebungsfessel

Aus (15.1) und (15.2) folgt:

$$\text{„}\vartheta_a\text{“} = - \text{„}\varphi_a{}^{*}\text{“} \cdot \varrho_{D;a}, \qquad (18.4.1)$$

$$\text{„}\mathfrak{R}_a\text{“} = \left(\frac{\text{„}\xi_a{}^{*}\text{“} \cdot \theta_x + \text{„}\eta_a{}^{*}\text{“} \cdot \theta_y}{l_c} \right)_{a,\bar{a}} \cdot \varrho_{N;a}. \qquad (18.4.2)$$

18.5. Schnittlasten $\overline{\vartheta}$ und $\overline{\mathfrak{N}}$ starrer Dreh- und Verschiebungsfessel

Aus (16.1) bis (16.3) erhalten wir:

$$\text{„}\overline{\vartheta}_a\text{“} = \sum_{(b,b);(b,g)} \text{„}\mathfrak{M}(\varepsilon)\text{“}_{a,b}, \tag{18.5.1}$$

$$\text{„}\overline{\mathfrak{N}}\text{“}_{a;x} = -\sum_{(b,b):(b,g);(g,b):(g,g)} \big(\text{„}\mathfrak{K}(\varepsilon)_Q\text{“} \cdot \theta_y\big)_{a,b} + \sum_{(f,f),(f,l)} \big(\text{„}\mathfrak{K}_L\text{“} \cdot \theta_x\big)_{a,b}, \tag{18.5.2}$$

$$\text{„}\overline{\mathfrak{N}}\text{“}_{a;y} = \sum_{(b,b);(b,g);(g,b):(g,g)} \big(\text{„}\mathfrak{K}(\varepsilon)_Q\text{“} \cdot \theta_x\big)_{a,b} + \sum_{(f,f):(f,l)} \big(\text{„}\mathfrak{K}_L\text{“} \cdot \theta_y\big)_{a,b}. \tag{18.5.3}$$

18.6. Schnittlasten $\mathfrak{M}_0$ und $\mathfrak{Q}_0$ und Verformungen $\mathfrak{v}_0$ und $\mathfrak{v}_0{}'$ beidseits gelenkig gelagerter Stäbe

18.6.1. Moment $\mathfrak{M}$

18.6.1.1. Druckstab

18.6.1.1.1. Genaue Lösungen

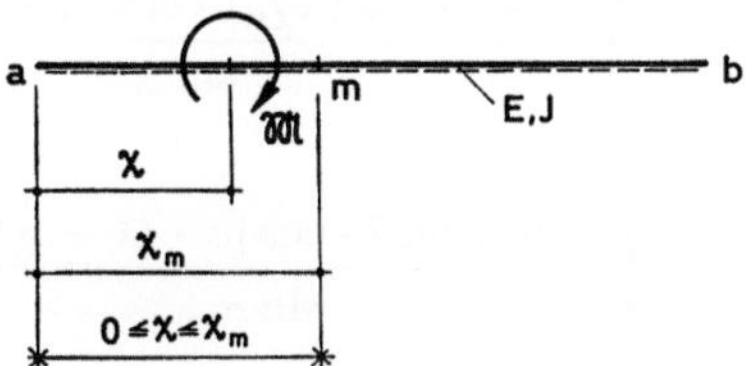

Abb. 188. Stab a,b mit Moment $\mathfrak{M}$

Für $0 \leq \chi \leq \chi_m$ ergibt sich aus (4.7.22), (4.7.29), (4.7.30), (4.7.27) und (4.7.28)

$$\text{„}\varphi(\alpha, \chi)\text{“}_{\mathfrak{M};a} = \frac{\mathfrak{M} \cdot l}{EI} \cdot \left\{ \frac{\sin \alpha - \alpha \cdot \cos[\alpha \cdot (1 - \chi)]}{\alpha^2 \cdot \sin \alpha} + \frac{\varkappa_0}{3} \right\} = \frac{\mathfrak{M} \cdot l}{EI} \cdot \text{„}F(\alpha, \chi)\text{“}_{\mathfrak{M};a}, \tag{18.6.1}$$

$$\text{„}\mathfrak{M}_0(\alpha, \chi_m)_a\text{“} = \mathfrak{M} \cdot \frac{\sin[\alpha \cdot (1 - \chi_m)] \cdot \cos(\alpha\chi)}{\sin \alpha}, \tag{18.6.2}$$

$$\text{„}\mathfrak{Q}_0(\alpha, \chi_m)_a\text{“} = \frac{\mathfrak{M}}{l} \cdot \frac{-\alpha \cdot \cos[\alpha \cdot (1 - \chi_m)] \cdot \cos(\alpha\chi)}{\sin \alpha}, \tag{18.6.3}$$

$$\text{„}\mathfrak{v}_0(\alpha, \chi_m)_a\text{“} = \frac{\mathfrak{M} \cdot l^2}{EI} \cdot \frac{1}{\mu \cdot \alpha^2} \cdot \left\{ \frac{\sin[\alpha \cdot (1 - \chi_m)] \cdot \cos(\alpha\chi)}{\sin \alpha} - (1 - \chi_m) \right\}, \tag{18.6.4}$$

$$\text{,,}\mathfrak{v}_0{}'(\alpha,\ \chi_m)_a\text{``} = \frac{\mathfrak{M} \cdot l}{EI} \cdot \frac{1}{\mu \cdot \alpha^2} \cdot \left\{ -\frac{\alpha \cdot \cos\left[\alpha \cdot (1 - \chi_m)\right] \cdot \cos(\alpha\chi)}{\sin \alpha} + 1 \right\} \qquad (18.6.5)$$

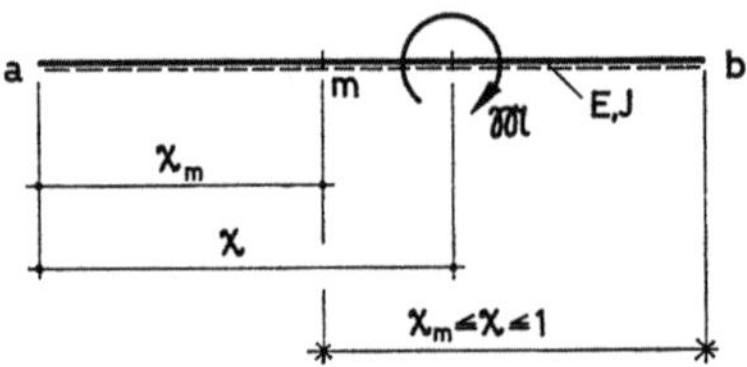

Abb. 189. Stab a,b mit Moment $\mathfrak{M}$

und für $\chi_m \leqq \chi \leqq 1$ aus (4.7.31), (4.7.20), (4.7.21), (4.7.18) und (4.7.19):

$$\text{,,}\varphi(\alpha,\ \chi)\text{``}_{\mathfrak{M};b} = \frac{\mathfrak{M} \cdot l}{EI} \cdot \left[ \frac{-\sin \alpha + \alpha \cdot \cos(\alpha\chi)}{\alpha^2 \cdot \sin \alpha} - \frac{\varkappa_0}{3} \right] = \frac{\mathfrak{M} \cdot l}{EI} \cdot \text{,,}F(\alpha,\ \chi)\text{``}_{\mathfrak{M};b},$$
$$(18.6.6)$$

$$\text{,,}\mathfrak{M}_0(\alpha,\ \chi_m)_b\text{``} = \mathfrak{M} \cdot \frac{-\sin(\alpha\chi_m) \cdot \cos\left[\alpha \cdot (1 - \chi)\right]}{\sin \alpha}, \qquad (18.6.7)$$

$$\text{,,}\mathfrak{Q}_0(\alpha,\ \chi_m)_b\text{``} = \frac{\mathfrak{M}}{l} \cdot \frac{-\alpha \cdot \cos(\alpha\chi_m) \cdot \cos\left[\alpha \cdot (1 - \chi)\right]}{\sin \alpha}, \qquad (18.6.8)$$

$$\text{,,}\mathfrak{v}_0(\alpha,\ \chi_m)_b\text{``} = \frac{\mathfrak{M} \cdot l^2}{EI} \cdot \frac{1}{\mu \cdot \alpha^2} \cdot \left\{ -\frac{\sin(\alpha\chi_m) \cdot \cos\left[\alpha \cdot (1 - \chi)\right]}{\sin \alpha} + \chi_m \right\}, \qquad (18.6.9)$$

$$\text{,,}\mathfrak{v}_0{}'(\alpha,\ \chi_m)_b\text{``} = \frac{\mathfrak{M} \cdot l}{EI} \cdot \frac{1}{\mu \cdot \alpha^2} \cdot \left\{ \frac{\alpha \cdot \cos(\alpha\chi_m) \cdot \cos\left[\alpha \cdot (1 - \chi)\right]}{\sin \alpha} + 1 \right\}. \qquad (18.6.10)$$

18.6.1.1.2. Näherungslösungen für $\alpha \ll 1$

Für $0 \leqq \chi \leqq \chi_m$ folgt aus (4.7.32), (4.7.38), (4.7.39), (4.7.40) und (4.7.41)

$$\text{,,}\varphi(\alpha^2,\ \chi)\text{``}_{\mathfrak{M};a} \simeq \frac{\mathfrak{M} \cdot l}{EI} \cdot \frac{1}{6} \cdot \left\{ \frac{-1 + 3 \cdot (1 - \chi)^2 - \dfrac{\alpha^2}{4} \cdot \left[-\dfrac{1}{5} + (1 - \chi)^4 \right]}{1 - \dfrac{\alpha^2}{6}} + 2\varkappa_0 \right\}$$

$$= \frac{\mathfrak{M} \cdot l}{EI} \cdot \text{,,}F(\alpha^2,\chi)\text{``}_{\mathfrak{M};a}, \qquad (18.6.11)$$

$$„\mathfrak{M}_0(\alpha^2, \chi_m)_a" \simeq \mathfrak{M} \cdot (1 - \chi_m) \cdot \frac{1 - \dfrac{\alpha^2}{6} \cdot [(1 - \chi_m)^2 + 3\chi^2]}{1 - \dfrac{\alpha^2}{6}}, \qquad (18.6.12)$$

$$„\mathfrak{Q}_0(\alpha^2, \chi_m)_a" \simeq \frac{\mathfrak{M}}{l} \cdot \left\{ - \frac{1 - \dfrac{\alpha^2}{2} \cdot [(1 - \chi_m)^2 + \chi^2]}{1 - \dfrac{\alpha^2}{6}} \right\}, \qquad (18.6.13)$$

$$„\mathfrak{v}_0(\alpha^2, \chi_m)_a" \simeq \frac{\mathfrak{M} \cdot l^2}{EI} \cdot \left(1 + \frac{\varkappa_0}{3} \cdot \alpha^2\right) \cdot \frac{(1 - \chi_m)}{6}$$

$$\times \frac{1 - (1 - \chi_m)^2 - 3\chi^2 - \dfrac{\alpha^2}{20} \cdot [1 - (1 - \chi_m)^4 - 10 \cdot (1 - \chi_m)^2 \cdot \chi^2 - 5\chi^4]}{1 - \dfrac{\alpha^2}{6}},$$

$$(18.6.14)$$

$$„\mathfrak{v}'_0(\alpha^2, \chi_m)_a" \simeq \frac{\mathfrak{M} \cdot l}{EI} \cdot \left(1 + \frac{\varkappa_0}{3} \cdot \alpha^2\right) \cdot \frac{1}{6}$$

$$\times \frac{-1 + 3 \cdot (1 - \chi_m)^2 + 3\chi^2 - \dfrac{\alpha^2}{20} \cdot [-1 + 5 \cdot (1 - \chi_m)^4 + 30 \cdot (1 - \chi_m)^2 \cdot \chi^2 + 5\chi^4]}{1 - \dfrac{\alpha^2}{6}}$$

$$(18.6.15)$$

und für $\chi_m \leqq \chi \leqq 1$ aus (4.7.37), (4.7.33), (4.7.34), (4.7.35) und (4.7.36):

$$„\varphi(\alpha^2, \chi)"_{\mathfrak{M};b} \simeq \frac{\mathfrak{M} \cdot l}{EI} \cdot \frac{1}{6} \cdot \left[\frac{1 - 3\chi^2 - \dfrac{\alpha^2}{4} \cdot \left(\dfrac{1}{5} - \chi^4\right)}{1 - \dfrac{\alpha^2}{6}} - 2\varkappa_0 \right]$$

$$= \frac{\mathfrak{M} \cdot l}{EI} \cdot „F(\alpha^2, \chi)"_{\mathfrak{M};b}, \qquad (18.6.16)$$

$$„\mathfrak{M}_0(\alpha^2, \chi_m)_b" \simeq \mathfrak{M} \cdot (- \chi_m) \cdot \frac{1 - \dfrac{\alpha^2}{6} \cdot [\chi_m{}^2 + 3 \cdot (1 - \chi)^2]}{1 - \dfrac{\alpha^2}{6}}, \qquad (18.6.17)$$

$$„\mathfrak{Q}_0(\alpha^2, \chi_m)_b" \simeq \frac{\mathfrak{M}}{l} \cdot \left\{ - \frac{1 - \dfrac{\alpha^2}{2} \cdot [\chi_m{}^2 + (1 - \chi)^2]}{1 - \dfrac{\alpha^2}{6}} \right\}, \qquad (18.6.18)$$

$$\text{\glqq}\mathfrak{v}_0(\alpha^2, \chi_m)_b\text{\grqq} \simeq \frac{\mathfrak{M} \cdot l^2}{EI} \cdot \left(1 + \frac{\varkappa_0}{3} \cdot \alpha^2\right) \cdot \frac{(-\chi_m)}{6}$$

$$\times \; \frac{1 - \chi_m{}^2 - 3 \cdot (1 - \chi)^2 - \dfrac{\alpha^2}{20} \cdot [1 - \chi_m{}^4 - 10\chi_m{}^2 \cdot (1 - \chi)^2 - 5 \cdot (1 - \chi)^4]}{1 - \dfrac{\alpha^2}{6}}\,,$$

$$(18.6.19)$$

$$\text{\glqq}\mathfrak{v}'_0(\alpha^2, \chi_m)_b\text{\grqq} \simeq \frac{\mathfrak{M} \cdot l}{EI} \cdot \left(1 + \frac{\varkappa_0}{3} \cdot \alpha^2\right) \cdot \frac{1}{6}$$

$$\times \; \frac{-1 + 3\chi_m{}^2 + 3 \cdot (1 - \chi)^2 - \dfrac{\alpha^2}{20} \cdot [-1 + 5\chi_m{}^4 + 30\chi_m{}^2 \cdot (1 - \chi)^2 + 5 \cdot (1 - \chi)^4]}{1 - \dfrac{\alpha^2}{6}}\,.$$

$$(18.6.20)$$

18.6.1.2. Genaue Lösungen für einen Stab ohne Längskraft

Für $0 \leqq \chi \leqq \chi_m$ erhält man aus (4.7.42), (4.7.48), (4.7.49), (4.7.50) und (4.7.51)

$$\text{\glqq}\varphi(0, \chi)\text{\grqq}_{\mathfrak{M};a} = \frac{\mathfrak{M} \cdot l}{EI} \cdot \frac{1}{6} \cdot [-1 + 3 \cdot (1 - \chi)^2 + 2\varkappa_0] = \frac{\mathfrak{M} \cdot l}{EI} \cdot \text{\glqq}F(0, \chi)\text{\grqq}_{\mathfrak{M};a}\,,$$

$$(18.6.21)$$

$$\text{\glqq}\mathfrak{M}_0(0, \chi_m)_a\text{\grqq} = \mathfrak{M} \cdot (1 - \chi_m)\,, \qquad\qquad (18.6.22)$$

$$\text{\glqq}\mathfrak{Q}_0(0, \chi_m)_a\text{\grqq} = \frac{\mathfrak{M}}{l} \cdot (-1)\,, \qquad\qquad (18.6.23)$$

$$\text{\glqq}\mathfrak{v}_0(0, \chi_m)_a\text{\grqq} = \frac{\mathfrak{M} \cdot l^2}{EI} \cdot \frac{(1 - \chi_m)}{6} \cdot [1 - (1 - \chi_m)^2 - 3\chi^2]\,, \quad (18.6.24)$$

$$\text{\glqq}\mathfrak{v}_0{}'(0, \chi_m)_a\text{\grqq} = \frac{\mathfrak{M} \cdot l}{EI} \cdot \frac{1}{6} \cdot [-1 + 3 \cdot (1 - \chi_m)^2 + 3\chi^2] \qquad (18.6.25)$$

und für $\chi_m \leqq \chi \leqq 1$ aus (4.7.47), (4.7.43), (4.7.44), (4.7.45) und (4.7.46):

$$\text{\glqq}\varphi(0, \chi)\text{\grqq}_{\mathfrak{M};b} = \frac{\mathfrak{M} \cdot l}{EI} \cdot \frac{1}{6} \cdot (1 - 3\chi^2 - 2\varkappa_0) = \frac{\mathfrak{M} \cdot l}{EI} \cdot \text{\glqq}F(0, \chi)\text{\grqq}_{\mathfrak{M};b}\,, \qquad (18.6.26)$$

$$\text{\glqq}\mathfrak{M}_0(0, \chi_m)_b\text{\grqq} = \mathfrak{M} \cdot (-\chi_m)\,, \qquad\qquad (18.6.27)$$

$$\text{\glqq}\mathfrak{Q}_0(0, \chi_m)_b\text{\grqq} = \frac{\mathfrak{M}}{l} \cdot (-1)\,, \qquad\qquad (18.6.28)$$

$$„\mathfrak{v}_0(0,\ \chi_m)_b\text{“} = \frac{\mathfrak{M}\cdot l^2}{EI}\cdot\frac{(-\chi_m)}{6}\cdot[1-\chi_m{}^2-3\cdot(1-\chi^2], \qquad (18.6.29)$$

$$„\mathfrak{v}_0{}'(0,\ \chi_m)_b\text{“} = \frac{\mathfrak{M}\cdot l}{EI}\cdot\frac{1}{6}\cdot[-1+3\chi_m{}^2+3\cdot(1-\chi)^2]. \qquad (18.6.30)$$

18.6.1.3. Zugstab

18.6.1.3.1. Genaue Lösungen

Für $0 \leqq \chi \leqq \chi_m$ ergibt sich aus (4.7.52), (4.7.58), (4.7.59), (4.7.60) und (4.7.61)

$$„\varphi(\beta,\ \chi)\text{“}_{\mathfrak{M};a} = \frac{\mathfrak{M}\cdot l}{EI}\cdot\left\{\frac{-\operatorname{Sinh}\beta+\beta\cdot\operatorname{Cosh}[\beta\cdot(1-\chi)]}{\beta^2\cdot\operatorname{Sinh}\beta}+\frac{\varkappa_0}{3}\right\}$$

$$= \frac{\mathfrak{M}\cdot l}{EI}\cdot„F(\beta,\ \chi)\text{“}_{\mathfrak{M};a}, \qquad (18.6.31)$$

$$„\mathfrak{M}_0(\beta,\ \chi_m)_a\text{“} = \mathfrak{M}\cdot\frac{\operatorname{Sinh}[\beta\cdot(1-\chi_m)]\cdot\operatorname{Cosh}(\beta\chi)}{\operatorname{Sinh}\beta}, \qquad (18.6.32)$$

$$„\mathfrak{Q}_0(\beta,\ \chi_m)_a\text{“} = \frac{\mathfrak{M}}{l}\cdot\frac{-\beta\cdot\operatorname{Cosh}[\beta\cdot(1-\chi_m)]\cdot\operatorname{Cosh}(\beta\chi)}{\operatorname{Sinh}\beta}, \qquad (18.6.33)$$

$$„\mathfrak{v}_0(\beta,\ \chi_m)_a\text{“} = \frac{\mathfrak{M}\cdot l^2}{EI}\cdot\frac{1}{\mu\cdot\beta^2}\cdot\left\{-\frac{\operatorname{Sinh}[\beta\cdot(1-\chi_m)]\cdot\operatorname{Cosh}(\beta\chi)}{\operatorname{Sinh}\beta}+(1-\chi_m)\right\},$$
$$(18.6.34)$$

$$„\mathfrak{v}_0{}'(\beta,\ \chi_m)_a\text{“} = \frac{\mathfrak{M}\cdot l}{EI}\cdot\frac{1}{\mu\cdot\beta^2}\cdot\left\{\frac{\beta\cdot\operatorname{Cosh}[\beta\cdot(1-\chi_m)]\cdot\operatorname{Cosh}(\beta\chi)}{\operatorname{Sinh}\beta}-1\right\} \qquad (18.6.35)$$

und für $\chi_m \leqq \chi \leqq 1$ aus (4.7.57), (4.7.53), (4.7.54), (4.7.55) und (4.7.56):

$$„\varphi(\beta,\ \chi)\text{“}_{\mathfrak{M};b} = \frac{\mathfrak{M}\cdot l}{EI}\cdot\left[\frac{\operatorname{Sinh}\beta-\beta\cdot\operatorname{Cosh}(\beta\chi)}{\beta^2\cdot\operatorname{Sinh}\beta}-\frac{\varkappa_0}{3}\right]=\frac{\mathfrak{M}\cdot l}{EI}\cdot„F(\beta,\ \chi)\text{“}_{\mathfrak{M};b},$$
$$(18.6.36)$$

$$„\mathfrak{M}_0(\beta,\ \chi_m)_b\text{“} = \mathfrak{M}\cdot\frac{-\operatorname{Sinh}(\beta\chi_m)\cdot\operatorname{Cosh}[\beta\cdot(1-\chi)]}{\operatorname{Sinh}\beta}, \qquad (18.6.37)$$

$$„\mathfrak{Q}_0(\beta,\ \chi_m)_b\text{“} = \frac{\mathfrak{M}}{l}\cdot\frac{-\beta\cdot\operatorname{Cosh}(\beta\chi_m)\cdot\operatorname{Cosh}[\beta\cdot(1-\chi)]}{\operatorname{Sinh}\beta}, \qquad (18.6.38)$$

$$„\mathfrak{v}_0(\beta,\ \chi_m)_b\text{“} = \frac{\mathfrak{M}\cdot l^2}{EI}\cdot\frac{1}{\mu\cdot\beta^2}\cdot\left\{\frac{\operatorname{Sinh}(\beta\chi_m)\cdot\operatorname{Cosh}[\beta\cdot(1-\chi)]}{\operatorname{Sinh}\beta}-\chi_m\right\}, \qquad (18.6.39)$$

$$„\mathfrak{v}'_0(\beta,\ \chi_m)_b\text{“} = \frac{\mathfrak{M}\cdot l}{EI}\cdot\frac{1}{\mu\cdot\beta^2}\cdot\left\{\frac{\beta\cdot\operatorname{Cosh}(\beta\chi_m)\cdot\operatorname{Cosh}(\beta\cdot(1-\chi)]}{\operatorname{Sinh}\beta}-1\right\}. \qquad (18.6.40)$$

$$18.6.1.3.2.\ \textit{Näherungslösungen für } \beta \ll 1$$

Für $0 \leq \chi \leq \chi_m$ folgt aus (4.7.62), (4.7.68), (4.7.69), (4.7.70) und (4.7.71)

$$\text{„}\varphi(\beta^2, \chi)\text{“}_{\mathfrak{M};a} \simeq \frac{\mathfrak{M} \cdot l}{EI} \cdot \frac{1}{6} \cdot \left\{ \frac{-1 + 3 \cdot (1 - \chi)^2 + \dfrac{\beta^2}{4} \cdot \left[-\dfrac{1}{5} + (1 - \chi)^4 \right]}{1 + \dfrac{\beta^2}{6}} + 2\varkappa_0 \right\}$$

$$= \frac{\mathfrak{M} \cdot l}{EI} \cdot \text{„}F(\beta^2, \chi)\text{“}_{\mathfrak{M};a}, \tag{18.6.41}$$

$$\text{„}\mathfrak{M}_0(\beta^2, \chi_m)_a\text{“} \simeq \mathfrak{M} \cdot (1 - \chi_m) \cdot \frac{1 + \dfrac{\beta^2}{6} \cdot [(1 - \chi_m)^2 + 3\chi^2]}{1 + \dfrac{\beta^2}{6}}, \tag{18.6.42}$$

$$\text{„}\mathfrak{Q}_0(\beta^2, \chi_m)_a\text{“} \simeq \frac{\mathfrak{M}}{l} \cdot \left\{ -\frac{1 + \dfrac{\beta^2}{2} \cdot [(1 - \chi_m)^2 + \chi^2]}{1 + \dfrac{\beta^2}{6}} \right\}, \tag{18.6.43}$$

$$\text{„}\mathfrak{v}_0(\beta^2, \chi_m)_a\text{“} \simeq \frac{\mathfrak{M} \cdot l^2}{EI} \cdot \left(1 - \frac{\varkappa_0}{3} \cdot \beta^2 \right) \cdot \frac{(1 - \chi_m)}{6}$$

$$\times \frac{1 - (1 - \chi_m)^2 - 3\chi^2 + \dfrac{\beta^2}{20} \cdot [1 - (1 - \chi_m)^4 - 10 \cdot (1 - \chi_m)^2 \cdot \chi^2 - 5\chi^4]}{1 + \dfrac{\beta^2}{6}},$$

$$\tag{18.6.44}$$

$$\text{„}\mathfrak{v}_0'(\beta^2, \chi_m)_a\text{“} \simeq \frac{\mathfrak{M} \cdot l}{EI} \cdot \left(1 - \frac{\varkappa_0}{3} \cdot \beta^2 \right) \cdot \frac{1}{6}$$

$$\times \frac{-1 + 3 \cdot (1 - \chi_m)^2 + 3\chi^2 + \dfrac{\beta^2}{20} \cdot [-1 + 5 \cdot (1 - \chi_m)^4 + 30 \cdot (1 - \chi_m)^2 \cdot \chi^2 + 5\chi^4]}{1 + \dfrac{\beta^2}{6}}$$

$$\tag{18.6.45}$$

und für $\chi_m \leq \chi \leq 1$ aus (4.7.67), (4.7.63), (4.7.64), (4.7.65) und (4.7.66):

$$\text{„}\varphi(\beta^2, \chi)\text{“}_{\mathfrak{M};b} \simeq \frac{\mathfrak{M} \cdot l}{EI} \cdot \frac{1}{6} \cdot \left[\frac{1 - 3\chi^2 + \dfrac{\beta^2}{4} \cdot \left(\dfrac{1}{5} - \chi^4 \right)}{1 + \dfrac{\beta^2}{6}} - 2\varkappa_0 \right]$$

$$= \frac{\mathfrak{M} \cdot l}{EI} \cdot \text{„}F(\beta^2, \chi)\text{“}_{\mathfrak{M};b}, \tag{18.6.46}$$

$$\text{\grqq}\mathfrak{M}_0(\beta^2,\, \chi_m)_b\text{\grqq} \simeq \mathfrak{M} \cdot (-\chi_m) \cdot \frac{1 + \dfrac{\beta^2}{6} \cdot [\chi_m{}^2 + 3 \cdot (1-\chi)^2]}{1 + \dfrac{\beta^2}{6}}, \qquad (18.6.47)$$

$$\text{\grqq}\mathfrak{Q}_0(\beta^2,\, \chi_m)_b\text{\grqq} \simeq \frac{\mathfrak{M}}{l} \cdot \left\{ - \frac{1 + \dfrac{\beta^2}{2} \cdot [\chi_m{}^2 + (1-\chi)^2]}{1 + \dfrac{\beta^2}{6}} \right\}, \qquad (18.6.48)$$

$$\text{\grqq}\mathfrak{v}_0(\beta^2,\, \chi_m)_b\text{\grqq} \simeq \frac{\mathfrak{M} \cdot l^2}{EI} \cdot \left(1 - \frac{\varkappa_0}{3} \cdot \beta^2\right) \cdot \frac{(-\chi_m)}{6}$$

$$\times \frac{1 - \chi_m{}^2 - 3 \cdot (1-\chi)^2 + \dfrac{\beta^2}{20} \cdot [1 - \chi_m{}^4 - 10\chi_m{}^2 \cdot (1-\chi)^2 - 5 \cdot (1-\chi)^4]}{1 + \dfrac{\beta^2}{6}},$$

$$(18.6.49)$$

$$\text{\grqq}\mathfrak{v}_0'(\beta^2,\, \chi_m)_b\text{\grqq} \simeq \frac{\mathfrak{M} \cdot l}{EI} \cdot \left(1 - \frac{\varkappa_0}{3} \cdot \beta^2\right) \cdot \frac{1}{6}$$

$$\times \frac{-1 + 3\chi_m{}^2 + 3 \cdot (1-\chi)^2 + \dfrac{\beta^2}{20} \cdot [-1 + 5\chi_m{}^4 + 30\chi_m{}^2 \cdot (1-\chi)^2 + 5 \cdot (1-\chi)^4]}{1 + \dfrac{\beta^2}{6}} \cdot$$

$$(18.6.50)$$

18.6.1.3.3. Näherungslösungen für $\beta \gg 1$

Für $0 \leqq \chi \leqq \chi_m$ erhalten wir aus (4.7.72), (4.7.78), (4.7.79), (4.7.80) und (4.7.81)

$$\text{\grqq}\varphi(\beta_N,\, \chi)\text{\grqq}_{\mathfrak{M};a} \simeq \frac{\mathfrak{M} \cdot l}{EI} \cdot \left\{ \frac{-1 + \beta \cdot [e^{-\beta \cdot \chi} + e^{-\beta \cdot (2-\chi)}]}{\beta^2} + \frac{\varkappa_0}{3} \right\} = \frac{\mathfrak{M} \cdot l}{EI} \cdot \text{\grqq}F(\beta_N,\, \chi)\text{\grqq}_{\mathfrak{M};a},$$

$$(18.6.51)$$

$$\text{\grqq}\mathfrak{M}_0(\beta_N,\, \chi_m)_a\text{\grqq} \simeq \mathfrak{M} \cdot \frac{1}{2} \cdot [e^{-\beta \cdot (\chi_m - \chi)} + e^{-\beta \cdot (\chi_m + \chi)} - e^{-\beta \cdot (2 - \chi_m - \chi)} - e^{-\beta \cdot (2 - \chi_m + \chi)}], \quad (18.6.52)$$

$$\text{\grqq}\mathfrak{Q}_0(\beta_N,\, \chi_m)_a\text{\grqq} \simeq \frac{\mathfrak{M}}{l} \cdot \frac{\beta}{2} \cdot [-e^{-\beta \cdot (\chi_m - \chi)} - e^{-\beta \cdot (\chi_m + \chi)} - e^{-\beta \cdot (2 - \chi_m - \chi)} - e^{-\beta \cdot (2 - \chi_m + \chi)}],$$

$$(18.6.53)$$

$$\text{\grqq}\mathfrak{v}_0(\beta_N,\, \chi_m)_a\text{\grqq} \simeq \frac{\mathfrak{M} \cdot l^2}{EI} \cdot \frac{1}{2\mu \cdot \beta^2} \cdot [-e^{-\beta \cdot (\chi_m - \chi)} - e^{-\beta \cdot (\chi_m + \chi)} + e^{-\beta \cdot (2 - \chi_m - \chi)}$$

$$+ e^{-\beta \cdot (2 - \chi_m + \chi)} + 2 \cdot (1 - \chi_m)], \qquad (18.6.54)$$

$$\text{„}v_0{}'(\beta_N, \chi_m)_a\text{“} \simeq \frac{\mathfrak{M} \cdot l}{EI} \cdot \frac{1}{2\mu \cdot \beta} \cdot \left\{ [e^{-\beta \cdot (\chi_m - \chi)} + e^{-\beta \cdot (\chi_m + \chi)} + e^{-\beta \cdot (2 - \chi_m - \chi)} \right.$$

$$\left. + e^{-\beta \cdot (2 - \chi_m + \chi)}] - \frac{2}{\beta} \right\} \tag{18.6.55}$$

und für $\chi_m \leqq \chi \leqq 1$ aus (4.7.77), (4.7.73), (4.7.74), (4.7.75) und (4.7.76):

$$\text{„}\varphi(\beta_N, \chi)\text{“}_{\mathfrak{M};b} \simeq \frac{\mathfrak{M} \cdot l}{EI} \cdot \left\{ \frac{1 - \beta \cdot [e^{-\beta \cdot (1-\chi)} + e^{-\beta \cdot (1+\chi)}]}{\beta^2} - \frac{\varkappa_0}{3} \right\} = \frac{\mathfrak{M} \cdot l}{EI} \cdot \text{„}F(\beta_N, \chi)\text{“}_{\mathfrak{M};b},$$

$$\tag{18.6.56}$$

$$\text{„}\mathfrak{M}_0(\beta_N, \chi_m)_b\text{“} \simeq \mathfrak{M} \cdot \frac{1}{2} \cdot [-e^{-\beta \cdot (\chi - \chi_m)} + e^{-\beta \cdot (\chi + \chi_m)} - e^{-\beta \cdot (2 - \chi - \chi_m)} + e^{-\beta \cdot (2 - \chi + \chi_m)}],$$

$$\tag{18.6.57}$$

$$\text{„}\mathfrak{Q}_0(\beta_N, \chi_m)_b\text{“} \simeq \frac{\mathfrak{M}}{l} \cdot \frac{\beta}{2} \cdot [-e^{-\beta \cdot (\chi - \chi_m)} - e^{-\beta \cdot (\chi + \chi_m)} - e^{-\beta \cdot (2 - \chi - \chi_m)} - e^{-\beta \cdot (2 - \chi + \chi_m)}],$$

$$\tag{18.6.58}$$

$$\text{„}v_0(\beta_N, \chi_m)_b\text{“} \simeq \frac{\mathfrak{M} \cdot l^2}{EI} \cdot \frac{1}{2\mu \cdot \beta^2} \cdot [e^{-\beta \cdot (\chi - \chi_m)} - e^{-\beta \cdot (\chi + \chi_m)} + e^{-\beta \cdot (2 - \chi - \chi_m)}$$

$$- e^{-\beta \cdot (2 - \chi + \chi_m)} - 2\chi_m], \tag{18.6.59}$$

$$\text{„}v_0{}'(\beta_N, \chi_m)_b\text{“} \simeq \frac{\mathfrak{M} \cdot l}{EI} \cdot \frac{1}{2\mu \cdot \beta} \cdot \left\{ [e^{-\beta \cdot (\chi - \chi_m)} + e^{-\beta \cdot (\chi + \chi_m)} + e^{-\beta \cdot (2 - \chi - \chi_m)} \right.$$

$$\left. + e^{-\beta \cdot (2 - \chi + \chi_m)}] - \frac{2}{\beta} \right\}. \tag{18.6.60}$$

18.6.2. Einzellast $\mathfrak{P}$

18.6.2.1. Druckstab

18.6.2.1.1. Genaue Lösungen

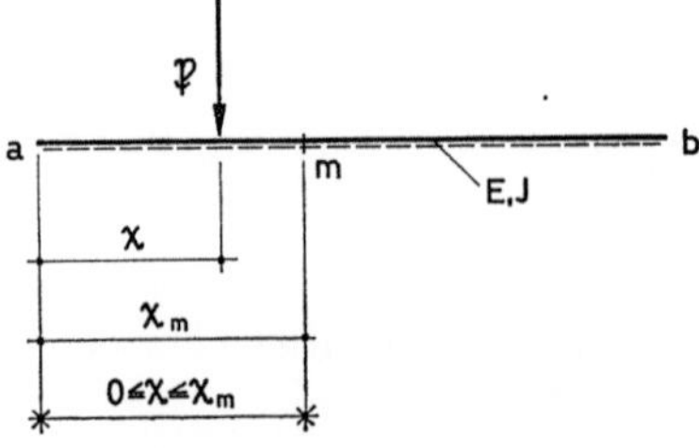

Abb. 190. Stab a,b mit Einzellast $\mathfrak{P}$

Für $0 \leq \chi \leq \chi_m$ ergibt sich aus (4.8.22), (4.8.29), (4.8.30), (4.8.27) und (4.8.28)

$$\text{,,}\varphi(\alpha, \chi)\text{``}_{\mathfrak{P};a} = \frac{\mathfrak{P} \cdot l^2}{EI} \cdot \frac{1}{\mu \cdot \alpha^2} \cdot \left\{ \frac{\sin\left[\alpha \cdot (1 - \chi)\right]}{\sin \alpha} - (1 - \chi) \right\} = \frac{\mathfrak{P} \cdot l^2}{EI} \cdot \text{,,}F(\alpha, \chi)\text{``}_{\mathfrak{P};a} ,$$
$$(18.6.61)$$

$$\text{,,}\mathfrak{M}_0(\alpha, \chi_m)_a\text{``} = \mathfrak{P} \cdot l \cdot \frac{\sin\left[\alpha \cdot (1 - \chi_m)\right] \cdot \sin(\alpha\chi)}{\mu \cdot \alpha \cdot \sin \alpha} , \qquad (18.6.62)$$

$$\text{,,}\mathfrak{Q}_0(\alpha, \chi_m)_a\text{``} = \mathfrak{P} \cdot \frac{-\cos\left[\alpha \cdot (1 - \chi_m)\right] \cdot \sin(\alpha\chi)}{\mu \cdot \sin \alpha} , \qquad (18.6.63)$$

$$\text{,,}\mathfrak{v}_0(\alpha, \chi_m)_a\text{``} = \frac{\mathfrak{P} \cdot l^3}{EI} \cdot \frac{1}{\mu^2 \cdot \alpha^2} \cdot \left\{ \frac{\sin\left[\alpha \cdot (1 - \chi_m)\right] \cdot \sin(\alpha\chi)}{\alpha \cdot \sin \alpha} - \mu \cdot (1 - \chi_m) \cdot \chi \right\} ,$$
$$(18.6.64)$$

$$\text{,,}\mathfrak{v}_0{}'(\alpha, \chi_m)_a\text{``} = \frac{\mathfrak{P} \cdot l^2}{EI} \cdot \frac{1}{\mu^2 \cdot \alpha^2} \cdot \left\{ -\frac{\cos\left[\alpha \cdot (1 - \chi_m)\right] \cdot \sin(\alpha\chi)}{\sin \alpha} + \mu \cdot \chi \right\} \qquad (18.6.65)$$

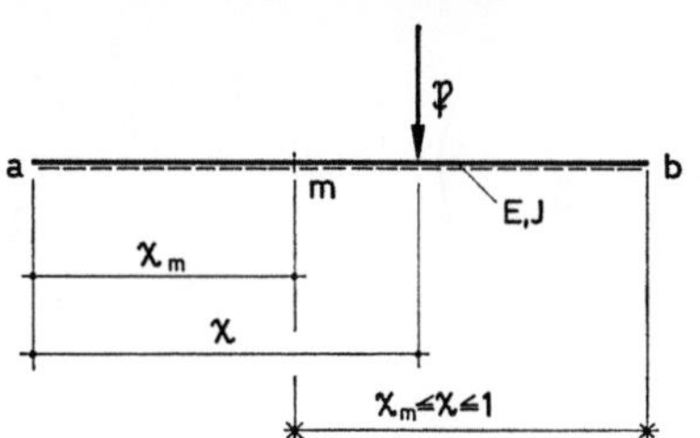

Abb. 191. Stab a,b mit Einzellast $\mathfrak{P}$

und für $\chi_m \leq \chi \leq 1$ aus (4.8.31), (4.8.20), (4.8.21), (4.8.18) und (4.8.19):

$$\text{,,}\varphi(\alpha, \chi)\text{``}_{\mathfrak{P};b} = \frac{\mathfrak{P} \cdot l^2}{EI} \cdot \frac{1}{\mu \cdot \alpha^2} \cdot \left[ \frac{\sin(\alpha\chi)}{\sin \alpha} - \chi \right] = \frac{\mathfrak{P} \cdot l^2}{EI} \cdot \text{,,}F(\alpha, \chi)\text{``}_{\mathfrak{P};b} , \qquad (18.6.66)$$

$$\text{,,}\mathfrak{M}_0(\alpha, \chi_m)_b\text{``} = \mathfrak{P} \cdot l \cdot \frac{\sin(\alpha\chi_m) \cdot \sin\left[\alpha \cdot (1 - \chi)\right]}{\mu \cdot \alpha \cdot \sin \alpha} , \qquad (18.6.67)$$

$$\text{,,}\mathfrak{Q}_0(\alpha, \chi_m)_b\text{``} = \mathfrak{P} \cdot \frac{\cos(\alpha\chi_m) \cdot \sin\left[\alpha \cdot (1 - \chi)\right]}{\mu \cdot \sin \alpha} , \qquad (18.6.68)$$

$$\text{,,}\mathfrak{v}_0(\alpha, \chi_m)_b\text{``} = \frac{\mathfrak{P} \cdot l^3}{EI} \cdot \frac{1}{\mu^2 \cdot \alpha^2} \cdot \left\{ \frac{\sin(\alpha\chi_m) \cdot \sin\left[\alpha \cdot (1 - \chi)\right]}{\alpha \cdot \sin \alpha} - \mu \cdot \chi_m \cdot (1 - \chi) \right\} ,$$
$$(18.6.69)$$

$$\text{,,}\mathfrak{v}_0{}'(\alpha, \chi_m)_b\text{``} = \frac{\mathfrak{P} \cdot l^2}{EI} \cdot \frac{1}{\mu^2 \cdot \alpha^2} \cdot \left\{ \frac{\cos(\alpha\chi_m) \cdot \sin\left[\alpha \cdot (1 - \chi)\right]}{\sin \alpha} - \mu \cdot (1 - \chi) \right\} .$$
$$(18.6.70)$$

18.6.2.1.2. Näherungslösungen für $\alpha \ll 1$

Für $0 \leq \chi \leq \chi_m$ folgt aus (4.8.32), (4.8.38), (4.8.39), (4.8.40) und (4.8.41)

$$„\varphi(\alpha^2, \chi)``_{\mathfrak{P};a} \simeq \frac{\mathfrak{P} \cdot l^2}{EI} \cdot \left(1 + \frac{\varkappa_0}{3} \cdot \alpha^2\right) \cdot \frac{(1-\chi)}{6} \cdot \frac{1 - (1-\chi)^2 - \dfrac{\alpha^2}{20} \cdot [1 - (1-\chi)^4]}{1 - \dfrac{\alpha^2}{6}}$$

$$= \frac{\mathfrak{P} \cdot l^2}{EI} \cdot „F(\alpha^2, \chi)``_{\mathfrak{P};a}, \tag{18.6.71}$$

$$„\mathfrak{M}_0(\alpha^2, \chi_m)_a`` \simeq \mathfrak{P} \cdot l \cdot \left(1 + \frac{\varkappa_0}{3} \cdot \alpha^2\right) \cdot (1 - \chi_m) \cdot \chi \cdot \frac{1 - \dfrac{\alpha^2}{6} \cdot [(1-\chi_m)^2 + \chi^2]}{1 - \dfrac{\alpha^2}{6}}, \tag{18.6.72}$$

$$„\mathfrak{Q}_0(\alpha^2, \chi_m)_a`` \simeq \mathfrak{P} \cdot \left(1 + \frac{\varkappa_0}{3} \cdot \alpha^2\right) \cdot (-\chi) \cdot \frac{1 - \dfrac{\alpha^2}{6} \cdot [3 \cdot (1-\chi_m)^2 + \chi^2]}{1 - \dfrac{\alpha^2}{6}}, \tag{18.6.73}$$

$$„\mathfrak{v}_0(\alpha^2, \chi_m)_a`` \simeq \frac{\mathfrak{P} \cdot l^3}{EI} \cdot \left(1 + \frac{\varkappa_0}{3} \cdot \alpha^2\right) \cdot (1 - \chi_m) \cdot \chi \cdot \left\{ \frac{\varkappa_0}{3} + \left(1 + \frac{\varkappa_0}{3} \cdot \alpha^2\right) \cdot \frac{1}{6} \right.$$

$$\left. \times \frac{1 - (1-\chi_m)^2 - \chi^2 - \dfrac{\alpha^2}{20} \cdot \left[1 - \chi^4 - \dfrac{10}{3} \cdot (1-\chi_m)^2 \cdot \chi^2 - (1-\chi_m)^4\right]}{1 - \dfrac{\alpha^2}{6}} \right\}, \tag{18.6.74}$$

$$„\mathfrak{v}_0'(\alpha^2, \chi_m)_a`` \simeq \frac{\mathfrak{P} \cdot l^2}{EI} \cdot \left(1 + \frac{\varkappa_0}{3} \cdot \alpha^2\right) \cdot (-\chi) \cdot \left\{ \frac{\varkappa_0}{3} + \left(1 + \frac{\varkappa_0}{3} \cdot \alpha^2\right) \cdot \frac{1}{6} \right.$$

$$\left. \times \frac{1 - 3 \cdot (1-\chi_m)^2 - \chi^2 - \dfrac{\alpha^2}{20} \cdot [1 - \chi^4 - 10 \cdot (1-\chi_m)^2 \cdot \chi^2 - 5 \cdot (1-\chi_m)^4]}{1 - \dfrac{\alpha^2}{6}} \right\} \tag{18.6.75}$$

und für $\chi_m \leqq \chi \leqq 1$ aus (4.8.37), (4.8.33), (4.8.34), (4.8.35) und (4.8.36):

$$\text{„}\varphi(\alpha^2, \chi)\text{“}_{\mathfrak{P};b} \simeq \frac{\mathfrak{P} \cdot l^2}{EI} \cdot \left(1 + \frac{\varkappa_0}{3} \cdot \alpha^2\right) \cdot \frac{\chi}{6} \cdot \frac{1 - \chi^2 - \dfrac{\alpha^2}{20} \cdot (1 - \chi^4)}{1 - \dfrac{\alpha^2}{6}}$$

$$= \frac{\mathfrak{P} \cdot l^2}{EI} \cdot \text{„}F(\alpha^2, \chi)\text{“}_{\mathfrak{P};b}, \tag{18.6.76}$$

$$\text{„}\mathfrak{M}_0(\alpha^2, \chi_m)_b\text{“} \simeq \mathfrak{P} \cdot l \cdot \left(1 + \frac{\varkappa_0}{3} \cdot \alpha^2\right) \cdot \chi_m \cdot (1 - \chi) \cdot \frac{1 - \dfrac{\alpha^2}{6} \cdot [\chi_m{}^2 + (1 - \chi)^2]}{1 - \dfrac{\alpha^2}{6}}, \tag{18.6.77}$$

$$\text{„}\mathfrak{Q}_0(\alpha^2, \chi_m)_b\text{“} \simeq \mathfrak{P} \cdot \left(1 + \frac{\varkappa_0}{3} \cdot \alpha^2\right) \cdot (1 - \chi) \cdot \frac{1 - \dfrac{\alpha^2}{6} \cdot [3\chi_m{}^2 + (1 - \chi)^2]}{1 - \dfrac{\alpha^2}{6}}, \tag{18.6.78}$$

$$\text{„}\mathfrak{v}_0(\alpha^2, \chi_m)_b\text{“} \simeq \frac{\mathfrak{P} \cdot l^3}{EI} \cdot \left(1 + \frac{\varkappa_0}{3} \cdot \alpha^2\right) \cdot \chi_m \cdot (1 - \chi) \cdot \left\{\frac{\varkappa_0}{3} + \left(1 + \frac{\varkappa_0}{3} \cdot \alpha^2\right) \cdot \frac{1}{6}\right.$$

$$\times \left. \frac{1 - \chi_m{}^2 - (1 - \chi)^2 - \dfrac{\alpha^2}{20} \cdot \left[1 - (1 - \chi)^4 - \dfrac{10}{3} \cdot \chi_m{}^2 \cdot (1 - \chi)^2 - \chi_m{}^4\right]}{1 - \dfrac{\alpha^2}{6}}\right\}, \tag{18.6.79}$$

$$\text{„}\mathfrak{v}_0{}'(\alpha^2, \chi_m)_b\text{“} \simeq \frac{\mathfrak{P} \cdot l^2}{EI} \cdot \left(1 + \frac{\varkappa_0}{3} \cdot \alpha^2\right) \cdot (1 - \chi) \cdot \left\{\frac{\varkappa_0}{3} + \left(1 + \frac{\varkappa_0}{3} \cdot \alpha^2\right) \cdot \frac{1}{6}\right.$$

$$\times \left. \frac{1 - 3\chi_m{}^2 - (1 - \chi)^2 - \dfrac{\alpha^2}{20} \cdot [1 - (1 - \chi)^4 - 10\chi_m{}^2 \cdot (1 - \chi)^2 - 5\chi_m{}^4]}{1 - \dfrac{\alpha^2}{6}}\right\}. \tag{18.6.80}$$

18.6.2.2. Genaue Lösungen für einen Stab ohne Längskraft

Für $0 \leqq \chi \leqq \chi_m$ erhält man aus (4.8.42), (4.8.48), (4.8.49), (4.8.50) und (4.8.51)

$$\text{,,}\varphi(0, \chi)\text{``}_{\mathfrak{P};a} = \frac{\mathfrak{P} \cdot l^2}{EI} \cdot \frac{(1-\chi)}{6} \cdot [1 - (1-\chi)^2] = \frac{\mathfrak{P} \cdot l^2}{EI} \cdot \text{,,}F(0, \chi)\text{``}_{\mathfrak{P};a}, \qquad (18.6.81)$$

$$\text{,,}\mathfrak{M}_0(0, \chi_m)_a\text{``} = \mathfrak{P} \cdot l \cdot (1-\chi_m) \cdot \chi, \qquad (18.6.82)$$

$$\text{,,}\mathfrak{Q}_0(0, \chi_m)_a\text{``} = \mathfrak{P} \cdot (-\chi), \qquad (18.6.83)$$

$$\text{,,}\mathfrak{v}_0(0, \chi_m)_a\text{``} = \frac{\mathfrak{P} \cdot l^3}{EI} \cdot (1-\chi_m) \cdot \chi \cdot \left\{ \frac{\varkappa_0}{3} + \frac{1}{6} \cdot [1 - (1-\chi_m)^2 - \chi^2] \right\}, \qquad (18.6.84)$$

$$\text{,,}\mathfrak{v}_0{}'(0, \chi_m)_a\text{``} = \frac{\mathfrak{P} \cdot l^2}{EI} \cdot (-\chi) \cdot \left\{ \frac{\varkappa_0}{3} + \frac{1}{6} \cdot [1 - 3 \cdot (1-\chi_m)^2 - \chi^2] \right\} \qquad (18.6.85)$$

und für $\chi_m \leqq \chi \leqq 1$ aus (4.8.47), (4.8.43), (4.8.44), (4.8.45) und (4.8.46):

$$\text{,,}\varphi(0, \chi)\text{``}_{\mathfrak{P};b} = \frac{\mathfrak{P} \cdot l^2}{EI} \cdot \frac{\chi}{6} \cdot (1-\chi^2) = \frac{\mathfrak{P} \cdot l^2}{EI} \cdot \text{,,}F(0, \chi)\text{``}_{\mathfrak{P};b}, \qquad (18.6.86)$$

$$\text{,,}\mathfrak{M}_0(0, \chi_m)_b\text{``} = \mathfrak{P} \cdot l \cdot \chi_m \cdot (1-\chi), \qquad (18.6.87)$$

$$\text{,,}\mathfrak{Q}_0(0, \chi_m)_b\text{``} = \mathfrak{P} \cdot (1-\chi), \qquad (18.6.88)$$

$$\text{,,}\mathfrak{v}_0(0, \chi_m)_b\text{``} = \frac{\mathfrak{P} \cdot l^3}{EI} \cdot \chi_m \cdot (1-\chi) \cdot \left\{ \frac{\varkappa_0}{3} + \frac{1}{6} \cdot [1 - \chi_m^2 - (1-\chi)^2] \right\}, \qquad (18.6.89)$$

$$\text{,,}\mathfrak{v}_0{}'(0, \chi_m)_b\text{``} = \frac{\mathfrak{P} \cdot l^2}{EI} \cdot (1-\chi) \cdot \left\{ \frac{\varkappa_0}{3} + \frac{1}{6} \cdot [1 - 3\chi_m^2 - (1-\chi)^2] \right\}. \qquad (18.6.90)$$

18.6.2.3. Zugstab

18.6.2.3.1. Genaue Lösungen

Für $0 \leqq \chi \leqq \chi_m$ ergibt sich aus (4.8.52), (4.8.58), (4.8.59), (4.8.60) und (4.8.61)

$$\text{,,}\varphi(\beta, \chi)\text{``}_{\mathfrak{P};a} = \frac{\mathfrak{P} \cdot l^2}{EI} \cdot \frac{1}{\mu \cdot \beta^2} \cdot \left\{ -\frac{\text{Sinh}\,[\beta \cdot (1-\chi)]}{\text{Sinh}\,\beta} + (1-\chi) \right\}$$

$$= \frac{\mathfrak{P} \cdot l^2}{EI} \cdot \text{,,}F(\beta, \chi)\text{``}_{\mathfrak{P};a}, \qquad (18.6.91)$$

$$\text{,,}\mathfrak{M}_0(\beta, \chi_m)_a\text{``} = \mathfrak{P} \cdot l \cdot \frac{\text{Sinh}\,[\beta \cdot (1-\chi_m)] \cdot \text{Sinh}\,(\beta\chi)}{\mu \cdot \beta \cdot \text{Sinh}\,\beta}, \qquad (18.6.92)$$

$$\text{,,}\mathfrak{Q}_0(\beta,\,\chi_m)_a\text{``} = \mathfrak{P} \cdot \frac{-\mathrm{Cosh}\,[\beta\cdot(1-\chi_m)]\cdot\mathrm{Sinh}\,(\beta\chi)}{\mu\cdot\mathrm{Sinh}\,\beta}, \qquad (18.6.93)$$

$$\text{,,}\mathfrak{v}_0(\beta,\,\chi_m)_a\text{``} = \frac{\mathfrak{P}\cdot l^3}{EI}\cdot\frac{1}{\mu^2\cdot\beta^2}\cdot\left\{-\frac{\mathrm{Sinh}\,[\beta\cdot(1-\chi_m)]\cdot\mathrm{Sinh}\,(\beta\chi)}{\beta\cdot\mathrm{Sinh}\,\beta}+\mu\cdot(1-\chi_m)\cdot\chi\right\},$$
$$(18.6.94)$$

$$\text{,,}\mathfrak{v}_0'(\beta,\,\chi_m)_a\text{``} = \frac{\mathfrak{P}\cdot l^2}{EI}\cdot\frac{1}{\mu^2\cdot\beta^2}\cdot\left\{\frac{\mathrm{Cosh}\,[\beta\cdot(1-\chi_m)]\cdot\mathrm{Sinh}\,(\beta\chi)}{\mathrm{Sinh}\,\beta}-\mu\cdot\chi\right\} \qquad (18.6.95)$$

und für $\chi_m \leqq \chi \leqq 1$ aus (4.8.57), (4.8.53), (4.8.54), (4.8.55) und (4.8.56):

$$\text{,,}\varphi(\beta,\,\chi)\text{``}_{\mathfrak{P};b} = \frac{\mathfrak{P}\cdot l^2}{EI}\cdot\frac{1}{\mu\cdot\beta^2}\cdot\left[-\frac{\mathrm{Sinh}\,(\beta\chi)}{\mathrm{Sinh}\,\beta}+\chi\right] = \frac{\mathfrak{P}\cdot l^2}{EI}\cdot\text{,,}F(\beta,\,\chi)\text{``}_{\mathfrak{P};b}, \quad (18.6.96)$$

$$\text{,,}\mathfrak{M}_0(\beta,\,\chi_m)_b\text{``} = \mathfrak{P}\cdot l\cdot\frac{\mathrm{Sinh}\,(\beta\chi_m)\cdot\mathrm{Sinh}\,[\beta\cdot(1-\chi)]}{\mu\cdot\beta\cdot\mathrm{Sinh}\,\beta}, \qquad (18.6.97)$$

$$\text{,,}\mathfrak{Q}_0(\beta,\,\chi_m)_b\text{``} = \mathfrak{P}\cdot\frac{\mathrm{Cosh}\,(\beta\chi_m)\cdot\mathrm{Sinh}\,[\beta\cdot(1-\chi)]}{\mu\cdot\mathrm{Sinh}\,\beta}, \qquad (18.6.98)$$

$$\text{,,}\mathfrak{v}_0(\beta,\,\chi_m)_b\text{``} = \frac{\mathfrak{P}\cdot l^3}{EI}\cdot\frac{1}{\mu^2\cdot\beta^2}\cdot\left\{-\frac{\mathrm{Sinh}\,(\beta\chi_m)\cdot\mathrm{Sinh}\,[\beta\cdot(1-\chi)]}{\beta\cdot\mathrm{Sinh}\,\beta}+\mu\cdot\chi_m\cdot(1-\chi)\right\},$$
$$(18.6.99)$$

$$\text{,,}\mathfrak{v}_0'(\beta,\,\chi_m)_b\text{``} = \frac{\mathfrak{P}\cdot l^2}{EI}\cdot\frac{1}{\mu^2\cdot\beta^2}\cdot\left\{-\frac{\mathrm{Cosh}\,(\beta\chi_m)\cdot\mathrm{Sinh}\,[\beta\cdot(1-\chi)]}{\mathrm{Sinh}\,\beta}+\mu\cdot(1-\chi)\right\}\cdot$$
$$(18.6.100)$$

18.6.2.3.2. *Näherungslösungen für $\beta \ll 1$*

Für $0 \leqq \chi \leqq \chi_m$ folgt aus (4.8.62), (4.8.68), (4.8.69) ,(4.8.70) und (4.8.71)

$$\text{,,}\varphi(\beta^2,\,\chi)\text{``}_{\mathfrak{P};a} \simeq \frac{\mathfrak{P}\cdot l^2}{EI}\cdot\left(1-\frac{\varkappa_0}{3}\cdot\beta^2\right)\cdot\frac{(1-\chi)}{6}\cdot\frac{1-(1-\chi)^2+\dfrac{\beta^2}{20}\cdot[1-(1-\chi)^4]}{1+\dfrac{\beta^2}{6}}$$

$$= \frac{\mathfrak{P}\cdot l^2}{EI}\cdot\text{,,}F(\beta^2,\,\chi)\text{``}_{\mathfrak{P};a}, \qquad (18.6.101)$$

$$\text{,,}\mathfrak{M}_0(\beta^2,\,\chi_m)_a\text{``} \simeq \mathfrak{P}\cdot l\cdot\left(1-\frac{\varkappa_0}{3}\cdot\beta^2\right)\cdot(1-\chi_m)\cdot\chi\cdot\frac{1+\dfrac{\beta^2}{6}\cdot[(1-\chi_m)^2+\chi^2]}{1+\dfrac{\beta^2}{6}},$$

$$(18.6.102)$$

$$\text{,,}\mathfrak{Q}_0(\beta^2,\,\chi_m)_a\text{``} \simeq \mathfrak{P}\cdot\left(1-\frac{\varkappa_0}{3}\cdot\beta^2\right)\cdot(-\chi)\cdot\frac{1+\dfrac{\beta^2}{6}\cdot[3\cdot(1-\chi_m)^2+\chi^2]}{1+\dfrac{\beta^2}{6}},$$

$$(18.6.103)$$

$$\text{,,}\mathfrak{v}_0(\beta^2,\,\chi_m)_a\text{``} \simeq \frac{\mathfrak{P}\cdot l^3}{EI}\cdot\left(1-\frac{\varkappa_0}{3}\cdot\beta^2\right)\cdot(1-\chi_m)\cdot\chi\cdot\left\{\frac{\varkappa_0}{3}+\left(1-\frac{\varkappa_0}{3}\cdot\beta^2\right)\cdot\frac{1}{6}\right.$$

$$\times\ \frac{1-(1-\chi_m)^2-\chi^2+\dfrac{\beta^2}{20}\cdot\left[1-\chi^4-\dfrac{10}{3}\cdot(1-\chi_m)^2\cdot\chi^2-(1-\chi_m)^4\right]}{1+\dfrac{\beta^2}{6}}\Bigg\},$$

$$(18.6.104)$$

$$\text{,,}\mathfrak{v}_0{}'(\beta^2,\,\chi_m)_a\text{``} \simeq \frac{\mathfrak{P}\cdot l^2}{EI}\cdot\left(1-\frac{\varkappa_0}{3}\cdot\beta^2\right)\cdot(-\chi)\cdot\left\{\frac{\varkappa_0}{3}+\left(1-\frac{\varkappa_0}{3}\cdot\beta^2\right)\cdot\frac{1}{6}\right.$$

$$\times\ \frac{1-3\cdot(1-\chi_m)^2-\chi^2+\dfrac{\beta^2}{20}\cdot[1-\chi^4-10\cdot(1-\chi_m)^2\cdot\chi^2-5\cdot(1-\chi_m)^4]}{1+\dfrac{\beta^2}{6}}\Bigg\}$$

$$(18.6.105)$$

und für $\chi_m \leqq \chi \leqq 1$ aus (4.8.67), (4.8.63), (4.8.64), (4.8.65) und (4.8.66):

$$\text{,,}\varphi(\beta^2,\,\chi)\text{``}_{\mathfrak{P};b} \simeq \frac{\mathfrak{P}\cdot l^2}{EI}\cdot\left(1-\frac{\varkappa_0}{3}\cdot\beta^2\right)\cdot\frac{\chi}{6}\cdot\frac{1-\chi^2+\dfrac{\beta^2}{20}\cdot(1-\chi^4)}{1+\dfrac{\beta^2}{6}}$$

$$=\frac{\mathfrak{P}\cdot l^2}{EI}\cdot\text{,,}F(\beta^2,\,\chi)\text{``}_{\mathfrak{P};b}, \qquad (18.6.106)$$

$$\text{,,}\mathfrak{M}_0(\beta^2,\,\chi_m)_b\text{``} \simeq \mathfrak{P}\cdot l\cdot\left(1-\frac{\varkappa_0}{3}\cdot\beta^2\right)\cdot\chi_m\cdot(1-\chi)\cdot\frac{1+\dfrac{\beta^2}{6}\cdot[\chi_m{}^2+(1-\chi)^2]}{1+\dfrac{\beta^2}{6}},$$

$$(18.6.107)$$

$$„\mathfrak{Q}_0(\beta^2,\,\chi_m)_b“ \simeq \mathfrak{P} \cdot \left(1 - \frac{\varkappa_0}{3}\cdot\beta^2\right)\cdot(1-\chi)\cdot\frac{1 + \dfrac{\beta^2}{6}\cdot[3\chi_m{}^2 + (1-\chi^2]}{1 + \dfrac{\beta^2}{6}},$$

$$(18.6.108)$$

$$„\mathfrak{v}_0(\beta^2,\,\chi_m)_b“ \simeq \frac{\mathfrak{P}\cdot l^3}{EI}\cdot\left(1 - \frac{\varkappa_0}{3}\cdot\beta^2\right)\cdot\chi_m\cdot(1-\chi)\cdot\left\{\frac{\varkappa_0}{3} + \left(1 - \frac{\varkappa_0}{3}\cdot\beta^2\right)\cdot\frac{1}{6}\right.$$

$$\times\ \frac{1 - \chi_m{}^2 - (1-\chi)^2 + \dfrac{\beta^2}{20}\cdot\left[1 - (1-\chi)^4 - \dfrac{10}{3}\cdot\chi_m{}^2\cdot(1-\chi)^2 - \chi_m{}^4\right]}{1 + \dfrac{\beta^2}{6}}\Bigg\},$$

$$(18.6.109)$$

$$„\mathfrak{v}_0{}'(\beta^2,\,\chi_m)_b“ \simeq \frac{\mathfrak{P}\cdot l^2}{EI}\cdot\left(1 - \frac{\varkappa_0}{3}\cdot\beta^2\right)\cdot(1-\chi)\cdot\left\{\frac{\varkappa_0}{3} + \left(1 - \frac{\varkappa_0}{3}\cdot\beta^2\right)\cdot\frac{1}{6}\right.$$

$$\times\ \frac{1 - 3\chi_m{}^2 - (1-\chi)^2 + \dfrac{\beta^2}{20}\cdot[1 - (1-\chi)^4 - 10\chi_m{}^2\cdot(1-\chi)^2 - 5\chi_m{}^4]}{1 + \dfrac{\beta^2}{6}}\Bigg\}.$$

$$(18.6.110)$$

18.6.2.3.3. Näherungslösungen für $\beta \gg 1$

Für $0 \leqq \chi \leqq \chi_m$ erhalten wir aus (4.8.72), (4.8.78), (4.8.79), (4.8.80) und (4.8.81)

$$„\varphi(\beta_N,\,\chi)“_{\mathfrak{P};a} \simeq \frac{\mathfrak{P}\cdot l^2}{EI}\cdot\frac{1}{\mu\cdot\beta^2}\cdot[1 - \chi - e^{-\beta\cdot\chi} + e^{-\beta\cdot(2-\chi)}] = \frac{\mathfrak{P}\cdot l^2}{EI}\cdot„F(\beta_N,\,\chi)“_{\mathfrak{P};a},$$

$$(18.6.111)$$

$$„\mathfrak{M}_0(\beta_N,\,\chi_m)_a“ \simeq \mathfrak{P}\cdot l\cdot\frac{1}{2\mu\cdot\beta}\cdot[e^{-\beta\cdot(\chi_m-\chi)} - e^{-\beta\cdot(\chi_m+\chi)} - e^{-\beta\cdot(2-\chi_m-\chi)} + e^{-\beta\cdot(2-\chi_m+\chi)}],$$

$$(18.6.112)$$

$$„\mathfrak{Q}_0(\beta_N,\,\chi_m)_a“ \simeq \mathfrak{P}\cdot\frac{1}{2\mu}\cdot[-e^{-\beta\cdot(\chi_m-\chi)} + e^{-\beta\cdot(\chi_m+\chi)} - e^{-\beta\cdot(2-\chi_m-\chi)} + e^{-\beta\cdot(2-\chi_m+\chi)}],$$

$$(18.6.113)$$

$$\text{„}\mathfrak{v}_0(\beta_N,\,\chi_m)_a\text{“} \simeq \frac{\mathfrak{P}\cdot l^3}{EI}\cdot\frac{1}{2\mu^2\cdot\beta^3}\cdot[-e^{-\beta\cdot(\chi_m-\chi)}+e^{-\beta\cdot(\chi_m+\chi)}+e^{-\beta\cdot(2-\chi_m-\chi)}-e^{-\beta\cdot(2-\chi_m+\chi)}$$

$$+\,2\mu\cdot\beta\cdot(1-\chi_m)\cdot\chi],\qquad(18.6.114)$$

$$\text{„}\mathfrak{v}_0{}'(\beta_N,\,\chi_m)_a\text{“} \simeq \frac{\mathfrak{P}\cdot l^2}{EI}\cdot\frac{1}{2\mu^2\cdot\beta^2}\cdot[e^{-\beta\cdot(\chi_m-\chi)}-e^{-\beta\cdot(\chi_m+\chi)}+e^{-\beta\cdot(2-\chi_m-\chi)}-e^{-\beta\cdot(2-\chi_m+\chi)}$$

$$-\,2\mu\cdot\chi]\qquad(18.6.115)$$

und für $\chi_m \leqq \chi \leqq 1$ aus (4.8.77), (4.8.73), (4.8.74), (4.8.75) und (4.8.76):

$$\text{„}\varphi(\beta_N,\,\chi)\text{“}_{\mathfrak{P};b} \simeq \frac{\mathfrak{P}\cdot l^2}{EI}\cdot\frac{1}{\mu\cdot\beta^2}\cdot[\chi-e^{-\beta\cdot(1-\chi)}+e^{-\beta\cdot(1+\chi)}] = \frac{\mathfrak{P}\cdot l^2}{EI}\cdot\text{„}F(\beta_N,\,\chi)\text{“}_{\mathfrak{P};b},$$
$$(18.6.116)$$

$$\text{„}\mathfrak{M}_0(\beta_N,\,\chi_m)_b\text{“} \simeq \mathfrak{P}\cdot l\cdot\frac{1}{2\mu\cdot\beta}\cdot[e^{-\beta\cdot(\chi-\chi_m)}-e^{-\beta\cdot(\chi+\chi_m)}-e^{-\beta\cdot(2-\chi-\chi_m)}+e^{-\beta\cdot(2-\chi+\chi_m)}],$$
$$(18.6.117)$$

$$\text{„}\mathfrak{Q}_0(\beta_N,\,\chi_m)_b\text{“} \simeq \mathfrak{P}\cdot\frac{1}{2\mu}\cdot[e^{-\beta\cdot(\chi-\chi_m)}+e^{-\beta\cdot(\chi+\chi_m)}-e^{-\beta\cdot(2-\chi-\chi_m)}-e^{-\beta\cdot(2-\chi+\chi_m)}],\quad(18.6.118)$$

$$\text{„}\mathfrak{v}_0(\beta_N,\,\chi_m)_b\text{“} \simeq \frac{\mathfrak{P}\cdot l^3}{EI}\cdot\frac{1}{2\mu^2\cdot\beta^3}\cdot[-e^{-\beta\cdot(\chi-\chi_m)}+e^{-\beta\cdot(\chi+\chi_m)}+e^{-\beta\cdot(2-\chi-\chi_m)}-e^{-\beta\cdot(2-\chi+\chi_m)}$$

$$+\,2\mu\cdot\beta\cdot\chi_m\cdot(1-\chi)],\qquad(18.6.119)$$

$$\text{„}\mathfrak{v}_0{}'(\beta_N,\,\chi_m)_b\text{“} \simeq \frac{\mathfrak{P}\cdot l^2}{EI}\cdot\frac{1}{2\mu^2\cdot\beta^2}\cdot[-e^{-\beta\cdot(\chi-\chi_m)}-e^{-\beta\cdot(\chi+\chi_m)}+e^{-\beta\cdot(2-\chi-\chi_m)}+e^{-\beta\cdot(2-\chi+\chi_m)}$$

$$+\,2\mu\cdot(1-\chi)].\qquad(18.6.120)$$

18.7. Stabendschnittlasten $\overline{\mathfrak{M}}$ und $\overline{\mathfrak{K}}_Q$

18.7.1. Moment $\mathfrak{M}$

18.7.1.1. Stab a,b (b,b)

Aus (6.4.1), (6.4.2) und (6.4.4) ergibt sich:

$$\text{„}\overline{\mathfrak{M}}(\varepsilon,\,\chi)\text{“}_{a,b(b,b)} = \mathfrak{M}\cdot\left(-\text{„}F(\varepsilon,\,\chi)\text{“}_{\mathfrak{M};a}\cdot F_1(\varepsilon) + \text{„}F(\varepsilon,\,\chi)\text{“}_{\mathfrak{M};b}\cdot F_2(\varepsilon)\right),\qquad(18.7.1)$$

$$\text{„}\overline{\mathfrak{M}}(\varepsilon,\,\chi)\text{“}_{b,a(b,b)} = \mathfrak{M}\cdot\left(\text{„}F(\varepsilon,\,\chi)\text{“}_{\mathfrak{M};b}\cdot F_1(\varepsilon) - \text{„}F(\varepsilon,\,\chi)\text{“}_{\mathfrak{M};a}\cdot F_2(\varepsilon)\right),\qquad(18.7.2)$$

$$\text{„}\overline{\mathfrak{K}}(\varepsilon,\,\chi)\text{“}_{a,b;Q(b,b)} = \text{„}\overline{\mathfrak{K}}(\varepsilon,\,\chi)\text{“}_{b,a;Q(b,b)}$$

$$= \frac{\mathfrak{M}}{l}\cdot\left[-1 + \left(\text{„}F(\varepsilon,\,\chi)\text{“}_{\mathfrak{M};a} - \text{„}F(\varepsilon,\,\chi)\text{“}_{\mathfrak{M};b}\right)\cdot\left(F_1(\varepsilon) + F_2(\varepsilon)\right)\right].$$
$$(18.7.3)$$

18.7.1.2. Stab *a,b* (*b,g*)

Aus (6.4.5) und (6.4.6) folgt:

$$\text{„}\overline{\mathfrak{M}}(\varepsilon,\chi)\text{“}_{a,b(b,g)} = \mathfrak{M}\cdot\left(-\text{„}F(\varepsilon,\chi)\text{“}_{\mathfrak{M};a}\cdot F_5(\varepsilon)\right), \qquad (18.7.4)$$

$$\text{„}\overline{\mathfrak{R}}(\varepsilon,\chi)\text{“}_{a,b;Q(b,g)} = \text{„}\overline{\mathfrak{R}}(\varepsilon,\chi)\text{“}_{b,a;Q(b,g)} = \frac{\mathfrak{M}}{l}\cdot\left(-1+\text{„}F(\varepsilon,\chi)\text{“}_{\mathfrak{M};a}\cdot F_5(\varepsilon)\right).$$
$$(18.7.5)$$

18.7.1.3. Stab *a,b* (*g,b*)

Aus (6.4.7) und (6.4.8) erhält man:

$$\text{„}\overline{\mathfrak{M}}(\varepsilon,\chi)\text{“}_{b,a(g,b)} = \mathfrak{M}\cdot\text{„}F(\varepsilon,\chi)\text{“}_{\mathfrak{M};b}\cdot F_5(\varepsilon), \qquad (18.7.6)$$

$$\text{„}\overline{\mathfrak{R}}(\varepsilon,\chi)\text{“}_{a,b;Q(g,b)} = \text{„}\overline{\mathfrak{R}}(\varepsilon,\chi)\text{“}_{b,a;Q(g,b)} = \frac{\mathfrak{M}}{l}\cdot\left(-1-\text{„}F(\varepsilon,\chi)\text{“}_{\mathfrak{M};b}\cdot F_5(\varepsilon)\right). \quad (18.7.7)$$

18.7.1.4. Stab *a,b* (*g,g*)

Es gilt (6.4.9):

$$\text{„}\overline{\mathfrak{R}}\text{“}_{a,b;Q(g,g)} = \text{„}\overline{\mathfrak{R}}\text{“}_{b,a;Q(g,g)} = -\frac{\mathfrak{M}}{l}. \qquad (18.7.8)$$

18.7.2. Einzellast $\mathfrak{P}$

18.7.2.1. Stab *a,b* (*b,b*)

Aus (6.5.1), (6.5.4), (6.5.2) und (6.5.6) ergibt sich:

$$\text{„}\overline{\mathfrak{M}}(\varepsilon,\chi)\text{“}_{a,b(b,b)} = \mathfrak{P}\cdot l\cdot\left(-\text{„}F(\varepsilon,\chi)\text{“}_{\mathfrak{P};a}\cdot F_1(\varepsilon)+\text{„}F(\varepsilon,\chi)\text{“}_{\mathfrak{P};b}\cdot F_2(\varepsilon)\right), \quad (18.7.9)$$

$$\text{„}\overline{\mathfrak{R}}(\varepsilon,\chi)\text{“}_{a,b;Q(b,b)} = \mathfrak{P}\cdot\left[1-\chi+\left(\text{„}F(\varepsilon,\chi)\text{“}_{\mathfrak{P};a}-\text{„}F(\varepsilon,\chi)\text{“}_{\mathfrak{P};b}\right)\cdot\left(F_1(\varepsilon)+F_2(\varepsilon)\right)\right],$$
$$(18.7.10)$$

$$\text{„}\overline{\mathfrak{M}}(\varepsilon,\chi)\text{“}_{b,a(b,b)} = \mathfrak{P}\cdot l\cdot\left(\text{„}F(\varepsilon,\chi)\text{“}_{\mathfrak{P};b}\cdot F_1(\varepsilon)-\text{„}F(\varepsilon,\chi)\text{“}_{\mathfrak{P};a}\cdot F_2(\varepsilon)\right), \quad (18.7.11)$$

$$\text{„}\overline{\mathfrak{R}}(\varepsilon,\chi)\text{“}_{b,a;Q(b,b)} = \mathfrak{P}\cdot\left[-\chi+\left(\text{„}F(\varepsilon,\chi)\text{“}_{\mathfrak{P};a}-\text{„}F(\varepsilon,\chi)\text{“}_{\mathfrak{P};b}\right)\cdot\left(F_1(\varepsilon)+F_2(\varepsilon)\right)\right].$$
$$(18.7.12)$$

18.7.2.2. Stab *a,b* (*b,g*)

Aus (6.5.7), (6.5.8) und (6.5.9) folgt:

$$\text{,,}\overline{\mathfrak{M}}(\varepsilon,\ \chi)\text{``}_{a,b(b,g)} = \mathfrak{P} \cdot l \cdot \left(-\text{,,}F(\varepsilon,\ \chi)\text{``}_{\mathfrak{P};a} \cdot F_5(\varepsilon)\right), \qquad (18.7.13)$$

$$\text{,,}\overline{\mathfrak{K}}(\varepsilon,\ \chi)\text{``}_{a,b;Q(b,g)} = \mathfrak{P} \cdot \left(1 - \chi + \text{,,}F(\varepsilon,\ \chi)\text{``}_{\mathfrak{P};a} \cdot F_5(\varepsilon)\right), \qquad (18.7.14)$$

$$\text{,,}\overline{\mathfrak{K}}(\varepsilon,\ \chi)\text{``}_{b,a;Q(b,g)} = \mathfrak{P} \cdot \left(-\chi + \text{,,}F(\varepsilon,\ \chi)\text{``}_{\mathfrak{P};a} \cdot F_5(\varepsilon)\right). \qquad (18.7.15)$$

18.7.2.3. Stab *a,b* (*g,b*)

Aus (6.5.11), (6.5.10) und (6.5.12) erhalten wir:

$$\text{,,}\overline{\mathfrak{K}}(\varepsilon,\ \chi)\text{``}_{a,b;Q(g,b)} = \mathfrak{P} \cdot \left(1 - \chi - \text{,,}F(\varepsilon,\ \chi)\text{``}_{\mathfrak{P};b} \cdot F_5(\varepsilon)\right), \qquad (18.7.16)$$

$$\text{,,}\overline{\mathfrak{M}}(\varepsilon,\ \chi)\text{``}_{b,a(g,b)} = \mathfrak{P} \cdot l \cdot \text{,,}F(\varepsilon,\ \chi)\text{``}_{\mathfrak{P};b} \cdot F_5(\varepsilon), \qquad (18.7.17)$$

$$\text{,,}\overline{\mathfrak{K}}(\varepsilon,\ \chi)\text{``}_{b,a;Q(g,b)} = \mathfrak{P} \cdot \left(-\chi - \text{,,}F(\varepsilon,\ \chi)\text{``}_{\mathfrak{P};b} \cdot F_5(\varepsilon)\right). \qquad (18.7.18)$$

18.7.2.4. Stab *a,b* (*g,g*)

Aus (6.5.13) und (6.5.14) ergibt sich:

$$\text{,,}\overline{\mathfrak{K}}(\chi)\text{``}_{a,b;Q(g,g)} = \mathfrak{P} \cdot (1 - \chi), \qquad (18.7.19)$$

$$\text{,,}\overline{\mathfrak{K}}(\chi)\text{``}_{b,a;Q(g,g)} = -\mathfrak{P} \cdot \chi. \qquad (18.7.20)$$

18.8. Stablängskräfte $\overline{\mathfrak{S}}$ und Verschiebungen $\overline{\mathfrak{u}}$

18.8.1. Längskraft $\mathfrak{L}$

18.8.1.1. Stab *a,b* (*f,f*)

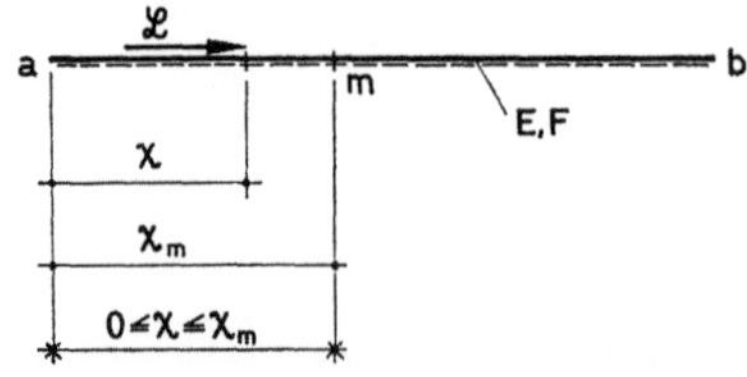

Abb. 192. Stab *a,b* mit Längskraft $\mathfrak{L}$

Für $0 \leqq \chi \leqq \chi_m$ folgt aus (7.2.2) und (7.2.4)

$$\text{„}\overline{\mathfrak{S}}(\chi_m)\text{“}_{(f,f)a} = -\mathfrak{L} \cdot \chi, \tag{18.8.1}$$

$$\text{„}\overline{u}(\chi_m)\text{“}_{(f,f)a} = \frac{\mathfrak{L} \cdot l \cdot \chi \cdot (1 - \chi_m)}{EF} \tag{18.8.2}$$

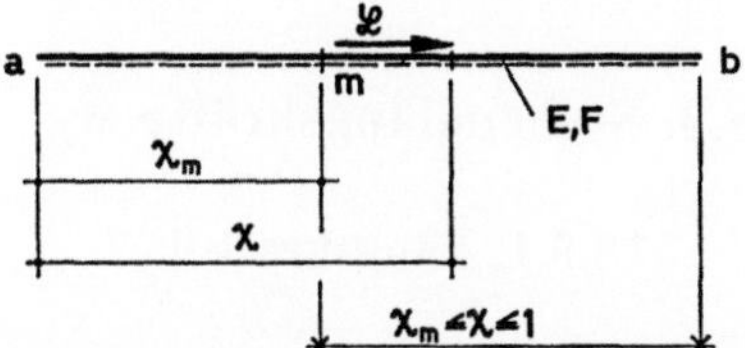

Abb. 193. Stab a,b mit Längskraft $\mathfrak{L}$

und für $\chi_m \leqq \chi \leqq 1$ aus (7.2.1) und (7.2.3):

$$\text{„}\overline{\mathfrak{S}}(\chi_m)\text{“}_{(f,f)b} = \mathfrak{L} \cdot (1 - \chi), \tag{18.8.3}$$

$$\text{„}\overline{u}(\chi_m)\text{“}_{(f,f)b} = \frac{\mathfrak{L} \cdot l \cdot (1 - \chi) \cdot \chi_m}{EF}. \tag{18.8.4}$$

18.8.1.2. Stab a,b (f,l)

Für $0 \leqq \chi \leqq \chi_m$ erhält man aus (7.2.6) und (7.2.8)

$$\text{„}\overline{\mathfrak{S}}(\chi_m)\text{“}_{(f,l)a} = 0, \tag{18.8.5}$$

$$\text{„}\overline{u}(\chi_m)\text{“}_{(f,l)a} = \frac{\mathfrak{L} \cdot l \cdot \chi}{EF} \tag{18.8.6}$$

und für $\chi_m \leqq \chi \leqq 1$ aus (7.2.5) und (7.2.7):

$$\text{„}\overline{\mathfrak{S}}(\chi_m)\text{“}_{(f,l)b} = \mathfrak{L}, \tag{18.8.7}$$

$$\text{„}\overline{u}(\chi_m)\text{“}_{(f,l)b} = \frac{\mathfrak{L} \cdot l \cdot \chi_m}{EF}. \tag{18.8.8}$$

18.8.1.3. Stab a,b (l,f)

Für $0 \leqq \chi \leqq \chi_m$ ergibt sich aus (7.2.10) und (7.2.12)

$$\text{„}\overline{\mathfrak{S}}(\chi_m)\text{“}_{(l,f)a} = -\mathfrak{L}, \tag{18.8.9}$$

$$\text{„}\overline{u}(\chi_m)\text{“}_{(l,f)a} = \frac{\mathfrak{L} \cdot l \cdot (1 - \chi_m)}{EF} \tag{18.8.10}$$

und für $\chi_m \leqq \chi \leqq 1$ aus (7.2.9) und (7.2.11):

$$\text{„}\overline{\overline{\mathfrak{S}}}(\chi_m)\text{“}_{(l,f)b} = 0, \tag{18.8.11}$$

$$\text{„}\overline{\overline{u}}(\chi_m)\text{“}_{(l,f)b} = \frac{\mathfrak{L} \cdot l \cdot (1 - \chi)}{EF}. \tag{18.8.12}$$

18.9. Stabendlängskräfte $\overline{\overline{\mathfrak{K}}}_L$

18.9.1. Längskraft $\mathfrak{L}$

18.9.1.1. Stab a,b (f,f)

Aus (9.2.1) und (9.2.2) folgt:

$$\text{„}\overline{\overline{\mathfrak{K}}}(\chi)\text{“}_{a,b;L(f,f)} = \mathfrak{L} \cdot (1 - \chi), \tag{18.9.1}$$

$$\text{„}\overline{\overline{\mathfrak{K}}}(\chi)\text{“}_{b,a;L(f,f)} = -\mathfrak{L} \cdot \chi. \tag{18.9.2}$$

18.9.1.2. Stab a,b (f,l)

Es gilt (9.2.3):

$$\text{„}\overline{\overline{\mathfrak{K}}}\text{“}_{a,b;L(f,l)} = \mathfrak{L}. \tag{18.9.3}$$

18.9.1.3. Stab a,b (l,f)

Es gilt (9.2.4):

$$\text{„}\overline{\overline{\mathfrak{K}}}\text{“}_{b,a;L(l,f)} = -\mathfrak{L}. \tag{18.9.4}$$

18.10. Auswertung der Einflußlinien

Aus 18.2. erkennen wir, daß eine Einflußlinie für eine Knotendrehung φ_a bzw. eine Knotenverschiebung $\mathfrak{v}_{a;x}$ oder $\mathfrak{v}_{a;y}$ eines ebenen Stabwerkes allgemein durch die folgenden Einflußlinienanteile gegeben ist:

$$\begin{aligned}
\text{„}\mathfrak{E}(\varepsilon, \tilde{\chi})\text{“}_I &= \text{„}\mathfrak{E}\big(\tilde{\mathfrak{v}}(\varepsilon, \tilde{\chi})\big)\text{“}, \\
\text{„}\mathfrak{E}(\varepsilon, \tilde{\chi})\text{“}_{II} &= \text{„}\mathfrak{E}\big(\tilde{\mathfrak{v}}'(\varepsilon, \tilde{\chi})\big)\text{“}, \\
\text{„}\mathfrak{E}(\varepsilon, \tilde{\chi})\text{“}_{III} &= \text{„}\mathfrak{E}\big(\tilde{\mathfrak{u}}(\varepsilon, \tilde{\chi})\big)\text{“}.
\end{aligned} \tag{18.10.1}$$

Diese Einflußlinienanteile sind über die Verformungszustände „φ_a^*“ bzw. „ξ_a^*“ oder „η_a^*“ zu ermitteln, denen Knotendrehungen φ_i und Knotenverschiebungen $\mathfrak{v}_{i;x} = \xi_i \cdot l_c$ und $\mathfrak{v}_{i;y} = \eta_i \cdot l_c$ zugeordnet sind und damit Stabverformungen $\tilde{\mathfrak{v}}(\varepsilon, \tilde{\chi})$, $\tilde{\mathfrak{v}}'(\varepsilon, \tilde{\chi})$ und $\tilde{\mathfrak{u}}(\varepsilon, \tilde{\chi})$.

Nach 18.3. gilt allgemein für die Anteile der Einflußlinien für Stabendschnittlasten $\mathfrak{M}(\varepsilon)_{a,b}$, $\mathfrak{K}(\varepsilon)_{a,b;Q}$ und $\mathfrak{K}_{a,b;L}$ eines Stabes a,b eines ebenen Stabwerkes (und sinngemäß für die Einflußlinien für Stablängskräfte $\mathfrak{S}(\tilde{\chi}_m)$ und Verschiebungen $\tilde{u}(\tilde{\chi}_m)$ des Querschnittes $m(\tilde{\chi}_m)$ eines Stabes a,b):

$$„\mathfrak{E}(\varepsilon, \tilde{\chi})"_I = „\overline{\mathfrak{E}}(\varepsilon, \tilde{\chi})"_{\mathfrak{P}} + „\mathfrak{E}\big(\mathfrak{v}(\varepsilon, \tilde{\chi})\big)",$$

$$„\mathfrak{E}(\varepsilon, \tilde{\chi})"_{II} = „\overline{\mathfrak{E}}(\varepsilon, \tilde{\chi})"_{\mathfrak{M}} + „\mathfrak{E}\big(\mathfrak{v}'(\varepsilon, \tilde{\chi})\big)", \qquad (18.10.2)$$

$$„\mathfrak{E}(\varepsilon, \tilde{\chi})"_{III} = „\overline{\mathfrak{E}}(\varepsilon, \tilde{\chi})"_{\mathfrak{L}} + „\mathfrak{E}\big(\tilde{u}(\varepsilon, \tilde{\chi})\big)".$$

Die ersten Einflußlinienanteile $\overline{\mathfrak{E}}(\varepsilon, \tilde{\chi})$ stellen Einflußlinien infolge $\mathfrak{P} = 1$, $\mathfrak{M} = 1$ und $\mathfrak{L} = 1$ dar, ermittelt unter der Annahme, daß die Knotenpunkte des Stabwerkes durch fiktive Dreh- und Verschiebungsfessel drehstarr und unverschieblich gehalten sind. Sie erstrecken sich daher nur über den Stab a,b des Stabwerkes.

Die zweiten Einflußlinienanteile sind durch Stabverformungen $\mathfrak{v}(\varepsilon, \tilde{\chi})$, $\mathfrak{v}'(\varepsilon, \tilde{\chi})$ und $\tilde{u}(\varepsilon, \tilde{\chi})$ gegeben, die über die Verformungszustände $„\varphi_a*"$, $„\varphi_b*"$, $\xi_a*"$, $„\xi_b*"$, $„\eta_a*"$ und $„\eta_b*"$ zu berechnen sind. Von diesen Verformungszuständen können einzelne oder alle dann Null sein, wenn die möglichen Drehungen und Verschiebungen der Knotenpunkte a und b des Stabwerkes diese Verformungszustände nicht zulassen.

Die Anteile der Einflußlinien für die Schnittlasten $\mathfrak{M}(\varepsilon, \tilde{\chi}_m)$, und $\mathfrak{Q}(\varepsilon, \tilde{\chi}_m)$ (und sinngemäß der Einflußlinien für die Verformungen $\mathfrak{v}(\varepsilon, \tilde{\chi}_m)$ und $\mathfrak{v}'(\varepsilon, \tilde{\chi}_m)$) des Querschnittes $m(\tilde{\chi}_m)$ des Stabes a,b erhalten wir nach 18.3. allgemein zu:

$$„\mathfrak{E}(\varepsilon, \tilde{\chi}_m)"_I = „\mathfrak{E}_0(\varepsilon, \tilde{\chi}_m)"_{\mathfrak{P}} + „\mathfrak{E}\big(\mathfrak{M}(\varepsilon, \tilde{\chi}_m)_{a,b;I}; \mathfrak{M}(\varepsilon, \tilde{\chi}_m)_{b,a;I}\big)",$$

$$„\mathfrak{E}(\varepsilon, \tilde{\chi}_m)"_{II} = „\mathfrak{E}_0(\varepsilon, \tilde{\chi}_m)"_{\mathfrak{M}} + „\mathfrak{E}\big(\mathfrak{M}(\varepsilon, \tilde{\chi}_m)_{a,b;II}; \mathfrak{M}(\varepsilon, \tilde{\chi}_m)_{b,a;II}\big)", \qquad (18.10.3)$$

$$„\mathfrak{E}(\varepsilon, \tilde{\chi}_m)"_{III} = „\mathfrak{E}_0(\varepsilon, \tilde{\chi}_m)"_{\mathfrak{L}} + „\mathfrak{E}\big(\mathfrak{M}(\varepsilon, \tilde{\chi}_m)_{a,b;III}; \mathfrak{M}(\varepsilon, \tilde{\chi}_m)_{b,a;III}\big)".$$

Die ersten Einflußlinienanteile $\mathfrak{E}_0(\varepsilon, \tilde{\chi}_m)$ stellen Einflußlinienanteile für den Querschnitt $m(\tilde{\chi}_m)$ des beidseits gelenkig gelagerten Stabes a,b infolge $\mathfrak{P} = 1$, $\mathfrak{M} = 1$ und $\mathfrak{L} = 1$ dar. Die zweiten Einflußlinienanteile resultieren aus den Einflußlinien für die Stabendmomente $\mathfrak{M}(\varepsilon)_{a,b}$ und $\mathfrak{M}(\varepsilon)_{b,a}$.

Die Anteile der Einflußlinien für die Schnittlasten ϑ_a bzw. $\mathfrak{K}_a$ elastischer Drehfessel $^D F_a$ bzw. elastischer Verschiebungsfessel $^V F_a$ ergeben sich nach 18.4. zu:

$$„\mathfrak{E}(\varepsilon, \tilde{\chi})"_I = „\mathfrak{E}\big(\mathfrak{v}(\varepsilon, \tilde{\chi})\big)",$$

$$„\mathfrak{E}(\varepsilon, \tilde{\chi})"_{II} = „\mathfrak{E}\big(\mathfrak{v}'(\varepsilon, \tilde{\chi})\big)", \qquad (18.10.4)$$

$$„\mathfrak{E}(\varepsilon, \tilde{\chi})"_{III} = „\mathfrak{E}\big(\tilde{u}(\varepsilon, \tilde{\chi})\big)".$$

Diese Einflußlinienanteile sind durch Stabverformungen $\mathfrak{v}(\varepsilon, \tilde{\chi})$, $\mathfrak{v}'(\varepsilon, \tilde{\chi})$ und $\tilde{u}(\varepsilon, \tilde{\chi})$ bestimmt, die über die Verformungszustände $„\varphi_a*"$ bzw. $„\xi_a*"$ und $„\eta_a*"$ zu ermitteln sind.

Eine statische Größe $ST(\varepsilon)$ ergibt sich schließlich durch folgende Auswertungsvorschrift:

$$ST(\varepsilon) = \sum_{P;M;L} \Big[P(\tilde{\chi}_n) \cdot „\mathfrak{E}(\varepsilon, \tilde{\chi}_n)"_I + M(\tilde{\chi}_n) \cdot „\mathfrak{E}(\varepsilon, \tilde{\chi}_n)"_{II} + L(\tilde{\chi}_n) \cdot „\mathfrak{E}(\varepsilon, \tilde{\chi}_n)"_{III}\Big]$$

$$+ \sum_i \big(\overline{M}_i \cdot \varphi_i + \overline{H}_i \cdot \mathfrak{v}_{i;x} + \overline{V}_i \cdot \mathfrak{v}_{i;y}\big). \qquad (18.10.5)$$

19. Kritische Belastungen
ebener Stabwerke

19.1. Unendlich große Verformungen

Die Koeffizienten der Elastizitätsgleichungen für die unabhängigen Komponenten des Verformungszustandes eines ebenen Stabwerkes nach 12. sind vom Längsbelastungszustand des Stabwerkes abhängig. Erzeugt eine Belastung im Stabwerk einen Längsbelastungszustand für den der Betrag D_K der Nennerdeterminante der Elastizitätsgleichungen der Formänderungsgrößenmethode nach Tafel 3 zu Null wird, ergeben sich aus den Elastizitätsgleichungen bekanntlich unendlich große Drehungen φ_i und bezogene Verschiebungen ξ_i und η_i der Knotenpunkte i des Stabwerkes, weil mindestens ein Absolutglied der Elastizitätsgleichungen infolge der Stabwerksbelastung ungleich Null ist und damit die Elastizitätsgleichungen nicht homogen sind.

Mit den Verformungen der Knotenpunkte i des Stabwerkes werden auch die Schnittlasten und Verformungen in den Stäben des Stabwerkes unendlich groß.

Das Zustandekommen von unendlich großen Verformungen eines ebenen Stabwerkes widerspricht jedoch der der Berechnung zugrunde gelegten Voraussetzung 18. unter 1.3., wonach die Verformungen des Stabwerkes gegenüber den Stabwerksabmessungen klein sein sollen. Es besagt daher nur, daß für diese Belastung, die wir als eine kritische Belastung des Stabwerkes bezeichnen, die Schnittlasten und Verformungen des Stabwerkes so groß werden, daß das Stabwerk unbrauchbar und die Berechnung ungültig wird.

Gegebenenfalls ist gesondert zu prüfen, ob ein ebenes Stabwerk für eine Belastung durch das Versagen eines Stabes a,b (g,g) unbrauchbar wird. Aus 4. wird ersichtlich, daß die Schnittlasten und Verformungen dieses Stabes infolge Stabbelastungen M, P, q und $q(\tilde{\chi})$, einer Stabvorverformung $\tilde{v}_v(\tilde{\chi})$ und einer Temperaturdifferenz Δt in den Stabquerschnitten für $\alpha = \pi$ unendlich groß werden. Für $\alpha = \pi$ folgt aus (4.3.5) für die Längskräft des Stabes:

$$S = -\left(\frac{\mu \cdot \pi^2 \cdot EI}{l^2} \right)_{a,b(g,g)}.$$

(19.1)

Der Stab a,b (g,g) des Stabwerkes und damit auch das Stabwerk selbst werden unbrauchbar, wenn eine Stabwerksbelastung diese Stablängskraft, die die kritische Längskraft des Stabes darstellt, erzeugt.

19.2. Unbestimmte Verformungen

Gegeben seien spezielle ebene Stabwerke, die die Voraussetzungen nach 1.3. erfüllen mit der Einschränkung, daß für die Voraussetzungen 5., 6., 13., 14. und 15. die nachfolgenden Voraussetzungen (idealisierende Voraussetzungen) gelten sollen:

5a. Die Stäbe sollen längsstarr und im unbelasteten Zustand gerade sein.

6a. Stablängskräfte sollen an den Stabenden zentrisch angreifen.

13a. An den Stäben können Einzellasten L und beliebig veränderliche Strekkenlasten $p(\tilde\chi)$ angreifen. Diese Stabbelastungen sollen in den Stäben der Stabwerke nur Stablängskräfte bewirken. Für die Berechnung werden die Streckenlasten $p(\tilde\chi)$ durch Einzellasten L ersetzt. Dies soll brauchbare Rechenergebnisse zulassen.

14a. Die Stäbe seien keinen Temperatureinwirkungen ausgesetzt ($\Delta t_m = 0$, $\Delta t = t_u - t_0 = 0$).

15a. An den Knoten- und Auflagerpunkten können Kräfte angreifen. Diese Kräfte sollen in den Stäben der Stabwerke nur Stablängskräfte erzeugen.

Die Stäbe eines Stabwerkes, das die genannten Voraussetzungen erfüllt, sind biegemomentenfrei, da die Belastung des Stabwerkes von Stablängskräften getragen wird.

Für dieses spezielle ebene Stabwerk ist die Anzahl der unabhängigen Komponenten des Verformungszustandes unter Berücksichtigung längsstarrer Stäbe zu ermitteln (Siehe auch 17.5.).

Die Koeffizienten der Elastizitätsgleichungen für die unabhängigen Komponenten des Verformungszustandes des Stabwerkes nach 12. sind vom Längsbelastungszustand des Stabwerkes abhängig. Erzeugt eine Belastung im Stabwerk einen Längsbelastungszustand für den der Betrag D_K der Nennerdeterminante der Elastizitätsgleichungen der Formänderungsgrößenmethode zu Null wird, erhält man aus den Elastizitätsgleichungen bekanntlich unbestimmte Drehungen φ_i und bezogene Verschiebungen ξ_i und η_i der Knotenpunkte i des Stabwerkes, weil die Elastizitätsgleichungen des speziellen Stabwerkes homogen sind.

Das Zustandekommen von unbestimmten Verformungen des Stabwerkes wird allgemein mit „Stabwerksknicken" bezeichnet. Eine Belastung, die die Verformungen des Stabwerkes unbestimmt werden läßt, stellt eine kritische Belastung des Stabwerkes dar.

Gegebenenfalls ist wie in 19.1. beschrieben, gesondert zu prüfen, ob das Knicken eines speziellen ebenen Stabwerkes durch das Knicken eines Stabes a,b (g,g) ausgelöst werden kann.

Die „Knickbedingung" $D_K = 0$ eines speziellen ebenen Stabwerkes führt auf eine transzendente Gleichung, die im allgemeinen unendlich viele positive und reelle Lösungen hat. Jeder dieser Lösungen ist eine bestimmte kritische Belastung des Stabwerkes zugeordnet.

Meist wird es jedoch zu schwierig sein, die Knickbedingung $D_K = 0$ als transzendente Gleichung aus der Koeffizientenmatrix der Elastizitätsgleichungen der Formänderungsgrößenmethode für die unabhängigen Komponenten des Verformungszustandes des Stabwerkes zu gewinnen. Man wird daher die interessierende kleinste kritische Belastung des Stabwerkes wie folgt berechnen [7]:

Für eine gegebene Belastung $B(0)$ des speziellen ebenen Stabwerkes, von der vorausgesetzt wird, daß sie kleiner sei als die kleinste kritische Belastung $B(K_I)$, berechnet man nach 12. die Koeffizienten der Elastizitätsgleichungen (0). Aus der Koeffizientenmatrix (0) der Elastizitätsgleichungen (0) mit den Koeffizienten $^k a_i{}^*(0)$ gewinnen wir nach GAUSS oder CHOLESKY eine Dreiecksmatrix (0) mit den Koeffizienten $^r a_{i;D}^*(0)$ und berechnen den Betrag $D(0)$ der Nennerdeterminante (0) als Produkt der Koeffizienten $^i a_{i;D}^*(0)$ der Hauptdiagonale der Dreiecksmatrix (0).

Da die gegebene Belastung $B(0)$ kleiner ist als die kleinste kritische Belastung $B(K_I)$ des Stabwerkes, haben alle Koeffizienten $^i a_{i;D}^*(0)$ das gleiche Vorzeichen wie die Koeffizienten $^i a_i{}^*(0)$ und der Betrag $D(0)$ wird zu $D(0) \neq 0$ erhalten.

Die Elastizitätsgleichungen (0) sind homogen. Mit $D(0) \neq 0$ ergeben sich aus diesen Elastizitätsgleichungen die Drehungen φ_i und die bezogenen Verschiebungen ξ_i und η_i der Knotenpunkte i des Stabwerkes für die gegebene Belastung $B(0)$ zu Null. Das Stabwerk verformt sich demnach nicht unter dieser Belastung.

Für eine gewählte Belastung $B(1) = \nu_1 \cdot B(0)$ $(\nu_1 > 1)$ wird wie beschrieben in einem weiteren Rechnungsgang (1) eine Dreiecksmatrix (1) mit den Koeffizienten $^k a_{i;D}^*(1)$ ermittelt und der Betrag $D(1)$ als Produkt der Koeffizienten $^i a_{i;D}^*(1)$. Haben alle Koeffizienten $^i a_{i;D}^*(1)$ das gleiche Vorzeichen wie die Koeffizienten $^i a_i{}^*(0)$, sind auch die Vorzeichen von $D(1)$ und $D(0)$ gleich und die Belastung $B(1)$ ist wie die Belastung $B(0)$ kleiner als die kleinste kritische Belastung $B(K_I)$ des Stabwerkes [7], [14].

Die Berechnung wird für weitere sinnvoll gewählte Belastungen $B(p) = \nu_p \cdot B(0)$ $(\nu_p > \nu_{p-1} > 1)$ wiederholt, bis die Koeffizienten $^i a_{i;D}^*(p)$ der Dreiecksmatrix (p) nicht mehr alle gleiches Vorzeichen haben wie die Koeffizienten $^i a_i{}^*(0)$.

Hat *ein* Koeffizient $^i a_{i;D}^*(p)$ der Dreiecksmatrix (p) ein anderes Vorzeichen als die Koeffizienten $^i a_i{}^*(0)$, so ist die Belastung $B(p)$ größer als die *erste* (niedrigste) kritische Belastung $B(K_I)$ des Stabwerkes, haben *zwei* Koeffizienten $^i a_{i;D}^*(p)$ der Dreiecksmatrix (p) andere Vorzeichen als die Koeffizienten $^i a_i{}^*(0)$, so ist die Belastung $B(p)$ größer als die *zweite* (nächst höhere) kritische Belastung $B(K_{II})$ des Stabwerkes, usw.

Berechnet man eine geeignete Anzahl von Beträgen $D(m)$ für gewählte Belastungen $B(m)$ als Produkt der Koeffizienten $^i a_{i;D}^*(m)$, die alle gleiches Vorzeichen wie die Koeffizienten $^i a_i{}^*(0)$ haben und einen Betrag $D(n)$ für eine gewählte Belastung $B(n)$ als Produkt der Koeffizienten $^i a_{i;D}^*(n)$, von denen *einer* ein anderes Vorzeichen hat als die Koeffizienten $^i a_i{}^*(0)$ und trägt die Beträge $D(k)$ als Ordinaten und die zugehörigen Beträge ν_k als Abszissen auf, so läßt sich zeichnerisch ein Belastungsstab $\nu_{K;I}$ ermitteln, für den $D(K_I) = 0$ wird. Die kleinste kritische Belastung $B(K_I)$ des speziellen ebenen Stabwerkes (ermittelt unter Berücksichtigung der oben beschriebenen idealisierenden Voraussetzungen) ergibt sich damit zu $B(K_I) = \nu_{K;I} \cdot B(0)$ [12].

Die Elastizitätsgleichungen (K_I) sind homogen. Mit $D(K_I) = 0$ ergeben sich aus diesen Elastizitätsgleichungen unbestimmte Drehungen φ_i und bezogene Verschiebungen ξ_i und η_i der Knotenpunkte i des Stabwerkes. Damit wird auch die Verformung des Stabwerkes für die kleinste kritische Belastung $B(K_I)$ unbestimmt.

Für das spezielle ebene Stabwerk läßt sich jedoch eine „Knickfigur" I berechnen, d. h. eine auf eine unabhängige Komponente des Verformungszustandes des Stabwerkes bezogene Verformungsfigur, die der kleinsten kritischen Belastung $B(K_I)$ des Stabwerkes zugeordnet ist.

Die folgenden Ausführungen über die Ermittlung einer Knickfigur gelten allgemein für die Ermittlung der möglichen Knickfiguren $I, II, \ldots$ des Stabwerkes infolge der kritischen Belastungen $B(K_I)$, $B(K_{II})$, $\ldots$.

Bezeichnet man die unabhängigen Komponenten des Verformungszustandes des Stabwerkes mit $U_1^*, \ldots, U_i^*, \ldots, U_z^*$ und die Koeffizienten der Elastizitätsgleichungen für eine kritische Stabwerksbelastung mit $^1a_1^*(K), \ldots, {^i}a_1^*(K), \ldots, {^z}a_1^*(K), \ldots, {^z}a_z^*(K)$, so ergeben sich die Elastizitätsgleichungen der Formänderungsgrößenmethode gemäß Tafel 5.

Tafel 5. *Elastizitätsgleichungen der Formänderungsgrößenmethode*

U_1^*	...	...	U_i^*	...	...	U_{z-1}^*	U_z^*	$= 0$
$^1a_1^*(K)$	...	...	$^ia_1^*(K)$	...	...	$^{z-1}a_1^*(K)$	$^za_1^*(K)$	$= 0$
	...	...	...	...	...	...	...	...
		...	...	...	...	...	...	...
		$^ia_i^*(K)$	...	...		$^{z-1}a_i^*(K)$	$^za_i^*(K)$	$= 0$
			...	...		...	...	...
				...		...	...	...
						$^{z-1}a_{z-1}^*(K)$	$^za_{z-1}^*(K)$	$= 0$
							$^za_z^*(K)$	$= 0$

Wir setzen die Beträge der unabhängigen Komponenten des Verformungszustandes des Stabwerkes ins Verhältnis zum Betrag *einer* unabhängigen Komponente, ordnen dieser Komponente den Betrag 1 zu (z. B. $U_z^* = 1$), wir setzen also $U_i^{**} = U_i^*/(U_z^* = 1) \equiv U_i^*$, usw. und erhalten aus den Elastizitätsgleichungen der Tafel 5 die Elastizitätsgleichungen zur Berechnung der unabhängigen Komponenten U_i^* des Verformungszustandes des Stabwerkes gemäß Tafel 6.

Die Lösung des Gleichungssystems nach Tafel 6 ergibt die unabhängigen Komponenten $U_1^*, \ldots, U_i^*, \ldots, U_{z-1}^*$, $(U_z^* = 1)$ des Verformungszustandes des Stabwerkes und damit die „Verformungen" φ_i^*, ξ_i^* und η_i^* der Knotenpunkte i des Stabwerkes für eine kritische Stabwerksbelastung $B(K)$. Mit diesen Knotenpunktsverformungen können die Verformungen $\tilde{v}^*(\varepsilon, \tilde{\chi})$ und $\tilde{u}^*(\tilde{\chi})$ der Stabwerksstäbe ermittelt werden, durch die *die* Knickfigur gegeben ist, die der kritischen Stabwerksbelastung $B(K)$ zugeordnet ist.

Tafel 6. *Elastizitätsgleichungen der Formänderungsgrößenmethode*

$U_1{}^*$	$\dots$	$\dots$	$U_i{}^*$	$\dots$	$\dots$	U_{z-1}^*	Absl.	$=0$
$^1a_1{}^*(K)$	$\dots$	$\dots$	$^ia_1{}^*(K)$	$\dots$	$\dots$	$^{z-1}a_1{}^*(K)$	$^za_1{}^*(K)$	$=0$
	$\dots$	$\dots$	$\dots$	$\dots$	$\dots$	$\dots$	$\dots$	$\dots$
		$\dots$	$\dots$	$\dots$	$\dots$	$\dots$	$\dots$	$\dots$
		$^ia_i{}^*(K)$	$\dots$	$\dots$	$^{z-1}a_i{}^*(K)$	$^za_i{}^*(K)$	$=0$
			$\dots$	$\dots$	$\dots$	$\dots$	$\dots$
				$\dots$	$\dots$	$\dots$	$\dots$
					$^{z-1}a_{z-1}^*(K)$	$^za_{z-1}^*(K)$	$=0$

Wir beachten, daß voraussetzungsgemäß die Stäbe des Stabwerkes biegemomentenfrei und längsstarr sind und erhalten aus (14.2.8) mit (14.2.2), (14.2.3), (2.2.13), (12.4.11), (12.4.12) und

$$\sum_B \overline{M}(\varepsilon)_{a,b(b,b)} = 0,$$

$$\sum_B \overline{M}(\varepsilon)_{b,a(b,b)} = 0,$$

$$\tilde{v}_v(\tilde{\chi}) = 0,$$

$$\sum_B \tilde{v}_0(\varepsilon,\tilde{\chi}) = 0$$

für die „Verschiebung" $\tilde{v}^*(\varepsilon,\tilde{\chi})_{(b,b)}$ eines Stabes a,b (b,b)

$$\tilde{v}^*(\varepsilon,\tilde{\chi})_{(b,b)} = \tilde{v}(\varepsilon,\tilde{\chi})_{(b,b)} \cdot \frac{E_c I_c}{l_c{}^2}$$

$$= \left\{ \frac{\varphi_a{}^* \cdot \left(F_1(\varepsilon)\cdot F(\varepsilon,\tilde{\chi})_{a;v} - F_2(\varepsilon)\cdot F(\varepsilon,\tilde{\chi})_{b;v}\right)}{\varrho_l}\right.$$

$$- \frac{\varphi_b{}^* \cdot \left(F_1(\varepsilon)\cdot F(\varepsilon,\tilde{\chi})_{b;v} - F_2(\varepsilon)\cdot F(\varepsilon,\tilde{\chi})_{a;v}\right)}{\varrho_l}$$

$$- \frac{\psi_{a,b}^* \cdot \left[F_3(\varepsilon)\cdot\left(F(\varepsilon,\tilde{\chi})_{a;v} - F(\varepsilon,\tilde{\chi})_{b;v}\right) - \tilde{\chi}\right]}{\varrho_l}$$

$$\left. + \xi_a{}^* \cdot \theta_y - \eta_a{}^* \cdot \theta_x \right\}_{a,b}, \tag{19.2}$$

aus (14.3.6) mit (14.3.1), (2.2.13), (12.4.11), (12.4.12)

und

$$\sum_B \overline{M}(\varepsilon)_{a,b(b,g)} = 0,$$

$$\tilde{v}_v(\tilde{\chi}) = 0,$$

$$\sum_B \tilde{v}_0(\varepsilon,\tilde{\chi}) = 0$$

für die „Verschiebung" $\bar{v}^*(\varepsilon, \tilde{\chi})_{(b,g)}$ eines Stabes a,b (b,g)

$$\bar{v}^*(\varepsilon, \tilde{\chi})_{(b,g)} = \bar{v}(\varepsilon, \tilde{\chi})_{(b,g)} \cdot \frac{E_c I_c}{l_c{}^2}$$

$$= \left[\frac{(\varphi_a{}^* - \psi_{a,b}^*) \cdot F_5(\varepsilon) \cdot F(\varepsilon, \tilde{\chi})_{a;v} + \psi_{a,b}^* \cdot \tilde{\chi}}{\varrho_l} + \xi_a{}^* \cdot \theta_y - \eta_a{}^* \cdot \theta_x \right]_{a,b} ,$$

$$(19.3)$$

aus (14.4.6) mit (14.4.1), (2.2.13), (12.4.11), (12.4.12)

und

$$\sum_B \overline{M}(\varepsilon)_{b,a(g,b)} = 0 ,$$

$$\bar{v}_v(\tilde{\chi}) = 0 ,$$

$$\sum_B \bar{v}_0(\varepsilon, \tilde{\chi}) = 0$$

für die „Verschiebung" $\bar{v}^*(\varepsilon, \tilde{\chi})_{(g,b)}$ eines Stabes a,b (g,b)

$$\bar{v}^*(\varepsilon, \tilde{\chi})_{(g,b)} = \bar{v}(\varepsilon, \tilde{\chi})_{(g,b)} \cdot \frac{E_c I_c}{l_c{}^2}$$

$$= \left[\frac{-(\varphi_b{}^* - \psi_{a,b}^*) \cdot F_5(\varepsilon) \cdot F(\varepsilon, \tilde{\chi})_{b;v} + \psi_{a,b}^* \cdot \tilde{\chi}}{\varrho_l} + \xi_a{}^* \cdot \theta_y - \eta_a{}^* \cdot \theta_x \right]_{a,b} ,$$

$$(19.4)$$

aus (14.5.5) mit

$$\bar{v}_v(\tilde{\chi}) = 0 ,$$

$$\sum_B \bar{v}_0(\varepsilon, \tilde{\chi}) = 0$$

für die „Verschiebung" $\bar{v}^*(\varepsilon, \tilde{\chi})_{(g,g)}$ eines Stabes a,b (g,g)

$$\bar{v}^*(\varepsilon, \tilde{\chi})_{(g,g)} = \bar{v}(\varepsilon, \tilde{\chi})_{(g,g)} \cdot \frac{E_c I_c}{l_c{}^2} = \left(\xi_a{}^* \cdot \theta_y - \eta_a{}^* \cdot \theta_x + \psi_{a,b}^* \cdot \frac{\tilde{\chi}}{\varrho_l} \right)_{a,b} , \qquad (19.5)$$

aus (14.6.5) mit

$$\sum_B \overline{u}(\tilde{\chi})_{(f,f)} = 0 ,$$

$$\Delta l_{a,b}^* = \Delta l_{a,b} \cdot \frac{E_c I_c}{l_c} = 0$$

für die „Verschiebung" $\bar{u}^*(\tilde{\chi})_{(f,f)}$ eines Stabes a,b (f,f)

$$\bar{u}^*(\tilde{\chi})_{(f,f)} = \bar{u}(\tilde{\chi})_{(f,f)} \cdot \frac{E_c I_c}{l_c{}^2} = - (\xi_a{}^* \cdot \theta_x + \eta_a{}^* \cdot \theta_y)_{a,b} , \qquad (19.6)$$

aus (14.7.3) mit

$$\sum_B \overline{u}(\tilde{\chi})_{(f,l)} = 0$$

für die „Verschiebung" $\tilde{u}^*(\tilde{\chi})_{(f,l)}$ eines Stabes a,b (f,l)

$$\tilde{u}^*(\tilde{\chi})_{(f,l)} = \tilde{u}(\tilde{\chi})_{(f,l)} \cdot \frac{E_c I_c}{l_c^2} = -(\xi_a^* \cdot \theta_x + \eta_a^* \cdot \theta_y)_{a,b} \qquad (19.7)$$

und aus (14.8.3) mit

$$\sum_B \overline{u}(\tilde{\chi})_{(l,f)} = 0$$

für die „Verschiebung" $\tilde{u}^*(\tilde{\chi})_{(l,f)}$ eines Stabes a,b (l,f):

$$\tilde{u}^*(\tilde{\chi})_{(l,f)} = \tilde{u}(\tilde{\chi})_{(l,f)} \cdot \frac{E_c I_c}{l_c^2} = -(\xi_b^* \cdot \theta_x + \eta_b^* \cdot \theta_y)_{a,b}. \qquad (19.8)$$

19.3. Kritische Belastungen spezieller ebener Stabwerke mit Stäben im plastischen Bereich

Vorstehend wird die Berechnung kritischer Belastungen spezieller ebener Stabwerke beschrieben, für die u. a. vorausgesetzt wird, daß deren Stabwerkstoffe uneingeschränkt dem HOOKEschen Gesetz gehorchen (Voraussetzung 7. unter 1.3.).

Werden bei der Ermittlung kritischer Belastungen anstelle dieses Gesetzes die Spannungs-Drehungslinien der Stabwerkstoffe berücksichtigt (weil z. B. eine kritische Belastung in Stäben eines Stabwerkes Spannungen σ erzeugt, die über den der Proportionalitätsgrenze der Stabwerkstoffe zugeordneten Spannungen σ_P liegen), so ist bekanntlich für diese Stäbe (wenn sie aus Stahl bestehen) anstelle des E-Moduls ein von den Stabspannungen und den Stabquerschnitten abhängiger Modul zu verwenden.

Nach [15] ist z. B. für Stahlstäbe mit rechteckiger Querschnittsform der ENGESSERsche „Knickmodul" T_0 durch

$$T_0 = \frac{4 \cdot E_1 \cdot E}{\left(\sqrt{E_1} + \sqrt{E}\right)^2} \qquad (19.9)$$

gegeben, mit

$$E_1 = E \cdot \left[1 - \left(\frac{|\sigma| - \sigma_P}{\sigma_F - \sigma_P}\right)^2\right]. \qquad (19.10)$$

Dieser Modul T_0 kann angenähert auch für Stahlstäbe mit beliebigem Querschnitt verwendet werden.

Für zweiteilige Stäbe ergibt sich der Modul T zu [12]:

$$T = \frac{2E_1 \cdot E}{E_1 + E}. \qquad (19.11)$$

Die Moduli nach (19.9), (19.10) und (19.11) gelten für $\sigma_P \leqq |\sigma| \leqq \sigma_F$, wobei die Proportionalitätsgrenze für alle Baustahlsorten nach [15] zu $\sigma_P = 0{,}80 \cdot \sigma_F$ festgelegt wurde.

Setzt man [7]

$$\varrho = \frac{|\sigma|}{\sigma_F}, \qquad (19.12)$$

so folgt aus (19.9) mit (19.10) und (19.12)

$$T_0 = \lambda_0 \cdot E = \frac{20 \cdot (-3 + 8\varrho - 5\varrho^2)}{\left(\sqrt{5 \cdot (-3 + 8\varrho - 5\varrho^2} + 1\right)^2} \cdot E, \qquad (19.13)$$

aus (19.10) mit (19.12)

$$E_1 = \lambda_1 \cdot E = 5 \cdot (-3 + 8\varrho - 5\varrho^2) \cdot E \qquad (19.14)$$

und aus (19.11) mit (19.14):

$$T = \lambda \cdot E = \frac{2 \cdot (-3 + 8\varrho - 5\varrho^2)}{-2{,}80 + 8\varrho - 5\varrho^2} \cdot E. \qquad (19.15)$$

Da der Einfluß von Querkraftverformungen auf die Beträge kritischer Belastungen wesentlich kleiner ist als der Einfluß von Biegemomentverformungen, kann angenähert angenommen werden, daß der Schubmodul G im plastischen Bereich dieselbe Abhängigkeit von der Spannung hat, wie der Modul T_0 oder der Modul E_1.

Damit können für spezielle ebene Stabwerke auch kritische Belastungen ermittelt werden, die in den Stäben der Stabwerke Spannungen $\sigma > \sigma_P$ erzeugen, wenn in allen Grundbeziehungen für diese Stäbe gesetzt wird

a) nach ENGESSER

$\lambda_0 \cdot E$ für E und $\lambda_0 \cdot G$ für G für einteilige Stäbe und für zweiteilige Rahmenstäbe nach Abb. 174 und

$\lambda \cdot E$ für E für zweiteilige Stäbe nach den Abb. 172 und 173 oder

b) nach SHANLEY

$\lambda_1 \cdot E$ für E und $\lambda_1 \cdot G$ für G für einteilige Stäbe und für zweiteilige Rahmenstäbe nach Abb. 174 und

$\lambda_1 \cdot E$ für E für zweiteilige Stäbe nach den Abb. 172 und 173.

20. Analogie zur Berechnung von Schnittlasten, Auflagerlasten und Verformungen verdrehungsbeanspruchter ebener Stabwerke (Wölbkrafttorsion)

Die Differentialgleichung für die Durchbiegung eines querbelasteten Zugstabes ist identisch mit der Differentialgleichung eines verdrehungsbeanspruchten Stabes, wenn bestimmte Verformungen, Querschnittsgrößen, Belastungen und Schnittlasten des Zugstabes bestimmten Verformungen, Querschnittsgrößen, Belastungen und Schnittlasten des verdrehungsbeanspruchten Stabes gleichgesetzt werden. Zwischen der Berechnung von Schnittlasten, Auflagerlasten und Verformungen eines querbelasteten Zugstabes und der Berechnung der Schnittlasten, Auflagerlasten und Verformungen eines verdrehungsbeanspruchten Stabes mit dünnwandigen, geschlossenen oder offenen, formtreuen, nicht wölbfreien Querschnitten besteht daher eine Analogie, auf die in [16], [17], [18] und [19] hingewiesen wird.

In [20] wird gezeigt, daß diese Analogie auch besteht, wenn bei der Berechnung des querbelasteten Zugstabes die Verformungen infolge der Querkraft-Schubspannungen und bei der Berechnung des verdrehungsbeanspruchten Stabes die Verformungen infolge der sekundären (Wölb-) Schubspannungen berücksichtigt werden.

Mit den allgemein üblichen Bezeichnungen für die Verformungen, Querschnittsgrößen, Belastungen und Schnittlasten eines Zugstabes und eines verdrehungsbeanspruchten Stabes lautet die Analogie wie nachstehend angegeben.

Unter Beachtung dieser Analogie können mit dem dargestellten Verfahren zur Berechnung der Schnittlasten, Auflagerlasten und Verformungen ebener Stabwerke nach Theorie II. Ordnung (unter Berücksichtigung von Biegemoment- und Querkraftverformungen) Schnittlasten, Auflagerlasten und Verformungen verdrehungsbeanspruchter Stäbe ebener Stabwerke unter Berücksichtigung der Verformungen infolge der primären (St. Venantschen) Schubspannungen und der sekundären (Wölb-) Schubspannungen ermittelt werden.

Zugstab		Torsionsstab	
$v(x) = {}^M v(x) + {}^Q v(x)$	Durchbiegung	$d(x) = {}^p d(x) + {}^s d(x)$	Verdrehung
${}^M v(x)$	Durchbiegung infolge Biegemomentverformungen (Biege-Normalspannungen).	${}^p d(x)$	Verdrehung infolge „primärer" Schubverformungen (St. Venantsche Schubspannungen).
${}^Q v(x)$	Durchbiegung infolge Querkraftverformungen (Querkraft-Schubspannungen).	${}^s d(x)$	Verdrehung infolge „sekundärer" Schubverformungen (Wölb-Schubspannungen).
$v'(x) = {}^M v'(x) + {}^Q v'(x)$	Neigung der Stabsehene.	$d'(x) = {}^p d'(x) + {}^s d'(x)$	Verwindung der Stabsehne.
$\varphi(x) = {}^M \varphi(x) + {}^Q \varphi(x)$	Drehung eines Stabquerschnittes.	$w(x) = {}^p w(x) + {}^s w(x)$	Verwölbung eines Stabquerschnittes.
$v(x) = 0$	unverschiebliche Lagerung	$d(x) = 0$	drehstarre Lagerung
$v''(x) = 0$	drehungsunbehindertes Stabende	$d''(x) = 0$	verwölbungsunbehindertes Stabende
$\varphi(x) = 0$	drehungsbehindertes Stabende	$w(x) = 0$	verwölbungsbehindertes Stabende.
EI	Biegesteifigkeit	EF_{ww}	Wölbsteifigkeit
S	Stablängskraft (Zugkraft)	GI_T	St. Venantsche Torsionssteifigkeit
$\gamma = \dfrac{\varkappa}{GF} = \dfrac{1}{G} \cdot \int\limits_{(F)} \tau^2_{(Q=1)} \cdot dF$	Schubwinkel infolge $Q = 1$.	$\gamma_T = \dfrac{\varkappa_T}{GI_T}$ $= \dfrac{1}{G} \cdot \int\limits_{(F)} \tau^2_{(M_{T,s}=1)} \cdot dF$	Schubwinkel infolge $M_{T,s} = 1$.
$\mu = 1 + \gamma \cdot S$	Stabkennwert	$\mu_T = 1 + \gamma_T \cdot GI_T$	Stabkennwert
$\beta = l \cdot \sqrt{\dfrac{S}{\mu \cdot EI}}$	Stabkennwert	$\beta_T = l \cdot \sqrt{\dfrac{GI_T}{\mu_T \cdot EF_{ww}}}$	Stabkennwert

Fortsetzung

	Zugstab		*Torsionsstab*
P	Einzellast	M_T	Einzelmoment
q	Gleichstreckenlast	m_T	Gleichstreckenmoment
$q(x) = q' \cdot \left(1 - 2 \cdot \dfrac{x}{l}\right)$	Streckenlast	$m_T(x) = m_T' \cdot \left(1 - 2 \cdot \dfrac{x}{l}\right)$	Streckenmoment
$v_v(x) = 4f \cdot \dfrac{x}{l} \cdot \left(1 - \dfrac{x}{l}\right)$	Vorverformung	$\mathrm{d}_v(x) = 4\omega \cdot \dfrac{x}{l} \cdot \left(1 - \dfrac{x}{l}\right)$	Vorverformung
$\dfrac{\alpha_t \cdot \Delta t}{h} = \text{konstant}$	zur Biegedehnung affine Verformung eines Stabquerschnittes eines „statisch bestimmt" gelagerten Biegestabes ohne Längskraft S infolge einer Temperaturdifferenz $\Delta t = t_u - t_0$ in den Stabquerschnitten.	$\dfrac{\alpha_t \cdot \Delta t_n}{w_n} = \text{konstant}$	zur Torsionsverwölbung affine Verformung eines Stabquerschnittes eines „statisch bestimmt" gelagerten Torsionsstabes ohne St. Venantsche Torsionssteifigkeit GI_T infolge einer Temperaturdifferenz Δt_n in den Punkten n der Stabquerschnitte.
$\bar{v}$	eingeprägte Verschiebung eines Knoten- oder Auflagerpunktes	$\bar{d}$	eingeprägte Drehung eines Knoten- oder Auflagerpunktes.
$M_{\bar{a}}(x = S \cdot v(x) + M(x)$	Biegemoment	$\displaystyle\int_0^x M_T(x) \cdot dx$	
$M(x) = -EI \cdot {}^Mv''(x)$	Stab-Biegemoment	$M_w(x) = -EF_{ww} \cdot {}^pd''(x)$	Stab-Wölbbimoment
$Q_{\bar{a}}(x) = S \cdot v'(x) + Q(x)$	Querkraft	$M_T(x) = M_{T,p}(x) + M_{T,s}(x)$	Torsionsmoment

Fortsetzung

	Zugstab		Torsionsstab
$S \cdot v'(x)$		$M_{T,p}(x) = GI_T \cdot d'(x)$	primäres Torsionsmoment
$Q(x) = -EI \cdot {}^{M}v'''(x)$	Stab-Querkraft	$M_{T,s}(x) = -EF_{ww} \cdot {}^{p}d'''(x)$	sekundäres Torsionsmoment
${}^{D}F_a$	elastischer Dreh-Fesselstab	${}^{W}F_a$	elastischer Verwölbungs-Fesselstab.
${}^{V}F_a$	elastischer Verschiebungs-Fesselstab.	${}^{T}F_a$	elastischer Torsions-Fesselstab.
${}^{D}\bar{F}_a$	starrer Dreh-Fesselstab.	${}^{W}\bar{F}_a$	starrer Verwölbungs-Fesselstab.
${}^{V}\bar{F}_{a;x}$	starrer Verschiebungs-Fesselstab.	${}^{T}\bar{F}_{a;x}$	starrer Torsions-Fesselstab.
${}^{V}\bar{F}_{a;y}$	starrer Verschiebungs-Fesselstab.	${}^{T}\bar{F}_{a;y}$	starrer Torsions-Fesselstab.
D_a	Drehmoment des elastischen Dreh-Fesselstabes ${}^{D}F_a$.	$M_{W;a}$	Wölbbimoment des elastischen Verwölbungs-Fesselstabes ${}^{W}F_a$.
N_a	Längskraft des elastischen Verschiebungs-Fesselstabes ${}^{V}F_a$.	$M_{T;a}$	Moment des elastischen Torsions-Fesselstabes ${}^{T}F_a$.
$\bar{D}_a$	Drehmoment des starren Dreh-Fesselstabes ${}^{D}\bar{F}_a$.	$\bar{M}_{W;a}$	Wölbbimoment des starren Verwölbungs-Fesselstabes ${}^{W}\bar{F}_a$.
$\bar{N}_{a;x}$	Längskraft des starren Verschiebungs-Fesselstabes ${}^{V}\bar{F}_{a;x}$.	$\bar{M}_{T;a;x}$	Moment des starren Torsions-Fesselstabes ${}^{T}\bar{F}_{a;x}$,
$\bar{N}_{a;y}$	Längskraft des starren Verschiebungs-Fesselstabes ${}^{V}\bar{F}_{a;y}$.	$\bar{M}_{T;a;y}$	Moment des starren Torsions-Fesselstabes ${}^{T}\bar{F}_{a;y}$.

Literatur

[1] KLÖPPEL, K., und H. FRIEMANN: Übersicht über Berechnungsverfahren für Theorie II. Ordnung. Der Stahlbau **33**, Heft 9 (1964).

[2] BÜRGERMEISTER/STEUP/KRETZSCHMAR: Stabilitätstheorie. Teil II. Berlin: Akademie-Verlag. 1963.

[3] TEICHMANN, A.: Statik der Baukonstruktionen. III. Statisch unbestimmte Systeme. Sammlung Göschen, Bd. 122. Berlin: Walter de Gruyter & Co. 1958.

[4] CHWALLA, E., und F. JOKISCH: Über das ebene Knickproblem des Stockwerkrahmens. Der Stahlbau **14**, Heft 8/9 (1941).

[5] CHWALLA, E.: Die neuen Hilfstafeln zur Berechnung von Spannungsproblemen der Theorie zweiter Ordnung und von Knickproblemen. Der Bauingenieur **34**, Heft 4/6/8 (1959).

[6] SATTLER, K.: Lehrbuch der Statik. Theorie und ihre Anwendung. Berlin—Heidelberg—New York: Springer. 1969.

[7] SCHABER, E.: Beitrag zur Stabilitätsberechnung ebener Stabwerke. Köln: Stahlbau-Verlag, GmbH. 1960.

[8] ZUHRMÜHL, R.: Praktische Mathematik für Ingenieure und Physiker. Berlin—Göttingen—Heidelberg: Springer. 1957.

[9] KANI, G.: Die Berechnung mehrstieliger Rahmen, 5. Auflage. Stuttgart: Konrad Wittwer. 1956.

[10] POHLMANN, G.: Abschnitt „Statik der Baukonstruktionen" in Hütte III, 28. Auflage. Berlin: W. Ernst & Sohn. 1956.

[11] Arbeitsblatt Nr. 61 (A. TEICHMANN, G. POHLMANN) des Lehrstuhls für Statik der Baukonstruktionen und des Maschinenbaus der Technischen Universität Berlin.

[12] SATTLER, K.: Das „Durchbiegungsverfahren" zur Lösung von Stabilitätsproblemen. Die Bautechnik **30**, Heft 10/11 (1953).

[13] NEUKIRCH, H.: Berechnung der Hängebrücke bei Berücksichtigung der Verformung des Kabels. Ing. Archiv **7**, (1936).

[14] SATTLER, K.: Beitrag zur Knicktheorie dünner Platten. Mitt. Forschungsheft GHH.-Konzern. Heft 10 (1935).

[15] Berechnungsgrundlagen für Stabilitätsfälle im Stahlbau. (Knickung, Kippung, Beulung). Din 4114.

[16] BORNSCHEUER, F. W.: Systematische Darstellung des Biege- und Verdrehvorganges unter besonderer Berücksichtigung der Wölbkrafttorsion. Der Stahlbau **21**, Heft 1 (1952).

[17] BORNSCHEUER, F. W.: Beispiel und Formelsammlung zur Spannungsberechnung dünnwandiger Stäbe mit wölbbehindertem Querschnitt. Der Stahlbau **21**, Heft 12 (1952); Der Stahlbau **22**, Heft 2 (1953).

[18] LINDENBERGER, H.: Vergleich und Analogiebetrachtung der Lösungen für biegebeanspruchte und verdrehungsbeanspruchte Stabwerke. Der Stahlbau **22**, Heft 1/3 (1953).

[19] KLÖPPEL, K., und H. FRIEMANN: Erweiterung des Formänderungsgrößen-Verfahrens auf die Theorie der Wölbkrafttorsion. Der Stahlbau **35**, Heft 12 (1966).

[20] ROIK, K., und G. SEDLACEK: Theorie der Wölbkrafttorsion unter Berücksichtigung der sekundären Schubverformungen. Analogiebetrachtung zur Berechnung des querbelasteten Zugstabes. Der Stahlbau **35**, Heft 2 (1966).

Zahlenbeispiele

I. Schnittlasten, Auflagerlasten und Verformungen eines ebenen Stabwerkes nach Theorie I. Ordnung

$$(\gamma = 0,\ \mu = 1,\ \varkappa_0 = 0;\ F = \infty)$$

I.1. System und Belastungen

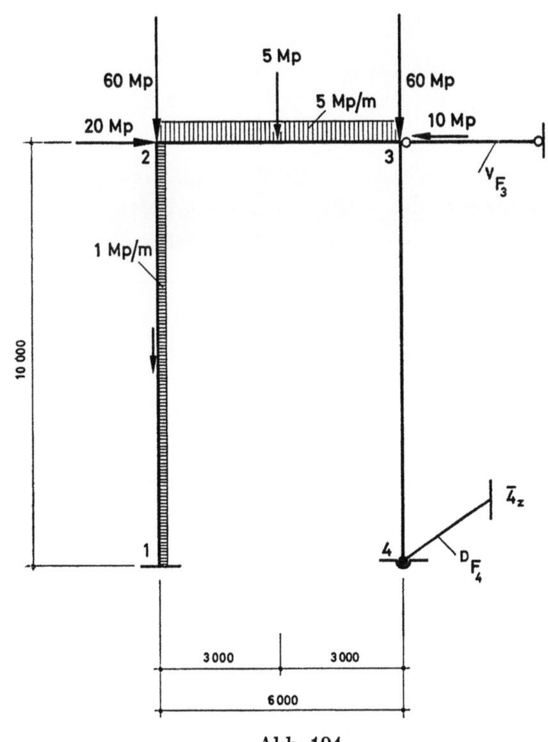

Abb. 194

I.2. Stabbelastungen

Stab i,k	P	x_P
(0)	(Mp)	(m)
1,2	0	0
2,3	5	3
3,4	0	0

Stab i,k	q	p
(0)	(Mp/m)	(Mp/m)
1,2	0	-1
2,3	5	0
3,4	0	0

I.3. Belastungen der Knoten- und Auflagerpunkte

Pkt. i	$\overline{M}_i$	$\overline{H}_i$	$\overline{V}_i$
(0)	(Mp · m)	(Mp)	(Mp)
1	0	0	0
2	0	20	60
3	0	−10	60
4	0	0	0

I.4. Querschnittswerte

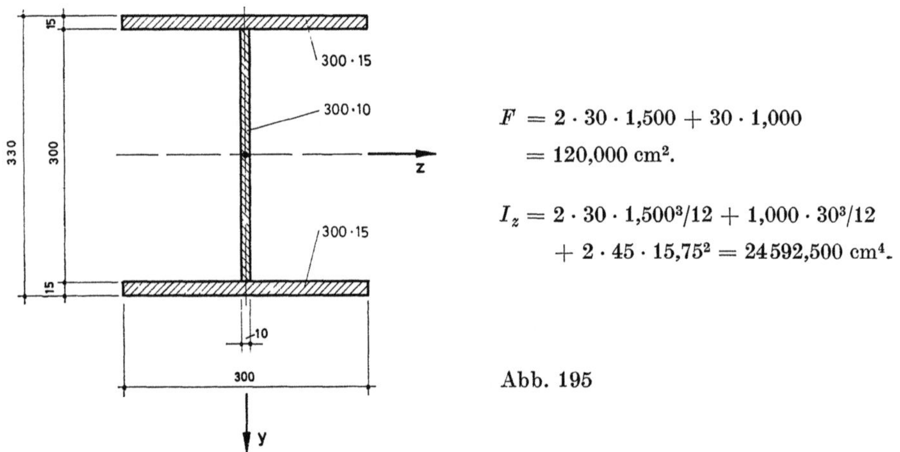

$$F = 2 \cdot 30 \cdot 1{,}500 + 30 \cdot 1{,}000$$
$$= 120{,}000 \text{ cm}^2.$$

$$I_z = 2 \cdot 30 \cdot 1{,}500^3/12 + 1{,}000 \cdot 30^3/12$$
$$+ 2 \cdot 45 \cdot 15{,}75^2 = 24\,592{,}500 \text{ cm}^4.$$

Abb. 195

I.5. Unabhängige Komponenten U des Verformungszustandes Kennwerte ϱ und θ elastischer Dreh- und Verschiebungsfessel

Pkt. i	U			$\varphi_i = {}^1\vartheta_i$	$\Delta l_{i,\bar\imath} = {}^1\mathfrak{N}_i$	$\varrho_{D;i}$ (12.4.13)	$\varrho_{N;i}$ (12.4.36)	$\theta_{x;i,\bar\imath}$ (2.2.14)	$\theta_{y;i,\bar\imath}$ (2.2.15)
(0)	(0)			(Mp · m)	(Mp/m)	(0)	(0)	(0)	(0)
1	0	0	0	—	—	—	—	—	—
2	1 (φ_2)	2*) (ξ_2)	0*)	—	—	—	—	—	—
3	3 (φ_3)	2*) (ξ_3)	0*)	—	51,644 250	—	10,000 000	−1	0
4	4 (φ_4)	0	0	1 032,885	—	2,000 000	—	—	—

$$E_c = 21\,000\,000 \text{ Mp/m}^2; \quad I_c = 0{,}000\,245\,925 \text{ m}^4; \quad l_c = 10 \text{ m}$$

*) Für längsstarre Stäbe ($F = \infty$) wird $\eta_2{}^* = \eta_3{}^* = 0$ und $\xi_2{}^* = \xi_3{}^*$ (siehe auch 17.5.).

I.6. Stabkennwerte ϱ und θ

Pkt. i	Stab i,k	Verbindung		$l_{i,k}$	$E_{i,k}$	$I_{i,k}$	$F_{i,k}$*)	$\varrho_{l;i,k}$ (2.2.13)	$\varrho_{E;i,k}$ (12.4.11)	$\varrho_{I;i,k}$ (12.4.12)	$\theta_{x;i,k}$ (2.2.14)	$\theta_{y;i,k}$ (2.2.15)
(0)	(0)	(0)		(m)	(Mp/m²)	(m⁴)	(m²)	(0)	(0)	(0)	(0)	(0)
1	1,2	(b,b)	(f,f)	10	21 000 000	0,000 245 925	∞	1,000 000	1	1	0	1
2	2,1	(b,b)	(f,f)	10	21 000 000	0,000 245 925	∞	1,000 000	1	1	0	-1
	2,3	(b,b)	(f,f)	6	21 000 000	0,000 245 925	∞	1,666 667	1	1	-1	0
3	3,2	(b,b)	(f,f)	6	21 000 000	0,000 245 925	∞	1,666 667	1	1	1	0
	3,4	(b,b)	(f,f)	10	21 000 000	0,000 245 925	∞	1,000 000	1	1	0	-1
4	4,3	(b,b)	(f,f)	10	21 000 000	0,000 245 925	∞	1,000 000	1	1	0	1

$$E_c = 21\,000\,000 \text{ Mp/m}^2; \quad I_c = 0,000\,245\,925 \text{ m}^4; \quad l_c = 10 \text{ m}$$

*) Die Stabwerksstäbe werden als längsstarr angenommen ($F = \infty$).

I.7. Stabkennwerte $F_i(0)$

Stab i,k	$S_{i,k}$	$\alpha_{i,k}$ (4.3.5)	$F_1(0)$ (5.2.14)	$F_2(0)$ (5.2.15)	$F_3(0)$ (5.4.5)	$F_4(0)$ (5.4.6)
(0)	(Mp)	(0)	(0)	(0)	(0)	(0)
1,2	0	0	4	2	6	12
2,3	0	0	4	2	6	12
3,4	0	0	4	2	6	12

I.8.1. Schnittlasten $M_0(0,\chi)$ und $Q_0(0,\chi)$ und Verformungen $v_0(0,\chi)$ und $v_0'(0,\chi)$

Stab i,k	P	χ_P	$l_{i,k}$	$E_{i,k}$	$I_{i,k}$	χ	$F(0)_{P;M_a}$ $F(0)_{P;M_b}$ (4.8.43) (4.8.48)	$F(0)_{P;Q_a}$ $F(0)_{P;Q_b}$ (4.8.44) (4.8.49)	$F(0)_{P;v_a}$ $F(0)_{P;v_b}$ (4.8.45) (4.8.50)	$F(0)_{P;v_a'}$ $F(0)_{P;v_b'}$ (4.8.46) (4.8.51)	$M_0(0)$ (4.8.43) (4.8.48)	$Q_0(0)$ (4.8.44) (4.8.49)	$v_0(0)$ (4.8.45) (4.8.50)	$v_0'(0)$ (4.8.46) (4.8.51)
(0)	(Mp)	(0)	(m)	(Mp/m²)	(m⁴)	(0)	(0)	(0)	(0)	(0)	(Mp · m)	(Mp)	(m)	(0)
						0,00	0	0,500	0	0,062500	0	2,500	0	0,002178
						0,20	0,100	0,500	0,011833	0,052500	3,000	2,500	0,002475	0,001830
						0,40	0,200	0,500	0,019667	0,022500	6,000	2,500	0,004113	0,000784
2,3	5	0,500	6	21000000	0,000245925	0,50	0,250	0,500 −0,500	0,020833	0	7,500	2,500 −2,500	0,004357	0
						0,60	0,200	−0,500	0,019667	−0,022500	6,000	−2,500	0,004113	−0,000784
						0,80	0,100	−0,500	0,011833	−0,052500	3,000	−2,500	0,002475	−0,001830
						1,00	0	−0,500	0	−0,062500	0	−2,500	0	−0,002178

I.8.2. Schnittlasten $M_0(0,\chi)$ und $Q_0(0,\chi)$ und Verformungen $v_0(0,\chi)$ und $v_0{}'(0,\chi)$

Stab i,k	q	$l_{i,k}$	$E_{i,k}$	$I_{i,k}$	χ	$F(0)_{q;M}$ (4.9.22)	$F(0)_{q;Q}$ (4.9.23)	$F(0)_{q;v}$ (4.9.24)	$F(0)_{q;v'}$ (4.9.25)	$M_0(0)$ (4.9.22)	$Q_0(0)$ (4.9.23)	$v_0(0)$ (4.9.24)	$v_0{}'(0)$ (4.9.25)
(0)	(Mp/m)	(m)	(Mp/m²)	(m⁴)	(0)	(0)	(0)	(0)	(0)	(Mp · m)	(Mp)	(m)	(0)
					0,00	0	0,500	0	0,041 667	0	15,000	0	0,008 713
					0,20	0,080	0,300	0,007 733	0,033 000	14,400	9,000	0,009 703	0,006 901
					0,40	0,120	0,100	0,012 400	0,012 333	21,600	3,000	0,015 559	0,002 579
2,3	5	6	21 000 000	0,000 245 925	0,50	0,125	0	0,013 021	0	22,500	0	0,016 338	0
					0,60	0,120	—0,100	0,012 400	—0,012 333	21,600	— 3,000	0,015 559	—0,002 579
					0,80	0,080	—0,300	0,007 733	—0,033 000	14,400	— 9,000	0,009 703	—0,006 901
					1,00	0	—0,500	0	—0,041 667	0	—15,000	0	—0,008 713

I.9.1. Stabkennwerte $F(0)_{P;\overline{M}(b,b)}$ und $F(0)_{P;\overline{K}(b,b)}$

Stab i,k (b,b)	χ_P	$F(0)_{P;a}$ (4.8.42)	$F(0)_{P;b}$ (4.8.47)	$F_1(0)$	$F_2(0)$	$F(0)_{P;\overline{M}_a(b,b)}$ (6.5.1)	$F(0)_{P;\overline{M}_b(b,b)}$ (6.5.2)	$F(0)_{P;\overline{K}_a(b,b)}$ (6.5.4)	$F(0)_{P;\overline{K}_b(b,b)}$ (6.5.6)
(0)	(0)	(0)	(0)	(0)	(0)	(0)	(0)	(0)	(0)
2,3 (b,b)	0,500	0,062 500	0,062 500	4	2	—0,125 000	0,125 000	0,500 000	—0,500 000

I.9.2. Stabkennwerte $F(0)_{q;\overline{M}(b,b)}$ und $F(0)_{q;\overline{K}(b,b)}$

Stab i,k (b,b)	$F(0)_q$ (4.9.21)	$F_1(0)$	$F_2(0)$	$F(0)_{q;\overline{M}(b,b)}$ (6.6.1)	$F(0)_{q;\overline{K}(b,b)}$ (6.6.4)
(0)	(0)	(0)	(0)	(0)	(0)
2,3 (b,b)	0,041667	4	2	0,083333	0,500000

I.10.1. Stabendschnittlasten $\overline{M}(0)_{i,k(b,b)}$ und $\overline{K}(0)_{i,k;Q(b,b)}$

Stab i,k (b,b)	P	$l_{i,k}$	$F(0)_{P;\overline{M}_a(b,b)}$	$F(0)_{P;\overline{M}_b(b,b)}$	$F(0)_{P;\overline{K}_a(b,b)}$	$F(0)_{P;\overline{K}_b(b,b)}$	$\overline{M}(0)_{i,k(b,b)}$ (6.5.1)	$\overline{M}(0)_{k,i(b,b)}$ (6.5.2)	$\overline{K}(0)_{i,k;Q(b,b)}$ (6.5.4)	$\overline{K}(0)_{k,i;Q(b,b)}$ (6.5.6)
(0)	(Mp)	(m)	(0)	(0)	(0)	(0)	(Mp · m)	(Mp · m)	(Mp)	(Mp)
2,3 (b,b)	5	6	−0,125000	0,125000	0,500000	−0,500000	−3,750000	3,750000	2,500000	−2,500000

1.10.2. Stabendschnittlasten $\overline{M}(0)_{i,k(b,b)}$ und $\overline{K}(0)_{i,k;Q(b,b)}$

Stab i,k (b,b)	q	$l_{i,k}$	$F(0)_{q;\overline{M}(b,b)}$	$F(0)_{q;\overline{K}(b,b)}$	$\overline{M}(0)_{i,k(b,b)}$ (6.6.1)	$\overline{M}(0)_{k,i(b,b)}$ (6.6.2)	$\overline{K}(0)_{i,k;Q(b,b)}$ (6.6.4)	$\overline{K}(0)_{k,i;Q(b,b)}$ (6.6.6)
(0)	(Mp/m)	(m)	(0)	(0)	(Mp · m)	(Mp · m)	(Mp)	(Mp)
2,3 (b,b)	5	6	0,083333	0,500000	−15,000000	15,000000	15,000000	−15,000000

I.11.1. Koeffizienten der Elastizitätsgleichungen

Längsstarre Stäbe: $\eta_2{}^* = \eta_3{}^* = 0$, $\xi_2{}^* = \xi_3{}^*$

(12.4.16)	$^1a_1{}^* \triangleq {}^{\varphi i}a_{\varphi i}^*$	$-\sum\limits_{(b,b)} \left(F_1(0) \cdot \varrho_l \cdot \varrho_E \cdot \varrho_I\right)_{2,k(k=1,3)}$
(12.4.17)	$^2a_1{}^* \triangleq {}^{\xi i}a_{\varphi i}^*$	$-\sum\limits_{(b,b)} \left(F_3(0) \cdot \varrho_l{}^2 \cdot \varrho_E \cdot \varrho_I \cdot \theta_y\right)_{2,k(k=1,3)}$
(12.4.19)	$^3a_1{}^* \triangleq {}^{\varphi k}a_{\varphi i}^*$	$-\left(F_2(0) \cdot \varrho_l \cdot \varrho_E \cdot \varrho_I\right)_{2,3(b,b)}$
(12.4.19)	$^4a_1{}^* \triangleq {}^{\varphi k}a_{\varphi i}^*$	0
(12.4.40)	$^2a_2{}^* \triangleq {}^{\xi i}a_{\xi i}^*$	$-\sum\limits_{(b,b)} \left(F_4(0) \cdot \varrho_l{}^3 \cdot \varrho_E \cdot \varrho_I \cdot \theta_y{}^2\right)_{2,k(k=1,3)}$ $-\sum\limits_{(b,b)} \left(F_4(0) \cdot \varrho_l{}^3 \cdot \varrho_E \cdot \varrho_I \cdot \theta_y{}^2\right)_{3,k(k=2,4)} - \varrho_{N;3} \cdot \theta^2_{x;3,\bar{3}}$
(12.4.39)	$^3a_2{}^* \triangleq {}^{\varphi i}a_{\xi i}^*$	$-\sum\limits_{(b,b)} \left(F_3(0) \cdot \varrho_l{}^2 \cdot \varrho_E \cdot \varrho_I \cdot \theta_y\right)_{3,k(k=2,4)}$
(12.4.42)	$^4a_2{}^* \triangleq {}^{\varphi k}a_{\xi i}^*$	$-\left(F_3(0) \cdot \varrho_l{}^2 \cdot \varrho_E \cdot \varrho_I \cdot \theta_y\right)_{3,4(b,b)}$
(12.4.16)	$^3a_3{}^* \triangleq {}^{\varphi i}a_{\varphi i}^*$	$-\sum\limits_{(b,b)} \left(F_1(0) \cdot \varrho_l \cdot \varrho_E \cdot \varrho_I\right)_{3,k(k=2,4)}$
(12.4.19)	$^4a_3{}^* \triangleq {}^{\varphi k}a_{\varphi i}^*$	$-\left(F_2(0) \cdot \varrho_l \cdot \varrho_E \cdot \varrho_I\right)_{3,4(b,b)}$
(12.4.16)	$^4a_4{}^* \triangleq {}^{\varphi i}a_{\varphi i}^*$	$-\left(F_1(0) \cdot \varrho_l \cdot \varrho_E \cdot \varrho_I\right)_{4,3(b,b)} - \varrho_{D;4}$

I.11.2. Koeffizienten der Elastizitätsgleichungen (0)

$^1a_1{}^*$	$-4 \cdot 1{,}000\,000 \cdot 1 \cdot 1 - 4 \cdot 1{,}666\,667 \cdot 1 \cdot 1$	$-10{,}666\,667$
$^2a_1{}^*$	$-6 \cdot 1{,}000\,000^2 \cdot 1 \cdot 1 \cdot (-1) - 0$	$6{,}000\,000$
$^3a_1{}^*$	$-2 \cdot 1{,}666\,667 \cdot 1 \cdot 1$	$-3{,}333\,333$
$^4a_1{}^*$	0	0
$^2a_2{}^*$	$-12 \cdot 1{,}000\,000^3 \cdot 1 \cdot 1 \cdot (-1)^2 - 0$ $- 0 - 12 \cdot 1{,}000\,000^3 \cdot 1 \cdot 1 \cdot (-1)^2 - 10{,}000\,000 \cdot (-1)^2$	$-34{,}000\,000$
$^3a_2{}^*$	$-0 - 6 \cdot 1{,}000\,000^2 \cdot 1 \cdot 1 \cdot (-1)$	$6{,}000\,000$
$^4a_2{}^*$	$-6 \cdot 1{,}000\,000^2 \cdot 1 \cdot 1 \cdot (-1)$	$6{,}000\,000$
$^3a_3{}^*$	$-4 \cdot 1{,}666\,667 \cdot 1 \cdot 1 - 4 \cdot 1{,}000\,000 \cdot 1 \cdot 1$	$-10{,}666\,667$
$^4a_3{}^*$	$-2 \cdot 1{,}000\,000 \cdot 1 \cdot 1$	$-2{,}000\,000$
$^4a_4{}^*$	$-4 \cdot 1{,}000\,000 \cdot 1 \cdot 1 - 2{,}000\,000$	$-6{,}000\,000$

I.12.1. Absolutglieder der Elastizitätsgleichungen

(12.4.22)	$\bar{a}_1 \triangleq \bar{a}_{\varphi i}$	$\overline{M}_2 - \sum\limits_{(b,b)} \left(\sum\limits_B \overline{M}(0)_{2,k}\right)_{(k=1,3)}$
(12.4.45)	$\bar{a}_2 \triangleq \bar{a}_{\xi i}$	$\overline{H}_2 \cdot l_c + \sum\limits_{(b,b)} \left[\sum\limits_B (\overline{K}(0)_Q \cdot l_c \cdot \theta_y)_{2,k}\right]_{(k=1,3)} - \sum\limits_{(f,f)} \left[\sum\limits_B (\overline{K}_L \cdot l_c \cdot \theta_x)_{2,k}\right]_{(k=1,3)}$ $\overline{H}_3 \cdot l_c + \sum\limits_{(b,b)} \left[\sum\limits_B (\overline{K}(0)_Q \cdot l_c \cdot \theta_y)_{3,k}\right]_{(k=2,4)} - \sum\limits_{(f,f)} \left[\sum\limits_B (\overline{K}_L \cdot l_c \cdot \theta_x)_{3,k}\right]_{(k-2,4)}$
(12.4.22)	$\bar{a}_3 \triangleq \bar{a}_{\varphi i}$	$\overline{M}_3 - \sum\limits_{(b,b)} \left(\sum\limits_B \overline{M}(0)_{3,k}\right)_{(k=2,4)}$
(12.4.22)	$\bar{a}_4 \triangleq \bar{a}_{\varphi i}$	$\overline{M}_4 - \sum\limits_B \overline{M}(0)_{4,3(b,b)}$

I.12.2. Absolutglieder der Elastizitätsgleichungen (Mp · m)

$\bar{a}_1$	$0 - 0 - (-15{,}000 - 3{,}750)$	$18{,}750$
$\bar{a}_2$	$20 \cdot 10 + 0 + 0 - 0 - 0$ $-10 \cdot 10 + 0 + 0 - 0 - 0$	$100{,}000$
$\bar{a}_3$	$0 - (15{,}000 + 3{,}750) - 0$	$-18{,}750$
$\bar{a}_4$	$0 - 0$	0

I.13. Iterative Auflösung der Elastizitätsgleichungen nach (17.6)

	$U_1(\varphi_2{}^*)$	$U_2(\xi_2{}^*, \xi_3{}^*)$	$U_3(\varphi_3{}^*)$	$U_4(\varphi_4{}^*)$	Absl.	$= 0$
1	$-10{,}666\,667$	$6{,}000\,000$	$-3{,}333\,333$	0	$18{,}750\,000$	$= 0$
2	$6{,}000\,000$	$-34{,}000\,000$	$6{,}000\,000$	$6{,}000\,000$	$100{,}000\,000$	$= 0$
3	$-3{,}333\,333$	$6{,}000\,000$	$-10{,}666\,667$	$-2{,}000\,000$	$-18{,}750\,000$	$= 0$
4	0	$6{,}000\,000$	$-2{,}000\,000$	$-6{,}000\,000$	0	$= 0$
„Ausgang"	0	0	0	0		
I	$1{,}757\,812$	$3{,}251\,379$	$-0{,}478\,228$	$3{,}410\,788$		
II	$3{,}736\,159$	$4{,}118\,009$	$-1{,}248\,505$	$4{,}534\,177$		
III	$4{,}464\,350$	$4{,}308\,827$	$-1{,}579\,365$	$4{,}835\,282$		
IV	$4{,}675\,079$	$4{,}340\,764$	$-1{,}683\,710$	$4{,}902\,001$		
V	$4{,}725\,651$	$4{,}343\,049$	$-1{,}710\,738$	$4{,}913\,295$		
VI	$4{,}735\,383$	$4{,}341\,989$	$-1{,}716\,493$	$4{,}914\,153$		
VII	$4{,}736\,585$	$4{,}341\,337$	$-1{,}717\,397$	$4{,}913\,803$		
VIII	$4{,}736\,501$	$4{,}341\,101$	$-1{,}717\,438$	$4{,}913\,580$		
IX	$4{,}736\,381$	$4{,}341\,033$	$-1{,}717\,397$	$4{,}913\,499$		
X	$4{,}736\,330$	$4{,}341\,017$	$-1{,}717\,374$	$4{,}913\,475$		
XI	$4{,}736\,314$	$4{,}341\,014$	$-1{,}717\,367$	$4{,}913\,470$		
XII	$4{,}736\,310$	$4{,}341\,014$	$-1{,}717\,364$	$4{,}913\,469$		
XIII	$4{,}736\,309$	$4{,}341\,014$	$-1{,}717\,364$	$4{,}913\,469$		
Probe 1	$-50{,}520\,631$	$26{,}046\,084$	$5{,}724\,546$	0	$18{,}750\,000$	$= -0{,}000\,001$
2	$28{,}417\,854$	$-147{,}594\,476$	$-10{,}304\,184$	$29{,}480\,814$	$100{,}000\,000$	$=\ \ 0{,}000\,008$
3	$-15{,}787\,695$	$26{,}046\,084$	$18{,}318\,550$	$-9{,}826\,938$	$-18{,}750\,000$	$=\ \ 0{,}000\,001$
4	0	$26{,}046\,084$	$3{,}434\,728$	$-29{,}480\,814$	0	$= -0{,}000\,002$

I.14. Verformungen φ_i und v_i der Knotenpunkte

Längsstarre Stäbe: $\eta_2^* = \eta_3^* = 0,\ \xi_2^* = \xi_3^*$

Pkt. i	φ_i^*	ξ_i^*	η_i^*	l_c	E_c	I_c	φ_i (13.1)	$v_{i;x}$ (13.2)	$v_{i;y}$ (13.3)
(0)	(Mp · m)	(Mp · m)	(Mp · m)	(m)	(Mp/m²)	(m⁴)	(0)	(m)	(m)
1	0	0	0	10	21 000 000	0,000 245 925	0	0	0
2	4,736 309	4,341 014	0	10	21 000 000	0,000 245 925	0,009 171	0,084 056	0
3	−1,717 364	4,341 014	0	10	21 000 000	0,000 245 925	−0,003 325	0,084 056	0
4	4,913 469	0	0	10	21 000 000	0,000 245 925	0,009 514	0	0

I.15. Stabsehnendrehwinkel $\psi_{i,k}$

Längsstarre Stäbe: $\eta_2^* = \eta_3^* = 0,\ \xi_2^* = \xi_3^*$

Stab i,k	$\varrho_{l;i,k}$	ξ_i^*	ξ_k^*	$\theta_{y;i,k}$	η_i^*	η_k^*	$\theta_{x;i,k}$	$\psi_{i,k}^*$ (14.2.1)	E_c	I_c	l_c	$\psi_{i,k}$ (14.2.1)
(0)	(0)	(Mp · m)	(Mp · m)	(0)	(Mp · m)	(Mp · m)	(0)	(Mp · m)	(Mp/m²)	(m⁴)	(m)	(0)
1,2	1,000 000	0	4,341 014	1	0	0	0	4,341 014	21 000 000	0,000 245 925	10	0,008 406
2,3	1,666 667	4,341 014	4,341 014	0	0	0	−1	0	21 000 000	0,000 245 925	10	0
3,4	1,000 000	4,341 014	0	−1	0	0	0	4,341 014	21 000 000	0,000 245 925	10	0,008 406

I.16. Stabendmomente $M(0)_{i,k(b,b)}$

Stab $i,k\ (b,b)$	$\sum_B \bar{M}(0)_{i,k(b,b)}$	$\sum_B \bar{M}(0)_{k,i(b,b)}$	φ_i^*	φ_k^*	$F_1(0)$	$F_2(0)$	$\psi_{i,k}^*$	$F_3(0)$	$\varrho_{l;i,k}$	$\varrho_{E;i,k}$	$\varrho_{I;i,k}$	$M(0)_{i,k(b,b)}$ (14.2.2)	$M(0)_{k,i(b,b)}$ (14.2.3)
(0)	(Mp · m)	(Mp · m)	(Mp · m)	(Mp · m)	(0)	(0)	(Mp · m)	(0)	(0)	(0)	(0)	(Mp · m)	(Mp · m)
1,2 (b,b)	0	0	0	4,736309	4	2	4,341014	6	1,000000	1	1	−16,573466	−7,100848
2,3 (b,b)	−18,750000	18750000	4,736309	−1,717364	4	2	0	6	1,666667	1	1	7,100848	23,088602
3,4 (b,b)	0	0	−1,717364	4,913469	4	2	4,341014	6	1,000000	1	1	−23,088602	−9,826936

I.17. Stabendquerkräfte $K(0)_{i,k;Q(b,b)}$

Stab $i,k\ (b,b)$	$\sum_B \bar{K}(0)_{i,k;Q(b,b)}$	$\sum_B \bar{K}(0)_{k,i;Q(b,b)}$	φ_i^*	φ_k^*	$F_3(0)$	$\psi_{i,k}^*$	$F_4(0)$	$\varrho_{l;i,k}$	$\varrho_{E;i,k}$	$\varrho_{I;i,k}$	l_c	$K(0)_{i,k;Q(b,b)}$ (14.2.4)	$K(0)_{k,i;Q(b,b)}$ (14.2.5)
(0)	(Mp)	(Mp)	(Mp · m)	(Mp · m)	(0)	(Mp · m)	(0)	(0)	(0)	(0)	(m)	(Mp)	(Mp)
1,2 (b,b)	0	0	0	4,736309	6	4,341014	12	1,000000	1	1	10	2,367431	2,367431
2,3 (b,b)	17,500000	−17,500000	4,736309	−1,717364	6	0	12	1,666667	1	1	10	12,468425	−22,531575
3,4 (b,b)	0	0	−1,717364	4,913469	6	4,341014	12	1,000000	1	1	10	3,291554	3,291554

I.18. Stabendlängskräfte $K_{i,k;L(f,f)}$ (Kraftgrößenmethode)

$K_{1,2;L(f,f)} = -\overline{V}_2 + p_{1,2} \cdot l_{1,2} - \dfrac{P_{2,3}}{2} - \dfrac{q_{2,3} \cdot l_{2,3}}{2} + \dfrac{M(0)_{2,3(b,b)} + M(0)_{3,2(b,b)}}{l_{2,3}}$	$= -60{,}000 - 10{,}000 - 2{,}500 \\ -15{,}000 + 5{,}031\,575$	$-82{,}468\,425$ Mp
$K_{2,1;L(f,f)} = K_{1,2;L(f,f)} - p_{1,2} \cdot l_{1,2}$	$= -82{,}468\,425 + 10{,}000$	$-72{,}468\,425$ Mp
$K_{2,3;L(f,f)} = -\overline{H}_2 - \dfrac{M(0)_{1,2(b,b)} + M(0)_{2,1(b,b)}}{l_{1,2}}$	$= -20{,}000 + 2{,}367\,431$	$-17{,}632\,569$ Mp
$K_{3,2;L(f,f)} = \overline{H}_3 + N_3 + \dfrac{M(0)_{3,4(b,b)} + M(0)_{4,3(b,b)}}{l_{3,4}}$	$= -10{,}000 - 4{,}341\,014 - 3{,}291\,554$	$-17{,}632\,568$ Mp
$K_{3,4;L(f,f)} = K_{4,3;L(f,f)} = -\overline{V}_3 - \dfrac{P_{2,3}}{2} - \dfrac{q_{2,3} \cdot l_{2,3}}{2} - \dfrac{M(0)_{2,3(b,b)} + M(0)_{3,2(b,b)}}{l_{2,3}}$	$= -60{,}000 - 2{,}500 - 15{,}000 \\ - 5{,}031\,575$	$-82{,}531\,575$ Mp

I.19.1. Funktionen $F(0,\chi)_{i;M}$, $F(0,\chi)_{i;Q}$, $F(0,\chi)_{i;v}$, $F(0,\chi)_{i;v'}$

Stab i,k	χ	$F(0)_{i;M}$	$F(0)_{i;Q}$	$F(0)_{i;v}$	$F(0)_{i;v'}$		
		(4.3.34)	(4.3.35)	(4.3.36)	(4.3.37)		
(0)	(0)	(0)	(0)	(0)	(0)		
	0,00	1,000	−1,000	0	0,333333	1,00	
	0,20	0,800	−1,000	0,048000	0,153333	0,80	
1,2	0,40	0,600	−1,000	0,064000	0,013333	0,60	1,2
2,3	0,50	0,500	−1,000	0,062500	0,041667	0,50	2,3
3,4	0,60	0,400	−1,000	0,056000	−0,086667	0,40	3,4
	0,80	0,200	−1,000	0,032000	−0,146667	0,20	
	,100	0,000	−1,000	0	−0,166667	0,00	
	(0)	(0)	(0)	(0)	(0)	(0)	(0)
		(4.4.16)	(4.4.17)	(4.4.18)	(4.4.19)	χ	Stab i,k
		$F(0)_{k;M}$	$-F(0)_{k;Q}$	$F(0)_{k;v}$	$-F(0)_{k;v'}$		

I.19.2. Funktionen $F(0,\chi)_{k;M}$, $F(0,\chi)_{k;Q}$, $F(0,\chi)_{k;v}$, $F(0,\chi)_{k;v'}$

I.20. Biegemomente $M(0,\bar{\chi})_{(b,b)}$

Stab i,k (b,b)	$\bar{\chi}$	$\sum\limits_{B} M_0(0)$	$M(0)_{i,k(b,b)}$ $\times\ F(0)_{i;M}$	$-M(0)_{k,i(b,b)}$ $\times\ F(0)_{k;M}$	$M(0)_{(b,b)}$ (14.2.6)
(0)	(0)	(Mp · m)	(Mp · m)	(Mp · m)	(Mp · m)
	0,00	0	−16,573466	0	−16,573466
	0,20	0	−13,258773	1,420170	−11,838603
1,2 (b,b)	0,40	0	− 9,944080	2,840339	− 7,103741
	0,60	0	− 6,629386	4,260509	− 2,368877
	0,80	0	− 3,314693	5,680678	2,365985
	1,00	0	0	7,100848	7,100848
	0,00	0	7,100848	0	7,100848
	0,20	17,400000	5,680678	− 4,617720	18,462958
	0,40	27,600000	4,260509	− 9,235441	22,625068
2,3 (b,b)	0,50	30,000000	3,550424	−11,544301	22,006123
	0,60	27,600000	2,840339	−13,853161	16,587178
	0,80	17,400000	1,420170	−18,470882	0,349288
	1,00	0	0	−23,088602	−23,088602
	0,00	0	−23,088602	0	−23,088602
	0,20	0	−18,470882	1,965387	−16,505495
3,4 (b,b)	0,40	0	−13,853161	3,930774	− 9,922387
	0,60	0	− 9,235441	5,896162	− 3,339279
	0,80	0	− 4,617720	7,861549	3,243829
	1,00	0	0	9,826936	9,826936

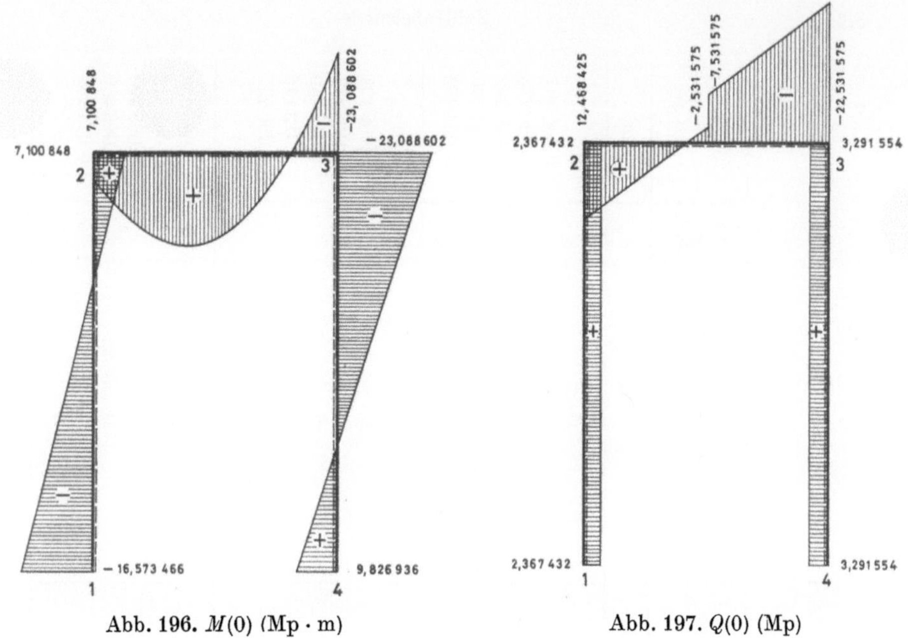

Abb. 196. $M(0)$ (Mp · m)   Abb. 197. $Q(0)$ (Mp)

I.21. Querkräfte $Q(0,\bar{\chi})_{(b,b)}$

Stab $i,k\ (b,b)$	$\bar{\chi}$	$\underset{B}{\sum} Q_0(0)$	$\dfrac{M(0)_{i,k(b,b)}}{l_{i,k}} \times F(0)_{i;Q}$	$-\dfrac{M(0)_{k,i(b,b)}}{l_{i,k}} \times F(0)_{k;Q}$	$Q(0)_{(b,b)}$ (14.2.7)
(0)	(0)	(Mp)	(Mp)	(Mp)	(Mp)
	0,00	0	1,657347	0,710085	2,367432
	0,20	0	1,657347	0,710085	2,367432
1,2 (b,b)	0,40	0	1,657347	0,710085	2,367432
	0,60	0	1,657347	0,710085	2,367432
	0,80	0	1,657347	0,710085	2,367432
	1,00	0	1,657347	0,710085	2,367432
	0,00	17,500000	−1,183475	−3,848100	12,468425
	0,20	11,500000	−1,183475	−3,848100	6,468425
	0,40	5,500000	−1,183475	−3,848100	0,468425
2,3 (b,b)	0,50	2,500000	−1,183475	−3,848100	− 2,531575
		− 2,500000	−1,183475	−3,848100	− 7,531575
	0,60	− 5,500000	−1,183475	−3,848100	−10,531575
	0,80	−11,500000	−1,183475	−3,848100	−16,531575
	1,00	−17,500000	−1,183475	−3,848100	−22,531575
	0,00	0	2,308860	0,982694	3,291554
	0,20	0	2,308860	0,982694	3,291554
3,4 (b,b)	0,40	0	2,308860	0,982694	3,291554
	0,60	0	2,308860	0,982694	3,291554
	0,80	0	2,308860	0,982694	3,291554
	1,00	0	2,308860	0,982694	3,291554

I.22. Verschiebungen $\tilde{v}(0,\tilde{\chi})_{(b,b)}$

Stab i,k (b,b)	$\tilde{\chi}$	$\sum\limits_{B}\tilde{v}_0(0)$	$\dfrac{M(0)_{i,k(b,b)}\cdot l^2_{i,k}}{(EI)_{i,k}}\cdot F(0)_{i;v}$	$-\dfrac{M(0)_{k,i(b,b)}\cdot l^2_{i,k}}{(EI)_{i,k}}\cdot F(0)_{k;v}$	$\left(\xi_i^*\cdot\theta_y-\eta_i^*\cdot\theta_x+\psi_{i,k}^*\cdot\dfrac{\tilde{\chi}}{\varrho_l}\right)\cdot\dfrac{l_c^2}{E_cI_c}$	$\tilde{v}(0)_{(b,b)}$ (14.2.8)
(0)	(0)	(m)	(m)	(m)	(m)	(m)
1,2 (b,b)	0,00	0	0	0	0	0
	0,20	0	—0,015404	0,004400	0,016811	0,005807
	0,40	0	—0,020539	0,007700	0,033622	0,020783
	0,60	0	—0,017971	0,008800	0,050434	0,041263
	0,80	0	—0,010269	0,006600	0,067245	0,063576
	1,00	0	0	0	0,084056	0,084056
2,3 (b,b)	0,00	0	0	0	0	0
	0,20	0,012178	0,002376	—0,005150	0	0,009404
	0,40	0,019672	0,003168	—0,009013	0	0,013827
	0,50	0,020695	0,003094	—0,010059	0	0,013730
	0,60	0,019672	0,002772	—0,010300	0	0,012144
	0,80	0,012178	0,001584	—0,007725	0	0,006037
	1,00	0	0	0	0	0
3,4 (b,b)	0,00	0	0	0	—0,084056	—0,084056
	0,20	0	—0,021459	0,006089	—0,067245	—0,082615
	0,40	0	—0,028612	0,010656	—0,050434	—0,068390
	0,60	0	—0,025036	0,012178	—0,033622	—0,046480
	0,80	0	—0,014306	0,009133	—0,016811	—0,021984
	1,00	0	0	0	0	0

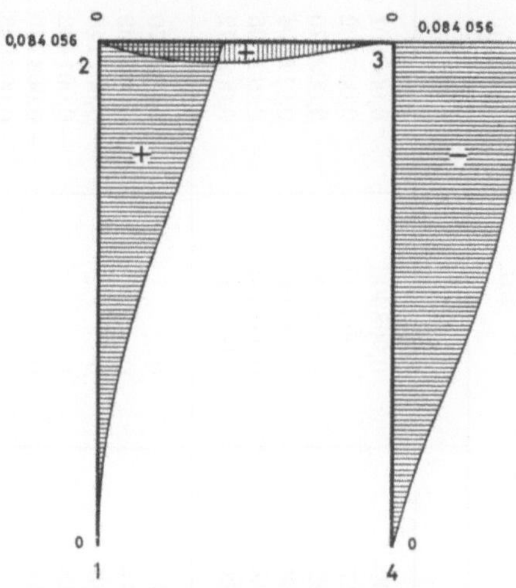

Abb. 198. $\bar{v}(0)$ (m)

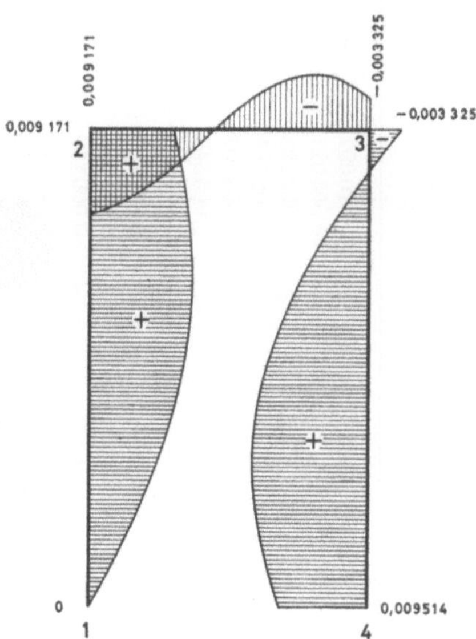

Abb. 199. $\bar{v}'(0)$ (0)

I.23. Neigungen $\tilde{v}'(0, \tilde{\chi})_{(b,b)}$

Stab i,k (b,b)	$\tilde{\chi}$	$\sum\limits_{B} \tilde{v}_0{}'(0)$	$\dfrac{M(0)_{i,k(b,b)} \cdot l_{i,k}}{(EI)_{i,k}} \cdot F(0)_{i;v'}$	$-\dfrac{M(0)_{k,i(b,b)} \cdot l_{i,k}}{(EI)_{i,k}} \cdot F(0)_{k;v'}$	$\psi^*_{i,k} \cdot \dfrac{l_c}{E_c I_c}$	$\tilde{v}'(0)_{(b,b)}$ (14.2.9)
(0)	(0)	(0)	(0)	(0)	(0)	(0)
1,2 (b,b)	0,00	0	$-0{,}010697$	$0{,}002292$	$0{,}008406$	$0{,}000001 \simeq 0$
	0,20	0	$-0{,}004921$	$0{,}002017$	$0{,}008406$	$0{,}005502$
	0,40	0	$-0{,}000428$	$0{,}001192$	$0{,}008406$	$0{,}009170$
	0,60	0	$0{,}002781$	$-0{,}000183$	$0{,}008406$	$0{,}011004$
	0,80	0	$0{,}004707$	$-0{,}002108$	$0{,}008406$	$0{,}011005$
	1,00	0	$0{,}005349$	$-0{,}004583$	$0{,}008406$	$0{,}009172$
2,3 (b,b)	0,00	$0{,}010891$	$0{,}002750$	$-0{,}004471$	0	$0{,}009170$
	0,20	$0{,}008731$	$0{,}001265$	$-0{,}003934$	0	$0{,}006062$
	0,40	$0{,}003363$	$0{,}000110$	$-0{,}002325$	0	$0{,}001148$
	0,50	0	$-0{,}000344$	$-0{,}001118$	0	$-0{,}001462$
	0,60	$-0{,}003363$	$-0{,}000715$	$0{,}000358$	0	$-0{,}003720$
	0,80	$-0{,}008731$	$-0{,}001210$	$0{,}004113$	0	$-0{,}005828$
	1,00	$-0{,}010891$	$-0{,}001375$	$0{,}008941$	0	$-0{,}003325$
3,4 (b,b)	0,00	0	$-0{,}014902$	$0{,}003171$	$0{,}008406$	$-0{,}003325$
	0,20	0	$-0{,}006855$	$0{,}002791$	$0{,}008406$	$0{,}004342$
	0,40	0	$-0{,}000596$	$0{,}001649$	$0{,}008406$	$0{,}009459$
	0,60	0	$0{,}003875$	$-0{,}000254$	$0{,}008406$	$0{,}012027$
	0,80	0	$0{,}006557$	$-0{,}002918$	$0{,}008406$	$0{,}012045$
	1,00	0	$0{,}007451$	$-0{,}006343$	$0{,}008406$	$0{,}009514$

I.24. Stablängskräfte $S(\tilde{\chi})_{(f,f)}$ (Kraftgrößenmethode)

Stab i,k (f,f)	p	$l_{i,k}$	$\tilde{\chi}$	$K_{i,k;L(f,f)}$	$S_{(f,f)} = K_{i,k;L(f,f)} - p \cdot l_{i,k} \cdot \tilde{\chi}$
(0)	(Mp/m)	(m)	(0)	(Mp)	(Mp)
1,2 (f,f)	$-1,000$	10	0,00 0,20 0,40 0,60 0,80 1,00	$-82,468\,425$ $-82,468\,425$ $-82,468\,425$ $-82,468\,425$ $-82,468\,425$ $-82,468\,425$	$-82,468\,425$ $-80,468\,425$ $-78,468\,425$ $-76,468\,425$ $-74,468\,425$ $-72,468\,425$
2,3 (f,f)	0	6	0,00 ⋯ 1,00	$-17,632\,569$	$-17,632\,569$
3,4 (f,f)	0	10	0,00 ⋯ 1,00	$-82,531\,575$	$-82,531\,575$

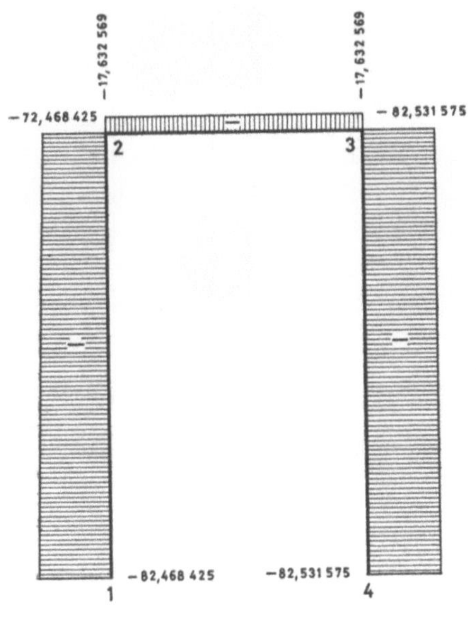

Abb. 200. $S(0)$ (Mp)

Abb. 201. $\tilde{u}(0)$ (m)

I.25. Verschiebungen $\bar{u}(\bar{\chi})_{(f,f)}$

Längsstarre Stäbe: $\eta_2^* = \eta_3^* = 0,\ \xi_2^* = \xi_3^*$

$$\Delta l_{i,k}^* = 0$$

$$\bar{u}(\bar{\chi})_{(f,f)} = 0$$

Stab i,k (f,f)	$\bar{u}_{(f,f)}$	ξ_i^*	$\theta_{x;i,k}$	η_i^*	$\theta_{y;i,k}$	$\Delta l_{i,k}^*$	l_c	E_c	I_c	$\bar{u}_{(f,f)}$ (14.6.5)
(0)	(m)	(Mp · m)	(0)	(Mp · m)	(0)	(Mp · m²)	(m)	(Mp/m²)	(m⁴)	(m)
1,2 (f,f)	0	0	0	0	1	0	10	21 000 000	0,000 245 925	0
2,3 (f,f)	0	4,341 014	−1	0	0	0	10	21 000 000	0,000 245 925	0,084 056
3,4 (f,f)	0	4,341 014	0	0	−1	0	10	21 000 000	0,000 245 925	0

I.26. Schnittlasten D_i und N_i elastischer Dreh- und Verschiebungsfessel

Pkt. i	φ_i^*	ξ_i^*	η_i^*	$\theta_{x;i,\bar{\imath}}$	$\theta_{y;i,\bar{\imath}}$	l_c	$\varrho_{D;i}$	$\varrho_{N;i}$	D_i (15.1)	N_i (15.2)
(0)	(Mp · m)	(Mp · m)	(Mp · m)	(0)	(0)	(m)	(0)	(0)	(Mp · m)	(Mp)
3	—	4,341 014	0	−1	0	10	—	10,000 000	—	−4,341 014
4	4,913 469	—	—	—	—	—	2,000 000	—	−9,826 938	—

I.27. Gleichgewichtskontrolle

Verschiebung der Knotenpunkte 2 und 3:

$$\bar{v}_{2;x} = \bar{v}_{3;x} = l_c \,\triangle\, \bar{\psi}_{1,2} = \bar{\psi}_{4,3} = 1$$

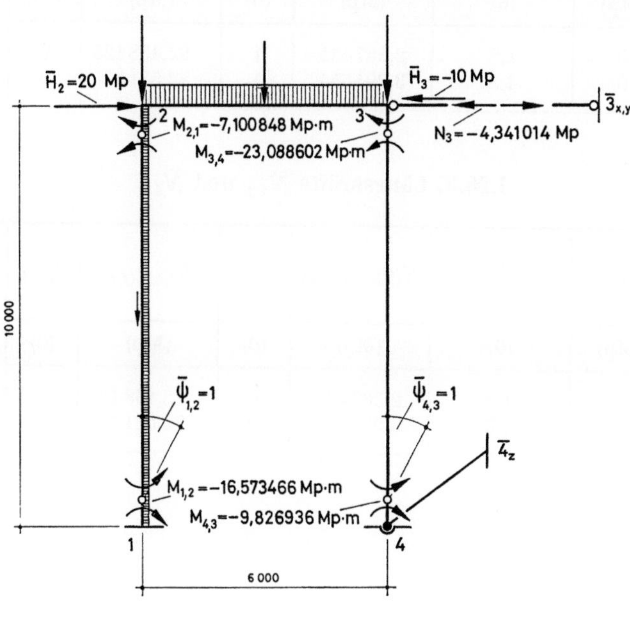

Abb. 202

$$(\bar{H}_2 + \bar{H}_3 + N_3) \cdot l_c + M_{1,2} + M_{2,1} + M_{3,4} + M_{4,3}$$

$$= (20{,}000000 - 10{,}000000 - 4{,}341014) \cdot 10$$

$$\quad - 16{,}573466 - 7{,}100848 - 23{,}088602 - 9{,}826936$$

$$= 56{,}589860 - 56{,}589852 = 0{,}000008 \;\text{Mp} \cdot \text{m} \simeq 0.$$

I.28. Schnittlasten $\bar{D}$ und $\bar{N}$ starrer Dreh- und Verschiebungsfessel

I.28.1. Drehmoment $\bar{D}_1$

Pkt. i	$\bar{M}_i$	Stab $i,k\,(b,b)$	$M(0)_{i,k(b,b)}$	$\bar{D}_i$ (16.1)
(0)	(Mp · m)	(0)	(Mp · m)	(Mp · m)
1	0	1,2 (b,b)	$-16{,}573466$	$-16{,}573466$

I.28.2. Längskräfte $\overline{N}_{1;x}$ und $\overline{N}_{4;x}$

Pkt. i	$\overline{H}_i$	Stab i,k (b,b) (f,f)	$K(0)_{i,k;Q(b,b)}$	$\theta_{y;i,k}$	$K_{i,k;L(f,f)}$	$\theta_{x;i,k}$	$\overline{N}_{i;x}$ (16.2)
(0)	(Mp)	(0)	(Mp)	(0)	(Mp)	(0)	(Mp)
1	0	1,2	2,367431	1	−82,468425	0	−2,367431
4	0	4,3	3,291554	1	−82,531575	0	−3,291554

I.28.3. Längskräfte $\overline{N}_{1;y}$ und $\overline{N}_{4;y}$

Pkt. i	$\overline{V}_i$	Stab i,k (b,b) (f,f)	$K(0)_{i,k;Q(b,b)}$	$\theta_{x;i,k}$	$K_{i,k;L(f,f)}$	$\theta_{y;i,k}$	$\overline{N}_{i;y}$ (16.3)
(0)	(Mp)	(0)	(Mp)	(0)	(Mp)	(0)	(Mp)
1	0	1,2	2,367431	0	−82,468425	1	−82,468425
4	0	4,3	3,291554	0	−82,531575	1	−82,531575

II. Schnittlasten, Auflagerlasten und Verformungen eines ebenen Stabwerkes nach Theorie II. Ordnung

$$(\gamma = 0,\ \mu = 1,\ \varkappa_0 = 0)$$

II.1. System und Belastungen

Wie unter I.1.

II.2. Stabbelastungen

Wie unter I.2.

II.3. Belastungen der Knoten- und Auflagerpunkte

Wie unter I.3.

II.4. Querschnittswerte

Wie unter I.4.

II.5. Unabhängige Komponenten U des Verformungszustandes

Kennwerte ϱ und θ elastischer Dreh- und Verschiebungsfessel

Pkt. i	U			$\varphi_i=1\vartheta_i$	$\varDelta l_{i,\bar{\imath}}=1\mathfrak{N}_i$	$\varrho_{D;i}$	$\varrho_{N;i}$	$\theta_{x;i,\bar{\imath}}$	$\theta_{y;i,\bar{\imath}}$
						(12.4.13)	(12.4.36)	(2.2.14)	(2.2.15)
(0)	(0)			(Mp · m)	(Mp/m)	(0)	(0)	(0)	(0)
1	0	0	0	—	—	—	—	—	—
2	1 (φ_2)	2 (ξ_2)	3 (η_2)	—	—	—	—	—	—
3	4 (φ_3)	5 (ξ_3)	6 (η_3)	—	51,644 250	—	10,000 000	−1	0
4	7 (φ_4)	0	0	1 032,885	—	2,000 000	—	—	—

$$E_c = 21\,000\,000\ \mathrm{Mp/m^2}; \quad I_c = 0{,}000\,245\,925\ \mathrm{m^4}; \quad l_c = 10\ \mathrm{m}$$

II.6. Stabkennwerte ϱ und θ

Pkt. i	Stab i,k	Verbindung		$l_{i,k}$	$E_{i,k}$	$I_{i,k}$	$F_{i,k}$	$\varrho_{l;i,k}$	$\varrho_{E;i,k}$	$\varrho_{I;i,k}$	$\varrho_{F;i,k}$	$\theta_{x;i,k}$	$\theta_{y;i,k}$
								(2.2.13)	(12.4.11)	(12.4.12)	(12.4.35)	(2.2.14)	(2.2.15)
(0)	(0)	(0)		(m)	(Mp/m²)	(m⁴)	(m²)	(0)	(0)	(0)	(0)	(0)	(0)
1	1,2	(b,b)	(f,f)	10	21 000 000	0,000 245 925	0,012 000	1,000 000	1	1	4 879,436	0	1
2	2,1	(b,b)	(f,f)	10	21 000 000	0,000 245 925	0,012 000	1,000 000	1	1	4 879,436	0	−1
	2,3	(b,b)	(f,f)	6	21 000 000	0,000 245 925	0,012 000	1,666 667	1	1	4 879,436	−1	0
3	3,2	(b,b)	(f,f)	6	21 000 000	0,000 245 925	0,012 000	1,666 667	1	1	4 879,436	1	0
	3,4	(b,b)	(f,f)	10	21 000 000	0,000 245 925	0,012 000	1,000 000	1	1	4 879,436	0	−1
4	4,3	(b,b)	(f,f)	10	21 000 000	0,000 245 925	0,012 000	1,000 000	1	1	4 879,436	0	1

$$E_c = 21\,000\,000 \text{ Mp/m}^2; \quad I_c = 0,000\,245\,925 \text{ m}^4; \quad l_c = 10 \text{ m}$$

II.7. Stabkennwerte $F_i(\alpha)$

Stab i,k	$l_{i,k}$	$S_{i,k}$*)	$E_{i,k}$	$I_{i,k}$	$\alpha_{i,k}$	$F_1(\alpha)$	$F_2(\alpha)$	$F_3(\alpha)$	$F_4(\alpha)$
					(4.3.5)	(5.2.8)	(5.2.9)	(5.4.1)	(5.4.2)
(0)	(m)	(Mp)	(Mp/m²)	(m⁴)	(0)	(0)	(0)	(0)	(0)
1,2	10	−76,769 2	21 000 000	0,000 245 925	1,219 221 23	3,797 815 58	2,051 929 32	5,849 744 90	10,212 989 46
2,3	6	−17,856 1	21 000 000	0,000 245 925	0,352 804 05	3,983 380 19	2,004 170 57	5,987 550 77	11,850 632 61
3,4	10	−83,230 8	21 000 000	0,000 245 925	1,269 495 15	3,780 421 75	2,056 527 77	5,836 949 52	10,062 280 99

*) Die Stablängskräfte $S_{i,k}$, die der nachfolgenden Berechnung zugrunde gelegt sind, wurden durch wiederholtes Rechnen verbessert (siehe auch 17.4.).

II.8.1. Werte sin $(\alpha\chi)$ und cos $(\alpha\chi)$

Stab i,k	1,2		2,3		3,4	
$\alpha_{i,k}$	1,219 221 23		0,352 804 05		1,269 495 15	
χ	sin $(\alpha\chi)$	cos $(\alpha\chi)$	sin $(\alpha\chi)$	cos $(\alpha\chi)$	sin $(\alpha\chi)$	cos $(\alpha\chi)$
0,00	0,000 000 00	1,000 000 00	0,000 000 00	1,000 000 00	0,000 000 00	1,000 000 00
0,20	0,241 434 92	0,970 417 01	0,070 502 27	0,997 511 62	0,251 179 89	0,967 940 42
0,40	0,468 585 11	0,883 418 36	0,140 653 67	0,990 058 86	0,486 254 33	0,873 817 33
0,50	0,572 548 26	0,819 871 02	0,175 488 58	0,984 481 47	0,592 974 28	0,805 221 40
0,60	0,668 011 01	0,744 151 39	0,210 105 07	0,977 678 81	0,690 150 56	0,723 665 81
0,80	0,827 913 38	0,560 855 98	0,278 510 83	0,960 433 09	0,849 794 93	0,527 113 45
1,00	0,938 831 45	0,344 376 98	0,345 530 50	0,938 407 52	0,954 951 16	0,296 763 02

II.8.2. Schnittlasten $M_0(\alpha,\chi)$ und $Q_0(\alpha,\chi)$

Stab i,k	P	χ_P	$l_{i,k}$	$E_{i,k}$	$I_{i,k}$	χ	$F(\alpha)_{P;M_a}$ $F(\alpha)_{P;M_b}$ (4.8.20) (4.8.29)	$F(\alpha)_{P;Q_a}$ $F(\alpha)_{P;Q_b}$ (4.8.21) (4.8.30)	
(0)	(Mp)	(0)	(m)	(Mp/m²)	(m⁴)	(0)	(0)	(0)	
						0,00	0	0,50788159	
						0,20	0,10149205	0,50661779	
						0,40	0,20247899	0,50283267	
2,3	5	0,500	6	21000000	0,000245925	0,50	0,25262584	0,50000000 −0,50000000	
						0,60	0,20247899	−0,50283267	
						0,80	0,10149205	−0,50661779	
						1,00	0	−0,50788159	

II.8.3. Schnittlasten $M_0(\alpha,\chi)$ und $Q_0(\alpha,\chi)$

Stab i,k	q	$l_{i,k}$	$E_{i,k}$	$I_{i,k}$	χ	$F(\alpha)_{q;M}$ (4.9.12)	$F(\alpha)_{q;Q}$ (4.9.12)	
(0)	(Mp/m)	(m)	(Mp/m²)	(m⁴)	(0)	(0)	(0)	
					0,00	0	0,50525165	
					0,20	0,08097480	0,30416031	
					0,40	0,12156315	0,10155524	
2,3	5	6	21000000	0,000245925	0,50	0,12664153	0	
					0,60	0,12156315	−0,10155524	
					0,80	0,08097480	−0,30416031	
					1,00	0	−0,50525165	

und Verformungen $v_0(\alpha,\chi)$ und $v_0'(\alpha,\chi)$

$F(\alpha)_{P;v_a}$ $F(\alpha)_{P;v_b}$	$F(\alpha)_{P;v_a}'$ $F(\alpha)_{P;v_b}'$	$M_0(\alpha)$	$Q_0(\alpha)$	$v_0(\alpha)$	$v_0'(\alpha)$
(4.8.18) (4.8.27)	(4.8.19) (4.8.28)	(4.8.20) (4.8.29)	(4.8.18) (4.8.30)	(4.8.21) (4.8.27)	(4.8.19) (4.8.28)
(0)	(0)	(Mp · m)	(Mp)	(m)	(0)
0	0,06332085	0	2,539408	0	0,002207
0,01198716	0,05316745	3,044762	2,533089	0,002507	0,001853
0,01991625	0,02275773	6,074370	2,514163	0,004165	0,000793
0,02109605	0	7,578775	2,500000 / −2,500000	0,004412	0
0,01991625	−0,02275773	6,074370	−2,514163	0,004165	−0,000793
0,01198716	−0,05316745	3,044762	−2,533089	0,002507	−0,001853
0	−0,06332085	0	−2,539408	0	−0,002207

und Verformungen $v_0(\alpha,\chi)$ und $v_0'(\alpha,\chi)$

$F(\alpha)_{q;v}$	$F(\alpha)_{q;v}'$	$M_0(\alpha)$	$Q_0(\alpha)$	$v_0(\alpha)$	$v_0'(\alpha)$
(4.9.10)	(4.9.11)	(4.9.12)	(4.9.13)	(4.9.10)	(4.9.11)
(0)	(0)	(Mp · m)	(Mp)	(m)	(0)
0	0,04219178	0	15,157550	0	0,008823
0,00783130	0,03342391	14,575464	9,124809	0,009826	0,006990
0,01255861	0,01249471	21,881367	3,046657	0,015758	0,002613
0,01318793	0	22,795475	0	0,016547	0
0,01255861	−0,01249471	21,881367	− 3,046657	0,015758	−0,002613
0,00783130	−0,03342391	14,575464	− 9,124809	0,009826	−0,006990
0	−0,04219178	0	−15,157550	0	−0,008823

II.9.1. Stabkennwerte $F(\alpha)_{P;\overline{M}(b,b)}$ und $F(\alpha)_{P;\overline{K}(b,b)}$

Stab $i,k\ (b,b)$	$\alpha_{i,k}$	χ_P	$F(\alpha)_{P;a}$ (4.8.22)	$F(\alpha)_{P;b}$ (4.8.31)	$F_1(\alpha)$	$F_2(\alpha)$	$F(\alpha)_{P;\overline{M}_a(b,b)}$ (6.5.1)	$F(\alpha)_{P;\overline{M}_b(b,b)}$ (6.5.2)	$F(\alpha)_{P;\overline{K}_a(b,b)}$ (6.5.4)	$F(\alpha)_{P;\overline{K}_b(b,b)}$ (6.5.6)
(0)	(0)	(0)	(0)	(0)	(0)	(0)	(0)	(0)	(0)	(0)
2,3 (b,b)	0,35280405	0,500	0,06332084	0,06332084	3,98338019	2,00417057	−0,12532522	0,12532522	0,50000000	−0,50000000

II.9.2. Stabkennwerte $F(\alpha)_{q;\overline{M}(b,b)}$ und $F(\alpha)_{q;\overline{K}(b,b)}$

Stab $i,k\ (b,b)$	$\alpha_{i,k}$	$F(\alpha)_q$ (4.9.14)	$F_1(\alpha)$	$F_2(\alpha)$	$F(\alpha)_{q;\overline{M}(b,b)}$ (6.6.1)	$F(\alpha)_{q;\overline{K}(b,b)}$ (6.6.4)
(0)	(0)	(0)	(0)	(0)	(0)	(0)
2,3 (b,b)	0,35280405	0,04219193	3,98338019	2,00417057	0,08350667	0,50000000

II.10.1. Stabendschnittlasten $\overline{M}(\alpha)_{i,k(b,b)}$ und $\overline{K}(\alpha)_{i,k;Q(b,b)}$

Stab $i,k\ (b,b)$	P	$l_{i,k}$	$F(\alpha)_{P;\overline{M}_a(b,b)}$	$F(\alpha)_{P;\overline{M}_b(b,b)}$	$F(\alpha)_{P;\overline{K}_a(b,b)}$	$F(\alpha)_{P;\overline{K}_b(b,b)}$	$\overline{M}(\alpha)_{i,k(b,b)}$ (6.5.1)	$\overline{M}(\alpha)_{k,i(b,b)}$ (6.5.2)	$\overline{K}(\alpha)_{i,k;Q(b,b)}$ (6.5.4)	$\overline{K}(\alpha)_{k,i;Q(b,b)}$ (6.5.6)
(0)	(Mp)	(m)	(0)	(0)	(0)	(0)	(Mp · m)	(Mp · m)	(Mp)	(Mp)
2,3 (b,b)	5	6	−0,12532522	0,12532522	0,50000000	−0,50000000	−3,75975647	3,75975647	2,50000000	−2,50000000

II.10.2. Stabendschnittlasten $\overline{M}(\alpha)_{i,k(b,b)}$ und $\overline{K}(\alpha)_{i,k;Q(b,b)}$

Stab i,k (b,b)	q	$l_{i,k}$	$F'(\alpha)_{q;\overline{M}(b,b)}$	$F'(\alpha)_{q;\overline{K}(b,b)}$	$\overline{M}(\alpha)_{i,k(b,b)}$ (6.6.1)	$\overline{M}(\alpha)_{k,i(b,b)}$ (6.6.2)	$\overline{K}(\alpha)_{i,k;Q(b,b)}$ (6.6.4)	$\overline{K}(\alpha)_{k,i;Q(b,b)}$ (6.6.6)
(0)	(Mp/m)	(m)	(0)	(0)	(Mp·m)	(Mp·m)	(Mp)	(Mp)
2,3 (b,b)	5	6	0,08350667	0,50000000	−15,03120127	15,03120127	15,00000000	−15,00000000

II.10.3. Stabendlängskräfte $\overline{K}_{i,k;L(f,f)}$

Stab $i,k(f,f)$	p	$l_{i,k}$	$\overline{K}_{i,k;L(f,f)}$ (9.3.1)	$\overline{K}_{k,i;L(f,f)}$ (9.3.2)
(0)	(Mp/m)	(m)	(Mp)	(Mp)
1,2 (f,f)	−1	10	−5,00000000	5,00000000

II.11. Stabilisiertes Gelenksystem

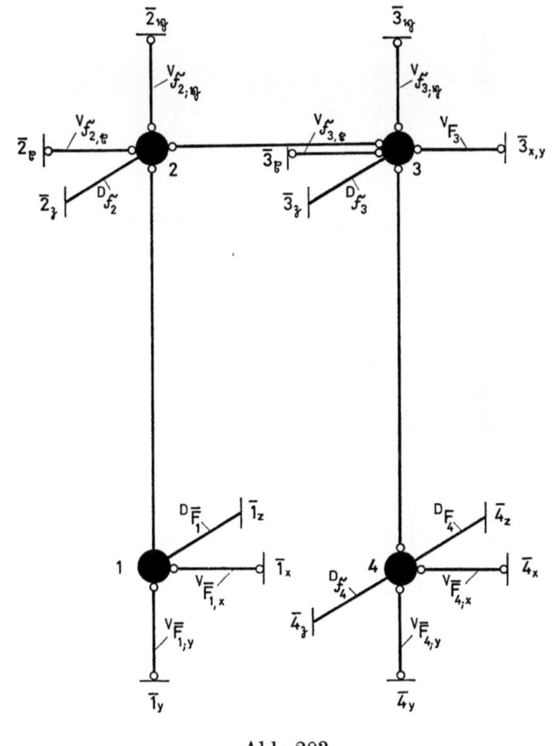

Abb. 203

Unabhängige Komponenten des Verformungszustandes:

$r = 3$ Knotendrehungen $\varphi_i(\varphi_2, \varphi_3, \varphi_4)$,

$s = 2$ Knotenverschiebungen $\xi_i(\xi_2, \xi_3)$,

$t = 2$ Knotenverschiebungen $\eta_i(\eta_2, \eta_3)$.

II.12.1. Stabendschnittlasten infolge Verformungszustände $U_i^* = 1$

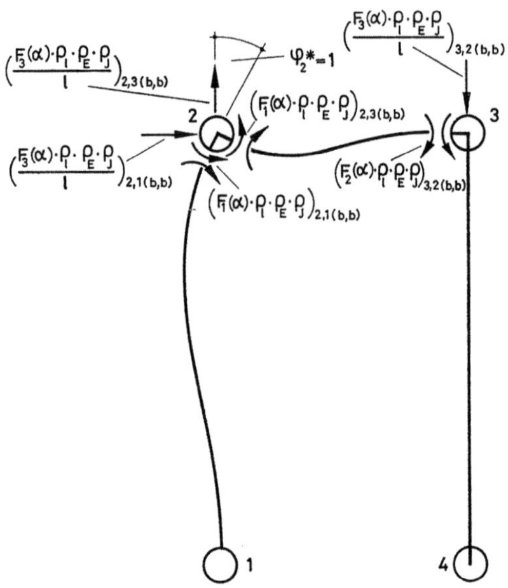

Abb. 204. $\varphi_2^* = 1$; $\varphi_2 = \dfrac{l_c}{E_c I_c}$

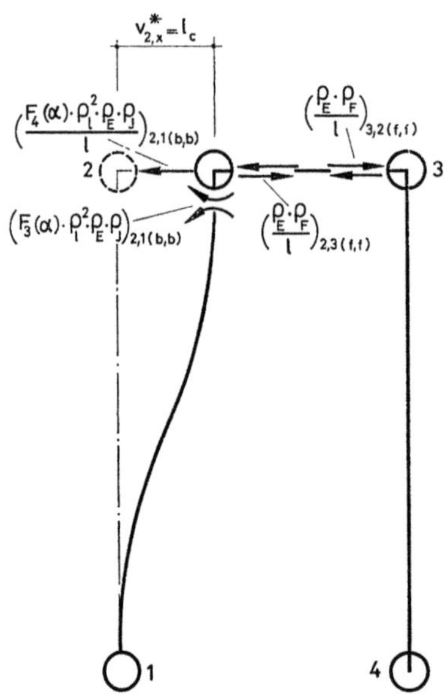

Abb. 205. $\xi_2^* = 1$, $(v_{2;x}^* = l_c)$;

$$\xi_2 = \frac{l_c}{E_c I_c}, \quad \left(v_{2;x} = \frac{l_c^2}{E_c I_c} \right)$$

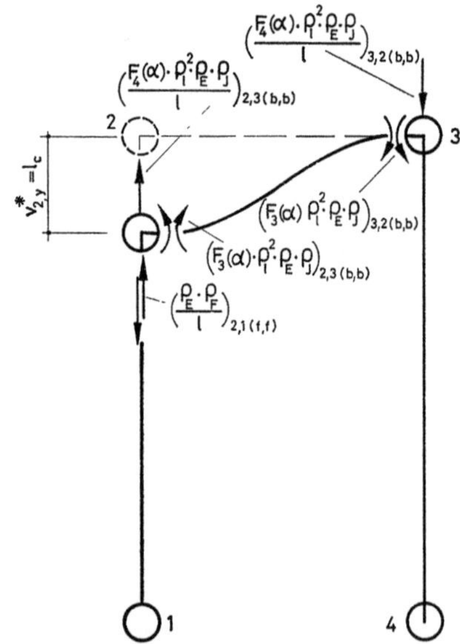

Abb. 206. $\eta_2^* = 1$, $(v_{2;y}^* = l_c)$;

$$\eta_2 = \frac{l_c}{E_c I_c}, \quad \left(v_{2;y} = \frac{l_c^2}{E_c I_c} \right)$$

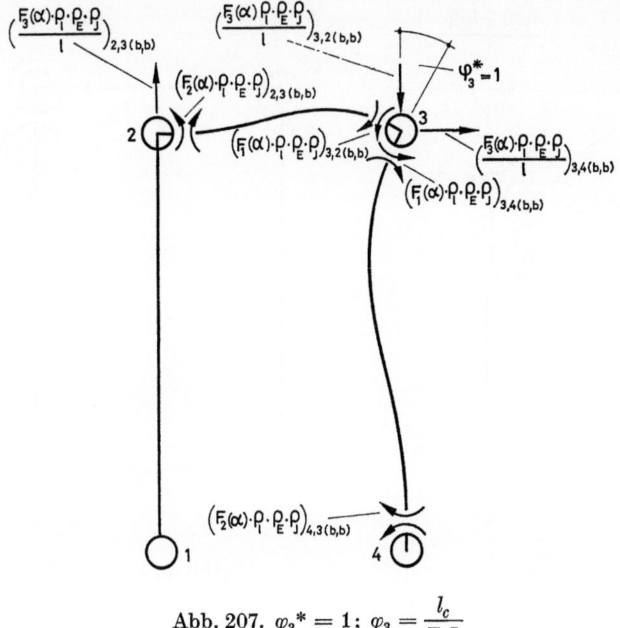

Abb. 207. $\varphi_3{}^* = 1$; $\varphi_3 = \dfrac{l_c}{E_c I_c}$

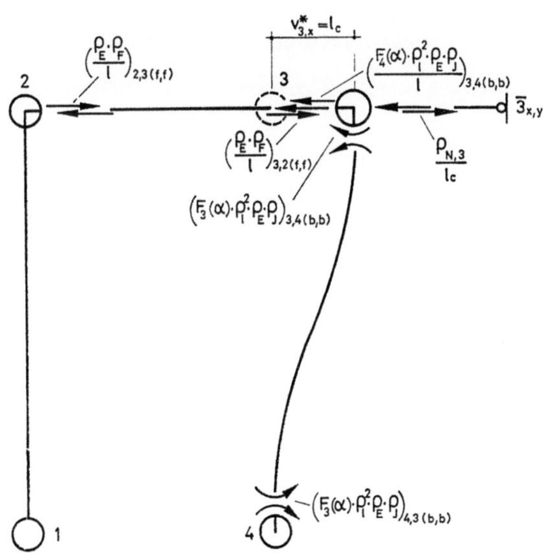

Abb. 208. $\xi_3{}^* = 1$, $(v_{3;x}^* = l_c)$;

$$\xi_3 = \frac{l_c}{E_c I_c}, \quad \left(v_{3;x} = \frac{l_c{}^2}{E_c I_c}\right)$$

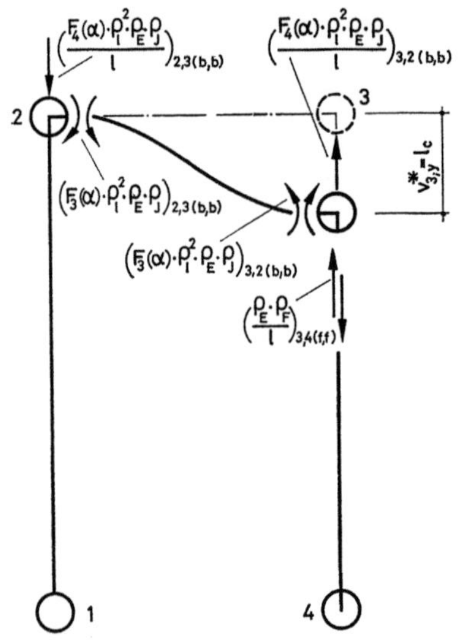

Abb. 209. $\eta_3^* = 1$, $(v_{3;y}^* = l_c)$;

$$\eta_3 = \frac{l_c}{E_c I_c}, \quad \left(v_{3;y} = \frac{l_c^2}{E_c I_c}\right)$$

Abb. 210. $\varphi_4^* = 1$; $\varphi_4 = \dfrac{l_c}{E_c I_c}$

II.12.2. Stabendschnittlasten infolge Stabbelastungen
Belastungen der Knotenpunkte

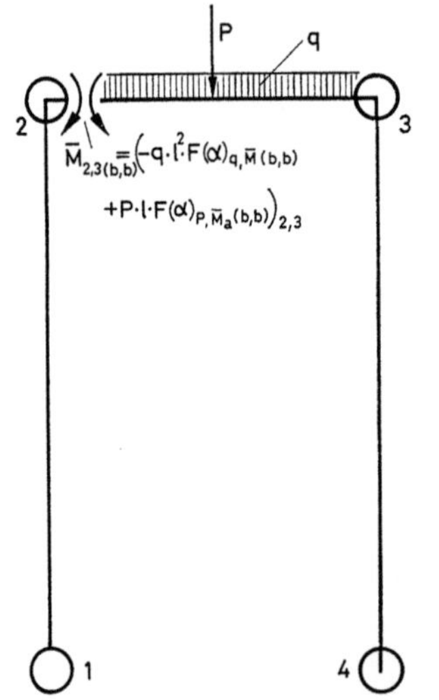

Abb. 211. Stabendmoment $\overline{M}_{2,3(b,b)}$
$(\varphi_2 = 1)$

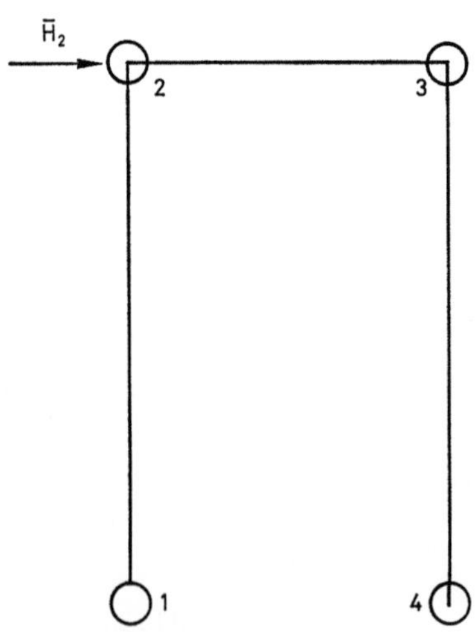

Abb. 212. Horizontalkraft $\overline{H}_2$
$(\xi_2 = 1;\; v_{2;x} = l_c)$

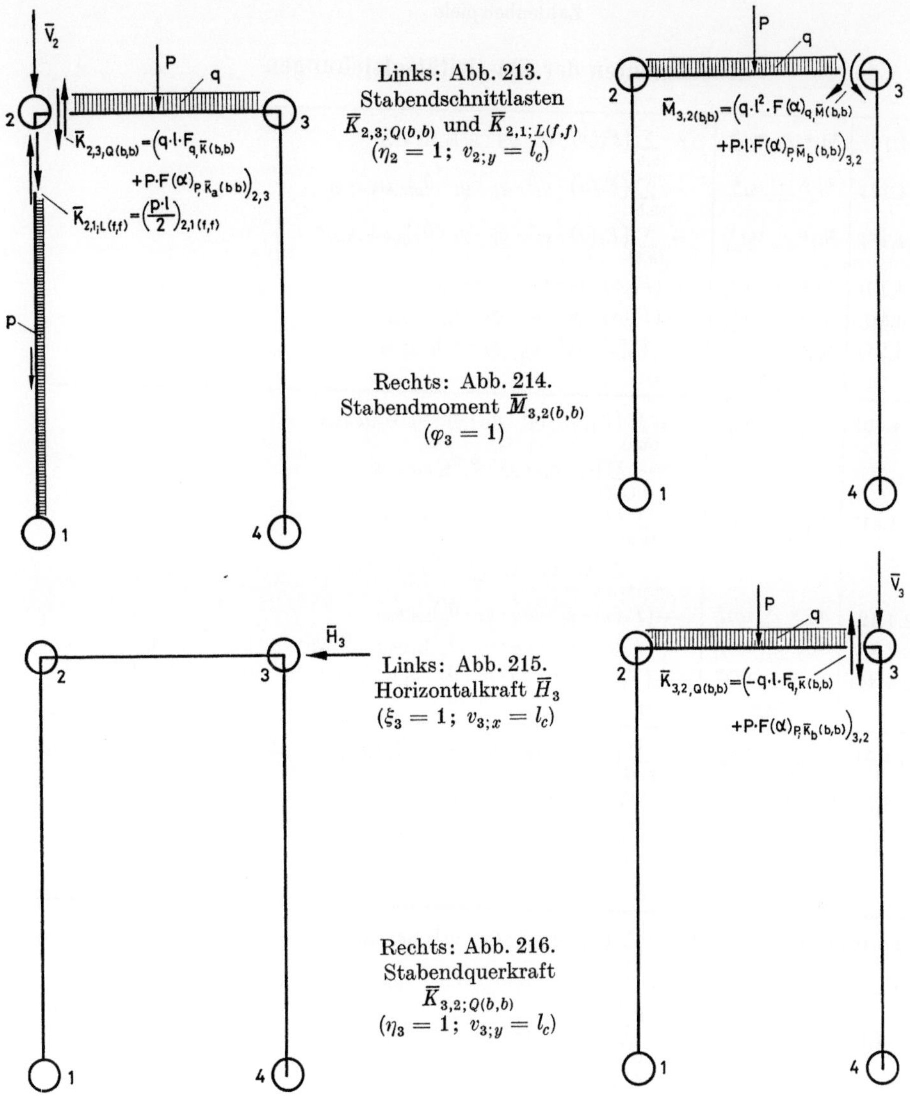

II.13.1. Koeffizienten der Elastizitätsgleichungen

Die Beträge der Koeffizienten und der Absolutglieder der Elastizitätsgleichungen werden nach (12.4.16) bis (12.4.22), (12.4.39) bis (12.4.45) und (12.4.52) bis (12.4.58) berechnet.

Nach 12. sind die Koeffizienten $^{U_k}a_{U_i}$ einer Elastizitätsgleichung für die unabhängige Komponente U_i des Verformungszustandes eines ebenen Stabwerkes virtuelle Arbeiten, welche die Stabendschnittlasten infolge der Verformungszustände $U_k = 1$ bei einer virtuellen Verschiebung $U_i = 1$ am stabilisierten Gelenksystem des Stabwerkes leisten. Ferner ist nach 12. das Absolutglied $\bar{a}_{U_i}$ einer Elastizitätsgleichung für die unabhängige Komponente U_i des Verformungszustandes eines ebenen Stabwerkes die virtuelle Arbeit, welche die Belastung des Knotenpunktes i und die Stabendschnittlasten des Zustandes „$\bar{0}$" des Stabwerkes bei einer virtuellen Verschiebung $U_i = 1$ am stabilisierten Gelenksystem des Stabwerkes leisten.

Die Koeffizienten $^{U_k}a_{U_i}$ und die Absolutglieder $\bar{a}_{U_i}$ können demnach auch an Hand der Abb. 204 bis 210 und 211 bis 216 ermittelt werden.

Koeffizienten der Elastizitätsgleichungen

(12.4.16)	$^1a_1{}^* \triangleq {}^{\varphi\iota}a_{\varphi\iota}^*$	$-\sum\limits_{(b,b)} \left(F_1(\alpha) \cdot \varrho_l \cdot \varrho_E \cdot \varrho_I\right)_{2,k(k=1,3)}$
(12.4.17)	$^2a_1{}^* \triangleq {}^{\xi\iota}a_{\varphi\iota}^*$	$-\sum\limits_{(b,b)} \left(F_3(\alpha) \cdot \varrho_l{}^2 \cdot \varrho_E \cdot \varrho_I \cdot \theta_y\right)_{2,k(k=1,3)}$
(12.4.18)	$^3a_1{}^* \triangleq {}^{\eta\iota}a_{\varphi\iota}^*$	$+\sum\limits_{(b,b)} \left(F_3(\alpha) \cdot \varrho_l{}^2 \cdot \varrho_E \cdot \varrho_I \cdot \theta_x\right)_{2,k(k=1,3)}$
(12.4.19)	$^4a_1{}^* \triangleq {}^{\varphi\varkappa}a_{\varphi\iota}^*$	$-\left(F_2(\alpha) \cdot \varrho_l \cdot \varrho_E \cdot \varrho_I\right)_{2,3(b,b)}$
(12.4.20)	$^5a_1{}^* \triangleq {}^{\xi\varkappa}a_{\varphi\iota}^*$	$+\left(F_3(\alpha) \cdot \varrho_l{}^2 \cdot \varrho_E \cdot \varrho_I \cdot \theta_y\right)_{2,3(b,b)}$
(12.4.21)	$^6a_1{}^* \triangleq {}^{\eta\varkappa}a_{\varphi\iota}^*$	$-\left(F_3(\alpha) \cdot \varrho_l{}^2 \cdot \varrho_E \cdot \varrho_I \cdot \theta_x\right)_{2,3(b,b)}$
	$^7a_1{}^*$	0
(12.4.40)	$^2a_2{}^* \triangleq {}^{\xi\iota}a_{\xi\iota}^*$	$-\sum\limits_{(b,b)} \left(F_4(\alpha) \cdot \varrho_l{}^3 \cdot \varrho_E \cdot \varrho_I \cdot \theta_y{}^2\right)_{2,k(k=1,3)}$ $\quad -\sum\limits_{(f,f)} \left(\varrho_l \cdot \varrho_E \cdot \varrho_F \cdot \theta_x{}^2\right)_{2,k(k=1,3)}$
(12.4.41)	$^3a_2{}^* \triangleq {}^{\eta\iota}a_{\xi\iota}^*$	$+\sum\limits_{(b,b)} \left(F_4(\varepsilon) \cdot \varrho_l{}^3 \cdot \varrho_E \cdot \varrho_I \cdot \theta_x \cdot \theta_y\right)_{2,k(k=1,3)}$ $\quad -\sum\limits_{(f,f)} \left(\varrho_l \cdot \varrho_E \cdot \varrho_F \cdot \theta_x \cdot \theta_y\right)_{2,k(k=1,3)}$
(12.4.42)	$^4a_2{}^* \triangleq {}^{\varphi\varkappa}a_{\xi\iota}^*$	$-\left(F_3(\alpha) \cdot \varrho_l{}^2 \cdot \varrho_E \cdot \varrho_I \cdot \theta_y\right)_{2,3(b,b)}$
(12.4.43)	$^5a_2{}^* \triangleq {}^{\xi\varkappa}a_{\xi\iota}^*$	$+\left(F_4(\alpha) \cdot \varrho_l{}^3 \cdot \varrho_E \cdot \varrho_I \cdot \theta_y{}^2\right)_{2,3(b,b)} + \left(\varrho_l \cdot \varrho_E \cdot \varrho_F \cdot \theta_x{}^2\right)_{2,3(f,f)}$
(12.4.44)	$^6a_2{}^* \triangleq {}^{\eta\varkappa}a_{\xi\iota}^*$	$-\left(F_4(\alpha) \cdot \varrho_l{}^3 \cdot \varrho_E \cdot \varrho_I \cdot \theta_x \cdot \theta_y\right)_{2,3(b,b)} + \left(\varrho_l \cdot \varrho_E \cdot \varrho_F \cdot \theta_x \cdot \theta_y\right)_{2,3(f,f)}$
	$^7a_2{}^*$	0
(12.4.54)	$^3a_3{}^* \triangleq {}^{\eta\iota}a_{\eta\iota}^*$	$-\sum\limits_{(b,b)} \left(F_4(\alpha) \cdot \varrho_l{}^3 \cdot \varrho_E \cdot \varrho_I \cdot \theta_x{}^2\right)_{2,k(k=1,3)} - \sum\limits_{(f,f)} \left(\varrho_l \cdot \varrho_E \cdot \varrho_F \cdot \theta_y{}^2\right)_{2,k(k=1,3}$
(12.4.55)	$^4a_3{}^* \triangleq {}^{\varphi\varkappa}a_{\eta\iota}^*$	$+\left(F_3(\alpha) \cdot \varrho_l{}^2 \cdot \varrho_E \cdot \varrho_I \cdot \theta_x\right)_{2,3(b,b)}$
(12.4.56)	$^5a_3{}^* \triangleq {}^{\xi\varkappa}a_{\eta\iota}^*$	$-\left(F_4(\alpha) \cdot \varrho_l{}^3 \cdot \varrho_E \cdot \varrho_I \cdot \theta_x \cdot \theta_y\right)_{2,3(b,b)} + \left(\varrho_l \cdot \varrho_E \cdot \varrho_F \cdot \theta_x \cdot \theta_y\right)_{2,3(f,f)}$
(12.4.57)	$^6a_3{}^* \triangleq {}^{\eta\varkappa}a_{\eta\iota}^*$	$+\left(F_4(\alpha) \cdot \varrho_l{}^3 \cdot \varrho_E \cdot \varrho_I \cdot \theta_x{}^2\right)_{2,3(b,b)} + \left(\varrho_l \cdot \varrho_E \cdot \varrho_F \cdot \theta_y{}^2\right)_{2,3(f,f)}$
	$^7a_3{}^*$	0
(12.4.16)	$^4a_4{}^* \triangleq {}^{\varphi\iota}a_{\varphi\iota}^*$	$-\sum\limits_{(b,b)} \left(F_1(\alpha) \cdot \varrho_l \cdot \varrho_E \cdot \varrho_I\right)_{3,k(k=2,4)}$
(12.4.17)	$^5a_4{}^* \triangleq {}^{\xi\iota}a_{\varphi\iota}^*$	$-\sum\limits_{(b,b)} \left(F_3(\alpha) \cdot \varrho_l{}^2 \cdot \varrho_E \cdot \varrho_I \cdot \theta_y\right)_{3,k(k=2,4)}$
(12.4.18)	$^6a_4{}^* \triangleq {}^{\eta\iota}a_{\varphi\iota}^*$	$+\sum\limits_{(b,b)} \left(F_3(\alpha) \cdot \varrho_l{}^2 \cdot \varrho_E \cdot \varrho_I \cdot \theta_x\right)_{3,k(k=2,4)}$
(12.4.19)	$^7a_4{}^* \triangleq {}^{\varphi\varkappa}a_{\varphi\iota}^*$	$-\left(F_2(\alpha) \cdot \varrho_l \cdot \varrho_E \cdot \varrho_I\right)_{3,4(b,b)}$
(12.4.40)	$^5a_5{}^* \triangleq {}^{\xi\iota}a_{\xi\iota}^*$	$-\sum\limits_{(b,b)} \left(F_4(\alpha) \cdot \varrho_l{}^3 \cdot \varrho_E \cdot \varrho_I \cdot \theta_y{}^2\right)_{3,k(k=2,4)}$ $\quad -\sum\limits_{(f,f)} \left(\varrho_l \cdot \varrho_E \cdot \varrho_F \cdot \theta_x{}^2\right)_{3,k(k=2,4)} - \varrho_{N;3} \cdot \theta_{x;3,\bar 3}^2$
(12.4.41)	$^6a_5{}^* \triangleq {}^{\eta\iota}a_{\xi\iota}^*$	$+\sum\limits_{(b,b)} \left(F_4(\alpha) \cdot \varrho_l{}^3 \cdot \varrho_E \cdot \varrho_I \cdot \theta_x \cdot \theta_y\right)_{3,k(k=2,4)}$ $\quad -\sum\limits_{(f,f)} \left(\varrho_l \cdot \varrho_E \cdot \varrho_F \cdot \theta_x \cdot \theta_y\right)_{3,k(k-2,4)} - \varrho_{N;3} \cdot \left(\theta_x \cdot \theta_y\right)_{3,\bar 3}$
(12.4.42)	$^7a_5{}^* \triangleq {}^{\varphi\varkappa}a_{\xi\iota}^*$	$-\left(F_3(\alpha) \cdot \varrho_l{}^2 \cdot \varrho_E \cdot \varrho_I \cdot \theta_y\right)_{3,4(b,b)}$
(12.4.54)	$^6a_6{}^* \triangleq {}^{\eta\iota}a_{\eta\iota}^*$	$-\sum\limits_{(b,b)} \left(F_4(\alpha) \cdot \varrho_l{}^3 \cdot \varrho_E \cdot \varrho_I \cdot \theta_x{}^2\right)_{3,k(k=2,4)}$ $\quad -\sum\limits_{(f,f)} \left(\varrho_l \cdot \varrho_E \cdot \varrho_F \cdot \theta_y{}^2\right)_{3,k(k=2,4)} - \varrho_{N;3} \cdot \theta_{y;3,\bar 3}^2$
(12.4.55)	$^7a_6{}^* \triangleq {}^{\varphi\varkappa}a_{\eta\iota}^*$	$+\left(F_3(\alpha) \cdot \varrho_l{}^2 \cdot \varrho_E \cdot \varrho_I \cdot \theta_x\right)_{3,4(b,b)}$
(12.4.16)	$^7a_7{}^* \triangleq {}^{\varphi\iota}a_{\varphi\iota}^*$	$-\left(F_1(\alpha) \cdot \varrho_l \cdot \varrho_E \cdot \varrho_I\right)_{4,3(b,b)} - \varrho_{D;4}$

II.13.2. Koeffizienten der Elastizitätsgleichungen (0)

$^1a_1{}^*$	$-3{,}79781558 \cdot 1 \cdot 1 \cdot 1 - 3{,}98338019 \cdot 1{,}66666667 \cdot 1 \cdot 1$	$-10{,}436783$
$^2a_1{}^*$	$-5{,}84974490 \cdot 1^2 \cdot 1 \cdot 1 \cdot (-1) - 0$	$5{,}849745$
$^3a_1{}^*$	$+0 + 5{,}98755077 \cdot 1{,}66666667^2 \cdot 1 \cdot 1 \cdot (-1)$	$-16{,}632085$
$^4a_1{}^*$	$-2{,}00417057 \cdot 1{,}66666667 \cdot 1 \cdot 1$	$-3{,}340284$
$^5a_1{}^*$	0	0
$^6a_1{}^*$	$-5{,}98755077 \cdot 1{,}66666667^2 \cdot 1 \cdot 1 \cdot (-1)$	$16{,}632085$
$^7a_1{}^*$	0	0
$^2a_2{}^*$	$-10{,}21298946 \cdot 1^3 \cdot 1 \cdot 1 \cdot (-1)^2 - 0$ $- 0 - 1{,}66666667 \cdot 1 \cdot 4879{,}536 \cdot (-1)^2$	$-8142{,}772989$
$^3a_2{}^*$	0	0
$^4a_2{}^*$	0	0
$^5a_2{}^*$	$+0 + 1{,}66666667 \cdot 1 \cdot 4879{,}536 \cdot (-1)^2$	$8132{,}560000$
$^6a_2{}^*$	0	0
$^7a_2{}^*$	0	0
$^3a_3{}^*$	$-0 - 11{,}85063261 \cdot 1{,}66666667^3 \cdot 1 \cdot 1 \cdot (-1)^2$ $- 1 \cdot 1 \cdot 4879{,}536 \cdot (-1)^2 - 0$	$-4934{,}400040$
$^4a_3{}^*$	$+5{,}98755077 \cdot 1{,}66666667^2 \cdot 1 \cdot 1 \cdot (-1)$	$-16{,}632085$
$^5a_3{}^*$	0	0
$^6a_3{}^*$	$+11{,}85063261 \cdot 1{,}66666667^3 \cdot 1 \cdot 1 \cdot (-1)^2 + 0$	$54{,}864040$
$^7a_3{}^*$	0	0
$^4a_4{}^*$	$-3{,}98338019 \cdot 1{,}66666667 \cdot 1 \cdot 1 - 3{,}78042175 \cdot 1 \cdot 1 \cdot 1$	$-10{,}419389$
$^5a_4{}^*$	$-0 - 5{,}83694952 \cdot 1^2 \cdot 1 \cdot 1 \cdot (-1)$	$5{,}836950$
$^6a_4{}^*$	$+5{,}98755077 \cdot 1{,}66666667^2 \cdot 1 \cdot 1 \cdot 1 + 0$	$16{,}632085$
$^7a_4{}^*$	$-2{,}05652777 \cdot 1 \cdot 1 \cdot 1$	$-2{,}056528$
$^5a_5{}^*$	$-0 - 10{,}06228099 \cdot 1^3 \cdot 1 \cdot 1 \cdot (-1)^2$ $- 1{,}66666667 \cdot 1 \cdot 4879{,}536 \cdot 1^2 - 0 - 10{,}000000 \cdot (-1)^2$	$-8152{,}622281$
$^6a_5{}^*$	0	0
$^7a_5{}^*$	$-5{,}83694952 \cdot 1^2 \cdot 1 \cdot 1 \cdot (-1)$	$5{,}836950$
$^6a_6{}^*$	$-11{,}85063261 \cdot 1{,}66666667^3 \cdot 1 \cdot 1 \cdot 1^2 - 0$ $- 0 - 1 \cdot 1 \cdot 4879{,}536 \cdot (-1)^2 - 0$	$-4934{,}400040$
$^7a_6{}^*$	0	0
$^7a_7{}^*$	$-3{,}78042175 \cdot 1 \cdot 1 \cdot 1 - 2{,}000000$	$-5{,}780422$

II.14.1. Absolutglieder der Elastizitätsgleichungen

(12.4.22)	$\bar{a}_1 \triangleq \bar{a}_{\varphi_i}$	$\overline{M}_2 - \sum\limits_{(b,b)} \left(\sum\limits_{B} \overline{M}(\alpha)_{2,k} \right)_{(k=1,3)}$
(12.4.45)	$\bar{a}_2 \triangleq \bar{a}_{\xi_i}$	$\overline{H}_2 \cdot l_c + \sum\limits_{(b,b)} \left[\sum\limits_{B} (\overline{K}(\alpha)_Q \cdot l_c \cdot \theta_y)_{2,k} \right]_{(k=1,3)}$ $\qquad - \sum\limits_{(f,f)} \left[\sum\limits_{B} (\overline{K}_L \cdot l_c \cdot \theta_x)_{2,k} \right]_{(k=1,3)}$
(12.4.58)	$\bar{a}_3 \triangleq \bar{a}_{\eta_i}$	$\overline{V}_2 \cdot l_c - \sum\limits_{(b,b)} \left[\sum\limits_{B} (\overline{K}(\alpha)_Q \cdot l_c \cdot \theta_x)_{2,k} \right]_{(k=1,3)}$ $\qquad - \sum\limits_{(f,f)} \left[\sum\limits_{B} (\overline{K}_L \cdot l_c \cdot \theta_y)_{2,k} \right]_{(k=1,3)}$
(12.4.22)	$\bar{a}_4 \triangleq \bar{a}_{\varphi_i}$	$\overline{M}_3 - \sum\limits_{(b,b)} \left(\sum\limits_{B} \overline{M}(\alpha)_{3,k} \right)_{(k=2,4)}$
(12.4.45)	$\bar{a}_5 \triangleq \bar{a}_{\xi_i}$	$\overline{H}_3 \cdot l_c + \sum\limits_{(b,b)} \left[\sum\limits_{B} (\overline{K}(\alpha)_Q \cdot l_c \cdot \theta_y)_{3,k} \right]_{(k=2,4)}$ $\qquad - \sum\limits_{(f,f)} \left[\sum\limits_{B} (\overline{K}_L \cdot l_c \cdot \theta_x)_{3,k} \right]_{(k=2,4)}$
(12.4.58)	$\bar{a}_6 \triangleq \bar{a}_{\eta_i}$	$\overline{V}_3 \cdot l_c - \sum\limits_{(b,b)} \left[\sum\limits_{B} (\overline{K}(\alpha)_Q \cdot l_c \cdot \theta_x)_{3,k} \right]_{(k=2,4)}$ $\qquad - \sum\limits_{(f,f)} \left[\sum\limits_{B} (\overline{K}_L \cdot l_c \cdot \theta_y)_{3,k} \right]_{(k=2,4)}$
(12.4.22)	$\bar{a}_7 \triangleq \bar{a}_{\varphi_i}$	$\overline{M}_4 - \sum\limits_{B} \overline{M}(\alpha)_{4,3(b,b)}$

II.14.2. Absolutglieder der Elastizitätsgleichungen (Mp · m)

$\bar{a}_1$	$0 - 0 - (-3{,}759\,756\,47 - 15{,}031\,201\,27)$	$18{,}790\,958$
$\bar{a}_2$	$20 \cdot 10 + 0 + 0 - 0 - 0$	$200{,}000\,000$
$\bar{a}_3$	$60 \cdot 10 - 0 - (2{,}500\,000 + 15{,}000\,000) \cdot 10 \cdot (-1)$ $\quad - 5{,}000\,000 \cdot 10 \cdot (-1) - 0$	$825{,}000\,000$
$\bar{a}_4$	$0 - (3{,}759\,756\,47 + 15{,}031\,201\,27) - 0$	$-\ 18{,}790\,958$
$\bar{a}_5$	$-10 \cdot 10 + 0 + 0 - 0 - 0$	$-100{,}000\,000$
$\bar{a}_6$	$60 \cdot 10 - (-2{,}500\,000 - 15{,}000\,000) \cdot 10 \cdot 1 - 0 - 0 - 0$	$775{,}000\,000$
$\bar{a}_7$	$0 - 0$	0

II.15.1. Elastizitätsgleichungen der Formänderungsgrößenmethode

	$\varphi_2{}^*$	$\xi_2{}^*$	$\eta_2{}^*$	$\varphi_3{}^*$	$\xi_3{}^*$	$\eta_3{}^*$	$\varphi_4{}^*$	Absl.	$= 0$
1	$-10,436783$	$5,849745$	$-16,632085$	$-3,340284$	0	$16,632085$	0	$18,790958$	$= 0$
2		$-8142,772989$	0	0	$8132,560000$	0	0	$200,000000$	$= 0$
3			$-4934,400040$	$-16,632085$	0	$54,864040$	0	$825,000000$	$= 0$
4				$-10,419389$	$5,836950$	$16,632085$	$-2,056528$	$-\ 18,790958$	$= 0$
5					$-8152,622281$	0	$5,836950$	$-100,000000$	$= 0$
6						$-4934,400040$	0	$775,000000$	$= 0$
7							$-5,780422$	0	$= 0$

II.15.2. Lösungen der Elastizitätsgleichungen der Formänderungsgrößen

$\varphi_2{}^*$	$\xi_2{}^*$	$\eta_2{}^*$	$\varphi_3{}^*$	$\xi_3{}^*$	$\eta_3{}^*$	$\varphi_4{}^*$
$(\mathrm{Mp} \cdot \mathrm{m})$	$(\mathrm{Mp} \cdot \mathrm{m})$	$(\mathrm{Mp} \cdot \mathrm{m})$	$(\mathrm{Mp} \cdot \mathrm{m})$	$(\mathrm{Mp} \cdot \mathrm{m})$	$(\mathrm{Mp} \cdot \mathrm{m})$	$(\mathrm{Mp} \cdot \mathrm{m})$
$5,241927$	$5,101651$	$0,157329$	$-1,752628$	$5,079694$	$0,170571$	$5,752909$

II.16. Verformungen φ_i und v_i der Knotenpunkte

Ptk. i	φ_i^*	ξ_i^*	η_i^*	$\bar{l}_c$	E_c	I_c	φ_i (13.1)	$v_{i;x}$ (13.2)	$v_{i;y}$ (13.3)
(0)	(Mp · m)	(Mp · m)	(Mp · m)	(m)	(Mp/m²)	(m⁴)	(0)	(m)	(m)
1	0	0	0	10	21 000 000	0,000 245 925	0	0	0
2	5,241 927	5,101 651	0,157 329	10	21 000 000	0,000 245 925	0,010 150	0,098 784	0,003 046
3	−1,752 628	5,079 694	0,170 571	10	21 000 000	0,000 245 925	−0,003 394	0,098 359	0,003 303
4	5,752 909	0	0	10	21 000 000	0,000 245 925	0,011 140	0	0

II.17. Stabsehnendrehwinkel $\psi_{i,k}$

Stab i,k	$\varrho_{l;i,k}$	ξ_i^*	ξ_k^*	$\theta_{y;i,k}$	η_i^*	η_k^*	$\theta_{x;i,k}$	$\psi_{i,k}^*$ (14.2.1)	E_c	I_c	l_c	$\psi_{i,k}$ (14.2.1)
(0)	(0)	(Mp · m)	(Mp · m)	(0)	(Mp · m)	(Mp · m)	(0)	(Mp · m)	(Mp/m²)	(m⁴)	(m)	(0)
1,2	1,000 000	0	5,101 651	1	0	0,157 329	0	5,101 651	21 000 000	0,000 245 925	10	0,009 878
2,3	1,666 667	5,101 651	5,079 694	0	0,157 329	0,170 571	−1	0,022 070	21 000 000	0,000 245 925	10	0,000 043
3,4	1,000 000	5,079 694	0	−1	0,170 571	0	0	5,079 694	21 000 000	0,000 245 925	10	0,009 836

II.18. Stabendmomente $M(\alpha)_{i,k(b,b)}$

Stab i,k (b,b)	$\sum\limits_B \overline{M}(\alpha)_{i,k(b,b)}$	$\sum\limits_B \overline{M}(\alpha)_{k,i(b,b)}$	φ_i^*	φ_k^*	$F_1(\alpha)$	$F_2(\alpha)$	$\psi_{i,k}^*$	$F_3(\alpha)$	$\varrho_{l;i,k}$	$\varrho_{E;i,k}$	$\varrho_{I;i,k}$	$M(\alpha)_{i,k(b,b)}$ (14.2.2)	$M(\alpha)_{k,i(b,b)}$ (14.2.3)
(0)	(Mp · m)	(Mp · m)	(Mp · m)	(Mp · m)	(0)	(0)	(Mp · m)	(0)	(0)	(0)	(0)	(Mp · m)	(Mp · m)
1,2 (b,b)	0	0	0	5,241 927	3,797 816	2,051 929	5,101 651	5,849 745	1,000 000	1	1	−19,087 295	− 9,935 483
2,3 (b,b)	−18,790 958	18,790 958	5,241 927	−1,752 628	3,983 380	2,004 171	0,022 070	5,987 551	1,666 667	1	1	9,935 502	24,444 607
3,4 (b,b)	0	0	−1,752 628	5,752 909	3,780 422	2,056 528	5,079 694	5,836 950	1,000 000	1	1	−24,444 573	−11,505 825

II.19. Stabendquerkräfte $K(\alpha)_{i,k;Q(b,b)}$

Stab i,k (b,b)	$\sum\limits_B \overline{K}(\alpha)_{i,k;Q(b,b)}$	$\sum\limits_B \overline{K}(\alpha)_{k,i;Q(b,b)}$	φ_i^*	φ_k^*	$F_3(\alpha)$	$\psi_{i,k}^*$	$F_4(\alpha)$	$\varrho_{l;i,k}$	$\varrho_{E;i,k}$	$\varrho_{I;i,k}$	l_c	$K(\alpha)_{i,k;Q(b,b)}$ (14.2.4)	$K(\alpha)_{k,i;Q(b,b)}$ (14.2.5)
(0)	(Mp)	(Mp)	(Mp · m)	(Mp · m)	(0)	(Mp · m)	(0)	(0)	(0)	(0)	(m)	(Mp)	(Mp)
1,2 (b,b)	0	0	0	5,241 927	5,849 745	5,101 651	10,212 989	1,000 000	1	1	10	2,143 917	2,143 917
2,3 (b,b)	17,500 000	−17,500 000	5,241 927	−1,752 628	5,987 551	0,022 070	11,850 633	1,666 667	1	1	10	11,769 219	−23,230 781
3,4 (b,b)	0	0	−1,752 628	5,752 909	5,836 950	5,079 694	10,062 281	1,000 000	1	1	10	2,776 387	2,776 387

II.20.1. Stablängenänderungen $\Delta l_{i,k}$

Stab $i,k\ (f,f)$	l_c	ξ_i^*	ξ_k^*	$\theta_{x;i,k}$	η_i^*	η_k^*	$\theta_{y;i,k}$	$\Delta l_{i,k}^*$ (14.6.1)	E_c	I_c	$\Delta l_{i,k}$ (14.6.1)
(0)	(m)	(Mp · m)	(Mp · m)	(0)	(Mp · m)	(Mp · m)	(0)	(Mp · m²)	(Mp/m²)	(m⁴)	(m)
1,2 (f,f)	10	0	5,101 651	0	0	0,157 329	1	—1,573 290	21 000 000	0,000 245 925	—0,003 046
2,3 (f,f)	10	5,101 651	5,079 694	—1	0,157 329	0,170 571	0	—0,219 570	21 000 000	0,000 245 925	—0,000 425
3,4 (f,f)	10	5,079 694	0	0	0,170 571	0	—1	—1,705 710	21 000 000	0,000 245 925	—0,003 303

II.20.2. Stabendlängskräfte $K_{i,k;L(f,f)}$

Stab $i,k\ (f,f)$	$\overline{K}_{i,k;L(f,f)}$	$\overline{K}_{k,i;L(f,f)}$	$\Delta l_{i,k}^*$	$\varrho_{l;i,k}$	$\varrho_{E;i,k}$	$\varrho_{F;i,k}$	$K_{i,k;L(f,f)}$ (14.6.2)	$K_{k,i;L(f,f)}$ (14.6.3)
(0	(Mp)	(Mp)	(Mp · m²)	(0)	(0)	(0)	(Mp)	(Mp)
1,2 (f,f)	—5,000 000	5,000 000	—1,573 290	1,000 000	1	4 879,536	—81,769 252	—71,769 252
2,3 (f,f)	0	0	—0,219 570	1,666 667	1	4 879,536	—17,856 662	—17,856 662
3,4 (f,f)	0	0	—1,705 710	1,000 000	1	4 879,536	—83,230 734	—83,230 734

II.21.1. Funktionen $F(\alpha,\chi)_{i;M}$, $F(\alpha,\chi)_{i;Q}$, $F(\alpha,\chi)_{i;v}$, $F(\alpha,\chi)_{i;v'}$

Stab i,k	$\alpha_{i,k}$	χ	$F(\alpha)_{i;M}$	$F(\alpha)_{i;Q}$	$F(\alpha)_{i;v}$	$F(\alpha)_{i;v'}$	χ	$\alpha_{i,k}$	Stab i,k
			(4.3.16)	(4.3.17)	(4.3.14)	(4.3.15)			
(0)	(0)	(0)	(0)	(0)	(0)	(0)			
1,2	1,21922123	0,00	1,000000	−0,447228	0	0,371861	1,00	1,21922123	1,2
		0,20	0,881855	−0,728360	0,055066	0,182738	0,80		
		0,40	0,711535	−0,966398	0,075032	0,022605	0,60		
		0,60	0,499115	−1,147259	0,066677	−0,099064	0,40		
		0,80	0,257165	−1,260240	0,038456	−0,175069	0,20		
		1,00	0	−1,298658	0	−0,200914	0,00		
2,3	0,35280405	0,00	1,000000	−0,958161	0	0,336133	1,00	0,35280405	2,3
		0,20	0,806038	−0,980651	0,048512	0,155454	0,80		
		0,40	0,608065	−0,998259	0,064796	0,013985	0,60		
		0,50	0,507882	−1,005205	0,063321	−0,041819	0,50		
		0,60	0,407066	−1,010900	0,056767	−0,087571	0,40		
		0,80	0,204041	−1,018510	0,032463	−0,148707	0,20		
		1,00	0	−1,021050	0	−0,169119	0,00		
3,4	1,26949515	0,00	1,000000	−0,394512	0	0,375702	1,00	1,26949515	3,4
		0,20	0,889883	−0,700735	0,055772	0,185692	0,80		
		0,40	0,722708	−0,962029	0,076139	0,023561	0,60		
		0,60	0,509193	−1,161637	0,067754	−0,100295	0,40		
		0,80	0,263029	−1,286763	0,039109	−0,177935	0,20		
		1,00	0	−1,329382	0	−0,204380	0,00		
			(0)	(0)	(0)	(0)	(0)	(0)	(0)
			(4.4.4)	(4.4.5)	(4.4.6)	(4.4.7)			
			$F(\alpha)_{k;M}$	$-F(\alpha)_{k;Q}$	$F(\alpha)_{k;v}$	$-F(\alpha)_{k;v'}$	χ	$\alpha_{i,k}$	Stab i,k

II.21.2. Funktionen $F(\alpha,\chi)_{k;M}$, $F(\alpha,\chi)_{k;Q}$, $F(\alpha,\chi)_{k;v}$, $F(\alpha,\chi)_{k;v'}$

<h2 style="text-align:center">II.22. Biegemomente $M(\alpha,\bar{\chi})_{(b,b)}$</h2>

Stab $i,k\ (b,b)$	$\bar{\chi}$	$\underset{B}{\sum} M_0(\alpha)$	$M(\alpha)_{i,k(b,b)}$ $\times F(\alpha)_{i;M}$	$-M(\alpha)_{k,i(b,b)}$ $\times F(\alpha)_{k;M}$	$M(\alpha)_{(b,b)}$ (14.2.6)
(0)	(0)	(Mp · m)	(Mp · m)	(Mp · m)	(Mp · m)
1,2 (b,b)	0,00	0	−19,087 295	0	−19,087 295
	0,20	0	−16,832 226	2,555 058	−14,277 168
	0,40	0	−13,581 278	4,958 948	− 8,622 330
	0,60	0	− 9,526 755	7,069 444	− 2,457 311
	0,80	0	− 4,908 584	8,761 655	3,853 071
	1,00	0	0	9,935 483	9,935 483
2,3 (b,b)	0,00	0	9,935 502	0	9,935 502
	0,20	17,620 226	8,008 392	− 4,987 702	20,640 916
	0,40	27,955 737	6,041 431	− 9,950 568	24,046 600
	0,50	30,374 250	5,046 062	−12,414 976	23,005 336
	0,60	27,955 737	4,044 405	−14,863 910	17,136 232
	0,80	17,620 226	2,027 250	−19,703 282	− 0,055 806
	1,00	0	0	−24,444 607	−24,444 607
3,4 (b,b)	0,00	0	−24,444 573	0	−24,444 573
	0,20	0	−21,752 810	3,026 365	−18,726 445
	0,40	0	−17,666 208	5,858 685	−11,807 523
	0,60	0	−12,447 005	8,315 352	− 4,131 653
	0,80	0	− 6,429 631	10,238 838	3,809 207
	1,00	0	0	11,505 825	11,505 825

<h2 style="text-align:center">II.23. Querkräfte $Q(\alpha,\bar{\chi})_{(b,b)}$</h2>

Stab $i,k\ (b,b)$	$\bar{\chi}$	$\underset{B}{\sum} Q_0(\alpha)$	$\dfrac{M(\alpha)_{i,k(b,b)}}{l_{i,k}} \cdot F(\alpha)_{i;Q}$	$-\dfrac{M(\alpha)_{k,i(b,b)}}{l_{i,k}} \cdot F(\alpha)_{k;Q}$	$Q(\alpha)_{(b,b)}$ (14.2.7)
(0)	(0)	(Mp)	(Mp)	(Mp)	(Mp)
1,2 (b,b)	0,00	0	0,853 637	1,290 279	2,143 916
	0,20	0	1,390 242	1,252 109	2,642 351
	0,40	0	1,844 592	1,139 857	2,984 449
	0,60	0	2,189 807	0,960 163	3,149 970
	0,80	0	2,405 457	0,723 661	3,129 118
	1,00	0	2,478 787	0,444 343	2,923 130
2,3 (b,b)	0,00	17,696 958	−1,586 635	−4,159 861	11,950 462
	0,20	11,657 898	−1,623 877	−4,149 513	5,884 508
	0,40	5,560 820	−1,653 034	−4,118 509	− 0,210 723
	0,50	2,500 000	−1,664 536	−4,095 307	− 3,259 843
	0,50	− 2,500 000	−1,664 536	−4,095 307	− 8,259 843
	0,60	− 5,560 820	−1,673 967	−4,067 008	−11,301 795
	0,80	−11,657 898	−1,686 568	−3,995 271	−17,339 737
	1,00	−17,696 958	−1,690 774	−3,903 645	−23,291 377
3,4 (b,b)	0,00	0	0,964 368	1,529 564	2,493 932
	0,20	0	1,712 917	1,480 527	3,193 444
	0,40	0	2,351 639	1,336 559	3,688 198
	0,60	0	2,839 572	1,106 894	3,946 466
	0,80	0	3,145 437	0,806 253	3,951 690
	1,00	0	3,249 618	0,453 919	3,703 537

II.24. Verschiebungen $\tilde{v}(\alpha, \tilde{\chi})_{(b,b)}$

Stab i,k (b,b)	χ	$\sum\limits_{B} \tilde{v}_0(\alpha)$	$\dfrac{M(\alpha)_{i,k(b,b)} \cdot l_{i,k}^2}{(EI)_{i,k}} \cdot F(\alpha)_{i;v}$	$-\dfrac{M(\alpha)_{k,i(b,b)} \cdot l_{i,k}^2}{(EI)_{i,k}} \cdot F(\alpha)_{k;v}$	$\left(\xi_i^* \cdot \theta_y - \eta_i^* \cdot \theta_x + \psi_{i,k}^* \cdot \dfrac{\tilde{\chi}}{\varrho_l}\right) \cdot \dfrac{l_c^2}{E_c I_c}$	$\tilde{v}(\alpha)_{(b,b)}$ (14.2.8)
(0)	(0)	(m)	(m)	(m)	(m)	(m)
1,2 (b,b)	0,00	0	0	0	0	0
	0,20	0	−0,020352	0,007398	0,019757	0,006803
	0,40	0	−0,027731	0,012828	0,039514	0,024611
	0,60	0	−0,024643	0,014435	0,059270	0,049062
	0,80	0	−0,014213	0,010594	0,079027	0,075408
	1,00	0	0	0	0,098784	0,098784
2,3 (b,b)	0,00	0	0	0	0,003046	0,003046
	0,20	0,012333	0,003360	−0,005532	0,003097	0,013258
	0,40	0,019923	0,004488	−0,009673	0,003149	0,017887
	0,50	0,020959	0,004385	−0,010790	0,003175	0,017729
	0,60	0,019923	0,003932	−0,011041	0,003200	0,016014
	0,80	0,012333	0,002248	−0,008266	0,003252	0,009567
	1,00	0	0	0	0,003303	0,003303
3,4 (b,b)	0,00	0	0	0	−0,098359	−0,098359
	0,20	0	−0,026398	0,008713	−0,078687	−0,096372
	0,40	0	−0,036039	0,015095	−0,059015	−0,079959
	0,60	0	−0,032070	0,016963	−0,039344	−0,054451
	0,80	0	−0,018511	0,012425	−0,019672	−0,025758
	1,00	0	0	0	0	0

II.25. Neigungen $\tilde{v}'(\alpha,\tilde{\chi})_{(b,b)}$

Stab i,k (b,b)	$\tilde{\chi}$	$\sum\limits_B \tilde{v}_0{}'(\alpha)$	$\dfrac{M(\alpha)_{i,k(b,b)} \cdot l_{i,k}}{(EI)_{i,k}} \cdot F(\alpha)_{i;v'}$	$-\dfrac{M(\alpha)_{k,i(b,b)} \cdot l_{i,k}}{(EI)_{i,k}} \cdot F(\alpha)_{k;v'}$	$\psi_{i,k}^* \cdot \dfrac{l_c}{E_c I_c}$	$\tilde{v}'(\alpha)_{(b,b)}$ (14.2.9)
(0)	(0)	(0)	(0)	(0)	(0)	(0)
1,2 (b,b)	0,00	0	−0,013744	0,003865	0,009878	−0,000001 $\simeq$ 0
	0,20	0	−0,006754	0,003368	0,009878	0,006492
	0,40	0	−0,000835	0,001906	0,009878	0,010949
	0,60	0	0,003661	−0,000435	0,009878	0,013104
	0,80	0	0,006470	−0,003516	0,009878	0,012832
	1,00	0	0,007426	−0,007154	0,009878	0,010150
2,3 (b,b)	0,00	0,011030	0,003880	−0,004803	0,000043	0,010150
	0,20	0,008843	0,001794	−0,004223	0,000043	0,006457
	0,40	0,003406	0,000161	−0,002485	0,000043	0,001125
	0,50	0	−0,000483	−0,001188	0,000043	−0,001628
	0,60	−0,003406	−0,001011	0,000397	0,000043	−0,003977
	0,80	−0,008843	−0,001717	0,004415	0,000043	−0,006102
	1,00	−0,011030	−0,001952	0,009546	0,000043	−0,003393
3,4 (b,b)	0,00	0	−0,017783	0,004553	0,009836	−0,003394
	0,20	0	−0,008789	0,003964	0,009836	0,005011
	0,40	0	−0,001115	0,002234	0,009836	0,010955
	0,60	0	0,004747	−0,000525	0,009836	0,014058
	0,80	0	0,008422	−0,004137	0,009836	0,014121
	1,00	0	0,009674	−0,008370	0,009836	0,011140

II.26. Stablängskräfte $S(\tilde{\chi})_{(f,f)}$

Stab i,k (f,f)	p	$l_{i,k}$	$\tilde{\chi}$	$\bar{S}_{(f,f)}$ (7.3.1)	$\Delta l^*_{i,k}$	$\varrho_{l;i,k}$	$\varrho_{E;i,k}$	$\varrho_{F;i,k}$	l_c	$S_{(f,f)}$*) (14.6.4)
(0)	(Mp/m)	(m)	(0)	(Mp)	(Mp · m²)	(0)	(0)	(0)	(m)	(Mp)
1,2 (f,f)	−1,000	10	0,00 0,20 0,40 0,60 0,80 1,00	−5,000000 −3,000000 −1,000000 1,000000 3,000000 5,000000	−1,573290	1,000000	1	4879,536	10	−81,769252 −79,769252 −77,769252 −75,769252 −73,769252 −71,769252
2,3 (f,f)	0	6	0,00⋯1,00	0	−0,219570	1,666667	1	4879,536	10	−17,856662
3,4 (f,f)	0	10	0,00⋯1,00	0	−1,705710	1,000000	1	4879,536	10	−83,230734

*) Ein Vergleich der Stablängskräfte $S_{(f,f)}$ mit den Stablängskräften $S_{i,k}$ nach II.7., die der Berechnung zugrunde gelegt wurden, zeigt eine genügend genaue Übereinstimmung, so daß eine weitere Berechnung mit verbesserten Stablängskräften $S_{i,k}$ nicht erforderlich ist:

$$S_{1,2} = S_{1,2;\ \text{mittel}} = -(81{,}792252 + 71{,}769252)|2$$
$$= -76{,}769252 \simeq -76{,}769200 \text{ Mp,}$$
$$S_{2,3} = -17{,}856662 \simeq -17{,}856100 \text{ Mp,}$$
$$S_{3,4} = -83{,}230734 \simeq -83{,}230800 \text{ Mp.}$$

II.27. Verschiebungen $\bar{u}(\tilde{\chi})_{(f,f)}$

Stab $i,k\ (f,f)$	$\tilde{\chi}$	p	$l_{i,k}$	$E_{i,k}$	$F_{i,k}$	$\bar{u}_{(f,f)}$ (7.3.2)	ξ_i^*	$\theta_{x;i,k}$	η_i^*	$\theta_{y;i,k}$	$\varDelta l_{i,k}^*$	l_c	E_c	I_c	$\bar{u}_{(f,f)}$ (14.6.5)
(0)	(0)	(Mp/m)	(m)	(Mp/m²)	(m²)	(m)	(Mp · m)	(0)	(Mp · m)	(0)	(Mp · m²)	(m)	(Mp/m²)	(m⁴)	(m)
1,2 (f,f)	0,00 0,20 0,40 0,60 0,80 1,00	−1,000	10	21 000 000	0,012 000	0 −0,000 032 −0,000 048 −0,000 048 −0,000 032 0	0	0	0	1	−1,573 290	10	21 000 000	0,000 245 925	−0 −0,000 641 −0,001 267 −0,001 876 −0,002 469 −0,003 046
2,3 (f,f)	0,00 0,20 0,40 0,50 0,60 0,80 1,00	0	6	21 000 000	0,012 000	0 0 0 0 0 0 0	5,101 651	−1	0,157 329	0	−0,219 570	10	21 000 000	0,000 245 925	0,098 784 0,098 699 0,098 614 0,098 572 0,098 529 0,098 444 0,098 359
3,4 (f,f)	0,00 0,20 0,40 0,60 0,80 1,00	0	10	21 000 000	0,012 000	0 0 0 0 0 0	5,079 694	0	0,170 571	−1	−1,705 710	10	21 000 000	0,000 245 925	0,003 303 0,002 642 0,001 982 0,001 321 0,000 661 0

II.28. Schnittlasten D_i und N_i elastischer Dreh- und Verschiebungsfessel

Pkt. i	φ_i^*	ξ_i^*	η_i^*	$\theta_{x;i,\bar{\imath}}$	$\theta_{y;i,\bar{\imath}}$	l_c	$\varrho_{D;i}$	$\varrho_{N;i}$	D_i (15.1)	N_i (15.2)
(0)	(Mp · m)	(Mp · m)	(Mp · m)	(0)	(0)	(m)	(0)	(0)	(Mp · m)	(Mp)
3	—	5,079694	0,170571	−1	0	10	—	10,000000	—	−5,079694
4	5,752909	—	—	—	—	—	2,000000	—	−11,505818	—

II.29. Gleichgewichtskontrolle

Verschiebung der Knotenpunkte 2 und 3:

$$\bar{v}_{2;x} = \bar{v}_{3;x} = l_c \triangleq \bar{\psi}_{1,2} = \bar{\psi}_{4,3} = 1.$$

$(\bar{H}_2 - S_{1,2;\,\text{mittel}} \cdot \psi_{1,2} + \bar{H}_3 + N_3 - S_{3,4} \cdot \psi_{3,4}) \cdot l_c$

$+ M_{1,2} + M_{2,1} + M_{3,4} + M_{4,3}$

$= (20,000000 + 0,758357 - 10,000000 - 5,079694 + 0,818649) \cdot 10$

$\quad - 19,087295 - 9,935483 - 24,444573 - 11,505825$

$= 64,973120 - 64,973176 = -0,000056\ \text{Mp} \cdot \text{m} \simeq 0.$

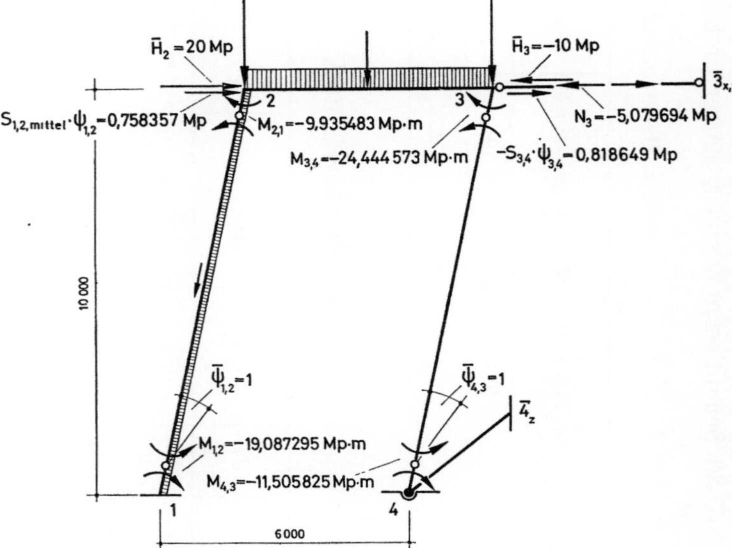

Abb. 217

II.30. Schnittlasten $\overline{D}$ und $\overline{N}$ starrer Dreh- und Verschiebungsfessel

II.30.1. Drehmoment $\overline{D}_1$

Pkt. i	$\overline{M}_i$	Stab $i,k\,(b,b)$	$M(\alpha)_{i,k(b,b)}$	$\overline{D}_i$ (16.1)
(0)	(Mp · m)	(0)	(Mp · m)	(Mp · m)
1	0	1,2 (b,b)	$-19{,}087\,295$	$-19{,}087\,295$

II.30.2. Längskräfte $\overline{N}_{1;x}$ und $\overline{N}_{4;x}$

Pkt. i	$\overline{H}_i$	Stab i,k $(b,b)\,(f,f)$	$K(\alpha)_{i,k;Q(b,b)}$	$\theta_{y;i,k}$	$K_{i,k;L(f,f)}$	$\theta_{x;i,k}$	$\overline{N}_{i;x}$ (16.2)
(0)	(Mp)	(0)	(Mp)	(0)	(Mp)	(0)	(Mp)
1	0	1,2	$2{,}143\,917$	1	$-81{,}769\,252$	0	$-2{,}143\,917$
4	0	4,3	$2{,}776\,383$	1	$-83{,}230\,734$	0	$-2{,}776\,383$

II.30.3. Längskräfte $\overline{N}_{1;y}$ und $\overline{N}_{4;y}$

Pkt. i	$\overline{V}_i$	Stab i,k $(b,b)\,(f,f)$	$K(\alpha)_{i,k;Q(b,b)}$	$\theta_{x;i,k}$	$K_{i,k;L(f,f)}$	$\theta_{y;i,k}$	$\overline{N}_{i;y}$ (16.3)
(0)	(Mp)	(0)	(Mp)	(0)	(Mp)	(0)	(Mp)
1	0	1,2	$2{,}143\,917$	0	$-81{,}769\,252$	1	$-81{,}769\,252$
4	0	4,3	$2{,}776\,383$	0	$-83{,}230\,734$	1	$-83{,}230\,734$

III. Schnittlasten, Auflagerlasten und Verformungen eines ebenen Stabwerkes nach Theorie I. und II. Ordnung

(Zusammenstellungen von Rechenergebnissen)

III.1. Allgemeines

Für insgesamt 24 Belastungszustände werden Schnittlasten, Auflagerlasten und Verformungen eines ebenen Stabwerkes nach Theorie I. und II. Ordnung unter Vernachlässigung und Berücksichtigung von Querkraftverformungen ein- und zweiteiliger Stäbe berechnet und nachfolgend zusammengestellt.

III.2. System

Wie unter I.1.

III.3. Belastungen

III.3.1. $B(1,00)$ wie unter I.2. und I.3.

III.3.2. Gleichmäßige Temperaturdifferenz

$$\Delta t_m = 35°$$

III.3.3. Lineares Temperaturgefälle

$$\Delta t = t_u - t_0 = 15°$$

III.3.4. Imperfektionen

III.3.4.1. Außermittigkeiten an den Stabenden

$$|\bar{c}| = \frac{1}{20} \cdot i_{z(1)} = \frac{1}{20} \cdot \sqrt{\frac{I_{z(1)}}{F_{(1)}}} = \frac{1}{20} \cdot \sqrt{\frac{24\,592{,}500}{120}} = 0{,}007\,158 \text{ m}.$$

Stab i,k	c_i	c_k
(0)	(m)	(m)
1,2	−0,007 158	0
2,3	0	0,007 158
3,4	−0,007 158	0

III.3.4.2. Vorverformungen der Stäbe

$$|f| = \frac{l}{500} \text{ (m)}$$

Stab i,k	$l_{i,k}$	f
(0)	(m)	(m)
1,2	10	−0,020
2,3	6	0,012
3,4	10	−0,020

III.4. Querschnittswerte

III.4.1. Querschnittswerte (1)

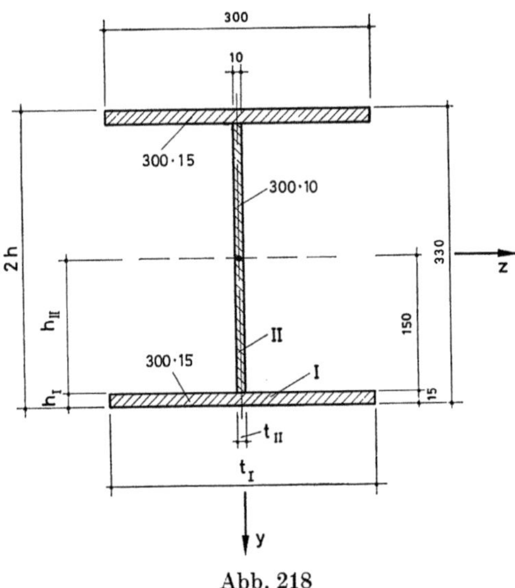

Abb. 218

$$F \;\; = 2 \cdot 30 \cdot 1{,}500 + 30 \cdot 1{,}000 = 120{,}000 \text{ cm}^2.$$

$$I_z \;\; = 2 \cdot 30 \cdot 1{,}500^3/12 + 1{,}000 \cdot 30^3/12 + 2 \cdot 45 \cdot 15{,}75^2 = 24\,592{,}500 \text{ cm}^4.$$

$$S_{I:z} = 1{,}500 \cdot 30 \cdot 15{,}75 \qquad\qquad\qquad\qquad = \;\;\; 708{,}750 \text{ cm}^3.$$

Nach (10.6):

$$\varkappa = F \cdot \int\limits_{(F)} \tau^2_{(Q-1)} \cdot \mathrm{d}F = \frac{F}{I_z^2} \cdot \int\limits_{(F)} \frac{S_z^2(y)}{t^2(y)} \cdot \mathrm{d}F$$

$$S_{I;z}(y) = t_I \cdot (h - y) \cdot \left(y + \frac{h - y}{2}\right) = \frac{t_I}{2} \cdot (h^2 - y^2)$$

$$\int\limits_{(I)} \frac{S_{I;z}^2(y)}{t_I^2} \cdot \mathrm{d}F = \int\limits_{(h-h_I)=\Delta h}^{h} \frac{t_I}{4} \cdot (h^4 - 2 \cdot h^2 \cdot y^2 + y^4) \cdot \mathrm{d}y$$

$$= \frac{t_I}{4} \cdot \left| h^4 \cdot y - \frac{2}{3} \cdot h^2 \cdot y^3 + \frac{1}{5} y^5 \right|_{\Delta h}^{h}$$

$$= \frac{t_I}{4} \cdot \left[h^4 \cdot (h - \Delta h) - \frac{2}{3} \cdot h^2 \cdot (h^3 - \Delta h^3) + \frac{1}{5} \cdot (h^5 - \Delta h^5) \right]$$

$$= \frac{30}{4} \cdot \left[16{,}50^4 \cdot (16{,}50 - 15{,}00) - \frac{2}{3} \cdot 16{,}50^2 \cdot (16{,}50^3 - 15{,}00^3) \right.$$

$$\left. + \frac{1}{5} \cdot (16{,}50^5 - 15{,}00^5) \right]$$

$$= 8573{,}344 \text{ cm}^6.$$

$$S_{II;z}(y) = S_{I;z} + \frac{t_{II}}{2} \cdot (h_{II}^2 - y^2)$$

$$\int\limits_{(II)} \frac{S_{II;z}^2(y)}{t_{II}^2} \cdot \mathrm{d}F = \int\limits_0^{h_{II}} \frac{\left[S_{I;z} + \dfrac{t_{II}}{4} \cdot (h_{II}^2 - y^2)\right]^2}{t_{II}} \cdot \mathrm{d}y$$

$$= \left| \frac{S_{I;z}^2 \cdot y}{t_{II}} + S_{I;z} \cdot h_{II}^2 \cdot y - \frac{1}{3} \cdot S_{I;z} \cdot y^3 + \frac{1}{4} \cdot t_{II} \cdot h_{II}^4 \cdot y \right.$$

$$\left. - \frac{1}{6} \cdot t_{II} \cdot h_{II}^2 \cdot y^3 + \frac{1}{20} \cdot t_{II} \cdot y^5 \right|_0^{h_{II}}$$

$$= S_{I:z}^2 \cdot \frac{h_{II}}{t_{II}} + \frac{2}{3} \cdot S_{I;z} \cdot h_{II}^3 + \frac{2}{15} \cdot t_{II} \cdot h_{II}^5$$

$$= 708{,}75^2 \cdot \frac{15{,}00}{1{,}00} + \frac{2}{3} \cdot 708{,}75 \cdot 15{,}00^3 + \frac{2}{15} \cdot 1{,}00 \cdot 15{,}00^5$$

$$= 9\,230\,835{,}938 \ \mathrm{cm}^6.$$

$$\int\limits_{(F)} \frac{S_z^2(y)}{t^2(y)} \cdot \mathrm{d}F = 2 \cdot (8\,573{,}344 + 9\,230\,835{,}938) = 18\,478\,818{,}564 \ \mathrm{cm}^6.$$

$$\varkappa = \frac{120{,}000}{24\,592{,}500^2} \cdot 18\,478\,818{,}564 = 3{,}666\,487 < \frac{F}{F_{\mathrm{Steg}}} = \frac{120}{30} = 4.$$

Nach (10.3):

$$\gamma = \frac{\varkappa}{GF} = \frac{3{,}666\,487}{8\,100\,000 \cdot 0{,}012} = 0{,}037\,721 \cdot 10^{-3} \ (1/\mathrm{Mp}).$$

III.4.2. Querschnittswerte (2)

III.4.2.1. Gurte

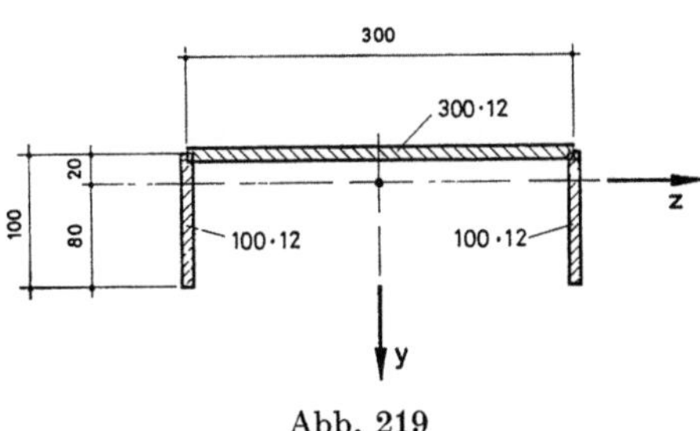

Abb. 219

$$F_G = 30{,}000 \cdot 1{,}200 + 2 \cdot 10{,}000 \cdot 1{,}200 = 60{,}000 \ \mathrm{cm}^2.$$

$$I_G = 30{,}000 \cdot 1{,}200^3/12 + 2 \cdot 1{,}200 \cdot 10{,}000^3/12 + 36{,}000 \cdot 2{,}000^2 + 24{,}000 \cdot 3{,}000^2$$

$$= 564{,}320 \ \mathrm{cm}^4.$$

Nach (10.6):

$$\varkappa_G = F \cdot \int\limits_{(F)} \tau^2_{(Q=1)} \cdot \mathrm{d}F = \frac{F}{I_z^{\,2}} \cdot \int\limits_{(F)} \frac{S_z^{\,2}(y)}{t^2(y)} \cdot \mathrm{d}F$$

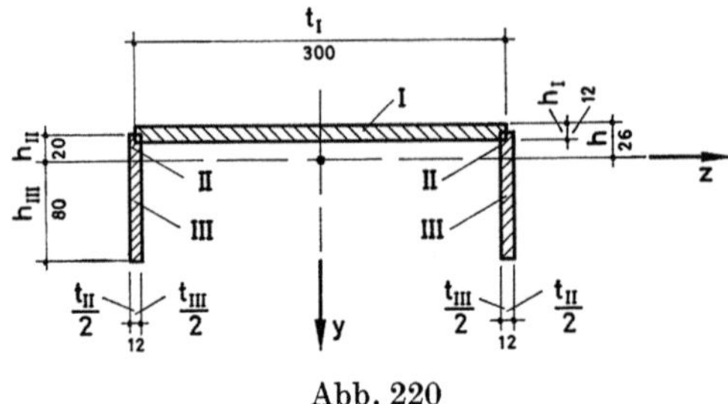

Abb. 220

$$\int\limits_{(I)} \frac{S^2_{I;z}(y)}{t_I^2} \cdot \mathrm{d}F = \int\limits_{(h-h_I)=\Delta h}^{h} \frac{t_I}{4} \cdot (h^4 - 2 \cdot h^2 \cdot y^2 + y^4) \cdot \mathrm{d}y$$

$$= \frac{t_I}{4} \cdot \left[h^4 \cdot (h - \Delta h) - \frac{2}{3} \cdot h^2 \cdot (h^3 - \Delta h^3) + \frac{1}{5} \cdot (h^5 - \Delta h^5) \right]$$

$$= \frac{30}{4} \cdot \left[2{,}60^4 \cdot (2{,}60 - 1{,}40) - \frac{2}{3} \cdot 2{,}60^2 \cdot (2{,}60^3 - 1{,}40^3) \right.$$

$$\left. + \frac{1}{5} \cdot (2{,}60^5 - 1{,}40^5) \right]$$

$$= 80{,}110 \text{ cm}^6.$$

$$S_{I;z} = 1{,}20 \cdot 30{,}00 \cdot 2{,}00 = 72{,}00 \text{ cm}^3.$$

$$\int\limits_{(II)} \frac{S^2_{II;z}(y)}{t_{II}^2} \cdot \mathrm{d}F = \int\limits_{0}^{h_{II}} \frac{\left[S_{I;z} + \dfrac{t_{II}}{2} \cdot (h_{II}^2 - y^2) \right]^2}{t_{II}} \cdot \mathrm{d}y$$

$$= S^2_{I;z} \cdot \frac{h_{II}}{t_{II}} + \frac{2}{3} \cdot S_{I;z} \cdot h_{II}^3 + \frac{2}{15} \cdot t_{II} \cdot h_{II}^5$$

$$= 72{,}00^2 \cdot \frac{2{,}00}{2{,}40} + \frac{2}{3} \cdot 72{,}00 \cdot 2{,}00^3 + \frac{2}{15} \cdot 2{,}40 \cdot 2{,}00^5 = 4714{,}240 \text{ cm}^6.$$

$$\int\limits_{(III)} \frac{S^2_{III;z}(y)}{t_{III}^2} \cdot \mathrm{d}F = \int\limits_{0}^{h_{III}} \frac{t_{III}}{4} \cdot (h_{III}^4 - 2 \cdot h_{III}^2 \cdot y^2 + y^4) \cdot \mathrm{d}y$$

$$= \frac{2}{15} \cdot t_{III} \cdot h_{III}^5 = \frac{2}{15} \cdot 2{,}40 \cdot 8{,}00^5 = 10485{,}760 \text{ cm}^6.$$

$$\int\limits_{(F)} \frac{S_z^2(y)}{t^2(y)} \cdot \mathrm{d}F = 80{,}110 + 4714{,}240 + 10485{,}760 = 15280{,}110 \ \mathrm{cm}^6.$$

$$\varkappa_G = \frac{60{,}000}{564{,}320^2} \cdot 15280{,}110 = 2{,}879.$$

III.4.2.2. Riegel

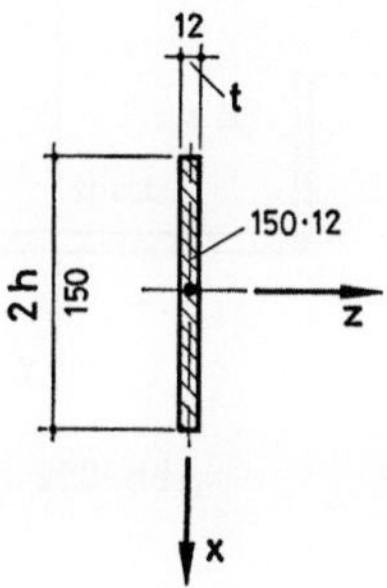

Abb. 221

$$F_R = 1{,}200 \cdot 15{,}000 = 18{,}000 \ \mathrm{cm}^2.$$
$$I_R = 1{,}200 \cdot 15{,}000^3/12 = 337{,}500 \ \mathrm{cm}^4.$$

Nach (10.6):

$$\varkappa_R = F_R \cdot \int\limits_{(F)} \tau_{(Q-1)}^2 \cdot \mathrm{d}F = \frac{F_R}{I_R^2} \cdot \int\limits_{(F)} \frac{S_z^2(x)}{t^2} \cdot \mathrm{d}F$$

$$F_R = 2 \cdot t \cdot h$$

$$I_R^2 = \left[\frac{t \cdot (2h)^3}{12}\right]^2 = \frac{4}{9} \cdot t^2 \cdot h^6$$

$$S_z(x) = \frac{t}{2} \cdot (h^2 - x^2)$$

$$\int\limits_{(F)} S_z^2(x) \cdot \mathrm{d}F = \int\limits_{-h}^{+h} \frac{t^3}{4} \cdot (h^2 - x^2)^2 \cdot \mathrm{d}x = \frac{4}{15} \cdot t^3 \cdot h^5$$

$$\varkappa_R = \frac{2 \cdot t \cdot h}{\dfrac{4}{9} \cdot t^2 \cdot h^6} \cdot \frac{\dfrac{4}{15} \cdot t^3 \cdot h^5}{t^2} = \frac{6}{5} = 1{,}200.$$

III.4.2.3. Gesamtstab

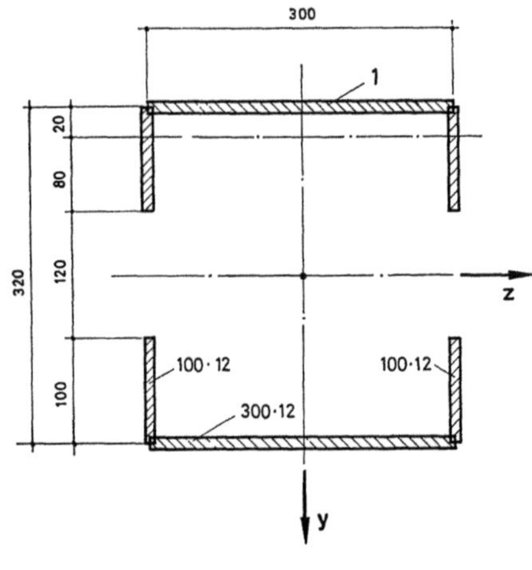

Abb. 222

$$F \quad = 2 \cdot F_G = 2 \cdot 60{,}000 \qquad\qquad = \quad 120{,}000 \ \text{cm}^2.$$
$$I_{1;z} = I_G \qquad\qquad\qquad\qquad\quad = \quad 564{,}320 \ \text{cm}^4.$$
$$I_z \quad = 2 \cdot 564{,}320 + 2 \cdot 60{,}000 \cdot 14{,}000^2 = 24\,648{,}640 \ \text{cm}^4.$$

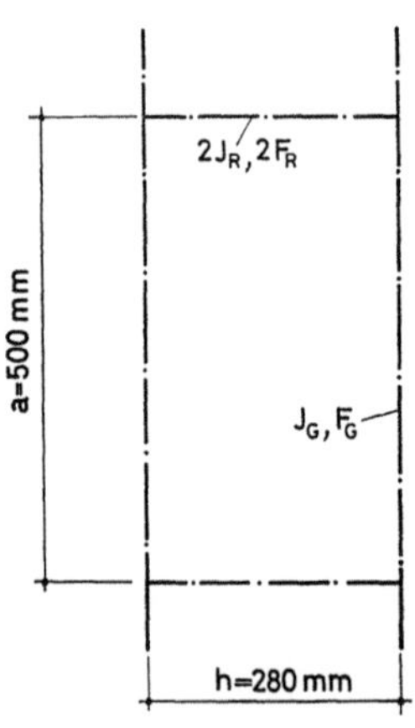

Abb. 223

$$\begin{aligned}
a &= 50{,}000 \ \text{cm.} & \varkappa_R &= 1{,}200. \\
h &= 28{,}000 \ \text{cm.} & F_R &= 18{,}000 \ \text{cm}^2. \\
I_R &= 337{,}500 \ \text{cm}^4. & \varkappa_G &= 2{,}879. \\
I_G &= 564{,}320 \ \text{cm}^4. & F_G &= 60{,}000 \ \text{cm}^2.
\end{aligned}$$

Nach (10.9) und Tafel 2:

$$\gamma = \frac{50{,}000}{24 \cdot 2100} \cdot \left(\frac{28{,}000}{337{,}500} + \frac{50{,}000}{564{,}320}\right) + \frac{1}{2 \cdot 810} \cdot \left[\frac{50{,}000}{28{,}000} \cdot \left(\frac{1{,}200}{18{,}000}\right) + \frac{2{,}879}{60{,}000}\right]$$

$$= 0{,}273\,309 \cdot 10^{-3} \ (1/\mathrm{Mp}).$$

III.5. Beschreibung der Belastungen, der Querschnittsausbildung und der Rechenannahmen

Zur Beschreibung der Belastungen des Stabwerkes, der Querschnittsausbildung der Stabwerksstäbe und der Rechenannahmen, die der jeweiligen Berechnung zugrunde gelegt wurden, werden Bezeichnungen mit folgender Bedeutung eingeführt:

(I):   Berechnung nach Theorie I. Ordnung.

(II):   Berechnung nach Theorie II. Ordnung.

$B(1{,}00)$:   1,00-fache Belastung.

$B(0{,}50)$:   0,50-fache Belastung.

Δt_m: Gleichmäßige Temperaturdifferenz.

Δt: Lineares Temperaturgefälle.

J: Imperfektionen.

(1):   Einteiliger Querschnitt.

(2):   Zweiteiliger Querschnitt.

(B):   Berücksichtigung von Biegemomentverformungen.

(Q):   Berücksichtigung von Querkraftverformungen.

Bei der Berechnung der Schnittlasten, Auflagerlasten und Verformungen infolge der Teil-Belastungen $B(\mathrm{I})$ und $B(\mathrm{II})$ wird der „Längsbelastungszustand" infolge der Gesamt-Belastung $B(\mathrm{I}) + B(\mathrm{II})$ berücksichtigt.

Beschreibung der Belastungen, der Querschnittsausbildungen und der Rechenannahmen

Belastungs-zustand	(I)	(II)	Teil-Belastungen $B(I)$					Teil-Belastungen $B(II)$					(1)	(2)	(B)	(Q)
			$B(1,00)$	$B(0,50)$	Δt_m	Δt	J	$B(1,00)$	$B(0,50)$	Δt_m	Δt	J				
1	×	×		×									×		×	
2	×	×		×									×		×	×
3	×	×		×										×	×	×
4	×	×	×										×		×	
5	×	×	×										×		×	×
6	×	×	×											×	×	×
7	×	×	×				×						×		×	
8	×	×	×				×						×		×	×
9	×	×	×				×							×	×	×
10	×	×	×		×	×							×		×	
11	×	×	×		×	×							×		×	×
12	×	×	×		×	×								×	×	×
13	×	×	×		×	×	×						×		×	
14	×	×	×		×	×	×						×		×	×
15	×	×	×		×	×	×							×	×	×
16	×	×		×						×				×		×	
17	×	×		×						×				×		×	×
18	×	×		×						×					×	×	×
19	×	×		×	×	×	×			×				×		×	
20	×	×		×	×	×	×			×				×		×	×
21	×	×		×	×	×	×			×					×	×	×
22	×	×	×								×	×	×	×		×	
23	×	×	×								×	×	×	×		×	×
24	×	×	×								×	×	×		×	×	×

III.6.1. Schnittlasten, Auflagerlasten und Verformungen

Belastungs-zustand	$M(\varepsilon)_{1,2(b,b)}$ $= \bar{D}_1$	$K(\varepsilon)_{1,2;Q(b,b)}$ $= -\bar{N}_{1;x}$	$K_{1,2;L(f,f)}$ $= \bar{N}_{1;y}$	Stab 2,3		$M(\varepsilon)_{3,2(b,b)}$	φ_2	$v_{3;x}$	$M(\varepsilon)_{4,3(b,b)}$ $= D_4$	N_3
				$M(\varepsilon;0,500)$	$Q(\varepsilon;1,000)$					
(0)	(Mp · m)	(Mp)	(Mp)	(Mp · m)	(Mp)	(Mp · m)	(0)	(m)	(Mp · m)	(Mp)
1 (I), B(I)	− 8,3187	1,1877	−41,2361	11,017	−11,2639	−11,525	0,004609	0,041999	− 4,9078	−2,1690
(II), B(I)	− 8,8801	1,1334	−41,0735	11,244	−11,4413	−11,848	0,004825	0,045306	− 5,2968	−2,3398
2 (I), B(I)	− 8,2835	1,1731	−41,2752	11,023	−11,2248	−11,402	0,004683	0,042574	− 4,8807	−2,1987
(II), B(I)	− 8,8466	1,1163	−41,1116	11,253	−11,4064	−11,730	0,004906	0,045962	− 5,2724	−2,3737
3 (I), B(I)	− 8,0961	1,0925	−41,4947	11,063	−11,0053	−10,703	0,005088	0,045803	− 4,7174	−2,3655
(II), B(I)	− 8,6661	1,0205	−41,3275	11,310	−11,2107	−11,058	0,005356	0,049684	− 5,1237	−2,5659
4 (I), B(I)	−16,6373	2,3754	−82,4723	22,033	−22,5277	−23,050	0,009218	0,083999	− 9,8157	−4,3381
(II), B(I)	−19,0873	2,1439	−81,7692	23,005	−23,2914	−24,445	0,010150	0,098359	−11,5058	−5,0797
5 (I), B(I)	−16,5671	2,3461	−82,5504	22,045	−22,4496	−22,804	0,009365	0,085147	− 9,7615	−4,3974
(II), B(I)	−19,0258	2,1036	−81,8426	23,029	−23,2309	−24,222	0,010329	0,099880	−11,4655	−5,1582
6 (I), B(I)	−16,1923	2,1849	−82,9894	22,125	−22,0106	−21,406	0,010177	0,091607	− 9,4349	−4,7309
(II), B(I)	−18,6896	1,8750	−82,2617	23,187	−22,8937	−22,942	0,011337	0,108583	−11,2144	−5,6077
7 (I), B(I)	−16,6373	2,3754	−82,4723	22,033	−22,5277	−23,050	0,009218	0,083999	− 9,8157	−4,3381
(II), B(I)	−17,3190	2,0580	−81,8758	24,013	−23,3394	−23,349	0,010627	0,099485	−12,2390	−5,1378
8 (I), B(I)	−16,5671	2,3461	−82,5504	22,045	−22,4496	−22,804	0,009365	0,085147	− 9,7615	−4,3974
(II), B(I)	−17,2562	2,0186	−81,9479	24,042	−23,2808	−23,125	0,010806	0,100987	−12,1986	−5,2154
9 (I), B(I)	−16,1923	2,1849	−82,9894	22,125	−22,0106	−21,406	0,010177	0,091607	− 9,4349	−4,7309
(II), B(I)	−16,9114	1,7951	−82,3596	24,231	−22,9542	−21,842	0,011812	0,109586	−11,9468	−5,6595
10 (I), B(I)	−18,6084	2,2348	−82,5137	18,781	−22,4863	−26,178	0,008941	0,082861	− 8,6806	−4,2793
(II), B(I)	−20,9962	2,0210	−81,8219	19,711	−23,2347	−27,575	0,009842	0,096794	−10,2778	−4,9989
11 (I), B(I)	−18,5487	2,2074	−82,5917	18,800	−22,4083	−25,925	0,009091	0,084001	− 8,6198	−4,3381
(II), B(I)	−20,9450	1,9826	−81,8951	19,742	−23,1746	−27,346	0,010024	0,098300	−10,2307	−5,0767
12 (I), B(I)	−18,2391	2,0564	−83,0305	18,917	−21,9695	−24,492	0,009918	0,090409	− 8,2529	−4,6691
(II), B(I)	−20,6731	1,7652	−82,3131	19,936	−22,8393	−26,034	0,011046	0,106917	− 9,9382	−5,5216

III.6.1. (Fortsetzung)

Belastungs-zustand	$M(\varepsilon)_{1,2(b,b)}$ $= \bar{D}_1$	$K(\varepsilon)_{1,2;Q(b,b)}$ $= -\bar{N}_{1;x}$	$K_{1,2;L(f,f)}$ $= \bar{N}_{1;y}$	Stab 2,3		$M(\varepsilon)_{3,2(b,b)}$	φ_2	$v_{3;x}$	$M(\varepsilon)_{4,3(b,b)}$ $= D_4$	N_3
				$M(\varepsilon;0,500)$	$Q(\varepsilon;1,000)$					
(0)	(Mp · m)	(Mp)	(Mp)	(Mp · m)	(Mp)	(Mp · m)	(0)	(m)	(Mp · m)	(Mp)
13 (I), B(I)	−18,6084	2,2348	−82,5137	18,781	−22,4863	−26,178	0,008941	0,082861	− 8,6806	−4,2793
(II), B(I)	−19,2263	1,9350	−81,9284	20,720	−23,2839	−26,480	0,010320	0,097919	−11,0109	−5,0569
14 (I), B(I)	−18,5487	2,2074	−82,5917	18,800	−22,4083	−25,925	0,009091	0,084001	− 8,6198	−4,3381
(II), B(I)	−19,1739	1,8975	−82,0003	20,757	−23,2256	−26,250	0,010501	0,099407	−10,9636	−5,1338
15 (I), B(I)	−18,2391	2,0564	−83,0305	18,917	−21,9695	−24,492	0,009918	0,090409	− 8,2529	−4,6691
(II), B(I)	−18,8934	1,6852	−82,4108	20,982	−22,9009	−24,934	0,011521	0,107920	−10,6704	−5,5735

III.6.2. Schnittlasten, Auflagerlasten und Verformungen

Belastungszustand	$M(\varepsilon)_{1,2(b,b)}$ $= \bar{D}_1$	$K(\varepsilon)_{1,2;Q(b,b)}$ $= -\bar{N}_{1;x}$	$K_{1,2;L(f,f)}$ $= \bar{N}_{1;y}$	Stab 2,3		$M(\varepsilon)_{3,2(b,b)}$	φ_2	$v_{3;x}$	$M(\varepsilon)_{4,3(b,b)}$ $= D_4$	N_3
				$M(\varepsilon;0,500)$	$Q(\varepsilon;1,000)$					
(0)	(Mp · m)	(Mp)	(Mp)	(Mp · m)	(Mp)	(Mp · m)	(0)	(m)	(Mp · m)	(Mp)
16 (I), B(I) = (I), B(II)	−8,3187	1,1877	−41,2361	11,017	−11,2639	−11,525	0,004609	0,041999	−4,9078	−2,1690
(II), B(I) = (II), B(II)	−9,5436	1,0720	−40,8846	11,503	−11,6457	−12,222	0,005075	0,049180	−5,7529	−2,5398
17 (I), B(I) = (I), B(II)	−8,2835	1,1731	−41,2752	11,023	−11,2248	−11,402	0,004683	0,042574	−4,8807	−2,1987
(II), B(I) = (II), B(II)	−9,5129	1,0518	−40,9213	11,515	−11,6155	−12,111	0,005165	0,049940	−5,7328	−2,5791
18 (I), B(I) = (I), B(II)	−8,0961	1,0925	−41,4947	11,063	−11,0053	−10,703	0,005088	0,045803	−4,7174	−2,3655
(II), B(I) = (II), B(II)	−9,3448	0,9375	−41,1308	11,593	−11,4469	−11,471	0,005669	0,054291	−5,6072	−2,8038

III.6.2. (Fortsetzung)

Belastungszustand	$M(\varepsilon)_{1,2(b,b)}$ $= \bar{D}_1$	$K(\varepsilon)_{1,2;Q(b,b)}$ $= -\bar{N}_{1;x}$	$K_{1,2;L(f,f)}$ $= \bar{N}_{1;y}$	Stab 2,3		$M(\varepsilon)_{3,2(b,b)}$	φ_2	$v_{3;x}$	$M(\varepsilon)_{4,3(b,b)}$ $= D_4$	N_3
				$M(\varepsilon;0,500)$	$Q(\varepsilon;1,000)$					
(0)	(Mp · m)	(Mp)	(Mp)	(Mp · m)	(Mp)	(Mp · m)	(0)	(m)	(Mp · m)	(Mp)
19 (I), B(I)	$-10,2897$	$1,0472$	$-41,2775$	$7,764$	$-11,2225$	$-14,653$	$0,004332$	$0,040862$	$-3,7728$	$-2,1103$
(II), B(I)	$-9,6840$	$0,8640$	$-41,0441$	$9,217$	$-11,6376$	$-14,256$	$0,005245$	$0,048739$	$-5,2581$	$-2,5171$
(I), B(II)	$-8,3187$	$1,1877$	$-41,2361$	$11,017$	$-11,2639$	$-11,525$	$0,004609$	$0,041999$	$-4,9078$	$-2,1690$
(II), B(II)	$-9,5424$	$1,0710$	$-40,8844$	$11,503$	$-11,6463$	$-12,224$	$0,005075$	$0,049180$	$-5,7527$	$-2,5399$
20 (I), B(I)	$-10,2652$	$1,0344$	$-41,3165$	$7,778$	$-11,1835$	$-14,523$	$0,004408$	$0,041427$	$-3,7390$	$-2,1395$
(II), B(I)	$-9,6623$	$0,8467$	$-41,0792$	$9,241$	$-11,6095$	$-14,138$	$0,005336$	$0,049467$	$-5,2311$	$-2,5547$
(I), B(II)	$-8,2835$	$1,1731$	$-41,2752$	$11,023$	$-11,2248$	$-11,402$	$0,004683$	$0\,042574$	$-4,8807$	$-2,1987$
(II), B(II)	$-9,5116$	$1,0509$	$-40,9211$	$11,515$	$-11,6161$	$-12,113$	$0,005165$	$0\,049940$	$-5,7326$	$-2,5791$
21 (I), B(I)	$-10,1430$	$0,9640$	$-41,5358$	$7,854$	$-10,9642$	$-13,789$	$0,004829$	$0\,044606$	$-3,5354$	$-2,3036$
(II), B(I)	$-9,5500$	$0,7486$	$-41,2802$	$9,387$	$-11,4530$	$-13,462$	$0,005852$	$0,053628$	$-5,0633$	$-2,7696$
(I), B(II)	$-8,0961$	$1,0925$	$-41,4947$	$11,063$	$-11,0053$	$-10,703$	$0,005088$	$0,045803$	$-4,7174$	$-2,3655$
(II), B(II)	$-9,3435$	$0,9365$	$-41,1306$	$11,595$	$-11,4479$	$-11,473$	$0,005669$	$0,054292$	$-5,6071$	$-2,8039$
22 (I), B(I)	$-16,6373$	$2,3754$	$-82,4723$	$22,033$	$-22,5277$	$-23,050$	$0,009218$	$0,083999$	$-9,8157$	$-4,3381$
(II), B(I)	$-19,0847$	$2,1421$	$-81,7687$	$23,007$	$-23,2926$	$-24,448$	$0,010151$	$0,098360$	$-11,5054$	$-5,0797$
(I), B(II)	$-1,9711$	$-0,1405$	$-0,0414$	$-3,252$	$0,0414$	$-3,128$	$-0,000277$	$-0,001138$	$1,1351$	$0,0588$
(II), B(II)	$-0,1416$	$-0,2071$	$-0,1597$	$-2,287$	$0,0087$	$-2,032$	$0,000169$	$-0,000441$	$0,4946$	$0,0228$
23 (I), B(I)	$-16,5671$	$2,3461$	$-82,5504$	$22,045$	$-22,4496$	$-22,804$	$0,009365$	$0,085147$	$-9,7615$	$-4,3974$
(II), B(I)	$-19,0231$	$2,1017$	$-81,8421$	$23,031$	$-23,2323$	$-24,225$	$0,010330$	$0,099881$	$-11,4651$	$-5,1583$
(I), B(II)	$-1,9817$	$-0,1387$	$-0,0413$	$-3,245$	$0,0413$	$-3,121$	$-0,000275$	$-0,001147$	$1,1417$	$0,0592$
(II), B(II)	$-0,1508$	$-0,2042$	$-0,1582$	$-2,274$	$0,0066$	$-2,025$	$0,000172$	$-0,000474$	$0,5015$	$0,0245$
24 (I), B(I)	$-16,1923$	$2,1849$	$-82,9894$	$22,125$	$-22,0106$	$-21,406$	$0,010177$	$0,091607$	$-9,4349$	$-4,7309$
(II), B(I)	$-18,6869$	$1,8731$	$-82,2612$	$23,189$	$-22,8958$	$-22,946$	$0,011338$	$0,108584$	$-11,2141$	$-5,6077$
(I), B(II)	$-2,0468$	$-0,1285$	$-0,0410$	$-3,209$	$0,0410$	$-3,086$	$-0,000259$	$-0,001198$	$-1,1820$	$0,0619$
(II), B(II)	$-0,2065$	$-0,1879$	$-0,1496$	$-2,207$	$-0,0051$	$-1,989$	$0,000183$	$-0,000663$	$0,5438$	$0,0343$

III.6.3. Bemerkungen zu den Rechenergebnissen

Ein Vergleich der Rechenergebnisse läßt u. a. den Einfluß der Stabwerksverformungen (Theorie II. Ordnung) und der Querkraftverformungen auf den Schnittlasten- und Verformungszustand des Stabwerkes erkennen.

Der Vergleich zeigt ferner die Differenzen in den Rechenergebnissen, wenn bei einer Berechnung nach Theorie II. Ordnung die Überlagerungsvorschrift nach 17.3. nicht beachtet wird.

IV. Einflußlinien für Schnittlasten, Auflagerlasten und Verformungen eines ebenen Stabwerkes nach Theorie I. Ordnung

$$(\gamma = 0,\ \mu = 1,\ \varkappa_0 = 0)$$

Nachstehend werden Einflußlinienordinaten der Verformungen „φ_2" und „$\mathfrak{v}$"$_{2;x}$, der Stabendmomente „$\mathfrak{M}(0)$"$_{2,3(b,b)}$ und „$\mathfrak{M}(0)$"$_{3,2(b,b)}$, der Stabendquerkraft „$\mathfrak{K}(0)$"$_{1,2;Q(b,b)}$, der Schnittlasten „$\mathfrak{M}(0;\,0{,}400)$"$_{(b,b)}$, „$\mathfrak{Q}(0;0{,}400)$"$_{(b,b)}$ und „$\mathfrak{S}(0{,}400)$"$_{(f,f)}$ und der Verformungen „$\mathfrak{v}(0;\,0{,}400)$"$_{(b,b)}$, „$\mathfrak{v}'(0;0{,}400)$"$_{(b,b)}$ und „$\mathfrak{u}(0{,}400)$"$_{(f,f)}$ des Querschnittes $\chi = 0{,}400$ des Stabes 2,3 und der Fesselschnittlasten „ϑ_4" und „$\mathfrak{R}_3$" des ebenen Stabwerkes nach I.1. berechnet.

Die Berechnung der Einflußlinienordinaten, von der nur die Ansätze und die Ergebnisse mitgeteilt werden, erfolgt nach 18.

Im folgenden kennzeichnet

„φ_a*": einen Verformungszustand infolge $\overline{M}_a = \dfrac{E_c I_c}{l_c}$,

„ξ_a*": einen Verformungszustand infolge $\overline{H}_a = \dfrac{E_c I_c}{l_c^2}$,

„η_a*": einen Verformungszustand infolge $\overline{V}_a = \dfrac{E_c I_c}{l_c^2}$,

„$\overline{M}_a$" $= \ldots$: einen Verformungszustand infolge $\overline{M}_a = \ldots$,

„$\overline{H}_a$" $= \ldots$: einen Verformungszustand infolge $\overline{H}_a = \ldots$,

„$\overline{V}_a$" $= \ldots$: einen Verformungszustand infolge $\overline{V}_a = \ldots$,

I: eine Einflußlinie für Lasten P, q und $q(\tilde{\chi})$ quer zu einer Stabsehne a,b ($\triangle\ \tilde{\mathfrak{v}}(\tilde{\chi})$),

II: eine Einflußlinie für Momente M ($\triangle\ \tilde{\mathfrak{v}}'(\tilde{\chi})$),

III: eine Einflußlinie für Lasten L, p und $p(\tilde{\chi})$ in Richtung einer Stabsehne a,b ($\triangle\ \tilde{\mathfrak{u}}(\tilde{\chi})$).

$$\text{,,}\varphi_2\text{''}$$

(18.2.1)	$\text{,,}\varphi_2\text{''} = \text{,,}\varphi_2{*}\text{''} \cdot \dfrac{l_c}{E_c I_c} \rightarrow \text{,,}\overline{M}_2\text{''} = \dfrac{E_c I_c}{l_c} \cdot \dfrac{l_c}{E_c I_c} = 1$			
Stab i,k	$\tilde{\chi}$	$\text{,,}\varphi\text{''}_{2;I}$	$\text{,,}\varphi\text{''}_{2;II}$	$\text{,,}\varphi\text{''}_{2;III}$
(0)	(0)	(1/Mp)	(1/Mp · m)	(1/Mp)
1,2	0,00	0	0	0
	0,20	−0,030066	−0,024316	0,001113
	0,40	−0,074266	−0,014134	0,002227
	0,60	−0,063605	0,030545	0,003340
	0,80	0,070914	0,109723	0,004453
	1,00	0,398287	0,223399	0,005566
2,3	0,00	−0,005566	0,223399	0,398287
	0,20	0,178053	0,089151	0,398075
	0,40	0,224041	−0,005985	0,397863
	0,60	0,179333	−0,062009	0,397651
	0,80	0,090864	−0,078922	0,397439
	1,00	0,005566	−0,056722	0,397227
3,4	0,00	−0,397227	−0,056722	0,005566
	0,20	−0,447281	0,003566	0,004453
	0,40	−0,395367	0,045246	0,003340
	0,60	−0,278704	0,068316	0,002227
	0,80	−0,134509	0,072777	0,001113
	1,00	0	0,058630	0

Faktor: $\times 10^{-3}$

$$\text{,,}\mathfrak{v}\text{''}_{2;x}$$

(18.2.2)	$\text{,,}\mathfrak{v}\text{''}_{2;x} = \text{,,}\xi_2{*}\text{''} \cdot \dfrac{l_c^2}{E_c I_c} \rightarrow \text{,,}\overline{H}_2\text{''} = \dfrac{E_c I_c}{l_c^2} \cdot \dfrac{l_c^2}{E_c I_c} = 1$			
Stab i,k	$\tilde{\chi}$	$\text{,,}\mathfrak{v}\text{''}_{2;x;I}$	$\text{,,}\mathfrak{v}\text{''}_{2;x;II}$	$\text{,,}\mathfrak{v}\text{''}_{2;x;III}$
(0)	(0)	(m/Mp)	(m/Mp · m)	(m/Mp)
1,2	0,00	0	0	0
	0,20	0,710448	0,661925	0,003966
	0,40	2,453613	1,032717	0,007932
	0,60	4,647226	1,112374	0,011898
	0,80	6,709021	0,900898	0,015865
	1,00	8,056728	0,398287	0,019831
2,3	0,00	−0,019831	0,398287	8,056728
	0,20	0,252638	0,079051	8,053756
	0,40	0,225629	−0,100843	8,050784
	0,60	0,066352	−0,141396	8,047812
	0,80	−0,057984	−0,042607	8,044840
	1,00	0,019831	0,195523	8,041868
3,4	0,00	−8,041868	0,195523	0,019831
	0,20	−7,191729	0,627663	0,015865
	0,40	−5,639030	0,898082	0,011898
	0,60	−3,707214	1,006780	0,007932
	0,80	−1,719723	0,953757	0,003966
	1,00	0	0,739012	0

Faktor: $\times 10^{-3}$

$$\text{,,}\mathfrak{M}(0)\text{''}_{2,3(b,b)}$$

(18.3.1) $\text{,,}\psi^*_{2,3}\text{''} = [\varrho_l \cdot (\text{,,}\eta_2{}^*\text{''} - \text{,,}\eta_3{}^*\text{''}) \cdot \theta_x]_{2,3}$

(18.3.2) $\text{,,}\mathfrak{M}(0)\text{''}_{2,3(b,b)} = +\text{,,}\overline{\mathfrak{M}}(0)\text{''}_{2,3(b,b)}$

$$+(\text{,,}\varphi_2{}^*\text{''} \cdot F_1(0) \cdot \varrho_l \cdot \varrho_E \cdot \varrho_I)_{2,3}$$

$$+(\text{,,}\varphi_3{}^*\text{''} \cdot F_2(0) \cdot \varrho_l \cdot \varrho_E \cdot \varrho_I)_{2,3}$$

$$-(\text{,,}\psi^*_{2,3}\text{''} \cdot F_3(0) \cdot \varrho_l \cdot \varrho_E \cdot \varrho_I)_{2,3}$$

Stab i,k	$\tilde{\chi}$	①$_I$ (18.7.9)	②$_I$	③$_I$	④$_I$	$\text{,,}\mathfrak{M}(0)\text{''}_{2,3;I}$	①$_{II}$ (18.7.1)	②$_{II}$
(0)	(0)	$\left(\dfrac{\text{Mp}\cdot\text{m}}{\text{Mp}}\right)$	$\left(\dfrac{\text{Mp}\cdot\text{m}}{\text{Mp}}\right)$	$\left(\dfrac{\text{Mp}\cdot\text{m}}{\text{Mp}}\right)$	$\left(\dfrac{\text{Mp}\cdot\text{m}}{\text{Mp}}\right)$	$\left(\dfrac{\text{Mp}\cdot\text{m}}{\text{Mp}}\right)$	$\left(\dfrac{\text{Mp}\cdot\text{m}}{\text{Mp}\cdot\text{m}}\right)$	$\left(\dfrac{\text{Mp}\cdot\text{m}}{\text{Mp}\cdot\text{m}}\right)$
1,2	0,00	0	0	0	0	0	0	0
	0,20	0	$-0,103\,515$	$0,066\,252$	$-0,000\,484$	$-0,037\,747$	0	$-0,083\,719$
	0,40	0	$-0,255\,695$	$0,212\,218$	$-0,002\,818$	$-0,046\,295$	0	$-0,048\,664$
	0,60	0	$-0,218\,988$	$0,358\,718$	$-0,008\,323$	$0,131\,407$	0	$0,105\,166$
	0,80	0	$0,244\,155$	$0,426\,568$	$-0,018\,322$	$0,652\,401$	0	$0,377\,772$
	1,00	0	$1,371\,283$	$0,336\,587$	$-0,034\,138$	$1,673\,732$	0	$0,769\,152$
2,3	0,00	0	$-0,019\,165$	$-0,009\,515$	$0,034\,034$	$0,005\,354$	$-1,000\,000$	$0,769\,152$
	0,20	$-0,768\,000$	$0,613\,027$	$-0,155\,980$	$0,021\,422$	$-0,289\,531$	$-0,320\,000$	$0,306\,943$
	0,40	$-0,864\,000$	$0,771\,362$	$-0,307\,540$	$0,007\,276$	$-0,392\,902$	$0,120\,000$	$-0,020\,606$
	0,60	$-0,576\,000$	$0,617\,436$	$-0,383\,964$	$-0,007\,372$	$-0,349\,900$	$0,320\,000$	$-0,213\,495$
	0,80	$-0,192\,000$	$0,312\,839$	$-0,305\,023$	$-0,021\,487$	$-0,205\,671$	$0,280\,000$	$-0,271\,723$
	1,00	0	$0,019\,165$	$0,009\,515$	$-0,034\,034$	$-0,005\,354$	0	$-0,195\,291$
3,4	0,00	0	$-1,367\,632$	$-0,337\,804$	$0,034\,118$	$-1,671\,318$	0	$-0,195\,291$
	0,20	0	$-1,539\,965$	$0,217\,009$	$0,018\,467$	$-1,304\,489$	0	$0,012\,279$
	0,40	0	$-1,361\,230$	$0,421\,990$	$0,008\,637$	$-0,930\,603$	0	$0,155\,779$
	0,60	0	$-0,959\,564$	$0,383\,344$	$0,003\,221$	$-0,572\,999$	0	$0,235\,209$
	0,80	0	$-0,463\,108$	$0,207\,279$	$0,000\,811$	$-0,255\,018$	0	$0,250\,569$
	1,00	0	0	0	0	0	0	$0,201\,860$

$$\to \; „\overline{V}_2" = -„\overline{V}_3" = \varrho_{l;2,3} \cdot \frac{E_c I_c}{l_c^{\,2}} \cdot (-1) = -\varrho_{l;2,3} \cdot \frac{E_c I_c}{l_c^{\,2}}$$

$$\to \; „\overline{M}_2" = \frac{E_c I_c}{l_c} \cdot 4 \cdot 1{,}666\,667 \cdot 1 \cdot 1 \qquad\qquad = 3442{,}950 \;(\mathrm{Mp}\cdot\mathrm{m}) \qquad ②$$

$$\to \; „\overline{M}_3" = \frac{E_c I_c}{l_c} \cdot 2 \cdot 1{,}666\,667 \cdot 1 \cdot 1 \qquad\qquad = 1721{,}475 \;(\mathrm{Mp}\cdot\mathrm{m}) \qquad ③$$

$$\to \; „\overline{V}_2" = -„\overline{V}_3" = 1{,}666\,667 \cdot \frac{E_c I_c}{l_c^{\,2}} \cdot 6 \cdot 1{,}666\,667 \cdot 1 \cdot 1 = \;860{,}737\,500 \;(\mathrm{Mp}) \qquad ④$$

①

$③_{II}$	$④_{II}$	$„\mathfrak{M}(0)"_{2,3;II}$	$①_{III}$	$②_{III}$	$③_{III}$	$④_{III}$	$„\mathfrak{M}(0)"_{2,3;III}$
$\left(\dfrac{\mathrm{Mp}\cdot\mathrm{m}}{\mathrm{Mp}\cdot\mathrm{m}}\right)$	$\left(\dfrac{\mathrm{Mp}\cdot\mathrm{m}}{\mathrm{Mp}\cdot\mathrm{m}}\right)$	$\left(\dfrac{\mathrm{Mp}\cdot\mathrm{m}}{\mathrm{Mp}\cdot\mathrm{m}}\right)$	$\left(\dfrac{\mathrm{Mp}\cdot\mathrm{m}}{\mathrm{Mp}}\right)$	$\left(\dfrac{\mathrm{Mp}\cdot\mathrm{m}}{\mathrm{Mp}}\right)$	$\left(\dfrac{\mathrm{Mp}\cdot\mathrm{m}}{\mathrm{Mp}}\right)$	$\left(\dfrac{\mathrm{Mp}\cdot\mathrm{m}}{\mathrm{Mp}}\right)$	$\left(\dfrac{\mathrm{Mp}\cdot\mathrm{m}}{\mathrm{Mp}}\right)$
0	0	0	0	0	0	0	0
0,059 653	−0,000 594	−0,024 660	0	0,003 833	0,001 903	−0,006 807	−0,001 071
0,079 715	−0,001 850	0,029 201	0	0,007 666	0,003 806	−0,013 613	−0,002 141
0,060 186	−0,003 766	0,161 586	0	0,011 499	0,005 709	−0,020 420	−0,003 212
0,001 066	−0,006 344	0,372 494	0	0,015 332	0,007 612	−0,027 227	−0,004 283
−0,097 645	−0,009 582	0,661 925	0	0,019 165	0,009 515	−0,034 034	−0,005 354
−0,097 645	−0,009 582	−0,338 075	0	1,371 283	0,336 587	−0,034 138	1,673 732
−0,135 320	−0,011 293	−0,159 670	0	1,370 553	0,336 831	−0,034 134	1,673 250
−0,106 136	−0,012 141	−0,018 883	0	1,369 823	0,337 074	−0,034 130	1,672 767
−0,010 094	−0,012 128	0,084 283	0	1,369 092	0,337 317	−0,034 126	1,672 283
0.152 807	−0,011 253	0,149 831	0	1,368 362	0,337 561	−0,034 122	1,671 801
0,382 566	−0,009 515	0,177 760	0	1,367 632	0,337 804	−0,034 118	1,671 318
0,382 566	−0,009 515	0,177 760	0	0,019 165	0,009 515	−0,034 034	−0,005 354
0,181 098	−0,006 253	0,187 124	0	0,015 332	0,007 612	−0,027 227	−0,004 283
0,032 733	−0,003 694	0,184 818	0	0,011 499	0,005 709	−0,020 420	−0,003 212
−0,062 528	−0,001 839	0,170 842	0	0,007 666	0,003 806	−0,013 613	−0,002 141
−0,104 687	−0,000 688	0,145 194	0	0,003 833	0,001 903	−0,006 807	−0,001 071
−0,093 742	−0,000 240	0,107 878	0	0	0	0	0

(18.3.3)

$$„\mathfrak{M}(0)"_{3,2(b,b)} = +„\overline{\overline{\mathfrak{M}}}(0)"_{3,2(b,b)}$$

$$+(„\varphi_2{}^{*}" \cdot F_2(0) \cdot \varrho_l \cdot \varrho_E \cdot \varrho_I)_{2,3}$$

$$+(„\varphi_3{}^{*}" \cdot F_1(0) \cdot \varrho_l \cdot \varrho_E \cdot \varrho_I)_{2,3}$$

$$-(„\psi^{*}_{2,3}" \cdot F_3(0) \cdot \varrho_l \cdot \varrho_E \cdot \varrho_I)_{2,3}$$

Stab i,k	$\tilde{\chi}$	$\overline{①}_I$ (18.7.11)	$②_I$	$③_I$	$\overline{④}_I$	„$\mathfrak{M}(0)$"$_{3,2;I}$	$\overline{①}_{II}$ (18.7.2)	$②_{II}$	
(0)	(0)	$\left(\dfrac{\text{Mp} \cdot \text{m}}{\text{Mp}}\right)$	$\left(\dfrac{\text{Mp} \cdot \text{m}}{\text{Mp}}\right)$	$\left(\dfrac{\text{Mp} \cdot \text{m}}{\text{Mp}}\right)$	$\left(\dfrac{\text{Mp} \cdot \text{m}}{\text{Mp}}\right)$	$\left(\dfrac{\text{Mp} \cdot \text{m}}{\text{Mp}}\right)$	$\left(\dfrac{\text{Mp} \cdot \text{m}}{\text{Mp} \cdot \text{m}}\right)$	$\left(\dfrac{\text{Mp} \cdot \text{m}}{\text{Mp} \cdot \text{m}}\right)$	
1,2	0,00	0	0	0	0	0	0	0	
	0,20	0	−0,051758	0,132503	−0,000484	0,080261	0	−0,041860	
	0,40	0	−0,127847	0,424436	−0,002818	0,293771	0	−0,024332	
	0,60	0	−0,109494	0,717436	−0,008323	0,599619	0	0,052583	
	0,80	0	0,122077	0,853136	−0,018322	0,956891	0	0,188886	
	1,00	0	0,685642	0,673174	−0,034138	1.324678	0	0,384576	
2,3	0,00	0	−0,009582	−0,019030	0,034034	0,005422	0	0,384576	
	0,20	0,192000	0,306513	−0,311961	0,021422	0,207974	0,280000	0,153471	
	0,40	0,576000	0,385681	−0,615080	0,007276	0,353877	0,320000	−0,010303	
	0,60	0,864000	0,308718	−0,767928	−0,007372	0,397418	0,120000	−0,106747	
	0,80	0,768000	0,156419	−0,610045	−0,021487	0,292887	−0,320000	−0,135862	
	1,00	0	0,009582	0,019030	−0,034034	−0,005422	−1,000000	−0,097645	
3,4	0,00	0	−0,683816	−0,675609	0,034118	−1,325307	0	−0,097645	
	0,20	0	−0,769983	0,434018	0,018467	−0,317498	0	0,006139	
	0,40	0	−0,680615	0,843979	0,008637	0,172001	0	0,077889	
	0,60	0	−0,479782	0,766688	0,003221	0,290127	0	0,117604	
	0,80	0	−0,231554	0,414557	0,000811	0,183814	0	0,125285	
	1,00	0	0	0	0	0	0	0,100930	

$$\rightarrow \text{„}\overline{M}_2\text{“} = \frac{E_c I_c}{l_c} \cdot 2 \cdot 1{,}666\,667 \cdot 1 \cdot 1 \qquad = 1\,721{,}475 \;(\text{Mp} \cdot \text{m}) \qquad \text{①}$$

$$\rightarrow \text{„}\overline{M}_3\text{“} = \frac{E_c I_c}{l_c} \cdot 4 \cdot 1{,}666\,667 \cdot 1 \cdot 1 \qquad = 3\,442{,}950 \;(\text{Mp} \cdot \text{m}) \qquad \text{③}$$

$$\rightarrow \text{„}\overline{V}_2\text{“} = -\text{„}\overline{V}_3\text{“} = 1{,}666\,667 \cdot \frac{E_c I_c}{l_c^{\,2}} \cdot 6 \cdot 1{,}666\,667 \cdot 1 \cdot 1 = \;860{,}737\,500 \;(\text{Mp}) \qquad \text{④}$$

③$_{II}$	④$_{II}$	„$\mathfrak{M}(0)$“$_{3,2;II}$	①$_{III}$	②$_{III}$	③$_{III}$	④$_{III}$	„$\mathfrak{M}(0)$“$_{3,2;III}$
$\left(\dfrac{\text{Mp}\cdot\text{m}}{\text{Mp}\cdot\text{m}}\right)$	$\left(\dfrac{\text{Mp}\cdot\text{m}}{\text{Mp}\cdot\text{m}}\right)$	$\left(\dfrac{\text{Mp}\cdot\text{m}}{\text{Mp}\cdot\text{m}}\right)$	$\left(\dfrac{\text{Mp}\cdot\text{m}}{\text{Mp}}\right)$	$\left(\dfrac{\text{Mp}\cdot\text{m}}{\text{Mp}}\right)$	$\left(\dfrac{\text{Mp}\cdot\text{m}}{\text{Mp}}\right)$	$\left(\dfrac{\text{Mp}\cdot\text{m}}{\text{Mp}}\right)$	$\left(\dfrac{\text{Mp}\cdot\text{m}}{\text{Mp}}\right)$
0	0	0	0	0	0	0	0
0,119 306	−0,000 594	0,076 852	0	0,001 916	0,003 806	−0,006 807	−0,001 085
0,159 430	−0,001 850	0,133 248	0	0,003 833	0,007 612	−0,013 613	−0,002 168
0,120 372	−0,003 766	0,169 189	0	0,005 749	0,011 418	−0,020 420	−0,003 253
0,002 132	−0,006 344	0,184 674	0	0,007 666	0,015 224	−0,027 227	−0,004 337
−0,195 291	−0,009 582	0,179 703	0	0,009 582	0,019 030	−0,034 034	−0,005 422
−0,195 291	−0,009 582	0,179 703	0	0,685 642	0,673 174	−0,034 138	1,324 678
−0,270 640	−0,011 293	0,151 538	0	0,685 276	0,673 661	−0,034 134	1,324 803
−0,212 273	−0,012 141	0,085 283	0	0,684 911	0,674 148	−0,034 130	1,324 929
−0,020 188	−0,012 128	−0,019 063	0	0,684 546	0,674 635	−0,034 126	1,325 055
0,305 613	−0,011 253	−0,161 502	0	0,684 181	0,675 122	−0,034 122	1,325 181
0,765 132	−0,009 515	−0,342 028	0	0,683 816	0,675 609	−0,034 118	1,325 307
0,765 132	−0,009 515	0,657 972	0	0,009 582	0,019 030	−0,034 034	−0,005 422
0,362 196	−0,006 253	0,362 082	0	0,007 666	0,015 224	−0,027 227	−0,004 337
0,065 466	−0,003 694	0,139 661	0	0,005 749	0,011 418	−0,020 420	−0,003 253
−0,125 057	−0,001 839	−0,009 292	0	0,003 833	0,007 612	−0,013 613	−0,002 168
−0,209 373	−0,000 688	−0,084 776	0	0,001 916	0,003 806	−0,006 807	−0,001 085
−0,187 483	−0,000 240	−0,086 793	0	0	0	0	0

$$\text{,,}\mathfrak{K}(0)\text{``}_{1,2;\,Q;\,(b,b)}$$

| (18.3.1) | $\text{,,}\psi^{*}_{1,2}\text{``} = (\varrho_l \cdot \text{,,}\xi_2{}^{*}\text{``} \cdot \theta_y)_{1,2}$ |

| (18.3.4) | $\text{,,}\mathfrak{K}(0)\text{``}_{1,2;\,Q(b,b)} = +\,\text{,,}\bar{\mathfrak{K}}(0)\text{``}_{1,2;\,Q(b,b)}$ |

$$-\left(\text{,,}\varphi_2{}^{*}\text{``} \cdot F_3(0) \cdot \frac{\varrho_l{}^2 \cdot \varrho_E \cdot \varrho_I}{l_c}\right)_{1,2}$$

$$+\left(\text{,,}\psi^{*}_{1,2}\text{``} \cdot F_4(0) \cdot \frac{\varrho_l{}^2 \cdot \varrho_E \cdot \varrho_I}{l_c}\right)_{1,2}$$

Stab i,k	$\bar{\chi}$	①$_I$ (18.7.10)	②$_I$	③$_I$	$\text{,,}\mathfrak{K}(0)\text{``}_{1,2;\,Q;\,I}$	①$_{II}$ (18.7.3)	
(0)	(0)	(Mp/Mp)	(Mp/Mp)	(Mp/Mp)	(Mp/Mp)	(Mp/Mp · m)	
1,2	0,00	1,000000	0	0	1,000000	0	
	0,20	0,896000	0,009316	0,044029	0,949345	−0,096000	
	0,40	0,648000	0,023013	0,152058	0,823071	−0,144000	
	0,60	0,352000	0,019709	0,288003	0,659712	−0,144000	
	0,80	0,104000	−0,021974	0,415779	0,497805	−0,096000	
	1,00	0	−0,123415	0,499300	0,375885	0	
2,3	0,00	0	0,001725	−0,001229	0,000496	0	
	0,20	0	−0,055172	0,015657	−0,039515	0	
	0,40	0	−0,069423	0,013983	−0,055440	0	
	0,60	0	−0,055569	0,004112	−0,051457	0	
	0,80	0	−0,028155	−0,003593	−0,031748	0	
	1,00	0	−0,001725	0,001229	−0,000496	0	
3,4	0,00	0	−0,123087	−0,498380	−0,375293	0	
	0,20	0	0,138597	−0,445694	−0,307097	0	
	0,40	0	0,122511	−0,349468	−0,226957	0	
	0,60	0	0,086361	−0,229748	−0,143387	0	
	0,80	0	0,041680	−0,106577	−0,064897	0	
	1,00	0	0	0	0	0	

$$\to \;,,\overline{H}_2`` = 1 \cdot \frac{E_c I_c}{l_c^{\,2}} \cdot 1 = \frac{E_c I_c}{l_c^{\,2}}$$

①

$$\to \;,,\overline{M}_2`` = -\frac{E_c I_c}{l_c} \cdot 6 \cdot \frac{1^2 \cdot 1 \cdot 1}{l_c} = -\frac{E_c I_c}{l_c^{\,2}} \cdot 6 = -309{,}865\,500 \;(\mathrm{Mp}) \qquad ②$$

$$\to \;,,\overline{H}_2`` = \frac{E_c I_c}{l_c^{\,2}} \cdot 12 \cdot \frac{1^2 \cdot 1 \cdot 1}{l_c} = \frac{E_c I_c}{l_c^{\,3}} \cdot 12 = 61{,}973\,100 \;(\mathrm{Mp/m}) \qquad ③$$

$②_{II}$	$③_{II}$	$,,\mathfrak{K}(0)``_{1,2;Q;II}$	$①_{III}$	$②_{III}$	$③_{III}$	$,,\mathfrak{K}(0)``_{1,2;Q;III}$
(Mp/Mp · m)	(Mp/Mp · m)	(Mp/Mp · m)	(Mp/Mp)	(Mp/Mp)	(Mp/Mp)	(Mp/Mp)
0	0	0	0	0	0	0
0,007 535	0,041 022	−0,047 443	0	−0,000 345	0,000 246	−0,000 099
0,004 380	0,064 001	−0,075 619	0	−0,000 690	0,000 492	−0,000 198
−0,009 465	0,068 937	−0,084 528	0	−0,001 035	0,000 737	−0,000 298
−0,033 999	0,055 831	−0,074 168	0	−0,001 380	0,000 983	−0,000 397
−0,069 224	0,024 683	−0,044 541	0	−0,001 725	0,001 229	−0,000 496
−0,069 224	0,024 683	−0,044 541	0	−0,123 415	0,499 300	0,375 885
−0,027 625	0,004 899	−0,022 726	0	−0,123 350	0,499 116	0,375 766
0,001 855	−0,006 250	−0,004 395	0	−0,123 284	0,498 932	0,375 648
0,019 125	−0,008 763	0,010 452	0	−0,123 218	0,498 748	0,375 530
0,024 455	−0,002 641	0,021 814	0	−0,123 153	0,498 564	0,375 411
0,017 576	0,012 117	0,029 693	0	−0,123 087	0,498 380	0,375 293
0,017 576	0,012 117	0,029 693	0	−0,001 725	0,001 229	−0,000 496
−0,001 105	0,038 898	0,037 793	0	−0,001 380	0,000 983	−0,000 397
−0,014 020	0,055 657	0,041 637	0	−0,001 035	0,000 737	−0,000 298
−0,021 169	0,062 393	0,041 224	0	−0,000 690	0,000 492	−0,000 198
−0,022 551	0,059 107	0,036 556	0	−0,000 345	0,000 246	−0,000 099
−0,018 167	0,045 799	0,027 632	0	0	0	0

$$\text{,,}\mathfrak{M}(0;\,0{,}400)\text{``}_{(b,b)}$$

| (18.3.6) | $\text{,,}\mathfrak{M}(0;\,0{,}400)\text{``}_{(b,b)} = \text{,,}\mathfrak{M}_0(0;\,0{,}400)\text{``} + \text{,,}\mathfrak{M}(0)\text{``}_{2,3(b,b)} \cdot F(0;\,0{,}400)_{a;M}$ | | | | |

Stab i,k	$\tilde{\chi}$	①$_I$ (18.6.82) (18.6.87)	②$_I$	③$_I$	$\text{,,}\mathfrak{M}(0;0{,}400)\text{``}_I$	①$_{II}$ (18.6.22) (18.6.27)
(0)	(0)	$\left(\dfrac{\text{Mp}\cdot\text{m}}{\text{Mp}}\right)$	$\left(\dfrac{\text{Mp}\cdot\text{m}}{\text{Mp}}\right)$	$\left(\dfrac{\text{Mp}\cdot\text{m}}{\text{Mp}}\right)$	$\left(\dfrac{\text{Mp}\cdot\text{m}}{\text{Mp}}\right)$	$\left(\dfrac{\text{Mp}\cdot\text{m}}{\text{Mp}\cdot\text{m}}\right)$
1,2	0,00	0	0	0	0	0
	0,20	0	$-0{,}022\,648$	$-0{,}032\,104$	$-0{,}054\,752$	0
	0,40	0	$-0{,}027\,777$	$-0{,}117\,508$	$-0{,}145\,285$	0
	0,60	0	$0{,}078\,844$	$-0{,}239\,847$	$-0{,}161\,003$	0
	0,80	0	$0{,}391\,440$	$-0{,}382\,756$	$0{,}008\,684$	0
	1,00	0	$1{,}004\,239$	$-0{,}529\,871$	$0{,}474\,368$	0
2,3	0,00	0	$0{,}003\,212$	$-0{,}002\,168$	$0{,}001\,044$	$0{,}600\,000$
	0,20	$0{,}720\,000$	$-0{,}173\,718$	$-0{,}083\,189$	$0{,}463\,093$	$0{,}600\,000$
	0,40	$1{,}440\,000$	$-0{,}235\,741$	$-0{,}141\,550$	$1{,}062\,709$	$0{,}600\,000$
	0,40	$1{,}440\,000$	$-0{,}235\,741$	$-0{,}141\,550$	$1{,}062\,709$	$-0{,}400\,000$
	0,60	$0{,}960\,000$	$-0{,}209\,940$	$-0{,}158\,967$	$0{,}591\,093$	$-0{,}400\,000$
	0,80	$0{,}480\,000$	$-0{,}123\,402$	$-0{,}117\,154$	$0{,}239\,444$	$-0{,}400\,000$
	1,00	0	$-0{,}003\,212$	$0{,}002\,168$	$-0{,}001\,044$	$-0{,}400\,000$
3,4	0,00	0	$-1{,}002\,790$	$0{,}530\,122$	$-0{,}472\,668$	0
	0,20	0	$-0{,}782\,693$	$0{,}126\,999$	$-0{,}655\,694$	0
	0,40	0	$-0{,}558\,361$	$-0{,}068\,800$	$-0{,}627\,161$	0
	0,60	0	$-0{,}343\,799$	$-0{,}116\,050$	$-0{,}459\,849$	0
	0,80	0	$-0{,}153\,010$	$-0{,}073\,525$	$-0{,}226\,535$	0
	1,00	0	0	0	0	0

$$- \; „\mathfrak{M}(0)“_{3,2(b,b)} \cdot F(0;0,400)_{b;M} = ① + ② + ③$$

②$_{II}$	③$_{II}$	„$\mathfrak{M}(0;0,400)$“$_{II}$	①$_{III}$	②$_{III}$	③$_{III}$	„$\mathfrak{M}(0;0,400)$“$_{III}$
$\left(\dfrac{\mathrm{Mp}\cdot\mathrm{m}}{\mathrm{Mp}\cdot\mathrm{m}}\right)$	$\left(\dfrac{\mathrm{Mp}\cdot\mathrm{m}}{\mathrm{Mp}\cdot\mathrm{m}}\right)$	$\left(\dfrac{\mathrm{Mp}\cdot\mathrm{m}}{\mathrm{Mp}\cdot\mathrm{m}}\right)$	$\left(\dfrac{\mathrm{Mp}\cdot\mathrm{m}}{\mathrm{Mp}}\right)$	$\left(\dfrac{\mathrm{Mp}\cdot\mathrm{m}}{\mathrm{Mp}}\right)$	$\left(\dfrac{\mathrm{Mp}\cdot\mathrm{m}}{\mathrm{Mp}}\right)$	$\left(\dfrac{\mathrm{Mp}\cdot\mathrm{m}}{\mathrm{Mp}}\right)$
0	0	0	0	0	0	0
−0,014796	−0,030740	−0,045536	0	−0,000642	0,000434	−0,000208
0,017520	−0,053299	−0,035779	0	−0,001284	0,000867	−0,000417
0,096951	−0,067675	0,029276	0	−0,001927	0,001301	−0,000626
0,223496	−0,073869	0,149627	0	−0,002569	0,001734	−0,000835
0,397155	−0,071881	0,325274	0	−0,003212	0,002168	−0,001044
−0,202845	−0,071881	0,325274	0	1,004239	−0,529871	0,474368
−0,095802	−0,060615	0,443583	0	1,003950	−0,529921	0,474029
−0,011329	−0,034113	0,554558	0	1,003660	−0,529971	0,473689
−0,011329	−0,034113	−0,445442	0	1,003660	−0,529971	0,473689
0,050569	0,007625	−0,341806	0	1,003369	−0,530022	0,473347
0,089898	0,064600	−0,245502	0	1,003080	−0,530072	0,473008
0,106656	0,136811	−0,156533	0	1,002790	−0,530122	0,472668
0,106656	−0,263189	−0,156533	0	−0,003212	0,002168	−0,001044
0,112274	−0,144832	−0,032558	0	−0,002569	0,001734	−0,000835
0,110890	−0,055864	0,055026	0	−0,001927	0,001301	−0,000626
0,102505	0,003716	0,106221	0	−0,001284	0,000867	−0,000417
0,087116	0,033910	0,121026	0	−0,000642	0,000434	−0,000208
0,064726	0,034717	0,099443	0	0	0	0

$$\text{,,}\mathfrak{Q}(0;0,400)\text{``}_{(b,b)}$$

(18.3.7) $\qquad \text{,,}\mathfrak{Q}(0;0,400)\text{``}_{(b,b)} = \text{,,}\mathfrak{Q}_0(0;0,400)\text{``} + \dfrac{\text{,,}\mathfrak{M}(0)\text{``}_{2,3(b,b)} \cdot F(0;0,400)_{a:Q}}{l_{2,3}}$

Stab i,k	$\tilde{\chi}$	$\textcircled{1}_I$ (18.6.83) (18.6.88)	$\textcircled{2}_I$	$\textcircled{3}_I$	$\text{,,}\mathfrak{Q}(0;0,400)\text{``}_I$	$\textcircled{1}_{II}$ (18.6.23) (18.6.28)
(0)	(0)	(Mp/Mp)	(Mp/Mp)	(Mp/Mp)	(Mp/Mp)	(Mp/Mp · m)
1,2	0,00	0	0	0	0	0
	0,20	0	0,006291	−0,013376	−0,007085	0
	0,40	0	0,007715	−0,048961	−0,042246	0
	0,60	0	−0,021901	−0,099936	−0,121837	0
	0,80	0	−0,108733	−0,159482	−0,268215	0
	1,00	0	−0,278955	−0,220780	−0,499735	0
2,3	0,00	0	−0,000892	−0,000903	−0,001795	−0,166667
	0,20	−0,200000	0,048255	−0,034662	−0,186407	−0,166667
	0,40	−0,400000	0,065483	−0,058979	−0,393496	−0,166667
	0,40	0,600000	0,065483	−0,058979	0,606504	−0,166667
	0,60	0,400000	0,058316	−0,066236	0,392080	−0,166667
	0,80	0,200000	0,034278	−0,048814	0,185464	−0,166667
	1,00	0	0,000892	0,000903	0,001795	−0,166667
3,4	0,00	0	0,278553	0,220884	0,499437	0
	0,20	0	0,217415	0,052916	0,270331	0
	0,40	0	0,155100	−0,028666	0,126434	0
	0,60	0	0,095500	−0,048354	0,047146	0
	0,80	0	0,042503	−0,030635	0,011868	0
	1,00	0	0	0	0	0

$$-\,\frac{\text{,,}\mathfrak{M}(0)\text{''}_{3,2(b,b)} \cdot F(0;0,400)_{b;Q}}{l_{2,3}} = ① + ② + ③$$

$②_{II}$	$③_{II}$	$\text{,,}\mathfrak{Q}(0;0,400)\text{''}_{II}$	$①_{III}$	$②_{III}$	$③_{III}$	$\text{,,}\mathfrak{Q}(0;0,400)\text{''}_{III}$
(Mp/Mp·m)	(Mp/Mp·m)	(Mp/Mp·m)	(Mp/Mp)	(Mp/Mp)	(Mp/Mp)	(Mp/Mp)
0	0	0	0	0	0	0
0,004110	−0,012808	−0,008698	0	0,000178	0,000180	0,000358
−0,004866	−0,022208	−0,027074	0	0,000356	0,000361	0,000717
−0,026931	−0,028198	−0,055129	0	0,000535	0,000542	0,001077
−0,062082	−0,030779	−0,092861	0	0,000713	0,000722	0,001435
−0,110321	−0,029950	−0,140271	0	0,000892	0,000903	0,001795
0,056345	−0,029950	−0,140272	0	−0,278955	−0,220780	−0,499735
0,026611	−0,025256	−0,165312	0	−0,278875	−0,220800	−0,499675
0,003147	−0,014213	−0,177733	0	−0,278795	−0,220821	−0,499616
0,003147	−0,014213	−0,177733	0	−0,278795	−0,220821	−0,499616
−0,014047	0,003177	−0,177537	0	−0,278714	−0,220842	−0,499556
−0,024971	0,026917	−0,164721	0	−0,278634	−0,220863	−0,499497
−0,029626	0,057004	−0,139289	0	−0,278553	−0,220884	−0,499437
−0,029626	−0,109662	−0,139288	0	0,000892	0,000903	0,001795
−0,031187	−0,060347	−0,091534	0	0,000713	0,000722	0,001435
−0,030803	−0,023276	−0,054079	0	0,000535	0,000542	0,001077
−0,028473	0,001548	−0,026925	0	0,000356	0,000361	0,000717
−0,024199	0,014129	−0,010070	0	0,000178	0,000180	0,000358
−0,017979	0,014655	−0,003324	0	0	0	0

$$„\mathfrak{S}(0,400)“_{(f,f)}$$

(18.3.30)	$„\mathit{\Delta} l^{*}_{2,3}“ = l_c \cdot [(„\xi_2{}^{*}“ - „\xi_3{}^{*}“) \cdot \theta_x]_{2,3}$

$$(18.3.33) \qquad „\mathfrak{S}(0,400)“_{(f,f)} = + „\overline{\overline{\mathfrak{S}}}(0,400)“_{(f,f)}$$

$$+ \left(„\mathit{\Delta} l^{*}_{2,3}“ \cdot \frac{\varrho_l \cdot \varrho_E \cdot \varrho_F}{l_c{}^2} \right)_{2,3}$$

Stab i,k	$\tilde{\chi}$	$①_I$	$②_I$	$„\mathfrak{S}(0,400)“_I$	$①_{II}$
(0)	(0)	(Mp/Mp)	(Mp/Mp)	(Mp/Mp)	(Mp/Mp $\cdot$ m)
	0,00	0	0	0	0
	0,20	0	$-0{,}050\,655$	$-0{,}050\,655$	0
1,2	0,40	0	$-0{,}176\,930$	$-0{,}176\,930$	0
	0,60	0	$-0{,}340\,288$	$-0{,}340\,288$	0
	0,80	0	$-0{,}502\,195$	$-0{,}502\,195$	0
	1,00	0	$-0{,}624\,115$	$-0{,}624\,115$	0
	0,00	0	$0{,}000\,496$	$0{,}000\,496$	0
	0,20	0	$-0{,}039\,516$	$-0{,}039\,516$	0
	0,40	0	$-0{,}055\,440$	$-0{,}055\,440$	0
2,3	0,40	0	$-0{,}055\,440$	$-0{,}055\,440$	0
	0,60	0	$-0{,}051\,457$	$-0{,}051\,457$	0
	0,80	0	$-0{,}031\,749$	$-0{,}031\,749$	0
	1,00	0	$-0{,}000\,496$	$-0{,}000\,496$	0
	0,00	0	$-0{,}375\,292$	$-0{,}375\,292$	0
	0,20	0	$-0{,}307\,097$	$-0{,}307\,097$	0
3,4	0,40	0	$-0{,}226\,957$	$-0{,}226\,957$	0
	0,60	0	$-0{,}143\,387$	$-0{,}143\,387$	0
	0,80	0	$-0{,}064\,897$	$-0{,}064\,897$	0
	1,00	0	0	0	0

$$\rightarrow \,\,\overline{H}_2\text{``} = -\,\,\overline{H}_3\text{``} = l_c \cdot \frac{E_c I_c}{l_c^2} \cdot (-1) = -\frac{E_c I_c}{l_c}$$

$$\rightarrow \,\,\overline{H}_2\text{``} = -\,\,\overline{H}_3\text{``} = \left(-\frac{E_c I_c}{l_c} \cdot \frac{\dfrac{l_c}{l} \cdot \dfrac{E}{E_c} \cdot \dfrac{F \cdot l_c^2}{I_c}}{l_c^2} \right)_{2,3} = -\left(\frac{EF}{l}\right)_{2,3} = -42\,000 \ (\text{Mp/m})$$

$\text{\textcircled{1}}$
$\text{\textcircled{2}}$

$\text{\textcircled{2}}_{II}$	``}\mathfrak{S}(0,400)\text{``_{II}	$\text{\textcircled{1}}_{III}$	$\text{\textcircled{2}}_{III}$	$\mathfrak{S}(0,400)\text{``}_{III}$
		(18.8.1) (18.8.3)		
$(\text{Mp/Mp} \cdot \text{m})$	$(\text{Mp/Mp} \cdot \text{m})$	(Mp/Mp)	(Mp/Mp)	(Mp/Mp)
0	0	0	0	0
$-0{,}047\,444$	$-0{,}047\,444$	0	$-0{,}000\,099$	$-0{,}000\,099$
$-0{,}075\,620$	$-0{,}075\,620$	0	$-0{,}000\,198$	$-0{,}000\,198$
$-0{,}084\,528$	$-0{,}084\,528$	0	$-0{,}000\,298$	$-0{,}000\,298$
$-0{,}074\,168$	$-0{,}074\,168$	0	$-0{,}000\,397$	$-0{,}000\,397$
$-0{,}044\,541$	$-0{,}044\,541$	0	$-0{,}000\,496$	$-0{,}000\,496$
$-0{,}044\,541$	$-0{,}044\,541$	0	$-0{,}624\,115$	$-0{,}624\,115$
$-0{,}022\,726$	$-0{,}022\,726$	$-0{,}200\,000$	$-0{,}424\,234$	$-0{,}624\,234$
$-0{,}004\,395$	$-0{,}004\,395$	$-0{,}400\,000$	$-0{,}224\,352$	$-0{,}624\,352$
$-0{,}004\,395$	$-0{,}004\,395$	$0{,}600\,000$	$-0{,}224\,352$	$0{,}375\,648$
$0{,}010\,452$	$0{,}010\,452$	$0{,}400\,000$	$-0{,}024\,471$	$0{,}375\,529$
$0{,}021\,815$	$0{,}021\,815$	$0{,}200\,000$	$0{,}175\,411$	$0{,}375\,411$
$0{,}029\,693$	$0{,}029\,693$	0	$0{,}375\,292$	$0{,}375\,292$
$0{,}029\,693$	$0{,}029\,693$	0	$-0{,}000\,496$	$-0{,}000\,496$
$0{,}037\,793$	$0{,}037\,793$	0	$-0{,}000\,397$	$-0{,}000\,397$
$0{,}041\,637$	$0{,}041\,637$	0	$-0{,}000\,298$	$-0{,}000\,298$
$0{,}041\,224$	$0{,}041\,224$	0	$-0{,}000\,198$	$-0{,}000\,198$
$0{,}036\,556$	$0{,}036\,556$	0	$-0{,}000\,099$	$-0{,}000\,099$
$0{,}027\,631$	$0{,}027\,631$	0	0	0

„$\bar{\mathfrak{v}}(0;0{,}400)$"$_{(b,l}$

(18.3.8)

$$„\bar{\mathfrak{v}}(0;0{,}400)"_{(b,b)} = +„\bar{\mathfrak{v}}_0(0;0{,}400)"$$

$$+„\mathfrak{M}(0)"_{2,3(b,b)} \cdot F(0;0{,}400)_{a;v} \cdot \left(\frac{l^2}{EI}\right)_{2,3}$$

$$-„\mathfrak{M}(0)"_{3,2(b,b)} \cdot F(0;0{,}400)_{b,v} \cdot \left(\frac{l^2}{EI}\right)_{2,3}$$

$$-„\eta_2^*" \cdot \theta_{x;2,3} \cdot \frac{l_c^2}{E_c I_c}$$

$$+„\psi_{2,3}^*" \cdot \frac{\tilde{\chi}_m}{\varrho_{l;2,3}} \cdot \frac{l_c^2}{E_c I_c}$$

Stab i,k	$\tilde{\chi}$	①$_I$ (18.6.84) (18.6.89)	②$_I$	③$_I$	④$_I$	⑤$_I$	„$\bar{\mathfrak{v}}(0;0{,}400)$"$_I$	①$_{II}$ (18.6.24) (18.6.29)	②$_{II}$
(0)	(0)	$\left(\dfrac{\mathrm{m}}{\mathrm{Mp}}\right)$	$\left(\dfrac{\mathrm{m}}{\mathrm{Mp}}\right)$	$\left(\dfrac{\mathrm{m}}{\mathrm{Mp}}\right)$	$\left(\dfrac{\mathrm{m}}{\mathrm{Mp}}\right)$	$\left(\dfrac{\mathrm{m}}{\mathrm{Mp}}\right)$	$\left(\dfrac{\mathrm{m}}{\mathrm{Mp}}\right)$	$\left(\dfrac{\mathrm{m}}{\mathrm{Mp}\cdot\mathrm{m}}\right)$	$\left(\dfrac{\mathrm{m}}{\mathrm{Mp}\cdot\mathrm{m}}\right)$
1,2 0,00		0	0	0	0	0	0	0	0
0,20		0	−0,016840	−0,031330	−0,000281	0,000225	−0,048226	0	−0,011001
0,40		0	−0,020653	−0,114677	−0,001637	0,001309	−0,135658	0	0,013027
0,60		0	0,058624	−0,234068	−0,004835	0,003868	−0,176411	0	0,072088
0,80		0	0,291055	−0,373533	−0,010643	0,008515	−0,084606	0	0,166180
1,00		0	0,746700	−0,517103	−0,019831	0,015865	0,225631	0	0,295303
2,3 0,00		0	0,002388	−0,002116	0,039611	−0,015816	0,024067	0,446129	−0,150825
0,20		0,501895	−0,129168	−0,081185	0,032285	−0,009955	0,313872	0,362480	−0,071233
0,40		0,803032	−0,175284	−0,138140	0,024068	−0,003381	0,510295	0,111532	−0,008424
0,60		0,758420	−0,156100	−0,155136	0,015559	0,003426	0,466169	−0,167298	0,037601
0,80		0,446129	−0,091755	−0,114331	0,007360	0,009985	0,257388	−0,334597	0,066843
1,00		0	−0,002388	0,002116	0,000071	0,015816	0,015615	−0,390363	0,079303
3,4 0,00		0	0,745623	0,517349	0,019819	−0,015855	−0,224310	0	0,079303
0,20		0	−0,581970	0,123939	0,010727	−0,008582	−0,455886	0	0,083481
0,40		0	−0,415168	−0,067142	0,005017	−0,004014	−0,481307	0	0,082452
0,60		0	−0,255631	−0,113254	0,001871	−0,001497	−0,368511	0	0,076217
0,80		0	−0,113770	−0,071754	0,000471	−0,000377	−0,185430	0	0.064775
1,00		0	0	0	0	0	0	0	0,048127

Faktor: $\times 10$

$\to \ \text{,,}\mathfrak{M}(0)\text{``}_{2,3(b,b)} \cdot 0{,}446\,129 \cdot 10^{-3}$ ②

$\to \ \text{,,}\mathfrak{M}(0)\text{``}_{3,2(b,b)} \cdot (-0{,}390\,362) \cdot 10^{-3}$ ③

$\to \ \text{,,}\overline{V}_2\text{``} = -\dfrac{E_c I_c}{l_c^{\,2}} \cdot (-1) \cdot \dfrac{l_c^{\,2}}{E_c I_c} \qquad = 1{,}000$ ④

$\to \ \text{,,}\overline{V}_2\text{``} = -\text{,,}\overline{V}_3\text{``} = -\varrho_{l;2,3} \cdot \dfrac{E_c I_c}{l_c^{\,2}} \cdot \dfrac{0{,}400}{\varrho_{l;2,3}} \cdot \dfrac{l_c^{\,2}}{E_c I_c} = -0{,}400$ ⑤

③$_{II}$	④$_{II}$	⑤$_{II}$	„v̆(0;0,400)"$_{II}$	①$_{III}$	②$_{III}$	③$_{III}$	④$_{III}$	⑤$_{III}$	„v̆(0;0,400)"$_{III}$
$\left(\dfrac{\mathrm{m}}{\mathrm{Mp}\cdot\mathrm{m}}\right)$	$\left(\dfrac{\mathrm{m}}{\mathrm{Mp}\cdot\mathrm{m}}\right)$	$\left(\dfrac{\mathrm{m}}{\mathrm{Mp}\cdot\mathrm{m}}\right)$	$\left(\dfrac{\mathrm{m}}{\mathrm{Mp}\cdot\mathrm{m}}\right)$	$\left(\dfrac{\mathrm{m}}{\mathrm{Mp}}\right)$	$\left(\dfrac{\mathrm{m}}{\mathrm{Mp}}\right)$	$\left(\dfrac{\mathrm{m}}{\mathrm{Mp}}\right)$	$\left(\dfrac{\mathrm{m}}{\mathrm{Mp}}\right)$	$\left(\dfrac{\mathrm{m}}{\mathrm{Mp}}\right)$	$\left(\dfrac{\mathrm{m}}{\mathrm{Mp}}\right)$
0	0	0	0	0	0	0	0	0	0
−0,300000	−0,000345	0,000276	−0,041070	0	−0,000477	0,000423	−0,007922	0,003163	−0,004813
−0,052014	−0,001074	0,000860	−0,039201	0	−0,000955	0,000846	−0,015845	0,006326	−0,009628
−0,066044	−0,002188	0,001750	0,005606	0	−0,001432	0,001269	−0,023767	0,009490	−0,014440
−0,072089	−0,003685	0,002948	0,093354	0	−0,001910	0,001692	−0,031689	0,012653	−0,019254
−0,070149	−0,005566	0,004453	0,224041	0	−0,002388	0,002116	−0,039611	0,015816	−0,024067
−0,070149	−0,005566	0,004453	0,224042	0	0,746700	−0,517103	−0,019831	0,015865	0,225631
−0,059154	−0,006560	0,005248	0,230781	0	0,746485	−0,517152	−0,019828	0,015863	0,225368
−0,033291	−0,007053	0,005642	0,068406	0	0,746269	−0,517201	−0,019826	0,015861	0,225103
0,007441	−0,007045	0,005636	−0,123665	0	0,746053	−0,517251	−0,019824	0,015859	0,224837
0,063044	−0,006537	0,005229	−0,206018	0	0,745838	−0,517300	−0,019821	0,015857	0,224574
0,133514	−0,005527	0,004422	−0,178651	0	0,745623	−0,517349	−0,019819	0,015855	0,224310
−0,256847	−0,005527	0,004422	−0,178649	0	−0,002388	0,002116	0,000071	0,015816	0,015615
−0,141343	−0,003632	0,002906	−0,058588	0	−0,001910	0,001692	0,000057	0,012653	0,012492
−0,054518	−0,002146	0,001717	0,027505	0	−0,001432	0,001269	0,000043	0,009490	0,009370
0,003627	−0,001068	0,000855	0,079631	0	−0,000955	0,000846	0,000029	0,006326	0,006246
0,033093	−0,000400	0,000320	0,097788	0	−0,000477	0,000423	0,000014	0,003163	0,003123
0,033880	−0,000139	0,000112	0,081980	0	0	0	0	0	0

(18.3.9)	
	„$\bar{\mathfrak{v}}'(0;0{,}400)$"$_{(b,b)} = +$„$\bar{\mathfrak{v}}_0'(0;0{,}400)$"

$$+\text{„}\mathfrak{M}(0)\text{"}_{2,3(b,b)} \cdot F(0;0{,}400)_{a;v'} \cdot \left(\frac{l}{EI}\right)_{2,3}$$

$$-\text{„}\mathfrak{M}(0)\text{"}_{3,2(b,b)} \cdot F(0;0{,}400)_{b;v'} \cdot \left(\frac{l}{EI}\right)_{2,3}$$

$$+\text{„}\psi_{2.3}^{*}\text{"} \cdot \frac{l_c}{E_c I_c}$$

Stab i,k	$\tilde{\chi}$	①$_I$ (18.6.85) (18.6.90)	②$_I$	③$_I$	④$_I$	„$\bar{\mathfrak{v}}'(0;0{,}400)$"$_I$	①$_{II}$ (18.6.25) (18.6.30)	②$_{II}$
(0)	(0)	$\left(\dfrac{1}{\mathrm{Mp}}\right)$	$\left(\dfrac{1}{\mathrm{Mp}}\right)$	$\left(\dfrac{1}{\mathrm{Mp}}\right)$	$\left(\dfrac{1}{\mathrm{Mp}}\right)$	$\left(\dfrac{1}{\mathrm{Mp}}\right)$	$\left(\dfrac{1}{\mathrm{Mp}\cdot\mathrm{m}}\right)$	$\left(\dfrac{1}{\mathrm{Mp}\cdot\mathrm{m}}\right)$
1,2	0,00	0	0	0	0	0	0	0
	0,20	0	−0,000584	−0,008081	0,000094	−0,008571	0	−0,000381
	0,40	0	−0,000717	−0,029579	0,000546	−0,029750	0	0,000452
	0,60	0	0,002035	−0,060374	0,001612	−0,056727	0	0,002502
	0,80	0	0,010105	−0,096347	0,003548	−0,082694	0	0,005769
	1,00	0	0,025926	−0,133379	0,006610	−0,100843	0	0,010253
2,3	0,00	0	0,000082	−0,000545	−0,006590	−0,007053	0,015491	−0,005236
	0,20	0,027883	−0,004484	−0,020940	−0,004148	−0,001689	0,038726	−0,002473
	0,40	0,111532	−0,006086	−0,035631	−0,001409	0,068406	0,108434	−0,000292
	0,60	0,167298	−0,005419	−0,040015	0,001428	0,123292	−0,007745	0,001305
	0,80	0,111532	−0,003185	−0,029490	0,004161	0,083018	−0,077452	0,002320
	1,00	0	−0,000082	0,000545	0,006590	0,007053	−0,100689	0,002753
3,4	0,00	0	−0,025888	0,133442	−0,006606	0,100948	0	0,002753
	0,20	0	−0,020206	0,031968	−0,003576	0,008186	0	0,002898
	0,40	0	−0,014415	−0,017318	−0,001672	−0,033405	0	0,002862
	0,60	0	−0,008875	−0,029212	−0,000624	−0,038711	0	0,002646
	0,80	0	−0,003950	−0,018507	−0,000157	−0,022614	0	0,002249
	1,00	0	0	0	0	0	0	0,001671

Faktor: $\times 10^{-3}$

$$\rightarrow \;,,\mathfrak{M}(0)\text{``}_{2,3(b,b)} \cdot 0{,}015490 \cdot 10^{-3}$$ ②

$$\rightarrow \;,,\mathfrak{M}(0)\text{``}_{3,2(b,b)} \cdot (-0{,}100688) \cdot 10^{-3}$$ ③

$$\rightarrow \;,,\overline{V}_2\text{``} = -\,,,\overline{V}_3\text{``} = -\frac{l_c}{l_{2,3}} \cdot \frac{E_c I_c}{l_c{}^2} \cdot \frac{l_c}{E_c I_c} = -\frac{1}{l_{2,3}} = -0{,}166667 \;(1/\mathrm{m})$$ ④

③_II	④_II	„ṽ′(0;0,400)"_II	①_III	②_III	③_III	④_III	„ṽ′(0;0,400)"_III
$\left(\dfrac{1}{\mathrm{Mp}\cdot\mathrm{m}}\right)$	$\left(\dfrac{1}{\mathrm{Mp}\cdot\mathrm{m}}\right)$	$\left(\dfrac{1}{\mathrm{Mp}\cdot\mathrm{m}}\right)$	$\left(\dfrac{1}{\mathrm{Mp}}\right)$	$\left(\dfrac{1}{\mathrm{Mp}}\right)$	$\left(\dfrac{1}{\mathrm{Mp}}\right)$	$\left(\dfrac{1}{\mathrm{Mp}}\right)$	$\left(\dfrac{1}{\mathrm{Mp}}\right)$
0	0	0	0	0	0	0	0
−0,007738	0,000115	−0,008004	0	−0,000016	−0,000109	0,001318	0,001411
−0,013416	0,000358	−0,012606	0	−0,000033	0,000218	0,002636	0,002821
−0,017035	0,000729	−0,013804	0	−0,000049	0,000327	0,003954	0,004232
−0,018594	0,001228	−0,011597	0	−0,000066	0,000436	0,005272	0,005642
−0,018093	0,001855	−0,005985	0	−0,000082	0,000545	0,006590	0,007053
−0,018093	0,001855	−0,005983	0	0,025926	−0,133379	0,006610	−0,100843
−0,015258	0,002187	0,023182	0	0,025918	−0,133391	0,006609	−0,100864
−0,008586	0,002351	0,101907	0	0,025911	−0,133404	0,006609	−0,100884
0,001919	0,002348	−0,002173	0	0,025903	−0,133417	0,006608	−0,100906
0,016261	0,002179	−0,056692	0	0,025896	−0,133429	0,006607	−0,100926
0,034438	0,001842	−0,061656	0	0,025888	−0,133442	0,006606	−0,100948
−0,066249	0,001842	−0,061654	0	−0,000082	0,000545	0,006590	0.007053
−0,036457	0,001211	−0,032348	0	−0,000066	0,000436	0,005272	0,005642
−0,014062	0,000715	−0,010485	0	−0,000049	0,000327	0,003954	0,004232
0,000935	0,000356	0,003937	0	−0,000033	0,000218	0,002636	0,002821
0,008535	0,000133	0,010917	0	−0,000016	0,000109	0,001318	0,001411
0,008739	0,000046	0,010456	0	0	0	0	0

$$\text{,,}\tilde{u}(0,400)\text{''}_{(f,f)}$$

(18.3.34)

$$\text{,,}\tilde{u}(0,400)\text{''}_{(f,f)} = +\text{,,}\overline{u}(0,400)\text{''}_{(f,f)}$$

$$-\text{,,}\xi_2^{*}\text{''} \cdot \theta_{x;2,3} \cdot \frac{l_c^2}{E_c I_c}$$

$$+\text{,,}\Delta l_{2,3}^{*}\text{''} \cdot \frac{\tilde{\chi}_m}{l_c} \cdot \frac{l_c^2}{E_c I_c}$$

Stab i,k	$\tilde{\chi}$	①$_I$	②$_I$	③$_I$	,,$\tilde{u}(0,400)$''$_I$	①$_{II}$
(0)	(0)	(m/Mp)	(m/Mp)	(m/Mp)	(m/Mp)	(m/Mp · m)
	0,00	0	0,	0	0	0
	0,20	0	0,710448	−0,000482	0,709966	0
	0,40	0	2,453613	−0,001685	2,451928	0
1,2	0,60	0	4,647226	−0,003241	4,643985	0
	0,80	0	6,709021	−0,004783	6,704238	0
	1,00	0	8,056728	−0,005944	8,050784	0
	0,00	0	−0,019831	0,000005	−0,019826	0
	0,20	0	0,252638	−0,000376	0,252262	0
	0,40	0	0,225629	−0,000528	0,225101	0
2,3	0,60	0	0,066352	−0,000490	0,065862	0
	0,80	0	−0,057984	−0,000302	−0,058286	0
	1,00	0	0,019831	−0,000005	0,019826	0
	0,00	0	−8,041868	−0,003574	−8,045442	0
	0,20	0	−7,191729	−0,002925	−7,194654	0
	0,40	0	−5,639030	−0,002161	−5,641191	0
3,4	0,60	0	−3,707214	−0,001366	−3,708580	0
	0,80	0	−1,719723	−0,000618	−1,720341	0
	1,00	0	0	0	0	0

Faktor: $\times 10^{-3}$

$$\rightarrow \,\text{,,}\bar{H}_2\text{''} = -\frac{E_c I_c}{l_c^{\,2}} \cdot (-1) \cdot \frac{l_c^{\,2}}{E_c I_c} = 1{,}000 \qquad \text{①}$$

$$\rightarrow \,\text{,,}\bar{H}_2\text{''} = -\,\text{,,}\bar{H}_3\text{''} = -\frac{E_c I_c}{l_c} \cdot \frac{0{,}400}{l_c} \cdot \frac{l_c^{\,2}}{E_c I_c} = -0{,}400 \qquad \text{②}$$

$$\text{③}$$

②$_{II}$	③$_{II}$	„ū(0,400)"$_{II}$	①$_{III}$	②$_{III}$	③$_{III}$	„ū(0,400)"$_{III}$
			(18.8.2) (18.8.4)			
(m/Mp · m)	(m/Mp · m)	(m/Mp · m)	(m/Mp)	(m/Mp)	(m/Mp)	(m/Mp)
0	0	0	0	0	0	0
0,661 925	−0,000 452	0,661 473	0	0,003 966	−0,000 001	0,003 965
1,032 717	−0,000 720	1,031 997	0	0,007 932	−0,000 002	0,007 930
1,112 374	−0,000 805	1,111 569	0	0,011 898	−0,000 003	0,011 895
0,900 898	−0,000 706	0,900 192	0	0,015 865	−0,000 004	0,015 861
0,398 287	−0,000 424	0,397 863	0	0,019 831	−0,000 005	0,019 826
0,398 287	−0,000 424	0,397 863	0	8,056 728	−0,005 944	8,050 784
0,079 051	−0,000 216	0,078 835	0,002 857	8,053 756	−0,004 040	8,052 573
−0,100 843	−0,000 042	−0,100 885	0,005 714	8,050 784	−0,002 137	8,054 361
−0,141 396	0,000 100	−0,141 296	0,003 810	8,047 812	−0,000 233	8,051 389
−0,042 607	0,000 208	−0,042 399	0,001 905	8,044 840	0,001 671	8,048 416
0,195 523	0,000 283	0,195 806	0	8,041 868	0,003 574	8,045 442
0,195 523	0,000 283	0,195 806	0	0,019 831	−0,000 005	0,019 826
0,627 663	0,000 360	0,628 023	0	0,015 865	−0,000 004	0,015 861
0,898 082	0,000 397	0,898 479	0	0,011 898	−0,000 003	0,011 895
1,006 780	0,000 393	1,007 173	0	0,007 932	−0,000 002	0,007 930
0,953 757	0,000 348	0,954 105	0	0,003 966	−0,000 001	0,003 965
0,739 012	0,000 263	0,739 275 ·	0	0	0	0

„ϑ_4"

(18.4.1)

$$\text{„}\vartheta_4\text{"} = -\text{„}\varphi_4{*}\text{"} \cdot \varrho_{D;4}$$

$$\to \text{„}\overline{M}_4\text{"} = -\frac{E_c I_c}{l_c} \cdot \frac{{}^{\varphi_4=1}\vartheta_4 \cdot l_c}{E_c I_c}$$

$$= -{}^{\varphi_4=1}\vartheta_4 = -1032{,}885 \ (\text{Mp} \cdot \text{m})$$

Stab i,k	$\tilde{\chi}$	„ϑ_4";I	„ϑ_4";II	„ϑ_4";III
(0)	(0)	(Mp · m/Mp)	(Mp · m/Mp · m)	(Mp · m/Mp)
	0,00	0	0	0
	0,20	−0,060006	−0,056322	−0,000029
1.2	0,40	−0,210551	−0,090539	−0,000058
	0,60	−0,407424	−0,102650	−0,000086
	0,80	−0,606416	−0,092657	−0,000115
	1,00	−0,763315	−0,060558	−0,000144
	0,00	0,000144	−0,060558	−0,763315
	0,20	−0,057193	−0,035173	−0,763451
2,3	0,40	−0,084677	−0,010801	−0,763587
	0,60	−0,083520	0,012560	−0,763722
	0,80	−0,054937	0,034909	−0,763858
	1,00	−0,000144	0,056245	−0,763994
	0,00	0,763994	0,056245	−0,000144
	0,20	0,893646	0,064630	−0,000115
3,4	0,40	0,987403	0,020349	−0,000086
	0,60	0,939934	−0,076596	−0,000058
	0,80	0,645910	−0,226206	−0,000029
	1,00	0	−0,428481	0

„$\mathfrak{N}_3$"

(18.4.2)

$$\text{„}\mathfrak{N}_3\text{"} = \left(\frac{\text{„}\xi_3{*}\text{"} \cdot \theta_x}{l_c}\right)_{3,\overline{3}} \cdot \varrho_{N;3}$$

$$\to \text{„}\overline{H}_3\text{"} = \frac{E_c I_c}{l_c^2} \cdot \frac{(-1)}{l_c} \cdot \frac{{}^{\Delta l_{3,\overline{3}}=1}\mathfrak{N}_3 \cdot l_c^3}{E_c I_c}$$

$$= -{}^{\Delta l_{3,\overline{3}}=1}\mathfrak{N}_3 = -51{,}644250 \ (\text{Mp/m})$$

Stab $i\,k$	$\tilde{\chi}$	„$\mathfrak{N}_3$";I	„$\mathfrak{N}_3$";II	„$\mathfrak{N}_3$";III
(0)	(0)	(Mp/Mp)	(Mp/Mp · m)	(Mp/Mp)
	0,00	0	0	0
	0,20	−0,036628	−0,034126	−0,000205
1,2	0,40	−0,126497	−0,053241	−0,000409
	0,60	−0,239584	−0,057344	−0,000614
	0,80	−0,345865	−0,046435	−0,000819
	1,00	−0,415316	−0,020514	−0,001024
	0,00	0,001024	−0,020514	−0,415316
	0,20	−0,012999	−0,004055	−0,415408
2,3	0,40	−0,011584	0,005213	−0,415501
	0,60	−0,003363	0,007289	−0,415593
	0,80	0,003034	0,002174	−0,415685
	1,00	−0,001024	−0,010134	−0,415778
	0,00	0,415778	−0,010134	−0,001024
	0,20	0,371789	−0,032462	−0,000819
3,4	0,40	0,291503	−0,046432	−0,000614
	0,60	0,191633	−0,052045	−0,000409
	0,80	0,088894	−0,049301	−0,000205
	1,00	0	−0,038200	0

V. Kritische Belastungen eines ebenen Stabwerkes

$$(\gamma = 0,\ \mu = 1,\ \varkappa_0 = 0;\ F = \infty)$$

V.1. Allgemeines

Für ein ebenes Stabwerk, das die Voraussetzung nach 19.2. erfüllt, werden unter Vernachlässigung von Querkraftverformungen berechnet:

1. die kleinste kritische Belastung $^{E}B(K_I)$ unter der Annahme eines unbeschränkt gültigen HOOKEschen Formänderungsgesetzes für den Stabwerkstoff (E = konstant),

2. die kleinste kritische Belastung $^{E;T}B(K_I)$ unter Berücksichtigung eines Knickmoduls $T(\sigma)$ nach ENGESSER für $|\sigma| \geqq 0{,}80 \cdot \sigma_F$.

Die Berechnung erfolgt nach 19.

V.2. System und Belastung

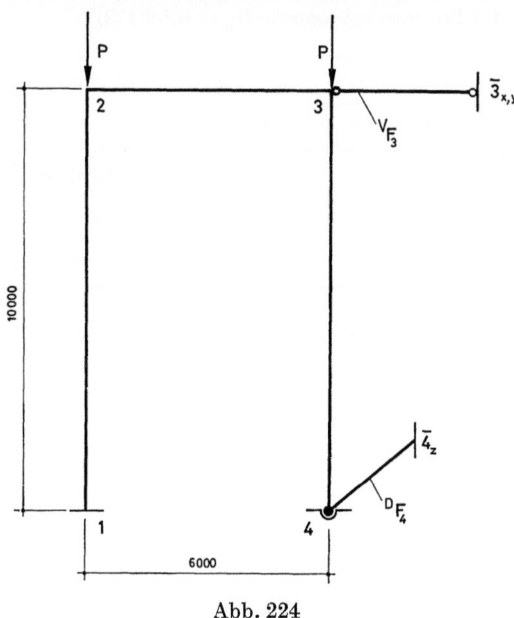

Abb. 224

V.3. Querschnittswerte

Wie unter I.4.: $F_{i,k}$ = 120 cm².

$I_{z;i,k}$ = 24 592,500 cm⁴.

Wie unter I.5.: $\varrho_{D;4}$ = 2,000 000.

$\varrho_{N;3}$ = 10,000 000.

V.4. Kleinste kritische Belastung $^E B(K_I)$ für E = konstant

V.4.1. Koeffizientenmatrix

Die Koeffizientenmatrix ergibt sich wie unter I.11.1. mit $F_i(\varepsilon)$ für $F_i(0)$.

V.4.2. Berechnung eines Belastungsmaßstabes $^E v_{K;I}$ für den $^E D(K_I) = 0$ wird

Es wird gewählt: $B(0) = P = 100$ Mp.

$$v_0 = 1,000000.$$

Die Berechnung nach 19.2. ergibt: $^E D(0) = 10159,131 \neq 0$.

Die Berechnung wird wiederholt für weitere Belastungszustände $v_p > 1,000000$ (z. B. für $v_p = 5,506173$), so daß die kleinste Nullstelle der Nennerdeterminante der Elastizitätsgleichungen und damit der kritische Belastungsmaßstab $^E v_{K;I}$ zeichnerisch bestimmt werden kann (Abb. 225).

Koeffizientenmatrix (p) für die unabhängigen Komponenten U_i^*
des Verformungszustandes ($v_p = 5,506173$)

	$U_1^* \triangleq \varphi_2^*$	$U_2^* \triangleq \xi_2^* = \xi_3^*$	$U_3^* \triangleq \varphi_3^*$	$U_4^* \triangleq \varphi_4^*$	$= 0$
①	$-8,98640869$	$4,84159573$	$-3,33333333$	0	$= 0$
②		$-8,04291159$	$4,84159573$	$4,84159573$	$= 0$
③			$-8,98640869$	$-2,52185371$	$= 0$
④				$-4,31974195$	$= 0$

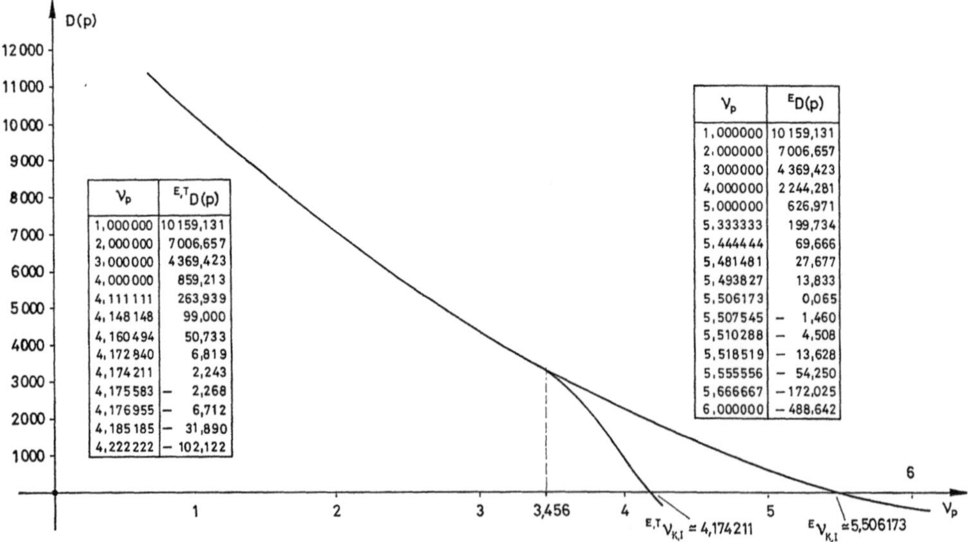

v_p	$^{E,T}D(p)$
1,000000	10159,131
2,000000	7006,657
3,000000	4369,423
4,000000	859,213
4,111111	263,939
4,148148	99,000
4,160494	50,733
4,172840	6,819
4,174211	2,243
4,175583	− 2,268
4,176955	− 6,712
4,185185	− 31,890
4,222222	− 102,122

v_p	$^E D(p)$
1,000000	10159,131
2,000000	7006,657
3,000000	4369,423
4,000000	2244,281
5,000000	626,971
5,333333	199,734
5,444444	69,666
5,481481	27,677
5,493827	13,833
5,506173	0,065
5,507545	− 1,460
5,510288	− 4,508
5,518519	− 13,628
5,555556	− 54,250
5,666667	− 172,025
6,000000	− 488,642

Abb. 225. Kritische Belastungsmaßstäbe $v_{K;I}$

Dreiecksmatrix (p) der Koeffizientenmatrix (p)

		$U_1{}^*$	$U_2{}^*$	$U_3{}^*$	$U_4{}^*$	
	①	−8,986 408 69	4,841 595 73	−3,333 333 33	0	= 0
	②		−8,042 911 59	4,841 595 73	4,841 595 73	= 0
$-$ ① $\cdot \dfrac{4,841\,595\,73}{(-8,986\,408\,69)}$	②a		2,608 500 24	−1,795 895 67	0	= 0
② + ②a	②′		−5,434 411 35	3,045 700 06	4,841 595 73	= 0
	③			−8,986 408 69	−2,521 853 71	= 0
$-$ ① $\cdot \dfrac{(-3,333\,333\,33)}{(-8,986\,408\,69)}$	③a			1,236 435 10	0	= 0
$-$ ②′ $\cdot \dfrac{3,045\,700\,06}{(-5,434\,411\,35)}$	③b			1,706 953 75	2,713 458 27	= 0
③ + ③a + ③b	③′			−6,043 019 84	0,191 604 56	= 0
	④				−4,319 741 95	= 0
$-$ ① $\cdot \dfrac{0}{(-8,986\,408\,69)}$	④a				0	= 0
$-$ ②′ $\cdot \dfrac{4,841\,595\,73}{(-5,434\,411\,35)}$	④b				4,313 447 71	= 0
$-$ ③′ $\cdot \dfrac{0,191\,604\,56}{(-6,043\,019\,84)}$	④c				0,006 075 16	= 0
④ + ④a + ④b + ④c	④′				−0,000 219 08	= 0

Betrag $^E D(p)$ der Nennerdeterminante (p) als Produkt der Koeffizienten $^i a^*_{i;D}(p)$ der Hauptdiagonale der Dreiecksmatrix (p):

$$^E D(p) = (-8{,}986\,408\,69) \cdot (-5{,}434\,411\,35) \cdot (-6{,}043\,019\,84) \cdot (-0{,}000\,219\,08) = 0{,}065$$
$$\simeq 0 = {}^E D(K_I).$$

Stabkräfte $S_{K;I}$ und Normalspannungen $\sigma_{K;I}$ für $^E v_{K;I} = 5{,}506173$

Stab i,k	$S_{K;I}$	$\sigma_{K;I}$	E	Stahlsorte
(0)	(Mp)	(Mp/cm²)	(Mp/cm²)	(0)
1,2	−550,617	−4,588	21 000,000	St 52
2,3	0	0	21 000,000	St 52
3,4	−550,617	−4,588	21 000,000	St 52

V.4.3. Berechnung der Knickfigur I

*Gleichungssystem zur Berechnung des unabhängigen Komponenten U_i^*
des Verformungszustandes bezogen auf $U_4^* = 1$.*

U_1^*	U_2^*	U_3^*	Absl.	$= 0$
$-8{,}98640869$	$4{,}84159573$	$-3{,}33333333$	0	$= 0$
	$-8{,}04291159$	$4{,}84159573$	$4{,}84159573$	$= 0$
		$-8{,}98640869$	$-2{,}52185371$	$= 0$

Lösungen des Gleichungssystems:

$$U_1^* \triangleq \varphi_2^* \qquad = 0{,}47780973,$$
$$U_2^* \triangleq \xi_2^* = \xi_3^* = 0{,}90868444,$$
$$U_3^* \triangleq \varphi_3^* \qquad = 0{,}03170676,$$
$$(U_4^* \triangleq \varphi_4^* \qquad = 1{,}00000000).$$

*„Stabverformungen" $\tilde{v}^*(\varepsilon, \tilde{\chi})_{(b,b)}$ infolge der unabhängigen Komponenten U_i^*
des Verformungszustandes $({}^E v_{K;I} = 5{,}506173)$.*

Stab i,k	χ	$\tilde{v}^*(\varepsilon, \tilde{\chi})_{(b,b)}$ (19.2)	Stab i,k	χ	$\tilde{v}^*(\varepsilon, \tilde{\chi})_{(b,b)}$ (19.2)
	0,00	0,000000		0,00	−0,908684
	0,10	0,016362		0,10	−0,895654
	0,20	0,065832		0,20	−0,860287
	0,30	0,146355		0,30	−0,800489
	0,40	0,252598		0,40	−0,716747
1,2	0,50	0,376507	3,4	0,50	−0,612077
	0,60	0,508162		0,60	−0,491709
	0,70	0,636826		0,70	−0,362530
	0,80	0,752076		0,80	−0,232359
	0,90	0,844907		0,90	−0,109118
	1,00	0,908684		1,00	0,000000
	0,00	0,000000			
	0,10	0,023050			
	0,20	0,036087			
	0,30	0,040944			
	0,40	0,039456			
2,3	0,50	0,033458			
	0,60	0,024782			
	0,70	0,015265			
	0,80	0,006739			
	0,90	0,001039			
	1,00	0,000000			

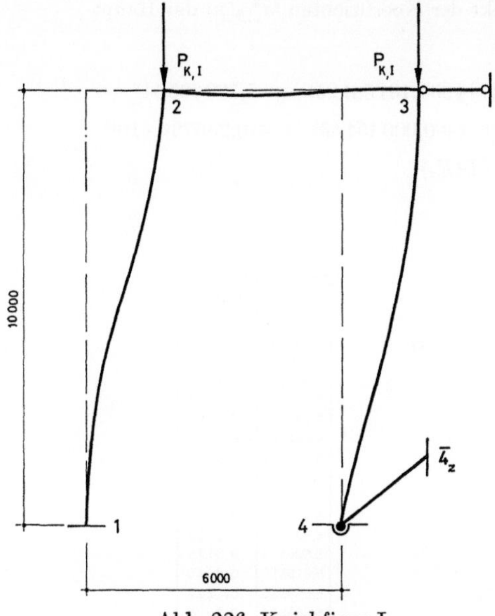

Abb. 226. Knickfigur I

V.4.4. Ermittlung des kleinsten Längsbelastungszustandes $^E\!B(K_I)$, der die Verformungen des Stabwerkes unendlich groß werden läßt ($EF \neq \infty$; $E =$ konstant)

Das ebene Stabwerk nach V.2. wird sich unter der gegebenen Belastung P infolge der Längselastizität der Stabwerksstäbe verformen. Die Verformungen können mit den Lösungen der Elastizitätsgleichungen der Formänderungsgrößenmethode für die unabhängigen Komponenten φ_i, ξ_i und η_i des Verformungszustandes nach 14. berechnet werden.

Wird der Betrag der Nennerdeterminante der Elastizitätsgleichungen für einen bestimmten Belastungsmaßstab v_K zu Null, ergeben sich unendlich große unabhängige Komponenten des Verformungszustandes und damit unendlich große Verformungen des Stabwerkes. Das Stabwerk wird unbrauchbar und die Berechnung ungültig (siehe auch 19.1.).

Ermittelt man wie unter V.4.2. für einige Belastungsmaßstäbe v_p den Betrag $^E\!D(p)$ der Nennerdeterminante der Elastizitätsgleichungen, so läßt sich zeichnerisch die kleinste Nullstelle der Nennerdeterminante und damit der Belastungsmaßstab $^E v_{K:I}$ finden (Abb. 227).

Die Berechnung des Betrages $^E\!D(p)$ wird für $v_p = 5,497942$ angegeben (Koeffizienten der Elastizitätsgleichungen siehe unter II.13.1.).

Koeffizientenmatrix (p) für die unabhängigen Komponenten des Verformungszustandes ($v_p = 5,497942$)

	φ_2^*	ξ_2^*	η_2^*	φ_3^*	ξ_3^*	η_3^*	φ_4^*
	−8,98942712	4,84348381	−16,66666667	−3,33333333	0	16,66666667	0
		−8131,60190997	0	0	8132,56074006	0	0
			−4935,09199959	−16,66666667	0	55,55555556	0
				−8,98942712	4,84348381	16,66666667	−2,52072335
					−8141,60190770	0	4,84348381
						−4935,09199959	0
							−4,32276038

Betrag $^E D(p)$ der Nennerdeterminante (p) als Produkt der Koeffizienten $^i a^*_{i;D}(p)$ der Hauptdiagonale der Dreiecksmatrix (p):

$$^E D(p) = (-8{,}98942712) \cdot (-8128{,}99225141) \cdot (-4904{,}18158125) \cdot (-7{,}73059554)$$
$$\times \; (-4{,}23873323) \cdot (-4849{,}64275947) \cdot (-0{,}00045443) = -0{,}258796 \cdot 10^{11}$$
$$\simeq 0 = {}^E D(K_I).$$

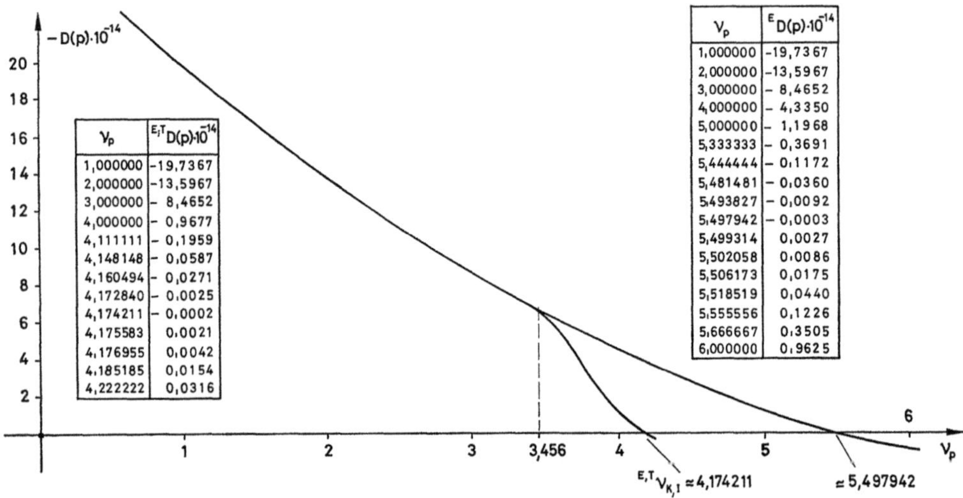

ν_p	$^{E_i^T}D(p)\cdot 10^{-14}$
1,000000	−19,7367
2,000000	−13,5967
3,000000	− 8,4652
4,000000	− 0,9677
4,111111	− 0,1959
4,148148	− 0,0587
4,160494	− 0,0271
4,172840	− 0,0025
4,174211	− 0,0002
4,175583	0,0021
4,176955	0,0042
4,185185	0,0154
4,222222	0,0316

ν_p	$^{E}D(p)\cdot 10^{-14}$
1,000000	−19,7367
2,000000	−13,5967
3,000000	− 8,4652
4,000000	− 4,3350
5,000000	− 1,1968
5,333333	− 0,3691
5,444444	− 0,1172
5,481481	− 0,0360
5,493827	− 0,0092
5,497942	− 0,0003
5,499314	0,0027
5,502058	0,0086
5,506173	0,0175
5,518519	0,0440
5,555556	0,1226
5,666667	0,3505
6,000000	0,9625

Abb. 227. Kritische Belastungsmaßstäbe $\nu_{K;I}$

Kleinster „Längsbelastungszustand", der das Stabwerk unbrauchbar werden läßt
$$(^E\nu_{K;I} \simeq 5{,}497942)$$

Stab i,k	$S_{K;I}$	$\sigma_{K;I}$	E	Stahlsorte
(0)	(Mp)	(Mp/cm²)	(Mp/m²)	(0)
1,2	−549,794	−4,582	21 000 000	St 52
2,3	0	0	21 000 000	St 52
3,4	−549,794	−4,582	21 000 000	St 52

V.5. Kleinste kritische Belastung $^{E;T}B(K)_I$ unter Berücksichtigung eines Knickmoduls $T(\sigma)$ nach Engesser

V.5.1. Koeffizientenmatrix

Die Koeffizientenmatrix ergibt sich wie unter I.11.1. mit $T(\sigma) = \lambda_0(\sigma) \cdot E$ für E und $F_i(\varepsilon)$ für $F_i(0)$.

V.5.2. Berechnung eines Belastungsmaßstabes $^{E;T}\nu_{K;I}$ für den $^{E;T}D(K_I) = 0$ wird

Es wird gewählt: $B(0) = P = 100\,\text{Mp}$.

$$\nu_0 = 1{,}000000.$$

Die Berechnung ergibt wie unter V.4.2.: $^{E;T}D(0) = 10\,159{,}131 \neq 0$.

Die Berechnung wird wiederholt für weitere Belastungsmaßstäbe $\nu_p > 1{,}000000$, z. B. für $\nu_p = 4{,}174211$. Der kritische Belastungsmaßstab $^{E;T}\nu_{K;I}$ ist in Abb. 225 zeichnerisch ermittelt.

Koeffizientenmatrix (p) für die unabhängigen Komponenten U_i^*
des Verformungszustandes $(\nu_p = 4{,}174211)$

$U_1^* \triangleq \varphi_2^*$	$U_2^* \triangleq \xi_2^* = \xi_3^*$	$U_3^* \triangleq \varphi_3^*$	$U_4^* \triangleq \varphi_4^*$	$= 0$
$-7{,}286\,822\,35$	$2{,}143\,999\,6$	$-3{,}333\,333\,33$	0	$= 0$
	$-2{,}410\,722\,83$	$2{,}143\,999\,6$	$2{,}143\,999\,6$	$= 0$
		$-7{,}286\,822\,35$	$-1{,}523\,838\,28$	$= 0$
			$-2{,}620\,155\,60$	$= 0$

Betrag $^{E;T}D(p)$ der Nennerdeterminante (p) als Produkt der Koeffizienten $^i a_{i;D}^*(p)$ der Hauptdiagonale der Dreiecksmatrix (p):

$$^{E;T}D(p) = (-7{,}286\,822\,35) \cdot (-1{,}779\,897\,78) \cdot (-5{,}001\,784\,21) \cdot (-0{,}034\,578\,03) = 2{,}243$$
$$\simeq 0 = {}^{E;T}D(K_I).$$

Stabkräfte $S_{K;I}$ und Normalspannungen $\sigma_{K;I}$ für $^{E;T}\nu_{K;i} = 4{,}174211$

Stab i,k	$S_{K;I}$	$\sigma_{K;I}$	$T(\sigma)$	Stahlsorte
(0)	(Mp)	(Mp/cm²)	(Mp/cm²)	(0)
1,2	$-417{,}421$	$-3{,}479$	$1\,072{,}231$	St 52
2,3	0	0	$2\,100{,}000$	St 52
3,4	$-417{,}421$	$-3{,}479$	$1\,072{,}231$	St 52

V.5.3. Berechnung der Knickfigur I

Gleichungssystem zur Berechnung der unabhängigen Komponenten U_i^*
des Verformungszustandes bezogen auf $U_4^* = 1$.

U_1^*	U_2^*	U_3^*	Absl.	$= 0$
$-7{,}286\,822\,35$	$2{,}143\,999\,6$	$-3{,}333\,333\,33$	0	$= 0$
	$-2{,}410\,722\,83$	$2{,}143\,999\,6$	$2{,}143\,999\,6$	$= 0$
		$-7{,}286\,822\,35$	$-1{,}523\,838\,28$	$= 0$

Lösungen des Gleichungssystems:

$$U_1^* \triangleq \varphi_2^* \qquad\qquad = 0{,}36091879, \quad \cdot$$
$$U_2^* \triangleq \xi_2^* = \xi_3^* = 1{,}18853370,$$
$$U_3^* \triangleq \varphi_3^* \qquad\qquad = -0{,}02452260,$$
$$(U_4^* \triangleq \varphi_4^* \qquad\qquad = 1{,}00000000).$$

„Stabverformungen" $\tilde{v}^*(\varepsilon, \tilde{\chi})_{(b,b)}$ infolge der unabhängigen Komponenten U_i^*
des Verformungszustandes $(^{E;T}v_{K;I} = 4{,}174211)$

Stab i,k	χ	$\tilde{v}^*(\varepsilon, \tilde{\chi})_{(b,b)}$		Stab i,k	χ	$\tilde{v}^*(\varepsilon, \tilde{\chi})_{(b,b)}$
		(19.2)				(19.2)
	0,00	0,000000			0,00	−1,188534
	0,10	0,021022			0,10	−1,178737
	0,20	0,087596			0,20	−1,137618
	0,30	0,199533			0,30	−1,058841
	0,40	0,349559			0,40	−0,941953
1,2	0,50	0,524449		3,4	0,50	−0,792456
	0,60	0,707094			0,60	−0,620944
	0,70	0,879174			0,70	−0,441452
	0,80	1,024019			0,80	−0,269262
	0,90	1,129212			0,90	−0,118514
	1,00	1,188534			1,00	0,000000
	0,00	0,000000				
	0,10	0,017673				
	0,20	0,028189				
	0,30	0,032760				
	0,40	0,032596				
2,3	0,50	0,028908				
	0,60	0,022908				
	0,70	0,015806				
	0,80	0,008813				
	0,90	0,003141				
	1,00	0,000000				

V.5.4. Ermittlung des kleinsten Längsbelastungszustandes $^{E;T}B(K_I)$, der die Verformungen des Stabwerkes unendlich groß werden läßt $[EF \neq \infty;\; T(\sigma)]$

Die Ermittlung des kleinsten Längsbelastungszustandes erfolgt wie unter V.4.4. In den Elastizitätsgleichungen nach II.13.1. ist $T(\sigma) = \lambda_0(\sigma) \cdot E$ für E zu setzen.

Die Berechnung des Betrages $^{E;T}D(p)$ wird für $v_p = 4{,}174211$ angegeben (siehe auch Abb. 227).

Betrag $^{E;T}D(p)$ der Nennerdeterminante (p) als Produkt der Koeffizienten $^i a_{i;D}^*(p)$ der Hauptdiagonale der Dreiecksmatrix (p):

$$^{E;T}D(p) = (-7{,}28682235) \cdot (-8128{,}13227756) \cdot (-2508{,}85666085) \cdot (-5{,}72929406)$$
$$\times (-1{,}52470463) \cdot (-2465{,}02484989) \cdot (-0{,}00523342) = -0{,}16745531 \cdot 10^{11}$$
$$\simeq 0 = {}^{E;T}D(K_I).$$

Die Stabkräfte $S_{K;I}$, die Normalspannungen $\sigma_{K;I}$ und die Knickmoduli $T(\sigma)$ ergeben sich für $^{E;T}v_{K;I} = 4{,}174211$ wie unter V.5.2.

Koeffizientenmatrix (p) für die unabhängigen Komponenten des Verformungszustandes $(v_p = 4{,}174211)$

φ_2^*	ξ_3^*	η_2^*	φ_3^*	ξ_3^*	η_3^*	φ_4^*
−7,28682235	2,14399396	−16,66666667	−3,33333333	0	16,66666667	0
	−8128,76610261	0	0	8132,56074006	0	0
		−2546,98018342	−16,66666667	0	55,55555556	0
			−7,28682235	2,14399396	16,66666667	−1,52383828
				−8138,76610034	0	2,14399396
					−2546,98018342	0
						−2,62015560

VI. Schnittlasten, Auflagerlasten und Verformungen eines verdrehungsbeanspruchten ebenen Stabwerkes (Wölbkrafttorsion)

VI.1. Torsionsstab

VI.1.1. System

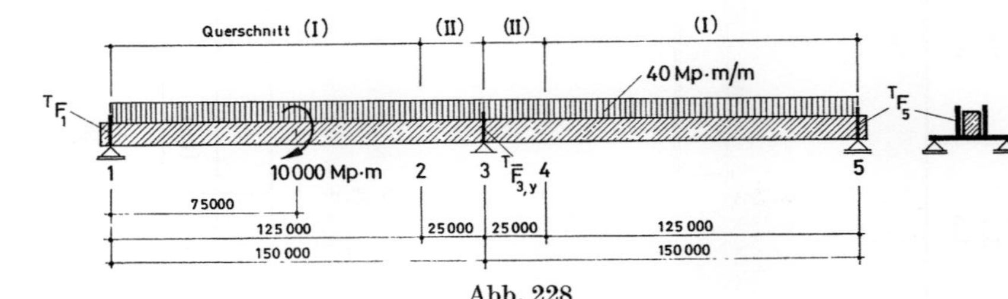

Abb. 228

VI.1.2. Stabbelastungen

VI.1.2.1.
Gleichstreckenmoment m_T

Stab i,k	m_T
(0)	(Mp · m/m)
1,2	40
2,3	40
3,4	40
4,5	40

VI.1.2.2.
Einzelmoment M_T

Stab i,k	M_T	x_{M_T}
(0)	(Mp · m)	(m)
1,2	10000	75
2,3	0	0
3,4	0	0
4,5	0	0

VI.1.3. Querschnittswerte

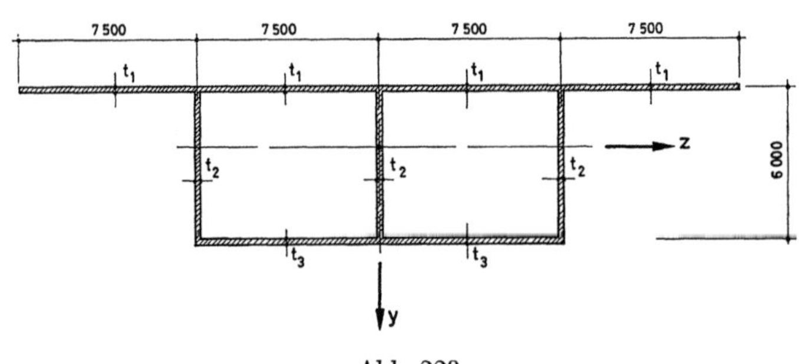

Abb. 229

Nr.	t_1	t_2	t_3	I_T	F_{ww}	γ_T
(0)	(mm)	(mm)	(mm)	(m⁴)	(m⁶)	(1/Mp · m²)
(I)	18	14	15	12,042566	23,193202	$0{,}518274 \cdot 10^{-7}$
(II)	30	18	40	21,016832	36,173624	$0{,}412252 \cdot 10^{-7}$

VI.1.4. Elastische Torsions-Fesselstäbe $^T F_i$

Pkt. i	$\varphi_i = {}^1\vartheta_i$
(0)	(Mp · m)
1	1000000
5	1000000

VI.2. Zugstab (Analogie)

VI.2.1. System

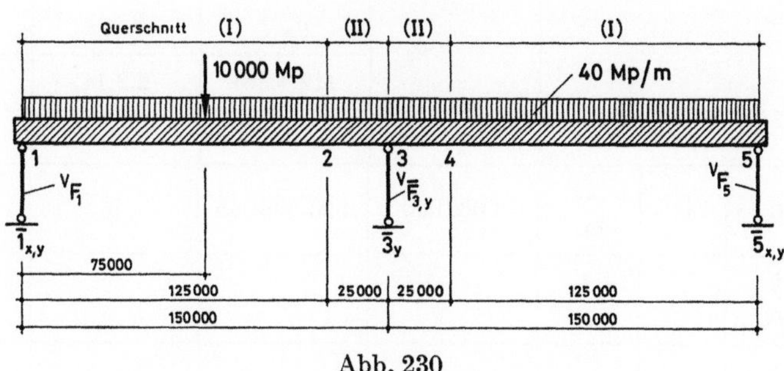

Abb. 230

VI.2.2. Stabbelastungen

VI.2.2.1.
Gleichstreckenlast q

Stab i,k	$q\ (\triangleq m_T)$
(0)	(Mp/m)
1,2	40
2,3	40
3,4	40
4,5	40

VI.2.2.2. Einzellast P

Stab i,k	$P\ (\triangleq M_T)$	$x_P\ (\triangleq x_{M_T})$
(0)	(Mp)	(m)
1,2	10000	75
2,3	0	0
3,4	0	0
4,5	0	0

VI.2.3. Querschnittswerte und Stablängskräfte

Nr.	$I\ (\triangleq F_{ww})$	$\gamma\ (\triangleq \gamma_T)$	$S\ (\triangleq GI_T)$
(0)	(m⁴)	(1/Mp)	(Mp)
(I)	23,193202	$0,518274 \cdot 10^{-7}$	97544788
(II)	36,173624	$0,412252 \cdot 10^{-7}$	170236342

VI.2.4. Elastische Verschiebungs-Fesselstäbe $^V F_i (\triangleq\ ^T F_i)$

Pkt. i	$\Delta l_{i,\bar{i}} = {^1}\mathfrak{N}_i\ (\triangleq \varphi_i = {^1}\vartheta_i)$
(0)	(Mp/m)
1	1000000
5	1000000

VI.2.5. Unabhängige Komponenten U des Verformungszustandes
Kennwerte ϱ und θ der elastischen Verschiebungsfessel

Pkt. i	U			$\Delta l_{i,\bar{\imath}}=1\,\mathfrak{N}_i$	$\varrho_{N;i}$	$\theta_{x;i,\bar{\imath}}$	$\theta_{y;i,\bar{\imath}}$
					(12.4.36)	(2.2.14)	(2.2.15)
(0)	(0)			(Mp/m)	(0)	(0)	(0)
1	0	0	$\begin{matrix}1\\\eta_1)\end{matrix}$	1 000 000	595,238 095	0	-1
2	$\begin{matrix}2\\(\varphi_2)\end{matrix}$	0	$\begin{matrix}3\\(\eta_1)\end{matrix}$	—	—	—	—
3	$\begin{matrix}4\\(\varphi_3)\end{matrix}$	0	0	—	—	—	—
4	$\begin{matrix}5\\(\varphi_4)\end{matrix}$	0	$\begin{matrix}6\\(\eta_4)\end{matrix}$	—	—	—	—
5	0	0	$\begin{matrix}7\\(\eta_5)\end{matrix}$	1 000 000	595,238 095	0	-1

$$E_c = 21\,000\,000 \text{ Mp/m}^2; \quad I_c = 10 \text{ m}^4; \quad l_c = 50 \text{ m}$$

VI.3. Schnittlasten, Auflagerlasten und Verformungen
unter Vernachlässigung des Einflusses
der Querkraft-Schubspannungen

VI.3.1. Stabbelastungen nach VI.2.2.1.

VI.3.1.1. Stabendschnittlasten $\overline{M}(\varepsilon)_{i,k}$ und $\overline{K}(\varepsilon)_{i,k;Q}$

Stab i,k	$\overline{M}(\varepsilon)_{i,k}$	$\overline{M}(\varepsilon)_{k,i}$	$\overline{K}(\varepsilon)_{i,k;Q}$	$\overline{K}(\varepsilon)_{k,i;Q}$
(g,b)		(6.6.10)	(6.6.11)	(6.6.12)
(b,b)	(6.6.1)	(6.6.2)	(6.6.4)	(6.6.6)
(b,g)	(6.6.7)		(6.6.8)	(6.6.9)
(0)	(Mp · m)	(Mp · m)	(Mp)	(Mp)
1,2 (g,b)	0	5484,666	2456,123	$-2543,877$
2,3 (b,b)	$-877,717$	877,717	500,000	$-500,000$
3,4 (b,b)	$-877,717$	877,717	500,000	$-500,000$
4,5 (b,g)	$-5484,666$	0	2543,877	$-2456,123$

VI.3.1.2. Elastizitätsgleichungen der Formänderungsgrößenmethode

	η_1^*	φ_2^*	η_2^*	φ_3^*	φ_4^*	η_4^*	η_5^*	Absl.	$= 0$
1	$-0,106819 \cdot 10^4$	$-0,211367 \cdot 10^2$	$0,472954 \cdot 10^3$	0	0	0	0	$0,1228061 \cdot 10^6$	$= 0$
2		$-0,147169 \cdot 10^3$	$-0,184930 \cdot 10^3$	$-0,870597 \cdot 10^1$	0	0	0	$-0,4606949 \cdot 10^4$	$= 0$
3			$-0,535046 \cdot 10^4$	$-0,206067 \cdot 10^3$	0	0	0	$0,1521939 \cdot 10^6$	$= 0$
4				$-0,188655 \cdot 10^3$	$-0,870597 \cdot 10^1$	$0,206067 \cdot 10^3$	0	0	$= 0$
5					$-0,147169 \cdot 10^3$	$0,184930 \cdot 10^3$	$0,211367 \cdot 10^2$	$0,4606949 \cdot 10^4$	$= 0$
6						$-0,535046 \cdot 10_4$	$0,472954 \cdot 10^3$	$0,1521939 \cdot 10^6$	$= 0$
7							$-0,106819 \cdot 10^4$	$0,1228061 \cdot 10^6$	$= 0$

VI.3.1.3. Lösungen der Elastizitätsgleichungen der Formänderungsgrößenmethode

η_1^*	φ_2^*	η_2^*	φ_3^*	φ_4^*	η_4^*	η_5^*
(Mp · m)	(Mp · m)	(Mp · m)	(Mp · m)	(Mp · m)	(Mp · m)	(Mp · m)
$0,1366450 \cdot 10^3$	$-0,1064748 \cdot 10^3$	$0,4420388 \cdot 10^2$	0	$0,1064748 \cdot 10^3$	$0,4420388 \cdot 10^2$	$0,1366450 \cdot 10^3$

VI.3.1.4. Verformungen φ_i und $v_{i;y}$ der Knotenpunkte

Pkt. i	φ_i	$v_{i;y}$
	(13.1)	(13.3)
(0)	(0)	(m)
1	—	0,001 626 73
2	−0,000 025 35	0,000 526 24
3	0	0
4	0,000 025 35	0,000 526 24
5	—	0,001 626 73

VI.3.1.5. Stabendschnittlasten $M(\varepsilon)_{i,k}$ und $K(\varepsilon)_{i,k;Q}$

Stab i,k	$M(\varepsilon)_{i,k}$	$M(\varepsilon)_{k,i}$	$K(\varepsilon)_{i,k;Q}$	$K(\varepsilon)_{k,i;Q}$
(g,b)		(14.4.1)	(14.4.2)	(14.4.3)
(b,b)	(14.2.2)	(14.2.3)	(14.2.4)	(14.2.5)
(b,g)	(14.3.1)		(14.3.2)	(14.3.3)
(0)	(Mp · m)	(Mp · m)	(Mp)	(Mp)
1,2 (g,b)	0	1 812,257	1 626,726	−3 373,274
2,3 (b,b)	−1 812,257	9 059,690	−3 373,274	−4 373,274
3,4 (b,b)	−9 059,690	1 812,257	4 373,274	3 373,274
4,5 (b,g)	−1 812,257	0	3 373,274	−1 626,726

VI.3.1.6. Schnittlasten und Verformungen

Stab i,k	$\bar{\chi}$	$M(\varepsilon)$	$Q(\varepsilon)$	$S \cdot v'(\varepsilon)$	$v(\varepsilon)$	$v'(\varepsilon)$
(g,b) (b,b)		(14.4.4) (14.2.6)	(14.4.5) (14.2.7)		(14.4.6) (14.2.8)	(14.4.7) (14.2.9)
(0)	(0)	(Mp · m)	(Mp)	(Mp)	(m)	(0)
	0,00	0,000	89,381	1 537,345	0,001 627	0,000 016
	0,05	187,545	5,452	1 371,274	0,001 721	0,000 014
	0,10	198,984	0,332	1 126,394	0,001 801	0,000 012
	0,15	199,681	0,020	876,706	0,001 865	0,000 009
	0,20	199,724	0,001	626,725	0,001 913	0,000 006
	0,25	199,726	0,000	376,726	0,001 946	0,000 004
	0,30	199,727	0,000	126,726	0,001 962	0,000 001
	0,35	199,727	0,000	− 123,274	0,001 962	−0,000 001
	0,40	199,727	0,000	− 373,274	0,001 946	−0,000 004
	0,45	199,727	0,000	− 623,274	0,001 914	−0,000 006
1,2 (g,b)	0,50	199,727	0,000	− 873,274	0,001 866	−0,000 009
	0,55	199,727	0,000	−1 123,274	0,001 802	−0,000 012
	0,60	199,727	0,000	−1 373,274	0,001 722	−0,000 014
	0,65	199,727	0,000	−1 623,274	0,001 626	−0,000 017
	0,70	199,726	0,000	−1 873,274	0,001 514	−0,000 019
	0,75	199,725	−0,001	−2 123,274	0,001 386	−0,000 022
	0,80	199,699	−0,013	−2 373,262	0,001 242	−0,000 024
	0,85	199,270	−0,204	−2 623,070	0,001 082	−0,000 027
	0,90	192,242	−3,350	−2 869,925	0,000 906	−0,000 029
	0,95	77,010	−54,918	−3 068,356	0,000 715	−0,000 031
	1,00	−1 812,257	−900,402	−2 472,872	0,000 526	−0,000 025
	0,00	−1 812,257	942,340	−4 315,614	0,000 526	−0,000 025
	0,05	− 923,201	521,417	−3 944,692	0,000 496	−0,000 023
	0,10	− 431,297	288,462	−3 761,736	0,000 468	−0,000 022
	0,15	− 159,217	159,495	−3 682,769	0,000 441	−0,000 022
	0,20	− 8,879	88,024	−3 661,299	0,000 414	−0,000 022
	0,25	73,912	48,286	−3 671,560	0,000 387	−0,000 022
	0,30	119,003	25,954	−3 699,228	0,000 360	−0,000 022
	0,35	142,649	12,978	−3 736,252	0,000 332	−0,000 022
	0,40	153,374	4,680	−3 777,955	0,000 305	−0,000 022
	0,45	155,045	−1,930	−3 821,344	0,000 277	−0,000 022
2,3 (b,b)	0,50	148,262	−9,237	−3 864,038	0,000 249	−0,000 023
	0,55	130,581	−19,873	−3 903,402	0,000 220	−0,000 023
	0,60	95,629	−37,673	−3 935,602	0,000 191	−0,000 023
	0,65	30,806	−69,054	−3 954,221	0,000 162	−0,000 023
	0,70	− 87,258	−125,328	−3 947,946	0,000 133	−0,000 023
	0,75	− 301,123	−226,782	−3 896,492	0,000 105	−0,000 023
	0,80	− 687,885	−409,990	−3 763,285	0,000 076	−0,000 022
	0,85	−1 386,970	−740,995	−3 482,279	0,000 050	−0,000 020
	0,90	−2 650,392	−1 339,124	−2 934,150	0,000 026	−0,000 017
	0,95	−4 933,605	−2 419,997	−1 903,277	0,000 008	−0,000 011
	1,00	−9 059,690	−4 373,261	− 0,013	0,000 000	−0,000 000

VI.3.1.7. Längskräfte N_i
der elastischen Verschiebungs-Fesselstäbe $^V F_i$

Pkt. i	N_i
	(15.2)
(0)	(Mp)
1	$-1\,626{,}726$
5	$-1\,626{,}726$

VI.3.1.8. Längskraft $\overline{N}_{3;y}$
des starren Verschiebungs-Fesselstabes $^V \overline{F}_{3;y}$

Pkt. i	$\overline{N}_{3;y}$
	(16.3)
(0)	(Mp)
3	$-8\,746{,}548$

VI.3.2. Stabbelastungen nach VI.2.2.2.

VI.3.2.1. Stabendschnittlasten $\overline{M}(\varepsilon)_{i,k}$ und $\overline{K}(\varepsilon)_{i,k;Q}$

Stab i,k	$\overline{M}(\varepsilon)_{i,k}$	$\overline{M}(\varepsilon)_{k,i}$	$\overline{K}(\varepsilon)_{i,k;Q}$	$\overline{K}(\varepsilon)_{k,i;Q}$
(g,b)		(6.5.10)	(6.5.11)	(6.5.12)
(0)	$(\mathrm{Mp}\cdot\mathrm{m})$	$(\mathrm{Mp}\cdot\mathrm{m})$	(Mp)	(Mp)
1,2 (g,b)	0	$13\,651{,}266$	$3\,890{,}790$	$-6\,109{,}210$
2,3 (b,b)	0	0	0	0
3,4 (b,b)	0	0	0	0
4,5 (b,g)	0	0	0	0

VI.3.2.2. Absolutglieder der Elastizitätsgleichungen
der Formänderungsgrößenmethode

$\bar{a}_1$	$\bar{a}_2$	$\bar{a}_3$	$\bar{a}_4$	$\bar{a}_5$	$\bar{a}_6$	$\bar{a}_7$
$(\mathrm{Mp}\cdot\mathrm{m})$	$(\mathrm{Mp}\cdot\mathrm{m})$	$(\mathrm{Mp}\cdot\mathrm{m})$	$(\mathrm{Mp}\cdot\mathrm{m}$	$(\mathrm{Mp}\cdot\mathrm{m})$	$(\mathrm{Mp}\cdot\mathrm{m})$	$(\mathrm{Mp}\cdot\mathrm{m})$
$0{,}194\,5395 \cdot 10^6$	$-0{,}136\,5127 \cdot 10^5$	$0{,}305\,4605 \cdot 10^6$	0	0	0	0

VI.3.2.3. Lösungen der Elastizitätsgleichungen der Formänderungsgrößenmethode

$\eta_1{}^*$	$\varphi_2{}^*$	$\eta_2{}^*$	$\varphi_3{}^*$	$\varphi_4{}^*$	$\eta_4{}^*$	$\eta_5{}^*$
$(\mathrm{Mp}\cdot\mathrm{m})$	$(\mathrm{Mp}\cdot\mathrm{m})$	$(\mathrm{Mp}\cdot\mathrm{m})$	$(\mathrm{Mp}\cdot\mathrm{m})$	$(\mathrm{Mp}\cdot\mathrm{m})$	$(\mathrm{Mp}\cdot\mathrm{m})$	$(\mathrm{Mp}\cdot\mathrm{m})$
$0{,}2258817\cdot10^3$	$-0{,}2310986\cdot10^3$	$0{,}8850941\cdot10^2$	$-0{,}8995505\cdot10^2$	$0{,}5926085\cdot10^0$	$-0{,}3583233\cdot10^1$	$-0{,}1574790\cdot10^1$

VI.3.2.4. Verformungen φ_i und $v_{i;y}$ der Knotenpunkte

Pkt. i	φ_i	$v_{i;y}$
	(13.1)	(13.3.)
(0)	(0)	(m)
1	—	$0{,}00268907$
2	$-0{,}00005502$	$0{,}00105368$
3	$-0{,}00002142$	0
4	$0{,}00000014$	$-0{,}00004266$
5	—	$-0{,}00001875$

VI.3.2.5. Stabendschnittlasten $M(\varepsilon)_{i,k}$ und $K(\varepsilon)_{i,k;Q}$

Stab i,k	$M(\varepsilon)_{i,k}$	$M(\varepsilon)_{k,i}$	$K(\varepsilon)_{i,k;Q}$	$K(\varepsilon)_{k,i;Q}$
(g,b)		(14.4.1)	(14.4.2)	(14.4.3)
(b,b)	(14.2.2)	(14.2.3)	(14.2.4)	(14.2.5)
(b,g)	(14.3.1)		(14.3.2)	(14.3.3)
(0)	$(\mathrm{Mp}\cdot\mathrm{m})$	$(\mathrm{Mp}\cdot\mathrm{m})$	(Mp)	(Mp)
$1{,}2\ (g,b)$	0	$4343{,}225$	$2689{,}069$	$-7310{,}932$
$2{,}3\ (b,b)$	$-4343{,}225$	$7741{,}673$	$-7310{,}933$	$-7310{,}932$
$3{,}4\ (b,b)$	$-7741{,}673$	$11{,}137$	$18{,}747$	$18{,}748$
$4{,}5\ (b,g)$	$-\ \ 11{,}137$	0	$18{,}747$	$18{,}748$

VI.3.2.6. Schnittlasten und Verformungen

Stab i,k	$\bar{\chi}$	$M(\varepsilon)$	$Q(\varepsilon)$	$S \cdot v'(\varepsilon)$	$v(\varepsilon)$	$v'(\varepsilon)$
(g,b) (b,b) (b,g)		(14.4.4) (14.2.6) (14.3.4)	(14.4.5) (14.2.7) (14.3.5)		(14.4.6) (14.2.8) (14.3.6)	(14.4.7) (14.2.9) (14.3.7)
(0)	(0)	(Mp · m)	(Mp)	(Mp)	(m)	(0)
	0,00	0,000	0,000	2689,069	0,002689	0,000028
	0,06	0,000	0,000	2689,069	0,002896	0,000028
	0,12	0,000	0,000	2689,069	0,003103	0,000028
	0,18	0,000	0,000	2689,069	0,003309	0,000028
	0,24	0,000	0,000	2689,069	0,003516	0,000028
	0,30	0,001	0,000	2689,069	0,003723	0,000028
	0,36	0,017	0,007	2689,062	0,003930	0,000028
	0,42	0,473	0,212	2688,857	0,004136	0,000028
	0,48	13,578	6,076	2682,993	0,004343	0,000028
	0,54	389,487	174,303	2514,766	0,004546	0,000026
1,2 (g,b)	0,60	11172,693	5000,000	−2310,932	0,004642	−0,000024
	0,60	11172,693	−5000,000	−2310,932	0,004642	−0,000024
	0,64	1192,288	−533,572	−6777,361	0,004370	−0,000069
	0,68	127,234	−56,940	−7253,993	0,004006	−0,000074
	0,72	13,577	−6,077	−7304,856	0,003632	−0,000075
	0,76	1,443	−0,651	−7310,282	0,003258	−0,000075
	0,80	0,095	−0,096	−7310,837	0,002883	−0,000075
	0,84	−0,547	0,259	−7310,674	0,002508	−0,000075
	0,88	−5,276	−2,363	−7308,570	0,002133	−0,000075
	0,92	−49,460	−22,135	−7288,798	0,001759	−0,000075
	0,96	−463,485	−207,419	−7103,514	0,001389	−0,000073
	1,00	−4343,225	−1943,678	−5367,254	0,001054	−0,000055
	0,00	−4343,225	2055,991	−9366,924	0,001054	−0,000055
	0,05	−2403,455	1137,678	−8448,611	0,000989	−0,000050
	0,10	−1330,113	629,490	−7940,423	0,000929	−0,000047
	0,15	−736,267	348,229	−7659,161	0,000871	−0,000045
	0,20	−407,839	192,501	−7503,433	0,000816	−0,000044
	0,25	−226,434	106,168	−7417,100	0,000761	−0,000044
	0,30	−126,656	58,108	−7369,040	0,000707	−0,000043
	0,35	−72,537	30,995	−7341,927	0,000653	−0,000043
	0,40	−44,567	15,055	−7325,988	0,000599	−0,000043
	0,45	−32,664	4,543	−7315,476	0,000545	−0,000043
2,3 (b,b)	0,50	−32,535	−4,331	−7306,601	0,000492	−0,000043
	0,55	−44,135	−14,767	−7296,165	0,000438	−0,000043
	0,60	−71,645	−30,526	−7280,406	0,000384	−0,000043
	0,65	−124,983	−57,290	−7253,643	0,000331	−0,000043
	0,70	−223,376	−104,706	−7206,227	0,000278	−0,000042
	0,75	−402,294	−189,868	−7121,065	0,000225	−0,000042
	0,80	−726,236	−343,476	−6967,457	0,000174	−0,000041
	0,85	−1311,981	−620,904	−6690,028	0,000123	−0,000039
	0,90	−2370,685	−1122,164	−6188,768	0,000076	−0,000036
	0,95	−4284,004	−2027,956	−5282,977	0,000033	−0,000031
	1,00	−7741,673	−3664,810	−3646,122	0,000000	−0,000021

VI.3.2.6. (Fortsetzung)

Stab i,k	$\bar{\chi}$	$M(\varepsilon)$	$Q(\varepsilon)$	$S \cdot v'(\varepsilon)$	$v(\varepsilon)$	$v'(\varepsilon)$
(g,b)		(14.4.4)	(14.4.5)		(14.4.6)	(14.4.7)
(b,b)		(14.2.6)	(14.2.7)		(14.2.8)	(14.2.9)
(b,g)		(14.3.4)	(14.3.5)		(14.3.6)	(14.3.7)
(0)	(0)	(Mp · m)	(Mp)	(Mp)	(m)	(0)
	0,00	$-7\,741{,}673$	$3\,664{,}840$	$-3\,646{,}093$	$-0{,}000000$	$-0{,}000021$
	0,05	$-4\,283{,}964$	$2\,027{,}991$	$-2\,009{,}244$	$-0{,}000020$	$-0{,}000012$
	0,10	$-2\,370{,}592$	$1\,122{,}217$	$-1\,103{,}470$	$-0{,}000031$	$-0{,}000006$
	0,15	$-1\,311{,}801$	$620{,}995$	$-\ 602{,}247$	$-0{,}000037$	$-0{,}000004$
	0,20	$-\ 725{,}904$	$343{,}636$	$-\ 324{,}889$	$-0{,}000041$	$-0{,}000002$
	0,25	$-\ 401{,}691$	$190{,}155$	$-\ 171{,}408$	$-0{,}000042$	$-0{,}000001$
	0,30	$-\ 222{,}283$	$105{,}224$	$-\ 86{,}477$	$-0{,}000043$	$-0{,}000001$
	0,35	$-\ 123{,}007$	$58{,}226$	$-\ 39{,}478$	$-0{,}000044$	$0{,}000000$
	0,40	$-\ 68{,}074$	$32{,}217$	$-\ 13{,}470$	$-0{,}000044$	$0{,}000000$
	0,45	$-\ 37{,}681$	$17{,}822$	$0{,}925$	$-0{,}000044$	$0{,}000000$
3,4 (b,b)	0,50	$-\ 20{,}872$	$9{,}852$	$8{,}895$	$-0{,}000044$	$0{,}000000$
	0,55	$-\ 11{,}587$	$5{,}434$	$13{,}313$	$-0{,}000044$	$0{,}000000$
	0,60	$-\ 6{,}480$	$2{,}875$	$15{,}772$	$-0{,}000044$	$0{,}000000$
	0,65	$-\ 3{,}708$	$1{,}589$	$17{,}159$	$-0{,}000044$	$0{,}000000$
	0,70	$-\ 2{,}272$	$0{,}775$	$17{,}973$	$-0{,}000044$	$0{,}000000$
	0,75	$-\ 1{,}656$	$0{,}240$	$18{,}508$	$-0{,}000043$	$0{,}000000$
	0,80	$-\ 1{,}637$	$-\ 0{,}209$	$18{,}956$	$-0{,}000043$	$0{,}000000$
	0,85	$-\ 2{,}209$	$-\ 0{,}732$	$19{,}480$	$-0{,}000043$	$0{,}000000$
	0,90	$-\ 3{,}576$	$-\ 1{,}520$	$20{,}267$	$-0{,}000043$	$0{,}000000$
	0,95	$-\ 6{,}233$	$-\ 2{,}855$	$21{,}602$	$-0{,}000043$	$0{,}000000$
	1,00	$-\ 11{,}137$	$-\ 5{,}219$	$23{,}967$	$-0{,}000043$	$0{,}000000$
	0,00	$-\ 11{,}137$	$4{,}984$	$13{,}763$	$-0{,}000043$	$0{,}000000$
	0,05	$-\ 0{,}679$	$0{,}304$	$18{,}444$	$-0{,}000042$	$0{,}000000$
	0,10	$-\ 0{,}041$	$0{,}019$	$18{,}729$	$-0{,}000040$	$0{,}000000$
	0,15	$-\ 0{,}003$	$0{,}001$	$18{,}746$	$-0{,}000039$	$0{,}000000$
	0,20	$0{,}000$	$0{,}000$	$18{,}748$	$-0{,}000038$	$0{,}000000$
	0,25	$0\ 000$	$0{,}000$	$18{,}748$	$-0{,}000037$	$0{,}000000$
	0,30	$0{,}000$	$0{,}000$	$18{,}748$	$-0{,}000036$	$0{,}000000$
	0,35	$0{,}000$	$0{,}000$	$18{,}748$	$-0{,}000034$	$0{,}000000$
	0,40	$0{,}000$	$0{,}000$	$18{,}748$	$-0{,}000033$	$0{,}000000$
	0,45	$0{,}000$	$0{,}000$	$18{,}748$	$-0{,}000032$	$0{,}000000$
4,5 (b,g)	0,50	$0{,}000$	$0{,}000$	$18{,}748$	$-0{,}000031$	$0{,}000000$
	0,55	$0{,}000$	$0{,}000$	$18{,}748$	$-0{,}000030$	$0{,}000000$
	0,60	$0{,}000$	$0{,}000$	$18{,}748$	$-0{,}000028$	$0{,}000000$
	0,65	$0{,}000$	$0{,}000$	$18{,}748$	$-0{,}000027$	$0{,}000000$
	0,70	$0{,}000$	$0{,}000$	$18{,}748$	$-0{,}000026$	$0{,}000000$
	0,75	$0{,}000$	$0{,}000$	$18{,}748$	$-0{,}000025$	$0{,}000000$
	0,80	$0{,}000$	$0{,}000$	$18{,}748$	$-0{,}000024$	$0{,}000000$
	0,85	$0{,}000$	$0{,}000$	$18{,}748$	$-0{,}000022$	$0{,}000000$
	0,90	$0{,}000$	$0{,}000$	$18{,}748$	$-0{,}000021$	$0{,}000000$
	0,95	$0{,}000$	$0{,}000$	$18{,}748$	$-0{,}000020$	$0{,}000000$
	1,00	$0{,}000$	$0{,}000$	$18{,}748$	$-0{,}000019$	$0{,}000000$

VI.3.2.7. Längskräfte N_i
der elastischen Verschiebungs-Fesselstäbe $^V F_i$

Pkt. i	N_i
	(15.2)
(0)	(Mp)
1	$-2\,689{,}069$
5	$18{,}748$

VI.3.2.8. Längskraft $\overline{N}_{3;y}$
des starren Verschiebungs-Fesselstabes $^V \overline{F}_{3;y}$

Pkt. i	$\bar{N}_{3;y}$
	(16.3)
(0)	(Mp)
3	$-7\,329{,}679$

VI.4. Schnittlasten, Auflagerlasten und Verformungen
unter Berücksichtigung des Einflusses
der Querkraft-Schubspannungen

VI.4.1. Stabbelastungen nach VI.2.2.1.

VI.4.1.1. Stabendschnittlasten $\overline{M}(\varepsilon)_{i,k}$ und $\overline{K}(\varepsilon)_{i,k;Q}$

Stab i,k	$\overline{M}(\varepsilon)_{i,k}$	$\overline{M}(\varepsilon)_{k,i}$	$\overline{K}(\varepsilon)_{i,k;Q}$	$\overline{K}(\varepsilon)_{k,i;Q}$
(g,b)		(6.6.10)	(6.6.11)	(6.6.12)
(b,b)	(6.6.1)	(6.6.2)	(6.6.4)	(6.6.6)
(b,g)	(6.6.7)		(6.6.8)	(6.6.9)
(0)	(Mp · m)	(Mp · m)	(Mp)	(Mp)
1,2 (g,b)	0	$2\,085{,}574$	$2\,483{,}315$	$-2\,516{,}685$
2,3 (b,b)	$-206{,}111$	$206{,}111$	$500{,}000$	$-500{,}000$
3,4 (b,b)	$-\ 206{,}111$	$206{,}111$	$500{,}000$	$-500{,}000$
4,5 (b,g)	$-2\,085{,}574$	0	$2\,516{,}685$	$-2\,483{,}315$

VI.4.1.2. Elastizitätsgleichungen der Formänderungsgrößenmethode

	$\eta_1{}^*$	$\varphi_2{}^*$	$\eta_2{}^*$	$\varphi_3{}^*$	$\varphi_4{}^*$	$\eta_4{}^*$	$\eta_5{}^*$	Absl.	$= 0$
1	$-0{,}106314 \cdot 10^4$	$-0{,}849759 \cdot 10^1$	$0{,}467898 \cdot 10^3$	0	0	0	0	$0{,}1241658 \cdot 10^6$	$= 0$
2		$-0{,}523968 \cdot 10^2$	$-0{,}537580 \cdot 10^2$	$0{,}249671 \cdot 10^{-1}$	0	0	0	$-0{,}1879463 \cdot 10^4$	$= 0$
3			$-0{,}477016 \cdot 10^4$	$-0{,}622556 \cdot 10^2$	0	0	0	$0{,}1508342 \cdot 10^6$	$= 0$
4				$-0{,}623056 \cdot 10^2$	$0{,}249671 \cdot 10^{-1}$	$0{,}622556 \cdot 10^2$	0	0	$= 0$
5					$-0{,}523968 \cdot 10^2$	$0{,}537580 \cdot 10^2$	$0{,}849759 \cdot 10^1$	$0{,}1879463 \cdot 10^4$	$= 0$
6						$-0{,}477016 \cdot 10^4$	$0{,}467898 \cdot 10^3$	$0{,}1508342 \cdot 10^6$	$= 0$
7							$-0{,}106314 \cdot 10^4$	$0{,}1241658 \cdot 10^6$	$= 0$

VI.4.1.3. Lösungen der Elastizitätsgleichungen der Formänderungsgrößenmethode

$\eta_1{}^*$	$\varphi_2{}^*$	$\eta_2{}^*$	$\varphi_3{}^*$	$\varphi_4{}^*$	$\eta_4{}^*$	$\eta_5{}^*$
$(\text{Mp} \cdot \text{m})$	$(\text{Mp} \cdot \text{m})$	$(\text{Mp} \cdot \text{m})$	$(\text{Mp} \cdot \text{m})$	$(\text{Mp} \cdot \text{m})$	$(\text{Mp} \cdot \text{m})$	$(\text{Mp} \cdot \text{m})$
$0{,}1380381 \cdot 10^3$	$-0{,}1058136 \cdot 10^3$	$0{,}4635283 \cdot 10^2$	0	$0{,}1058136 \cdot 10^3$	$0{,}4635283 \cdot 10^2$	$0{,}1380381 \cdot 10^3$

VI.4.1.4. Verformungen φ_i und $v_{i;y}$ der Knotenpunkte

Pkt. i	φ_i	$v_{i;y}$
	(13.1)	(13.3)
(0)	(0)	(m)
1	—	0,001 643 31
2	−0,000 025 19	0,000 551 82
3	0	0
4	0,000 025 19	0,000 551 82
5	—	0,001 643 31

VI.4.1.5. Stabendschnittlasten $M(\varepsilon)_{i,k}$ und $K(\varepsilon)_{i,k;Q}$

Stab i,k	$M(\varepsilon)_{i,k}$	$M(\varepsilon)_{k,i}$	$K(\varepsilon)_{i,k;Q}$	$K(\varepsilon)_{k,i;Q}$
(g,b)		(14.4.1)	(14.4.2)	(14.4.3)
(b,b)	(14.2.2)	(14.2.3)	(14.2.4)	(14.2.5)
(b,g)	(14.3.1)		(14.3.2)	(14.3.3)
(0)	(Mp · m)	(Mp · m)	(Mp)	(Mp)
1,2 (g,b)	0	616,776	1 643,311	−3 356,689
2,3 (b,b)	− 616,776	3 094,478	−3 356,689	−4 356,689
3,4 (b,b)	−3 094,478	616,776	4 356,689	3 356,689
4,5 (b,g)	− 616,776	0	3 356,689	−1 643,311

VI.4.1.6. Schnittlasten und Verformungen

Stab i,k	$\tilde{\chi}$	$M(\varepsilon)$	$Q(\varepsilon)$	$S \cdot v'(\varepsilon)$	$v(\varepsilon)$	$v'(\varepsilon)$
(g,b)		(14.4.4)	(14.4.5)		(14.4.6)	(14.4.7)
(b,b)		(14.2.6)	(14.2.7)		(14.2.8)	(14.2.9)
(0)	(0)	(Mp · m)	(Mp)	(Mp)	(m)	(0)
	0,00	0,000	36,322	1606,989	0,001643	0,000016
	0,05	135,635	11,656	1381,656	0,001739	0,000014
	0,10	179,159	3,740	1139,571	0,001820	0,000012
	0,15	193,127	1,200	892,111	0,001885	0,000009
	0,20	197,609	0,385	642,926	0,001934	0,000007
	0,25	199,047	0,124	393,188	0,001968	0,000004
	0,30	199,508	0,040	143,272	0,001985	−0,000001
	0,35	199,656	0,013	− 106,702	0,001986	0,000001
	0,40	199,703	0,004	− 356,693	0,001971	−0,000004
	0,45	199,716	0,001	− 606,690	0,001940	−0,000006
1,2 (g,b)	0,50	199,715	−0,001	− 856,688	0,001893	−0,000009
	0,55	199,696	−0,005	−1106,684	0,001830	−0,000011
	0,60	199,634	−0,017	−1356,672	0,001751	−0,000014
	0,65	199,440	−0,052	−1606,637	0,001657	−0,000016
	0,70	198,835	−0,162	−1856,527	0,001546	−0,000019
	0,75	196,948	−0,505	−2106,184	0,001419	−0,000022
	0,80	191,068	−1,575	−2355,115	0,001276	−0,000024
	0,85	172,745	−4,907	−2601,782	0,001117	−0,000027
	0,90	115,646	−15,291	−2841,398	0,000942	−0,000029
	0,95	−62,288	−47,650	−3059,039	0,000753	−0,000031
	1,00	−616,776	−148,489	−3208,200	0,000552	−0,000033
	0,00	−616,776	116,263	−3472,952	0,000552	−0,000020
	0,05	−487,816	90,823	−3497,513	0,000526	−0,000021
	0,10	−388,061	69,365	−3526,054	0,000500	−0,000021
	0,15	−313,138	50,947	−3557,637	0,000474	−0,000021
	0,20	−259,763	34,763	−3591,452	0,000448	−0,000021
	0,25	−225,598	20,101	−3626,791	0,000422	−0,000021
	0,30	−209,144	6,321	−3663,010	0,000395	−0,000022
	0,35	−209,680	− 7,182	−3699,507	0,000368	−0,000022
	0,40	−227,230	− 21,000	−3735,689	0,000341	−0,000022
	0,45	−262,562	− 35,738	−3770,951	0,000313	−0,000022
2,3 (b,b)	0,50	−317,227	− 52,043	−3804,646	0,000285	−0,000022
	0,55	−393,619	− 70,629	−3836,061	0,000257	−0,000023
	0,60	−495,086	− 92,310	−3864,379	0,000229	−0,000023
	0,65	−626,077	−118,038	−3888,652	0,000200	−0,000e23
	0,70	−792,333	−148,939	−3907,751	0,000172	−0,000023
	0,75	−1001,140	−186,368	−3920,321	0,000143	−0,000023
	0,80	−1261,651	−231,966	−3924,724	0,000114	−0,000023
	0,85	−1585,284	−287,730	−3918,959	0,000085	−0,000023
	0,90	−1986,224	−356,107	−3900,583	0,000057	−0,000023
	0,95	−2482,045	−440,091	−3866,598	0,000028	−0,000023
	1,00	−3094,478	−543,365	−3813,324	0,000000	−0,000022

VI.4.1.7. Längskräfte N_i
der elastischen Verschiebungs-Fesselstäbe $^V F_i$

Pkt. i	N_i
	(15.2)
(0)	(Mp)
1	$-1\,643,311$
5	$-1\,643,311$

VI.4.1.8. Längskraft $\overline{N}_{3;y}$
des starren Verschiebungs-Fesselstabes $^V \overline{F}_{3;y}$

Pkt. i	$\overline{N}_{3;y}$
	(16.3)
(0)	(Mp)
3	$-8\,713,378$

VI.4.2. Stabbelastungen nach VI.2.2.2.

VI.4.2.1. Stabendschnittlasten $\overline{M}(\varepsilon)_{i,k}$ und $\overline{K}(\varepsilon)_{i,k;Q}$

Stab i,k	$\overline{M}(\varepsilon)_{i,k}$	$\overline{M}(\varepsilon)_{k,i}$	$\overline{K}(\varepsilon)_{i,k;Q}$	$\overline{K}(\varepsilon)_{k,i;Q}$
(g,b)		(6.5.10)	(6.5.11)	(6.5.12)
(0)	(Mp $\cdot$ m)	(Mp $\cdot$ m)	(Mp)	(Mp)
1,2 (g,b)	0	$5\,487,200$	$3\,956,102$	$-6\,043,898$
2,3 (b,b)	0	0	0	0
3,4 (b,b)	0	0	0	0
4,5 (b,g)	0	0	0	0

VI.4.2.2. Absolutglieder der Elastizitätsgleichungen
der Formänderungsgrößenmethode

$\bar{a}_1$	$\bar{a}_2$	$\bar{a}_3$	$\bar{a}_4$	$\bar{a}_5$	$\bar{a}_6$	$\bar{a}_7$
(Mp $\cdot$ m)	(Mp $\cdot$ m)	(Mp $\cdot$ m)	(Mp $\cdot$ m)	(Mp $\cdot$ m)	(Mp $\cdot$ m)	(Mp $\cdot$ m)
$0,197\,805\,1 \cdot 10^6$	$-0,548\,7200 \cdot 10^4$	$0,302\,1949 \cdot 10^6$	0	0	0	0

VI.4.2.3. Lösungen der Elastizitätsgleichungen der Formänderungsgrößenmethode

$\eta_1{}^*$	$\varphi_2{}^*$	$\eta_2{}^*$	$\varphi_3{}^*$	$\varphi_4{}^*$	$\eta_4{}^*$	$\eta_5{}^*$
(Mp · m)	(Mp · m)	(Mp · m)	(Mp · m)	(Mp · m)	(Mp · m)	(Mp · m)
$0{,}2272966 \cdot 10^3$	$-0{,}2334150 \cdot 10^3$	$0{,}8946106 \cdot 10^2$	$-0{,}9073804 \cdot 10^2$	$-0{,}1422903 \cdot 10^1$	$-0{,}1255582 \cdot 10^1$	$0{,}5639690 \cdot 10^0$

VI.4.2.4. Verformungen φ_i und $v_{i;y}$ der Knotenpunkte

Pkt. i	φ_i	$v_{i;y}$
	(13.1)	(13.3)
(0)	0	(m)
1	—	$0{,}00270591$
2	$-0{,}00005558$	$0{,}00106501$
3	$-0{,}00002160$	0
4	$-0{,}00000034$	$-0{,}00001495$
5	—	$-0{,}00000671$

VI.4.2.5. Stabendschnittlasten $M(\varepsilon)_{i,k}$ und $K(\varepsilon)_{i,k;Q}$

Stab i,k	$M(\varepsilon)_{i,k}$	$M(\varepsilon)_{k,i}$	$K(\varepsilon)_{i,k;Q}$	$K(\varepsilon)_{k,i;Q}$
(g,b)		(14.4.1)	(14.4.2)	(14.4.3)
(b,b)	(14.2.2)	(14.2.3)	(14.2.4)	(14.2.5)
(b,g)	(14.3.1)		(14.3.2)	(14.3.3)
(0)	(Mp · m)	(Mp · m)	(Mp)	(Mp)
1,2 (g,b)	0	$1699{,}808$	$2705{,}913$	$-7294{,}089$
2,3 (b,b)	$-1699{,}808$	$2748{,}540$	$-7294{,}089$	$-7294{,}089$
3,4 (b,b)	$-2748{,}540$	$36{,}105$	$6{,}714$	$6{,}714$
4,5 (b,g)	$-36{,}105$	0	$6{,}714$	$6{,}714$

VI.4.2.6. Schnittlasten und Verformungen

Stab i,k	$\bar{\chi}$	$M(\varepsilon)$	$Q(\varepsilon)$	$S \cdot v'(\varepsilon)$	$v(\varepsilon)$	$v'(\varepsilon)$
(g,b)		(14.4.4)	(14.4.5)		(14.4.6)	(14.4.7)
(b,b)		(14.2.6)	(14.2.7)		(14.2.8)	(14.2.9)
(b,g)		(14.3.4)	(14.3.5)		(14.3.6)	(14.3.7)
(0)	(0)	(Mp · m)	(Mp)	(Mp)	(m)	(0)
	0,00	0,000	0,002	2705,911	0,002706	0,000028
	0,06	0,020	0,004	2705,909	0,002914	0,000028
	0,12	0,082	0,015	2705,897	0,003122	0,000028
	0,18	0,324	0,059	2705,854	0,003330	0,000028
	0,24	1,267	0,231	2705,682	0,003538	0,000028
	0,30	4,958	0,902	2705,011	0,003746	0,000028
	0,36	19,392	3,527	2702,386	0,003954	0,000028
	0,42	75,856	13,795	2692,117	0,004161	0,000028
	0,48	296,722	53,962	2651,950	0,004367	0,000027
	0,54	1160,668	211,080	2494,833	0,004566	0,000026
1,2 (g,b)	0,60	4540,109	825,667	1880,245	0,004740	0,000019
	0,60	4540,109	−825,737	−6468,352	0,004740	−0,000066
	0,64	1828,380	−332,683	−6961,406	0,004394	−0,000071
	0,68	735,493	−134,186	−7159,903	0,004031	−0,000073
	0,72	293,809	−54,496	−7239,593	0,003662	−0,000074
	0,76	112,263	−23,058	−7271,031	0,003290	−0,000075
	0,80	30,115	−12,035	−7282,054	0,002917	−0,000075
	0,84	−25,369	−11,667	−7282,422	0,002543	−0,000075
	0,88	−103,314	−21,630	−7272,459	0,002170	−0,000075
	0,92	−272,733	−50,744	−7243,345	0,001798	−0,000074
	0,96	−683,629	−124,786	−7169,303	0,001428	−0,000073
	1,00	−1699,808	−309,314	−6984,775	0,001065	−0,000072
	0,00	−1699,808	270,240	−7564,329	0,001065	−0,000044
	0,05	−1396,795	216,343	−7510,432	0,001010	−0,000044
	0,10	−1155,005	171,928	−7466,017	0,000955	−0,000044
	0,15	−963,839	135,049	−7429,138	0,000900	−0,000044
	0,20	−814,919	104,090	−7398,179	0,000846	−0,000043
	0,25	−701,717	77,693	−7371,781	0,000791	−0,000043
	0,30	−619,271	54,700	−7348,789	0,000737	−0,000043
	0,35	−563,968	34,106	−7328,195	0,000683	−0,000043
	0,40	−533,384	15,006	−7309,095	0,000630	−0,000043
	0,45	−526,179	−3,436	−7290,653	0,000576	−0,000043
2,3 (b,b)	0,50	−542,036	−22,028	−7272,061	0,000523	−0,000043
	0,55	−581,651	−41,586	−7252,503	0,000469	−0,000043
	0,60	−646,759	−62,967	−7231,122	0,000416	−0,000042
	0,65	−740,216	−87,108	−7206,981	0,000363	−0,000042
	0,70	−866,116	−115,066	−7179,023	0,000310	−0,000042
	0,75	−1029,979	−148,068	−7146,021	0,000258	−0,000042
	0,80	−1238,986	−187,560	−7106,529	0,000205	−0,000042
	0,85	−1502,298	−235,272	−7058,817	0,000153	−0,000041
	0,90	−1831,457	−293,297	−7000,792	0,000102	−0,000041
	0,95	−2240,889	−364,177	−6929,912	0,000051	−0,000041
	1,00	−2748,540	−451,019	−6843,070	0,000000	−0,000040

VI.4.2.6. (Fortsetzung)

Stab i,k	$\tilde{\chi}$	$M(\varepsilon)$	$Q(\varepsilon)$	$S \cdot v'(\varepsilon)$	$v(\varepsilon)$	$v'(\varepsilon)$
(g,b) (b,b) (b,g)		(14.4.4) (14.2.6) (14.3.4)	(14.4.5) (14.2.7) (14.3.5)		(14.4.6) (14.2.8) (14.3.6)	(14.4.7) (14.2.9) (14.3.7)
(0)	(0)	(Mp · m)	(Mp)	(Mp)	(m)	(0)
3,4 (b,b)	0,00	−2 748,540	459,535	−452,821	−0,000000	−0,000003
	0,05	−2 230,166	372,880	−366,166	−0,000003	−0,000002
	0,10	−1 809,541	302,568	−295,854	−0,000005	−0,000002
	0,15	−1 468,229	245,518	−238,804	−0,000007	−0,000001
	0,20	−1 191,270	199,229	−192,515	−0,000009	−0,000001
	0,25	−966,525	161,672	−154,958	−0,000010	−0,000001
	0,30	−784,142	131,201	−124,487	−0,000011	−0,000001
	0,35	−636,130	106,481	−99,767	−0,000012	−0,000001
	0,40	−515,999	86,428	−79,714	−0,000013	0,000000
	0,45	−418,484	70,163	−63,449	−0,000013	0,000000
	0,50	−339,312	56,973	−50,259	−0,000014	0,000000
	0,55	−275,012	46,281	−39,567	−0,000014	0,000000
	0,60	−222,766	37,617	−30,903	−0,000014	0,000000
	0,65	−180,283	30,602	−23,888	−0,000014	0,000000
	0,70	−145,703	24,928	−18,214	−0,000015	0,000000
	0,75	−117,509	20,347	−13,633	−0,000015	0,000000
	0,80	−94,465	16,657	−9,943	−0,000015	0,000000
	0,85	−75,562	13,698	−6,984	−0,000015	0,000000
	0,90	−59,970	11,339	−4,625	−0,000015	0,000000
	0,95	−47,008	9,477	−2,763	−0,000015	0,000000
	1,00	−36,105	8,030	−1,316	−0,000015	0,000000
4,5 (b,g)	0,00	−36,105	6,566	0,148	−0,000015	0,000000
	0,05	−11,586	2,107	4,607	−0,000015	0,000000
	0,10	−3,718	0,676	6,038	−0,000014	0,000000
	0,15	−1,193	0,217	6,497	−0,000014	0,000000
	0,20	−0,383	0,070	6,644	−0,000014	0,000000
	0,25	−0,123	0,022	6,692	−0,000013	0,000000
	0,30	−0,039	0,007	6,707	−0,000013	0,000000
	0,35	−0,013	0,002	6,712	−0,000012	0,000000
	0,40	−0,004	0,001	6,713	−0,000012	0,000000
	0,45	−0,001	0,000	6,714	−0,000011	0,000000
	0,50	0,000	0,000	6,714	−0,000011	0,000000
	0,55	0,000	0,000	6,714	−0,000011	0,000000
	0,60	0,000	0,000	6,714	−0,000010	0,000000
	0,65	0,000	0,000	6,714	−0,000010	0,000000
	0,70	0,000	0,000	6,714	−0,000009	0,000000
	0,75	0,000	0,000	6,714	−0,000009	0,000000
	0,80	0,000	0,000	6,714	−0,000008	0,000000
	0,85	0,000	0,000	6,714	−0,000008	0,000000
	0,90	0,000	0,000	6,714	−0,000008	0,000000
	0,95	0,000	0,000	6,714	−0,000007	0,000000
	1,00	0,000	0,000	6,714	−0,000007	0,000000

VI.4.2.7. Längskräfte N_i
der elastischen Verschiebungs-Fesselstäbe ^VF_i

Pkt. i	N_i
	(15.2)
(0)	(Mp)
1	$-2705{,}913$
5	$6{,}714$

VI.4.2.8. Längskraft $\overline{N}_{3;y}$
des starren Verschiebungs-Fesselstabes $^V\overline{F}_{3;y}$

Pkt. i	$\overline{N}_{3;y}$
	(16.3)
(0)	(Mp)
3	$-7300{,}803$

VI.5. Schnittlasten, Auflagerlasten und Verformungen des Torsionsstabes

Die Schnittlasten, Auflagerlasten und Verformungen des Torsionsstabes nach VI.1. sind durch die Schnittlasten, Auflagerlasten und Verformungen des Zugstabes nach VI.3. und VI.4. unter Beachtung der Analogie nach 20. gegeben:

$$M(x) \triangleq M_w(x)$$
$$Q(x) \triangleq M_{T,s}(x)$$
$$S \cdot v'(x) \triangleq M_{T,p}(x)$$
$$v(x) \triangleq d(x)$$
$$v'(x) \triangleq d'(x)$$
$$N_i \triangleq M_{T;i}$$
$$\overline{N}_{i;y} \triangleq \overline{M}_{T;i;y}$$

Ein Vergleich der Rechenergebnisse läßt den großen Einfluß der Wölb-Schubspannungen auf den Schnittlasten- und Verformungszustand des Torsionsstabes erkennen. So beträgt z. B. das Wölbbimoment M_w über der Mittelstützung des Stabes nach VI.3.1.6. $M_w = -9059{,}690\,\mathrm{Mp} \cdot \mathrm{m}^2$ und nach VI.4.1.6. $M_w = -3094{,}478\,\mathrm{Mp} \cdot \mathrm{m}^2$.

Die Wölbbimomente eines verdrehungsbeanspruchten ebenen Stabwerkes sind proportional den Wölb-Normalspannungen σ_w des Stabwerkes. Für den untersuchten Torsionsstab ergeben sich demnach gegenüber einer Berechnung unter Berücksichtigung des Einflusses der Wölb-Schubspannungen etwa dreimal größere Beträge für die Wölb-Normalspannungen σ_w, wenn bei der Berechnung der Einfluß der Wölb-Schubspannungen vernachlässigt wird.

MIX
Papier aus verantwortungsvollen Quellen
Paper from responsible sources
FSC® C105338

If you have any concerns about our products,
you can contact us on
ProductSafety@springernature.com

In case Publisher is established outside the EU,
the EU authorized representative is:
Springer Nature Customer Service Center GmbH
Europaplatz 3, 69115 Heidelberg, Germany

Printed by Libri Plureos GmbH
in Hamburg, Germany